贵州
水力发电论文集
（2021）

贵州省水力发电工程学会
贵州乌江水电开发有限责任公司 ◎ 编

西南交通大学出版社
·成 都·

图书在版编目（CIP）数据

贵州水力发电论文集. 2021 / 贵州省水力发电工程学会，贵州乌江水电开发有限责任公司编. —成都：西南交通大学出版社，2022.6
ISBN 978-7-5643-8727-3

Ⅰ. ①贵… Ⅱ. ①贵… ②贵… Ⅲ. ①水力发电工程–贵州–文集 Ⅳ. ①TV752.73-53

中国版本图书馆 CIP 数据核字（2022）第 103024 号

Guizhou Shuili Fadian Lunwenji（2021）
贵州水力发电论文集（2021）

贵州省水力发电工程学会
贵州乌江水电开发有限责任公司 编

责任编辑	李晓辉
封面设计	何东琳设计工作室
出版发行	西南交通大学出版社 （四川省成都市金牛区二环路北一段 111 号 西南交通大学创新大厦 21 楼）
发行部电话	028-87600564 028-87600533
邮政编码	610031
网址	http://www.xnjdcbs.com
印刷	四川煤田地质制图印刷厂
成品尺寸	210 mm × 297 mm
印张	18
字数	606 千
版次	2022 年 6 月第 1 版
印次	2022 年 6 月第 1 次
书号	ISBN 978-7-5643-8727-3
定价	158.00 元

贵州水力发电论文集

（2021）

贵州省水力发电工程学会
贵州乌江水电开发有限责任公司 ◎ 编

西南交通大学出版社
·成 都·

图书在版编目（CIP）数据

贵州水力发电论文集. 2021 / 贵州省水力发电工程学会，贵州乌江水电开发有限责任公司编. —成都：西南交通大学出版社，2022.6
ISBN 978-7-5643-8727-3

Ⅰ. ①贵… Ⅱ. ①贵… ②贵… Ⅲ. ①水力发电工程－贵州－文集 Ⅳ. ①TV752.73-53

中国版本图书馆 CIP 数据核字（2022）第 103024 号

Guizhou Shuili Fadian Lunwenji（2021）
贵州水力发电论文集（2021）
贵州省水力发电工程学会
贵州乌江水电开发有限责任公司 编

责任编辑	李晓辉
封面设计	何东琳设计工作室
出版发行	西南交通大学出版社 （四川省成都市金牛区二环路北一段 111 号 西南交通大学创新大厦 21 楼）
发行部电话	028-87600564 028-87600533
邮政编码	610031
网址	http://www.xnjdcbs.com
印刷	四川煤田地质制图印刷厂
成品尺寸	210 mm × 297 mm
印张	18
字数	606 千
版次	2022 年 6 月第 1 版
印次	2022 年 6 月第 1 次
书号	ISBN 978-7-5643-8727-3
定价	158.00 元

编委会

前　言

贵州省水力发电工程学会是贵州省水力发电科技工作者自发组成的学术团体。学会的重要任务之一是构筑贵州水电领域理论研讨和技术交流的学术平台——《贵州水力发电》杂志。

《贵州水力水电》杂志于1986年7月创刊，当时为内刊，每季度发行1期。1996年第1期以后为公开发行的水电科技刊物，仍为季刊。2003年后，改为双月刊出版发行。2012年10月因故停刊。2014年11月3日，学会第六次会员代表大会决定恢复。2015年第1期后，便改为内部资料性水力发电技术刊物，为学会会刊，每季度发行1期。

《贵州水力发电》自创刊以来，大力宣传国家的水电方针、政策，反映水力发电建设成就，交流水电建设与管理经验，传播水力发电科技成果，推广与水电有关的新技术、新工艺、新材料，促进了贵州的水力资源开发与建设，助力了水电科技水平提高与进步，推动了水电学术交流与人才成长，深得贵州水电工作者的喜爱。本书是2021年贵州省水电工作理论联系实践的优秀成果，在编印过程中也得到了各会员单位的大力支持与配合，谨表谢忱，并希望继续得到你们的理解、重视、支持。

贵州省水力发电工程学会

2022年3月

目 录

·试验与研究·

·新能源·

·水库调度·

·地质与勘测·

·计算机应用·

·设计与施工·

·运行与管理·

·试验与研究·

耦合自相关理论与小波神经网络的地下水模拟预测模型

彭峰，王林

（遵义水利水电勘测设计研究院，贵州遵义，563300）

摘要： 地下水位演化趋势具有一定的振荡特性，使预测工作难以开展。针对该特性，本文引入了自回归理论及小波神经网络（WNN）模型，提出了一种修正的地下水位预测方法。首先，该方法基于自相关理论对地下水位监测数据进行时间序列分析，选择合理先验区间作为预测模型的输入；随后，建立以合理先验区间为输入，当前地下水位为目标的 WNN 预测模型；最后建立了基于传统回归预测算法的地下水位预测模型，预测结果与 WNN 进行验证分析。通过案例分析，选择了 $t-1$ 至 $t-6$ 作为合理的监测数据先验区间；进化 131 次的 WNN 能返回最优的预测结果，其精度明显优于 KNN、AdaBoost、SVR 和 ANN 等传统方法。WNN 是一种精确可靠的地下水位预测模型，能在该领域发挥积极的作用。

关键词： 地下水位；预测；振荡；特性；自相关理论

0 引言

作为水资源重要的组成部分，地下水对人类生存及发展具有十分重要的意义。随着社会飞速发展，人类与地下水的接触也愈发频繁，研究地下水位变化情况也越来越重要[1]。如在水资源管理、水环境保护、城市三维规划、建筑土木设计及地质灾害监测预警方面[2]，分析地下水位变化趋势及预测其变化量对工作的开展具有显著支撑作用[3]，提供地下水位的准确预测资料就显得十分重要了。

传统地下水水位预测采用线性回归拟合模型，该模型假定实际水层为均质或规则的形状，且基于简单的多项式函数解释地下水水位变化的动态特性，操作方便但也难以取得令人满意的结果。随后数值模拟方法也一度被广泛使用，但是该方法需要基于大量场地水文地质参数实现，工作量太大且操作复杂也限制了它的推广[4]。随着计算科学、非线性理论及不确定理论的飞速发展，灰色理论、神经网络、机器学习及小波函数等模型方法被大量应用在地下水水位预测的研究中。如李娜等针对因陕西省某灌溉区地下水不合理开采而引起的环境恶化问题，基于 ARIMA 模型对地下水位及相关因素进行了预测分析，预测结果与实测水位数据精度较高[5]；彭令等以三峡库区白家包滑坡为研究案例，基于进化支持向量机耦合模型对场地地下水位进行预测，其预测结果与实测值高度吻合，确为一种行之有效的地下水位预测方法[6]；黄发明等基于机器学习算法，提出了一种基于多变量混沌理论的粒子群一支持向量机模型，该模型预测结果比较理想，较能真实反映地下水位发展演化本质[7]。

地下水位预测研究中最核心的部分是提高预测精度。然而在实际问题中，地下水位监测数据往往伴随着强随机性与周期性、多变化性与趋势性、混沌特性显著[8]，显得十分复杂。作为目前国际上公认最有效的时间一频率分析算法，小波函数因其强大的“自适应性”及“数学显微镜”能力被广泛运用在各行各业[9]，也取得了较好的分析结果。

作为一类升级版的神经网络，BP 神经网络因成功解决了求解非线性连续函数的多层前馈网络权值而变得高效及精确[10]。在求解非线性问题上，该模型巧妙运用误差反向传播，不断调整各层权值，直到网络输出的误差优化到可接受的程度。所以，BP 神经网络在行业中也有较好的应用空间[11]。

为切实提高求解非线性问题的精度，一种名为小波神经网络（Wavelet Neural Network，WNN）的算法被提出[12]。该算法综合了小波函数及 BP 神经网络的优点，是一种基于 BP 神经网络拓扑结构，以小波基函数作为隐含层节点传递函数，信号向前传播的同时误差反向传播的神经网络。其基元和整个网络结构是依据小波函数而定，可以避免 BP 网络结构上的盲目性，使得求解具体问题更加有的放矢；小波神经网络具有更强的学习训练能力，小波

收稿日期： 2021-01-13.

作者简介： 彭峰，高级工程师，从事水文地质及工程地质勘察工作.

函数也使得模型简单，训练验证速度也更快[13]。

基于上述分析，本文提出一种基于小波神经网络的地下水位预测模型。首先，该模型基于自相关模型对地下水位监测时间序列进行分析，分析前期数据与当前数据之间的关系，选择合理的先验数据区间以进行预测；随后，建立以合理先验区间数据为输入，以实时地下水位数据为目标的 WNN 模型，预测地下水位值；最后，运用传统机器学习方法如 k—nearest neighbor、AdaBoost、支持向量机(SVR)及人工神经网络(ANN)，分别建立地下水位预测模型，所有预测结果与小波神经网络预测结果进行验证分析。

该方法针对监测数据较为单一的地下水位预测研究，本文选择英国霍林山滑坡地下水位监测点为研究案例。

1 方法简介

1.1 自相关模型确认合理先验区间

自相关模型计算得到自相关系数，而自相关系数用以衡量同一时间序列数列在不同时间点的相关程度，形象地讲就是度量历史数据对当前数据的影响。在分析数据的时间序列性质时，对时间序列 $\{x_1, x_2, \cdots, x_t; t\in T\}$，则 x_t 与 x_{t-l} 的自相关系数为 t 时刻与其间隔 l 时刻的自相关系数，自相关系数表达形式如下式[14]：

$$p_l = \frac{Cov(x_t, x_{t-l})}{\sqrt{Var(x_t)Var(x_{t-l})}} \tag{1}$$

式中，p_l 为自相关系数；$Cov(x_t, x_{t-l})$ 为自协方差函数，$Cov(x_t, x_{t-l}) = E(x_t - \bar{x}_t)(x_{t-l} - \bar{x}_{t-l})$，$\bar{x}_t$ 与 $\bar{x}_{t-l}$ 分别为各自序列的期望，E 为其期望求解；Var 为其方差求解。

1.2 小波神经网络预测地下水位

小波神经网络(WNN)是结合了小波理论和 BP 神经网络而构造的一种新的神经网络模型[15]。其网络结构由输入层、隐含层与输出层构成。WNN 隐含层节点传波函数为小波函数，替代了传统 BP 神经网络的传统核函数。且网络机构中相应的输入层到隐含层、隐含层到输出层的权值分别由小波基的尺度函数与平移函数去确定[16]。所以 WNN 充分继承了小波函数良好的时频分析特性及 BP 神经网络高效的特性[17]。

根据大量前人研究可知，以 Morlet 母小波为基函数的 WNN 模型预测效果最优。Morlet 母小波数学表达式如下：

$$y = \cos(1.75x)e^{\frac{-x^2}{2}} \tag{2}$$

式中，x 为输入参数。

则其 WNN 模型可表达为：

$$y_i(t) = \sum_{j=1}^{n} w_{ij} h_j \left(\frac{\sum_{k=1}^{m} w_{jk} x_k(t) - b_j}{a_j} \right) \tag{3}$$

式中，w_{ij} 为输入层与隐含层的连接权值；w_{jk} 为隐含层与输出层的连接权值；m 为输入层神经元数目；n 为输出层神经元数目；$x_k(t)$ 为输出层第 k 个样本；$y_i(t)$ 为输出层第 i 个输出值；h_j 为小波基函数；b_j 为小波基平移因子；a_j 为小波基伸缩因子。

分解式(3)可知，隐含层输出计算公式(4)和网络输出层计算公式(5)可表达如下：

$$h(j) = h_j \left(\frac{\sum_{k=1}^{m} w_{ij} x(i) - b_j}{a_j} \right) \tag{4}$$

$$y(k) = \sum_{i=1}^{n} w_{jk} h(i) \tag{5}$$

式中，$x(i)$ 为输入参数；$h(i)$ 为隐含层第 i 个节点输出值；$h(j)$ 为隐含层第 j 个节点输出值。

WNN 训练进化过程主要有以下 5 步：

第一步，网络初始化。该步骤主要初始化小波伸缩、平移因子；网络初始权值等。

第二步，样本学习训练。

第三步，输出预测值，计算输出值与目标输出值的相关系数，其表达公式如下：

$$r = \frac{\sum_{i=1}^{K} (y_n(k) - \bar{y}_n(k))(y(k) - \bar{y}(k))}{\sqrt{\sum_{i=1}^{K} (y_n(k) - \bar{y}_n(k))^2 \cdot (y(k) - \bar{y}(k))^2}} \tag{6}$$

式中，K 为样本数目；$y_n(k)$ 为期望输出；$y(k)$ 为计算输出。

第四步，权值修正，以优化网络。根据误差 e 修正网络权值和小波基函数参数，使得误差值越来越小，具体方法参考文献。

第五步，判断学习训练阶段是否结束，若还需要优化，则返回第三步。

通过增加运算次数，完成 WNN 的进化过程，使得预测结果达到最优。

1.3 预测结果对比验证

为了验证 WNN 地下水预测结果的精度，本文引入 k—nearest neighbor、AdaBoost、支持向量机(SVR)及人工神经网络(Artificial Neural Networks，ANN)4 种传统算法预测地下水位，其预测结果与 WNN 预测结果进行对比验证分析。

KNN(全称 k－nearest neighbor)名为最近邻算法，其算法核心依据区间最相似原理，即通过找出 1 个时间序列样本的 k 个最近邻居，将这些邻居的均值赋予给该样本，根据区间均质就可以对样本数据进行回归预测分析。KNN 中衡量样本距离一般采用马氏距离，其数学表达形式如下：

$$D_M(x)=\sqrt{(x-E)^T\Sigma^{-1}(x-E)} \tag{7}$$

式中，$D_M(x)$ 为马氏距离；样本 $x=(x_1,\cdots,x_p)^T$；均值 $E=(E_1,\cdots,E_p)^T$。

AdaBoost 名为自适应增强算法，是 1 种迭代算法。该算法在每一轮学习训练中加入 1 个新的弱分类器，通过该轮训练，将该分类器达到某个可允许的错误率。单次训练样本都将被赋予 1 个全新的权值，通过循环迭代，把较弱的训练器更新权值，最终得到较强的分类器。通过最终得到的分类器完成回归预测分析。最终分类器数学表达形式如下：

$$G(x)=\mathrm{sign}(\sum_{m=1}^{M}\alpha_m G_m(x)) \tag{8}$$

式中，$G(x)$ 为最终分类器函数；M 为样本数目，$m=1,2,\cdots,M$；$G_m(x)$ 为基本二元分类器；α_m 为 $G_m(x)$ 的系数，表示二元分类器在最终分类器中的重要程度。

支持向量机是一类高效的机器学习算法，它在解决小样本聚类、非线性回归预测及高维度数据的模式识别等问题中表现出特有的优势，现在诸多领域被广泛应用。支持向量机算法是建立在学习理论的 VC 维理论与结构最小风险原理之上的，根据实际样本情况寻求最优解。在训练中，其核函数采用高斯函数，数学表达形式如下：

$$K(X,X')=\exp(\frac{-X-X'}{2\sigma^2}) \tag{9}$$

式中，X 与 X' 为样本构造向量；σ 为算法容量因子，一般而言，SVR 考虑 1，10，100 及 1000。

人工神经网络(ANN)是一种模仿动物神经网络行为特征，并进行分步式信息处理的算法。ANN 依靠系统的复杂程度，调整内部大量节点的连接权值，以求达到处理信息的目的，该算法具有一定的自学习自适应能力。关于 ANN，大量文献已经做出了详细的介绍。

为了比较分析 WNN 及传统预测方法预测精度情况，本文采用相关系数(公式 6)、平均绝对百分比误差($MAPE$)(公式 10)及均方根误差($RMSE$)(公式 11)进行量化评价。其数学表达式如下，式中符号含义同式(6)：

$$MAPE=\frac{1}{K}\sum_{i=1}^{K}\left|\frac{y_n(k)-y(k)}{y_n(k)}\right| \tag{10}$$

$$RMSE=\sqrt{\frac{1}{K}\sum_{i=1}^{K}(y_n(k)-y(k))^2} \tag{11}$$

2　案例简介

霍林山滑坡位于英国约克郡北部。该滑坡南北向为主滑方向，延伸约 200 m，滑坡坡度角约 12°；东西向宽约 100 m。滑坡主要基岩为雷德卡泥岩，滑坡中部为炭质砂岩。由于滑坡基岩主要以砂泥岩为主，鉴于其基岩特性，水的入渗对其稳定性影响较大。该滑坡于 2004 年 10 月被英国地质调查局发现，随后英当局对该滑坡开展了调查及监测工作。本文以该滑坡为案例，对其地下水位进行预测分析研究，其时间间隔为 1 h。其数据来源见文献[18]，数据监测过程线如图 1 所示。

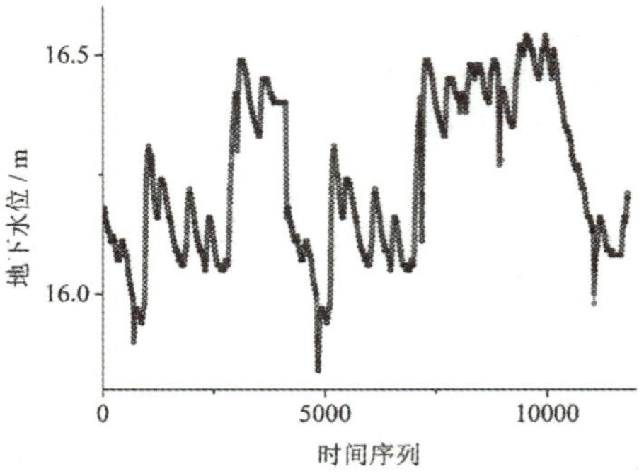

图 1　地下水位监测数据

3　模型计算结果

首先，根据图 1 数据，建立 2.1 章介绍的自相关分析模型。在建立自相关分析模型的时候，令时间间隔 l 为一循环数。因本文选取的地下水位监测数据共计 11 825 个，为了全面客观分析并得到合理先验区间，设 $l\in[1,2,\cdots,100]$。更长的时间间隔可尽可能全方位研究地下水位监测数据先验数据对当前数据的影响，为选出合理先验区间创造条件。计算结果详如图 2 所示。

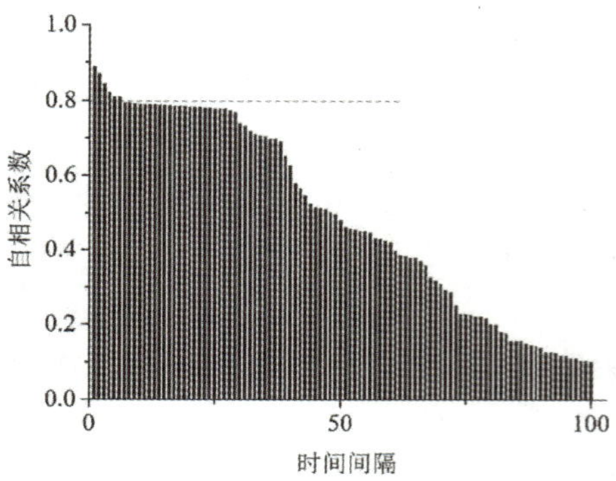

图 2　自相关系数计算结果

分析图 2 可知，时间间隔 l 为 1～6 时，其自相关系分别为 0.889、0.869、0.843、0.822、0.811 及 0.810，均大于 0.8。l 为 7～100 时，所有相关系数均小于 0.8。研究表明，当数据序列相关系数大于 0.8 时，两序列呈显著相关关系。故本文选择的合理先验区间为 $t-1$、$t-2$、$t-3$、$t-4$、$t-5$ 及 $t-6$ 时刻的数据，其中 t 为当前数据。

随后，建立以时间点 $t-1$、$t-2$、$t-3$、$t-4$、$t-5$ 及 $t-6$ 的地下水位为输入，以时间点 t 的地下水位为目标的小波神经网络预测模型；模型以第 6～10000 组地下水位时间序列数据为训练样本，以最后的 10001～11825 组数据作为检验样本。图 3 展示 WNN 进化过程。

分析图 3 可知，随着进化次数的增加，WNN 的预测精度也相应提高。当进化次数达到 131 次时，模型返回相关系数达到最大值的 0.939，当进化次数大于 131 次之后，相关系数趋于收敛，其值在 0.901～0.923 振荡。为了使 WNN 预测精度达到最优，且避免过度训练情况，本文选择 WNN 的进化次数为 131 次。图 4 展示以当前网络结构之下的 WNN 预测情况及 4 种传统算法的预测情况。预测结果评价见表 1。

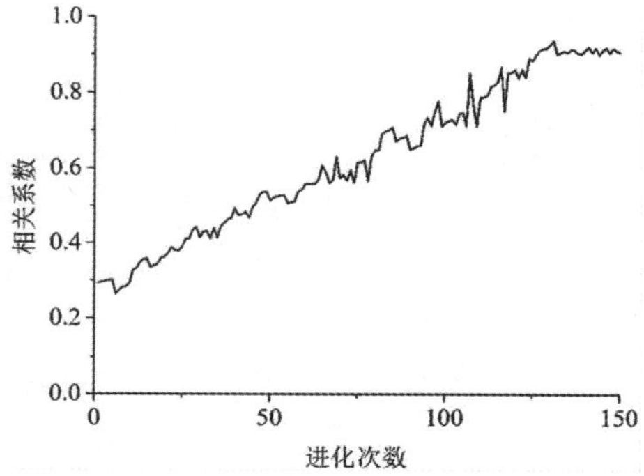

图 3　小波神经网络进化过程图

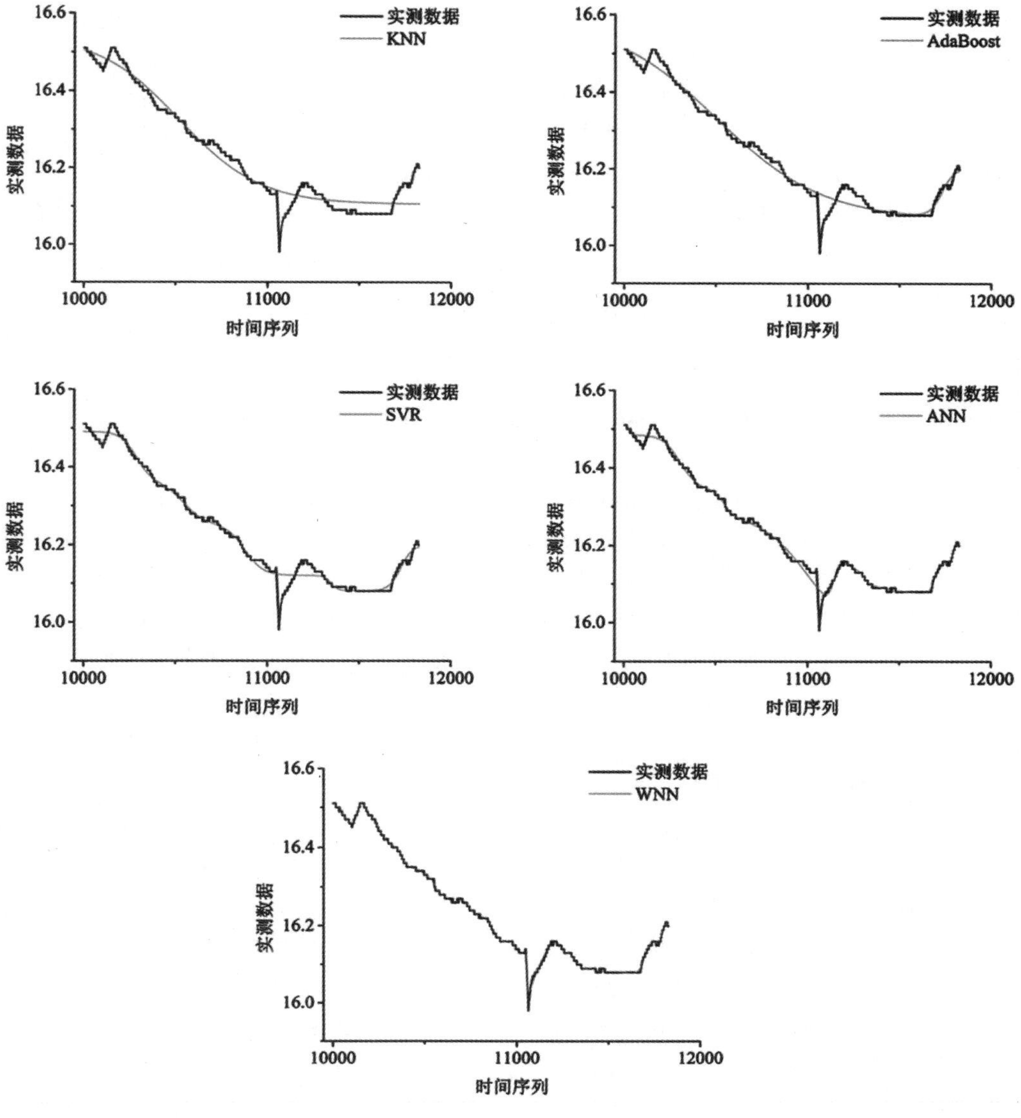

图 4　地下水位预测结果

表 1　预测结果评价

项目	相关系数	MAPE/%	EMSE/m
KNN	0.651	14.264	0.127
AdaBoost	0.698	11.715	0.124
SVR	0.746	7.641	0.083
ANN	0.863	4.146	0.066
WNN	0.927	1.663	0.025

4　讨论

分析图 4 和表 1 可知，5 类预测方法均能建立相应的模型，并输出完整的地下水位预测数据。但就对应的精度而言，KNN 和 AdaBoost 预测精度中的 MAPE 均大于 10%，图 4 中展示的该 2 组数据的预测情况，其预测数据简化了其演化趋势，未能做到正确预测；作为现阶段最常用的两类回归预测算法，SVR 和 ANN 的预测精度较前两类方法有了较大的提升，预测数据也能较准确描述其细微演化趋势，但是在数据振荡剧烈的区间，其精度还有可提升的空间；相较于前四类传统机器学习算法，WNN 预测模型返回最优的相关系数、MAPE 及 RMSE，预测精度有了较大的提升，虽然预测结果没有展现出实测数据的细小阶步，但是其预测结果与实测数据演化趋势高度吻合，能精确描述地下水位振荡的演化趋势。

5　结论

本文建立了一种基于 WNN 修正的地下水位预测模型，并以英国霍林山滑坡地下水位监测点为研究案例，取得了如下结论：

(1)在建立地下水位预测模型之前，需要对地下水位监测数据进行时间序列分析。通过自相关模型计算可知，地下水位当前(t)数据与之前 6 个时间点的监测数据具有显著相关性。故选择 $t-1$、$t-2$、$t-3$、$t-4$、$t-5$ 及 $t-6$ 作为合理的监测数据先验区间。

(2)在构建小波神经网络结构时，发现其网络进化次数为 131 时，其预测精度达到最优。而后随着进化次数的增加，网络出现过度拟合的情况。所以本文 WNN 地下水位预测模型进化次数为 131 次。

(3)对比传统回归预测算法如 KNN、AdaBoost、SVR 和 ANN，WNN 预测模型返回的最优的预测结果，误差较小。虽然 WNN 预测结果未能体现实测数据微小的阶步，但是两者的演化趋势高度一致。故本文认为 WNN 是一种精确可靠的地下水位预测模型，该方法为解决预测具有振荡特性的地下水位提供了一种新的途径。

参考文献：

[1] 刘治政，吴晓东，林洪孝. Kriging. 插值模型在地下水位监测网优化中的应用[J]. 人民长江，2010，41(09)：14-17.

[2]金菊良，杨晓华，金保明，等. 基于遗传算法的地下水位动态预测双线性模型[J]. 水科学进展，2001，12(3)：361-366.

[3] 刘博，肖长来，梁秀娟. 神经网络模型在地下水位预测中的应用[J]. 吉林大学学报（地），2015(1)：225-231.

[4]王智磊，孙红月，尚岳全. 基于地下水位变化的滑坡预测时序分析[J]. 岩石力学与工程学报，2011，30(11)：2276-2284.

[5] 李娜，周维博，董起广. 基于 ARIMA 模型的灌区地下水动态预报[J]. 人民长江，2014，45(09)：43-47.

[6] 彭令，牛瑞卿，叶润青，赵艳南. 基于进化支持向量机的滑坡地下水位动态预测[J]. 中南大学学报(自然科学版)，2012，43(12)：4788-4795.

[7] 黄发明，殷坤龙，张桂荣，等. 多变量 PSO－SVM 模型预测滑坡地下水位[J]. 浙江大学学报(工学版)，2015，49(06)：1193-1200.

[8] 冯艳. 小波神经网络模型及其在水文水资源中的应用[D]. 东北农业大学，2007.

[9] 桑燕芳，王中根，刘昌明. 小波分析方法在水文学研究中的应用现状及展望[J]. 地理科学进展，2013，32(09)：1413-1422.

[10] 刘春艳，凌建春，寇林元，等. GA－BP 神经网络与 BP 神经网络性能比较[J]. 中国卫生统计，2013，30(02)：173-176＋181.

[11]张立仿，张喜平. 量子遗传算法优化 BP 神经网络的网络流量预测[J]. 计算机工程与科学，2016，38(01)：114-119.

[12] 肖书敏，闫云聚，姜波澜. 基于小波神经网络方法的桥梁结构损伤识别研究[J]. 应用数学和力学，2016，37(02)：149-159.

[13] 季彦婕，陈晓实，王炜，等. 基于小波变换和粒子群小波神经网络组合模型的有效停车泊位短时预测[J]. 吉林大学学报(工学版)，2016，46(02)：399-405.

[14] HEILBRONNER R，BARRETT S. Autocorrelation Function[M]//Image Analysis in Earth Sciences. Springer Berlin Heidelberg，2014：389-409.

[15] 程声烽，程小华，杨露. 基于改进粒子群算法的小波神经网络在变压器故障诊断中的应用[J]. 电力系统保护与控制，2014(19)：37-42.

[16] 王宇，卢文喜，卞建民，等. 基于小波神经网络的地下水流数值模拟模型的替代模型研究[J]. 中国环境科学，2015，35(1)：139-146.

[17] 潘玉民，邓永红，张全柱. 小波神经网络模型的确定性预测及应用[J]. 计算机应用，2013，33(4)：1001-1005.

[18] 汤素丽，罗宇锋. 人工神经网络技术的发展与应用[J]. 电脑开发与应用，2009，22(10)：59-61.

基于电气畸变波形数据全景分析的机电设备故障预判系统的研究与应用

韦波[1]，陈珂[1]，陈杰[1]，周欣宇[1]，唐丽[2]

（1.贵州乌江水电开发有限责任公司东风发电厂，贵州清镇，551408；2.深圳市双合电气股份有限公司，广东深圳，518004）

摘要：本文通过构建水电厂的机电设备综合数据采集及故障预判系统，以机电设备运行时产生的电气畸变波形的暂稳态特征信号为核心，采用多种信号分析及建模方法，实现水电厂内多类型机电设备的电气运行数据采集、暂态信号提取、设备建模、故障预判、异常预警、效能评估等功能。该系统在东风发电厂成功部署应用，对挖掘电气畸变波形数据的更多价值、提前预判设备故障、提高设备运行的可靠性具有一定意义。

关键词：畸变；波形；数据；机电；设备；故障；预判

0 引言

国家能源发展战略及智能电网建设对水电厂的智能化建设提出了更高的要求，而信号处理、人工智能及传感技术的高速发展为基于电气畸变波形对机电设备进行故障预判提供了技术条件[1]。水电厂中的发电机、变压器、电机等机电设备，其运行中的异常或故障状态，均会在电气参数中以暂态畸变的波形体现出来[2]。基于电气畸变波形信号分析故障预判的方法能够及时发现设备的缺陷，降低事故发生概率[3]。

水电厂目前运行的监控系统和监测、保护设备侧重于以振动及机械状态信号对机电设备的运转状态进行监测，对有可能影响机组运行状态的电气信号及外部信号考虑不充分，同时只考虑重点设备，对配套的辅机设备监测不足，未能从多维综合的角度评估机组及配套辅机的安全运行情况，也没有对畸变的暂态电气波形进行深入分析。因此有必要从智能水电厂的数字化建设着手，构建水电厂基于电气畸变波形分析的机电设备综合数据采集及故障预判系统（以下简称故障预判系统）。

故障预判系统采集机电设备运行时的电压电流等电气暂态特征信号，基于机电设备在异常和故障时产生的电气畸变波形，构建基于电气特征量的水电厂机电设备故障特征模型，实现水电厂内多类型机电设备的电气运行数据采集、暂态信号提取、设备建模、故障预判、异常预警、效能评估等功能。

1 系统数据采集

根据东风发电厂的现状，故障预判系统需要采集现有的故障录波器、智能监测装置及远程监控系统的多类型数据，并建立数据库，构建数字化的智能故障预判系统平台。

智能水电厂从横向划分为不同的安全区，分为生产控制大区（包括安全I区、安全II区）和管理信息大区（安全III区），不同的安全区采用防火墙及物理隔离。考虑到故障预判系统采集的数据来源及功能应用方式，其应用功能部署在安全II区，综合展示及结果信息推送至安全III区[4]。根据所采集数据的特征，将数据分为稳态实时数据、状态监测数据和一般数据（故障录波器和智能监测装置的录波文件等）。

故障预判系统的整体框架设计（见图1）如下：

（1）实现稳态实时数据采集上送功能。二区的智能监测装置和故障录波器的稳态实时数据经独立网络上传到二区服务器，数据单向传输，通过链路层经光纤、交换机传输到稳态服务器。接收到的稳态实时数据经过一定的处理形成文件存储在磁盘阵列中。

（2）实现电气畸变数据采集上送功能。电气畸变波形数据来自于智能监测装置和故障录波器。当有畸变时启动波形记录，数据通过TCP层经光纤、交换机传输并存储到二区的应用服务器中。

（3）二区应用服务器接收到畸变波形数据，进行特征值分析提取，特征值存本地数据库并推送到三区，原始文件保存本地磁盘。

（4）二区的应用服务器通过Web service接口，经过防火墙从远程监控系统获取状态监测数据，存储到数据库并推送到三区。

收稿日期：2021-03-05.

作者简介：韦波，贵州普定人，高级工程师，从事水电厂生产技术管理工作.

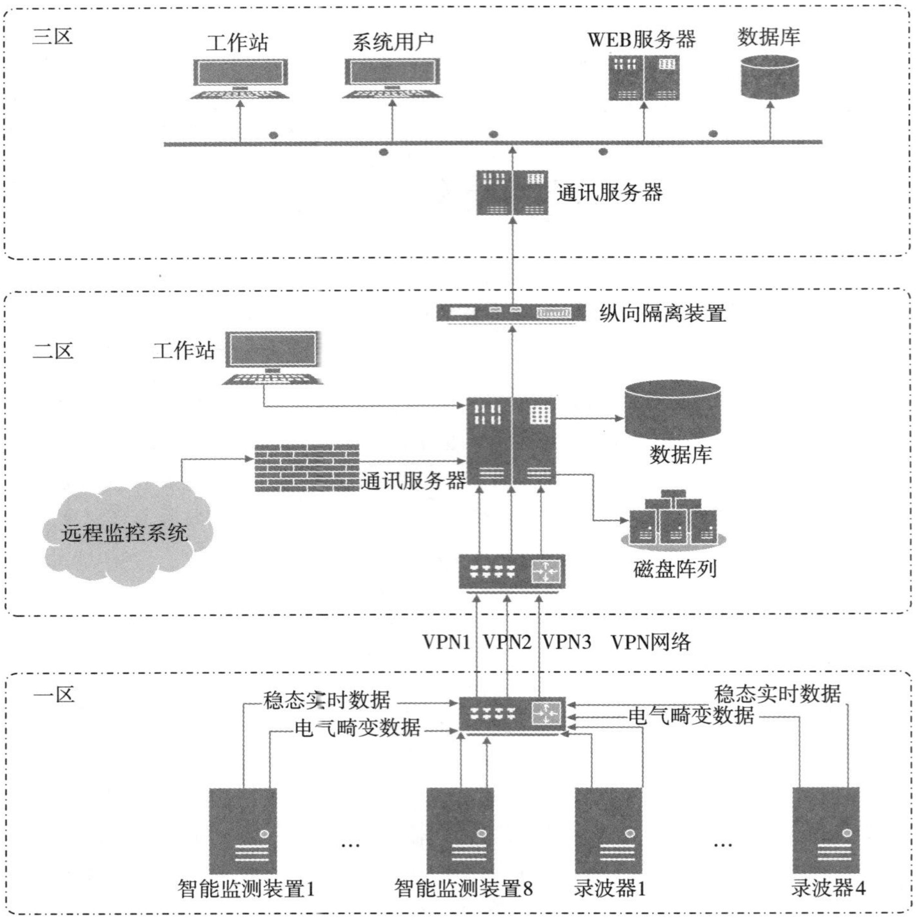

图 1　系统框架设计示意图

2　系统故障建模

故障预判系统需要在机电设备出现各种类型的突发性故障、渐进性故障或初发性故障时，实现故障诊断和预判。这些故障发生时，其故障特征均在其电气信号(电压、电流)中以畸变波形体现，系统基于此建立电力故障模型，针对不同类型的故障(电力设备突发性故障、电力设备渐进性故障、用电设备初发性故障、特殊故障等[5])对其故障特征的求取采用快速傅立叶、HHT、小波变换等信号处理技术来建立模型。

2.1　电力设备突发性故障模型

电力设备突发性故障包括线路短路及接地故障、变压器出口短路及接地故障、发电机出口及接地故障的、变压器匝间短路、发电机定子绕组相间短路、发电机定子匝间短路、励磁涌流等，这类故障的特点是特征规则明显[6]，系统建模时是基于专家人为故障分析的过程智能化，其模型构建的内部流程方法基于以下步骤：

(1) 基于不同类型电力突发性故障的特征，设定多类型阈值，当现场出现监测信号超过阈值时，自动启动畸变波形标记记录及分析流程。

(2) 程序内快速浏览全景数据，自动诊断计算故障的通用性故障信息：发生故障的电气元件和故障类型、保护动作时间和故障切除时间、故障电流和故障电压、保护动作详细情况、重合时间以及是否重合成功。

(3) 基于畸变点，选择故障前的正常波形数据与故障后的畸变波形数据，计算畸变特征值。

(4) 选择故障模型进行故障诊断，判断故障类型，若接入了保护动作及断路器状态信息，可进一步分析保护动作情况。

(5) 记录故障全景畸变波形，生成故障分析简报，启动告警，并存储上送。

2.2　电力设备渐进性故障模型

电力设备渐进性故障是指断路器、开关、互感器等设备，有可能由于内部接触不良、外部潮湿引起的绝缘损坏、不当操作引起的谐振、载流接触面过热等情况经过一段时间演变形成的故障[7]。这些故障的发生一般都有一段时间的演化过程，在前期也可以通过电气信号中的畸变特征体现出来。

在进行电力设备渐进性故障模型构建时，根据分析此类故障的畸变特征结果，多种类型的故障反映在电气畸变信号中，其特征值具有相似之处，如果考虑精细模型，需要在畸变特征的基础上，进一步补充现场的环境及设备状态信息，收集难度大且成本高。

系统在对渐进性故障建模时，在突发性故障模型的流程基础上，侧重于对电气畸变信号中的微弱特征信号进行提取，以此给出初步的设备异常预警值，根据预警情况获取全景故障信息，再结合现场实际情况进行专家判断。当有大量故障数据案例时，系统支持根据重复出现的可靠预警阈值，建立精确的故障模型。

2.3 电力设备初发性故障模型

电力设备初发性故障是针对电厂内的旋转电机，其定子绕组、转子、轴承等重要部件的故障发生概率，占总事故类型的 90% 以上。这些故障属于初发性故障，在故障发展早期就会在三相电压、电流中以畸变波形体现故障征兆[8]，系统建模时是基于不同部位故障特征的故障指数化，其构建的 3 种典型部件的初发性故障模型包括：电机定子绕组故障模型、电机转子故障模型、电机轴承故障模型。电机轴承故障模型又进一步细分为轴承内圈故障模型、轴承外圈故障模型、轴承保持架故障模型、轴承滚动体故障模型。

2.4 特殊故障模型

对机电设备发生的特殊故障，由于其特征表现各有不同，很难提前对特殊故障进行定位[9]，因此系统的建模方式是基于故障数据的全景建模，其模型构建的内部流程方法基于以下步骤：

（1）当现场发生特殊故障时，基于故障发生时刻，从稳态实时数据中获取故障前后的全景暂态畸变数据，手动将其标记为特殊故障，设置故障类型。

（2）程序内自动计算暂态畸变波形的典型特征参数，并将其与原始全景暂停畸变数据共同存储为故障模型。

（3）当后续发生类似故障，基于故障模型的原始数据及典型特征参数进行畸变波形及特征参数比对，进而实现故障诊断和预判。

2.5 基于全景畸变数据的故障模型

故障预判系统实现了监测范围内的系统全景数据的实时稳态高频采集，对如此海量数据，系统建立了基于全景畸变数据的故障模型，支持利用大数据技术，从设备运行的海量历史数据中，挖掘出设备运行的历史规律和参数间的关联关系等信息，协助用户根据设备运行的历史规律分析当前设备的运行状态，并对设备及生产异常情况及时告警。

故障预判系统的稳态实时数据经过了数据清理、数据集成、数据选择、数据变换、数据挖掘及知识表示等步骤存储于时序数据库中，此时序数据库是进行数据挖掘和故障模型构建的基础。

目前，基于全景畸变数据的故障模型是开放性的建模方式，将数据清洗及集成工作放入远端边缘计算及数据采集设备即智能监测装置，逐条高效处理实时采集数据，同时植入基于机理性的机电设备故障模型，进行基础数据分析及计算工作，将数据分析结果存储于时序数据库。提供 Pyhton 接口，将电压与电流有效值、谐波畸变率、奇次谐波成分、有功及无功功率、总功率、电动机故障指数等基础数据创建归一化多维特征，对多维特征进行数据挖掘、模式识别，最终基于大数据分析模型计算结果实现全景畸变数据的评估及表达，如图 2 所示。

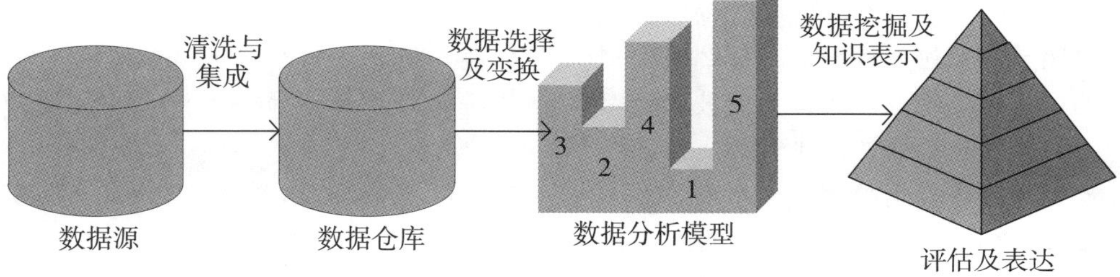

图 2　全景模型构建流程

3　系统功能

故障预判系统实现水电厂内多类型机电设备的电气运行数据采集、暂态信号提取、设备建模、故障预判、异常预警、数据分析、系统状态监视、系统配置等功能。其后台展示主要的应用功能模块包括：实时显示、设备状态特征分析、故障模型及分析预判、事件分析、趋势分析、稳态实时数据分析。

3.1 实时显示

实时显示模块提供了电厂全景数据概览、一次接线图、机电设备状态监测等数据。方便运行人员快速浏览现场重要信息，可大屏展示。

3.2 设备状态特征分析

设备状态特征分析模块详细展示了各类机电设备的运行效率、负载率、运行状态、故障机告警信息、异常/故障特征、故障报告等，并提供设备状态特征数据的对比分析功能。

3.3 故障模型及分析预判

故障模型及分析预判功能模块提供故障模型管理、基于模型及特征值的故障分析预判功能。

3.4 事件分析

事件分析功能模块是提供系统预判记录的故障事件、异常事件等事件的查看、分析、统计等功能。

3.5 趋势分析

趋势分析功能模块可以查询系统记录的各类数据的历史信息和历史变化曲线，通过观察机电设备的运行状态数据变化趋势，可以及时掌握设备的生命曲线和劣化趋势，为设备检修维护工作提供必要的数据支持。

3.6 稳态分析

稳态分析功能模块可以从时序数据库查看、导出系统记录的任意时间段的稳态实时数据(采样率为10000Hz)，分析畸变特征，支持将一段稳态实时数据标记并存储为故障模型。

4 系统运行情况

2020年6月起，故障预判系统在东风发电厂部署并运行。运行期间，系统对东风发电厂厂区内的发电机、变压器、开关柜、电动机等进行实时状态监测，对异常进行及时预警，并对故障过程进行全景记录。

2020年9月19日22点8分24秒，4号机组10 kV Ⅷ段032开关柜速断保护动作，引起4号机厂用电 Ⅷ段跳停。检查发现，10 kV Ⅷ段032开关柜A、B相高压过电压保护器及出线处接线母排端头有明显的过热放电痕迹。系统20点32时识别到032开关柜的电流畸变特征，具体为谐波畸变率含量告警，21点10分系统再次识别到畸变特征增大，达到故障预判条件，发出故障预判事件，22：08时保护动作跳开故障元件。系统分析的故障原因是设备运行过程中，过电压造成TBP过电压保护器击穿，引起A、B两相相间短路放电。

故障预判系统记录了故障发生前后的全景稳态实时高频采样数据，可对事故前后状态进行分析。

进一步分析畸变特征发现谐波畸变率与过电压保护器的设备状态体现了正相关关系，对全景波形搜索畸变特征并放大细节，结合全景波形和故障前后的畸变特征可以发现：发生事故前，过电压保护器绝缘性能下降，随着绝缘性能持续下降畸变波形中谐波畸变率含量持续增大，当绝缘性能持续下降到一定程度，两相绝缘击穿，电流发生短路现象，由于过电压保护器持续拉弧，热能开始聚集，短路瞬间瞬时集能过大，无法及时释放，形成爆炸。

本次故障为特殊故障，系统提前1 h左右(21:10时）预判出了故障，并记录了故障全过程的全景波形，通过畸变波形特征与故障分析结果结合，生成了一个特殊故障模型，可供未来分析预判类似的故障。

5 结论

故障预判系统以水电厂的发电机组、变压器、GIS、断路器、高/低压电机等机电设备运行时产生的电气畸变波形的暂/稳态电气特征信号为核心，采用多种信号分析及建模方法进行深入挖掘，实现水电厂多类型机电设备的故障预判及告警。

由于故障预判系统记录的电厂运行的电气全景信息，能够对机电设备的异常和故障状态利用高频采样数据进行清晰还原，能够对数据分析并归纳特定的故障模型，能够基于模型进行阈值设定，这些功能为后续机电设备故障预判功能的全面完善提供了平台基础，也为特殊故障的建模及故障预判提供了很好的思路。

参考文献：

[1] 李杰.工业大数据：工业4.0时代的工业转型与价值创造[M].邱怡华，译.北京：机械工业出版社，2015.

[2] 王桂玲，王强，赵卓峰，等.物联网大数据处理技术与实践[M].北京：电子工业出版社，2017.

[3] 李景禄.电力系统状态检修技术[M].北京：中国水利水电出版社，2010.

[4] CHIANG J H, YUAN J. Optimal maintenance policy for a Markovian systemunder periodic inspection[J]. Reliability Engineering & System Safety, 2001, 71(2): 165-172

[5] 许靖，王晶，高峰，等.电力设备状态检修技术研究综述[J].电网技术，2000.8，24(8)：48-52.

[6] 庄兴元.电力设备在线监测技术现状及实际开发应用前景[J].电工技术，2003.

[7] 广东电网公司.广东电网公司设备状态评价与风险评估技术导则[S]. 2010.

[8] 刘继伟.基于大数据的多尺度状态监测方法及应用[D].华北电力大学，2013.

[9] 周国亮，宋亚奇，王桂兰，朱永利.状态监测大数据存储及聚类划分研究[J].电工技术学报，2013，S2：337-344.

乌江流域水风光一体化互补特性及运行研究

周清平，赵乔，张艳青，赵江艳

（中国电建集团贵阳勘测设计研究院有限公司，贵州贵阳，550081）

摘要：本文依据水库优化调度的基本理论，分析水电、风电、光伏的出力特性，在此基础上进行水风光互补特性分析，并初步分析互补运行的效益，建议出台水风光一体化基地发展的配套政策，引导乌江流域风光水资源优势互补协同规划开发，促进水风光可再生能源的协同发展。

关键词：水风光一体化；出力；运行；特性；互补；乌江流域

1 概述

贵州乌江流域水、风资源量相对较大，乌江水量充沛，梯级调节性能好[1]；贵州邻接广东发达地区，电力市场空间大[2]。通过水风光一体化可再生能源综合开发，在已建梯级水电周边合理配置风光容量，充分利用水电剩余通道，实现水风光互补打捆送出，利用梯级水电站良好的调节性能和快速反应能力，减少风电和太阳能发电不稳定出力对电力系统的影响，增强电力系统对风电和太阳能发电不稳定出力的消纳能力，同时解决了风电、光伏电源建设周期与电网规划建设周期不匹配的问题[3]，也降低了风光电源综合开发成本，促进区域风能和太阳能资源统筹开发，把乌江建设成为全国重要的可再生能源综合基地。

水风光互补运行主要是利用水电站调节性能，首先平滑风电、光伏出力，然后根据系统负荷要求及通道送电能力，调节水电出力，在不增加水电弃水的前提下，尽量增加风电光伏电站吸纳率。通过基地水风光互补运行，各流域梯级水电电量基本不变，仅改变其日内出力过程，水风光电源整体出力适应系统负荷需求，提高通道利用率。

2 水电出力特性

乌江是长江上游南岸最大的支流，发源于贵州省威宁县盐仓镇西南，全长 1 037 km，流域面积 87 920 km^2，天然落差 2 124 m。乌江流域水能蕴藏丰富，全流域水能蕴藏量 10 426 MW，是我国十三大水电基地之一。

乌江干流 12 座梯级水电站总调节库容 99.511 亿 m^3，具有多年调节性能的水电站有洪家渡和构皮滩，具有年调节性能的有彭水水电站，具有季调节性能的水电站有普定、引子渡、东风、乌江渡，其余电站均具有日及以上调节性能。其中洪家渡水电站调节库容 33.61 亿 m^3，是梯级的控制性水库工程，构皮滩水电站调节库容 29.02 亿 m^3，对整个梯级的补偿调节作用显著。通过洪家渡、构皮滩两大水库调节，可使乌江干流梯级水电站群实现多年调节，各梯级电站日内出力过程可根据系统需要进行综合调度运行。

乌江干流梯级水电站每年汛期(5—10 月)发电多，枯期(11—4 月)发电少。乌江干流梯级水电站丰水年、平水年、枯水年丰枯出力比分别为 2.69、1.92、1.02，丰枯出力差异小，调节能力强，在配合新能源运行方面具有天然优势。

乌江干流梯级各电站基本具备日以上调节能力，可根据系统负荷变化情况进行日调节，在系统负荷高峰时段，电站可在系统中承担调峰任务；在系统负荷低谷时段，可视系统需要和下游用水要求调整电站出力。

3 风电出力特性

以构皮滩水电站周边风电场为例，选取代表性较好的风电场进行出力特性分析，以代表该区域风电场出力特性。

根据代表风电场测风数据和代表机型标准空气密度下的功率曲线计算单台风电机组出力，结合风电场风电机组台数得到风电场理论出力；在理论出力的基础上，综合考虑空气密度、尾流影响、功率曲线保证率、风电机组可利用率等因素，对理论出力进行修正，得到风电场实际出力过程[4]。风电出力特性分析结果如图 1 所示。

收稿日期：2021-07-22.

作者简介：周清平，湖北广水人，教授级高级工程师，从事水电水利工程规划设计工作.

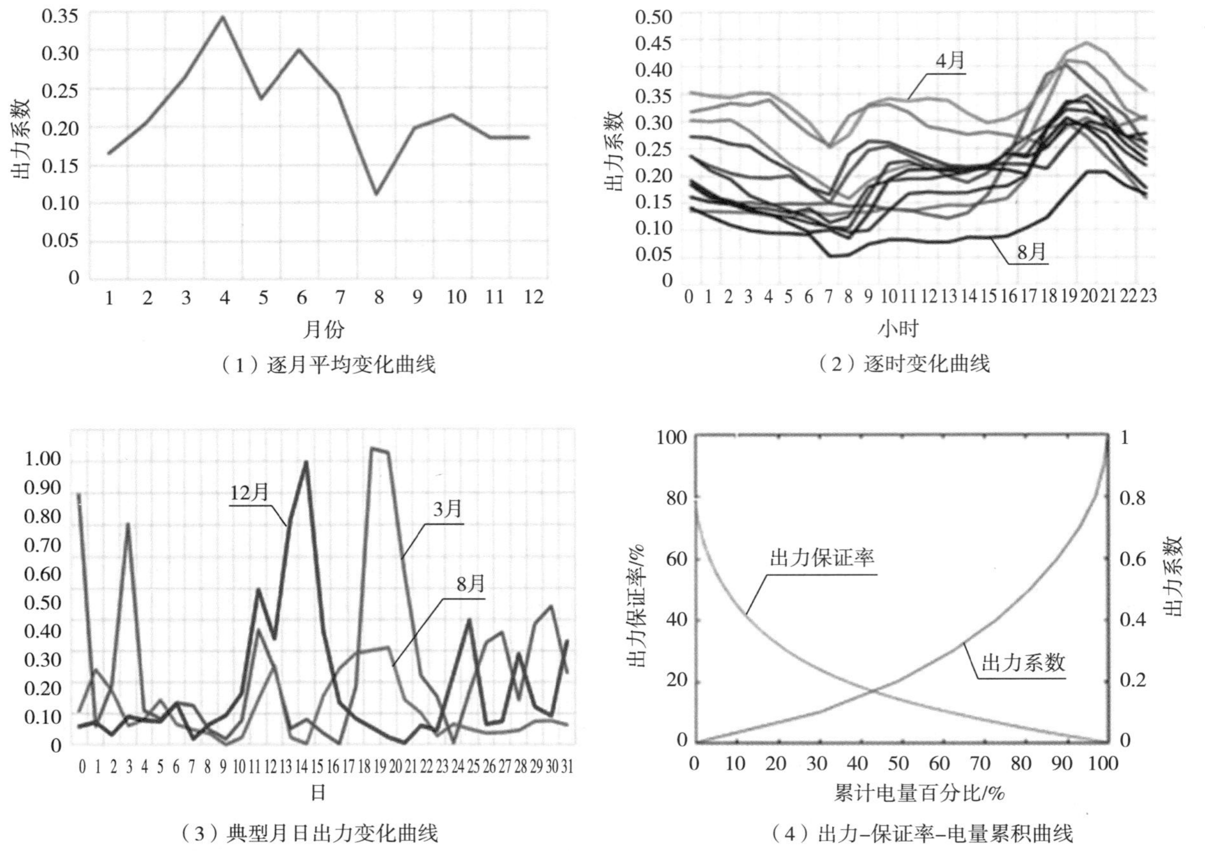

图 1　构皮滩水电站周边风电场出力特性曲线

3.1　年内出力变化

乌江流域内风电年内逐月出力特性基本一致。1—6 月出力较大，7—12 月出力较小，月际变化较显著，呈冬春季大、夏秋季小的特点。经统计，3—4 月(大风季节)代表风电场出力系数为 0.4～0.9，属于发电量较大季节；8 月(小风季节)代表风电场出力系数为 0.15～0.20，属于发电量最小季节。

3.2　日内出力变化

从逐月日内平均出力变化曲线上看，乌江流域内风电各月日内出力趋势较为一致，呈现明显的“一峰一谷”特性，一般在夜间出力大，白天出力小的特点，即“上午大，下午小”。整体上，大风月日内出力变化幅度较大，小风月日内出力相对稳定。

3.3　电量保证率

经统计，乌江流域内风电电量占比 95%时的出力系数为 0.75～0.80，也就是说当风电出力达到装机容量 0.75～0.80 时，发电量即可达到设计电量的 95%。

3.4　典型月日出力特性

乌江流域内风电 3 月(大风季节)日出力特性变化范围较大，相邻两日变化幅度明显。8 月(小风季节)日变化特性较为稳定，相邻两日变化幅度较小，总体来看，小风季节日出力特性较为稳定，相邻两日出力变化幅度较小；大风季节，日出力变化幅度较大。

4　光伏出力特性

以构皮滩水电站周边光伏电站为例，选取代表性较好的光伏电站进行出力特性分析，以代表该区域光伏电站出力特性。

根据代表性辐射数据计算单位千瓦光伏电站出力，再结合光伏电站装机容量，确定光伏电站理论出力。在上述理论出力的基础上，综合考虑尘土覆盖、组件性能、逆变器损耗等因素，对理论出力进行修正，得到光伏电站实际出力过程。光伏出力特性分析结果如图 2 所示。

4.1　年内出力变化

乌江干流流域内光伏年内月平均出力系数为 0.03～0.15。冬季(12—2 月)太阳能辐射量较小，则冬季出力在年内属于较小季节，在 0.03～0.07 之间；春季(3—5 月)，太阳能辐射量较高，且温暖少雨，则春季出力在年内属于较大季节，在

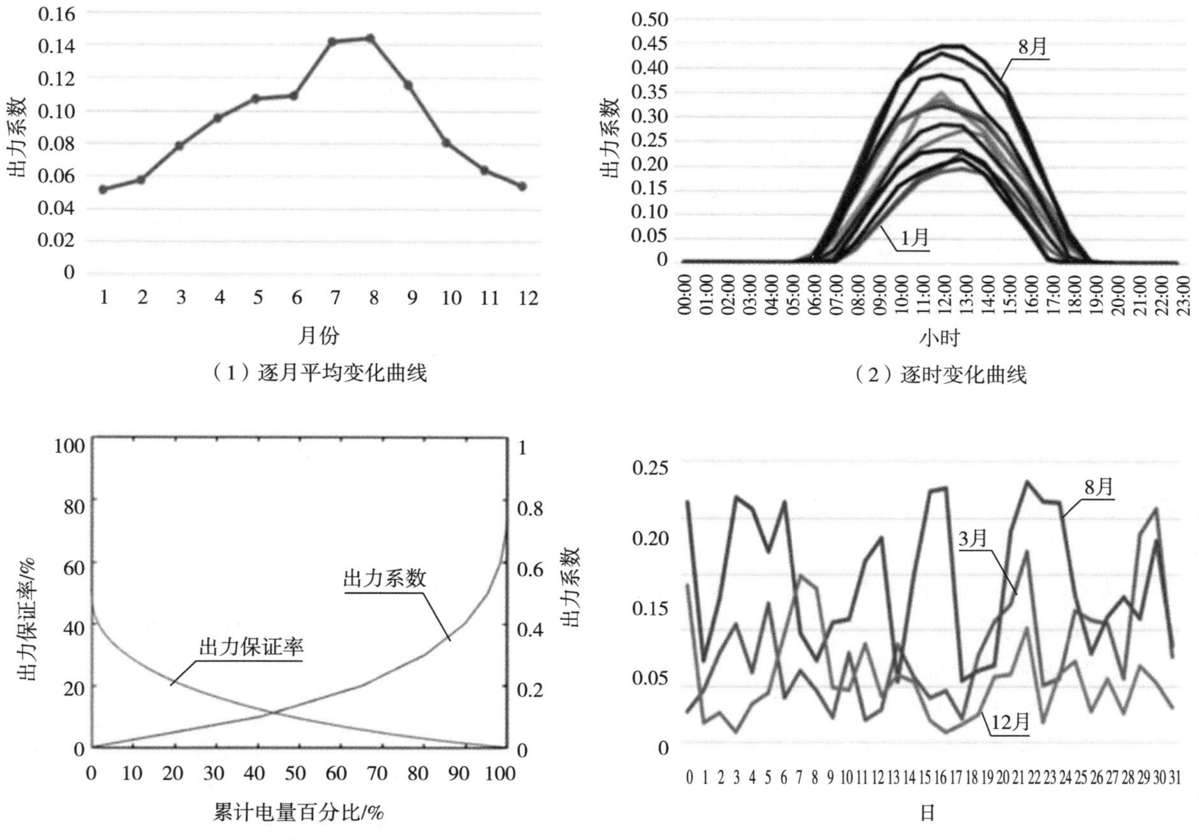

（1）逐月平均变化曲线　（2）逐时变化曲线

（3）出力-保证率-电量累积曲线　（4）典型月日出力变化曲线

图 2　构皮滩水电站周边光伏电站出力特性曲线

0.05～0.11；夏季(6—8 月)，太阳能辐射量较强，夏季出力在年内属于较大季节，在 0.11～0.15 之间；秋季(9—11 月)，太阳能辐射量较高，气温适宜，少雨，秋季出力在年内属于较高季节，在 0.07～0.12 之间。整体呈现全年出力平稳、冬季相对较低的规律。

4.2　日内出力变化

从逐月日内平均出力变化曲线上看，乌江干流流域内光伏各月日内出力趋势一致，一般在中午 10～14 点出力达到峰值，20 点至次日 5 点出力为 0，受昼夜影响较大。8 月日内小时平均出力最大，1 月各时刻出力最低，发电最少。

4.3　电量保证率

经统计，乌江流域内光伏电量占比 95%时的出力系数为 0.5～0.55，也就是说当光伏出力达到装机容量 0.5～0.55 时，发电量即可达到设计电量的 95%。

4.4　典型月日出力特性

乌江流域内光伏日变化特性整体较为稳定，其中夏季由于雨季影响，相邻两日出力变化幅度较大；其他季节光伏日变化特性较为稳定。

5　水风光互补特性分析

5.1　年内出力互补特性分析

乌江流域风能资源分布有明显的季节性差异，总体呈现 3、4、6 月风大，8、9 月风小，风速的季节变化直接造成了风电场出力的季节性差异。

乌江流域水电站的出力根据来水情况分为汛期、枯期，每年的 6—10 月为汛期，来水量大，发电量多，11—5 月为枯期，来水量小，发电量少。

乌江流域全梯级水电出力系数与周边风电、光伏的年内出力系数对比如图 3 所示。

由图 3 可知，乌江流域丰水年、平水年、枯水年年内风、水出力具有相对较好的互补关系。光伏发电的年内各月差异较小，但也呈现出与水电一定的年内互补关系。

5.2　日内出力互补特性分析

当水电站的水库具有一定调节库容时，水库的蓄水可以平抑来水的短期波动。因此，水电、风电、光电联合运行时，水电的年运行方式可维持单独运行时的调度原则和方式[5]；在进行日调度时，根据风电、光电出力的变化，动用自身的

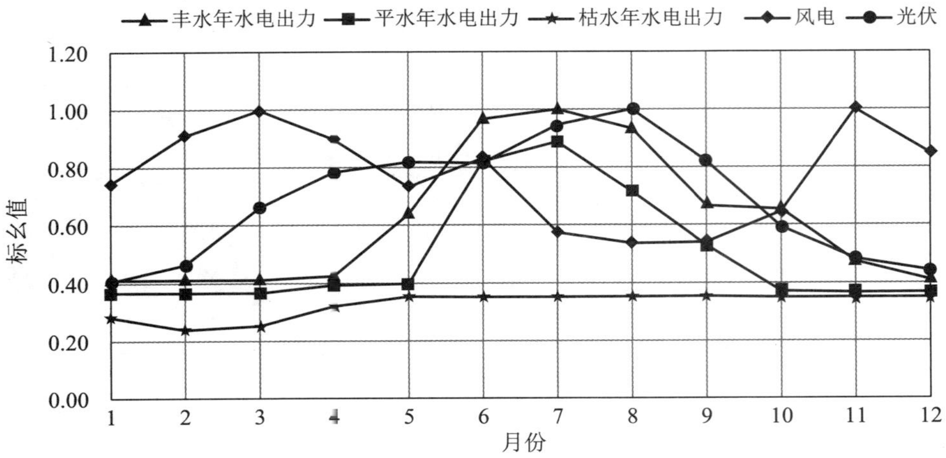

图 3　乌江流域丰、平、枯水年水风光年内出力特性对比图

调蓄能力进行日内调节，以平抑风电、光电的短期波动。

由于风电、光伏出力的天然波动性，水风光互补运行前日内出力呈现较大的波动性；水风光互补运行时，水电站动用自身的调蓄能力进行日内调节，有效地平抑了风电、光电的短期波动；在假定比例下，枯期水电可调配电量有限，不能完全平抑风光出力波动。

6　水风光互补运行研究

乌江基地的水电年内出力具有 6—10 月汛期出力大、11—5 月枯水期出力小的特性；风电一般具有 1—5 月出力大，7—11 月风出力小的特性；各基地光伏项目年内出力具有 3—10 月出力大，11—1 月出力小的特性；水风光出力特性在年内存在一定的互补性。联合运行时风电、光伏可以有效弥补水电枯期出力，水电也可以有效平抑风电和光伏发电的短期波动，从而使得整个水电—风电—光伏系统提供电量保证。乌江水风光基地主要依托洪家渡、构皮滩等电站水库的调节库容，对流域各梯级水电调丰补枯，增大枯期出力。

水光日内互补主要是利用水电站调节性能首先平滑风电、光伏出力，然后根据系统负荷要求及通道送电能力，调节水电出力，在不增加水电弃水的前提下，尽量增加光伏电站吸纳率。在风、光电出力较大时，通过蓄水等方式降低水电站出力；在风、光电出力较小时，加大水电站出力，相当于把新能源电量以水库蓄水量的形式进行转化和在时间上重新分配，达到共同承担系统需求的目的[6]。

以构皮滩 8 月丰水年、8 月平水年、12 月枯水年为例分析水风光一体化运行方式。利用水电站的调节能力，通过水电站调节出力后，构皮滩水光互补日内总出力曲线如图 4～图 6 所示。在平枯水年，水电的调节能力能够使得总出力小于通道容量，从而少产生弃风弃光；在丰水年水电站满发时，水电站基本丧失调节能力，外送通道不足时就产生较多的弃光。

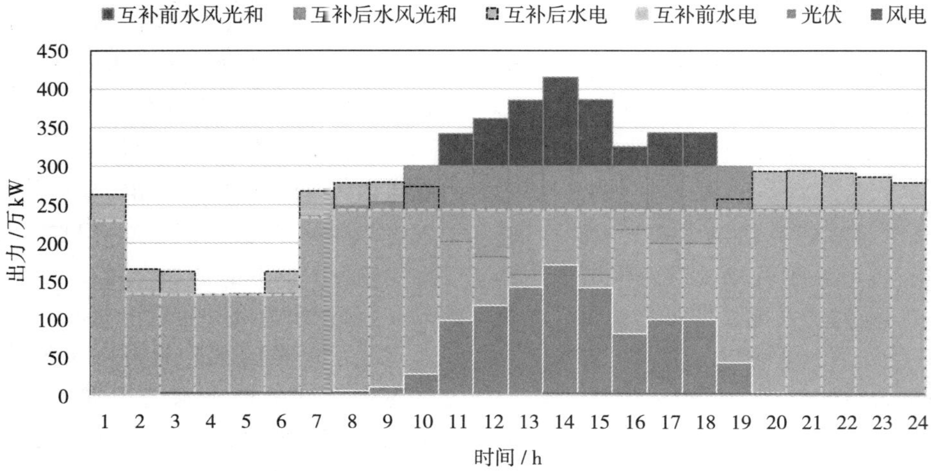

图 4　构皮滩水电站丰水年 8 月水风光互补运行图

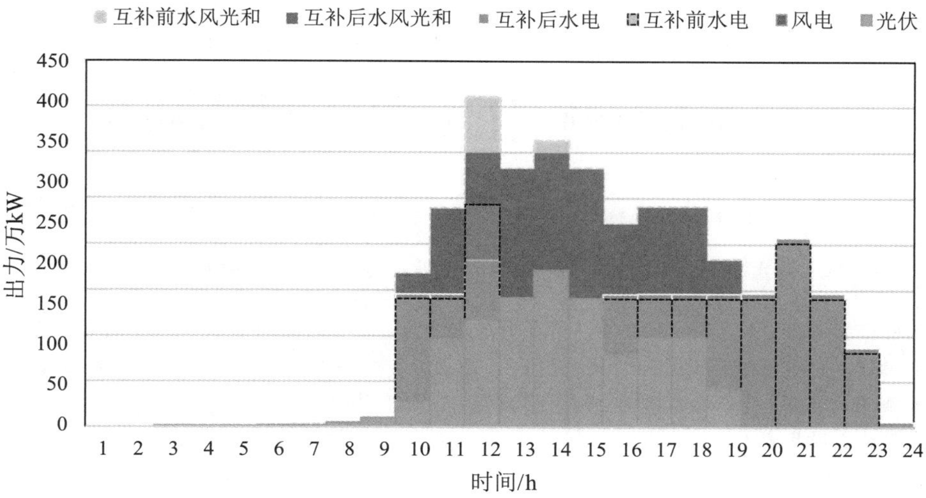

图5　构皮滩水电站平水年8月水风光互补运行图

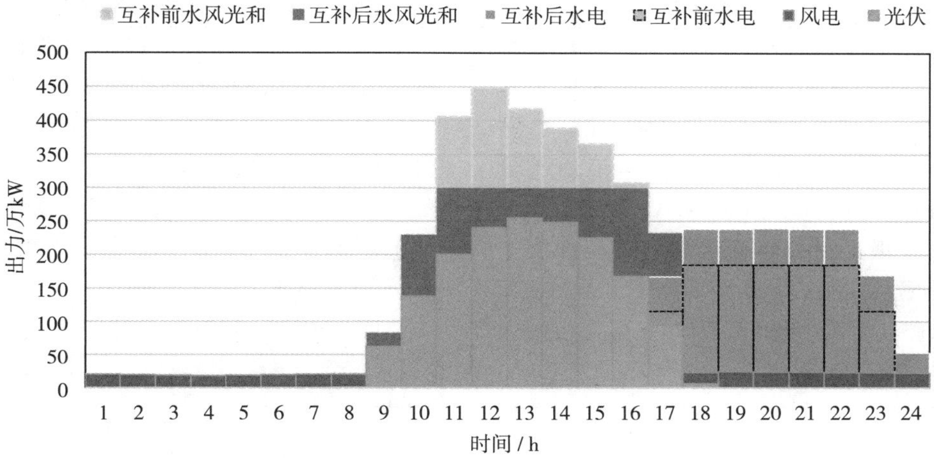

图6　构皮滩水电站枯水年12月水风光互补运行图

7　结语

依托乌江流域已建水电梯级，结合流域水电站周边风光资源条件，充分发挥水电调节优势，实现水风光一体化开发，推动流域可再生能源可持续健康发展，推进建设国家级水风光一体化可再生能源综合开发基地，统筹兼顾内供和外送，实现企业及地方经济共同发展。同时，通过乌江流域一体化开发运行模式，降低风电、光伏资源的开发成本，提高电源的上网质量和送出通道利用率，促进能源绿色发展。

为有效促进乌江流域水风光一体化可再生能源综合开发基地建设，贵州省、重庆市应出台水风光一体化基地发展的配套政策，引导乌江流域风光水资源优势互补协同规划开发，充分发挥乌江流域已建成水电基地良好的调节能力和输电通道优势，汇集流域周边规模相对较大、与水电电源点相对较近、经济性较好的风光资源，按水电与风电、光伏打捆外送的方式统一送出，促进贵州省、重庆市水风光可再生能源的协同发展。

参考文献：

[1] 熊金和，汤成友，姜利玲，等. 乌江流域梯级水库洪水调度预报模式[J]. 人民长江，2020，51(11)：87-91.
[2] 徐伟. 乌江流域水电运行专业管理一体化[J]. 红水河，2020，39(05)：97－100.
[3] 马雪，胡小丽，王晴玉，等. 大规模光伏并网情况下水电日内运行方式变化分析[J]. 西北水电，2019(03)：1-6.
[4] 何永生，聂金恒，邱良，张云杰. 云南省风水互补特性分析[J]. 云南电力技术，2018，46(06)：36－38.
[5] 何亚森. 某地区水风光电源出力特性及相关性分析[J]. 机电信息，2019(05)：57－58.
[6] 张倩文，王秀丽，李言. 含风光-水-储互补电力系统的优化调度研究[J]. 电力与能源，2017，38(05)：581-586.

DG 水电站碾压混凝土试验研究

蔡畅，路明，张延

（中国水利水电第九工程局有限公司西藏建设工程有限公司，西藏拉萨，850000）

摘要：为验证高海拔、强光照、干燥、大风等特殊气候条件下大坝碾压混凝土配合比的各项性能，确定合理的碾压工艺参数，对碾压混凝土的配合比、硬化混凝土的各种性能进行了试验和原位检测。试验结果表明，该特殊的气候条件对混凝土 *VC* 值和初凝时间影响较大，在施工过程中做好喷雾、覆盖、表面保温等措施，混凝土性能能够满足施工质量要求。

关键词：DG 水电站；碾压混凝土；试验

1 概述

DG 水电站位于西藏自治区山南地区桑日县境内，为二等大(2)型工程，以发电为主，水库正常蓄水位3 447.00 m，相应库容 0.552 8 亿 m^3，电站坝址控制流域面积 15.74 万 km^2，多年平均流量 1 010 m^3/s，电站装机容量为 660 MW。

DG 水电站大坝是目前海拔最高的碾压混凝土坝，大坝坝顶高程 3 451 m，最大坝高 117 m，坝顶长 385 m，大坝碾压混凝土 93.7 万 m^3，常态混凝土 50.5 万 m^3。地处高海拔、低气压、太阳辐射强、昼夜温差大、气候干燥、风大等特殊气候区。

2018 年 8 月 3 日—13 日在临砂系统加工厂进行了大坝碾压混凝土工艺性试验。碾压混凝土试验场尺寸为 37 m×27 m（长×宽），混凝土块高 1.5 m（不含垫层 30 cm），分 C_{90} 15W6F100 三级配、C_{90}20W8F200二级配，共 2 个试验区 6 个条带。混凝土总工程量 1 498.5 m^3，其中碾压混凝土 1 224 m^3，变态混凝土 168.6 m^3。

碾压混凝土设计性能指标见表 1。

表 1　碾压混凝土设计指标统计

设计指标	内部 RⅠ（内部 RCC）	内部 BⅠ（变态混凝土）	上游面 RⅡ（防渗 RCC）	上游面 BⅡ（变态混凝土）
混凝土标号	C_{90}15W6F100	C_{90}15F100	C_{90}20W8F200	C_{90}20W8F200
极限拉伸值（εp）(90d)	70×10^{-6}	85×10^{-6}	75×10^{-6}	85×10^{-6}
含气量/%	4.0～6.0	4.0～6.0	4.0～6.0	4.0～6.0
坍落度/mm	—	30～50	—	30～50
VC 值/s	1～3	—	1～3	—
粉煤灰最大掺合量/%	60	—	60	—

大坝上游面采用 C_{90}20 二级配碾压混凝土，坝体内部采用 C_{90}15 三级配碾压混凝土，碾压混凝土试验配合比见表 2。

表 2　碾压混凝土试验配合比

强度等级	水胶比	粉煤灰/%	每 m^3 混凝土材料用量/kg									
			水	水泥	粉煤灰	砂	小石	中石	大石	减水剂	引气剂	表观密度
C_{90}15W6F100	0.55	60	82	60	89	744	433	433	579	1.19	0.522	2420
C_{90}20W8F200	0.50	50	92	92	92	807	658	658	/	1.47	0.552	2400

注：*VC* 值 1～3s。

2 碾压混凝土工艺及质量控制措施

2.1 成缝方式及工艺

试验块设置有诱导缝，主要采用“先碾后切”的方式成缝，切缝设备采用小挖机改装，层面碾压遍数满足设计要求后，在各分区线处进行切缝工艺试验，缝深 20 cm，缝宽 10～12 mm，长度 35 cm，

收稿日期：2021-03-23.

作者简介：蔡畅，重庆人，助理工程师，从事水利水电工程项目施工技术与管理工作；路明，山东新泰人，助理工程师，从事水利水电工程项目试验检测与管理工作.

缝内填塞双层彩条布，彩条布填充后距压实面 1～2 cm。完毕后用振动碾碾压切缝部位 1～2 遍。

2.2 层面处理

(1) 热升层。层面不作处理，但当试验过程中遇高温、降雨影响到层面结合质量时，视情况决定在层面铺水泥砂浆。

(2) 暖升层。在层面铺 1.5～2 cm 厚水泥砂浆。

(3) 冷升层。按施工缝要求对混凝土面进行冲毛或凿毛，清除混凝土表面的浮浆及松动骨料，达到微露粗砂，处理合格后，均匀铺 1.5～2 cm 厚水泥砂浆，其强度均应比碾压混凝土等级高一级，在其上摊铺碾压混凝土后，须在垫层拌和物初凝前碾压完毕。

2.3 冷却水管布置

碾压试验块内埋设 2 层冷却水管，布置在第 3 层底部和第 7 层底部。冷却水管采用高强度导热聚乙烯塑料管，按 1 m 水平间距“S”形布置，埋设时水管距诱导缝 0.5 m、距模板边至少 1 m，铺设时需将冷却水管用“U”形卡(ϕ8 钢筋)固定在仓面上。

2.4 温度计埋设及智能通水

共埋设 12 支 LCT01 温度计和 1 支温度梯度仪，待浇筑到预定高程平仓压实后，挖深约 20 cm 的凹槽将仪器放入，用混凝土覆盖碾压。同时采用仓面小气候监测仪监测碾压试验块试验期间的温度、湿度及太阳辐射强度，通过智能通水设备控制仓面通水流量和温度。

2.5 仓面雾化及仓面保温

为了避免未经碾压的混凝土在高温天气施工时 *VC* 值损失过快，以及已碾压完毕的混凝土出现失水泛白等现象，采用移动式喷雾机或高压冲毛枪喷雾，保持仓面湿润，控制并降低整个仓面的环境温度，同时对已碾压完成的混凝土及时覆盖养护。混凝土浇筑完成后，采用 5 cm 厚的聚苯乙烯板保温。

2.6 混凝土生产质量控制检测

在进行工艺性试验前对拟采用的水泥、粉煤灰、外加剂、砂石骨料等进行试验检测，并将减水剂配制成浓度为 20% 的溶液，将引气剂配制成 10% 浓度的溶液。严格按照混凝土施工配料单进行生产，试验室在拌和站进行碾压混凝土质量控制。拌和站称量系统应在碾压试验作业开始之前进行精度校验。

2.7 *VC* 值检测

2.7.1 拌合站 *VC* 值检测

VC 值主要是施工质量控制的关键环节，拌和站按 *VC* 值 1～3 s 进行生产拌制。根据砂石含水、减水剂浓度变化及现场混凝土可碾性等状况，通过检测后及时做出调整，确保拌和物 *VC* 值稳定。

2.7.2 *VC* 值检测变化情况

混凝土从拌和站拌制后，由 25 t 自卸汽车运输至碾压混凝土试验现场，运输过程中采取橡塑海绵覆盖的保温保湿措施，以减小 *VC* 值损失，使混凝土保持最佳的工作性能及物理性能。通过对同车、同时段到场的混凝土进行跟踪检测及现场对凝结时间检测结果，可根据其变化状况进行有效调整，然后获得可操作的检测数据。从而为大坝碾压混凝土施工制定有效的质量控制手段和预防措施。

拌和站 *VC* 值至试验现场的变化状况及现场 *VC* 值的损失情况，见表 3、图 1。

表 3 碾压混凝土现场 *VC* 值检测结果统计

项目	8月3日								8月4日						8月13日			
	11:58	12:13	14:04	15:06	16:00	16:43	20:51	23:42	08:55	09:27	12:15	13:25	15:36	17:45	11:53	13:37	15:12	16:43
现场 *VC* 值/s	1.8	2.1	3.0	2.4	2.1	2.9	1.2	1.6	1.9	2.1	1.7	1.3	2.9	1.7	1.9	2.1	2.8	2.0

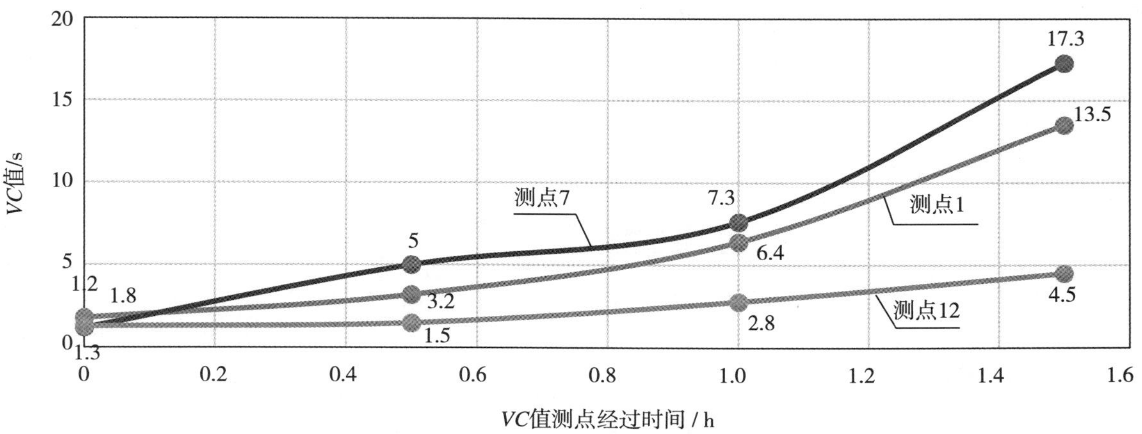

图 1 现场 *VC* 值变化曲线

注：测点 1、7 为不覆盖检测结果，测点 12 为模拟浇筑仓面覆盖的检测结果。

2.8 凝结时间检测

现场混凝土凝结时间分为现场覆盖及现场不覆盖2种工况。

2.8.1 现场不覆盖状态

模拟现场不覆盖的情况下混凝土的初凝时间为3 h，终凝时间为22 h。

2.8.2 现场覆盖状态

现场凝结时间检测使用C_{90}15W6F100混凝土，碾压混凝土在现场不覆盖的情况下初凝时间远小于混凝土在覆盖下的初凝时间，约有5 h时差，主要原因是混凝土在现场不覆盖的情况下由于受阳光和风等影响使得表层混凝土失水较快，表层混凝土形成一层硬壳。这一现象对混凝土层间结合质量影响较大。在过程中发现现场局部碾压混凝土在1 h后表面开始失水泛白，需进行喷雾保湿以保证混凝土施工质量。

3 碾压混凝土工艺试验过程检测

碾压混凝土试验由25 t自卸汽车运输至试验现场，卸料采用2点卸料法。卸料后由平仓机摊铺，碾压混凝土摊铺层厚为34 cm，压实机械采用三一重工STR130C－8振动碾。

3.1 碾压混凝土压实度检测成果

根据《水工碾压混凝土施工规范》的要求，用核子密度仪在碾压混凝土浇筑仓面进行了碾压混凝土的压实度试验，检测结果见表4。

表4 碾压试验压实度检测结果统计

混凝土等级	碾压条带	11层检测组数/次	碾压遍数	表观密度/(kg/m^3)			平均压实度/%
				最大值	最小值	平均值	
C_{90}15W6F100三级配	A	30	2+6+2	2 384	2 351	2 372	98.0%
	B	30	2+7+2	2 415	2 360	2 379	98.3%
	C	30	2+8+2	2 430	2 374	2 396	99.0%
C_{90}20W8F200二级配	D	30	2+6+2	2 383	2 330	2 356	98.2%
	E	30	2+7+2	2 391	2 340	2 359	98.3%
	F	30	2+8+2	2 408	2 355	2 369	98.7%

由振动碾压遍数与表观密度关系可知，有振碾压6遍后压实度满足要求。因此可以选择无振2遍＋有振6遍＋无振2遍为最佳碾压遍数。

3.2 混凝土拌和物外观评价

进行碾压混凝土工艺性试验时，在仓面进行混凝土拌和物的外观评价，碾压混凝土拌和物的外观均匀，包裹性较好，有一定的塑性回弹，说明混凝土拌和物的外观较好。

3.3 现场碾压混凝土可碾性评价

碾压混凝土的亲和性主要通过出机口混凝土拌和物外观进行评价。机口混凝土拌和物的颜色均匀，砂石骨料表面附浆均匀，没有水泥或粉煤灰结块，出机口拌和物用手轻握时能形成团，松开后手心无过多灰浆黏附，粗骨料表面有灰浆光亮感。

碾压混凝土的工作性主要通过混凝土可碾性进行评价。混凝土摊铺平仓后，在有振压4遍后，碾轮碾压过后混凝土富有弹性(塑性回弹)，3～4遍后80%以上表面有明显灰浆泛出，混凝土表面湿润，有亮感，无明显骨料集中。在本次碾压混凝土工艺性试验中，碾压混凝土弹性较好。

3.4 混凝土保温措施

根据设计技术要求，拆模后在混凝土外表面采用5 cm聚苯乙烯板进行保温，由于受西藏地区大风天气影响，保温材料多处脱落，粘贴效果不佳。鉴于以上情况，采用喷涂聚氨酯硬泡或者粘贴橡塑海绵的方式进行坝体保温。

4 混凝土试块设计龄期力学性能及耐久性能检测

(1) 抗压强度。混凝土90 d抗压强度统计见表5。

表5 混凝土90 d抗压强度统计

混凝土种类	取样数量	设计强度等级	龄期/d	强度代表值/MPa	达到设计强度百分比/%
C_{90}20W8F200二级配碾压混凝土	3组	C20	90	25.2	126
C_{90}15W6F100三级配碾压混凝土	3组	C15	90	19.1	127

(2)经检测轴心抗拉强度、轴心抗压强度、静力抗压弹性模量、劈裂抗拉强度、抗冻、抗渗试验结果见表6。

表 6　混凝土试块力学性能及耐久性检测结果统计

碾压混凝土	取样数量	龄期/d	轴心抗压强度/MPa	静力抗压弹性模量/MPa	轴心抗拉强度/MPa	极限拉伸值(10^{-6})	劈裂抗拉强度/MPa	最大水压/MPa	平均渗水高度/mm	质量损失/%	相对动弹性模量/%
二级配	2/1	90	20.9	26 900	2.43	79	2.49	1.0	65	2.0	88
三级配	2/1	90	16.2	22 200	2.13	75	2.06	0.8	55	1.9	89

5　钻芯取样检测结果

5.1　取芯情况

在此次碾压试验中，共钻芯取样 24 孔，钻孔直径 192 mm，钻深 39.08 m，取出芯样共 38.42 m，芯样获得率 98.31%；混凝土芯样共 31 段，最长芯样达到1.82 m(含垫层混凝土)，龄期 90 d。芯样表面基本光滑、致密、骨料分布均匀。

5.2　芯样试验成果

芯样经打磨后进行各项物理力学及 90 d 芯样抗冻、抗渗性能试验，试验结果见表 7。

表 7　混凝土芯样各项物理力学性能试验结果统计

碾压混凝土	表观密度/(kg/m^3)	抗压强度/MPa	轴心抗压强度/MPa	静力抗压弹性模量/MPa	劈裂抗拉强度/MPa	最大水压/MPa	平均渗水高度/mm	质量损失/%	相对动弹性模量/%
二级配	2 410	22.9	20.7	25 700	2.37	1.0	61	2.2	86
三级配	2 420	16.3	15.8	20 800	1.98	0.8	56	2.7	79

注：技术要求：质量损失<5%，相对动弹性模量>60%。

从碾压混凝土试验检测结果上看，各项物理力学性能试验均满足设计要求。

6　碾压混凝土原位压水试验

(1) 原位压水试验。采用单点法进行原位压水试验。压水试验压力采用分段升压：第 1 段 0.25～0.3 MPa，第 2 段不大于 0.5～0.6 MPa，第 3 段及以下不大于 0.9～1.0 MPa。在稳定压力下每 3～5 min 测读 1 次压入流量，当流量无连续增长趋势，且 5 次读数中最大值与最小值之差小于最终值的 10%，本阶段试验即可结束，取最终值作为计算值。

(2) 原位压水试验检测结果。按照技术要求，对碾压混凝土试验块进行了压水试验检测，检测结果为 C_{90} 15W6F100 区域透水率 0.41 Lu，C_{90} 20W8F200 透水率为 0.47 Lu，均满足技术要求(坝体防渗层碾压混凝土≤0.5 Lu，坝体内部碾压混凝土≤1.0 Lu)。

7　试验总结

混凝土到达现场后 *VC* 值满足设计要求(1～3 s)，但由于环境较为恶劣，在施工过程中 *VC* 值的损失较大，对混凝土的可碾性造成很大影响，现场混凝土的凝结时间在覆盖和不覆盖 2 种情况下，初凝时间有较大差异，现场施工过程中应根据实际情况，进行喷雾保湿以及对混凝土进行覆盖以保证混凝土的施工质量。

通过对碾压混凝土的压实度检测结果来看，碾压遍数为无振 2 遍+有振 6 遍+无振 2 遍 (行走速度 1 km/h)，混凝土平均压实度达到 98.0%。根据 90 d 强度、抗冻、抗渗等成果可知，混凝土配合比满足规范、设计和施工要求。

8　结语

通过碾压混凝土试验研究，为该工程后续施工提供了科学合理的配合比参数，为混凝土施工提供了合理依据。在高海拔、低气压、太阳辐射强、昼夜温差大、气候干燥、风大等特殊的气候条件下，摸索出了碾压混凝土施工的方法和经验，受到了业主、监理及专家的肯定，可供类似工程项目借鉴。

参考文献：

[1] 水工碾压混凝土施工规范：DL/T 5112—2009[S]. 北京：中国电力出版社，2009.

· 新能源 ·

基于基础环的风机基础缺陷加固处理分析

张峰，李清石，胡辉

（中国电建集团贵阳勘测设计研究院有限公司，贵州贵阳，550081）

摘要： 基础环是连接风机基础和上部塔筒的关键部件。采用基础环的风机基础缺陷问题频发，风机运行存在安全隐患，必须采取加固处理措施。本文总结了风机基础安全性检测的内容，在此基础上，提出了相应的加固处理方法，并结合辽宁某工程案例介绍了加固处理方法的选择及施工工艺流程，可供类似工程参考。

关键词： 基础环；风机；缺陷；加固

0 引言

陆上风机基础与上部塔筒连接方式主要为基础环和预应力锚栓，基础环作为传统的连接方式，得到了广泛的应用。近年来，采用基础环的风机基础缺陷问题频发[1-3]，如基础环与基础间出现较大缝隙，混凝土开裂破损，防水结构变形损坏，基础环水平度偏差较大，穿孔钢筋锈蚀、剪断等，风机运行存在较大安全隐患，风机基础缺陷的加固处理势在必行。本文总结了风机基础缺陷的安全性检测，针对检测发现的缺陷问题，提出了相应的处理方法，并结合辽宁某风电场风机基础加固案例介绍了处理方法选择及施工工艺流程。

1 风机基础安全性检测

当风机基础混凝土开裂破损、基础环与混凝土间存在明显裂缝等情况，影响风机安全运行时，应对基础进行安全性检测。安全性检测一般包括：基础外观检查、基础环水平度检测、基础混凝土强度检测、基础混凝土密实度及完整性检测、基础环与基础混凝土接触(脱空)情况检测等。

(1) 基础外观检查。外观检查包括基础防水构造、混凝土开裂破损情况检查等。防水构造是混凝土与基础环之间避免基础环及钢筋锈蚀的可靠组成，对破损老化的防水措施应及时处理。混凝土开裂、破损会造成基础对风机塔筒的约束减弱，上部结构自振周期增大，风振系数增大，改变风机塔筒上部荷载，对基础耐久性有一定影响；混凝土开裂和破损程度是加固修复的重要依据，裂缝的宽度及深度检测可采用裂缝测宽仪、非金属超声检测仪等。

(2) 基础环水平度检测。基础环是塔筒与基础连接的关键部件，直接承载风机上部结构，基础环水平度的变化能反映风机塔筒的倾斜程度。基础环水平度检测可采用水平仪或全站仪，在基础环上选择 4 个观测点组成闭合路线，按国家二等水准测量精度要求进行联测；通过实测水平度与风机厂家要求限值对比，对超出限值的风机基础采取相应的处理措施。

(3) 混凝土强度检测。混凝土强度不达标是导致基础产生缺陷甚至影响风机安全的重要因素之一，风机基础在长期风荷载及动荷载往复作用下，强度较低的混凝土极易开裂损坏，基础环与基础空隙逐步加大，基础整体刚度减小，从而影响基础抗倾覆、抗拔性能。一般采用回弹法对基础混凝土强度进行检测，并用钻芯法对回弹强度换算值进行修正。

(4) 混凝土密实度检测。基础环下法兰周围混凝土存在密实度缺陷，是造成风机基础出现损伤的重要因素。在极端荷载工况下，下法兰周边混凝土由于存在密实度缺陷，混凝土最大主压应力会超出混凝土抗压强度，基础承载能力不能满足要求，基础环下法兰周边混凝土易发生损伤破坏。因此下法兰周边部位混凝土的强度及浇筑质量直接决定混凝土对基础环的锚固能力，当锚固能力不足时，基础环将会发生相对于基础台柱的位移，表现为基础环水平度偏差超限，台柱顶面混凝土挤压破损等特征。可采用冲击回波测试仪对混凝土密实度进行检测，并采用钻芯法检查不同深度处混凝土有无气孔、蜂窝麻面[4]。

(5) 基础环与基础混凝土接触(脱空)检测。当基础混凝土强度不足、基础环周边混凝土密实度较差时，在疲劳荷载反复作用下，基础环及基础混凝土之间易产生裂隙，并随着局部混凝土破损逐渐加大直至出现接触脱空。脱空检测可采用非金属超

收稿日期： 2020-08-12.

作者简介： 张峰，山西忻州人，工程师，从事新能源工程设计工作.

声检测仪，在塔筒内外布置换能器，当超声波到达脱空界面时产生透射和反射，根据波的初至到达时间特性进行对比分析，可以获得测区范围内基础混凝土与基础环的脱空情况。

2 风机基础加固处理方法

在风机基础安全性检测基础上，针对风机基础混凝土开裂破损、基础环水平度偏差超出限值、混凝土强度不足、混凝土不密实存在空腔、基础环与混凝土脱空等缺陷，需对风机基础采取加固处理措施。

2.1 混凝土裂缝处理

基础混凝土裂缝按裂缝宽度及深度不同，可分为浅表层裂缝、表层裂缝及深层裂缝。

浅表层裂缝(裂缝宽度＜1.0 mm，深度＜10 cm)一般为不规则收缩裂缝，产生原因多为混凝土养护过程中温控措施不当或钢筋保护层厚度不满足要求等。该类裂缝建议处理措施为对裂缝处进行刻槽并涂刷界面剂，内部填充环氧砂浆。

表层裂缝(裂缝宽度＞1.0 mm，深度＜30 cm)、深层裂缝(裂缝宽度＞1.0 mm，深度＞30 cm)一般均为变形裂缝，产生原因多为混凝土强度不足、密实度较差、配筋不足，导致局部应力过大，混凝土发生开裂并在长期疲劳荷载作用下裂缝宽度及深度加剧。表层裂缝建议处理措施为对裂缝处进行刻槽并涂刷界面剂，槽内铺设骑缝钢筋网，再采用环氧砂浆回填。

深层裂缝是对风机基础有较大影响的结构裂缝，建议处理措施有2种：措施一，对裂缝段进行封闭处理，即端部采用钻孔，表面刻槽并涂刷界面剂，内部填充环氧砂浆；待封闭结构达到设计强度70%后，进行一定深度的化学注浆处理，采用低黏度环氧注浆材料，注浆完成后需确保缝面平整，再采用环氧浆液浸渍涂刷覆盖。措施二，对发育深度较大的裂缝，可考虑钻孔植筋，钢筋应根据裂缝走向骑缝布置。处理过程中应根据裂缝发育的深度及范围选取处理措施。

2.2 混凝土破损处理

混凝土破损一般发生在基础环与基础台柱混凝土接触部分，根据破损程度及范围，混凝土破损处理一般可分为局部混凝土修复和台柱整体修复。

局部混凝土修复方案为：将基础表层破损混凝土凿除、清理干净后，喷(涂刷)混凝土界面黏接剂，在破损混凝土凿除区域采用高强水泥砂浆修补。

对于台柱混凝土与基础环接触部位破损严重的情况，需进行台柱整体修复，即扩大台柱尺寸。修复方案为：凿除基础环内外侧台柱表面混凝土，钻孔植筋并绑扎加固混凝土钢筋，待混凝土表面清理干净后，喷(涂刷)混凝土界面黏接剂，喷(涂刷)完成3～6 h内完成台柱扩大部分混凝土浇筑。

2.3 基础环水平度纠偏

在基础加固前，须进行基础环水平度纠偏，可采用人工纠偏与机组纠偏相结合的方式。人工纠偏方式为：采用千斤顶均匀布置于基础环下法兰与台柱混凝土间水平度较低的一侧，通过对基础环上法兰施力，使水平度较低一侧得到抬升。同时可通过风机机组偏航系统将轮毂及叶片旋转至基础环水平度较高一侧，利用上部设备的偏心力减小基础环水平度倾斜。

在纠偏过程中，为防止抬升过程中基础环局部应力过大，特别是连接焊缝处，需对基础环采取必要的应变监控措施[5]；当基础环水平度达到纠偏目标后，用钢楔板将基础环周边出现的缝隙塞紧防止再次倾斜。

2.4 注浆加固处理

针对基础混凝土空腔、基础环与混凝土脱空等缺陷，一般采用注浆加固处理。

根据基础环与基础混凝土脱空的一般规律和经验，其脱空的主要部位大多发生在基础环底环的内外侧及其下法兰附近。因此，基础环内外侧均应进行钻孔和灌注，钻孔孔深应尽量进入脱空的区域，即其孔底应尽量接近基础环下法兰附近。注浆前应采用水泥砂浆或环氧胶泥将台柱混凝土与基础环间的缝隙进行封堵，并在基础环内外侧各预留排气孔。

注浆材料分为环氧类浆液和水泥基浆液注浆。空腔、脱空范围大的可采用水泥浆液灌注，空腔、脱空范围小的可采用环氧类浆液灌注，也可以2种材料结合使用，先进行水泥基注浆，待水泥基注浆料强度达到设计强度的70%后，进行环氧类浆液注浆。灌注浆液的物理力学性能应不低于基础主体混凝土相关指标，在满足可灌性和可控性要求的同时具有不收缩和快速凝结性能。

3 风机基础加固处理案例分析

3.1 工程背景

辽宁某风电场采用重力式扩展基础，安装轮毂高度70 m的1.5 MW机型。机组塔架地基基础设计级别为2级，基础结构安全等级为二级，抗震设防类别为丙类，结构设计使用年限为50年。基础主体混凝土设计强度等级为C40。基础与上部塔筒连接方式为基础环。基础结构剖面如图1所示。

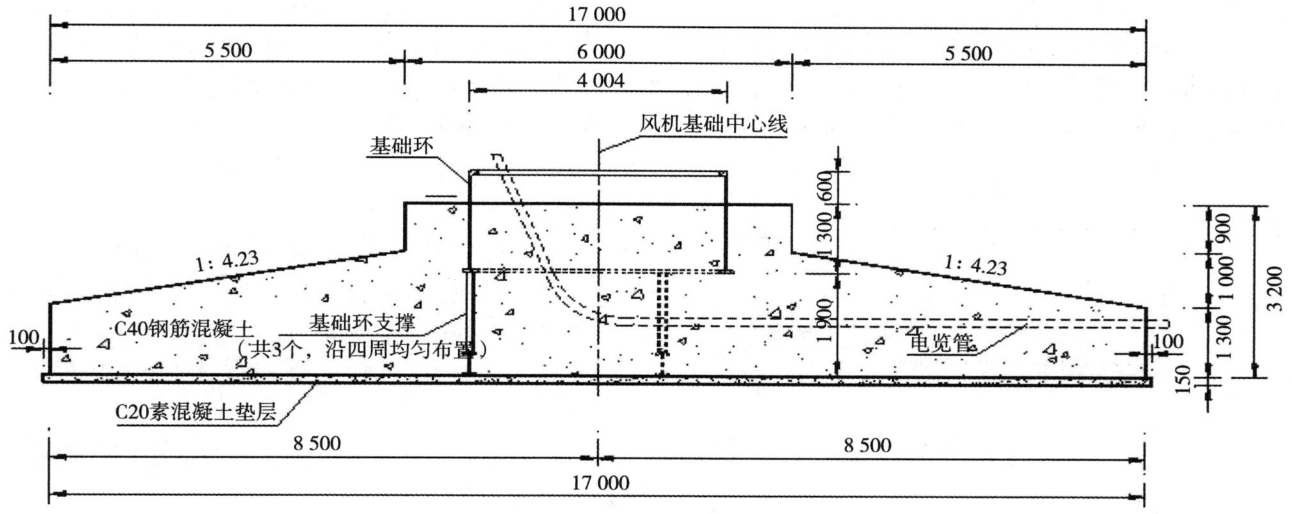

图 1　风机基础结构剖面示意图(单位：mm)

工程投产运营 5 年后，发现部分基础混凝土台柱顶部与基础环接触附近(包括基础环外侧和内侧)局部出现开裂及破碎现象，风机基础安全存在明显隐患。

3.2　安全性检测结果

针对于上述风电场风机基础出现的损伤现象，需进行安全性检测以确定基础存在的缺陷。

3.2.1　*基础外观检查*

通过对风机基础的外观检查，发现基础防水构造普遍存在损伤，主要表现为塔筒外部防水卷材缺失、破损，橡胶条外露、老化；基础台柱表面混凝土存在多处裂缝，裂缝为浅表层裂缝，裂缝宽度为 0.2～1.0 mm；基础台柱混凝土存在不同程度的挤压破损，基础混凝土与基础环间存在缝隙；风机基础环内部附属构件变形，塔筒筒壁涂层局部脱落，存在轻微锈迹。

3.2.2　*基础环水平度检测*

通过对基础环水平度检测发现，水平度偏差大于设计要求 2.5 mm，个别基础达到 6 mm。

3.2.3　*基础混凝土强度检测*

检测采用钻芯法对混凝土强度进行检测，采用回弹方法对钻芯法检测结果进行对比。本次检测分别在风机基础上钻取 3 个混凝土芯样检测抗压强度，采用回弹法对钻芯法检测结果进行对比。回弹法检测混凝土强度时不可忽视的一个重要因素是混凝土碳化的影响，当混凝土碳化深度较大时，实测的是碳化后混凝土表面的硬度情况。

根据检测结果，钻芯法确定混凝土强度为 20.0～22.2 MPa，回弹法确定混凝土强度为 26.6～29.2 MPa，由此可知基础混凝土实测强度等级远低于设计 C40 等级要求。

3.2.4　*基础混凝土密实度及完整性检测、基础环与基础混凝土接触(脱空)情况检测*

采用冲击回波测试仪对混凝土密实度进行检测，冲击回波测线沿台柱顶面及台柱侧面圆周布置。根据检测结果，台柱测线部位混凝土内部局部存在密实度缺陷，但未见明显大范围的孔洞或疏松。

钻孔检测：钻至下法兰上方的芯样在近下法兰一端破碎；钻孔的混凝土芯样表面均存在轻微气孔，且在近下法兰一端相对明显；部分芯样在钢筋周边存在混凝土疏松缺陷。

脱空检测利用非金属超声检测裂缝深度原理，参照《超声法检测混凝土缺陷技术规程》(CECS21：2000)的相关要求进行检测。检测表明部分基础混凝土与基础环侧壁间均存在明显脱空，脱空深度为 580～815 mm。

3.3　加固处理方案

针对该风电场安全性检测结果，部分风机基础安全性较差，已严重影响安全，必须及时实施加固处理方案，包括基础环水平度纠偏、混凝土裂缝及破损处理、注浆加固处理等。

3.3.1　*基础环水平度纠偏*

基础环水平度纠偏采用人工纠偏结合机组纠偏的方式，纠偏后的基础环水平度应在设计允许范围内。机组在处理前应取得相应基础环的偏斜值与偏斜方向(方位)、机组及其塔筒的自振频率与相关振动参数，并进行记录以作为初始值。基础环在处理完成后应对基础环的偏斜值与偏斜方向(方位)进行测量，机组投入运行后应对机组及其塔筒的自振频率与相关振动参数进行检测，并与初始值进行对比分析。

3.3.2　混凝土裂缝处理

(1) 对收缩裂缝表面混凝土进行凿除，沿裂缝凿燕尾槽，槽深 50 mm，上部宽 50 mm，底部宽 90 mm，如图 2 所示。

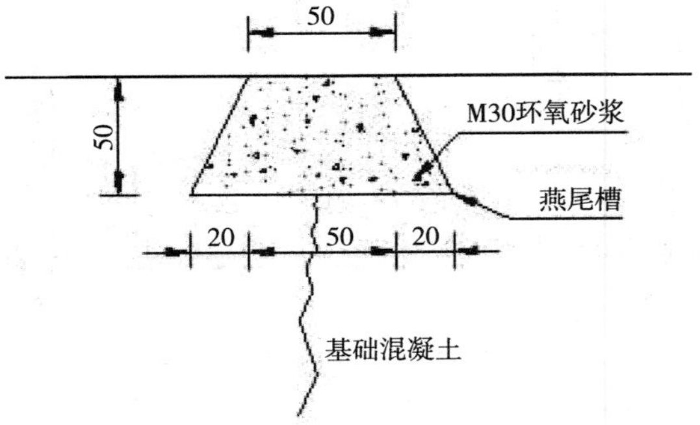

图 2　浅表层裂缝修复示意图(单位：mm)

(2) 清理槽内松动砂石，冲洗干净，并使槽内基面干燥。

(3)在槽内喷(涂刷)混凝土界面黏接剂，界面剂用量不小于 0.5 kg/m^2。界面剂喷(涂刷)施工与混凝土浇筑同步施工为最佳，喷(涂刷)完成的界面应在 3～6 h 内完成混凝土浇筑。界面黏接剂(环氧基液)性能指标见表 1。

表 1　混凝土界面黏接剂(环氧基液)性能指标

项目	指标/MPa	试验条件
黏接强度	＞4	混凝土黏接/水中养护 28 天/温度＞20°C
本体抗拉强度	＞10	界面剂本体/水中养护 28 天/温度＞20°C
本体抗压强度	＞60	界面剂本体抗压强度 28 天/温度＞20°C
拉伸剪切强度	＞5	钢对钢黏接/水中养护 28 天/温度＞20°C

(4) 界面剂陈化 20～60 min(以连续 3 次手触拉丝至 10 mm 断开为准)后再涂抹 M30 环氧砂浆；环氧砂浆应分层涂抹，每层厚 5～10 mm，压紧密实，不断拍打砂浆表面，直到泛出光亮的胶液为止。

(5) 每条裂缝须 1 次涂抹完毕，不可分段，必须分段涂抹时，先涂块的周边用钢丝刷刷毛，以利于后涂块的结合，且相邻段间隔时间不少于 48 h。

(6) 施工与养护温度控制在 20 °C 左右为宜，该部位修补的养护时间不少于 7 d；涂抹后 24 h 内严禁浸水。

3.3.3　混凝土破损处理

局部混凝土破损可采用 2.2 中修复方法。部分基础台柱混凝土存在多处严重破损，需进行台柱整体修复处理，具体如下：

(1) 凿除基础环内外侧台柱表面混凝土，直至露出坚实完整的骨料新面，同时需露出基础受力钢筋。凿除过程中应采取可靠的施工保护措施，不得对风机设备、基础环、基础预埋件、电缆以及现有基础钢筋等造成任何形式及实质性的破坏或损伤。

(2) 清除混凝土表面的水泥浮浆、薄膜、松散砂石、软弱混凝土层、油污等，并将钢筋上的锈斑及浮浆刷洗干净，对凿除部位采用有压气体进行吹扫。

(3) 钻孔植筋并绑扎加固混凝土钢筋。

(4) 待混凝土表面清理干净后，喷(涂刷)混凝土界面黏接剂，界面剂喷(涂刷)施工与混凝土浇筑同步施工为最佳，喷(涂刷)完成的界面应在 3～6 h内完成混凝土浇筑。

(5) 施工完成后，在混凝土表面及基础环做好防水处理。

3.3.4　注浆加固处理方案

检测结果显示，基础环与混凝土存在脱空，基础环下法兰周边存在空腔，需进行注浆加固处理。

3.3.4.1　注浆材料选择

根据注浆加固区域的范围，注浆材料选用环氧类注浆料和水泥基注浆料。

对基础环下法兰附近存在的较大空腔及脱开区域，可采用水泥基浆液，对基础环与混凝土缝隙采用环氧类浆液。一般先进行水泥基注浆，待水泥基注浆料强度达到设计强度的 70%后，进行环氧类浆液注浆。

3.3.4.2　钻孔

根据检测结果，基础环脱空的主要部位大多发生在基础环底环的内外侧及其附近。因此，基础环内外侧均应进行钻孔和灌注，钻孔孔深尽量进入脱空的区域，其孔底应尽量接近基础环下法兰附近。

在基础环内外侧各布置 12 个注浆孔，其中直径 75 mm 的注浆孔为水泥基浆液注浆孔，直径 32 mm 的注浆孔为环氧类浆液注浆孔；在台柱底部布置斜向观察排气孔，其孔径、位置可根据现场情况确定，数量不少于 5 个。所有钻孔孔径应能满足水泥基及环氧类浆液灌注的要求。

3.3.4.3　清孔

钻孔结束后，应对钻孔和脱空的空腔采用有压水和(或)气体进行不同方向的反复冲、吹扫，至无水汽和灰尘为止；进行环氧类浆液注浆的钻孔和脱空空腔，还需采用热风烘干，烘干时间不少于 24 h，以满足注浆要求为准。

3.3.4.4　注浆前封堵

注浆前采用 M30 水泥砂浆或环氧胶泥将风机基础台柱顶部混凝土与基础环间的缝隙进行封堵，并在基础环内外侧各预留 6 个直径 10 mm 的排气孔，排气孔的数量及位置可根据现场实际调整。

3.3.4.5　注浆要求

（1）注浆的初始压力为 0.1 MPa，注浆过程中逐渐加压，最大灌注压力不应大于 0.5 MPa，注浆时注意封堵砂浆（环氧胶泥）变形，为防止挤爆需及时调整注浆压力。

（2）注浆结束标准：当吸浆率小于 0.05 L/min 时，保持压力延续灌注 30 min 即可结束注浆。

（3）在灌注过程中如两侧孔或排气孔出浆，应进行封堵直至灌注压力达到允许的最大压力。

（4）灌注过程中，若混凝土台柱顶部与基础环接合部位或混凝土其他部位出现冒浆或出现其他异常情况时应立即停止灌注，待查明原因并采取可靠的措施后方可继续灌注。

3.3.4.6　注浆检测

灌注浆液达到设计强度后，应进行相应的灌注结果质量检查。检查的内容包括钻孔取芯和有关的试验检测、物探检测等。

4　结论

风机基础的加固处理需在基础安全性检测的基础上，针对出现的缺陷问题，选择安全适用、经济可行的处理措施。安全性检测包括基础外观检查、基础环水平度检测、混凝土强度检测、混凝土密实度和完整性检测、基础环与基础混凝土接触（脱空）情况检测等。加固处理措施包括混凝土裂缝处理、破损修复、基础环水平度纠偏及注浆加固处理等。加固处理完毕后应加强风机运行状态监测、基础外观检查、沉降观测及基础环水平度检测。

参考文献：

[1] 王民浩，陈观福．我国风力发电机组地基基础设计[J]．水力发电，2008，34(11)：88-91.

[2] 汪宏伟．风机基础环松动原因分析和注浆加固[J]．中国安全生产科学技术，2016，12(03)：104-107.

[3] 康明虎．某风电场风机基础故障分析及处理[J]．可再生能源，2014，32(06)：809-813.

[4] 席向东，易桂香．风机基础分层事故的检测鉴定及加固处理[J]．工业建筑，2013，43(02)：148-152＋174.

[5] 彭柱．风机基础风致倾斜加固方法研究[D]．湖南科技大学，2017.

风电风机吊装施工技术

邱芸
（中国水利水电第九工程局有限公司，贵州贵阳，550081）

摘要：本文介绍了四川盐源县3个风电项目的施工准备、塔筒安装、机舱吊装、风轮机吊装等施工技术，这些施工技术已在项目中取得成功应用，可为后续类似工程提供经验参考。

关键词：风电；现场；管理；安全；吊装

1 项目概况

四川盐源风电EPC项目位于四川省凉山州盐源县，包括小高山、牦牛山和观塔坡3个风电场。场地海拔3 300～3 800 m，平均海拔3 600 m。3个风电场一共59台DF131－2500（2.5MW）型直驱永磁型风力发电机组，额定功率为2 500 kW，三叶片、上风向、直驱型、低速、变速变桨距控制、永磁同步发电机。风力发电机组风轮直径131 m，轮毂中心高90 m。机组由轮毂装配、叶片、发电机装配、机舱装配、塔筒装配等五大部套组成，机组主要部件参数见表1。

表1 DF131风力发电机组主要部件参数

部套	外形尺寸/m	重量/t
轮毂装配	ϕ4.9×3.9	29
叶片	ϕ2.9×64	15
风轮	ϕ131×3.9	74
发电机	4.952×5.312×1.800	64
机舱装配	ϕ6.660×4.400×4.050	45
塔筒	ϕ4.5（ϕ3.34）×88	
塔筒1段	ϕ4.5（ϕ4.5）×11.6	53
塔筒2段	ϕ4.5（ϕ4. 5）×18.5	51
塔筒3段	ϕ4.5（ϕ4.5）×19.5	42
塔筒4段	ϕ4.5（ϕ3.9）×19.5	35
塔筒5段	ϕ3.9（ϕ3.34）×18.9	34

总装机容量147.5 MW。施工主要内容包括交通工程、风力发电机组工程、集电线路等工程。

2 单台风机吊装工艺

基础清理→电控柜等安装→底段塔筒安装→下段塔筒安装→中段塔筒安装→上段塔筒安装→机舱安装→风轮组合→风轮安装→风机内电气部分安装→风机安装验收。安装顺序只是说明各主要部件的吊装、安装顺序，主要部件上附属的小部件，需要在各部件吊装前，提前在地面进行安装或固定，部件组合工作要提前完成。风机各部件之间的连接工作在风机安装过程中同步安装完成。

3 施工准备

3.1 风机基础、吊装平台验收

风机基础施工完毕，安装前混凝土基础应有不少于1个月的养护期，以达到设计的强度要求。将基础内外清扫干净（确保混凝土和基础环外露表面没有尘土、积水），确保基础环法兰没有锈蚀、毛刺、凸点、表面油污及其他杂物，检查基础环内侧标记方位是否正确，是否对应于塔架门的方向。组织监理、风机厂家、风机基础及接地施工单位对风机基础及接地电阻依据相关技术要求进行验收。基础验收完毕，填写基础施工工序移交单，相关人员签字认可后各相关单位保存。

按照风机安装施工场地布置图平整好作业场，且需保证四周没有明显障碍物，保证风机吊装场地大小、平整度符合施工需求。通往安装现场的道路需满足叶片、塔筒道路运输及弯道的要求。路面须平整适合运输卡车、拖车和吊车的移动和停靠。松软及易塌陷的地方应铺设厚木板或钢板等，防止车辆下陷。

安装前，建设、监理、施工、厂家应召开技术交底会，根据进度执行情况，再次确认安装计划、安装方案、安装技术要点、现场布置、设备及工具、各方参加安装人员职责、现场管理约定，并形成会议纪要。

3.2 风机设备准备

在安装前应对所有部件及安装连接螺栓和质量情况清点核查，确认各部件完好，如发现由于运输不当等原因造成设备碰伤、变形、构件脱落、松动

收稿日期：2021-09-02.
作者简介：邱芸，贵州贵定人，高级工程师，从事工程技术、科技创新管理工作.

等损坏，及时联系主机厂家进行修复。

3.3 风机设备专用吊具准备

提前在风机吊装场地或利用风机吊装场地和通往吊装场地的道路进行主吊机械组装，起重臂组合完成检查无误后扳起，对机械进行试验确认性能可靠后进行风机吊装。吊装的主要机械设备见表2。

表2 风机安装投入的主要机械设备

名称	规格/t	数量/台	用途
汽车吊	1 000	1	吊叶轮、发电机
履带吊	650	1	吊叶轮、发电机
汽车吊	500	1	吊前三节塔筒、机舱
履带吊	400	1	吊前三节塔筒、机舱
汽车吊	80	4	辅吊
履带吊	75	3	辅吊

现场除准备好大型吊装机械设备以外，还要准备各部件吊装用的索具、吊具、溜绳、专用吊耳等，并严格检查以上工器具是否合格、有无损伤变形等缺陷。技术员验证主机厂家提供的各套专用起重吊具是否有合格证，并索要留存相关资料。没有合格证或检查不合格的起重用具严禁使用。

4 塔筒安装

4.1 塔筒起吊、安装

(1) 起吊索具安装。在塔筒上部(小径端)安装起吊吊具，将吊盘连接螺栓拧紧，并将所有连接螺栓紧固力矩保持一致。主吊机械吊钩上挂主机厂家提供的塔筒专用吊索，将吊索安装到塔筒起吊吊盘上。塔筒下部(大径端)在塔筒12点位置安装起吊吊盘，将吊盘固定螺栓拧紧，辅助起吊机械吊钩上挂风机厂家提供的塔筒专用起吊索具。

(2) 起吊竖立塔筒。主吊和辅吊机械停到预定起吊位置，按照上述方式安装吊盘，安装好起吊吊具后，两车同时起钩，待塔筒离开地面时，两车停止起钩，停止动作观察5 min，并分别试验两机械刹车，确认一切正常后，将运输车开走(设备提前卸车存放于安装场时无此项)；辅助起重机缓慢落钩使下法兰离开地面100 mm左右，主吊机械缓慢起钩、起杆及转向，辅助起吊机械配合转向、行走，直到塔筒完全竖立，在塔筒竖直后，辅助起吊机械落钩或趴杆使起吊绳松弛后，摘除起吊绳并将起吊吊盘拆除。吊装中要在塔筒下部可靠位置拴挂2根溜绳。

(3) 塔筒起吊安装。起吊塔筒到基础环中电气柜或已安装塔筒上方，在两法兰之间距离10 cm左右时停止，用撬棒引导两法兰孔对中。塔筒就位时主吊机械缓慢落钩，所有螺栓连接孔对正后将所有连接螺栓自下向上穿装，装上垫圈并拧上螺母安装好螺帽。慢慢放落塔筒使索具处于受力状态，主吊机械带5 t负荷，用电动扳手快速预拧紧螺栓。

(4) 塔筒连接螺栓紧固。预拧紧结束后，放松主吊机吊钩，按规定技术参数用液压扳手拧紧塔架内圈两法兰连接的所有螺栓、螺母及双垫片。螺栓分3次拧紧，在拧紧过程中用相应的梅花扳手阻止螺栓转动。紧固完毕后，1位起重工和1位安装工通过塔筒内部的爬梯上到塔筒上部平台，拆除塔筒上部专用吊盘，并将拆除的吊盘连接螺栓安装到吊盘上；指挥主吊机械回转落钩到地面进行下一部件吊装。

4.2 塔筒内外部的安装工作

(1) 塔筒门梯。底段塔筒安装完毕后，将门梯安装到塔筒上。安装时注意调整塔筒门梯水平，并在塔筒门梯前部下方安装调整机构，将门梯调平，然后紧固门梯与塔筒的连接螺栓。

(2) 塔筒小吊车。将吊车本体上方的吊耳通过螺栓固定到工字梁上的吊车安装耳板上，注意螺栓头和安装板间、螺母和安装板之间要装入聚氨酯垫圈和衬套。拧紧螺栓至衬套压紧吊车吊耳。吊车链带通过螺栓连接到吊车链带安装耳板上。注意：首次使用吊车时，就应该在链条上涂抹吊车自带的润滑油，可一边控制链条上下一边将润滑脂挤压到链条上。

(3) 爬梯及照明。将塔筒内爬梯进行可靠连接，确保施工人员攀爬安全，同时安装塔筒内部照明线路。

4.3 安装连接螺栓技术要求

(1) 安装塔筒用的高强螺栓连接副由1个螺栓、螺母和2个垫片构成，必须使用统一供应商的，垫片上的倒角必须朝向螺母和螺栓头，螺母打印标记端朝向连接副的外侧。

(2) 高强度螺栓在螺纹处和垫片上表面涂抹固体润滑膏，螺栓涂抹时应确保螺纹的最后几扣螺纹都均匀涂抹，垫片上表面应确保螺栓头与垫片的接触位置均匀涂抹，垫片的下表面严禁涂抹润滑膏。

(3) 螺母拧紧后，螺栓头部应露出2～3个螺距，否则必须更换螺栓。

(4) 最终力矩紧固完毕后在螺栓、螺母、垫片以及法兰面之间涂以红色油漆标记，以便后期直观观察螺栓力矩是否变化。

5 机舱吊装

5.1 吊装准备

(1) 在机舱顶盖上安装好测风设备支架、航空灯及避雷针。将机舱吊具连接到吊点上，要求吊具安装牢固、可靠。吊装前将机舱内部整理干净，对可移动部件进行固定，机舱罩外部清洗干净。将主轴与风轮连接所需螺栓和垫圈以及工具放置在机舱内平台的适当位置，螺栓的螺纹和螺栓头与垫圈接触面均匀涂抹装配。

(2) 试吊(机舱离地约 200 mm)，调节机舱纵向和横向水平，并使 4 根吊链都能受力；在机舱上系 2 根 150 m 长的溜绳用于控制机舱方向。

(3) 机舱调平后，拆除机舱运输支架，在偏航轴承上安装 3 根导向棒；等安装人员撤离到安全位置后，方可开始起吊。

(4) 用平板锉刀除去上段塔筒上法兰平面毛刺，并注射 1 圈硅胶；使用丝锥进行机舱底部连接丝扣进行清理，避免由于加工后清理不到位，导致机舱安装连接螺栓安装困难。

5.2 现场吊装

在起重指挥人员的指挥下，缓缓的提升机舱，通过安排足够人员控制溜绳、控制设备方向，防止机舱与起重臂发生碰撞，并稳定控制机舱方位，起吊机舱至高于上段塔筒顶部约 0.5 m 的正上方；调整机舱前部朝向主吊机械起重臂，缓缓的放下机舱，使导向棒进入到塔筒的上法兰孔内。在机舱和塔筒间留下较小的间隙时，将所有的连接螺栓穿上并拧紧。然后将机舱完全放下落在塔筒上，使吊具绳索处于拉直但不受力状态。用电动扳手将螺栓拧紧到 500 N·m 左右的扭矩。塔筒与机舱法兰的间隙应小于 0.5 mm。待所有的螺栓用电动扳手拧紧后，吊装人员可攀爬到机舱内，卸掉机舱吊具的卸扣，将主吊钩和机舱吊具移开。然后用液压扳手将机舱与塔筒连接螺栓扭矩完全预紧。紧固螺栓时要注意对称，不能按一个方向逐个拧紧螺栓。螺栓拧紧后，在螺栓头上做红色防松标记。在机舱罩盖体上安装吊装孔盖，用螺栓固定牢固。

6 风机轮吊装

6.1 风机轮组装

(1) 轮毂准备。用吊车将带有运输底座的轮毂(轮毂重量 22 t)从运输车辆上吊下并放置在 1 个平坦、空旷、约 40 m×60 m(或根据实际情况，准备出三只叶片展开的放置场地)的工作场地上(使用轮毂专用吊具，轮毂专用吊具拧紧在轮毂上，并随车运输到现场)。注意轮毂上安装吊梁的一侧，即导流罩开窗一侧需朝向塔筒。如工作场地表面不能承受轮毂和叶片重量，需要在轮毂运输底座下垫上厚钢板来确保稳定。轮毂放置在地面时，先将 3 个变桨轴承 6 点钟方向下的润滑油管插入二级分配器接口，用小活络扳手将接头螺母拧紧，手动拉扯检查油管固定牢靠。检查从一级分配器到轴承上油脂注入点之间的所有管道均可靠固定，若有扎带断裂需要重新绑扎。

(2) 叶片起吊。叶片螺栓的端头螺纹上涂润滑剂，将叶片从运输支架上解开，起吊叶片。在起重机将叶片移动到轮毂的过程中，安装人员和起重机操作员必须不停地沟通，同时通过操纵缆绳来确保叶片搬运安全。

(3) 叶片安装。在叶片起吊与轮毂进行对接时，查看叶片根部离零度刻线最近的螺柱位置(叶片供应商出厂时提供标记)，根据该位置用“变桨轴承的手动控制装置 ”调节轴承上安装孔的方位，使软带“S”标记(喷有红色油漆直径为 10 mm 的圆)对应的螺栓孔对准叶片根部离零度刻线最近的螺柱。使用起重机，将叶片慢慢向轮毂移动，并最后对接到一起。在吊装第 3 个叶片前，前 2 个叶片需要采用支垫的方式固定好。

(4) 完成风轮的组装。待 3 片叶片安装后，重新安装风轮罩盖板，并在盖板与轮毂罩的连接处涂抹密封胶，要求胶线均匀，宽度一致。之后吊装人员检查风轮内部不能留下任何多余的零件、工具或异物，对风轮内部、外部清理干净。

6.2 风轮安装

(1) 安装吊带。在前 2 个叶片上安装主吊吊带，并在叶尖处通过叶尖护袋各固定 2 根溜绳。在第 3 个叶片上安装辅吊吊带，应尽量拉紧吊带，防止吊带向上滑动损坏叶片，后缘用护具保护。在辅吊吊带上拴 1 根溜绳，连接辅助吊车使用的叶片护具，防止拉下护具时护具磕在地面变形受损。

(2) 双机抬吊使风轮竖立。用 2 台起重机起吊风轮直到轮毂刚离开地面 1.5 m 左右，清理对接螺栓孔、法兰面；主吊带与叶片接触面涂抹适量松香粉末。法兰螺孔上等分安装 3 根导正棒，位置是 2、6、10 点钟位置；在主吊机械缓慢起钩的过程中，辅助机械缓慢落钩，使风轮从起吊状态逐步倾斜，当风轮轮毂高度超过风轮半径时，风轮只由主吊机械吊住，完成空中 90°翻身，辅助机械落钩，将辅助起吊机械的起吊绳拆除。

(3) 溜放溜绳。在风轮竖直后，3 个叶片应处于 Y 形。为了风轮的导向，防止发生损伤，每根溜绳要安排足够人员进行溜绳的溜放控制。

(4) 风轮就位。起吊风轮后，主吊机械向塔筒方向转杆并起杆进行风轮就位。发电机中的高空起重工通过对讲机与主吊车保持联系，指挥吊车缓缓平移，轮毂法兰接近发电机动轴法兰时停止。如风轮就位困难，松开发电机锁定销，调整对正螺栓孔，高空指挥用对讲机与主吊车配合完成风轮安装。电动扳手紧固后，用液压力矩扳手打力矩。

（5）拆除吊具。将1 200 t汽车吊吊钩尽量靠斤机舱上出口，起重工穿好全身式安全副，挂好安全绳后出机舱拆除吊具。

（6）锁定。通过溜绳转动风轮，使锁定销和槽口对齐，将锁定销插入卡口中进行锁定。

7 风机吊装气候条件

风机部件吊装受现场风速影响较大，必须考虑吊车和起吊部件的稳定性，需要吊车技术人员考虑风引起的侧向力的影响。必须在安全风速内进行现场吊装，风机安装风速控制一般要求如下：叶片和风轮安装风速小于8 m/s，机舱、塔筒、发电机安装风速小于10 m/s，禁止机舱外和轮毂安装风速大于12 m/s，禁止机舱内工作风速大于15 m/s，禁止登塔工作风速大于18 m/s。

8 结语

1台风机厂家从计划到生产完成时间在3个月左右，运输至现场后3～4 d安装完成，6～7 d可以完成装备调试。风机吊装的安全是一切工作的根本，所有在风机附近工作的人员均必须认真学习并严格遵守风机吊装的安全操作规程，负责安装工作的管理人员必须督促现场施工人员按安全守则工作，安装前及安装时应对吊车、起吊设备、安全设施进行必要的维护检查，如果发现问题应立即报告现场负责人员，进行处理并符合要求后方可实施。

参考文献：

［1］包悦，浅析风电工程项目的施工与管理［J］．现代工业经济和信息化，2017，7（7）．

［2］王涛．风电工程全过程项目管理策划研究［D］．北京：华北电力大学，2011．

·水库调度·

基于产流系数的洪量预报方法在乌江梯级水电站的应用

徐伟

（贵州乌江水电开发有限责任公司水电站远程集控中心，贵州贵阳，550002）

摘要： 乌江流域汇流面积广，地势高差大，年内径流量分配极不均。乌江梯级 9 座电站全部建成后，复杂的来水条件影响了洪水预报精度。为了进一步提高乌江梯级流域洪水调度工作水平，文章对 2012 年以来的多场洪水进行分析，总结部分场次洪水预报精度及准确性不足的原因，结合洪水预报系统实际运用情况，抓住关键的影响因素，形成乌江梯级水电站“产流系数洪量预报”工作法，能够提高乌江流域各电站区间来水预测精度，对流域洪水预报起到了实用性的作用。

关键词： 乌江；梯级水库；洪水；预报；产流系数

1 概述

乌江是贵州第一大河，也是长江上游南岸最大的支流，发源于乌蒙山麓。干流全长 1 037 km（其中贵州境内 802 km），天然落差 2 124 m，流域面积 87 920 km^2，为降水补给河流，径流量与黄河相当[1-2]。流域除高程 2 000 m 以上的西部河源地区属暖温带气候外，大部分地区属中亚热带季风气候，洪水主要由暴雨形成，降雨集中在 5—10 月，以 6—7 月出现面积广、强度大的暴雨机会最多[3]，汛期多暴雨和阵雨，1 次暴雨持续时间一般为 1～3 d，洪峰主要是由一日暴雨造成，1 次洪水过程以三日洪量为主，3 d 洪量占七日洪量的 65%左右。

针对乌江流域暴雨急骤、汇流迅速、洪水涨落快、峰形尖瘦、洪量集中的特点，为有效利用洪水资源多发电创造价值，同时对洪水提前预控，降低洪水对流域沿岸人民生命财产造成的损失，一直以来，乌江集控中心努力提高洪水预报精度和效益，逐步建立了乌江梯级水电站“产流系数洪量预报”工作法。

2 “产流系数洪量预报”工作法的实施背景

乌江梯级电站逐步纳入集控后，电站各流域降雨由集控中心统一监控。集控中心成立之初就对流域降雨高度重视，特别是降雨对梯级各电站运行方式产生的影响。由于降雨后产流过程中受前期乌江流域气候、下垫面等主要因素的影响，造成乌江流域在不同的降雨过程中，各水库区间产汇流形成的流量具有不同的特性，完全依赖洪水预报系统测算结果进行流域降雨后来水分析，难以保证预报高精度的目标。应该在充分利用水调自动化系统科学技术的基础上，进一步正确识别乌江流域各区间某场降雨的产流模式，通过考虑影响产流过程的系数来进行综合性分析，提升乌江流域降雨产流的预报精度。

2.1 梯级电站洪水预报预见期较短

乌江梯级形成后，各厂洪水预报预见期仅 3～6 h。超过 12 h 的洪水预报成果的参考性不足，导致无法提供整场洪水的洪量预报成果，不能直接应用于梯级电站发电计划编制和优化调度水位控制管理。

2.2 多套模型的洪水预报成果差异较大

乌江梯级现有 2 套洪水预报系统，共采用马斯京根汇流模型、新安江三水源模型和 API（前期雨量指数）3 套较为常用的洪水预报模型。由于预报机理不同，各模型适用的降雨分布情况、产汇流原理等不一致，对于同一场洪水的洪水过程线差异性较大，导致调度人员针对洪水会商决策困难，对洪水整体把握难度大。

2.3 调度员经验方法转化为数字化应用

乌江梯级首座水库乌江渡于 20 世纪 70 年代末期蓄水，自 1994 年到 2013 年乌江梯级陆续投运 8 座水库，水库调度人员对单座水库的降雨产流关系、汇流情况、洪水过程等形成了较为完整的预报经验方法。需要通过结合流域水调自动化系统将经验预报方法转化为系统会商工具软件，确保经验预报与实时信息有机结合，提高洪水预报精度。

收稿日期： 2020-10-27.

作者简介： 徐伟，贵州贵阳人，工程师，从事梯级水电站水库调度工作.

3　乌江流域梯级水库洪水预报形式复杂

乌江梯级流域电站群干流 7 座水库与清水河 2 座水库连续首尾相连，需要做好乌江梯级洪水预报工作难度很大。根据流域各水库区间的水情、汛情，要确保满足梯级经济运行、沿岸人民生活取水、生态流量问题，还需要积极配合电网调度对电力电量的平衡。

4　“产流系数洪量预报”工作法的主要技术环节

以目前乌江公司水调自动化系统为中心，扩充建设“水情快报”1 个板块，主要是综合乌江全流域的降雨情况，分析较强降雨区域的降雨成因，降雨时空分布，降雨强度对产流的影响，影响产流的因素，利用产流系数设定和日水量占比系数的调整，来预计降雨对流域产流的情况，根据乌江流域洪水预报调度特点，其中重点对产流系数洪量预报方法如下：

4.1　3 日预报产流量确定

首先确定理论产流总量，采用公式：区间产流总量＝降雨量×区间面积($W_{理}=P\times S$)；然后确定产流系数，采用公式：预报产流量＝区间产流总量×产流系数($W_{预}=W_{理}\times\eta$)得到该次洪水的 3 日预报产流总量，见表 1。

表 1　乌江流域水调系统产流系数分析

统计项目		洪家渡	东风	索风营	乌江渡	构皮滩	思林	沙沱	大花水	格里桥	普定	引子渡	梯级合计
前期流域降雨/mm	7 月 14 日	40.6	72.4	26.7	39.3	48.8	84	89.9	12.2	43.7	61.9	52.7	51.3
	7 月 15 日	36.3	96.1	92.3	81.2	89.4	94.7	83.9	41.7	53.8	62.1	103.3	70.4
	7 月 16 日	19.6	47	46.1	16.3	30.6	48.7	48.4	116.5	83.5	28.5	74.2	41.9
本次流域降雨/mm		19.6	47	46.1	16.3	30.6	48.7	48.4	116.5	83.5	28.5	74.2	41.9
当前坝上水位/m		1 118.93	968.16	834.33	758	629.31	438.29	357.29	869.29	716.26	1 141.55	1 085.58	—
昨日区间流量/(m^3/s)		2 600	4 210	1 750	2 040	6 110	4 510	5 490	1 540	39	2 170	635	—
昨日耗水率/(m^3/kWh)		0	3.24	5.56	3.18	2.12	6.77	7.03	2.85	4.37			—
产流系数		0.6	0.7	0.7	0.6	0.6	0.7	0.7	0.8	0.8	0.7	0.7	—
天然来水发电能力/亿 kWh		0.794 8	2.595 8	1.883 1	3.359 4	10.008 3	4.732 5	5.335 7	1.209 6	0.835 6	0.245 8	0.633 5	30.754 9

4.2　3 日水量占比分配

根据经验，乌江梯级洪水一般 3 日洪水居多，首日洪水大约占 3 日洪量的 50%～60%，次日洪量占 20%～30%，3 日洪量占 10%～20%(见表 2)；调度人员根据前期土壤饱和程度分析确定。

表 2　乌江流域水调系统产流占比、预测区间流量分配计算

统计项目	洪家渡	东风	索风营	乌江渡	构皮滩	思林	沙沱	大花水	格里桥	普定	引子渡	梯级合计
今日水量占比	0.6	0.6	0.6	0.6	0.6	0.6	0.6	0.6	0.6	0.6	0.6	—
今日日均区间流量/(m^3/s)	3 410	4 630	1 950	2 450	7 480	5 760	6 890	4 340	228	2 500	833	—
明日水量占比	0.3	0.3	0.3	0.3	0.3	0.3	0.3	0.3	0.3	0.3	0.3	—
明日日均区间流量/(m^3/s)	3 000	4 420	1 850	2 240	6 790	5 140	6 190	2 940	133	2 330	734	—

4.3　来水发电能力计算和泄洪风险分析

根据各区间 3 日洪量，通过当前梯级水位计算来水发电能力(见表 3)，安排未来 3 日发电计划(见表 4)，计算各水库水位变化情况，明确泄洪风险。

表 3　乌江流域水调系统发电计划计算

统计项目	洪家渡	东风	索风营	乌江渡	构皮滩	思林	沙沱	大花水	格里桥	普定	引子渡	梯级合计
按计划日电量/(万 kWh)	0	1 650	1 400	3 000	7 000	2 400	2 200	240	360	192	800	18 250
日末水位/m	1 122.68	985.22	861.51	762.02	633.2	450.19	376.54	911.25	725.52	1 152.2	1 090.59	—
今日电量/(万 kWh)	0	1 650	1 400	3 000	7 000	2 400	2 200	240	360	192	800	18 250
日末水位/m	1 122.68	982.73	857.7	761.7	632.84	449.9	376.72	910.47	721.67	1 152.58	1 090.59	—
本次降雨可增发电量/(亿 kWh)		0.779 5	0.507 2	1.069 2	4.560 3	1.695 8	1.921 4	1.414 8	0.984 9	—	—	12.933
本次降雨总产流/(亿 m^3)	1.162 1	0.604 6	0.293 3	0.578 5	1.971	1.808 5	2.014 5	4.035 1	0.271 8	0.474	0.286 4	13.499 9

表 4　乌江流域水调系统水库水位变化统计

统计项目	洪家渡	东 风	索风营	乌江渡	构皮滩	思林	沙沱	大花水	格里桥
昨日日末水位/m	1117.88	965.74	834.55	757.78	627.04	438.19	358.2	868.23	716.48
预报日均区间入库/(m^3/s)	3406.8	4629	1954	2445	7477	5765	6888	4342	228
电量/万 kWh	0	1650	1400	3000	7000	2400	2200	240	360
日末水位/m	1122.68	982.73	857.7	761.7	632.84	449.9	376.72	910.47	721.67
水位变幅/m	4.8	16.99	23.15	3.92	5.8	11.71	18.52	42.24	5.19
三日后目标水位/m	1127.8	1000.78	882.52	765.08	639.33	460.89	$3_{9}3.33$	946.87	720.55
三日后水位变幅/m	9.92	35.04	47.97	7.3	12.29	22.7	35.13	78.64	4.07

5　“产流系数洪量预报”工作法的应用情况

“产流系数洪量预报法”形成以后，随着集控中心通过历年来洪水调度的工作成果，对乌江流域上产流、汇流过程有了进一步的深入认识，特别在汛期乌江流域产生明显降雨后，通过水情会商设定产流系数，能快速、准确地预测各电站区间来水，对流域洪水预报起到了实用性的作用。

5.1　提高了洪量预报精度和计算速度

通过对有关的技术环节进行软件化处理，在流域水调自动化系统中，建立了乌江梯级水库降雨洪水分析计算表，预报人员全面掌握流域降雨情况下，根据前期土壤含水量和产汇流情况，只需在报表中调整相应产流系数和日水量占比系数，每次大约 10 min 内即可生成梯级各区间未来 3 日洪量和次洪水总量。

5.2　提升了水情会商工作效率

建立了水情会商模板，自动抽取乌江梯级水库降雨洪水分析计算表中有关数据和气象预报信息，形成完整的“水情快报”底稿，会商人员进行数据核对与调整，大约在 15 min 内完成水情快报的编制。

5.3　增加了洪水资源利用效益

会商人员采用洪水预报结论成果，根据未来 3 日梯级来水和水位控制要求，制定当日和未来一段时间的梯级运行方式和发电计划安排，报送贵州中调和南网总调，并协调安排实施，在执行中予以跟踪协调调整，整体实现了乌江梯级优化调度意图，提高了经济效益。

6　实施效果

“产流系数洪量预报法”目的很明确，就是要通过专业技术和经验分析来提高乌江梯级洪水预报的精度，从而提升洪水资源利用效率，实现节水增发电并通过清洁能源多发电减少化石能源发电，减少碳排放污染，为“绿水青山”做出贡献。

6.1　深化乌江梯级流域洪水调度

随着集控中心对乌江流域梯级优化调度工作精益化思路的发展，进一步将水库调度和发电调度的融合，通过“产流系数洪量预报”工作法进行水情会商，对乌江流域梯级水库、电站防洪调度工作的短期梯级运行方式调整和洪水调度策略起到了推进作用，加速了在流域洪水期间梯级联合优化调度的有效实施，为乌江流域梯级水电站统一防洪联合调度工作的决策和实施提供了有效支撑，提升了在乌江梯级流域水库防汛工作中的管理水平。

6.2　取得显著的社会效益和经济效益

自该方法 2012 年应用以来，乌江梯级通过“产流系数洪量预报”工作法，洪水资源化增发电量达 24.08 亿 kWh，直接经济效益 6.98 亿元。按照相同的煤电进行对比计算，则对环保的贡献相当于节约标煤 253.14 万 t，减少 CO_2 排放 673.36 万 t，减少 SO_2 排放 4.18 t，减少氮氧化物排放 3.95 t。

参考文献：

[1] 戴建炜. 乌江干流梯级水电站群远程集控系统研究与实施[J]. 贵州水力发电，2005，19(5)：69-72.

[2] 庞峰. 乌江梯级水电站在贵州西电东送中的作用[J]. 水利水电技术，2005(9).

[3] 熊金和，郭丽娟，同斌，等. 受水利工程影响的乌江流域洪水预报方法浅析[J]. 人民长江，2011，42(6)：35-37.

乌江思林水电站汛限水位动态控制研究

唐洪波，范正行

（中国电建集团贵阳勘测设计研究院有限公司，贵州贵阳，550081）

摘要：随着洪水资源化利用的兴起，利用分期汛限水位调控洪水资源在理论和实践方面均取得了较大的进展。本文根据思林水电站设计情况确定了汛限水位动态控制的原则，结合流域暴雨洪水特性，采用预泄能力约束法拟定了汛限水位动态控制方案，进而确定思林水电站汛期运行水位上限设置为437 m，可在保证电站安全和不改变上下游防洪标准的前提下获得较好的发电效益。

关键词：汛限水位；动态控制；预泄能力；约束法；思林水电站

0　引言

乌江是长江上游右岸最大的一条支流，流域面积10 874 km^2，河流全长1 037 km。思林水电站为乌江干流水电规划(从上到下)的第8个电站，2009年建成发电，坝址流域面积48 558 km^2。构皮滩水电站与思林水电站临近，位于思林上游89 km，是乌江控制性工程之一，同为2009年建成发电，其坝址流域面积43 251 km^2，具有年调节性能。

思林水电站开发任务以发电为主，其次为航运，兼顾防洪、灌溉等。水库正常蓄水位440.00 m，6—8月设计汛期防洪限制水位为435 m，防洪库容1.84亿m^3，电站具有日调节性能，装机容量1 050 MW，多年平均发电量40.64亿kWh。

1　动态控制的可行性

我国许多水库在全汛期或主汛期，设计并运用固定不变的汛限水位进行静态控制。在实际运行中，经常出现汛期弃水及低水头发电，汛后蓄不到正常蓄水位的现象，造成洪水资源的较大浪费。因此，单一汛限水位着重考虑汛期防洪安全而忽视了兴利效益，易造成汛期水资源浪费，现已逐步被分期汛限水位及汛限水位动态控制所代替[1]。

从思林水电站实际运行情况来看，当库水位低于437.0 m时，电站将受到不同程度的发电受阻影响，特别是在汛期时，因受汛限水位的控制，当来流量较大时，电站发电水头降低，发电受阻损失较大。在确保思林水库原法定汛期防洪限制水位不变、大坝安全和不降低下游各防护对象防洪标准的前提下，将思林水电站原设计汛期限制水位435 m改为汛期动态控制水位运行，对于提高思林汛期运行水头、减少机组受阻、增加电站的容量和电量效益有较为重要的意义。同时，水库控制流域内已建成可靠的水文自动测报预报系统和洪水调度系统，且入库洪水预报方案具有足够长的预见期，为思林水库实行汛限水位的动态控制提供了较高的可行性。

2　研究的原则

2.1　不改变思林水电站原防洪标准，确保思林大坝安全

思林大坝设计洪水标准为500年一遇，校核洪水标准为5 000年一遇重现期；厂房设计洪水标准为200年一遇，校核洪水标准为500年一遇。

思林可研设计时，大坝及厂房设计、校核洪水位从440 m起调，大坝校核洪水位449.27 m，大坝设计洪水位444.83 m。动态控制是针对从435 m到440 m范围的研究。当思林水库采用动态控制汛期水位时，即便发生大坝设计、校核标准的洪水，起调水位均低于可研时的440 m，最终大坝设计、校核洪水位也不会高于可研调洪结果，不影响工程安全。

2.2　不改变思林防洪任务

思林下游约3 km的右岸是塘头大片耕地，天然情况下，塘头防洪能力为2年一遇，相应流量9 320 m^3/s。思林水库主要承担塘头粮产区和思南县城的防洪任务，并配合长江中下游的防洪。

可研设计时，为提高下游防洪对象塘头粮产区和思南县城的防洪标准，思林水库需将坝址5年一

收稿日期：2020-10-13.

作者简介：唐洪波，贵州瓮安人，高级工程师，从事水电水利规划设计及技术管理工作；范正行，贵州遵义人，高级工程师，从事水电水利规划设计工作.

遇洪水削减到2年一遇、20年一遇洪水削减到10年一遇。本次研究思林汛期水位动态控制，不改变思林可研阶段确定的防洪任务。

2.3 不增加思林水库淹没损失

思林水库农村居民点、一般城镇和一般工矿区淹没外包线由如下2条回水线组成的：一是以正常蓄水位440 m为起始水位，按枯水期20年一遇洪水推求的回水线；二是以汛期限制水位435 m为起始水位，按20年一遇洪水推求的回水线。

思林水库耕地、园地淹没外包线由如下2条回水线组成的：一是以正常蓄水位440 m为起始水位，按枯水期5年一遇洪水推求的回水线；二是以汛期限制水位435 m为起始水位，按5年一遇洪水推求的回水线。

思林可研设计时，已按上述外包线调查成果，确定了移民淹没赔偿线，本次汛期水位动态控制研究不增加水库淹没。

2.4 不改变构皮滩的调洪运行方式

构皮滩泄洪设施由坝身孔口和岸边泄洪洞组成。坝身孔口由6表孔、7中孔、2放空底孔组成。本次汛限水位动态研究以不改变构皮滩的调洪运行方式为基本前提。

3 暴雨洪水特点

本流域属于亚热带季风气候区，洪水由暴雨形成，洪水特性与暴雨特性和流域的自然条件密切相关。

流域内大暴雨多发生在6—8月份，持续时间大多在1～2 d，而以1 d为最多。一般从5月份开始有洪水出现，到10月份基本结束。从峰现时间看，6—7月份年最大洪峰出现次数最多，占全年的70%。

构皮滩～思林为无控区间，流域面积5 307 km^2，占思林坝址流域面积的11%。区间山丘起伏，地形复杂，暴雨常呈块状或带状分布，持续时间一般为1～3 d，1 d以内暴雨强度最大。近坝区的六池河凤冈、绥阳场一带，最大24 h点雨量为300～400 mm，思南水文站附近为300 mm，石阡河上游、浑塘河至湘江上游小支流湄江为200 mm。

构皮滩至思林洪水传播时间约9 h，区间洪峰主要由一日暴雨造成，由于暴雨强度大而集中，再加上坡度较陡，汇流迅速，区间洪水过程一般陡涨陡落，1次洪水过程主要集中在三日洪水过程线内。年最大洪峰主要出现在5—8月，其中6—8月出现频次占全年的73.21%。构皮滩～思林区间20年一遇设计洪峰流量2 700 m^3/s，5年一遇设计洪峰流量3 890 m^3/s。洪水持续时间2～4日左右，最大1日洪量占洪水总量的比例在40%～80%之间，洪水持续时间越短，1日洪量所占比例越大。

4 方案拟定

水位动态控制范围上限确定方法主要有预报调度法[2]、库容补偿法[3]、预泄能力约束法[4-5]等。预报调度法组合条件较多，对洪水调度的判断较为繁杂；库容补偿法会影响构皮滩水库的调度方式。综合分析思林水电站汛期动态水位控制研究采用预泄能力约束法。方案的具体操作步骤如下：

(1) 当思林天然入库流量大于机组发电流量、小于最高通航流量4 420 m^3/s时，根据9 h预报成果，采用最大入库流量控制总泄量，扣除发电流量后采用局部开启闸门下泄多余水量，使思林库水位降低，但总泄量不能超过4 420 m^3/s。

(2) 当思林天然入库流量大于4 420 m^3/s小于9 320 m^3/s时，无航运要求，可根据9 h预报最大入库流量下泄洪水，降低库水位到435 m，但下泄总流量不能超过9 320 m^3/s。

(3) 当思林库水位下降到435 m，天然来流量继续上涨，按可研设计的洪水调度方案进行洪水调度，大坝安全度达到与可研设计一致。

从437.5 m方案开始，当入库流量大于机组发电流量开始预泄，所有实测洪水均能在9 320 m^3/s流量出现前降到435m，438 m方案未降到435 m的实测过程只有1场洪水，而且仅高出0.06 m。为留足安全余度，推荐思林水库汛限水位动态控制的上限为437 m。

5 风险分析

思林水库汛限水位动态控制主要风险因素有：安全度风险、上游淹没风险、下游防洪风险、水库泥沙淤积风险、预泄决策风险。推荐思林水电站汛限水位动态控制上限水位低于正常蓄水位，风险评价着重对思林水电站预泄决策风险进行定量分析。在洪水预报过程中，假定净雨预报误差、洪峰流量预报误差、峰现时间预报误差三者之间是独立无关的，则可将风险定义为：在1次降雨径流预报过程中，净雨的预报误差大于规范允许误差，洪峰流量预报误差大于规范允许误差，峰现时间预报误差大于规范允许误差，三者至少发生之一的概率，可描述为：

$$P_F = 1 - P(\Delta_R < \delta_R \cap \Delta_{Q_m} < \delta_{Q_m} \cap \Delta_r < \delta_r)$$

从计算结果来看，洪峰流量预报的风险率为2.94%，满足允许风险率应小于20%，满足水资源系统对风险率的要求。即使考虑预报误差20%的情况下，以动态汛期水位控制进行调洪计算，计算结果即使最不利情况时考虑预报误差，水位仍然可以降至435.0 m。

6 效益分析

思林水电站的开发任务是以发电为主，汛期水位动态控制的效益主要体现在电量上。根据选定的丰、平、枯水年6—8月逐日径流资料及各代表年洪水逐小时过程进行洪水兴利连续调节，即：无洪水时段，库水位保持在437 m运行；当遇洪水来流量大于1 874 m^3/s小于9 320 m^3/s，库水位逐步从437 m降到435 m；遇洪水来流量大于9 320 m^3/s时，水位按435计算。计算6—8月水位动态控制时丰、平、枯3年平均电量为15.37亿kWh，与6—8月水位控制在435 m电量为14.55亿kWh比较，可多获得0.82亿kWh电量效益。

7 结语

通过本文汛限水位动态控制研究，思林水电站汛期运行水位上限设置为437 m，可在保证电站安全和不改变上下游防洪标准的前提下获得较好的发电效益。

水库汛期水位动态控制运用现在已有大量的研究及应用实例，但随着我国大量水利、水电工程逐步建设完成，水库水位动态控制研究和应用的前景非常广阔。现在，水文与气象预报精度的提高和水文遥测系统的不断发展以及新理论的逐渐成熟为汛期运行水位的提高、增加水库重复库容提供了良好的条件。

参考文献：

[1] 李英海，夏青青，常文娟，等，水库汛限水位确定方法研究综述[J]. 水资源与水工程学报，2020，31(5)：155-162.

[2] 赵强，钟平安，刘冠华，等，基于预报调度的河口村水库汛限水位动态控制域研究[J]. 水电能源科学，2019，37(10)：56-59.

[3] 秦雪，马长明，陈鹏宇，等，岩滩水库汛限水位动态控制域的应用研究[J]. 人民黄河，2017，39(3)：28-32.

[4] 王国利，梁国华，王本德，预泄能力约束法确定汛限水位动态控制域与实时应用研究[C]. 河流开发、保护与水资源可持续利用——第六届中国水论坛论文集. 2008：234-238.

[5] 任明磊，何晓燕，丁留谦，等. 基于改进预泄能力约束法的水库汛限水位分期动态控制域确定及应用[J]. 中国水利水电科学研究院学报. 2018，16(1)：16-22.

乌江干流保障生态流量方式研究及应用

周金江，高英

（贵州乌江水电开发有限责任公司水电站远程集控中心，贵州贵阳，550002）

摘要：乌江干流维持河道生态流量是长江生态修复的重中之重，是保证长江经济带可持续发展的刚性需要。乌江梯级干流电站中，除下游构皮滩、思林、沙沱在设计时有生态流量设施外，上游洪家渡、东风、索风营、乌江渡4座电站设计之初均无生态流量设施。保障乌江干流电站生态流量，构建安全、经济的常态化生态调度机制，急需制定相应生态流量保障措施，保证区间生态流量。通过研究分析，在设计之初无生态设施的水电站通过改变机组运行方式以及控制上下游水库水位等措施，可满足生态流量要求，提高水能利用率。

关键词：生态流量；发电；运行；水库；水位

1 概述

乌江水能蕴藏丰富，梯级干流规划11座水电站，贵州境内7座电站及支流清水河2座电站由贵州乌江水电开发有限责任公司开发建设和经营管理，主要包括洪家渡、东风、索风营、乌江渡、构皮滩、思林、沙沱及大花水、格里桥共9座电站，总装机容量869.5万kW，机组33台[1-2]。

乌江集控中心主要负责乌江公司水电站远程控制、梯级优化调度、洪水联合调度、火电运行监管、电量集中营销等工作[3]，调控水电站9座。随着流域生态流量要求的提出，乌江集控中心通过不断研究分析，对乌江干流水电站水库及机组运行方式进行调研，制定出了保障生态流量的调度方案。

2 生态流量要求

2017年，长江水利委员会根据《水利水电建设项目水资源论证导则》(SL525—2011)规定："对于河道生态需水量的确定，原则上按照多年平均流量的10%～20%确定。"最终明确了乌江上游4座电站满足生态流量的最小下泄流量(见表1)。

表1 乌江干流梯级电站最小下泄流量

电 站	最小下泄流量/(m^3/s)	特殊要求
洪家渡	14.4	当水位降至死水位1 076 m且入库流量小于14.4 m^3/s时，按来水量下泄。
东风	77	索风营水电站库水位于834.7 m以上时，日均流量满足即可；当东风水电站降至死水位936 m且入库流量小于77 m^3/s时，按来水量下泄。
索风营	77	当乌江渡水电站库水位高754.16 m时，日均流量满足即可；当索风营水电站降至死水位822 m且入库流量小于77 m^3/s时，按来水量下泄。
乌江渡	112	当构皮滩水电站库水位高于620 m时，日均流量满足即可；当乌江渡水电站降至死水位720 m且入库流量小于112 m^3/s时，按来水量下泄。

3 研究分析

3.1 明确生态流量保障方案

通过分析，水电站要满足生态流量要求，只能是开闸下泄、增设生态发电机组、水轮发电机组下泄3种解决方案。开闸下泄虽可满足最小下泄流量，但开闸下泄牺牲了水能，造成水资源的浪费，通过计算每年将损失水量88.42亿m^3，经济性差；增设生态发电机组，经科学研究及电站原设计单位进行研究论证，乌江干流上游洪家渡、东风、索风营、乌江渡4座电站不具备增设生态机组条件；水轮发电机组下泄，通过调整机组运行方式，控制下游电站水库水位，既可满足生态流量要求，又能提高水能利用率。综合3种方案对比，水轮发电机组下泄方式最优。水轮发电机下泄又分为空转和并网发电2种方式，空转方式虽能满足流量要求，但

收稿日期：2020-10-27.

作者简介：周金江，贵州贵阳人，工程师，从事水电站远程控制和流域水库调度工作；高英，贵州贵阳人，高级工程师，从事梯级水电站水库调度管理工作.

也会造成水量损失，而并网发电方式有效提高了水能利用率，同时也满足生态流量要求，最终明确采用水轮发电机并网发电方式保障生态流量的调度方案。

3.2 制定保障生态流量实施方式

在明确水轮发电机并网发电方式保障生态流量的调度方案后，通过将方案进行细化，从电网供需情况、上下游水库水力联系等方面进行数据收集，结合电站机组运行经济性、安全性分析如下：

3.2.1 机组带固定负荷满足生态流量

对乌江干流上游洪家渡、东风、索风营、乌江渡4座电站机组不同状态下的运行流量进行统计：洪家渡空转流量为25 m^3/s，空转即可满足，东风、索风营、乌江渡满足生态流量机组最低负荷分别为74 MW、38 MW、100 MW。按照机组避开振动区运行原则，洪家渡、东风、索风营、乌江渡对应最低负荷应为30、80、130、100 MW（见表2）。目前水电在电网中主要承担调峰调频任务，结合贵州电网夜间低谷尽量将负荷空间留给火电和新能源的特点，综合机组耗水率考虑，确定洪家渡、东风、索风营、乌江渡对应最低负荷为60 MW、90 MW、130 MW和110 MW最为合理。

表2 乌江干流梯级电站最低负荷及振动区统计

电站	设计水头/m	保证最低生态流量对应机组负荷/MW	振动区范围/MW
洪家渡	—	—	1～3号机(0～30、65～125)
东风	117	74	1～3号机(0～120),4号机(0～80)
索风营	67	38	1～3号机(0～130)
乌江渡	116	104	1～3号机(0～66、120～200),4～5号机(0～200)

3.2.2 水位控制满足生态流量

乌江干流上游洪家渡、东风、索风营、乌江渡4座水库中，除洪家渡与东风未完全衔接之外，其余东风与索风营、索风营与乌江渡水库之间均可通过控制下游水库水位实现首尾衔接。洪家渡坝址下游与东风水库在正常蓄水位与死水位之间有6～12 km减水河段，存在河流断流情况，在正常情况下洪家渡没有全停条件，必须保证1台机运行保证生态流量。根据长江水利委员会要求并通过计算，当索风营坝上水位高于834.7 m时，东风日电量192万kWh即满足日均下泄77 m^3/s要求，东风夜间可以全停；乌江渡坝上水位高于754.16 m时，索风营日电量122万kWh即能满足日均下泄77 m^3/s要求，索风营夜间可以全停；构皮滩坝上水位高于620 m时，乌江渡日电量275万kWh即能满足日均下泄112 m^3/s要求，乌江渡夜间可以全停。

通过对乌江干流上游洪家渡、东风、索风营、乌江渡4座水库的巡查发现，沿岸取水对4座电站水库均无水位要求，在保障生态流量方面无影响，水库水位可根据运行要求调整。

3.2.3 天然来水满足生态流量

当流域降雨发生产流时，通过监测流域区间测站流量值与上游电站出库流量进行对比，当区间流量测值减去上游出库流量值达到生态流量要求后，即上游电站满足全停条件，可根据电站水库水位情况实时改变机组运行方式，以达到优化运行的目的。

4 应用效果

2019年，乌江干流水电站通过实施机组带固定负荷、控制水库水位及监测流域区间天然来水的调度措施，生态流量实施情况满足水利部、贵州省生态管理要求，最小下泄流量日均保证率均大于99%，生态调度安全得以保证，较好地履行了企业社会责任，全年共节约水量50.81亿m^3，增发电量13.47亿kWh，同时也创造了较大的经济社会效益（见表3）。

表3 经济效益统计

电站	生态流量/(m^3/s)	年耗水率/(m^3/kWh)	日生态水量/(亿m^3)	年生态水量/(亿m^3)	年生态电量/(万kWh)
洪家渡	14.4	3.03	0.012	1.14	3762
东 风	77	3.32	0.067	14.41	43 389
索风营	77	5.23	0.067	14.41	27 543
乌江渡	112	3.47	0.097	20.86	60 101
合 计	—	—	0.243	50.81	134 795

注：洪家渡作为乌江梯级龙头电站，汛期与非汛期的运行方式与下游其余电站存在差异，洪家渡统计生态水量时间段为5～9月，东风、索风营、乌江渡统计生态水量时间段为10月至次年4月。

5 应用中存在的问题

实际应用中，受电网夜间低谷负荷影响较大，当天气变化时，新能源负荷较高，且电网火电机组已深调最大时，梯级电站机组不能按最低负荷运行；为满足生态流量要求，部分电站机组会短时空转运行，以保障最小流量要求。在此情况下，值班人员应及时关注梯级各电站负荷及水位情况，当满足全停或减负荷条件时，应及时协调减负荷或停机将负荷转移至空转运行机组，以提高水能利用率。

6 结语

为保障乌江流域环境生态功能，乌江干流水电站通过机组发电的方式满足生态流量要求，保证了下游河道内水生物的生存和水生态系统的固有平衡和下游沿岸居民生活取水、农业生产取水等基本需求，同时也减少了生态耗水造成的水能损失，有效提高水能利用率，形成了既经济、又可行的流域生态流量科学调度举措，对推进流域生态保护，维护河流健康生命，建设美丽乌江，具有重要的示范意义，对设计之初无生态设施的水电站具有重要的示范作用。

参考文献：

[1] 徐伟，高英.精益化管理在乌江梯级水库群日调节水库中的实施与成效[J].红水河，2019，38(02)：30-33.

[2] 谢树庸.贵州乌江梯级水电站工程地质特征[J].贵州水力发电，2005(05)：5-9.

[3] 张孙蓉.集控中心卫星云图的建设及应用[J].水电站机电技术，2019，42(12)：98-100.

基于历史退水的清水河流域洪水调度分析

朱明星

（贵州乌江水电开发有限责任公司水电站运程集控中心，贵州贵阳，550002）

摘要： 为减少洪水调度过程中闸门频繁启闭，文章通过统计清水河流域历史洪水过程，计算出退至某一流量后的洪水量；结合水库水位库容曲线，分析该流量与水位变化的关系，得出在特定流量范围内关闸，可有效减少操作次数的结论。在流域综合特征没有较大变化的情况下，该结论对后续洪水调度有一定借鉴意义。

关键词： 退水；流域；洪水；调度

1 流域概况

清水河位于贵州省中部，属长江流域乌江水系，是乌江中游右岸较大的一级支流。干流全长 217.3 km，流域面积 6 619 km^2。

清水河流域属于亚热带季风气候区，流域内暴雨多出现在 4—10 月，以 5—7 月为最多。暴雨量级以中小量级居多，暴雨历时短，雨量集中。由于河床下切深，河谷狭窄，河槽调蓄作用小，洪水陡涨陡落，涨洪历时一般 5～10 h，退水历时一般 50～80 h，峰顶持续时间一般 1～4 h。峰型以单峰、双峰为主，洪水主要由一日和三日暴雨形成，一次洪水过程的洪量主要集中在 1～3 日内。

大花水水电站位于清水河干流，坝址控制流域面积 4 328 km^2。电站水库正常蓄水位 868.00 m，死水位 845.00 m，调节库容为 1.355 亿 m^3，水库具有不完全年调节能力，电站装机容量为 200 MW。格里桥水电站位于大花水水电站下游，水库正常蓄水为 719 m，死水位 709 m，总库容 0.774 亿 m^3，属日调节水库，电站总装机 150 MW。区间面积为 407 km^2，占格里桥坝址集水面积的 9.4%，大花水坝址集水面积占格里桥坝址集水面积的 91.4%，流域情况可用大花水代表。

2 洪水调度中存在的问题

清水河流域洪水调度由乌江集控中心负责。纳入集控调度前，清水河两电站根据坝上水位上涨趋势，实时调整闸门开度，不做流域来水量预测。为尽量利用洪水资源，在保持较高库水位时，泄洪闸门操作比较频繁。存在问题：由于仅能通过一段时间的库水位变化进行反算并调整出库流量，因此，监测及调整时间越长，操作滞时越长，则坝前水位越高；没有预泄，在较高水位下，突遇大洪水，易出现险情[1]。

纳入集控调度后，发生降雨则立即开展水情分析，预测洪水过程，利用洪水调度软件，模拟洪水调度，提前 3～6 h 下达闸门调度命令。依据预报洪水的量级，确定大花水、格里桥在洪水调度过程中的水位。由于大花水、格里桥闸门开启后在不同的开度下流量无法匹配，下游格里桥水位下降或上升速度较快，在一次拦尾过程中，大花水开度的每次调整都需要格里桥开度调整多次，以确保格里桥维持在较高水位。存在问题：随着预报的修正，若需保持大花水、格里桥较高水位运行，需要经常调整 2 个电站的闸门。

3 退水过程分析

3.1 历史退水过程分析

统计大花水投产以来历次发生的洪水共 45 场，其中含有复峰洪水 9 场。通过洪水过程线研究退水阶段的流量、水量关系，力图发现规律，指导水库调度，减少闸门操作次数[2]。统计流量退至 400 m^3/s、350 m^3/s、300 m^3/s 后的剩余洪水量，并查询了水位一库容曲线，找到消纳剩余洪水量所需的合适库水位。入库流量与回升至 867.5 m 所需最低水位见表 1。

受上游小水库开闸影响，入库流量在 400～200 m^3/s 时常出现反复。大花水电站坝址设计洪水过程线（1963）中 400 m^3/s 以下没有资料，故本文计算中不能参考设计洪水过程线计算退水阶段洪量。由于清水河流域 2 个电站的泄流曲线存在误差，随着开度增加误差加大，所以表 1 中舍去了开闸后显示的偏差较大的入库流量。

收稿日期： 2020-10-27.

作者简介： 朱明星，河南洛阳人，工程师，从事集控调度工作.

表 1　入库流量与回升至 867.5 m 所需最低水位

洪水场次	面雨/mm	洪峰/(m^3/s)	W/(万 m^3)(Q=300 时)	V/(百万 m^3)	H/m
20080524	9.4	569	345.60	243.68	867.01
20080816 复峰	72	1 780	3 298.68	214.15	862.86
		517	1 428.84	232.85	865.49
20080903	46.8	1 560	1 134.00	235.80	865.91
20081102	35.7	779	650.52	240.63	866.58
20081107	30.7	699	1 182.96	235.31	865.84
20090630	57.2	2 030	504.72	242.09	866.79
20090703	26.8	705	544.17	241.70	866.73
		—	1 121.976	235.92	865.92
20100617	19.7	952	526.68	241.87	866.76
…					
20190712	50.9	783	1 410.48	233.04	865.52
20190718	37.3	685	1 043.28	236.71	866.03
20190918	19.3	528	284.40	244.30	867.10

表中：Q 为入库流量，m^3/s；W 为退至 Q 后净入库水量，W＝（入库流量－发电流量）×T，万 m^3；T 为计算开始时刻至入库流量退至发电流量时刻的持续时间；V 为库水位回升至 867.5 m 所需的最小库容，百万 m^3，若库容小于此值，本场洪水结束时则不能回升至 867.5 m，其中：867.5 m 水位对应库容为 247.14 百万 m^3；H 为库水位回升至 867.5 m 所需最低水位，m。

入库流量与回升至 867.5 m 所需最低水位关系曲线如图 1 所示。

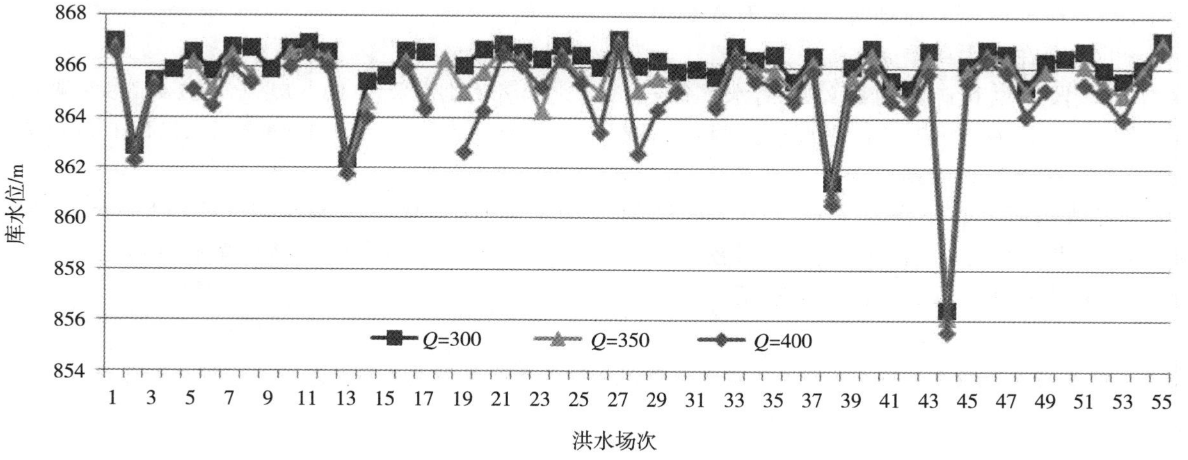

图 1　入库流量与回升至 867.5 m 所需最低水位关系

3.2　洪水调度时机

根据图 1 可以看出：Q=400 m^3/s 时，水位变幅较大，洪量与前期降雨、本次降雨相关性强，由图 1 可看出水位至多可降至 862.00 m。Q=300 m^3/s 时，水位变化相对平缓，主要集中在 866～866.8 m 之间，本次降雨后集中产流时期已过，退水平缓。

结论：为减少闸门操作次数，在入库流量大于 400 m^3/s 时，不考虑大花水关闸，在 300～400 m^3/s 时，依据大花水实时水位计算关闸时间，水位通常不低于 864 m；在入库流量降至 300 m^3/s 时，水位通常不低于 866 m 且不高于 867.1 m，应关闭闸门。

由于格里桥水位在 716～718.5 m、单表孔 1/8 开度时下泄流量为 300 m^3/s 左右，大花水在 867 m 附近 2 m 开度时泄洪 230 m^3/s，降雨后产生的区间流量 20～30 m^3/s 比较常见，格里桥净入库流量在 5.5 m^3/s 时每小时水位上涨 1 cm。故在大花水 2 m 开度、格里桥 1/8 开度时，格里桥水位每小时下降 8 cm 左右。为避免水位过低，需间断关闭格里桥闸门。若因预报修正，需调整闸门时，格里桥每调整 1/8 开度，大花水以 2 m 为单位调整闸门配合，即依据出库流量的大小，闸门尽量匹配开启、关闭。操作时间依据当时两库水位确定。

4　成果对比分析

对比历史规律开展洪水调度前后的开闸次数，2018 年仅有 1 场洪水发生了溢洪，整场洪水过程中大花水累计操作闸门 16 次、格里桥 19 次，关闸后两库最高水位分别为 867.91 m、718.31 m。

与之形成鲜明对比的是 2019 年 7 月份的洪水调度。大花水以 2 m 开度匹配格里桥的 1/8 开度，本场洪水中，大花水仅操作 4 次，格里桥 14 次。大花水水位降至 866.38 m，格里桥水位降至 717.20 m，大花水从 2 m 开度直接关闭，水位逐步抬升至 867.00 m 以上，格里桥水位恢复至 718.00 m 以上。关闸后两库最高水位分别为 867.61、718.37 m。分析规律后，既有效利用了洪水资源，又减少了闸门操作次数。

由于清水河流域调节性能相对较弱，一两场较强降雨就存在泄洪风险，为进一步提升洪水预报、调度水平，还需从以下几方面着手：

（1）泄流曲线存在误差。开闸后，随着闸门开度的增加，大花水、格里桥水务计算的入库流量较实际数据增加幅度变大。需要值班员依据降雨大小估算区间流量。

（2）设计洪水过程线不全面，没有 400 m^3/s 以下退水过程。在开展模型计算时，不能有效利用该过程线，可能存在较大误差。

（3）流域监测站稀疏，监测站距离水库较远。清水河较大的支流有 22 条，大花水上游两大支流之一的南明河有贵阳水文站（流域面积 748 km^2），最大的支流独木河上有下湾水文站（集水面积为 1 433 km^2），没有水文站检测的未控区间较大，区间可能产生较大汇流。大格区间有河流汇入，但没有水文监测站。由于清水河流域洪水调度相对频繁，在各支流增加水文站不失为提高洪水预报精度的有效手段。

（4）调度经验需要积累。清水河流域易产生陡涨陡落的洪水，在预测中需实时修正。涉及关闸后水位上升幅度、闸门操作次数多少的问题，闸门指令有一半在夜间执行，在夜间洪水调度与调度员经验水平有很大关系。需要经验较为丰富的专职人员参与夜间洪水调度。

5 结语

泄流曲线误差问题和水文监测站较少影响了入库洪水的预报精度，相较于更大水库的洪水调度，不论在闸门操作次数还是洪水预报入库流量的修正上，清水河流域始终需要更多的经验参与。同时，依据一定次数的洪水退水过程线，总结出退水规律，当发生降雨后，对比历史上类似的降雨过程，参考其所形成的洪水过程线，对洪水调度的精益化、减少闸门操作次数具有重要的指导意义。

参考文献：

[1] 李煜刚，黄晓荣，侯小波，刘碚洪. 水情系统缺失下有控泄的小水库洪水调度研究[J]. 人民长江，2019，50(S2)：19-21＋88.

[2] 宋伟华，刘红珍，崔鹏，许明一. 黄河上游近年中小洪水特点及水库调度分析[J]. 人民黄河，2020，42(05)：34-39.

·地质与勘测·

初探物化指标电导率在水库渗漏分析中的应用

黄子文，何成财，王彦琪，马强

（遵义水利水电勘测设计研究院，贵州遵义，563000）

摘要： 本文采用电导率示踪的方式查明地下水的补、径、排关系，进而找到水库渗漏途径。地下水电导率极易获得，成本低，较小的误差对其分析无影响。通过研究电导率在地下水中的变化规律，为岩溶地区水库渗漏分析提供有效的勘察方法。

关键词： 水库；岩溶；渗漏；地下水；电导率

1　概述

受供水对象及河流（溪沟）分布等影响，贵州地区一大批水库修建在岩溶地区，不可避免地产生了岩溶渗漏问题。根据目前所建水库产生渗漏类型统计，水库大坝渗漏有 3 种类型：绕坝渗漏、强风化带渗漏、岩溶渗漏，其中绕坝渗漏及强风化带渗漏形式单一，基本属于浅部渗漏，处理简易；岩溶渗漏形式多样，如管道型渗漏、裂隙型渗漏，水文地质条件极其复杂，其渗漏通道与地下水补、径、排关系息息相关，因此查明可溶岩层地下水补、径、排关系是解决水库岩溶渗漏的关键步骤[1~2]。

目前针对地下水补、径、排关系的勘察主要手段有钻探、物探等。其中钻探成本较大，工期较长，主要适用于可溶层单一、水文地质条件简单的库区；物探勘察受外界影响大，设备购置成本高，物探成果误差大，解译主观性较大。基于钻探、物探等勘察手段的限制，本次结合工程实际，初步探索物化指标电导率在地下水中的变化规律，进而指导水库渗漏分析。

2　地下水与电导率

地下水的电导率是指水传导电流的能力即水的电阻的倒数[3]。地下水是由水头高的地方向水头低的地方运移，在运移的过程中其所溶解的物质总量是不断增大的，也就可以得出结论：地下水径流的时间、路径越长，那么地下水所溶解的物质总量就越大；而且地下水中的电导率与其所溶解的物质总量（T_{DS}）呈正相关[4~7]。因此可以得出电导率（K_S）与溶解的物质总量（T_{DS}）的关系。

电导率测定的方法采用电导率仪法，本次采用仪器为水质分析仪，其可以同时测定溶解氧、PH、水温；最后根据水样的温度对所测电导率进行校正，校正公式如下：

$$K_S = \frac{K_t}{1+\alpha(t-25)}$$

式中：K_S 为水样电导率（ms/cm）；K_t 为温度为 t ℃下测定的水样电导率读数；α 为水样中各种离子电导率平均温度系数，取值为 0.022；t 为测定时水样的温度

对于一般的地下水来说，电导率与溶解性总固体之间有如下的关系：

$$T_{DS}(\mathrm{mg/L}) = \alpha \times K_S(\mathrm{ms})$$

α 取值与地下水化学类型有关。大部分地区取值在 0.55～0.7 之间，对于 $T_{DS}>50\,000$ mg/L 和 T_{DS} 很低的水来说，T_{DS} 与电导率的相关性较差；对于源于同一含水系统的一系列水样来说，T_{DS} 与电导率的关系可以很好地建立起来。利用这种关系，可对水质分析结果的可靠性进行检验，同时，根据地下水化学条件的了解，可以直接利用电导率测试值推算出相应水样的 T_{DS}[8~11]。

3　工程实例

以中国酒都·华夏民族酒文化博览园生态景观水库工程为试验背景，主要对拟建水库进行渗漏分析、评价。拟建水库正常蓄水位 856 m，坝前水头抬高约 24 m。工程区位于缓坡谷地及槽谷内，溶蚀作用强烈，沟谷发育，受地形切割，库区两侧均发育有低邻谷：右岸地形宽厚，发育的张村沟邻谷在 3 km 以外，与水体区河道近平行展布，高程与水体区河床相近；左岸受地形切割，发育有马家沟邻谷，邻谷与水体区河床近平行展布，距离 1～1.2 km，河床高程 750～800 m，比水体区河道低约 70 m，比

收稿日期： 2021-03-03.

作者简介： 黄子文，江西南昌人，工程师，从事水利工程勘察工作.

拟定正常蓄水位 856 m 低约 100 m。该河间地块为长条状缓坡台地，地表高程在 860～900 m。

拟建水库区及周边分布地层主要为寒武系下统清虚洞组($\in_1 q$)，根据岩性不同可分为 2 段：下段($\in_1 q^1$)灰色中厚层条带状灰岩，底部为鲕状、豆状灰岩，时夹少量泥质粉砂岩及页岩，顶部含白云质灰岩；上段($\in_1 q^2$)灰色中厚层夹薄层泥质、钙质白云岩及白云质灰岩，顶、底部为薄层泥质白云岩，为中等至弱含水岩组。

4 渗漏分析

4.1 水库与右岸邻谷张村沟河间地块渗漏问题分析评价

库区右岸河间地块地形宽缓，水体区出露的 $\in_1 q^2$ 地层延伸至张村沟邻谷，区内 $\in_1 q^2$ 层岩溶中等至弱发育。据调查，该层在水体区河床及支沟明流稳定，沿线出露有若干个稳定的泉点，高程在 832.5～854.5 m，汇总流量大于 5 L/s。右岸张村沟邻谷左岸出露有 2 个泉点，高程在 840～857 m，汇总流量约 5 L/s。可判断，该层在河间地块存在高于正常蓄水位的地下分水岭，根据岩溶地区地下水水力坡降 3%推测地下分水岭高程约 860 m。水体蓄水后不存在沿 $\in_1 q^2$ 层向右岸张村沟渗漏的可能。

4.2 水库与左岸邻谷马家沟河间地块渗漏问题分析评价

水库主河道与左岸马家沟邻谷河间地块受构造切割地形完整性差，多形成单薄的低矮垭口。水库河床高程 832～860 m，正常蓄水位 856 m；与水体相对应的马家沟邻谷河床高程 750～790 m，水库蓄水后与邻谷最大高差约 100 m。据地质调查，后村水库下游河道的河水在经罗家坝、大松树一带的落水洞 KLD18 后进入地下暗河，在马家沟出水溶洞 K_2 流出，高差 68 m，该河流未流入水库河床；在水库左岸坡贺家湾单薄垭口一带发育的洼地、落水洞多沿岩溶管道在马家沟出水溶洞 K_1 流出，高差 69 m。

为证实上述地表调查结果，本次在水库主河道设置 4 个电导率监测点，分别为 C_1、C_2、C_3、C_4，库尾至库首均匀分布，落水洞 KLD18 设置 1 个监测点 C_5，出水溶洞 K_1 设置 1 个监测点 C_6，出水溶洞 K_2 设置 1 个监测点 C_7，本次监测周期为 30 d，每隔 7 d 对所有监测点进行监测，期间如出现强降雨天气会加强监测密度[12～13]。电导率监测结果见表 1。

表 1 监测点电导率值统计 单位:ms/cm

监测点	位置	监测时间/d					
		0	7	14	16	23	30
C_1	库尾	457	461	455	459	471	461
C_2	库中	467	467	461	460	480	471
C_3	库中	459	473	470	469	486	472
C_4	库首	478	481	485	475	496	483
C_5	KLD18	493	488	495	490	512	501
C_6	K_1	550	545	531	553	573	561
C_7	K_2	540	523	541	540	561	550

注：第 23 d 出现强降雨天气，因此加强了监测。

C_1～C_4 均为白滩子河监测点且从上游至下游依次布置，从表 1 可知库尾至库首电导率大小关系：$C_1<C_2<C_3<C_4$；结果证明电导率与水运移距离呈正相关。

从地表调查情况来看，出水溶洞 K_1、K_2 可能与库区河流及落水洞 KLD18 存在水力联系，如果这种推断正确的话，那么 K_1、K_2 与 C_1～C_7 的电导率监测值存在一定的相关性，为了了解 K_1、K_2 与其他监测点的相关性程度，下面计算 K_1、K_2 与其他各监测点之间的相关性系数，结果见表 2。

表 2 监测点之间的相关性系数

监测点	C_1	C_2	C_3	C_4	C_5
C_6	0.595	0.645	0.516	0.673	0.924
C_7	0.861	0.820	0.569	0.475	0.727

从表 2 分析可知，C_6 与 C_1～C_4 的相关性系数小于 0.8 且大于 0.3，其之间有弱相关性，C_6 与 C_5 的相关性系数大于 0.8，其之间有强相关性；C_7 与 C_1～C_2 的相关性系数大于 0.8，其之间有强相关性，C_7 与 C_3～C_5 的相关性系数小于 0.8 且大于 0.3，其之间有弱相关性。C_1、C_2、C_3、C_4 均为白滩子河监测点，其电导率之间有强相关性，虽然 C_7 与 C_1～C_2 有强相关性，但与 C_3～C_4 为弱相关性，从而可以说明白滩子沟河水主要向 K_2 溶洞排泄，主要渗漏带分布在库尾；C_6 与 C_5 有强相关

性，说明落水洞 KLD18 处地下水主要向 K_1 溶洞排泄。

为验证电导率分析结果，水库水文地质勘察同时采用物探及钻探的手段，主要成果如下：

（1）物探（高密度电法）。在左岸河间地块 $\in_1q$ 层内布设了 2 条高密度物探线，查明其地下隐伏岩溶发育及地下水分布情况。其中 WT2－2’ 线沿库区首端左岸分水岭布置延伸至尾部，测线长度 1 900 m，反演深度约 80 m；经测试共发现 5 处溶蚀区，Ⅰ号发育深度 24～40 m、Ⅱ号发育深度 24～40 m、Ⅲ号发育深度 30～43 m、Ⅳ号发育深度 13～25 m、Ⅴ号发育深度大于 65 m，内部情况不明。WT4－4′线剖面靠近库区侧平行于 WT2－2’ 测线约 20～30 m 布置，测线长度 1 700 m，反演深度约 80 m；经测试共发现 6 处溶蚀区，Ⅰ号发育深度 28～42 m，Ⅱ号发育深度 34～43 m、Ⅲ号发育深度 17～35 m、Ⅳ号异常发育深度 20～35 m、Ⅴ号异常发育深度大于 64 m、Ⅵ号异常发育深度大于 78 m。根据 WT2－2’ 线与 WT4－4′线岩溶发育深度对比可知，左岸地下水径流方向为库区河流白滩子河→WT4－4′→WT2－2′→邻谷马家沟，水库蓄水后存在向邻谷马家沟 K_1 渗漏的可能[14～15]。

（2）钻孔。在左岸单薄低矮垭口及岩溶发育区布设了 6 个水位孔进行勘察。根据左岸水文孔揭露，该层在靠近水体区一带受上部 $\in_1q^2$ 阻隔，岩溶发育程度总体较弱，无掉钻、漏水现象，岩溶未延伸至河床下部；在过冲沟段受裂隙切割地下水多与 $\in_1q^2$ 连通，地下水位低于白滩子河最大达 6.4 m，表现为地下水位向左岸邻谷降低的水力特征。

综上，电导率法、物探、钻探勘察结果均表明，水库左岸与左岸邻谷马家沟存在水力联系，地下水总体表现为白滩子河→河间地块→马家沟（K_1），水库蓄水后存在向左岸邻谷马家沟渗漏的可能。

5 结论

目前，电导率法在水库勘察应用普及度较差且技术不成熟[16]，初次将电导率法应用于水库渗漏分析，为电导率法的研究提供些许参照：

（1）地下水中电导率随水流运移距离、时间增长而增大，在统一的水力联系情况下，水头高处的电导率大于水头低的电导率。

（2）在水库水文地质勘察中，电导率法与物探法、钻探法所得结果基本一致；在成本、工期方面，电导率法较优，在精确度上，钻探法较优，在适应性方面，电导率法、钻探法较优。

（3）电导率法虽然较便捷，但存在两方面不足：一是电导率法只能判断地下水的补、径、排关系，无法获悉地下水的水力坡降及地下分水岭高程；二是电导率法侧重于大量的数据分析，对于较异常的数据无法解释。

参考文献：

[1] 陈云长. 广州抽水蓄能电站上下水库渗漏分析与评价[J]. 水利技术监督，2003(01)：36-37.

[2] 杨野，景随心，史殿顺. 茨竹湾水库利用岩溶天坑成库的地质勘察探析[J]. 水利技术监督，2020(05)：199-201.

[3] 张伟. 分析化学与水质分析(下册)[M]. 郑州：黄河水利出版社，2000.

[4] 荣欣萍，吴勇，唐学芳. 浅层地下水中总溶解固体与电导率相关关系研究[J]. 甘肃水利水电技术，2009，55(11)：5-7.

[5] 余保汶，肖敏杰，王旭，等. 泉水流量、电导率、pH 值动态变化规律[J]. 地质与资源，2020，29(04)：380-387.

[6] 倪俊珺，马成成，胡婷婷. 地下水电导率、pH 值、ORP 值的实验与研究：以汤池一号井为例[J]. 科学与信息化，2020(27)：118-118.

[7] 刘启和. 辽阳市地下水电导率特性研究[J]. 水利技术监督，2017(03)：60-62.

[8] 贾瑞红. 水库渗漏中地下水示踪技术的应用研究[J]. 水利规划与设计，2013(10)：39-41.

[9] 张桢武，邹成杰. 岩溶地下水分散流场示踪探测原理及其在水库渗漏研究中的应用[J]. 中国岩溶，1995(03)：251-260.

[10] 任爱武，柯柏柴，程建设. 岩溶地区水库渗漏原因分析与无损检测验证[J]. 水利学报，2014(S2)：119-124.

[11] 黄顺涛，刘荣言，吴高海. 沙老河水库岩溶渗漏分析及防渗处理[J]. 水利规划与设计，2008(04)：41-44.

[12] 邵鹏. 基于 MODFLOW 的水库渗漏预测与影响评价数值模拟研究[J]. 水利规划与设计，2020(03)：142-144.

[13] 朱永广，朱昶广，许秀娟. 南水北调地下水数值模拟与补给分析[J]. 水利规划与设计，2018(08)：19-21.

[14] 姚纪华，罗仕军，未文杰，等. 综合物探在水库渗漏探测中的应用[J]. 物探与化探，2020(02)：456-462.

[15] 王杰，李国瑞. 综合物探方法在水库渗漏调查中的应用[J]. 海河水利，2020(06)：41-43.

[16] 鄂西南岩溶地区几个水库渗漏的教训与反思[J]. 资源环境与工程，2010(05)：450-453.

岩溶地区某水库坝址渗漏检测及处理

陈黎

（遵义水利水电勘测设计研究院，贵州遵义，563000）

摘要：文章介绍了应用合理的检测手段，充分发挥物探、钻探、地表地质调查等方法的优势，相互验证，取长补短，从而较准确定位渗漏位置及影响范围，为后期高效、经济解决渗漏问题提供依据。

关键词：钻探；岩溶；水库；渗漏；灌浆

0 引言

随着2013年贵州省“市州有大型水库、县县有中型水库、乡乡有稳定水源”战略目标的实施，骨干水源工程建设全面提速，大量水库相继竣工并投入使用。因为贵州大部分处于岩溶发育地区，地质条件十分复杂，部分水库因可能存在的设计和施工的不足，加之近年频发自然灾害，水库运行会出现渗漏现象，从而存在不同程度的安全隐患。

目前水库渗漏问题越来越引起相关部门的重视，对渗漏部位、渗漏原因的识别以及方案的选择是重点。一般而言，水库渗漏类型主要为沿岩体层面渗漏、构造破碎带渗漏、岩溶通道渗漏、坝基坝肩接触带渗漏等。本研究在对水库区域作充分的地表地质调查后，采用物探结合钻探方式作检测方式。

文章以某水库为例，通过物探结合钻探由整体到局部、从普通到重点的综合探测方法及处理方式，达到高准确率的渗漏检测及高质量的处理效果。

1 工程概况

某水库大坝为混凝土面板堆石坝，坝顶高程782.5 m，坝顶长272.5 m，最大坝高60.0 m，正常蓄水位778.0 m，总库容1 240万m^3。坝址区及近坝库岸出露为白云岩、泥质白云岩，为中等岩溶含水岩组，且右岸近坝基、坝肩一定范围内发育有断层，岩体风化破碎。水库蓄水后发现下游量水堰渗漏量随库水位升高而增大，且在放水过程中发现同一水位较蓄水时所测渗漏量明显增加。水位下降后在左右岸趾板上游侧地表均发现大小不等可能因渗漏形成的孔洞，其中左岸分布于747.4～755.0 m高程，洞口直径约30 cm。右岸分布于趾板上游边坡马道750.0 m高程附近，洞口直径约3 cm。

2 渗漏检测

目前针对水库渗漏的物探检测方法主要有声呐法、高密度电法、温度场检测法、伪随机流场法等，各有优及缺。考虑到该水库死水位较高，渗漏量较大，且地表有孔洞，库水很可能在高水头作用下击穿帷幕形成渗漏通道，选择伪随机流场法通过间接测量入水口集中渗漏产生微弱电流场，利用测量电流场的变化规律来分析渗漏场的变化规律，达到查找渗漏通道的目的。该方法在水利水电工程大坝渗漏检测、帷幕线上渗漏通道的查找方面已成功运用。结合工程实际情况，同时辅以钻探方式综合检测，以达到更好效果。

根据现场地形地质条件及坝后出水点情况，本次采取在趾板中心线下游14 m至趾板中心线上游36 m范围及左右岸岸坡一定范围以2 m×2 m的间距进行测试；右岸在右岸斜坡帷幕线至库区以上400 m范围以2 m×2 m的间距进行测试。即建立2种不同的电流场，分别为左岸至坝后电流场、右岸至导流洞电流场。由电流场测试规律得出：伪随机流场值小于10为测试的背景值，该区域不渗漏或渗漏较微。伪随机流场值≥10为测试异常区域，为可疑渗漏区域。测试时库水位高程在778.0 m左右。

2.1 左岸→坝后渗漏关系

左岸→坝后电流场成果可知，在坝趾左岸帷幕转角上游出现明显异常，其坐标为高程752.00～773.00 m，伪随机流场值为10～50，为渗漏的可疑入渗点。

2.2 右岸→导流洞渗漏关系

右岸→导流洞电流场成果见图1。在右岸分布

收稿日期：2021-01-03.
作者简介：陈黎，贵州遵义人，高级工程师，从事水利水电工程地质与水文地质工作.

主要有4个异常区域(图中流场值＞10的区域)，为导流洞渗漏的可疑入渗点。4个异常区域的坐标高程为753.00～776.00 m、737.00～747.00 m、746.00～748.00 m、748.00～751.00 m。

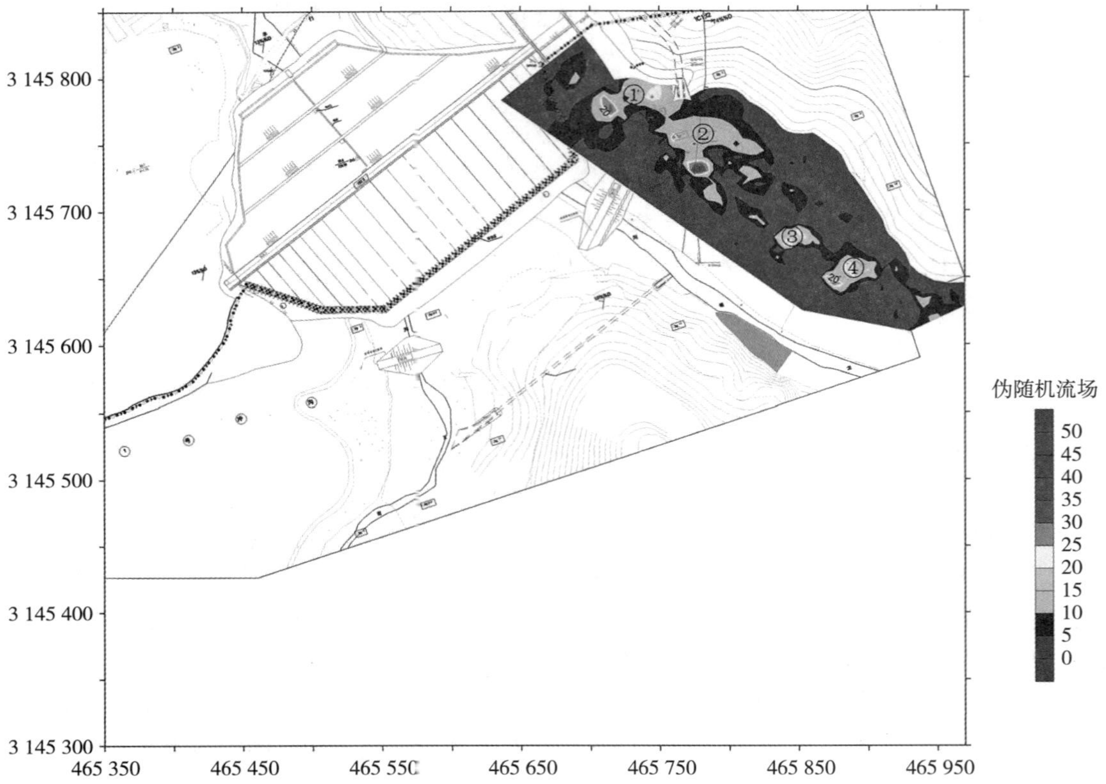

图1　右岸→导流洞电流场分布示意图

3　渗漏分析

结合该区域地质条件分析：左岸出露地层为薄层为主夹中厚层白云岩、泥质白云岩，无构造发育，岩层产状整体为N8°～12°E/NW∠13°，地表发现孔洞分布位置与伪随机流场法检测异常区域大致吻合，初步判定为在高水头作用下库水顺层间软弱夹层击穿帷幕向下游产生渗漏；右岸出露地层与左岸基本相同。但有f2发育于取水兼放空隧洞进口，斜切右岸，止于下游冲沟，产状为N35°～70°E/NW∠70°～80°，长度约350 m，断距1～3 m，破碎带宽约0.2～0.5 m，影响带宽1～3 m，断层附近岩体极为破碎，且岩层产状变化较大。为陡倾角的正断层。右岸渗漏点分布于f2断层附近，初步判定右岸渗漏与f2断层破碎带、岩体风化引起的破碎岩体及基岩裂隙有关联。

4　处理方案

首先针对地表可见渗漏孔洞进行自流灌注封堵处理后对右岸趾板区至灌浆平硐帷幕质量进行检查，并根据压水试验情况作补强灌浆处理。溢洪道及两侧、隧洞两侧附近为重点区域；左岸趾板区灌浆质量进行检查，其中747.4～755.0 m高程渗漏孔洞附近为重点区域并根据压水试验情况作补强灌浆处理。

5　结语

文章主要论述了岩溶地区水库渗漏检测、分析和处理的相关问题。结合水库工程实例，采用伪随机流场法同时结合地质调查，了解和掌握该区域的工程地质、水文地质资料进行综合分析，最后以钻探手段加以验证并采取帷幕灌浆进行处理。多种手段取长补短、相互补充，可以较准确确定渗漏位置及其影响范围，继而有效解决其渗漏问题，为本地区类似工程提供借鉴。

参考文献：

[1] 邹成杰.水利水电岩溶工程地质[M].北京：水利电力出版社，1994.

[2] 赵勇.地质物探综合勘察在水库大坝漏水中的应用[J].煤炭与化工，2014，(2)：110-113.

[3] 彭土标.水力发电工程地质手册[M].北京：中国水利水电出版社，2011.

· 计算机应用 ·

基于计算机监控系统出力监测和实时预警功能的应用

李远军，曾体健
（贵州乌江水电开发有限责任公司水电站远程集控中心，贵州贵阳，550002）

摘要：通过计算机监控系统实时监测构皮滩水电站出力，自动跟踪288点发电计划，当构皮滩水电站实时出力偏离发电计划时，计算机监控系统发出声光预警信号，驱动值班人员响应。取代传统人工盯盘监视，节约人力资源，提高发电计划跟踪可靠性，减少电网辅助服务考核。

关键词：计算机监控系统；出力；监测；预警；构皮滩水电站

1 概述

2015年以来，乌江梯级水电站全面实施远程集中控制模式。贵州乌江水电开发有限责任公司水电站远程集控中心（以下简称“集控中心”）负责远程操作、监视巡检、信息发布、检修协调、优化调度等工作。

集控中心采用“集中控制、分块负责”的运行模式，集控中心运行部每个值按“1＋3（1名值长＋3名值班员）”的模式设置值班岗位，1名值长负责当值内总体安全，1名检修值班员负责计划检修及低谷消缺工作，2名发电操作值班员负责远程操作、优化协调、监视调整等工作。乌江梯级9座水电站除构皮滩外均按实时调度指令进行远程操作，因构皮滩水电站属于南网总调直调厂站，值班人员必须严格按288点发电计划负荷自主远程操作，偏离发电计划将受到南网总调“1＋5”辅助服务考核。

2 实施背景

远控初期，集控中心设专人监视构皮滩288点发电计划，随后又通过设置闹钟提醒值班人员进行开停机，均不能精准跟踪构皮滩288点发电计划。构皮滩实时出力偏离发电计划的原因主要有以下4方面。

2.1 人工监视构皮滩实时出力可靠性不高

远控值班人员监视工作量大，南网总调下发的计划曲线每隔5 min设定1个负荷点，全天24 h累计288个负荷点（见表1）。值班人员要监测构皮滩实时出力与288点计划一致，监视构皮滩实时出力在允偏差范围内，查看构皮滩计划曲线上送通道正常，要耗费大量时间和精力来跟踪发电情况，容易造成精力分散，视觉疲劳，可能因监视不及时导致构皮滩全厂负荷越限受到南网总调考核。

表1 构皮滩水电站288点计划值

序号	时间	发电计划值/MW
1	0：00	600
2	0：05	550
3	0：10	500
⋮	⋮	⋮
286	23：45	700
287	23：50	670
288	23：55	630

南网总调会根据电网运行情况修改构皮滩发电计划，集控中心收到最新计划曲线后，值班人员要手动计算积分变化电量，向集控中心生产组发布信息。手动计算难度大，效率低，易出错，可能因计算错误导致对外信息发布错误，有损企业形象。

2.2 高峰时段因远程操作集中，忽视构皮滩自主操作

水电机组承担调峰调频作用，开停机时间集中，构皮滩工位值班人员还要负责索风营、格里桥3座电厂10台机组的远控工作，值班人员工作面的不断切换可能忽视构皮滩的自主开机和负荷调整，导致构皮滩实时出力偏离发电计划，影响电网安全运行，违反调度纪律。

2.3 值班人员机械执行发电计划，可能遗漏区域电力平衡其他约束条件

贵州东部电网稳定性受构皮滩、思林、沙沱负荷变化影响大，3座电站同处贵州东部电网，相互制约发电出力。由于贵州东部电网主网结构相对薄弱，电源点稀少，稳定性较差[1]，总调要求构皮滩保持200 MW的旋转备用容量，便于事故备用。

收稿日期：2020-10-27.

作者简介：李远军，贵州遵义人，工程师，从事水电站远程控制和流域梯级水库调度工作；曾体健，贵州安顺人，工程师，从事远程集控中心计算机监控系统维护改造工作.

总调还规定思林和沙沱累计 4～6 台机组运行时，构皮滩至少开 2 台机，当思林和沙沱累计 6～8 台机组运行时，构皮滩至少开 3 台机。执行构皮滩计划曲线前需要人工查看“构思沙”机组状态，忽略其中的某一个条件都会影响电网安全运行。

2.4 构皮滩 AGC(自动发电控制)功能控制模式多变

正常情况下构皮滩水电站通过 AGC 自动跟踪 288 点发电计划，构皮滩 AGC 功能自动跟踪发电计划曲线过程中受监控系统死区、调速器死区的叠加的影响，AGC 功能相邻 2 次下发设定值小于叠加死区时，将导致构皮滩实时出力偏离发电计划。另外，构皮滩 5 台机振动区范围不一致，全站联合振动区跨度大，构皮滩 AGC 功能跨越振动区过程中也会导致实时出力偏离发电计划[2]。

3 方案设计

集控中心计算机监控系统是乌江流域水电站远程控制、信息报警的工作平台。运行值班人员利用计算机监控系统对梯级电厂进行监视控制，通过声光报警驱动运行值班人员响应。集控中心运行维护人员提出将构皮滩实时出力监测接入现有计算机监控系统，将实时预警接入声光报警系统[3]。

以总调下发的 288 点发电计划为基础，结合电网旋转备用容量和区域电力平衡条件，明确边界条件，拟定逻辑判据，制定控制策略。新增构皮滩开机提醒功能、停机提醒功能、计划偏离提醒功能、计划曲线修改提醒功能、电量自动计算功能、通道监视功能。

4 模型建立

4.1 构皮滩开机提醒算法

(1) 南网总调要求构皮滩保持 200 MW 的旋转备用容量，构皮滩实时出力不满足下列条件发出告警，提醒值班人员增开机组。

$$\sum P_{i\max} - P_{计划} \geqslant 200\ \mathrm{MW}$$

式中：$P_{i\max}$为 i 号运行机组的最大出力，$i \in \{1, 2, 3, 4, 5\}$；$P_{计划}$为构皮滩全厂 288 点计划值。

(2) 按南网总调规定，构皮滩机组运行台数受思林、沙沱两厂运行台数的制约。当思林沙沱运行机组小于 4 台时，构皮滩运行机组台数无要求；当思林和沙沱累计 4～6 台机组运行时，构皮滩至少开 2 台机；当思林和沙沱累计 6～8 台机组运行时，构皮滩至少开 3 台机。若不满足下列条件时发出告警信号，提醒值班人员开机。

当 $n_{思} + n_{沙} < 4$ 台时，构皮滩开机台数无要求；

当 $4 \leqslant n_{思} + n_{沙} \leqslant 6$ 时，构皮滩开机台数$\geqslant 2$；

当 $n_{思} + n_{沙} > 6$ 时，构皮滩开机台数$\geqslant 3$。

式中：$n_{思}$ 为思林全厂运行机组台数；$n_{沙}$ 为沙沱全厂运行机组台数。

4.2 构皮滩停机提醒算法

构皮滩、思林、沙沱运行情况不满足以下条件时发出报警，提醒值班人员停机。

$$\sum_{i=1}^{n-1} P_{i\max} - P_{计划} \geqslant 200\ \mathrm{MW};$$

$1\ 080\ \mathrm{MW} \leqslant P_{思} + P_{沙} \leqslant 1\ 620\ \mathrm{MW}$ 时，构皮滩开机台数$\geqslant 2$；

$P_{思} + P_{沙} > 1\ 620\ \mathrm{MW}$ 时，构皮滩开机台数$\geqslant 3$。

式中：$P_{i\max}$为构皮滩 i 号运行机组的最大出力，$i \in \{1, 2, 3, 4, 5\}$；$P_{计划}$为构皮滩全厂 288 点计划值；n 为运行机组台数。

4.3 构皮滩实时出力偏离 288 点计划报警

总调设定构皮滩 AGC 运行模式为计划模式和调频模式，计划模式下实时出力不得超过计划值的 ±3%。调频模式下实时出力与计划负荷差值不得超过 ±200 MW，取较大值 ±200 MW 作为报警触发条件。实时出力与计划出力不满足下列条件时发出告警信号，提醒值班人员进行负荷调整。

$$P_{实时} \pm P_{计划} \leqslant 200\ \mathrm{MW}$$

式中：$P_{实时}$为构皮滩全厂实时出力；$P_{计划}$为构皮滩全厂 288 点计划值。

4.4 构皮滩 288 点计划变更提醒

在监控系统数据库中增加计划曲线监视功能，当监控系统接到总调修改计划曲线信号时发出告警信号，便于运行人员第一时间进行监视调整，如果每日 23:45 还未收到第二日新的计划曲线，同样发出告警信号，提醒运行人员联系南网总调下发次日计划。

4.5 构皮滩 288 点计划积分电量自动计算

根据构皮滩 288 点计划，将有功负荷自动转为全天累计积分电量，并在监控系统内展示当前计划曲线累计积分电量和上一条全天计划曲线累计积分电量，便于运行人员进行比对，并进行信息发布。

4.6 通道监视报警

在监控系统数据库中增加与南网通信中断功能，当集控中心与南网通信链路中断时能及时通过语音报警提醒运行人员，手动调整构皮滩负荷跟踪计划。

5 监测预警功能开发

由于计算机监控系统网络处于安全一区，用于生产控制，网络安全性能要求高。为了确保网络安全，通过部署外挂程序提取南网总调下发的288点计划曲线，然后进行数据处理，按设定的逻辑判据植入声光报警系统。在构皮滩事故光字模块下新增“计划曲线告警”作为一级菜单，将开机提醒、停机提醒、实时出力偏离提醒、计划曲线修改、通道监视作为二级菜单(见图1)，从而实现了构皮滩实时出力的监测和实时预警[4]。

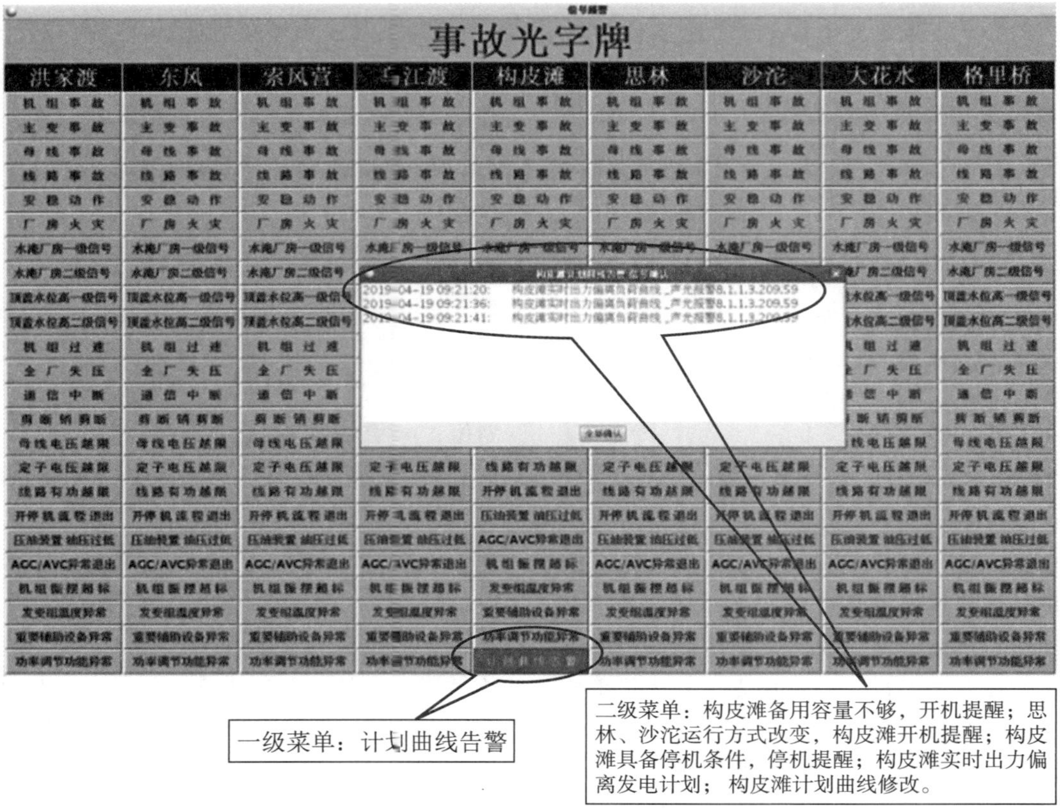

图1 声光报警系统展示画面

6 应用效果

6.1 经济效益

计算机监控系统的出力监测和实时预警功能开发上线以后，能及时提醒值班人员进行开停机或负荷调整，减少了总调对构皮滩发电计划电量考核，取得成效明显。2019年全年“两个细则”发电计划考核12.5万元，较2018年全年少50万元。

6.2 安全效益

东部电网构架薄弱，构皮滩作为贵州东部电网重要电源点，计算机监控系统的出力监测和实时预警功能开发上线以后，避免构皮滩开机方式不满足电网需要导致电网负荷供需不平衡。电网发生事故时能快速配合电网进行事故处理，避免事故进一步扩大。

6.3 管理效益

计算机监控系统的出力监测和实时预警功能开发上线以后，提高了计划曲线执行的可靠性，避免因监视调整、检修协调、精力分散等情况忽略构皮滩的远控操作。

7 结语

本项目实现了实时曲线自动跟踪监测，值班人员不再耗费大量精力人工跟踪288点计划曲线，有更多时间投入在其他方面，确保远控工作安全高效；同时实现了电网约束和机组状态的自动判别，将区域电力平衡约束条件、电网断面控制因素写入控制程序，由计算机监控系统进行运算控制，实时发出预警，避免人为机械执行计划曲线而漏掉其中的某个条件，确保电网、电厂安全运行。

参考文献：

[1] 简永明.贵州构皮滩水电站500 kV母线电压偏高对节能的影响[J].水利水电快报，2015，36(04)：70-71.

[2] 李远军.构皮滩电厂实时出力偏离96点计划的探讨[J].集成电路应用，2018(11)：83-85.

[3] 吴昕明.水电站计算机监控系统智能化改造的探析[J].数字通信世界，2017(07)：120.

[4] 王雁，姚碧勇.梯级水电站集控中心计算机监控系统的设计与实现[J].水电厂自化，2017，38(04)：11-13.

基于 Python 实现生产数据可视化可行性分析

葛勇
（贵州乌江水电开发有限责任公司水电站远程集控中心，贵州贵阳，550002）

摘要：文章讨论通过 Python 编程语言实现生产调度信息数据可视化，利用 Python 中 Pyecharts 库生成各种图型，并将生产调度数据连接到图型实现可视化，便于每日监视、数据的调用以及专业外人员参观时能更加直观准确地反应各厂站生产情况。

关键词：乌江；梯级；生产；调度；数据；可视化；Python

1 概述

随着社会科技的不断进步，我国电力行业迎来了快速发展，把可视化技术使用在电力调度中，提高工作人员的效率，使得电力企业能够更加稳定的发展，具有很好的现实意义。文本首先阐述了可视化技术的含义，然后就如何实现乌江梯级生产数据可视化提出具体实施意见，供相关人员参考[1]。

乌江公司水电站远程集控中心（以下简称“集控中心”）于 2015 年 4 月对乌江梯级 9 座水电站、32 台水轮发电机组实现了远程集控。集控中心主要负责水电站远程开停机、水库调度、各水电站实时优化、检修管理、5 座火电监督管理，工作中会大量收集、储存、管理各种生产调度数据。虽然生产调度管理系统中能够分析查看需要的数据，但是比较繁琐，不直观，全是各类数字和表格，不利于直观调用和对外来人员的展示。随着大数据时代的到来，为了将大量的生产调度数据更简便地通过图型动态展示出来，本文就如何通过 Python 编程语言从数据库中将数据提取，并通过开源库 Pyecharts 生产各类所需图型，再将图型及数据相结合使数据通过动态的图型展示，这样有利于生产、值班人员对于电厂各项数据进行直观的管理和分析，实现各水电、火电、新能源生产数据可视化，并用于日常监控和数据查看。

2 可视化简介

数据可视化就是指将结构或非结构数据转换成适当的可视化图表，然后将隐藏在数据中的信息直接展现于人们面前。数据可视化的优势在于能更加直观地将所需数据通过各种图表展现出来，使数据之间更具有对比性，也更利于分析管理。在可视化图表工具的表现形式方面，Pyecharts 图表类型表现的更加多样化，丰富化。除了传统的饼图、柱状图、折线图等常见图形，还有气泡图、面积图、省份地图、词云、瀑布图、漏斗图等酷炫图表，甚至还有 GIS 地图。这些种类繁多的图形能满足不同类型数的展示和分析需求。

乌江梯级生产调度数据可视化的目的：

（1）观测、跟踪梯级各类生产调度数据，强调实时性、变化、运算能力，并生成 1 份实时刷新、变化、可读性强的各种图型、图表。

（2）分析数据，强调数据的呈现度，会生成 1 份可以检索、交互式的图表。

（3）帮助外来人员或非专业人员快速了解乌江梯级生产数据的含义和变化。

这类可视化拥有强大的说服力，使用强烈的对比手段，能够创造出极具冲击力的各类图型。

3 Python 及 Pyecharts 简介

3.1 Python 简介

Python 的创始人为荷兰人吉多·范罗苏姆（Gudio van Russum）1989 年圣诞节期间，在阿姆斯特丹，Guido 为了打发圣诞节的无趣，决心开发 1 个新的脚本解释程序，作为 ABC 语言的一种继承。之所以选中 Python（大蟒蛇的意思）作为该编程语言的名字，是取自英国 20 世纪 70 年代首播的电视喜剧《蒙提·派森的飞行马戏团》（Monty Python's Flying Circus）。由于 Python 简洁性、易读性以及可扩展性，近年来 Python 已经成为最受欢迎的程序设计语言之一，众多开源的科学计算软件包都提供了 Python 的调用接口，本文主要介绍如何利用 Python 语言以及科学计算扩展库 Pyecharts 实现生产调度数据可视化[2]。

收稿日期：2021-05-11.
作者简介：葛勇，贵州贵阳人，工程师，从事水电站远程控制和流域水库调度工作.

3.2 Pyecharts 简介

Echarts 是 1 个由百度开源的数据可视化工具，Pyecharts 就是基于 Echarts 由国人自主开发和维护，用于 Python 环境下的 1 个图型工具，非常适用于数据处理。Pyecharts 最早只适用于工程领域的可视化开发，但是随着其对 Jupyter notebook、Jupyter lab 等交互式开发工具的支持不断加强，现在也开始被许多数据分析师应用到数据探索中。Pyecharts 的显著特性就是：简洁的 API 设计，支持链式调用；囊括了 30 多种常见图表、高度灵活的配置项，可轻松搭配出精美的图表；详细的文档和示例，帮助开发者更快的上手项目；多达 400＋地图文件以及原生的百度地图，为地理数据可视化提供强有力的支持[3]。

4 可视化框架的搭建

4.1 图型的选择

本次数据可视化主要是为了展示 9 座水电站、4 座火电站年累计电量的数值以及水电、火电、光伏年计划完成比。因为 Pyecharts 内置有多种图表，包括基本图表、直角坐标系图表、树型图表、地理图表、3D 图表、组合图表等，这次仅采用了基本图表，由于本文中可视化的数据主要是各水电、火电的电量数据，便采用基本图表中的饼图和柱状图来展示各个水电火电的发电量，用水滴图来展示水电、火电、光伏的年计划完成率，用折线图来展示公司水电、火电、光伏以及公司总电量。

4.2 图型的生成

（1）调用 Pyecharts 里面的水滴图函数分别生成水电、火电、光伏的年计划完成率。

（2）调用 Pyecharts 里面的折线图函数生成水电、火电、光伏及公司总电量折现图。

（3）调用 Pyecharts 里面的饼图函数主成水电电量、火电电量饼图。

（4）为了更加直观观察各水火电的发电情况，增加柱状图来展示各水火量的发电量。

省略以上步骤的代码及生成图形，在完成以上步骤后，乌江梯级生产数据可视化所需图形已经基本准备完成。

4.3 标题函数生成和时间函数的调用

为了数据图型的展示更为美观与直接，通过添加标题函数展示，能让使用者能更直接了解当前时间下各电厂的生产数据，则通过添加时间函数展示。

标题代码如下：

```
def big _ title() —> Pie:
c = (
Pie()
. set _ global _ opts(
title _ opts = opts. TitleOpts(title = " 生产数据可视化",
title _ textstyle _ opts = opts. TextStyleOpts(font _ size=40, color='#000000',
border _ radius = True, border _ color = "black"),
pos _ top=1)))
return c
big _ title(). render(" 标题 . html")
```

效果如图 1 所示。

生产数据可视化

图 1 标题效果

时间函数代码如下：

```
curr _ time = datetime. datetime. now()
time _ str = datetime. datetime. strftime(curr _ time, '%Y－%m－%d %H:%M:%S')
def times() —> Pie:
c = (
Pie()
. set _ global _ opts(
title _ opts = opts. TitleOpts(subtitle = (" 截至" + time _ str),
subtitle _ textstyle _ opts = opts. TextStyleOpts(font _ size = 20, color = '#ffffff'),
pos _ top=0))
)
return c
```

效果如图 2 所示。

截至 2021-02-20 15:27:26

图 2 时间函数效果

时间函数能准确反应当前时间，只需设置代码刷新运行的时间，每次刷新后便能显示最近 1 次刷新的实时时间，刷新时间可以根据具体要求进行修改。

4.4 数据可视化图型布局

Page 函数是 Pyecharts 里面 1 个特殊的工具，

作用就是页面布局，将图组合到1个页面中并通过Python语言进行图型方位设置，最终生产了生产数据可视化效果图，代码如下：

```
page = (Page()
.add(Liquid1())
.add(Liquid2())
.add(Liquid3())
.add(line_markpoint())
.add(bar)
.add(bar_datazoom_slider())
.add(pie_rosetype())
.add(bar_datazoom_slider1())
.add(pie_rosetype1())
.add(big_title())
.add(times())
.add(geo())
).render('综合合并图.html')
```

展示效果图如图3所示。

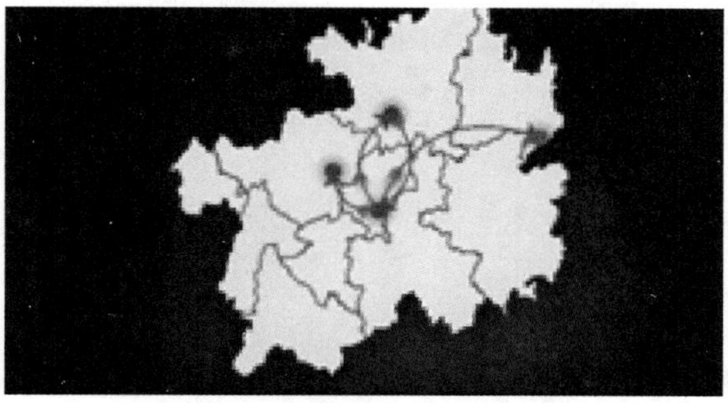

图3　生产数据可视化展示效果示意图

图3便是本次生产数据可视化的最终效果图，添加合适的背景颜色后图型所需数据与形成的强烈的色差，能更直观反应各项生产数据。图3将集控中心调管的9座水电厂和监管的4座火电厂的发电量用饼图和柱状图的效果整体集中展示在1张图中，能更加清晰展示每个电厂的发电量，通过水滴图展示当年水电、火电、光伏的年完成率，折线图展示公司总电量的统计，通过生产数据图型化，能更加直观看见各个电厂的发电量，电量完成率，以及水、火、光伏的总电量统计。相比全是数据的表格，数据可视化显得更加的直观，也有利工作中的实时优化协调，也便于向外来参观者展示公司各个生产数据。

4.5　数据的采集

图3只是完成了生产数据可视化的图型框架搭建，并没有采集到实时的生产数据，数据可视化是没有灵魂的。本文在撰写的时候，该图型还没有完成生产数据的采集与连接，但是通过Python语言的cx_Oracle开源库，可以实现连接到数据安全Ⅲ区：并从调度生产管理系统、统计报表系统中采集到所需各个电厂的生产数据，鉴于已经在“乌江梯级生态流量实时监控”这个项目中成功采集到了所需要的各电厂电量、水库水位、出入库流量等生产数据，所以本文的生产数据可视化是完全可以实现的，通过Python调用cx_Oracle开源库，并连接到Oracle数据库，然后调用调度生产管理系统内的数据并与各个图型匹配、设置程序运行刷新时间和计算方式就能实现最终效果图中各个生产数据的实时更新。

5　结语

随着大数据时代的到来，各个行业都会产生属于自己的各类数据，这些数据在企业生产经营中起着非常重要的作用，并且数据已经逐渐成为企业生产、经营、战略等活动的依赖，不可缺少的信息。本文以实时生产数据为对象，基于Python语言实现了图像与生产数据相结合，并通过多种图型展示，最终的效果直观展示了各个水电、火电、光伏的生产数据，并利用图型化进行了对比，极大方便了工作中的数据查看和调用，可以提高工作的效率和安全性[4]。

参考文献：

[1] 倪彬彬.浅谈大数据可视化[J].福建电脑，2018，34(11)：101-102.

[2] 丁未名.可视化技术在电力调度自动化系统中的应用[J].红水河，2020，39(2)：100-102.

[3] 孙睿阳，方信昀.基于PyEcharts的计量测试数据可视化初探[J].中国计量，2021(3)：111-115.

[4] 黄海潮，饶涵宇，林翰，刘畅.可视化展示在电力企业中的应用[J].现代工业经济和信息化，2020，10(12)：78-79.

·设计与施工·

大藤峡水利枢纽一期枯期围堰设计与施工

周洪云

（中国水利水电第八工程局有限公司，湖南长沙，410004）

摘要：大藤峡水利枢纽工程规模大、工期紧，一期枯期围堰实施的成败直接影响一期工程能否顺利实施。在项目实施阶段结合项目特点选择了土石结构围堰方案，枯期围堰在施工过程中严格过程管控，确保堰体压实、防渗等各项指标均优于设计指标，完工堰体成功抵御了3次超标准洪水后依然完好无损，其设计与施工可供后续类似大流量、工期紧、高标准条件下的导流工程参考借鉴。

关键词：枯期；土石围堰；施工；大藤峡水利枢纽

1 概述

1.1 工程概况

大藤峡水利枢纽工程是国务院确定的172项节水供水重大水利工程的标志性工程，位于广西壮族自治区桂平市，位于珠江流域西江水系的黔江河段末端。水库总库容 3.479×10^9 m³，总装机容量1 600 MW，工程规模为Ⅰ等大(1)型工程。

大坝工程施工导流采用分二期导流方式，一期导流先围左岸，江水由束窄后的右岸河床过流、通航。在一期围堰的保护下，施工河床20孔泄流低孔、1孔泄流高孔、左岸厂房、纵向围堰坝段等建筑物。二期导流围右岸，江水由一期建成的20孔泄流低孔、1孔泄流高孔过流，船闸通航。

一期全年围堰主要包括上游土石围堰、纵向混凝土围堰及下游土石围堰。为创造纵向混凝土围堰干地施工条件，需提前修建一期枯期围堰。

1.2 水文及气象条件

(1) 气象。黔江流域地处我国低纬度地带，属亚热带季风气候区，夏季高温湿热，暴雨频繁，秋季常受台风入侵影响，冬季严寒天气很少。坝址附近多年平均气温21.5 °C，极端最高气温39.2 °C，极端最低气温−3.3 °C；多年平均年降水量为1 702.9 mm，多集中于4—8月，约占总量的70%；多年平均相对湿度80%。

(2) 径流。黔江流域年径流的年际变化较小，实测多年平均流量4 150 m³/s。主要由降雨形成，径流量与降雨发生时间一致，主要集中在汛期5—10月，汛期水量占全年的80%以上，其中6—8月最大，约占年水量的55%。枯水期12—2月水量仅占年水量的7.2%。

(3) 工程地质。堰基部分基岩裸露，出露的岩层为细砂岩、含泥细砂岩、泥质粉砂岩、泥岩、灰岩及白云岩。其中第11～6层至第 D_1y^{1-2} 层为弱风化岩体，厚度为12～27 m，第 D_1y^{1-3} 和 D_1y^2 层为表层强烈溶蚀风化岩体，厚度为1～7 m，其下部弱风化带岩体厚度为20～37 m。

1.3 进度要求

枢纽工程总工期为9年即108个月(不含筹建期)，其中施工准备期和筹建期、主体工程施工期重叠，主体工程施工期96个月(一期工程59个月，二期工程37个月)，工程完建期12个月。

一期枯期围堰和全年围堰施工的完成是一期工程顺利实施的保证。

根据合同节点要求，一期大坝主体工程承包人于2015年9月底进场，10月1日开工，碾压混凝土纵向围堰工程要求于12月1日开始施工，一期枯期围堰仅有2015年10—11月2个月的施工时间，扣除进场施工准备时间，枯期围堰有效施工时间不足2个月。

1.4 工程特点

根据以上分析可知本工程具有规模大、工期紧、河流径流量大等特点，一期枯期围堰实施的成败直接影响一期工程能否顺利实施。

2 围堰设计

2.1 方案选择

利用经验确定法及专家会议法，结合本工程特点，因土石结构围堰具备如下优点，决定一期枯期围堰采用土石围堰结构。

(1) 能充分利用当地材料，对基础适应性强，施工工艺简单。

收稿日期： 2020-10-23.

作者简介： 周洪云，江西赣州人，工程师，从事水利水电工程施工技术管理工作.

(2) 堰基及堰体防渗效果可控，采用墙下帷幕可控灌浆可解决岩溶区防渗问题。

(3) 挖、装、运采用机械化设备快速施工，场地开阔便于施工道路布置，能满足高强度填筑及分段防渗施工。

(4) 后期拆除方便。

2.2 围堰平面布置

(1) 布置原则。一期枯期围堰布置应满足纵向混凝土围堰的施工要求，堰脚与纵向混凝土围堰开挖边坡留有一定的安全距离；一期枯期围堰布置应尽量靠近左岸岩石漫滩，减少对主河槽的束窄，降低对施工期通航的影响，并减少抗冲防护措施及填筑工程量。

(2) 围堰布置。根据以上布置原则，进行了一期枯期围堰的布置：一期枯期围堰位于左岸岩石漫滩边缘，紧邻纵向混凝土围堰布置。堰顶轴线长约 1 030 m。

2.3 围堰结构形式

一期枯期围堰采用土石围堰结构。根据《水利水电工程施工组织设计规范》(SL303)的规定，本工程一期导流建筑物级别为 4 级，一期纵向混凝土围堰子堰级别为 5 级。相应 5 级导流建筑物设计洪水标准为 5～10 年重现期洪水(土石结构)。

枯期围堰挡水标准采用 10 年重现期 12—3 月最大洪水，流量 Q=6 720 m^3/s，根据右岸明渠泄流水力计算，子堰挡水水位为 30.46～29.68 m。围堰堰顶考虑安全加高(土石围堰考虑 0.5 m)及波浪高度，枯期围堰堰顶高程取 31.46～30.68 m。子堰结构采用土石混合料＋石渣填筑，枯期围堰迎水面有 1 道大块石防护，下游深槽段采用钢筋笼防护。

围堰断面采用梯形结构，围堰顶宽 10 m，下游深槽段迎水面距堰顶 2 m 高程处设 1 道 3 m 宽马道，最大堰高约为 15 m，迎水面及背水面边坡坡比均为 1∶2.0，具体如图 1 所示。

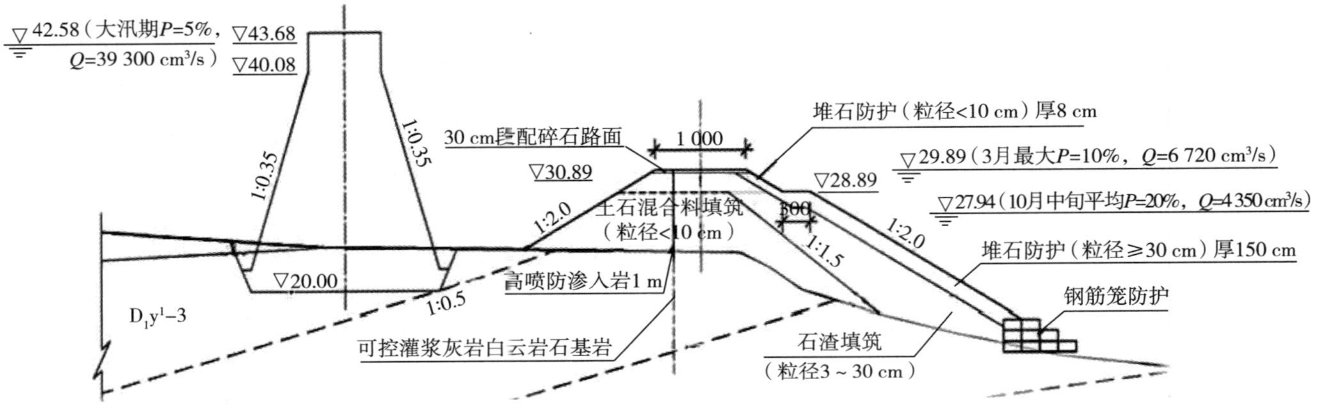

图 3 一期枯期围堰断面示意图

2.4 围堰防渗形式

堰体深槽段采用高喷灌浆防渗，防渗墙深入基岩 1 m；非深槽段采用黏土斜墙防渗。灰岩及白云岩段(岩溶区)基岩采用可控灌浆防渗。

2.5 围堰基础处理

根据大藤峡水利枢纽围堰工程地质资料，一期枯期围堰下游侧长度约 270 m 基础为郁江阶 D_1y^{1-3} 和 D_1y^2 岩层，郁江阶 D_1y^{1-3} 和 D_1y^2 岩层岩溶发育，属中等透水岩体。根据基坑抽水后的渗漏情况，对岩石裂隙渗水采用抽排方式保证基坑干地施工，如发现围堰基础有溶洞与外水相通，可在围堰堰脚与基础开挖线之间对溶洞进行水下封堵，截断渗漏通道。

2.6 围堰主要工程量

一期枯期土石围堰填筑总工程量为 26.74 万立方米，具体工程量见表 1。

表 1 枯期围堰主要工程量统计

项目	数量
土石混合料填筑/m^3	211 810
砾质黏土填筑/m^3	15 800
大块石护坡/m^3	35 540
钢筋石笼护脚/m^3	1 160
级配碎石填筑/m^3	3 090
高喷灌浆钻孔/m	5 881.5
墙下帷幕高喷墙体钻孔/m	4 300
墙下帷幕基岩钻孔/m	3 500

3 主要施工技术

3.1 施工布置

(1) 填筑道路布置。一期枯期围堰填筑料从左岸 1 号渣场、船闸上游引航道开挖石渣料以及一期基坑开挖工作面内选取，填筑料源点均位于围堰左侧，在场内已有道路的基础上在围堰左侧分别修筑 4 条临时施工道路至围堰不同位置。道路宽度按

8.5 m控制，转弯半径按不小于15 m控制，坡降按不大于10%控制，以确保围堰填筑料运输强度。

(2) 施工供水。施工用水采用潜水泵直接抽取黔江江水。

(3) 施工供电。在取料场及围堰填筑作业面设置柴油发电机发电，以解决施工用电及照明问题。

(4) 施工照明。土石围堰远距离照明安装移动式投光灯或镝灯灯塔。

(5) 施工供风。基础清理及防渗施工使用移动空压机供风。

3.2　填筑施工程序

枯期围堰分3段5个工作面施工：上游段轴线长约415 m，填筑工程量约5.4万立方米；中间段轴线长约343 m，填筑工程量约12.3万立方米；下游段轴线长约272 m，填筑工程量约9.05万立方米。

填筑时首先填筑水下部分(10月份5年一遇洪水流量4 870 m^3/s，对应水位高程28.87～28.17 m)，再加高培厚至设计顶高程，外侧大块石防护跟进抛填填筑；下游段深槽部位超前抛填钢筋石笼。

3.3　填筑料源要求

堰体水上和水下部分的各种填料采用强风化下限新鲜的石料。施工前对各种填料的数量和质量进行复核，并检验填筑料物的物理力学指标，满足设计要求，报监理人审批后用于围堰填筑。考虑到子堰施工期基坑开挖刚刚开始，覆盖层较厚，子堰所需要的石渣料均从工程区选取，取料要求和规划如下：

(1) 石渣料：粒径30～300 mm，不夹杂软弱岩石、草和树根等杂质。

(2) 高喷防渗墙范围内(一般控制范围为2～3 m)以及围堰内侧的土石混合料为粒径不大于100 mm的混合料。

(3)护坡块石粒径不小于300 mm，从渣场或者工程开挖区选取满足粒径要求的块石。

(4)砾质黏土料：粗料(粒径大于5 mm)含量上限不超过50%～60%，细料(粒径<0.075 mm)含量下限不小于15%，最大粒径不超过150 mm，渗透系数小于1×10^{-5}。

3.4　填筑施工方法

堰体填筑分为水下抛填与水上干地填筑两部分。

3.4.1　水下抛填

(1) 挖装。围堰石渣混合料采用PC400型液压反铲挖装，SD22推土机配合集料。

(2) 运输。填筑料采用20～25 t自卸汽车运输。

(3) 填筑。采用自卸汽车直接抛填，SD22推土机平料压实。水下抛投超出水面1 m后利用自卸汽车、推土机往返进行压实。在深槽段抛填钢筋石笼护脚。

3.4.2　水上填筑

(1) 施工放线。

(2) 铺料平仓。采用进占法和后退法铺料，自卸汽车运料至现场，SD22推土机推料摊铺。石渣混合料铺筑层厚为110～115 cm，黏土料为55～58 cm，层厚采用标尺控制。石渣混合料碾压后层厚100 cm，黏土料层厚50 cm。与岸坡连接两端头100～200 cm采用细料铺筑，防止边坡架空，水平宽度向外超填20～30 cm，以便填筑完成后进行削坡。

(3) 洒水。

(4) 水平碾压。大面采用18 t振动碾碾压6～8遍，行走速度控制在1.4～2.0 km/h；岸坡地带及边角部位采用2.1 t夯板压实。

(5) 削坡处理。机械修坡采用PC400反铲进行施工；对局部边角部位及其他机械无法运行的部位采用人工配铁锹、锄头等进行修坡，对超、欠挖部分进行回填或挖除。

3.5　高喷防渗施工

(1) 高喷设计。单孔深约6～16 m，孔距为0.8 m，深入基岩1.0 m，布置单排灌浆孔。高喷墙体厚度不小于0.7 m，最小厚度不小于0.5 m，渗透系数$K\leqslant9\times10^{-5}$cm/s，分2个次序施工。

(2) 实施工程量。高喷灌浆工程量见表2。

表2　高喷灌浆完成工程量统计

孔数/个	钻孔深/m			高喷灌浆/m	单位注入量/(kg/m)	防渗墙体面积/m^2
	堆积层	岩石	合计			
1 165	9 285.5	1 165	10 450.5	10 450.5	429.17	8 360.4

(3) 施工工艺。高喷灌浆采用“二管法高压旋喷灌浆”法。

(4) 造孔设备。采用MDL－135履带式钻机配偏心钻头旋转冲击跟管钻进，中风压空压机供风，钻孔直径ϕ150 mm。

(5) 施工工艺流程。测量放样→固定钻机→控制开孔角度→跟管造孔→下入PVC管→拔出套管→高喷台车就位→试喷→制浆→下喷射管→输送高压空气、水泥浆液→喷管旋转提升→静压注浆→成桩→高喷台车迁移。

(6) 灌浆参数。高喷材料主要为PO42.5普通硅酸盐水泥，一期枯期围堰高压喷射灌浆施工参数见表 3。

表 3　高喷灌浆施工参数统计

项目	参数
浆液比重/(g/cm³)	1.5
回浆比重/(g/cm³)	≥1.3
提升速度/(cm/min)	10(基岩) 13(填筑层)
旋转速度(r/min)	8

3.6　墙下帷幕灌浆施工

(1) 帷幕灌浆设计。根据勘探资料，纵向围堰下游段表层岩体强烈溶蚀风化，连通性强，分布深度为基面以下 10 m 以内，拟布置墙下帷幕灌浆进行防渗处理。处理范围轴线长度约 350 m，墙下帷幕布置单排孔，孔距为 1.0 m，基岩钻灌深度为每孔 10 m。

(2) 施工顺序。在高喷灌浆施工完成后进行，分 3 序施工。

(3) 施工方法。采用阻塞灌浆法，采用 ϕ73 mm 气压塞阻塞于灌浆段的段顶进行灌浆。

(4) 造孔设备。采用 XY－2PC 地质钻机、金刚石钻头回转钻进，在高喷墙体内采用泥浆护壁，钻至基岩面后下入 PVC 管，基岩面以下采用清水钻进。高喷墙体内钻孔直径为 ϕ89 mm，基岩内钻孔直径为 ϕ76 mm。

(5) 灌浆参数。灌浆不分段，将全孔作为 1 段灌注，阻塞位置为基岩与高喷墙体接触面。灌浆压力Ⅰ序孔为 0.3 MPa，Ⅱ序孔为 0.5 MPa，Ⅲ序孔为 0.5 MPa。

3.7　施工进度安排

3.7.1　计划进度

(1) 土石堰体填筑。2015 年 10 月 12 日—11 月 10 日，填筑总工期 30 d。

(2) 高喷灌浆。2015 年 11 月 1 日—11 月 30 日，总工期 30 d。

(3) 墙下帷幕灌浆。2015 年 11 月 16 日—12 月 7 日(在相应部位高喷灌浆完成 7 天后进行)，总工期 20 d。

3.7.2　实际进度

(1) 土石堰体填筑。10 月 2 日—10 月 26 日，填筑总工期 25 d。

(2) 高喷防渗。2015 年 10 月 29 日—12 月 30 日，总工期 63 d，有效工期 40 d(扣除 11 月 13 日—11 月 26 日、12 月 6 日两次超标准洪水影响工期约 23 d)。

(3) 墙下帷幕灌浆。2016 年 1 月 11 日墙下帷幕灌浆施工完成。

4　实施效果评价

4.1　防渗质量过硬

(1) 直观观察。从对一期枯期围堰高喷灌浆形成的防渗墙体进行开挖后直观看出，各孔喷浆都能有效搭接，没有漏喷现象，亦未发现漏水点，表明通过高喷灌浆形成的防渗墙体连续性好，整体质量可靠。

(2) 注水试验检查。防渗墙体渗透系数合格标准为不大于 9×10^{-5} cm/s，实测所有检查孔渗透系数全都小于 9×10^{-5} cm/s，符合质量要求。

4.2　结构安全稳定

堰体各填筑材料在填筑施工中严格按照设计要求及施工规范执行，确保堰体压实质量满足或优于规范要求，枯期围堰压实度检测数据见表 4。

表 4　枯期围堰压实度检测数据统计

检测项目	检测组数	最大值/%	最小值/%	平均值/%	合格率/%	标准要求/%
孔隙率	36	22	16	19	100	≤25

2015 年 11 月 10 至 13 日，围堰堰体已填筑完成，流域中上游区域出现超强降雨过程。11 月 13 日凌晨，枯期围堰下游段开始进水，14 日，洪峰水位达到 37.13 m，相应流量达到 20 400 m³/s(为设计挡水流量 6 720 m³/s 的 3 倍)，已填筑完成枯期围堰彻底没入洪水中。11 月 26 日，江水退去，枯期围堰露出水面，堰体结构完好无损，堰体经受住了超标准洪水的考验。

受异常气候现象——厄尔尼诺事件的影响，在 2015 年 11 月—2016 年 3 月枯期围堰设计挡水期间共出现 3 次超标准洪水(流量分别为 20 400 m³/s、9 090 m³/s 和 11 500 m³/s)，枯期围堰堰体结构均完好无损。

4.3　确保一期工程顺利实施

一期枯期围堰的顺利实施确保了纵向混凝土围堰于 2016 年 5 月 30 日全线达到设计度汛高程，圆满实现当年度汛目标，为一期工程的顺利实施奠定了基础。

5　结语

大藤峡一期枯期围堰采用土石围堰结构是科学、正确的，填筑、防渗施工质量过硬，经受住了多次超标准洪水的考验，是一个成功、可供借鉴的实战案例。施工过程中采用的主要技术参数值得后续类似工程参考借鉴。

武都水库碾压混凝土重力坝变态混凝土施工质量控制

王志芳

（中国水利水电第八工程局有限公司，湖南长沙，410004）

摘要：变态混凝土是20世纪90年代我国重点科研攻关项目研究与应用成果，在碾压混凝土大坝工程中已获得广泛应用，效果良好。近年来，碾压混凝土坝迎水面的防渗常采用变态混凝土加二级配碾压混凝土设计方案，其施工质量的好坏直接影响大坝防渗效果和观感质量。本文以武都水库碾压混凝土重力坝变态混凝土施工为例，从施工前准备、变态混凝土主要施工部位及其宽（厚）度、施工质量控制重点、变态混凝土与碾压混凝土结合部位施工、特殊气候条件下施工和养护等几个方面简要介绍变态混凝土的施工方法和质量控制，为变态混凝土施工及其质量管理方面提供经验与借鉴。

关键词：碾压混凝土；变态混凝土；大坝；质量控制

1 工程简介

武都水库工程是迄今涪江上最大的水利枢纽工程，也是水利部、四川省重点水利工程。工程位于四川省江油市武都镇上游4 km的涪江干流，主要建筑物有拦河大坝(碾压混凝土重力坝)和坝后式厂房，最大坝高120.34 m，坝顶长727 m，库容5.72亿m^3，坝后式厂房装机3×5万kW。武都引水工程灌溉涪江以东、嘉陵江以西的江油、游仙、三台、梓潼、盐亭、射洪、剑阁、南部等8县（市、区）228万亩农田。

2 施工准备

每仓混凝土施工前应进行仓面设计，仓面设计的内容主要包括仓面特性、技术要求、资源配置、铺筑方法、质量和安全保证措施等。质检员应按《水工碾压混凝土施工规范》《碾压混凝土施工工法》《仓面设计》对施工人员进行质量交底，签发开仓证前应对照检查浇筑资源的配备情况。施工缝面处理、模板、钢筋、预埋件及止水设施等应符合设计要求和《水工碾压混凝土施工规范》的相关要求，并按规定程序完成仓面验收。

3 变态混凝土主要施工部位及其宽(厚)度

武都大坝变态混凝土主要浇筑部位及其宽(厚)度根据设计图纸、结合现场仓面特性和配置的施工设备参数等确定，具体情况如下：

(1) 大坝上下游垂直面其宽度为设计钢筋外轮廓加500 mm。

(2) 大坝台阶及坡面其宽度为升层高度及实际可行施工范围。

(3) 横缝模板边其宽度为500 mm的安全距离加碾压机钢轮半径，总宽度约1 115 mm，如果横缝处混凝土已浇筑，则变态混凝土宽度为500 mm。

(4) 基岩面结构线内按1 000 mm厚浇筑变态混凝土，结构线外按实际情况施工。

(5) 坝顶折坡处变态混凝土一般宽度为钢筋外侧加500 mm，如存在交叉钢筋时，其宽度为钢筋周边外围500 mm至模板，或钢筋末端外500 mm范围。

(6) 廊道周边(现浇、预制)水平段底部的高度为廊道结构钢筋外轮廓加500 mm、宽度为廊道宽度；两侧为钢筋外轮廓投影加500 mm，其他侧面为600 mm；顶部根据实际收仓高度确定，一般为1 000 mm(现浇)和700 mm(预制)。

(7) 爬坡段底部的厚度按浇筑分层，宽度根据廊道坡比，一般为廊道投影，两侧按钢筋外轮廓加500 mm，顶部为与坡面垂直距离1 000 mm厚。

(8)埋设的管、线、支撑体及止水部位的宽度为周边500 mm范围，有方向要求的仪器埋设部位的宽度为仪器周边2 000 mm范围。

(9)其他构筑物周边的四周宽度为设计图钢筋外轮廓加500 mm，顶部为钢筋外轮廓加1 200 mm。

4 施工质量控制重点

变态混凝土是在已摊铺的碾压混凝土中掺入一定比例的灰浆或水泥浆后振捣密实的混凝土，使用

收稿日期：2020-10-23.

作者简介：王志芳，贵州纳雍人，高级工程师，从事水利水电工程质量管理工作.

振捣的方法密实，并随着碾压混凝土施工逐层上升。以武都大坝变态混凝土施工为例，简要介绍变态混凝土施工质量控制重点及其控制方法。

4.1 资源配置

在施工现场设立专门的制浆系统，制浆系统由储浆桶、搅拌机、发电机、自动记录仪、出浆管路、接浆容器及仓面运浆车等组成，输送浆液的管道在进入仓面以前的位置设置放空阀门。配备足够的专业制浆人员、仓面平仓、掏槽、骨料分散、洒浆、振捣和质量检测人员。

4.2 浆液质量控制

浆液分为水泥浆液和灰浆，水泥浆液由水泥和外加剂拌制而成，灰浆由水泥、掺合料及外加剂拌制而成。

浆液配制由专业人员根据试验室签发的浆液配料单配制，水胶比不大于同种碾压混凝土的水胶比，浆液容重控制标准 1.7 t/m^3，配制好的浆液经检测合格后方可使用。

浆液经仓面运输车运到变态混凝土浇筑点，由人工提标准容器在出浆管口接浆后，按要求定量加浆，为控制放浆量，在出浆口安装有流量计量器。为防止浆液的沉淀，在供浆和洒浆过程中，存浆容器要保持搅拌设备持续运转或辅以人工不停搅拌。

加浆量经试验确定，与 V_C 值有关，为变态混凝土体积的 4%～8%。为了保证质量，铺洒浆前，准确标定铺洒浆液用具的计量和对应的铺洒面积，并精心组织施工。

4.3 浇筑层厚

备仓过程用红油漆在模板上相隔约 10 m 间距画 1 组层厚线控制铺料厚度，变态混凝土浇筑随着碾压混凝土施工逐层进行，层厚与平仓层厚相同，压实厚度 300 mm，铺料厚度 350 mm 左右。

4.4 加浆方法

按工艺试验结果并参照已建工程的成功经验，主要采用掏槽铺浆法和造孔加浆法。人工根据变态混凝土宽度在已摊铺平整的变态混凝土部位掏槽或造孔，然后按面积定量铺洒浆液。浆液铺洒应均匀、不漏铺，铺洒浆液时不得向模板直接铺洒，溅到模板上的浆液应立即处理干净。

4.5 振捣

在浆液掺入碾压混凝土内 10～15 min 后，开始振捣，采用大功率振捣器对铺洒浆液的碾压混凝土进行振捣，使其均匀密实。层面连续上升，浇筑上层混凝土时，振捣器应插入下层变态混凝土内不小于 50 mm。振捣时间经现场振捣试验确定，以振捣后混凝土表面完全泛浆为准，避免漏振、欠振和过振，振捣器插入混凝土的间距根据试验确定，并不超过振捣器有效半径的 1.5 倍，一般以 250～400 mm 为宜。振捣作业时，振捣棒头离模板的距离应不小于振捣棒有效作用半径的 1/2。振捣器应缓慢拔出变态混凝土，拔出后，混凝土表面不得留有孔洞。

4.6 变态混凝土与碾压混凝土的结合部位施工

变态混凝土相邻碾压条带在变态混凝土施工完成后再进行碾压，相邻区域混凝土碾压时与变态混凝土区域搭接宽度应大于 200 mm；在变态混凝土施工完成后，用小型振动碾碾压密实且保证仓面平整；在止水埋设处的变态混凝土施工过程中，应采取措施妥善保护止水设施不变位，对该部位混凝土中的大骨料应人工予以合理剔除，振捣应仔细谨慎，确保混凝土密实。

5 特殊气候条件下施工

变态混凝土在特殊气候条件下施工，期间应加强气象预报信息的搜集，及时掌握现场气象变化情况，针对高温、低温、雨季、大风干燥等情况配备足够的仓面保温、保湿、防雨和防风等材料，适当加大施工人员、设备等资源的配置。加快混凝土运输、入仓、平仓振捣速度，缩短混凝土层间覆盖时间。

5.1 高温气候条件下施工

高温气候条件下施工时应作好仓面浇筑温度控制措施，加强仓面喷雾降温和保湿工作，具体要求如下：

（1）做好开仓前的准备工作，提前布置好足够的喷雾机，并配备一定的手持式喷雾枪，仓面备足保温被等保温保湿材料，避免外在因素影响仓面施工强度。

（2）控制混凝土出机口温度，必要时采用风冷骨料、加冷水拌和等预冷措施。

（3）做好碾压混凝土运输保温工作，加快混凝土入仓、平仓和振捣的速度，缩短混凝土覆盖时间，以减少高气温倒灌入混凝土内。

（4）做好仓面喷雾保温、保湿工作，降低仓面环境温度和混凝土浇筑温度。

（5）出机口 V_C 值尽量取小，一般采用 2～5 s，根据仓面情况采用碾压机或喷雾枪对局部碾压混凝土进行补水，确保仓面 V_C 值满足施工要求。

（6）有条件的部位，采取变态混凝土区域高空遮阳、喷雾等措施。

5.2 雨季施工

雨季浇筑混凝土时，应加强现场雨量监测，根据降雨等级合理安排施工。降雨等级见表 1。

表 1　降雨等级统计

降雨等级	现象描述	降雨量/mm		
		一天内总量	半天内总量	小时总量
小雨	雨能使地面潮湿，但不泥泞	1～10	1～5	1～3
中雨	雨降到屋顶有淅淅声，凹地积水	10.1～25	5.1～15	3.1～10
大雨	降雨如倾盆，落地四溅，平地积水	25.1～50	15.1～30	10.1～20
暴雨	降雨比大雨还猛，能造成山洪暴发	50.1～100	30.1～70	＞20

（1）运输工具采取防雨、防滑措施。

（2）做好仓面边坡截排水工作，防止边坡雨水流入仓内，仓内采取截水、排水、防雨措施，及时排除仓内积水，防止雨水向变态混凝土内下渗。

（3）当降雨量小于 3 mm/h 时，出机口 V_C 值取 6～10 s，并采取仓面防排水措施，可继续施工。

（4）当降雨量超过 3 mm/h 时，应停止拌和，迅速完成仓内混凝土平仓和振捣作业，对已完成碾压尚未终凝的部位应及时采用防雨布覆盖。

（5）雨后应先排除仓内积水，如混凝土未初凝，被雨水冲刷的部位应加铺砂浆或水泥净浆或灰浆后继续施工；如停歇时间过长，超过混凝土加垫层铺筑允许时间（在层面上铺垫层拌和物后，再铺筑碾压混凝土就能够满足层间结合质量要求的最大层间间隔时间），否则应按施工缝（冷升层缝）处理。

5.3　低温季节施工

日平均气温连续 5 d 稳定在 5 ℃以下或最低气温连续 5 d 稳定在－3 ℃以下时，应按低温季节施工进行质量控制。

（1）低温季节碾压混凝土施工应制定施工专项措施，可采用掺加早强和防冻外加剂等配制混凝土、蓄热法施工、仓面保温等措施。

（2）温和地区宜采用蓄热法，风沙大的地区应采取防风设施。

（3）严寒和寒冷地区预计日平均气温在－10 ℃以上时，可采用蓄热法或综合蓄热法等；气温低于－10 ℃以下不宜施工碾压混凝土，必须施工时应专门论证，并应采取相应措施。

（4）低温季节或遇气温骤降时，应加强新浇混凝土表面的保温工作，合理选择拆模时间，提前对所有孔、洞、廊道口等透风部位进行封堵。拆模后对未到龄期的混凝土采用悬挂保温被、外贴保温板、表面覆盖保温被等保温措施，必要时选用保温模板。

（5）寒冷地区越冬保温应采取分层施工方式，保温材料选择具有吸水率低、密度小、保温性能好、导热系数低、施工方便、耐火等级高的保温材料。

（6）越冬保温层揭除宜分层进行，揭除时做好混凝土表面温度、内部温度和外部气温的动态监测。

5.4　大风和干燥气候条件下施工

在大风和干燥气候条件下施工应采取保持仓面湿润措施。

（1）仓面采取防大风措施，避免保温保湿材料被卷起，保证仓面作业人员安全。

（2）采用喷雾机喷雾，喷雾方向顺风进行，对施工仓面进行补水。

（3）对已完成碾压的部位及时采用保温被覆盖，并作好防风措施。

6　变态混凝土养护与保护

（1）正在施工和刚振捣完毕的仓面，应防止外来水流入，变态混凝土振捣完毕后到终凝前，避免积水和曝晒，严禁设备和人员通过，终凝后的混凝土面经过 2～3 d 强度增长并检测合格后方可允许设备通过。

（2）混凝土养护配备专人负责，每班作好养护记录，质检员进行检查。

（3）混凝土终凝后即进行保湿养护，使混凝土面层保持湿润状态，必要时应覆盖养护。对水平施工缝养护应持续至上一层碾压混凝土开始铺筑为止。对永久外暴露面，养护时间不应少于 28 d。

（4）低温季节或遇气温骤降时合理选择拆模时间，并在浇混凝土表面覆盖和包裹保温被。保温被一般采用聚乙烯保温卷材。

（5）保温被揭除时需做好混凝土表面温度、内部温度和外部气温的动态监测，缓慢下降混凝土表面温度，使内外温差控制在设计允许范围内。

7　结语

变态混凝土具有方便仓面施工、提高施工工效、保证工程质量等诸多优点。如今变态混凝土已走出国门，逐步为国外认可和应用。要想把变态混凝土的优点发挥到极致，设计和施工必须不断融合，不断总结创新，精心组织，精心设计，匠心施工，把这一由我国独创的变态混凝土施工技术品牌向前推进。

下穿高速及浅埋深随岳隧洞施工期监控量测技术

李书能，梅杨杨，祁焕文，雷雨

（中国水利水电第九工程局有限公司一公司，贵州贵阳，550008）

摘要：本文以鄂北地区水资源配置工程2016年第7标段随岳隧洞下穿高速路段施工项目为例，深入探讨安全风险性较大的隧洞施工期监控量测技术。

关键词：隧洞；安全；监控；量测

1　工程概况

鄂北地区水资源配置工程2016年第7标段施工项目位于湖北省随州市随县，其中随岳隧洞桩号为K182＋080 m～K182＋280 m，全长0.2 km，围岩类型为Ⅴ类，围岩为绢云钠长片岩，围岩呈强风化～弱风化状，地下水活动轻微，岩体完整性较差，围岩极不稳定。设计流量为20.2 m^3/s，底部纵坡1/11 000，隧洞断面为马蹄形，开挖断面净宽7.4 m，过水净宽5.8 m。其穿越部分顶部为随岳高速公路，埋设较浅部位约11.8 m，安全风险较大。根据现场查勘可以看出，此部位高速公路路基为半幅挖方、半幅填方路基。交叉部位隧洞桩号K182＋206 m～K182＋232 m。

随岳高速公路全长335 km，于2010年全线建成通车，是湖北省高速公路网的重要组成部分。随岳隧洞下穿施工社会影响大，安全问题得到了建设方、高速公路相关各方的重点关注。

为保障工程该部位的施工安全及社会安全工作，本文就施工期的安全监控量测技术作了总体的阐述，着重阐述施工期洞内变形的监控量测部分。

2　监测依据

为保证下穿高速路段隧洞的施工及随岳高速的安全，及时发现和处理施工过程中存在的安全风险问题，开展本项监测工作。

施工监控量测依据：《水利水电工程施工测量规范》(SL 52—2015)，《水电水利工程施工安全监测技术规范》(DL/T 5308—2013)，《水利水电工程锚喷支护技术规范》(SL 377—2007)，《铁路隧道监控量测技术规程》(TB 10121—2007)。

3　监控量测的目的及重要性

3.1　监控量测的目的

(1) 根据量测数据结果分析确认围岩的稳定性，判断支护效果，指导施工工序预防坍塌，保障施工安全。

(2) 对周边收敛位移进行监测，根据变形的速率及量值判断围岩的稳定程度，选择适当的二衬支护时机，指导现场施工。

(3) 通过对围岩压力、钢支撑应力、衬砌应力等选测项目的监测，判断围岩稳定性及支护效果，反馈设计，有助于对工程施工的优化，并通过监测数据与理论上的工程特性指标进行比较，以便了解制定合理具体的施工方案。

(4) 监测工作真正发挥优化设计和反馈指导施工的作用(而不是仅仅满足于收集资料和提交报表)，对可能出现的各种突发情况提出建议措施，提高本项目信息化施工水平，具有较大的社会效益和经济效益。

3.2　监控量测的必要性

洞室开挖地质特性复杂，解析上的诸多假定是在所难免的，因此解析的结果只能作为一个初期的预测，而并非对环境的掌握。与解析相对应，监测具有相对准确地把握岩体自身动态(应力、变形、应变等)的特性。在解析结果的基础上对照监测结果，及时修正，实现信息化施工。

工程施工中的现场监测是其施工过程中必不可少的内容之一。各种施工开挖方法对岩体和支护结构的受力以及周边的环境有较大影响。尤其是不良地质现象，如果不及时发现和处理，很可能发展成重大施工事故。为满足施工的安全性和经济性，通过现场监测进行预测、预报，是避免事故、降低施工风险的有效手段。

4　监控量测的实施部署

根据规范与设计文件、施工组织设计文件的要求，结合在类似工程中总结的监控量测经验，在本

收稿日期：2020-02-24.

作者简介：李书能，湖北宜昌人，从事项目工程管理工作；梅杨杨，湖北武穴人，从事项目工程技术管理工作.

隧洞中开展洞内外观察、洞内净空变化监测及拱顶下沉监测、地表沉降量测等必测项目。

4.1 洞内外观察

4.1.1 观察内容

(1) 开挖后没有支护的围岩。a. 岩性特征：岩石的颜色、成分、结构、构造；b. 节理性质、组数、间距、规模、节理裂隙的发育程度和方向性，断面状态特征，充填物的类型和产状等；c. 断层的性质、产状，破碎带宽度、特征；d. 地下水类型，涌水量大小，涌水压力，湿度等；e. 开挖工作面的稳定状态，顶板有无剥落现象；f. 核准围岩级别。

(2) 开挖后已支护段。a. 初期支护完成后对喷层表面的观测及裂缝状况的描述和记录；b. 有无锚杆被拉脱或垫板陷入围岩内部的现象；c. 喷混凝土是否产生裂隙或剥离，要特别注意喷混凝土是否发生剪切破坏；d. 有无锚杆和喷混凝土施工质量问题；e. 钢架有无被压弯现象；f. 是否有底鼓现象。

(3) 洞外观察。主要是了解洞口、洞身和浅埋段的地表变形、开裂情况。着重对随岳高速公路路面既有缝隙的标识与记录，新生缝隙的排查及形成原因的分析。

4.1.2 观察目的

通过对洞内外观察，以达到以下目的：

(1) 预测开挖面前方的地质条件。

(2) 为判断围岩、隧洞的稳定性提供依据，并以此区分需要加强监测部位的布置。

(3) 根据喷层表面状态及锚杆的工作状态，分析支护结构的可靠程度。

(4) 掌握地表变形变位及开裂等情况。

4.1.3 观测方法

每次爆破开挖后，利用地质素描、照相或摄像技术将观测到的有关情况和现象进行详细记录；观测中，如发现异常现象，要详细记录发现的时间、具体的里程位置以及对异常情况的描述。

4.1.4 监测频率

每次开挖、初期支护后及时进行观察，平均按每 5 m 一个断面观察成果。每周不定期对高速路面及洞轴线部位实际查勘。

4.1.5 监测数据的分析与处理

(1) 通过掌子面地质观察，及时分析围岩稳定状态，评估出现局部掉块、塌方、涌水等灾害的可能性，出现异常情况，第一时间通报施工单位，及时指导施工，并将异常情况、相关建议汇报业主和监理等相关部门。

(2) 观察初期支护喷射混凝土表面出现明显裂缝时，承包人应立即采取补强措施，并调整原支护设计参数或开挖方法，并将裂缝部位标识出来，以便于后期的跟踪观察。

(3) 观察地表与高速公路路面的裂缝情况及积水情况，对新旧裂缝的出现时间、长度、宽度、所处位置及裂缝深度等做好详细记录，分析存在裂缝的原因和可能性。如本次监测观察过程中，发现 1 条隧洞施工前就存在的高速公路路面裂缝，且正处于隧洞轴线上方的路段。该裂缝已经过高管部门的封闭处理，检查中就此裂缝的存在时间、长度及相应位置进行了记录，以便后期施工过程中进行跟踪观察。通过洞外观察，高速公路路面完好，未发现路面行车异常等情况。

4.2 洞内净空变化监测及拱顶下沉监测

隧洞内变形观测可分为净空变化监测和顶拱下沉监测。两者同步进行布点、施测，且布置在同一断面上，测点应尽量对称布置以便数据的相互验证。

4.2.1 监控量测前的施工准备

工程的围岩类型 V 类，岩体完整性较差，且属于较浅埋深部位，安全风险极大，在施工前就变形监测基准网的布设及监测点的选点与埋设、施测方式、施测周期、施测成果的总结与分析等作了充分的考虑，确定施测方式采用全站仪非接触位移量测的方法。

4.2.2 监控量测的实施

(1) 监测内容。隧洞净空变化的监测是监测隧洞内壁 2 点连线方向的相对位移或监测点的绝对位移量；拱顶下沉监测是指对隧洞拱顶的实际下沉位移值进行监测，是相对于不动点的绝对下沉值。

(2) 监测方法。在隧洞内设置监控量测断面，每个断面分别在侧墙和拱顶设置测点，测点采用膜片式回复反射片（50 mm×50 mm）作为靶标，利用全站仪采用非接触位移量测方法对隧道监控量测中地表沉降、拱顶沉降及边墙收敛进行实时监控，通过施测数据计算两测点间空间距离的相对变化情况，以及拱顶下沉时的绝对变化量。测点应在距开挖面 10 m 的范围内尽快安设，布设间距保持在 5 m 为 1 个监测断面，在爆破后 24 h 内或下一次爆破前测读初次读数。

(3) 施测仪器：选用徕卡 TS09 PLUS 2″R500 全站仪。

(4) 监测精度：监测的最小精度 1.0 mm。

(5) 测点布置：断面间距见表 1。

表 1 项目监控量测断面间距

围岩级别	断面间距/m
Ⅴ－Ⅵ	5～10
Ⅳ	10～30
Ⅲ	30～50

根据 TB10121—2007《铁路隧道监控量测技术规程》规定，从洞口里程起算，采用每 5 m 布置 1 个监控量测断面；监控量测断面点位布置如图 1 所示。

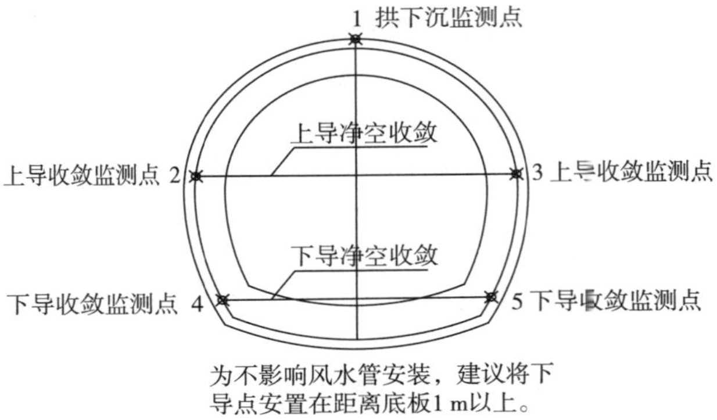

图 1　拱顶下沉及周边收敛量测测点布置示意图

(6) 监测频率。依据 DL/T 5308—2013《水电水利工程施工安全监测技术规范》规定，制定本隧洞拱顶沉降和净空变化监测频率见表 2 及表 3。

表 2　按距开挖面距离确定的收敛监测频次

收敛断面距开挖面距离/m	监测频次
(0～1) B	2 次/d
(1～2) B	1 次/d
(2～5) B	1 次/2～3 d
>5B	1 次/7d

表 3　按位移速度确定的收敛监测频次

收敛断面距开挖面距离/m	监测频次
(0～1) B	2 次/d
(1～2) B	1 次/d
(2～5) B	1 次/2～3 d
>5B	1 次/7 d

注：从不同测线得到的位移速度不同，监测频率应按速度高的取值；若根据位移速度和距工作面距离两项指标分别选取的频率不同，则从中取高值；B 为开挖断面净宽度 7.4 m。

(7) 变形警戒值。根据《水电水利工程施工安全监测技术规范》(DL/T 5308—2013)、《铁路隧道监控量测技术规程》(TB10121—2007)规定，制定本隧洞锚喷衬砌和复合式衬砌初期支护的变形警戒值见表 4、表 5。

表 4　隧道周边允许相对位移值

围岩级别	覆盖层厚度/m		
	<50	50～300	>300
Ⅲ	0.1%～0.3%	0.2%～0.5%	0.4%～1.2%
Ⅳ	0.15%～0.5%	0.4%～1.2%	0.8%～2.0%
Ⅴ	0.2%～0.8%	0.6%～1.6%	1.0%～3.0%

注：周边位移相对值系两测点间实测位移累计值与两测点间距离之比，两测点间位移值也称收敛值；硬质围岩隧道取表中较小值，软质围岩的隧道取表中较大值；本表所列数值可在施工过程中通过实测和资料积累作适当修正；随岳隧洞周边允许相对位移值取 0.2%～0.8%。

表 5　拱顶相对下沉极限相对位移

围岩级别	覆盖层厚度/m		
	≤50	50<h≤300	300<h≤500
Ⅱ	—	0.03%～0.06%	0.05%～0.12%
Ⅲ	0.03%～0.06%	0.04%～0.15%	0.12%～0.3%
Ⅳ	0.06%～0.1%	0.08%～0.4%	0.3%～0.8%
Ⅴ	0.08%～0.16%	0.14%～1.1%	0.8%～1.4%

注：拱顶相对下沉指拱顶下沉值减去隧道下沉值后与原拱顶至隧底高度之比。本表所列数值，可在施工过程中通过实测和资料积累作适当修正。随岳隧洞拱顶相对下沉极限相对位移值取 0.08%～0.16%。

4.2.3　监测数据的分析与处理

对监测数据进行分析，以数值和图形、图表等多种形式描述各项监测项目的变化趋势。由于监测数据较多，本文中仅选取随岳高速公路与随岳隧洞交叉洞内主桩号 K182+217 m 的监测断面进行分析。位移与时间曲线如图 2 所示。

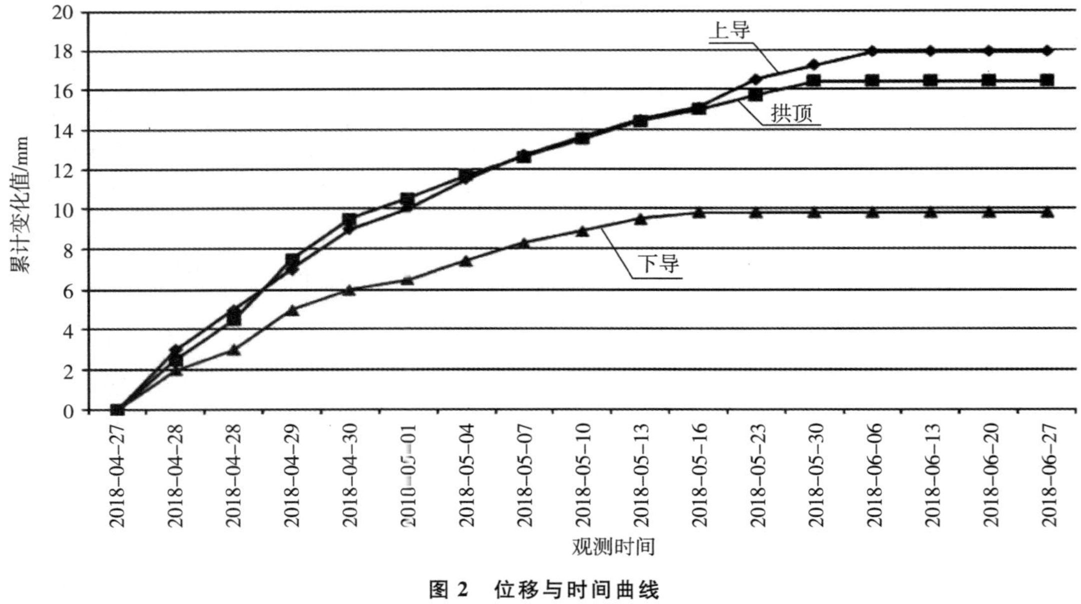

图 2　位移与时间曲线

根据图 2 可知，该断面的拱顶下沉终值为 9.8 mm，原拱顶至隧底高度为 7.5 m，拱顶相对下沉位移为 0.1307%，小于极限相对位移值，且随着时间的增大，断面拱顶下沉值逐渐趋于稳定，隧洞周边允许位移相对值：上导为 0.2768%，下导为 0.2140%，均符合随岳隧洞周边允许相对位移值 0.2%～0.8%的范围。根据规范要求，可得出该断面拱顶已处于稳定状态。

从图 2 可知，此监测过程中未出现位移与时间曲线的反弯点，表明围岩和支护内力状态呈正态均匀的变化，随着时间的推移变形量逐渐呈现稳定状态，过程中可进行开挖及支护的持续施工，可根据其他综合情况合理确定组织下道工序施工的时间。

4.3 地表下沉量测

(1) 监测内容。测试洞口浅埋段隧道开挖时对地面沉降的影响及其影响范围。

(2) 监测目的。判断开挖时对地面沉降的影响及其影响范围。根据监测结果决定对该区段设计、施工方法的调整和变更，保证施工安全，优化支护参数。

(3) 测试方法。用水准仪、全站仪对测点的高程进行量测，计算其高程的变化量。

(4) 测试仪器。水准仪、钢尺、全站仪。

(5) 测点布置。垂直隧道轴线在洞口段设置监测断面，隧道范围内从拱顶位置左右间隔 2 m 对称布设沉降观测点。在进出口左右线各布置 2 个监测断面，对于洞口坡度较缓的设置 2 个沉降监测断面，每断面不少于 3 个监测测点；洞口坡度较陡的设置 1 个沉降监测断面，不少于 3 个监测测点，和 1 个水平位移监测断面，不少于 3 个监测测点。地表下沉桩的布置宽度应根据围岩级别、隧道埋置深度和隧道开挖宽度而定，地表下沉量测断面的间距见表 6。

表 6 地表下沉量测断面布置

埋置深度 H	地表下沉量测断面的间距/m
$H>2B$	20～50
$B<H<2B$	10～20
$H<B$	5～10

注：无地表建筑物时取表内上限值；B 表示隧道开挖宽度。

(6) 监测数据的分析与处理。由于监测数据较多，取具有代表性的第 22 号断面的监测数据绘制地表沉降曲线，如图 3 所示。地表沉降曲线表明：在隧洞开挖施工的过程中监测点出现先升后降再稳定的现象。结合施工时间可分析出：在隧洞开挖施工未通过阶段，由于洞内超前注浆及管棚支护的原因，监测点出现 0.5 mm 的上浮；在隧洞开挖通过阶段由于对土体的扰动，监测点出现短时间内 1.5 mm 的下沉；在隧洞开挖已通过后，监测点开始趋于稳定。

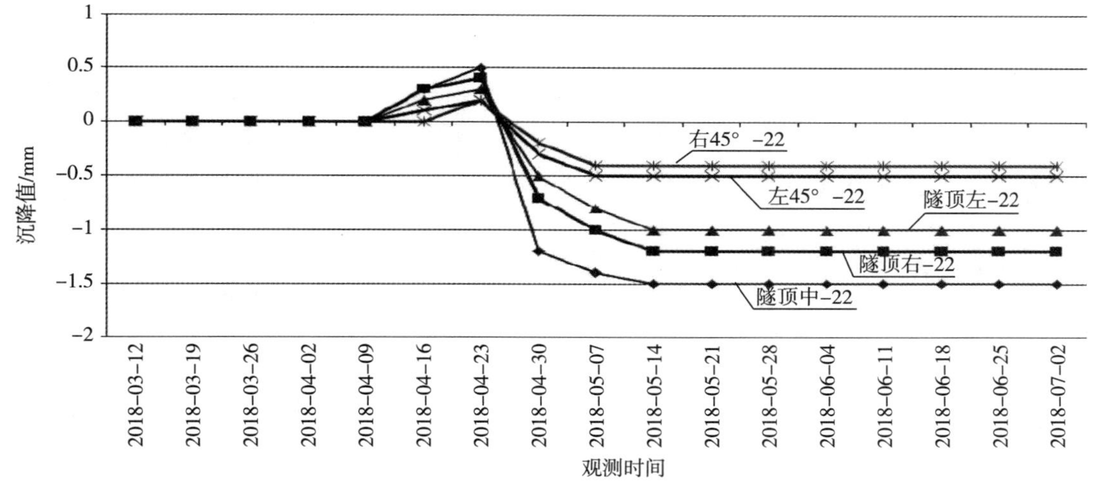

图 3 地表沉降曲线图

由图 3 可知：在隧洞开挖掘进的过程中，距离隧洞范围越近的监测点（隧顶中－22）变形就越大；反之，距离掘进位置越远的监测点（右 45°－22）变形越小。

5 结论

通过现场监控量测，可以对围岩和支护系统的力学状态做出判断，减小施工期洞室开挖内在安全风险，避免由于爆破作业对外界产生的如突发塌方等危害，可为判断围岩稳定性、支护、衬砌可靠性、二次衬砌合理施作时间以及修改施工方法、调整围岩级别、变更支护设计参数提供依据。

EPC 总承包条件下的合同管理

吴小龙，牟鑫
（中国水利水电第九工程局有限公司二公司，贵州贵阳，550008）

摘要：近年来，EPC 总承包在我国各行业建设中广泛推行，业主越来越倾向于以总承包方式建设工程。在工程建设过程中，总承包商与项目业主签订的 EPC 总承包合同及与各专业分包商签订的专业分包合同是 EPC 总承包商开展工程项目建设管理工作的基本依据。本文对 EPC 总承包模式下合同管理的相关内容和防范措施进行了简要的分析和探究。

关键词：EPC；总承包；合同；管理；

1 概述

合同是建设工程各个承包方之间确定关系的重要依据，任何一项建设工程的开展都必须按照合同中的条例执行，保证工程可以有序开展。EPC 总承包是指公司受业主委托，按照合同约定对工程建设项目的设计、采购、施工、试运行等实行全过程或若干阶段的承包。通常公司在总价合同条件下，对其所承包工程的质量、安全、费用和进度进行负责。在实践中，总承包商往往会根据其丰富的项目管理经验、工程项目的规模、类型和业主要求将勘察设计、设备采购（制造）等工作采用分包的形式分包给专业分包商。因此，本文结合 EPC 总承包的特点以及合同管理中常见的问题，提出一些管理措施，以此保证 EPC 总承包模式下合同管理的水平，提升工程的综合性能。

2 EPC 总承包合同的特点

结合 EPC 工程的特点，与传统的总承包合同相比，EPC 总承包合同主要有以下特征：

2.1 没有独立的第三方，即咨询工程师

传统的总承包合同中，合同的参与方有业主、总承包商、咨询工程师三方，咨询工程师是独立于业主和总承包商的，负责合同履行的监控。业主在 EPC 工程的整个周期内，其主要工作在于项目的前期策划阶段，在工程实施阶段，业主代表也主要在工程进度方面对整个项目进行监控。总体来说，业主在项目实施期的参与度很小，就像 FIDIC 合同条件中提及的“业主基本上不干涉承包商的工作”。

2.2 合同涉及范围更广，总承包商风险更大

传统的总承包合同中，总承包商只负责项目的设计、采购、施工、安装等其中一项工作，而 EPC 总承包合同中，总承包商几乎承揽了项目前期策划阶段后的一切工作，而业主在项目实施期只对项目的整体性和原则性负责。由于合同范围的大幅扩大，总承包商与业主在项目上的风险分担就不对等，总承包商要承担设计风险、采购方面的物价波动风险、施工阶段的突发情况的风险等。

2.3 EPC 工程大多采用固定总价合同

固定总价合同即指业主与总承包商签订合同总价后，总承包商不能在合同履行期内因工程量变更、物件上涨等原因随便调整合同总价。固定总价合同对总承包商在投标报价时对各项费用的市场预测的准确性、项目实施期的成本控制都提出了更高的要求。但是固定总价合同并不意味着合同总价在项目实施期内就一定是不可调的，在项目实施时，如果出现重大变更等情况是可以调整合同价的。在某些 EPC 工程，假如业主的前期工作不到位，搜集到的相关资料的全面性和准确性得不到保证，导致总承包商的投标报价没有充足的信息支撑，总承包商可以和业主协商，在专用合同条款里说明，如果因业主方原因工程量增加到一定比例时，可以适当调整合同总价。

3 EPC 总承包条件下的合同管理

在工程总承包合同实施过程中，EPC 工程总承包商有权将所承包的工程项目按专业进行分解后，分包给具有相应资质的专业单位实施。在此情况下，作为 EPC 工程总承包商，在项目建设管理工作当中涉及合同可分成两大类：与项目业主签订

收稿日期：2020-02-24.
作者简介：吴小龙，四川泸州人，从事房屋建筑工程项目合同管理工作；牟鑫，四川乐山人，助理工程师，从事房屋建筑工程项目合同管理工作．

的EPC总承包合同和与各专业分包商签订的专业分包合同。

3.1 总承包合同的管理

3.1.1 合同范围管理

EPC工程的总承包合同一般是固定总价合同，所以总承包范围的明确更加重要，明确的范围可能对项目总成本的影响甚大。总承包商应该在项目实施前，就承包范围与业主方进行深度沟通，再加上初步设计方案不尽详细，有些范围不够明确，所以做施工图设计时，总承包商应该加强与业主的沟通，依据合同约定明确各自的范围及责任划分，并以书面形式予以确认，相关的会议记录、信函等书面文件应该妥善保管。

同时在合同的履行过程中，应该让所有的项目人员学习合同条款、理解合同内容，分析并掌握合同规定的工程范围以及作为总承包商需要承担的合同责任；对合同进行充分理解后，在工程实施过程中应严格执行合同，以保证按合同要求完成工程。

3.1.2 变更管理

在工程建设实施过程中，对于业主提出的有关调整或增加工程内容的要求，要在与业主进行充分沟通的前提下，及时界定是合同约定范围外新增项目或是合同范围内的变更项目，并形成书面形式的文字记录，在规定的时间内请业主书面确认。对于合同约定范围外新增加的工程投资额较大工作，应与业主签订合同补充协议，以书面的形式进行约定后实施。

3.1.3 索赔管理

因业主方面原因或符合合同约定的其他原因，导致工程工期、经济效益受到损失，应在损失情况发生初期，收集相关证据并形成书面文件向业主报告，明确表达受损原因和进行补偿索求的意向，之后应持续收集相关证据，进行整理后定期向业主进行滚动报告，直至受损事件结束。以此保证能够为正当获取业主方的补偿提供充足的依据，及时的报告能使业主知会总承包商的索赔需求并同步收集索赔处理依据，为索赔事件的顺利处理提供方便。

3.2 分包合同管理

3.2.1 主动开展协调管理

作为组织各分包商开展项目建设活动的EPC总承包商，应主动对各分包商履行合同时在时间、空间、技术、工序等方面产生的矛盾进行协调，确保提供合同约定的履约条件，并促使各相关分包商之间对上述矛盾的解决方案达成共识。总承包商的现场管理人员应定期或不定期组织召开工程建设协调会，做到掌握工程建设现状、预测可能发生的问题，提前采取协调措施予以避免或解决。建设协调会取得的成果应该留下正式书面文件，及时发各相关分包商执行，这类文件按照合同约定应作为合同的组成部分。

3.2.2 分包合同结算管理

总包商应按分包合同的约定，按时进行分包合同费用结算，并予以及时支付兑现。工程资金的按时到位对确保工程的正常推进起着关键的保障作用，因工程款支付不到位往往导致合同纠纷的产生并形成恶性循环，造成合同双方两败俱伤的后果。为做好分包合同结算工作，总包商应要求分包商按月定期上报工程资金滚动需求计划，便于总包商开展工程资金的筹措工作。从自身利益出发，总承包商应避免工程资金超付的现象，在每一次对分包商结算工程款时，对工程进度及完成工作量进行认真核实，按合同约定的规则进行支付。

3.2.3 分包合同变更管理

分包合同签订后，在实施期间工作项目的范围及技术要求难免需要发生局部变化及调整，产生合同工程变更。在分包合同中对合同工程变更的认定、计价方式均应有专门条款进行约定。总承包商在处理这些变更的过程中，要注意及时收集工程变更的依据，并与分包商共同及时进行确认。对于分包商已经实施的工程变更工作，原则上应进行及时支付，在没有完全确定价格的时候可在双方协商后采用暂定价进行支付，在工程办理完工结算时，以双方认可的价格进行结算。

3.2.4 合同违约索赔管理

总承包工程建设过程历时长、范围广、影响因素多，分包合同履行过程中难免会发生合同违约现象。在合同签订时，应要求分包人提供现金或保函等形式的履约担保。总承包单位在发现分包商履约过程中的违约情况时，应注重合同时效性，及时收集相关证据，这些证据包括合同双方的正式书面文件、监理等第三方单位出具的正式文函及照片等形式，以充分阐明合同违约事实，按违约事项、时间、数量、费用等进行详细记录和整理，在合同规定时间内通知违约分包商，开展合同违约索赔工作。

4 结语

EPC工程总承包的合同管理从市场调查、项目分析开始，到工程投标、发标、签约、组织实施直至通过业主验收、质保期满收到最后的质量保证金为止，自始至终贯穿于整个过程。它既是项目实施的有力保证，又是企业管理水平的综合体现，通过利用有效的管理措施，以此保证EPC总承包模式下合同管理的水平以及工程建设的顺利展开。

马岭水利枢纽地下发电厂房洞室间距设计思路

孙正华，况渊，王强

（中国电建集团贵阳勘测设计研究院有限公司，贵州贵阳，550081）

摘要：文章依据马岭水利枢纽地下厂房厂区地形、地质条件及厂房结构布置形式，对其地下厂房相邻洞室间距选取进行了梳理，总结较为可行的地下厂房相邻洞室间距设计流程，为同类型设计提供参考。

关键词：地下厂房；相邻；洞室；间距；围岩；稳定

1 研究背景

地下厂房的主厂房和主变洞采用“平行”方式布置时，就需要确定两洞室之间的间距[1]，即洞室间的岩柱厚度。在 SL 266—2014 规范中规定“洞室间的岩柱厚度不应小于相邻洞室平均开挖宽度的1倍，并不宜小于较大洞室开挖高度的 0.5 倍”；NB 35011—2013 规范中规定“两洞室之间的净距不宜小于相邻洞室平均开挖宽度的 1.5 倍，对于高地应力区不宜小于 2.0 倍，且不宜小于较大洞室开挖高度的 0.5 倍”；NB 35011—2016 规范中规定“岩石强度应力比大于 7.0 时，宜取相邻洞室平均开挖跨度的 1.0～1.5 倍和较大洞室开挖高度的 0.5～0.6 倍的较大值”。分析以上设计规范可知，目前对于地下厂房相邻洞室间距存在不一致的认识[2]，对工程设计人员造成了一定的困扰。

通常工程设计人员会根据工程围岩地质条件、地应力情况、规范要求、设计手册建议或工程经验，初拟 1 个洞室间距[3]，然后通过工程数值软件进行计算复核[4]，若不可行，则加大两洞室间距，直至满足围岩稳定要求。然而这种设计流程极大地降低了设计效率，且难以获得较优结果。

经过对马岭水利枢纽工程地下厂房相邻洞室间距选取梳理总结，认为经济合理地选择地下厂房两洞室间距，应从如何最大效率利用地下空间的设计初衷出发，即以厂房内机电设备及人员运维空间需求开展设计。简而言之，就是以地下厂房两大主洞室之间的母线洞内机电设备及人员运维空间需求作为两洞室间距设计的出发点。本文建议基于母线洞内机电设备尺寸及人员运维空间需求初拟洞室间距，然后按规范要求复核洞室间距，最后采用数值计算进行确定。下面以马岭水利枢纽工程右岸地下发电厂房洞室间距设计为例，具体来说明地下厂房洞室间距的设计过程。

马岭水利枢纽工程位于贵州省兴义市马别河的中游，工程任务以城乡供水为主，结合灌溉，兼顾发电等综合利用，其发电厂房布置于大坝右岸山体内，采用主厂房、主变洞两大洞室平行布置方式，厂区枢纽建筑物主要包括主厂房、主变洞、母线洞、出线平洞、出线竖井、排风洞、排水廊道、进厂交通洞等地下洞室和地面中控室等。

2 厂房地形地质条件

地下厂房铅直埋深 28～58 m，水平埋深 24～68 m，出露地层主要为三叠系中统关岭组第 3 段第 4 层（T_2g^{3-4}）厚层、中厚层灰岩，少量三叠系中统关岭组第 3 段第 5 层（T_2g^{3-5}）薄层至中厚层白云岩夹淡黄色薄层泥页岩（位于厂房端头的风机室处），岩层产状为 N80°W/SW∠53°～60°，倾下游偏右岸。厂区为河谷岸坡，地形较为完整，地形陡缓相间，其后坡 1 035 m 高程以上表现为 1 个浅切冲沟，沟内无流水，976 m 高程以下地形自然坡度在 35°左右，976～1 022 m 高程之间地形较陡，平均坡度在 50°以上，1 022 m 高程以上主要为浅切冲沟段，其地形平缓，坡度为 15°左右。厂房顶拱部位主要为厚层、中厚层灰岩，且坚硬完整。

3 厂房布置

地下厂房洞室轴线方向为 N15°W，与岩层层面夹角 60°左右。主厂房由主机间和右侧安装间组成，主机间内安装 4 台单机容量分别为 2×18 MW（大机）+2×4.5 MW（小机）的水轮发电机组，机组安装高程 949.10 m，岩锚梁以上开挖宽度 17.5 m，以下 16.68 m，顶拱开挖高程 976.25 m，大机尾水管底板开挖高程 940.60 m，小机尾水管

收稿日期： 2021-03-03.

作者简介： 孙正华，湖北黄冈人，高级工程师，从事水工结构设计工作.

底板开挖高程为 944.10 m，主机间最大开挖高度 35.65 m。安装间位于主机间右侧，与主机间同宽同高。主变洞与主厂房平行布置，为主变压器、户内 GIS 型开关站及高压电缆等设备共用的洞室，断面开挖尺寸 32.70 m×12.90 m×28.30 m(长×宽×高)。母线洞作为连接主机间与主变室的主要电缆通道及设备布置场地，垂直于主厂房轴线，共 2 条，2 台大机共用 1 条，2 台小机共用 1 条，底板高程为 953.30 m，城门洞形，断面开挖尺寸为 6.3 m×5.4 m×25.0 m(宽×高×长)。

4 厂房洞室间距设计

4.1 基于母线洞内设备布置初拟洞室间距

母线洞内主要设备有励磁变、PT 柜、发电机断路器、高低压盘柜、厂用变压器等。根据装机容量及设备选取，母线洞内应布置 2 台励磁变、10.5 kV 高压盘柜、厂用变压器和 0.4 kV 低压盘柜，考虑设备要求间距，母线洞最适宜长度为设备所需长度(35 m)+设备及人员转运空间(3 m)－主变洞长度(12.9 m)=母线洞合适长度 25.1 m，取整为 25 m。

4.2 参考规范复核洞室间距

(1) 按规范 SL 266—2014 复核。(主厂房最大开挖宽度 18.18 m+主变洞开挖宽度 12.9 m)/2=相邻洞室平均开挖宽度 15.54 m<相邻洞室间距 25 m；主厂房最大开挖高度 34.5 m×0.5=相邻洞室平均开挖宽度 17.25 m<相邻洞室间距 25 m。

(2) 按规范 NB 35011—2013 复核。(主厂房最大开挖宽度 18.18 m+主变洞开挖宽度 12.9 m)/2×1.5=相邻洞室平均开挖宽度 23.31 m<相邻洞室间距 25 m。

(3) 按规范 NB 35011—2016 复核(补充复核，项目设计时间为 2015 年)。马岭厂房岩石强度应力比为 24；(主厂房最大开挖宽度 18.18 m+主变洞开挖宽度 12.9 m)/2×1.5=相邻洞室平均开挖宽度 23.31 m<相邻洞室间距 25 m；主厂房最大开挖高度 34.5 m×0.7=相邻洞室平均开挖宽度 24.15 m<洞室间距 25 m。

因此，基于母线洞内设备布置和参考各规范要求，洞室间距选取 25 m 较为合适。

4.3 数值分析计算确定

4.3.1 计算模型

采用 ABAQUS 软件进行有限元分析，模型竖直向上为 Y 轴，水平指向下游为 X 轴，原点位于模型的左下角。模型计算范围：上下游及底部岩石均约取 5 倍厂房跨度(17.2 m)，顶部取山体地形，并依据实际的地质情况考虑岩体材料分区。计算模型网格单元以 4 节点四边形双线性平面应力减缩积分单元 CPS4R 为主，辅之以三角形单元。模型单元总数为 4 543，如图 1 所示。边界约束条件：上下游方向约束其法向(X 方向)位移，底部约束其 Y 方向位移。

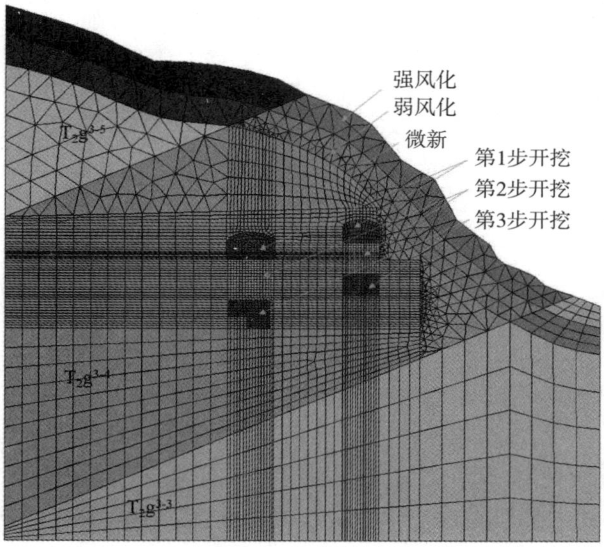

图 1 有限元计算模型

4.3.2 计算成果分析

由于地下洞室位于地下岩体之中，其主要荷载为地应力，因此首先需建立初始地应力，保证在模拟厂房洞室开挖前，地下围岩存在初始地应力，而位移为零。随后，模拟地下洞室群的开挖过程，分析地下围岩体的应力重分布特征，开挖顺序如图 1 所示。本文采用刚度折减法来模拟开挖过程，由于暂无实测应力释放资料，参考工程经验，在实行支护前，被开挖岩体单元刚度模量衰减 40%。

(1) 未开挖(初设地应力平衡)。建立初设地应力平衡后，岩体位移应接近于零，竖向应力逐渐增大。由等值线云 (见图 2) 可知，地下围岩竖向位移和水平向位移为 10^{-15} m 数量级，近似为零，且竖向应力随深度增加而增大，围岩初始应力及位移在未开挖前符合一般规律。

(2) 第 1 步开挖。第 1 步开挖完成后，岩体的应力应变特性如图 3 所示，分析图 3 可知，第 1 步开挖完成后，主机间洞室顶部区域发生下沉，下沉最大值为 2.3 mm，底部区域则产生隆起，最大值为 2.6 mm，上下游岩壁往内部发生回弹变形不明显，而主变洞则相对较小。主机间和主变洞顶部拉应力最大值为为 0.8 MPa，应力范围约 3 m 深度；在主机间和主变洞上游墙角部位及下游拱脚部位出现较大的压应力集中，最大压应力值为 4.6 MPa。

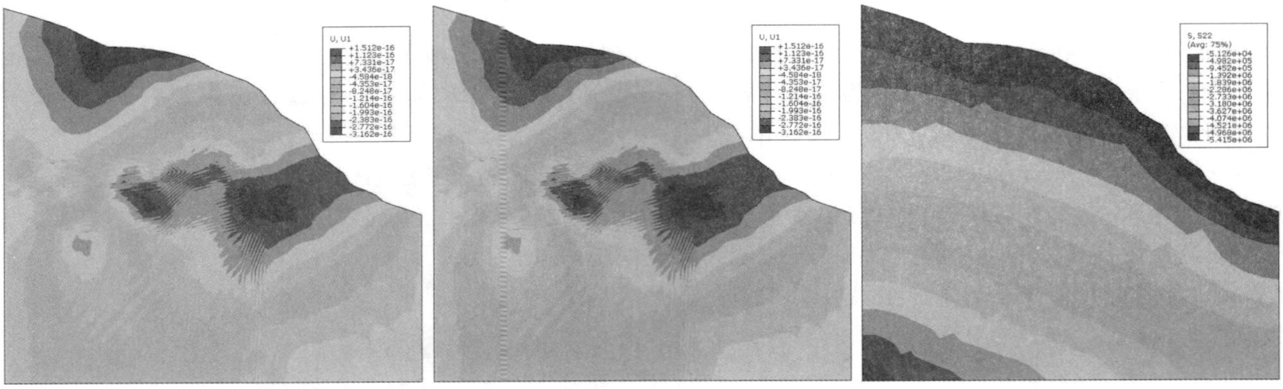

图 2　地下围岩竖向初始应力云图(单位：Pa)

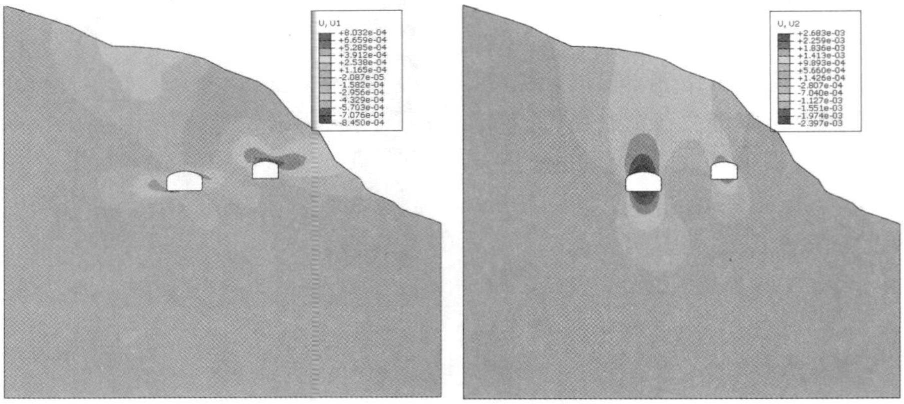

（a）水平向位移云图（单位：m）　　（b）竖向位移云图（单位：m）

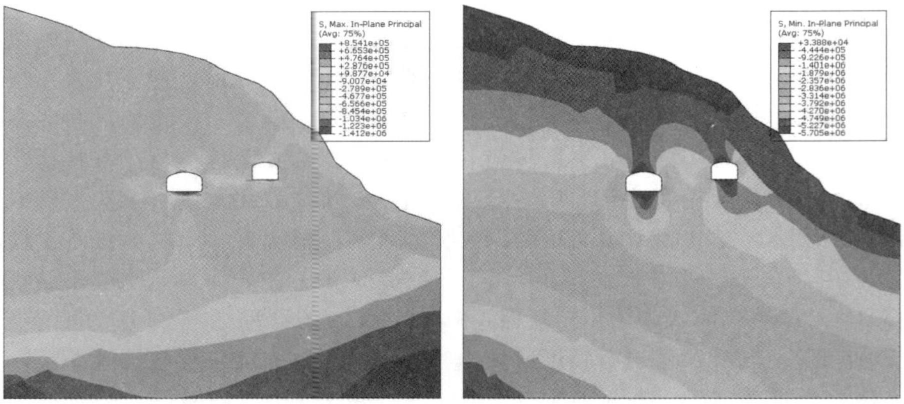

（c）最大主应力应力云图（单位：Pa）　　（d）最小主应力应力云图（单位：Pa）

图 3　完成第 1 步开挖后围岩体应力应变特性

(3) 第 2 步开挖。第 2 步开挖完成后，主机间洞室顶部区域发生下沉，下沉最大值为 2.5 mm，底部区域则产生隆起，最大值为 3.6 mm，上下游岩壁往内部发生回弹变形不明显，而主变洞则相对较小。主机间和主变洞顶部拉应力最大值为为 0.65 MPa，应力范围约 5 m 深度；在主机间和主变洞上游墙角部位及下游拱脚部位出现较大的压应力集中，最大压应力值为 4.8 MPa。

(4) 第 3 步开挖。第 3 步开挖完成后，主机间洞室顶部区域发生下沉，下沉最大值为 2.6 mm，底部区域则产生隆起，最大值为 3.67 mm，上下游岩壁往内部发生回弹变形不明显，而主变洞则相对较小。主机间和主变洞顶部拉应力最大值为为 0.7 MPa，应力范围约 6 m 深度；在主机间和主变洞上游墙角部位及下游拱脚部位出现较大的压应力集中，最大压应力值为 4.8 MPa。

(5) 围岩塑性区域变化情况。地下围岩在前两步开挖时，不形成塑性破坏区，在第 3 步围岩开挖时，在主厂房下游侧顶拱座处形成塑性破坏区域，如图4～6所示，这与第3步开挖的应力分布基本吻合。

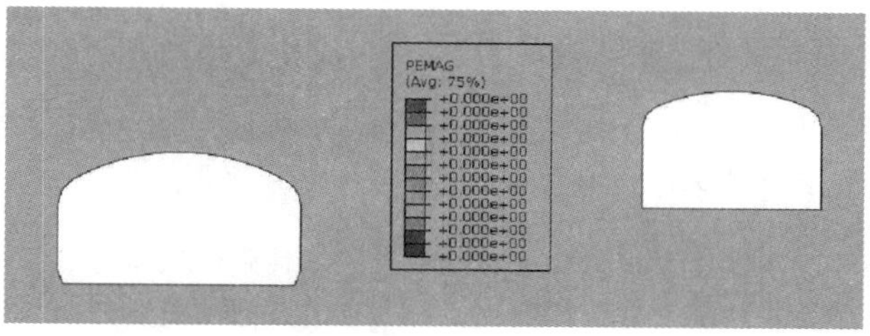

图4　地下围岩第1步开挖的塑性区域

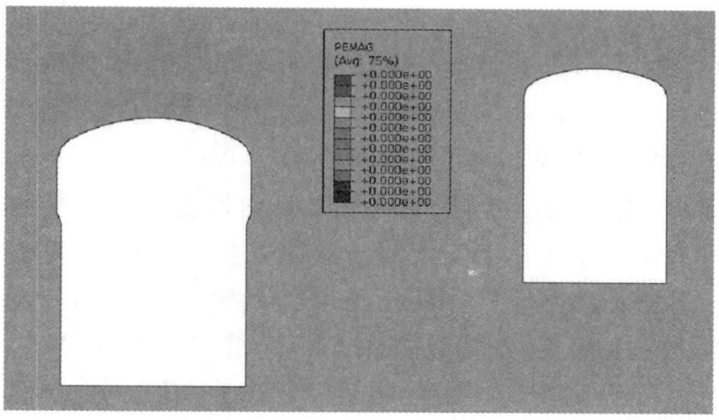

图5　地下围岩第2步开挖的塑性区域

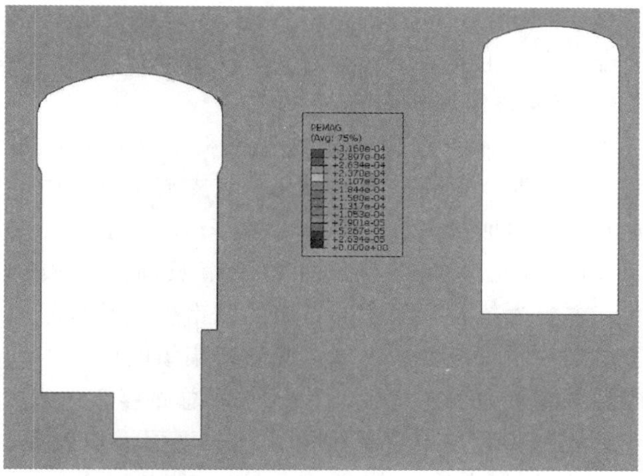

图6　地下围岩第3步开挖的塑性区域

综上分析：数值分析结果与类似工程的变形趋势相吻合，说明计算结果准确可靠。洞室开挖完成后，厂房地下洞室毛洞开挖基本稳定，开挖后位移及应力较小，局部产生塑性变形但塑性区范围较小，可通过锚喷支护等工程措施解决。因此，地下厂房洞室间距较为合理。

5　监测数据分析

马岭水利枢纽地下厂房围岩变形监测项目共布置9套多点位移计、7支锚杆应力计、28个反射片，分别布置于主厂房4个横断面，其中有限元计算断面(厂横0＋24.10 m)在厂房上下游侧拱脚及岩壁梁安装5组多点位移计及3支锚杆应力计。

(1) 多点位移计。多点位移计数据显示，位于厂房顶拱的4套多点位移计和左右拱脚的2套多点位移计测值较小，测值基本都在－0.82～1.47 mm之间，测值过程线发展较为平缓，趋于收敛。位于厂房岩壁梁左右侧的2套多点位移计测值在－1.96～3.48 mm之间，测值发展较为平稳，测值收敛。根据《水利水电工程锚喷支护技术规范》SL 377—2007，地下洞室允许变形值：围岩为Ⅲ类，地下洞室埋深50～300 m，允许变形为跨度的0.2%～0.5%。围岩为Ⅲ类，埋深为60 m，跨度为16.68 m，其允许变形值为3.3～8.34 cm。监测数据变形值远小于规范值，且已经趋于收敛，地下洞室处于稳定状态。

(2) 锚杆应力计。锚杆应力计数据显示，除位于厂房下游边墙上的PRCF－7锚杆应力计测值较大外，其余6支锚杆应力计测值均在－27.29～36.37 MPa，测值变化量不大，测值过程线收敛平稳。PRCF－7锚杆应力计最大值为241.68 MPa，目前锚杆应力值趋于平稳，月变化量不到1 MPa，且锚杆抗拉强度为360 MPa，其锚杆应力小于其抗拉强度，仍处于设计范围内，地下洞室处于稳定状态。

6　结语

地下厂房洞室间距直接影响厂房洞室稳定安全和工程投资，如何在规范要求下选择合适的地下厂房相邻洞室间距，本文以马岭水利枢纽工程右岸发电厂房设计为例，总结了一种可行的地下厂房相邻洞室间距设计流程。从马岭水利枢纽地下厂房监测数据可知，该厂房相邻洞室间距是合理的，可为同类型设计提供参考。

参考文献：

[1] 崔思严. 地下厂房洞室群岩柱厚度、洞跨与洞高的统计相关分析[J]. 四川水力发电，2006，25(5)：81-84.

[2] 张勇，肖平西，程丽娟. 基于岩石强度应力比的大型地下洞室群布置设计方法[J]. 岩石力学与工程学报，2014，33(11)：2314-2331.

[3] 刘胜利，施成华，彭立敏，朱文彬. 小间距隧道施工期间洞室与结构的稳定性评判[J]. 西部探矿工程，2003，3(82)：108-111.

[4] 李攀峰，张倬元，陶连金. 大型地下洞室群开挖模拟中的特殊现象分析[J]. 地质灾害与环境保护，2003，14(2)：63-65.

堆石混凝土坝材料性能探讨

杨丽群

（遵义水利水电勘测设计研究院，贵州遵义，563000）

摘要：本文通过余庆县打鼓台、遵义市绿塘、仁怀蔺家坪3座水库大坝钻孔取芯试验及大试件强度试验总结，分析堆石混凝土材料的物理力学特性，提出堆石混凝土作为一种复合材料其强度的薄弱环节及施工质量控制的关键环节，为工程建设管理质量控制提供参考。

关键词：堆石混凝土RFC；自密实混凝土SCC；抗压强度；弹性模量

1 工程概况

1.1 余庆县打鼓台水库

打鼓台水库位于乌江支流敖溪河左岸一级支流后溪沟上，工程的任务是为余庆县敖溪、龙家集镇及敖溪产业园区供水，设计供水能力为527万m^3/a（$P=95\%$）。水库总库容619万m^3。枢纽工程主要建筑物由大坝、溢洪道、放空兼生态放水建筑物等组成。该工程于2015年2月动工建设，2018年3月下闸蓄水，现运行正常。

大坝为堆石混凝土重力坝，最大坝高41.0 m，坝轴线长198.0 m，坝顶宽6.0 m，最大坝底厚33.94 m。大坝主体采用C_{90}15堆石混凝土，抗渗等级为W4；河床基础设置1.0 m厚的二级配C_{28}20常态混凝土垫层，两坝肩均设置1.0 m厚的一级配C_{90}15自密实混凝土垫层，抗渗等级为W6，抗冻等级为F50；坝体上游坝面设置0.5 m厚一级配C_{90}15自密实混凝防渗面板，抗渗等级为W6，抗冻等级为F50，表面布设Φ14@200纵、横向温度钢筋。

大坝混凝土砂石骨料及坝体堆石料为三叠系下统茅草铺组（T_1m）薄至中厚层灰岩、白云质灰岩。堆石主要采用汽车入仓、挖机堆石。

1.2 仁怀蔺家坪水库

蔺家坪水库位于仁怀市长岗镇蔺田村境内五马河支流两岔河上游，水库坝址距长岗集镇8 km。工程主要任务是长岗集镇及周边农村人畜饮水供水，设计供水能力为109万m^3/a。水库总库容127万m^3。水库大坝枢纽主要建筑物由挡水建筑物、泄水建筑物、取水兼放空建筑物等组成。该工程于2018年7月动工建设，2019年12月下闸蓄水，现运行正常。

大坝为堆石混凝土重力坝，最大坝高33.0 m，坝轴线长123.00 m，坝顶宽6.0 m，最大坝底厚29.50 m。大坝主体材料采用C_{90}15堆石混凝土，抗渗等级为W_4；河床基础设置1.0 m厚的二级配C_{28}20常态混凝土垫层，两坝肩均设置0.5m厚的一级配C_{90}15自密实混凝土垫层，抗渗等级为W6，抗冻等级为F50；坝体上游坝面设置0.5 m厚一级配C_{90}15自密实混凝防渗面板，抗渗等级为W6，抗冻等级为F50，表面布设Φ14@200纵、横向温度钢筋。

砂石骨料及坝体堆石料为三叠系下统茅草铺组（T_1m）薄至中厚层灰岩、白云岩等，夹角砾状白云岩。堆石主要采用汽车入仓、挖机堆石。

1.3 遵义市绿塘水库

绿塘水库工程位于贵州省遵义市新蒲新区东面，地处湘江二级支流、湄江一级支流茅官河中下游河段，坝址距茅官河河口14.0 km，距永乐集镇19 km。绿塘水库工程任务为城市及周边集镇供水，主要为新蒲新区东部新城的城市生活及食品加工供水，同时覆盖解决周边的新舟集镇的用水，设计供水能力为4 271万m^3/a。水库总库容2 040万m^3。枢纽工程主要建筑物由大坝、坝顶溢流表孔、取水兼放空建筑物等组成。该水库工程大坝于2017年10月动工建设，2018年12月大坝填筑完成，运行至今无异常情况。

大坝为堆石混凝土拱坝，坝轴线长181.36 m，最大坝高53.5 m，坝顶宽6.0 m，最大坝底厚16.0 m，厚高比0.299。大坝主体材料采用C_{90}15堆石混凝土，上游面设置厚0.5 m的C_{90}15一级配自密实混凝土防渗心墙，河床基础设置1.0 m厚的二级配C_{28}20常态混凝土垫层，两肩基础采用0.5 m厚的C_{90}15一级配自密实混凝土垫层，抗

收稿日期：2021-01-19.

作者简介：杨丽群，高级工程师，从事水利水电工程技术管理工作.

渗、抗冻等级均为 W6、F50；大坝上下游坝面采用 M_{10} 水泥砂浆砌 C_{15} 混凝土预制块，预制块尺寸 0.3 m×0.3 m×0.6 m(长×宽×高)。

大坝混凝土砂石骨料及坝体堆石料为三叠系下统茅草铺组(T_1m)中厚层夹薄层灰岩。堆石主要采用塔机入仓、人工辅助堆石。

2 大坝钻孔取芯芯样断口分析

大坝钻孔取芯芯样断口统计见表 1。

表 1 大坝钻孔取芯芯样断口统计

工程名称	取芯钻孔数量/个	钻孔位置	钻孔孔径/mm	累计进尺/m	柱状芯样长/m	芯样断口类别	芯样断口个数	占比/%
打鼓台水库	3	左右坝段 RFC 处	219	80.57	78.05	C1 型	29	14.72
						C2 型	24	12.18
						C3 型	95	48.22
						C4 型	49	24.87
						合计	197	100
蔺家坪水库	1	左右坝段 RFC 处	219	31.8	31.25	C1 型	3	5.26
						C2 型	13	24.24
						C3 型	30	55.56
						C4 型	8	14.81
						合计	54	100
绿塘水库	1	右坝段 RFC 处	219	52.15	51.8	C1 型	17	28.81
						C2 型	19	32.21
						C3 型	17	28.81
						C4 型	6	10.17
						合计	59	100

注：C1 型为机械、人工折断；C2 型为自密实混凝土与自密实混凝土浇筑间隔折断或堆石混凝土上下仓面胶结折断；C3 型为自密实混凝土与堆石接触面折断；C4 型为堆石个体与堆石个体接触面折断。

2.1 余庆打鼓台水库大坝钻孔芯样情况

(1) 钻孔情况。在大坝 $C_{90}15$ 二级配堆石混凝土中共布置了 3 个取芯孔，钻孔孔径 219 mm。1 号孔孔深 20.12 m，2 号孔孔深 25.45 m，3 号孔孔深 35.0 m，合计孔深 80.57 m，均为堆石混凝土进尺。在大坝上游一级配 $C_{90}15$ 自密实混凝防渗面板中布置了 2 个取芯孔(J－2 和 J－4)，孔深均为 25 m，钻孔孔径 200 mm。

(2)钻孔取芯芯样断口情况。大坝 $C_{90}15$ 二级配堆石混凝土中 3 个取芯孔钻孔取芯累计进尺 80.57 m，所取柱状芯样长 78.05 m，芯样获得率 96.87%。其中号 1 号取芯孔进尺 20.12 m，所取柱状芯样 19.36 m，芯样获得率 96.22%，其外观光滑、胶结优良的有 17.76 m，芯样外观优良率达 91.74%；2 号取芯孔进尺 25.45 m，所取柱状芯样 24.84 m，芯样获得率 97.6%，其外观光滑、胶结优良有 23.44 m，芯样外观优良率达 94.36%。3 号取芯孔进尺 35 m，所取柱状芯样 33.85 m，芯样获得率 96.71%，其外观光滑、胶结优良的有 32.55 m，芯样外观优良率达 96.16%。所取芯样共有断口 197 个。

2.2 仁怀蔺家坪水库大坝钻孔芯样情况

(1) 钻孔情况。大坝共布置了 1 个取芯孔 ZK2，采用 HGY－1000 型岩芯钻机钻孔取芯，钻孔孔径 219 mm，所取芯样直径 200 mm，钻孔孔深 36.5 m。钻孔取芯进尺 36.15 m。

(2) 钻孔取芯芯样情况。大坝一级配 $C_{90}15$ 堆石混凝土钻孔进尺 31.8 m，堆石混凝土累计柱状芯样 31.25 m，堆石混凝土芯样获得率 98.27%，其中外观光滑、胶结优良的有 30.5 m，芯样外观优良率 97.60%。所取芯样共有断口 54 个。

2.3 遵义市绿塘水库

(1) 钻孔情况。大坝右坝段堆石混凝土位置布置了 1 个取芯孔 ZK9，采用 HGY－1000 型岩芯钻机钻孔取芯，钻孔孔径 219 mm，所取芯样直径 200 mm，钻孔孔深 55.8 m，堆石混凝土 52.15 m，基岩 3.15 m。

(2) 钻孔取芯芯样情况。大坝 $C_{90}15$ 二级配堆石混凝土钻孔进尺 52.15 m，累计柱状芯样 51.8 m，芯样获得率 99.33%，其外观光滑、胶结优良的有 51.15 m，芯样外观优良率 98.75%。所取芯样共有断口 59 个。

2.4 芯样断口分析

从表1可看出，打鼓台水库大坝二级配 $C_{90}15$ 堆石混凝土钻孔取芯芯样断口：C3型自密实混凝土与堆石接触面折断占比最大，占48.22%；C4型堆石个体与个体接触面折断次之，占24.87%。蔺家坪水库大坝一级配 $C_{90}15$ 堆石混凝土钻孔取芯芯样断口：C3型自密实混凝土与堆石接触面折断占比最大，占55.56%；C2型自密实混凝土与自密实混凝土浇筑间隔或堆石混凝土上下仓面胶结折断次之，占24.24%。绿塘水库大坝 $C_{90}15$ 二级配堆石混凝土钻孔取芯芯样断口：C2型自密实混凝土与自密实混凝土浇筑间隔或堆石混凝土上下仓面胶结折断占比最大，占32.2%；C3型自密实混凝土与堆石接触面折断和C1型机械、人工折断占比次之，均占28.81%。

从断口的形态分析，破坏主要是弯曲折断或轴心拉断，主要是拉应力超标。上述数据表明，打鼓台水库大坝及蔺家坪水库大坝钻孔芯样断口最大占比均为C3型自密实混凝土与堆石接触面，说明自密实混凝土与堆石接触面黏结力相对较小，是堆石混凝土材料的最薄弱部位。通过严格控制堆石表面的含泥量，可有效提高自密实混凝土与堆石接触面的黏结强度。绿塘水库大坝钻孔芯样自密实混凝土与堆石接触面断口相对其他工程占比较小，仅占28.81%，充分说明了这一点。

C2型自密实混凝土与自密实混凝土浇筑间隔或堆石混凝土上下仓面胶结折断在绿塘水库大坝钻孔芯样断口中占比最高，占32.3%；在蔺家坪水库大坝钻孔芯样断口中占比仅次于C3型自密实混凝土与堆石接触面断口，为24.24%。说明自密实混凝土与自密实混凝土浇筑间隔及上下仓面胶结面是堆石混凝土材料施工质量控制的关键部位。工程施工中应严格控制混凝土浇筑时间间隔在混凝土初凝时间内，并认真做好混凝土上下仓面胶结面的处理，确保自密实混凝土与自密实混凝土浇筑间隔及上下仓面胶结面的施工质量。

综上所述，自密实混凝土与堆石接触面、层面是堆石混凝土复合材料的最薄弱部位。堆石混凝土坝施工中，堆石表面含泥量的控制、自密实混凝土浇筑间隔时间的控制及自密实混凝土上下仓面胶结面的处理是堆石混凝土坝施工中质量控制的薄弱环节，应在施工质量管理中加以重视。

3 大坝钻孔芯样试验分析

3.1 打鼓台水库芯样试验情况

对堆石混凝土1～3号取芯孔芯样开展轴心抗压强度测试12组；对自密实混凝土防渗层J－2、J－4取芯孔芯样开展抗压强度测试6组。$C_{90}15$ 自密实混凝土抗压强度27.2～28.5 MPa，平均28.0 MPa；一级配 $C_{90}15$ 堆石混凝土抗压强度27.60～30.80 MPa，平均28.68 MPa。堆石混凝土抗压强度约高于自密实混凝土抗压强。

3.2 蔺家坪水库芯样试验情况

对ZK2取芯孔堆石混凝芯样进行加工后开展室内芯样试验，进行轴心抗压强度测试3组。

所取试件ZK2岩石与混凝土横向接触芯样抗压强度26.6 MPa，岩石与混凝土纵向接触芯样抗压强度33.0 MPa，混凝土芯样抗压强度24.7 MPa。可见，堆石混凝岩石与混凝土纵向及横向接触的抗压强度均高于自密实混凝土的抗压强度。

3.3 大坝芯样强度试验分析

同标号堆石混凝土的抗压强度大于自密实混凝土的抗压强度。在缺堆石混凝土材料试验情况下，对堆石混凝土抗压强度指标要求可采用自密实混凝土的抗压强度的试验指标来评价是偏安全的。

4 专项试验研究

绿塘水库是国内首座不分横缝的堆石混凝土拱坝，以正在施工建设的绿塘水库堆石混凝土拱坝为载体，开展对堆石混凝土复合材料的试验研究。

4.1 岩石试验

大坝混凝土砂石骨料及坝体堆石料为三叠系下统茅草铺组（T_1m）中厚层夹薄层灰岩。根据《水利水电工程岩石试验规程》SL264—2001，对绿塘水库料场岩石进行了饱和抗压强度试验、弹性模量试验。将岩石制作为圆柱体标准试件（高度100 mm，直径50 mm，高径比2∶1），利用WE－300B液压万能试验机，对6组岩石分别进行抗压强度、弹性模量、泊松比试验。

岩石的自然抗压强度61.05～86.5MPa，平均74.82MPa；弹性模量为49.32～58.56 GPa，平均53.84 GPa；泊松比0.24～0.26，平均0.24。

4.2 自密实混凝土试验

根据《水工混凝土试验规程》SL 352—2006，按工程现场施工实际配合比的自密实混凝土取样加工标准试件，抗压强度、抗拉强度和弹性模量试验的试件尺寸分别为150 mm×150 mm×150 mm、150 mm×150 mm×150 mm、ϕ150 mm×300 mm，试验设备采用WE－300B液压万能试验机。所有试件标养至90 d龄期后测定抗压强度6组、劈拉强度6组和弹性模量6组，结果见表2。

表 2 绿塘水库自密实混凝土力学试验参数

试验编号	抗压强度 90 d/MPa	劈拉强度 90 d/MPa	弹性模量 90 d/GPa
1	23.6	2.31	21.67
2	24.2	2.38	21.82
3	25.7	2.51	22.37
4	24.5	2.41	21.90
5	22.6	2.29	22.20
6	25.9	2.45	22.41

C_{90}15 二级配自密实混凝土抗压强度为 22.6～25.9 MPa，平均 24.24 MPa；劈拉强度 2.29～2.45 MPa，平均 2.39 MPa；弹性模量 21.67～22.41 GPa，平均 22.06 GPa。

4.3 堆石混凝土材料大试件试验

选用绿塘水库料场爆破开采的大块石，按大坝现场施工的自密实混凝土配合比，在施工现场浇筑 2 200 mm×2 200 mm×2 200 mm 的试验仓，现场同条件养护至 90 d 龄期，切割后运至石材加工厂按照试验要求的几何尺寸和精度进一步切割和打磨，委托贵州大学开展了抗压强度、劈裂抗拉强度、静力弹性模量试验。抗压强度试件为边长 450 mm 立方体，静力弹性模量试件为 450 mm×450 mm×900 mm 棱柱体，劈拉强度试件为边长 450 mm 立方体。

4.3.1 抗压强度

（1）RFC 受压破坏时起主导作用的是 SCC 和堆石体 2 种材料粘接界面的黏结能力，不是单一材料的抗压强度性能。

（2）堆石体和自密实混凝土 SCC 黏接面介质的力学性能较弱，是堆石混凝土 RFC 的薄弱部位。

（3）绿塘水库大坝 C_{90}15 二级配堆石混凝土大试件试验抗压强度为 20.7～51.1 MPa，平均 31.7 MPa。参考大试件抗压强度的尺寸效应系数 0.65，C_{90}15 二级配堆石混凝土标准试件的抗压强度平均值为 48.77 MPa。

4.3.2 劈裂抗拉强度

（1）堆石混凝土大试件劈裂破坏后，断裂面基本上首先产生在 SCC 和堆石体 2 种材料黏接界面。

（2）绿塘水库大坝 C_{90}15 二级配堆石混凝土大试件立方体劈裂抗拉强度值分布在 1.76～4.87 MPa，均值为 3.09 MPa。该劈裂抗拉强度值高于同标号的自密实混凝土 SCC 的劈拉强度，与其他试验研究成果不一致，有待进一步研究。

4.3.3 抗压弹性模量

实测绿塘水库大坝 C_{90}15 二级配堆石混凝土弹性模量为 28.65～38.52 GPa，平均值为 34.01 GPa。试验得到的是瞬时弹性模量，拱坝计算时要考虑徐变影响，计算弹性模量取 0.6～0.7 倍瞬时模量 20.4～23.8 GPa，通常计算弹性模量取为20 GPa。

4.4 试验成果分析

通过对绿塘水库大坝堆石、C_{90}15 二级配自密实混凝土 SCC 和堆石混凝土 RFC 材料抗压强度、劈拉强度、弹性模量的试验研究分析如下：

（1）堆石料的自然抗压强度 61.05～86.5 MPa，平均 74.82 MPa；C_{90}15 二级配自密实混凝土抗压强度 22.6～25.9 MPa，平均 24.24 MPa；C_{90}15 二级配堆石混凝土的抗压强度平均值为 48.77MPa。堆石混凝土的抗压强度介于堆石和自密实混凝土之间。

（2）由于堆石混凝土材料块石较大，切割的试件个体差异较大，因此试验抗压强度离散性较大。。

（3）堆石体的破坏是脆性破坏，堆石体和自密实混凝土 SCC 黏接面介质的破坏是脆性破坏，自密实混凝土 SCC 具有离散型既有脆性破坏也有塑性破坏。从数值分析，堆石体和自密实混凝土 SCC 黏接面介质的力学性能较弱，数值偏小，是堆石混凝土 RFC 的薄弱部位。

（4）堆石料的弹性模量 49.32～58.56 GPa，平均 53.84 GPa；C_{90}15 二级配自密实混凝土 21.67～22.41 GPa，平均 22.06 GPa；C_{90}15 二级配堆石混凝土的弹性模量为 28.65～38.52 GPa，平均 34.01 GPa。堆石混凝土的弹性模量介于堆石和自密实混凝土之间。计算弹性模量取 0.6～0.7 倍瞬时模量，在没有试验数据情况，堆石混凝土计算弹性模量可取 20 GPa。

5 结语

（1）堆石混凝土是一种脆性材料，抗压强度高，抗拉强度低。

（2）堆石混凝土的抗压强度大于自密实混凝土的抗压强度。在缺堆石混凝土材料试验情况下，采用自密实混凝土的抗压强度的试验指标来评价是偏安全的。

（3）堆石混凝土是一种复合材料，堆石体和自密实混凝土 SCC 黏接面介质的力学性能较弱，是堆石混凝土 RFC 的薄弱部位。

（4）堆石混凝土坝施工中，堆石表面含泥量的控制、自密实混凝土浇筑间隔时间的控制及自密实混凝土上下仓面胶结面的处理是堆石混凝土坝施工中质量控制的薄弱环节，应加以重视。

参考文献：

[1] 金峰，安雪晖，石建军，张楚汉，堆石混凝土及堆石混凝土大坝[J]. 水利学报，2005，36(11)：1347-1352. DOI：10.13243/j. cnki. slxb. 2005. 11. 013.

[2] 金峰，安雪晖，周虎，堆石混凝土技术[M]. 北京：中国建筑工业出版社，2017.

夹岩水利枢纽及黔西北供水工程设计服务实践

陈大松

(贵州省水利水电勘测设计研究院有限公司，贵州贵阳，550002)

摘要：夹岩水利工程是国务院确定的172项节水供水重大水利工程之一。贵州省水利水电勘测设计研究院有限公司成立了以项目管理为中心的设代组织机构，编写了勘测设计服务工作手册，规范设计、安全文明生产行为，按国家法律、规范等规定及业主合同文件的要求提交了勘测设计文件并提供了现场服务。其项目实践中的具体做法可为今后设计单位如何做好水利工程设计服务提供借鉴与参考。

关键词：水利工程；设计；服务；总结

1 概述

夹岩水利枢纽及黔西北供水工程(以下简称夹岩水利工程)是国务院确定的172项节水重大水利工程之一。水库坝址位于长江流域贵州省境内乌江一级支流六冲河中游潘家岩处，工程的开发任务是以供水和灌溉为主，兼顾发电，并为区域扶贫开发及改善生态环境创造条件。工程建成后有效解决黔西北地区城镇及农村经济社会发展的缺水矛盾；对加快区域脱贫、减少贫困人口、提高扶贫开发能力具有重要意义，是确保毕节试验区与全国同步实现全面建成小康社会的重大水资源配置工程。2015年4月该工程的初步设计报告获得了水利部的批复。

夹岩水利工程为Ⅰ等大(1)型工程，由水源工程、毕大供水工程和灌区骨干输水工程三大部分组成。建设项目包括面坝、岸边溢洪道、泄洪洞、发电引水系统、发电厂房、分洪隧洞、取水口、提水泵站、输水管线、隧洞、渡槽、渠道、倒虹管、桥式倒虹吸等，其中面板坝最大坝搞154 m，发电装机容量90 MW，毕大提水装机容量21.3 MW，设计扬程165 m，灌区骨干工程输配水线路总长648.19 km，水利行业首次采用悬臂浇筑法施工跨径为180 m的拱式管桥，拟建工程总工期66个月。

该工程具有面广、点多、量大，工期长，施工环境复杂，地处喀斯特山区，施工难点多，尤其以深埋长隧洞、涌水、突泥、岩爆(崩)、瓦斯以及高边坡等问题最为突出的特点。参建单位除建设业主外，还有监理单位10家、施工单位44家，设计采购31家，需要协作、配合单位较多；质量要求高、安全管控严。

夹岩水利工程于2015年10月正式开工建设，2017年12月29日大坝开始填筑，2019年8月29号大坝成功封顶，2020年5月10日大坝面板浇筑完成，其他项目正在有序开展。

贵州省水利水电勘测设计研究院(以下简称省水利院)，创建于1958年，2020年由国有企业改制为混合所有制企业，是全国水利甲级设计院，建院以来积极开展规划咨询、勘测设计、工程总承包(含PM、PMC)、工程施工等。长期工作实践中形成了拱坝、高面板坝、山区水资源综合开发利用、山区长距离输水线路、高墩大跨渡槽、高水头电站、高扬程大容量泵站、工程测绘与综合勘察、信息管理、水土保持设计与施工、生态景观，环保综合治理、移民设计及综合服务等优势技术，其中喀斯特地区水利工程综合勘察处于较高水平，外掺氧化镁微膨胀混凝土快速筑坝技术、高墩大跨渡槽技术处于国际领先水平，为有效解决贵州工程性缺水及局部地区区域性缺水难题提供有力技术保障。

省水利院实行“董事长＋总经理、副经理、总工程师＋行政职能部门＋生产综合处、专业处、部、分院”的组织结构，共有9个行政职能管理部门及11个生产部门。执行融入现代企业管理内控制度的QES体系，实行“企业管理＋项目管理”的二维管理模式，坚持质量为本、科技兴业，以顾客为关注焦点，贯彻“协同、服务、创新、发展”的方针，积极改革优化管理，强化风险管控，不懈满足和超越顾客期望，保持持续发展。

作为省水利院主营业务水利工程勘测设计项目，根据项目大小、难易程度，项目专业需求等特点，对单一项目，由处室(分院)内直接组建设计项目团队执行，只对其进行弱管理；对综合性强、规

收稿日期：2021-02-08.
作者简介：陈大松，贵州赫章人，工程技术应用研究员，从事水利水电工程设计及管理工作.

模大的项目组建综合性项目管理团队执行，省水利院对其进行实时强管理。

2 勘测设计项目管理模式

省水利院通过招投标承担了夹岩水利工程的勘测设计工作，2009年项目启动之时以就承担具有综合能力的夹岩处为基础，以黔中处、测绘处、勘察处、市政处等专业处室为强支撑，设立副院级夹岩水利工程勘测设计项目经理部。技术方案的把控由项目部+处室矩阵管理模式，进度协调及产值分配由生产技术质量部专人负责。

项目经理（项目负责人）是项目从启动、策划、过程控制、进度协调、产品交付、设计服务、沟通、劳酬分配等全过程的总设计师、决策人和责任人，是项目生产要素合理投入和优化组合的组织者，起到项目开展全过程、全方位的桥梁和纽带作用。对内主持协调专业技术接口和工作接口，对外参与配合处理与相关部门、建设单位、监理单位、施工单位及各相关方关系，实现项目顺利推进。

项目部在勘测设计过程中注重过程控制和关键技术研究，勘测设计产品在出院交付前，按省水利院管理体系要求严格进行PDCA循环过程控制，加强事前调查研究论证和指导，注重中间检查、咨询及评审、目标控制，同时项目经理及院分管专业副总、专业处室领导、专业负责人按照《勘测设计产品校审制度》的职责划分严格执行三级校审制，做好事后总结分析并将经验教训应用于下一个PDCA循环。针对工程重大关键技术问题，以工程带科研、科研促项目的方式积极申请政策和资源开展关键技术研究。

3 设代组织机构及职责

为确保项目按时、保质、安全完成，利于目标统一、步调一致、各司其职、相互协调，结合省水利院组织机构的分工情况及管理模式，在参与本项目施工图设计的人员中根据工作情况选派成员，2015年批准设立了主体设代服务及移民综合服务2个副院级设代服务机构；2016年为了适应新的国家对安全管理需要，成立安全组织机构；进度协调及产值分配由生产技术质量部专人担任。

3.1 主体设代组织机构及职责

主体设计服务机构管理层由分管院长任项目经理、技术副总任执行经理、4位主要生产部门分管领导任项目副经理，下设水源（含毕大工程）、输水工程1、输水工程2等3个设代组，服务不同区域内的设计项目。项目经理全面负责设代管理工作，执行经理受项目经理的委托负责设代组日常技术管理工作，处理日常重大技术问题，组织开展设代服务工作；项目副经理负责较大技术问题，组织安排具体设代服务人力资源及劳酬分配。

现场设计代表人员根据工程施工建设情况从各专业负责人和主要设计人员中选派包括水工结构、工程地质、施工组织、岩土工程、监测、金属结构、水文、水力机械、电气工程、建筑结构、工程造价、给排水、环境工程、水土保持、风景园林、地理信息、土地开发与管理等17个主要专业76人组成。

设代组长由水工结构的主设人担任，副组长由地质主设人担任，设代成员主要由各专业人员组成。设代服务成员按老带新、轮流现场值班方式开展工作，原则上采用轮班制，每周五下午回单位本部，周日下午回设代驻地，工程施工高峰期根据实际需要进行动态调整。

设代组长负责设代组的日常事务，参加监理例会，业主现场各项会议，组织处理施工现场技术问题；参加技术交底；组织人员参与施工质量检验与评定的项目划分；作为验收工作组成员，参与单元工程、分部工程、单位工程及重要隐蔽或关键部位验收工作；参与水电站及泵站中间机组启动、合同工程完工、阶段专项验收、部分工程投入使用及竣工等验收工作；组织设代日志、月报、年度总结报告的编制等工作。

3.2 移民综合设代部及职责

夹岩水利工程是目前贵州省水利工程移民工作中安置人口最多、涉及专项最全、影响范围最广、投资概算最高的项目，省水利院专门成立了移民综合设代部，设代部由副院长分管，院副总工程师、环保移民处处长担任设代部主任，另下设6个设代部副主任分别负责各项工作；成员以移民专业为主，土地测绘分解、安置点设计、交通专项设施设计等4个主要专业共29人组成。

其主要负责《建设征地移民安置实施规划报告》的编制，配合报告审查汇报及报批工作；负责土地测绘分解，协助政府部门进行移民项目的公示；负责安置点设计、交通专项设施设计；以设计交底及会议方式向移民涉及对象、政府职能部门解释征地移民安置的设计思路及其费用组成情况等；负责移民设计变更的处理；协助解决相关对移民问题。

3.3 安全组织机构及职责

2016年，为了适应国家对安全管理监管的要求，省水利院批准成立安全组织机构，管理层由项目执行经理及处室分管安全生产管理人员组成，采用一岗双责的原则成立，下设3个安全生产小组，组长由设代组长兼任，副组长兼任安全组副组长，在设代组内设置3名安全专职人员。

设代服务人员在夹岩服务期间日常安全行为接受设代组及各部门双重领导；各专业负责人对各专业设计文件中的安全问题负责解释，并提供技术指导意见，承担相应责任。

4 设计服务手册

在总结黔中水利工程及其他工程设代服务经验上，2015年经参与夹岩工程设计相关人员讨论，按照省水利院体系文件有关要求编写了设计质量保障工作手册，其后每年根据国家稽查检查及运行情况进行了完善，2017年将其修改为勘测设计工作手册，2021年增加了稽查检查常用文件清单，更新了水利工程设计变更管理办法，增加了安全生产教育培训、安全生产检查等内容，并按据最新的QES体系文件架构要求，按管理手册→程序文件→公司(院级)管理规定→部门管理实施细则→设计服务工作手册等6个层级，并将其修改为《夹岩水利枢纽及黔西北供水工程设计服务工作手册》。

该手册包括项目概况、设计组织机构及质量保证体系文件、设代组织机构及其规章制度、安全组织机构及其规章制度、主要法律法规、行业规章制度文件、技术标准清单、稽查检查常用文件清单、年度人员进场工作计划等9章节。

5 主要设计服务成果

截至2020年12月，项目部严把设计质量关，按国家现行规程规范尤其是强制性条文的要求组织勘察设计，按施工进度要求提交各标段的施工图、技术要求、设计通知等勘测设计资料，其中设计蓝图9 831张，技术要求92份，提供现场设代服务31 502人次，处理现场报告单5 636份，下发设计通知627份，设计交底166次，圆满完成了全年设计任务，为项目建设提供技术支持与安全保障。

5.1 设计主要产品

提交项目业主的设计产品有设计蓝图、设计通知、变更设计通知、设计工作报告等。

另外为了指导参建单位高质量、高标准完成项目施工，统一各标段施工质量标准，与设计蓝图一起同步交大坝开挖、大坝填筑施工、帷幕灌浆、混凝土施工、倒虹管、渡槽、隧洞、渠道、压力钢管、防洪度汛等10类设计及安全文明施工技术要求，其内容主要包括项目概况、建设条件、测量放样、清表、开挖、支护、验收、安全要求等。

5.2 安全生产服务

项目部成员严格按照安全生产标准化体系建设要求，通过安全教育、培训等活动，不断完善安全生产的日常活动，保证自身行为安全文明。

项目部成员认真识别更新安全生产法律法规，重大危险源及危险源清单，按照国家和行业相关的法律、法规要求，严格按强制性条文开展勘测设计，结合施工标段多、战线长，喀斯特地区工程地质复杂，施工难点多，难度大，尤其以深埋长隧洞、涌水、突泥、岩爆(崩)、瓦斯以及高边坡等问题最为突出等的特点，在相关设计图上指明了工程重点部位、关键环节，提出相应设计指导意见及安全文明施工技术要求，及时进行设计交底，截至2020年12月共交底166次。

积极主动接受国家部委、省、厅等各级政府职能部门的质量安全稽查、检查，对提出的不足问题，认真进行总结并逐一整改落实。

5.3 其他成文信息

项目部除了按合同约定提供上述指导生产建设，运行管理维护的设计文件外，还完成了计算书、设代日志、设代月报、年度总结报告、地质编录、稽查检查整改报告、建设征地移民安置实施规划报告、年度度汛报告、环保专项方案等成文信息。其中设代日志采用电子文档形式进行编制，规范了设代工作，便于成果的可追溯及总结提高。

6 总结

(1) 有效的项目管理组织机构是项目设计基石，有组织方能聚焦业主，为业绩服务；需要根据项目进展情况，动态调整设代服务人员，规范工作流程，严格管理制度，不断完善信息共享机制。

(2) 还需要比较系统的管理体系文件作为支撑，项目启动时根据项目的特点、管理理念总结前人经验基础上编制设计服务手册以指导设代服务，做到有的放矢是目前比较好的方式。

(3) 好的项目管理需要懂专业、熟制度、熟体系、敢决策、懂分配、善协调等综合性人才，也需要兢兢业业把简单问题认真做的参与者，只有大家上下同心方能做好项目。

参考文献：

[1] 刘流，等. 技施阶段移民综合设计的工作内容[J]. 贵州水力发电，2020(02).

[2] 王莉，等. 设计代表的作用与责任[J]. 西部探矿工程，2011(12).

[3] 石小强. 水利水电工程项目管理的实践与探索[J]. 水利水电技术，2000(1).

钢筋混凝土梁承载力复核方案创新及其应用

韦波，张翔宇

（贵州乌江水电开发有限责任公司东风发电厂，贵州清镇，551408）

摘要： 文章在介绍超静定结构、静定结构及其承载力的基础上，进一步参照相关规范介绍了钢筋混凝土梁承载力复核依据，以超静定力学模型为主的创新复核方案及其在东风水电站一号主变改造增容增重后轨道梁全工况中的复核、检验情况与成效，验证了方案的可行、合理、可靠。

关键词： 超静定；钢筋混凝土梁；受弯；受剪；复核；安装；调试；运行

1 工程简介

东风水电站地处贵州省清镇市与黔西县交界的乌江干流中游鸭池河段上，为乌江流域梯级开发的第 2 级。电站距贵阳市区 88 km，原主变由保定变压器厂制造，先后于 1994、1995 年投入运行，至今已运行 26 年；2004 年至 2005 年对机组进行改造增容（单机容量由原 17 万 kW 增至 19 万 kW）后，由于主变容量与机组不匹配，导致电站主变负载能力不足，长时间重载运行导致主变内部发热严重、内部材料老化严重，试验检测发现主变绕组局部放电测量值不满足国家规定的标准。历年油色谱试验中出现总烃超标现象，严重威胁到设备的安全运行。需对主变及其附属设备进行改造增容。改增后的主变运输质量由原来的 129 t 增至 147.5 t、总重量由原来的 169.5 t 增至 199.5 t（其余参数见表 1）；新主变安装位置与原主变相同，由此需对主变轨道基础梁承载力进行复核，以确定更换新主变后其轨道基础梁结构及配筋足否满足安装、调试、运行等要求，并作为主变轨道梁结构是否另需采取措施进行加固的依据。

2 超静定结构与静定结构

静定结构是指仅用平衡方程便可确定全部内力和约束力（无多余约束）的几何不变结构，超静定结构是指具有多余约束的几何不变体系，又称静不定结构。国内外学者对超静定结构、静定结构钢筋混凝土梁的试验、理论研究分析表明：不仅抗弯承载力和抗剪承载力存在明显差异且弯剪承载力间具有相关性。《混凝土结构设计规范》《建筑结构可靠度设计统一标准》、Elfren L 等认为超静定结构、静定结构钢筋混凝土构件在弯矩、剪力和扭矩共同作用下，其抗弯承载力和抗剪承载力不仅差异大且

表 1 复核条件与参数统计

类别	参数	
	名称	数值
轨道	数量/根	3
	自重设计值 G_g/(kN/m)	3.15
	材料	50Mn(原轨道)
	滑动摩擦系数 f_h	0.15
	滚动摩擦系数 f_g	0.07
轨道基础梁	保护层厚度 C/mm	40
	混凝土标号	C25
	轴心抗压、抗拉 f_c、f_t/(N/mm²)	11.9、1.27
	弹性模量 E_c/(N/mm²)	28 000
	截面尺寸设计值($b*h/h_0$)/mm	500*700/613
	自重设计值 G_h/(kN/m)	14.96
	容重 r/(kN/m³)	25
钢筋	原配箍筋间距 s/mm	150
	等级	Ⅰ、Ⅱ级
	抗拉强度设计值 f_y、f_{y1}/(N/mm²)	Ⅰ级 210、Ⅱ级 310
	弹性模量 E_s/(N/mm²)	2.0E+5
计算参数	结构系数 r_d	1.2
	永久荷载分项系数 r_g	1.05
	可变荷载分项系数 r_q	1.2
	结构重要性系数 r_o	1.0
	设计状况系数 ψ	1.0
建筑物	等级	2 级
	结构安全级别	Ⅱ级
新主变	轮子数/材料	12/Q345
	运输重量/总重量(G_y/G)/t	147.5/199.5
楼板	自重设计值 G_l/(kN/m)	11.58
	活荷载设计值 G_h/(kN/m)	10.58

收稿日期： 2021-01-21.

作者简介： 韦波，高级工程师，从事水电站机电设备运行、检修及相关分析、探讨工作.

具有相关性；作用下相关性关系可以表示1个空间包络面。钢筋混凝土统一理论认为，钢筋混凝土梁设构件受到的扭矩为零时，则可以得到构件的弯矩剪力相关性曲线，两者满足抛物线的关系。Frank J Vecchio利用有限元程序分析得出钢筋混凝土梁存在弯剪相关性，并绘制出了弯剪相关性曲线。支运芳等人[1]考虑梁的实际载力，进行了5根钢筋混凝土有腹筋约束梁的抗剪试验；试验结果也表明超静定结构、静定结构梁的抗弯承载力和抗剪承载力存在相关性明显差异。

3 承载力计算

3.1 正截面承载力计算

钢筋混凝土受弯构件正截面承载力是指构件截面在弯矩和轴力两者共同作用下的承载力，《水工混凝土结构设计规范》[2]规定正截面承载力计算公式为：

$$\alpha_s = rdM/(f_c bh_0) \tag{1}$$

$$\xi = l-(1-2x\alpha_s) \tag{2}$$

$$A_s = f_c \xi bh_0/f_y \tag{3}$$

式中：α_s为受拉钢筋合力点至截面近边距离；f_c为钢筋混凝土轴心抗压强度；b—轨道基础梁截面宽度；h_0为轨道基础梁截面有效高度；ξ为轨道基础梁受压区相对高度；A_s为轨道基础梁铜筋面积；f_y为钢筋抗拉强度。

3.2 斜截面承载力计算

（1）斜截面抗剪计算。规范给出的同时设置横向钢筋和纵向钢筋时斜截面抗剪计算公式为：

$$V_n = 0.25 f_c bh_o \tag{4}$$

$$V_c = O.7 f_t hh_o \tag{5}$$

式中：V_n为轨道基础梁抗剪力；V_c为混凝土受剪承载力；f_t为混凝土抗拉强度；其余符号同前。

（2）斜截面受剪承载力验算。当构件发生斜截面破坏时，可能会由于构件正截面抗弯承载力设计时配置的纵向受拉钢筋面积不足，使斜截面受弯承载力得不到保证。因此，除采用上述截面抗弯承载力对构件进行计算外，理论上还必须进行斜截面受剪承载力验算，规范规定的验算公式为：

截面尺寸验算：$V_n > r_d V$ (6)

配置箍筋验算：$V_c > r_d V$ (7)

式中：V为复核最大剪力；r_d为结构系数；其余符号同前。

4 设计方案问题及创新

4.1 设计方案问题

2020年11月26日上午，设计单位对电站1号主变改造增容、增重后主变轨道基础梁承载力的复核结果表明：满足正常运行工况（主变三相基础梁均承受梁上部荷载，下同）要求；若在安装过程中对主变位置进行调整，则主变基础梁承载工况将发生显著变化（三相基础梁承载变为单相或局部承载），导致安装工况下主变基础梁承载力可能不满足要求，且须重新进行承载力复核。通过查阅同时结合电站主变及其基础梁、板、油坑等的施工安装情况，发现设计单位复核方案存在以下问题：计算力学模型采用简易、计算工作量较小的静定结构且不符合现场实际；复核方案仅考虑正常运行工况，未考虑施工安装中局部顶升、顶推等实际工况（单相基础梁或局部承受梁上部荷载）；工期紧、任务重，除设计额外增加复核工作量所需的沟通时间外，仅设计单位内部重新进行承载力复核所需的时间看就满足不了检修工期需要。

4.2 复核方案创新

如上所述，尽管建立较好的力学模型较难，但上述理论研究和试验结果表明超静定结构、静定结构钢筋混凝土梁受弯矩和剪力共同作用下，不仅抗弯承载力和抗剪承载力存在明显差异且两者间具有相关性。对梁进行设计时，须考虑计算力学模型的准确性及截面所受弯矩和剪力的相互影响，结合现场实际及电站建设期间的施工、安装情况，对计算力学模型等复核方案采用超静定结构进行复核并与静定结构进行比较，除考虑正常运行工况，还考虑施工安装中局部顶升（方案一：主变单相基础梁承载）、顶推（方案二：主变单相基础梁局部承载）、调整等实际工况；此外，还需复核所需的相关技术服务、指导，以满足检修工期需要。

5 复核情况及成效

5.1 复核情况

5.1.1 作用荷载

（1）均布荷载。通过计算可得均布荷载设计值，见表2。

（2）集中荷载。通过计算可得集中荷载设计值，见表2。

5.1.2 内力计算

轨道梁弯矩、剪力分别按超静定结构（悬臂梁＋梁端单杆支撑）、静定结构（悬臂梁）计算，由前荷载计算、结构分析并利用所选力学模型计算得到轨道梁承受的弯矩、剪力见表2。

5.1.3 承载力复核

（1）正截面承载力复核。由表1及表2中内力计算结果和公式（1）、（2）、（3）分别计算α_s、ξ、As进行正截面承载力复核。

表 2　内力计算及承载力复核成果统计

项目	类别			复核方案		备注
				静定结构	超静定结构	
工况及其相应荷载	全工况均布荷载/（kN/m）			40.27	40.27	—
	正常运行（安装后）单轮荷载/ kN/m			195.51	195.51	据三相梁承受主变总重计算。
	安装调试集中荷载1/ kN			433.65	433.65	据单相梁承受主变运输重量计算（方案一），设计未考虑。
	安装调试单轮+局部集中荷载2/kN			173.46+299.27	173.46+299.27	安装调试中单梁承载、局部顶推力系计算（方案二），设计未考虑。
工况及其相应内力	正常运行		最大弯矩 M/（kN.m）	197.43	197.43	—
			最大剪力 V/ kN	3 25.81	272.64	—
	安装调试		最大弯矩 M/（kN.m）	237.61	237.61	方案二，设计未考虑
			最大剪力 V/ kN	554.82	433.53	方案二，设计未考虑
正截面承载力复核	正常运行		α_s	0.1313	0.0978	
			ξ	0.1413	0.1034	均小于 ξ_b=0.518
			A_s/（mm^2）	1714.3	1473.6	原配钢筋 8 根直径 22 (A_s=3040.80 mm^2), 均满足要求。
	安装调试		α_s	0.2481	0.1110	设计未考虑
			ξ	0.2927	0.1181	均小于 ξ_b=0.518（设计未考虑）
			A_s/（mm^2）	3443.8	1389.7	原配钢筋 8 根直径 22（A_s =3 040.80 mm^2), 不满足静定要求。
斜截面抗剪承载力复核	截面复核	正常运行	V_n/kN	911.84	911.84	均大于最大剪力（325.81 kN/272.04 kN），满足要求。
		安装调试	V_n/kN	911.84	911.84	大于最大剪力（433.53 kN），满足要求。
	箍筋复核	正常运行	V_c/kN	272.48	272.48	均小于最大剪力（325.81 kN/272.64 kN），需配箍筋。
			S/mm	390	473	大于原配箍筋间距 150 mm 满足要求。
		安装调试	V_c/kN	272.48	272.48	小于最大剪力（433.53 kN），需配箍筋（设计未考虑）。
			S/mm	114.67	201.04	超静定结果大于原配箍筋间距 150 mm 满足要求（设计未考虑）。

(2) 斜截面承载力复核。由表 1 及表 2 中内力计算结果和公式(4)至(7)分别计算 V、Vc、S 进行斜截面承载力复核。

5.2　复核成效

上述复核结果表明：按符合实际的超静定结构进行复核能满足安装、调试、运行全工况要求，按不符合实际的静定结构进行复核仅能满足安装后正常运行工况要求、不能满足安装要求。所以将上述复核成果运用于电站 1 号主变安装、调试的相关服务与工作指导中，即：

2020 年 11 月 28 日下午，当采用导向装置将主变调整至 C 相需向左调 27 mm、B 相需向上游调 13 mm、A 相需向下游调 12 mm。11 月 29 日下午，采用千斤顶从下游油坑单相顶推将主变调整至 C 相需向左调 23 mm、B 相需向上游调 10 mm、A 相需向下游调 15 mm。至 11 月 30 日上午，经过顶推、微调，主变各相位置满足安装活接余量调整要求，随即转入下一工序。12 月 14 日 5：37 分，主变所有试验结束，安全稳定投运至今。该方案技术上更科学、合理、可行、可靠，节省了 1 号发变组检修工期，为 1 号发变组按期投运打下坚实基础，同时经过一系列试验、运行检验，1 号发变组于近期被贵州电网公司评为“金牌机组”。

6　结论及建议

(1) 若采用静定结构中悬臂梁模型，则主变轨道基础梁仅满足安装后的正常运行要求。

(2) 按符合实际的超静定结构复核，则主变轨道基础梁不仅满足安装后的正常运行要求，且能满足施工安装、调试要求。

(3) 该成果不仅可继续应用到即将实施的电站 2 号、3 号主变改增中(若因轮距、牵引等原因再次出现类似情况时)，还可推广应用到省内外相同结构中。

参考文献：

[1] 支运芳，蒋超，甘民，等. 纵筋率对有腹筋约束梁受剪性能影响的研究[J]. 重庆建筑大学学报，2005，27(4)：64-71.

[2] DL/T 5057－2009，水工混凝土结构设计规范[S]. 北京：中国电力出版社，2009.

变态混凝土对碾压混凝土大坝防渗的影响分析

田福文[1]，周利[2]

（1. 中国水利水电第八工程局有限公司，湖南长沙，410004；
2. 武汉大学水资源与水电工程科学国家重点实验室，湖北武汉，430072）

摘要：为探析变态混凝土对碾压混凝土大坝防渗的影响，文章以某碾压混凝土大坝为例，设定上游防渗区宽度，采用大型通用有限元软件 ABAQUS 模拟分析了变态混凝土不同宽度和渗透系数条件下的大坝渗透机理，并计算讨论了坝体单宽的渗流流量变化规律等。计算结果表明，变态混凝土宽度对坝体防渗影响不大，加浆工艺和加浆量对坝体防渗影响较大；变态混凝土施工宜采用垂直加浆工艺，并严格控制加浆量。

关键词：变态混凝土；碾压混凝土；宽度；加浆工艺；防渗

0 引言

碾压混凝土筑坝技术是 20 世纪 70 年代兴起的一种新型筑坝技术，其实质是采用超干硬性的混凝土经分薄层摊铺振动碾压而成。其突破了大坝传统的混凝土柱状浇筑、仓面面积和速度的限制，机械化程度显著提高，加快了施工进度，缩短了建设工期，降低了工程成本。

碾压混凝土大坝相对于土石坝透水性大幅降低，但并不能达到完全不透水的效果，尤其是在坝前水头较高的情况下，渗透水将在上下游水头差的作用下发生渗流流动。由于碾压混凝土坝采用薄层摊铺工艺，难免会存在大量的薄弱面（层面、缝面等），这类薄弱面具有一定的水力隙宽，其透水性相较于碾压混凝土而言非常大，形成了坝体渗透的主要通道。试验表明，碾压混凝土本体的渗透系数为 10^{-11} m/s 左右[1]，层缝面在处理不当的情况下，沿层面切线方向的渗透系数可达 10^{-4} m/s。

1 碾压混凝土渗漏机理与防渗设计

碾压混凝土为干硬性材料，在运输、卸料和平仓过程中，易发生骨料分离，导致抗渗离散性较大。加之采用薄层摊铺碾压，仓面大、层面多，受运输、拌和能力及施工环境影响，层面易形成冷缝。铺筑层面和冷缝面抗渗性能较弱，库区水沿薄弱层面进入坝体，增大了坝体扬压力和孔隙水压力，坝体内产生较大的浮托力和渗透压力，导致该层面的抗剪强度降低，影响坝体结构稳定安全。

坝体上游面防渗系统按照前堵后排理念进行设计，即上游迎水面采用变态混凝土对坝体碾压混凝土进行防护[2]。变态混凝土是在碾压混凝土拌和物中，加入一定比例的灰浆，使干硬性的碾压混凝土变为低流态混凝土，用插入式振捣器振捣密实[3]。变态混凝土胶凝材料用量低于常态混凝土，水泥水化热绝热温升较低，温度应力相对较小，产生裂缝几率大大降低。加之变态混凝土采用逐层摊铺振捣工艺，振捣后基本消除了渗透的各项异性，抗渗性能大大提高[4]。因而变态混凝土可以阻止库区水沿着碾压薄弱面进入坝体，也可以阻止坝内渗水沿着缝面与库区水连通。

目前我国碾压混凝土大坝施工中，为加强坝体防渗效果和方便施工，将上游防渗区变态混凝土宽度由 0.5 m 增加到 2.0～3.0 m，加浆量由单位体积的 4%提高到 6%～12%。变态混凝土宽度的增加，提高了人工振捣强度；加浆量的增加，导致混凝土水化热绝热温升增大，容易产生温度裂缝，不利于坝体防渗。为系统分析变态混凝土宽度和施工工艺对坝体防渗的影响，本文以云南某碾压混凝土大坝为例，选取典型挡水坝段，用 ABAQUS 软件模拟上游变态混凝土不同宽度工况下坝体单宽渗流流量，从而分析变态混凝土宽度对坝体防渗的影响。收集已建部分工程变态混凝土加浆工艺和加浆量，总结变态混凝土施工工艺。

2 有限元模型的建立

某碾压混凝土大坝最大坝高 103 m，坝前水头 99 m，设计上游采用 6.0 m 宽的二级配碾压混凝土自身防渗。为了保证大坝混凝土外观质量，同时防止碾压混凝土强渗透层面直接与水库连通，在上游面设置 0.8 m 宽的变态混凝土对坝体碾压混凝土保护。用 D 表示防渗区宽度，d 表示上游面变

收稿日期：2021-03-24.

作者简介：田福文，陕西渭南人，正高级工程师，硕士，从事水利水电工程施工技术与管理工作.

态混凝土宽度，采用 ABAQUS 软件模拟上下游水位差作用下碾压混凝土坝体渗流情况。

2.1 模型边界选取

碾压混凝土坝按照实际尺寸进行数值建模，顺河向上下游分别以坝踵和坝趾为界取 2 倍坝高，铅直向坝基取 2 倍坝高。数值计算时坝体变态混凝土、二级配三级配碾压混凝土、防渗帷幕及坝基均采用 4 节点平面应变耦合单元模拟。

渗流计算边界：根据碾压混凝土坝上下游水位情况设定不同的渗流边界，上下游水位以下的数值模型边界设定为孔隙水压力，满足静水压力分布规律；下游水位以上的数值模型边界设置为自由溢出边界；模型顶面以及底面设定为不透水边界。

2.2 渗透系数选取

数值计算中，将碾压混凝土本体和缝面进行等效均化，二级配与三级配碾压混凝土按照均一各向异性渗透材料。由于平行于缝面的渗透性远大于垂直于缝面的渗透性，因此采用正交各向异性的渗透系数进行计算。竖直向渗流路径，碾压混凝土本体覆盖范围远远大于缝面的覆盖范围，因此等效均化后碾压混凝土竖直向的渗透系数 k_y^{eq} 取为碾压混凝土本体的渗透系数。平行于缝面的渗透系数采用流量等效原则进行等效均化。

流量相等原则：

$$Q_x^b + Q_x^c = Q_x^{eq} \quad (1)$$

式中：Q_x^b 为沿平行于缝面方向流经碾压混凝土本体的单宽渗流流量；Q_x^c 为沿平行于缝面方向流经碾压混凝土层面的单宽渗流流量；Q_x^{eq} 为平行于缝面方向的单宽等效渗流流量。

根据渗流达西定律，上式可表达为：

$$k_x^b i_x^b d_b + k_x^c i_x^c d_c = k_x^{eq} i_x^{eq}\ (d_b + d_c) \quad (2)$$

式中：k_x^b 为平行于缝面的碾压混凝土本体渗透系数；k_x^c 为平行于缝面的碾压混凝土层面渗透系数；k_x^{eq} 为平行于缝面的等效渗透系数；i_x^b、i_x^c、i_x^{eq} 为对应的渗透坡降；d_b 为碾压混凝土本体层厚；d_c 为碾压混凝土层面厚度。

由于上下游水力边界条件相同，渗透水的渗流路径类似，因此平行于缝面的等效渗透系数可近似按照下式进行计算。

$$k_x^{eq} = (k_x^d \cdot d_b + k_x^c \cdot d_c)/(d_b + d_c) \quad (3)$$

碾压混凝土是 30 cm 一层逐层累加而成，计算时将每层层面厚度取为 5 mm，根据式(3)计算可以得到二级配、三级配碾压混凝土平行于缝面的等效渗透系数分别为 3.667×10^{-10} m/s 以及 1.152×10^{-9} m/s，垂直于缝面的渗透系数分别为 2.11×10^{-11} m/s 以及 6.63×10^{-11} m/s。材料分区渗透系数见表 1。

表 1　材料分区渗透系数

分区	参数	取值/(m/s)
二级配变态混凝土	渗透系数	2.11×10^{-11}
三级配变态混凝土	渗透系数	6.63×10^{-11}
二级配碾压混凝土	本体渗透系数	2.11×10^{-11}
	层面渗透系数	2.11×10^{-8}
三级配碾压混凝土	本体渗透系数	6.63×10^{-11}
	层面渗透系数	6.63×10^{-8}
防渗帷幕	渗透系数	1×10^{-7}
坝基	渗透系数	2×10^{-6}

注：鉴于缺少严格的试验参数标定，相应级配的碾压混凝土层面渗透系数取为本体渗透系数的 1 000 倍。

3　变态混凝土对渗流影响分析

3.1 变态混凝土宽度对渗流影响

《碾压混凝土坝设计规范》建议变态混凝土宽度取值为 0.5～0.8 m，最大宽度不超过 1.0 m。沙牌碾压混凝土大坝变态混凝土宽度 0.5 m；汾河二库变态混凝土厚度一般在 1.0 m 以上，甚至达到 2.0 m[4]；束埔寨额勒赛水电站碾压混凝土坝受上游排水廊道和翻转模板拉筋安装等因素影响，上游变态混凝土厚度高达 3 m[5]。

为分析变态混凝土宽度对坝体防渗的影响，保持防渗区宽度 D 恒定为 6 m，二级配变态混凝土的宽度 d 分别取 0.5 m、0.8 m、1.0 m、1.5 m、2.0 m 进行仿真计算。

按照等效后的材料渗透系数进行渗流仿真模拟，各个方案坝体渗流等值线如图 1 所示。

可以发现，随着二级配变态混凝土宽度的增加，坝体内浸润面呈小幅度的降低，混凝土层压力水头降低幅度较为明显，出现此现象的原因在于：二级配变态混凝土的渗透系数非常小，宽度的增加意味着渗透路径的增长，耗散于变态混凝土层内的压力水头更多，渗流等值线在该区域衰减较为显著。最小工况中，坝体下游浸润面距坝顶的垂直高度为 7.32 m，浸润面在二级配变态混凝土层降低高度为 1.57 m；而在最大工况中，坝体下游浸润面距坝顶的垂直高度为 10.26 m，浸润面在二级配变态混凝土层降低高度为 4.52 m，渗流等值线存在一定程度的降低。

为进一步说明坝体上游变态混凝土宽度对坝体渗流的影响，按照等效后的材料渗透系数进行渗流仿真模拟，变态混凝土宽度为 0.5 m、0.8 m、1.0 m、1.5 m、2.0 m，相应的坝体单宽渗流流量见表 2。

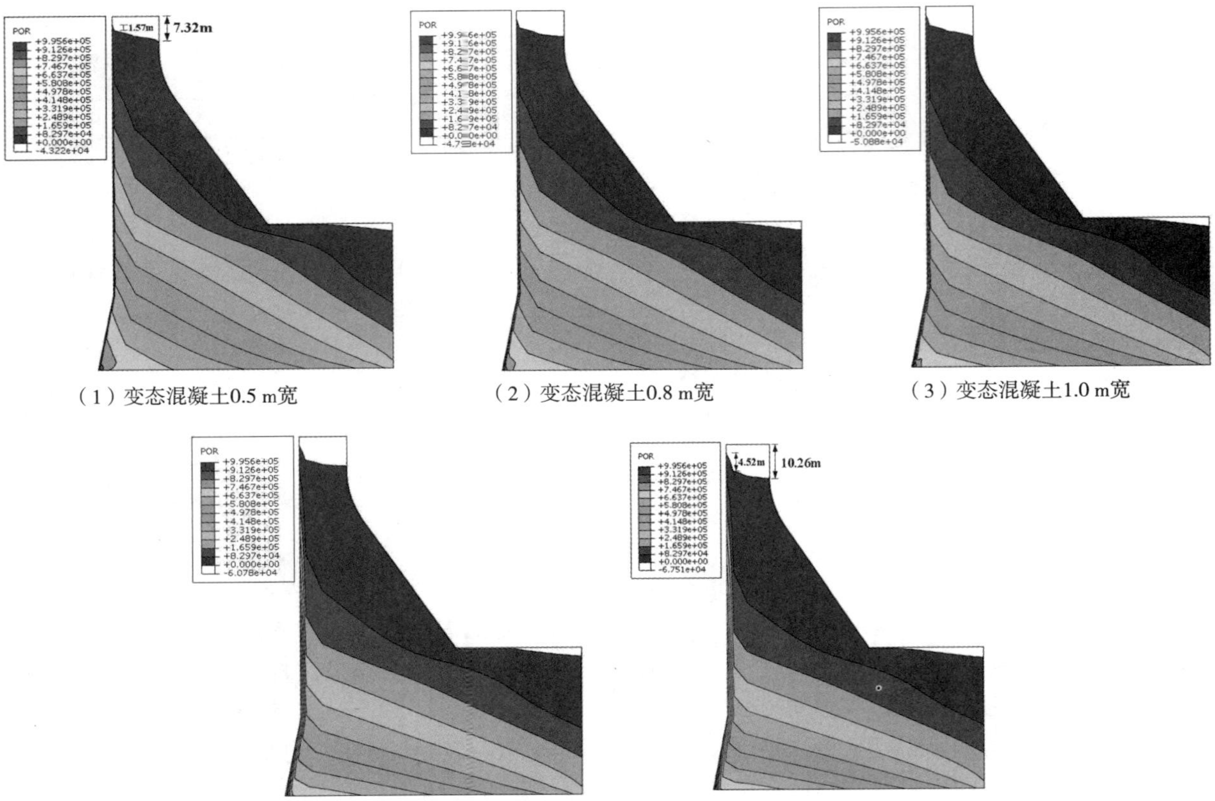

（1）变态混凝土0.5 m宽　（2）变态混凝土0.8 m宽　（3）变态混凝土1.0 m宽

（4）变态混凝土1.5 m宽　（5）变态混凝土2.0 m宽

图 1　变态混凝土渗流等值线

表 2　变态混凝土不同宽度渗流计算结果

二级配变态混凝土宽度/m	变态混凝土增幅/%	二级配碾压混凝土宽度/m	坝体单宽渗流流量 /(m^3/d·m)	单宽渗流量降幅/%（0.5 m 为基数）
0.5	—	5.5	4.970×10^{-3}	
0.8	60%	5.2	4.142×10^{-3}	16.68%
1.0	100%	5.0	3.737×10^{-3}	24.81%
1.5	200%	4.5	2.889×10^{-3}	41.87%
2.0	300%	4	2.518×10^{-3}	49.34%

从表 2 计算结果可以发现，变态混凝土宽度从 0.5 m 增加到 2.0 m，增加 300%，而坝体单宽渗流流量仅降低 49.34%，说明增大变态混凝土宽度可以在一定程度上降低坝体渗流量，但对提高坝体防渗效果并不明显。

3.2　变态混凝土渗透系数对渗流影响

将上游变态混凝土渗透系数分别取为基本方案的 1/10、1/5、5 倍，10 倍进行渗流计算，结果见表 3。

表 3　变态混凝土不同渗透系数计算结果

计算方案	二级配变态混凝土渗透系数/($\times10^{-11}$ m/s)	坝体单宽渗流流量 /(m^3/d. m)	单宽流量增长幅度
1	0.211	8.221×10^{-4}	—
2	0.422	1.470×10^{-3}	—
3	2.11	4.142×10^{-3}	403.83%
4	10.55	6.731×10^{-3}	—
5	21.1	7.354×10^{-3}	77.55%

从表 3 计算结果可以发现，坝体单宽渗流流量随变态混凝土渗透系数增大呈现增大的态势，当渗透系数由 2.11×10^{-12} m/s 增大至 2.11×10^{-11} m/s（一个量级的增大），坝体单宽渗流流量增长幅度高达 403.83%；当渗透系数由 2.11×10^{-11} m/s 增大至 2.11×10^{-10} m/s（一个量级的增大），坝体单宽

渗流流量增长幅度为 77.55%，增长幅度较大。说明坝体渗流量对变态混凝土渗透系数非常敏感，降低变态混凝土渗透系数有利于减小坝体渗透量。

因此，变态混凝土加浆工艺、加浆量和振捣密实等因素直接影响变态混凝土施工质量，进而影响变态混凝土的防渗性能。

4 变态混凝土施工工艺

影响变态混凝土防渗性能因素主要是加浆均匀性和加浆量，加浆均匀性影响浆液的扩散半径，进而影响变态混凝土强度和防渗性能；加浆量影响施工进度和变态混凝土水化热温升，因此选择经济、快速的施工工艺是变态混凝土施工的关键所在。

4.1 加浆工艺

变态混凝土加浆工艺有水平铺浆法和垂直加浆法。

水平铺浆法有底部、中部和表层加浆法。底部加浆是在已振捣密实的变态混凝土表面加浆，再在其上摊铺碾压混凝土振捣，这种加浆方式均匀性好，但振捣非常困难，国内目前仅新疆喀腊塑克水利枢纽碾压混凝土大坝应用。中部加浆往往与底部加浆联合使用，已振捣的变态混凝土面铺洒 1 层浆液→摊铺 1/2 层碾压混凝土→铺洒 1 层浆液→摊铺 1/2 层碾压混凝土→振捣密实。由于分 2 次加浆，浆液渗透路径变短，浆液分散性和均匀性更好，易于振捣密实。但该工艺将碾压层分 2 层摊铺和 2 次加浆，增加了施工工序，对碾压混凝土施工干扰较大，不利于现场组织和碾压混凝土快速施工。该工艺主要在碾压混凝土发展前期的普定、沙牌和大朝山工程应用。表层加浆是在摊铺好的碾压混凝土面直接铺洒浆液振捣，方便简单、振捣容易、施工干扰小。但浆液向下渗透困难，渗入到底部的浆液极少，导致变态混凝土底部浆液不饱满，振捣后灰浆上浮，振捣质量不易保证，防渗效果较差。该加浆工艺主要用于临时工程，主体工程仅用于贵州上尖坡和江垭大坝[6]。

垂直加浆法是在碾压混凝土摊铺后，在混凝土面上垂直造孔或挖沟槽加入浆液，孔或沟槽作为渗入通道，浆液能够均匀地渗透到碾压混凝土中，同时浆液也能很好渗入底部，通过强力振捣，变态混凝土均匀性得到改善，防渗性能大大提高。该加浆工艺广泛应用于永久工程(棉花滩、官地、百色、龙开口、黄登、丰满和大华桥采用造孔加浆，龙滩、思林、三河口和武都大坝采用挖沟槽加浆)。

本文统计了国内 40 个碾压混凝土大坝变态混凝土加浆工艺，其中 30 个采用垂直加浆法，该加浆工艺变态混凝土与坝体碾压混凝土可以同步施工，且防渗质量满足设计要求。石漫滩碾压混凝土大坝采用造孔加浆工艺，经现场取芯试验，变态混凝土 30 cm 层面的渗透系数为 9.65×10^{-11} cm/s，碾压混凝土 30 cm 层面的渗透系数为 1.14×10^{-9} cm/s，变态混凝土层面结合效果远好于碾压混凝土。

4.2 加浆量

碾压混凝土坝体横缝较少，对防渗体的变形能力要求较高。从材料特性方面看，碾压混凝土加浆变态后，与碾压混凝土相比，用水量和水泥用量增加，温升和干缩增大，抗裂性能降低。为防止 2 种混凝土不同水泥水化热产生应力差引起坝体裂缝，在满足防渗要求下，必须控制变态混凝土加浆量。

在统计的 40 个碾压混凝土工程中，变态混凝土采用了 4 种不同的加浆量。分别为 17 个项目加浆量为 4%～6%，20 个项目加浆量为 6%～8%，江垭和上尖坡 2 个项目为 8%～10%，仅龙滩项目为 10%～12%，因此变态混凝土加浆量控制在 5%～8%为宜。

5 结语

(1) 变态混凝土施工质量对坝体防渗影响非常大，变态混凝土的宽度对坝体防渗影响有限。

(2) 变态混凝土宽度太小则无法有效控制加浆量和振捣质量，宽度太大则影响坝体施工进度，且胶凝材料增加，不利于温控，建议变态混凝土宽度控制在 0.8～1.0 m，最大不超过 1.5 m。

(3) 变态混凝土加浆工艺影响施工速度和质量，加浆量影响防渗性能和水化热温升。建议变态混凝土采用垂直加浆工艺，加浆量按照碾压混凝土体积的 6%～8%控制为宜。

参考文献：

[1] 朱岳明，褚小刚. 碾压混凝土坝防渗结构形式的工程实践[J]. 河海大学学报，2003 年，31(1)：16-20.

[2] 罗剑. 变态混凝土防渗结构的防渗效果分析[J]. 广东建材，2017 年，第 7 期：51-55.

[3] 庞力平，袁瑶才. 变态混凝土施工技术的应用与发展[J]. 红水河，2005，24(2)：93-96.

[4] 董安建，刘六宴. 变态混凝土在碾压混凝土坝中的应用[J]. 水力发电，2000 年，第 3 期：40-42.

[5] 傅建，陈悦，马源青，黄骞. 机制变态混凝土在碾压混凝土坝防渗层中的应用——以柬埔寨额勒赛水电站工程为例[J]. 人民长江，2015，46(07)：16-18.

[6] 关佳茹，杨康宁. 变态混凝土在碾压混凝土坝施工中的应用[J]. 水力发电，1999，(7)53-55.

西藏高海拔复杂气候条件下碾压混凝土筑坝关键技术

胡中阔，向前

（中国水利水电第九工程局有限公司西藏建设工程有限公司，西藏拉萨，850000）

摘要： 西藏高海拔地区的气候特点为低气压、昼夜温差大、大风、干燥、太阳辐射异常强烈等，该气候条件对碾压混凝土筑坝施工影响极大。本文通过专项研究，在配合比设计优化、*VC* 值动态控制、层间结合、坝体防渗、温控防裂等方面形成了一套针对西藏高海拔复杂气候条件下碾压混凝土筑坝关键技术，解决了碾压混凝土层间结合、温控防裂等关键性技术问题，可供类似工程参考借鉴。

关键词： 西藏；海拔；气候；碾压混凝土；技术

1 概述

DG 水电站位于西藏自治区山南地区桑日县境内，为二等大（2）型工程。水库正常蓄水位 3 447.00 m，相应库容 0.552 8 亿 m^3，电站坝址控制流域面积 15.74 万 km^2。多年平均流量 1 010 m^3/s，电站装机容量 660 MW。电站枢纽建筑物由挡水建筑物、泄洪消能建筑物、引水发电系统及升压站等组成。拦河坝为碾压混凝土重力坝，分为 17 个坝段，坝体为全断面碾压混凝土，上游防渗采取变态混凝土＋二级配碾压混凝土防渗，防渗区宽度从下至上厚度依次为 5、3.5、2 m。坝顶高程 3 451.00 m，最大坝高 117 m，坝顶长385 m，大坝碾压混凝土 93.7 万 m^3，常态混凝土 50.5 万 m^3。

混凝土生产系统按浇筑高峰期 16 万 m^3/月设计，具备一冷及制热条件。高温季节混凝土出机口温度要求＜9 ℃，低温季节混凝土出机口温度要求＞10 ℃。

2 气象特点

工程位于青藏高原气候区，基本特性为气温低、空气稀薄、紊乱强风、气候干燥、昼夜温差大、太阳辐射强烈（＞1 500 W/m^2）。每年 11 月至次年 4 月为旱季，5—10 月为雨季。本地区多年平均气温 9.3 ℃，极端最高、最低气温分别为 32.5 ℃和－16.6 ℃，多年平均降水量 527.4 mm，多年平均蒸发量为 2 084.1 mm，多年平均相对湿度为 51%，最低相对湿度不足 10%，多年平均气压为 685.5 hPa，历年最大定时风速为 19.0 m/s，多年平均日照时数为 2 605.7 h，历年最大冻土深度为 19 cm。

3 筑坝关键技术

3.1 配合比设计及优化

根据浇筑时段、气候条件及原材料性能参数来确定混凝土配合比的组成比例，优化混凝土配合比，配制出抗裂能力高、水化热相对低、最优 *VC* 值和良好可碾性、泛浆性的混凝土，配合比参数详见表 1。

在相同的配合比情况下，高海拔地区碾压混凝土含气量明显小于低海拔地区，将引气剂掺入到碾压混凝土中后，碾压混凝土中引入的气泡较少且不稳定，运输至仓面摊铺碾压完成后含气量损失较大，适当提高引气剂掺量。

浆砂体积比是指碾压混凝土中浆体（水＋水泥＋掺合料＋微粒含量）体积与砂浆（水＋水泥＋掺合料＋人工砂）体积之比。浆砂体积比是碾压混凝土配合比中的重要参数，对碾压混凝土的工作性和质量有着很大的影响，碾压混凝土的浆砂体积比一般应大于 0.40。西藏 DG 水电站碾压混凝土主要采用花岗闪长岩，砂石粉含量控制在 20%±1%，碾压砂中微粒含量（碾压砂中＜0.08 mm 的含量）控制在 10%±1%。经计算，实际浆砂体积比在 0.40～0.42。西藏 DG 水电站主要采用三级配碾压混凝土，粗骨料最大粒径为 80 mm，浆砂体积比适中，拌和物 *VC* 值较小，现场碾压混凝土有较好的可碾性，翻浆效果佳（有振 2～3 遍均可全面泛浆）。

收稿日期： 2021-03-23.

作者简介： 胡中阔，贵州兴义人，高级工程师，本科，从事水利水电工程项目施工技术与管理工作.

表 1　DG 水电站大坝碾压混凝土配合比参数

强度等级	级配	水泥种类	混凝土种类	坍落度/mm或VC值/s	水胶比	砂率/%	减水剂	材料用量/(kg/m³)									表观密度/(kg/m³)
								水	水泥	粉煤灰	砂	小石	中石	大石	减水剂	引气剂	
C_{90}15W6F100	三	中热	碾压	1～3	0.55	34	萘系	88	60	100	739	430	573	430	1.28	0.560	2 420
C_{90}20W8F200	二	中热	碾压	1～3	0.50	38	萘系	93	93	93	805	658	658	/	1.49	0.558	2 400
C_{90}15W6F100	三	中热	变态	120～140	0.55	32	萘系	142	104	155	687	438	438	584	2.07	0.310	2 548
C_{90}20W8F200	二	中热	变态	120～140	0.50	36	萘系	151	151	151	746	664	664	/	2.42	0.036	2 527

3.2　*VC* 值动态控制

碾压混凝土 *VC* 值是碾压混凝土拌和物一项极为重要的指标，直接影响着碾压混凝土的层间结合、抗压强度、抗冻、抗渗等各项性能。碾压混凝土 *VC* 值极易受高海拔地区特有气候环境影响，应随每天各个不同时段的温度、湿度、日照、风速等条件对碾压混凝土的 *VC* 值进行动态调整。通过在拌和站增加用水量或提高减水剂掺量的方法来对碾压混凝土 *VC* 值进行动态控制，保证碾压混凝土在摊铺完成后碾压过程中有良好的可碾性、重塑性及良好的层间结合。施工过程中对不同时段、气温环境条件下 *VC* 值变化情况进行了统计，见表 2。

表 2　不同时段、气温环境条件下 *VC* 值变化情况统计

时段	气温/°C	RCC 卸料一定时间后的 *VC* 值/s					经 1 h *VC* 值损失/s
		0 min	15 min	30 min	45 min	60 min	
早	6～14	2.0	2.3	2.9	3.6	4.5	2.5
中	≥25	0.7	1.6	2.8	4.1	5.5	4.8
晚	12～20	1.8	2.5	3.2	4.1	5.0	3.2

实践表明：早晨和夜晚温度相对较低，湿度较高，仓面 *VC* 值宜控制在 1～2 s；当午后气温≥25 °C，且受太阳直射时，仓面 *VC* 值损失较快，初凝时间变短的情况下，*VC* 值宜控制在 5 mm(坍落度)～1 s。仓面施工按照不陷碾、*VC* 值取小值的原则控制。

3.3　层间结合

3.3.1　层间间隔时间

本工程高温季节通过合理分仓，将坝段分成若干块进行平层铺筑法或者斜层平推铺筑法施工。层间间隔时间在 4～8 h，需要通过混凝土初凝时间的控制来确保层间结合质量。

标准养护条件下混凝土凝结时间变化情况见表 3。

表 3　标准养护条件下混凝土凝结时间统计

强度等级	气温/°C	初凝时间	终凝时间
C_{90}15W6F100	20±2	12:25	16:50
C_{90}15W6F100 变态	20±2	18:10	25:10
C_{90}20W8F200	20±2	12:40	16:35
C_{90}20W8F200 变态	20±2	17:50	24:55

不同时段、气温环境条件下碾压和变态混凝土凝结时间值变化情况统计见表 4。

表 4　不同时段、气温环境条件下碾压和变态混凝土凝结时间值变化情况统计

强度等级	时段	气温/°C	初凝时间/h:min	终凝时间 h:min
C_{90}15W6F100	早	6～14	13:50	17:30
	中	≥25	8:10	11:15
	晚	12～20	11:05	14:35
C_{90}15W6F100 变态混凝土	早	6～14	19:05	25:45
	中	≥25	14:40	17:50
	晚	12～20	16:35	19:20
C_{90}20W8F200	早	6～14	14:40	16:50
	中	≥25	8:15	11:30
	晚	12～20	11:20	14:40
C_{90}20W8F200 变态混凝土	早	6～14	19:35	25:55
	中	≥25	14:50	16:45
	晚	12～20	16:55	19:40

3.3.2　调整冷却水管铺设时间

冷却水管铺设的层面间隔时间往往较长，不利于层间结合。故冷却水管在夜间或者上午铺设，避开下午高温及太阳直射时段，施工冷却水管层碾压混凝土，冷却水管埋设高程可在设计布置高程上下30cm范围内实际调整。

3.3.3　应用智能碾压监控系统

在碾压混凝土浇筑过程中对碾压遍数、碾压轨迹、行进速度等各项参数实时监控，系统将对不合格参数进行警示反馈，实现了碾压混凝土浇筑质量的精准控制。结果表明：智能碾压监控系统对于碾压混凝土浇筑质量控制起到了关键性的作用，极大提升了碾压混凝土施工质量可靠度。

3.3.4　条带及时覆盖

高温及太阳直射时段，碾压后的条带及时采用三防布进行覆盖保湿，直至上一层碾压混凝土覆盖时再揭开。

3.4　温控防裂

3.4.1　半成品温控措施

粗骨料、砂、加冰量是影响混凝土出机口温度的主要因素，在混凝土生产过程中，需严格控制好粗骨料的风冷效果和尽量加冰或加制冷水。根据2019年的数据统计，粗骨料或砂温度上升1.0 ℃，碾压混凝土温度上升0.30～0.52 ℃；每加1.0 kg冰，碾压混凝土温度降0.17～0.20 ℃。

3.4.2　运输过程中温度回升控制

（1）选择合理的入仓方式，减少转运。坝体三分之二的碾压混凝土均采用自卸汽车直接入仓，确保入仓强度的同时减少了温度回升。

（2）运输道路采用双车道，不具备双车道入仓条件的在合适位置设置错车道并安排专人调度指挥，以提高混凝土运输车辆的效率，缩短混凝土运输及等待卸料时间。

（3）自卸汽车、满管等混凝土运输设备全部采取在外壁贴3 cm厚橡塑海绵进行保温，混凝土运输自卸车顶部加设保温活动式遮阳棚。

拌合站至碾压混凝土仓面运输距离1.6 km，通过以上措施，出机口温度至入仓温度的回升能够控制在2 ℃以内。

3.4.3　浇筑过程中温度回升控制

（1）振捣完成的变态混凝土和碾压后的条带及时采用彩条布或薄膜覆盖保温保湿，在下一层混凝土覆盖前揭开。

（2）采用喷雾机、冲毛机对仓面进行喷雾，形成局部小气候，对已完成碾压进行覆盖的区域同样要进行喷雾。

（3）大坝悬臂翻升钢模板背部粘贴10 cm厚聚苯乙烯板进行模板保温。

通过以上措施，入仓温度至浇筑温度的回升能够控制在2 ℃以内。

3.4.4　混凝土成型后保温保湿

（1）混凝土浇筑完毕后，表面采用土工布、彩条布或塑料薄膜进行洒水覆盖养护，使混凝土表面保持长时间湿润，且在高温季节起到很好的散热效果。

（2）拆模选择在白天高温时段进行，拆模后，保温保湿工艺及时跟进。坝体横缝面拆模后采用橡塑海绵保温，根据坝体上升开仓前才能沿高程逐段拆除。上下游立面养护结合越冬保温措施一次成型。

（3）永久面保温采用喷水花管＋PC薄膜＋橡塑海绵＋三防布＋定制压条＋螺栓固定的新型保温保湿工艺。确保混凝土内外温差≤16 ℃，混凝土表面湿度可达到95％以上，确保了混凝土表面保温保湿效果，有效避免混凝土表面温度裂缝及干缩裂缝的发生。同时材料均属于柔性材料，能够搭接；且采用压条及螺栓固定，强风条件下也不会导致脱落；拆除后无胶水附着物，外观美观，不需要对坝面二次清理；各部件材料回收方便，能够二次利用，实现了节能环保。

3.4.5　智能通水冷却，降低混凝土内部温度

冷却用水水池及干、支管均采用3 cm厚橡塑海绵保温材料包裹，采用雪山融水作为坝体冷却用水，雪山融水高温季节水温5～10 ℃，低温季节水温1～5 ℃，大坝在越冬期间气温达到0 ℃以下时，停止通水。

在冷却水管铺设时，通过坝后设置预留键槽与预埋PPR管，可保证通水过程不受施工干扰，在水管铺设之后第一时间实现通水，而后利用智能温控系统对大坝混凝土进行智能通水，削弱碾压混凝土强度增长的温度峰值来实现大坝温控防裂。对上下游变态混凝土区域的冷却水管进行适当的加密。

根据系统内部降温速率评价信息，降温速率整体控制较好，整体控制在0.3～0.5 ℃/d内，且根据内部温度计监测统计成果，总体合格率达90％以上。

3.4.6　混凝土绝热温升反演

基于智能温控系统的数据，对绝热温升进行反演，对已经浇筑的混凝土的温度过程进行反馈，观察计算温度过程和实测温度过是否吻合，为应力的准确预测评估提供依据。

三级配碾压$C_{90}15W6F100$的绝热温升为：

反演值：$T=\dfrac{18.57\,t}{t+4.587}$

设计值：$T=\dfrac{17.57\,t}{t+3.286}$

二级配变态 $C_{90}20W8F200$ 的绝热温升为：

反演值：$T=\dfrac{28.08\,t}{t+3.20}$

设计值：$T=\dfrac{23.08\,t}{t+3.498}$

3.4.7　越冬保温

混凝土在冬歇期(12 月至次年 2 月)暂停施工，越冬保温材料按照坝体上下游表面、坝体侧面、坝体长间歇面、坝体孔洞，根据气候特征及保温要求进行措施划分，并与技术要求措施进行对比，见表 5。

三防布主要功能为防止大风、降雨、降雪融水进入坝体内，同时具备防火功能，避免工区火灾事故的发生。

表 5　越冬保温措施与原技术要求对比

坝体部位	原技术要求措施	优化后措施
上下游表面	表面粘贴 5 cm 厚聚苯乙烯板	喷水花管＋PC 薄膜＋3 cm 橡塑海绵＋扁钢＋三防布
侧面	表面粘贴 3 cm 厚聚苯乙烯板	喷水花管＋PC 薄膜＋3 cm 橡塑海绵＋扁钢＋三防布
长间歇面	15 cm 厚棉被	喷水花管＋PC 薄膜＋6 cm 橡塑海绵（纵横向各 1 层）＋三防布＋脚手架管及扣件压重
孔洞	3 cm 厚聚苯乙烯板封闭	5 cm 厚保温门帘

说明：预埋花管及 PC 薄膜主要功能为保湿；转角处搭接 1.5 m。

表面压重：由于低温季节峡谷风大，保温保湿材料容易被风掀开，影响保温保湿效果，故将脚手架管和扣件连接成整体形成 2 m×2 m 的网格状，该压重方式安拆方便。

2019 年冬歇期提前在大坝上下游表面、坝段立面及越冬水平面布置了 17 台温湿度记录仪用于越冬保温效果监测。监测成果表明，混凝土表面温湿度及温度梯度呈现较好的效果，均满足设计温控指标，避免了表面干缩裂缝、温度裂缝等的产生，采用该越冬保温方式效果良好。

3.5　坝体防渗

(1) 上下游防渗区采用机制变态混凝土，大幅提高工效，也更利于保证质量；辅以定制的振捣台车振捣，降低人为因素及质量风险。

(2) 对于二级配区域，在上层混凝土摊铺前，层间铺撒 2～3 mm 净水泥浆，确保二级配防渗效果。

(3) 越冬面上游增设 1 道铜止水，并与横缝铜止水相连接。

(4) 坝前表面涂刷防渗涂料，增强坝面防渗效果。

(5) 坝前冲砂底孔以下高程进行脱泥料回填，有利于坝前强约束区混凝土温控和坝体防渗。

3.6　快速施工技术

3.6.1　选择合理的入仓方式

大坝 3 334～3 396 m 高程总计 60 万 m^3，三分之二的碾压混凝土均采用自卸汽车直接入仓，确保了入仓强度，大坝 3 396 m 高程以上采用 ϕ800 mm 满管入仓，仓内自卸汽车转运。

3.6.2　坝内结构优于坝体先行上升

采用先上升爬坡预制廊道、集水井、交通井等坝内结构以降低碾压混凝土施工仓面的施工干扰；交通井采用预制装配式楼梯、孔槽部位采用液压定型模板，加快施工进度。

3.6.3　混凝土分区调整

碾压混凝土施工的最大优点为能够实现坝体快速上升，但对局部区域采取常态混凝土施工更加有利，如廊道之间等空间较小区域，调整为同等级低塌落度常态混凝土施工。

3.6.4　翻转模板连续施工

具备翻转模板施工的仓面尽量采用翻转模板进行施工，提升大坝整体施工进度，右岸挡水坝段连续上升达到了 38 m。

4　结语

自 2019 年 3 月 12 日首仓碾压混凝土浇筑以来，完成大坝混凝土浇筑近 160 万 m^3。在不到 20 个月的时间里，大坝碾压混凝土全线到顶，重要节点均提前完成。在层间结合、温控防裂等方面均取得了突破性成效，创造了雅鲁藏布江流域筑坝新纪录。

2020 年 8 月，在大坝溢流坝段分别取出 2 根 15.8 m 长的二级配及三级配芯样，芯样外观光滑、混凝土致密、骨料分布均匀。对大坝碾压混凝土随机进行了压水试验，透水率在 0～0.33 Lu 之间，满足设计技术要求＜0.5 Lu(二级配防渗区)及 1.0 Lu(三级配坝体内部)的要求，大坝外表面光洁，保温保湿效果佳，越冬保温后揭被检查无危害性裂缝，坝体整体质量优良。

西藏高海拔复杂气候条件下碾压混凝土筑坝关键技术的成功运用，将在后续雅江流域水电开发中具有极大应用价值和发展空间。

高海拔干冷河谷大坝混凝土新型保温保湿工艺

蔡畅，向前，杨卫

（中国水利水电第九工程局有限公司西藏建设工程有限公司，西藏拉萨，850000）

摘要：在西藏干冷河谷地区对大坝混凝土表面采取有效的保温保湿措施，是保证混凝土质量的关键。目前，国内外大坝混凝土表面采取的粘贴聚苯乙烯板或者喷涂发泡聚氨酯保温的方案，无法适应西藏特殊的气候和高环保的要求。为保证大坝混凝土质量，按照节能环保的理念，文章开展现场对比试验研究，验证新型保温保湿工艺的效果。检测结果表明，采用橡塑海绵作为保温层，薄膜和通水花管形成保湿层，并采用压条和螺栓加固的方式，能够使混凝土表面达到标准养护条件，达到大坝混凝土表面防裂的目的，也经济和环保，可供类似工程项目借鉴。

关键词：大古水电站；干冷；河谷；保温；保湿；工艺

1 概述

大古水电站位于西藏自治区山南地区桑日县境内，为二等大(2)型工程，以发电为主，水库正常蓄水位 3 447.00 m，相应库容 0.552 8 亿 m^3，电站坝址控制流域面积 15.74 万 km^2，电站装机容量为 660 MW。

大坝坝顶高程 3 451 m，最大坝高 117.0 m，是目前在建的海拔最高的碾压混凝土坝，也是雅鲁藏布江和西藏在建最高大坝，坝顶长 385.0 m，大坝碾压混凝土 93.7 万 m^3，常态混凝土 50.5 万 m^3。

工程位于青藏高原气候区，气温低、空气稀薄、紊乱强风、气候干燥、昼夜温差大、太阳辐射强烈（>1 500 W/m^2）。每年 11 月至次年 4 月为旱季，5—10 月为雨季。在坝址下游约35 km的加查气象站实测气象资料统计，本地区多年平均气温 9.3 °C，极端最高、最低气温分别为 32.5 °C 和 −16.6 °C，多年平均降水量 527.4 mm，多年平均蒸发量为 2 084.1 mm，多年平均相对湿度为 51%，多年平均气压为 685.5 hPa，历年最大定时风速为 19.0 m/s，多年平均日照时数为 2 605.7 h，历年最大冻土深度为 19 cm。

大古水电站混凝土大坝所处这种复杂的气候条件使得其在施工期及运行期需要采取的温控防裂措施也更为特殊，更有针对性，如此方能保证大坝施工安全。

2 方案对比

2.1 粘贴聚苯乙烯板方案

根据设计《大体积混凝土温控防裂施工技术要求(第 2 版)》(H118J－5Z4－01)技术要求，在大坝混凝土浇筑完成后在大坝上下游表面采用粘贴 5 cm厚聚苯乙烯板进行保温，但由于电站区域气候具有大风、干燥、昼夜温差大、太阳辐射强的特点，坝面表面粘贴的聚苯乙烯板存在自然脱落的现象，脱落后修补较困难且耗费人工，且人工二次粘贴后问题依然存在，高空作业安全性较差，表面外观较差，同时粘贴的苯乙烯板中间不可避免地存在缝隙，在太阳辐射及强风的作用下，混凝土表面极易失水、干燥，造成保温、保湿效果差。

2.2 喷涂发泡聚氨酯方案

国内一些电站也采用了喷涂发泡聚氨酯进行混凝土表面保温、保湿，但本身成本高，后期清除还会造成环境污染，处理成本增加，不能循环使用，外观差。西藏地区生态环境脆弱，根据大古水电站环保施工目标，始终坚决贯彻落实节能环保的理念，最大限度地节约资源和能源，减少污染、保证施工安全，减少施工活动对藏区环境造成的不利影响。

2.3 新型保温保湿工艺

为适应藏区环境，参照高速公路上桥墩保湿运用的薄膜类材料，结合橡塑海绵良好的保温作用，以及轻便、循环使用、阻燃的特性，利用悬臂翻升模板拉筋孔，在不破坏混凝土表面的同时，采用压条和螺栓固定，形成该项新型保温保湿工艺。

3 新型保温保湿工艺

3.1 概述

根据设计单位《大体积混凝土温控防裂施工技术要求(第 2 版)》(H118J－5Z4－01)技术要求，在

收稿日期：2021-03-23.

作者简介：蔡畅，重庆人，助理工程师，从事水利水电工程项目施工技术与管理工作.

混凝土表面覆盖保温材料，使混凝土内外温差≤16 ℃；混凝土表面覆盖保湿材料，保证混凝土表面湿度>95%，达到标准养护条件，如此方能达到混凝土表面零裂缝的需求。

进行模拟试验，直接用薄膜和橡塑海绵覆盖，经检验，混凝土表面温度能够达到目标要求，但湿度达不到95%的要求；经研究在薄膜层内侧增加通水的花管，增加混凝土表面湿度，实现养护湿度>95%的要求，测量数据见表1。

表1 模拟试验温湿度测量统计

时间	大气温湿度		混凝土内部	覆盖后混凝土表面		内外温差值	备注
	温度/℃	湿度/%	温度/℃	温度/℃	湿度/%	/℃	
01—01 T 10:09	−5.9	34.2	19.26	15.6	73.2	3.66	未通水湿度不满足要求
01—01 T 13:09	1.9	32.6	20.12	16.5	75.4	3.62	
01—01 T 15:39	2.1	29.1	20.15	17.6	98.8	2.55	增加通水花管后湿度满足要求
01—01 T 19:09	1.6	29.9	20.17	16.8	98.7	3.37	
01—01 T 21:39	−3.1	30.2	19.85	16.5	98.3	3.35	
01—02 T 0:39	−5.2	31.1	19.75	16.1	98.4	3.65	
01—02 T 3:09	−7.3	32.3	19.34	15.7	97.8	3.64	
01—02 T 7:09	−8.2	34.1	19.25	15.3	97.5	3.95	

3.2 新型保温保湿工艺组成

新型保温保湿技术主要包含3个部分，分别是保湿层、保温层、连接固定部件，如图1所示。

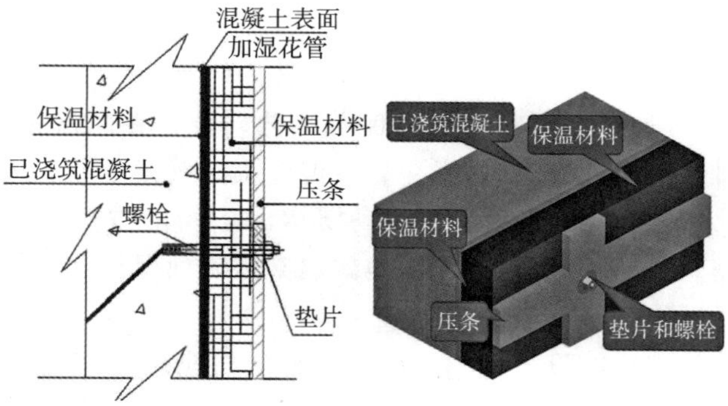

图1 新型保温保湿技术示意图

保湿层采用的薄膜和加湿花管要求保湿效果好，单价低，在西藏地区获取难易程度低，能重复使用，安装效果好。

保温层采用橡塑海绵，导热系数≤0.036 W/(m·k)，保温效果好，单价低，能重复使用，阻燃等级达到B1级。

连接固定部件由标准化压条、垫片、螺帽和套筒组成。垫片、螺帽和套筒要求方便安装和拆除，单价低，获取难易程度低，能重复使用；标准化压条要求方便安装和拆除，刚度大，单价低，获取难易程度低，能重复使用。

4 保温保湿效果对比实验

4.1 概述

为验证新型保温保湿效果，选取达到拆模条件的7～8号坝段（坝左0+50～坝左0+71 m、3 338.0～3 341.0 m）进行混凝土表面保温保湿对比试验，将悬臂翻升钢模板拆除后，分3个区域分别采取不同方式对混凝土表面进行保护，见表2。

表2 保温保湿效果对比实验统计

桩号段	布置方式
坝左0+71～坝左0+62	胶水粘贴聚苯乙烯板
坝左0+62～坝左0+56	薄膜+5 cm橡塑海绵+定制压条
坝左0+56～坝左0+50	薄膜+5 cm橡塑海绵+定制压条

4.2 试验过程

4.2.1 模板拆除

采用人工配合16 t汽车吊进行7～8号坝段悬臂翻转钢模板拆除，混凝土拆模时间应根据气温条件决定，选择当日最高温度区间，在拆模后尽快进行混凝土表面保温保湿施工，避免长时间暴晒。

4.2.2 聚苯乙烯板施工工艺

施工前，根据安装部位尺寸编制聚苯乙烯板的排板图，以达到节约材料、提高施工速度的目的。挤塑板以长向水平铺贴，保证连续结合，上下2排板竖向错缝1/2板长，局部最小错缝不得小于200 mm。

使用毛刷将环保胶水均匀涂于聚苯乙烯板上，粘贴挤塑板时，板缝应挤紧，相邻板应齐平，施工时控制板间缝隙不得大于2 mm。

在聚苯乙烯板安装完成后，使用小刀在聚苯乙烯板上开1个10 cm×3 cm(高×长)凹槽，用于安装温湿度仪探头，安装完成后使用同厚度的聚苯乙烯板涂刷环保胶水封闭。

4.2.3 新型保温保湿工艺

为保证保温保湿材料安装牢固，螺杆与悬臂翻升模板拉筋采用专用套筒连接。加湿花管采用

ϕ10PVC 软管制作，采用电钻进行开孔，每环开孔1个，孔间距10 cm，然后依次进行加湿管路、薄膜和橡塑海绵安装，最后安装标准化压条并使用垫片及螺母固定。

4.2.4 温湿度仪测量数据

使用温湿度仪分别对 3 个采取不同方式保护区域的混凝土表面进行测量并记录数据，见表 3。

表 3 保温保湿对比试验温度统计

时刻	大气温湿度		混凝土内部	胶水粘贴聚苯乙烯板		薄膜＋5 cm 橡塑海绵		通水花管＋薄膜＋5 cm 橡塑海绵	
	温度/℃	湿度/%	温度/℃	温度/℃	湿度/%	温度/℃	湿度/%	温度/℃	湿度/%
2019－04－15 T 12：29	15	39.9	20.12	19.1	42.7	19.2	73.3	18.9	97.2
2019－04－15 T 15：22	15.9	34.1	20.15	19.2	41.9	21.6	73	21.1	97.2
2019－04－15 T 17：33	18.4	27.8	20.17	19.9	46.4	21.1	73.1	20.8	97.3
2019－04－15 T 22：01	7.9	69.5	20.19	19.8	58.8	20	72.5	19.4	97.5
2019－04－16 T 1：39	5.9	81	20.21	19.6	59.3	20.1	72.9	19.4	98.1
2019－04－16 T 4：02	5.7	82.2	20.22	19.4	68	19.8	72.8	19.1	98.2
2019－04－16 T 7：12	6.4	79.2	20.22	18	69.7	18.4	73.3	17.7	97.3
2019－04－16 T 10：09	8.3	72	20.23	18.9	62.9	19	73	18.6	97.5
2019－04－17 T 21：40	9.3	63.2	20.68	19.8	58.7	19.2	72.4	19.5	97.6
2019－04－18 T 1：40	6.3	83.2	20.62	19.8	59.1	19.8	72.7	19.5	98.1
2019－04－18 T 2：10	6.6	86.7	20.68	19.5	64.1	19.7	72.7	19.5	98.1
2019－04－18 T 3：40	6.3	90	20.68	19.4	68	19.8	72.8	19.4	98.2

4.3 保温保湿结果

对保护已达 28 d 的大坝混凝土永久面拆除材料进行仔细检查，没有发现 1 条裂缝，外观没有黏结物污染，外观好，证明该工艺达到了预期的效果。

4.4 试验总结

根据现场试验情况，大坝混凝土表面保温保湿生产性试验总体完成较好，通过温湿度仪测量的数据分析，得出以下结论。

(1) 该地区昼夜温差大，从测量数据上看昼夜温差达 15 ℃ 以上。

(2) 从保温控制效果上看，胶水粘贴聚苯乙烯板的效果小于 5 cm 厚橡塑海绵覆盖的效果，而采取这 2 种材料进行保温，均能够达到混凝土内外温差≤16 ℃ 的要求。

(3) 从保湿效果上看，未预埋通水花管直接采用薄膜和橡塑海绵覆盖以及胶水粘贴聚苯乙烯板的混凝土表面湿度较低，不能够达到较好的养护条件；预埋通水花管配合薄膜和橡塑海绵覆盖后，对混凝土表面有一定降温作用，湿度也达到了 95% 以上，故后期建议在白天温度较高时可适当通水，增加混凝土表面湿度，同时降低混凝土表面温度，对混凝土温控防裂有利。

(4) 采用新型保温保湿工艺的混凝土表面均没有受到污染，同时安拆施工方便，材料均能够重复使用，相对粘贴聚苯乙烯板可以节约大量胶水附着物清理人工费。

5 结语

通过本次新型保温保湿工艺研究，在高海拔、低气压、太阳辐射强、昼夜温差大、气候干燥、风大等复杂的气候条件下，摸索出了新的方法和经验，为高海拔干冷河谷地区混凝土表面保护施工提供了合理依据。

自 2019 年 7 月 17 日开始全面应用该工艺以来，由于该工艺的先进性和适用性，大古水电站施工取得了较大的经济效益，减小成本约 360 万元。同时大古水电站是中央支持西藏经济社会发展的重大项目，在高海拔干冷河谷地区，大坝混凝土新型保温保湿工艺保证了混凝土质量，达到了节能环保的要求，得到业主和监理的表扬，社会效益重大。

因此，采用橡塑海绵作为保温层，薄膜和通水花管形成保湿层，并采用压条和螺栓加固的方式，能够使混凝土表面达到标准养护条件，达到大坝混凝土表面防裂的目的，同时经济和环保，可供类似工程项目借鉴。

参考文献：

[1] 田育功. 大坝与水工混凝土新技术[M]. 北京：中国水利水电出版社，2018.

现浇混凝土GBF密肋楼盖施工技术在房建项目中的应用

向俊华，张龙厅，王明珠
（中国水利水电第九工程局有限公司工程总承包公司，贵州贵阳，550008）

摘要：GBF是高强薄壁复合蜂巢芯，是使用无机胶凝材料配以玻纤网格布、钢丝网片和钢筋增强，利用模具制成的一种空心构件。采用GBF密勒空心楼盖可以增加大跨度建筑空间净高，使建筑物具有空间开敞、自重轻等优点，多用于地下车库顶板、屋面板等部位。

关键词：GBF；混凝土；密肋楼盖；施工

1 GBF核心材料简介

高注合金蜂巢芯（GBF）产品是以有机高分子树脂(PP、PE)为主要原料，经合金改性，用特殊工艺加工制成盆模，以无机胶凝材料配以铁丝焊网(或高强钢丝)增强制成预制底板，由二者组装而成用于现浇混凝土密肋空腹楼盖结构。

对于复杂的大中型工程或环境要求严格的项目，往往很难解决自重问题，也很难解决大跨度、大开间的施工要求，这就必定要采用现浇混凝土GBF密肋楼盖施工技术解决这一技术难题。首先，蜂巢芯解决了建筑大跨度、大开间问题；第二，使建筑物具有自重轻、隔热、保温、隔音、空间可灵活间隔、双向受力传力相同、挠度变形小、抗剪抗扭性能好、抗震性好的优良性能，无需吊顶；第三，施工时管线布设方便，无需抗浮加固措施，从而加快施工进度30%，降低工程造价3%～8%，减少水泥、混凝土高能耗材料40%～60%，具有明显的经济效益和社会效益。

现对贵阳市云岩区红星利尔广场房建项目工地的无梁楼盖进行研究，该项目地下室(负二层、夹层、负一层)建筑面积约5万m^2，参照相关规范和文献，对施工工艺技术进行论述，总结该施工工艺技术所采用的流程与应用。

2 主要技术特点与施工工艺流程

GBF现浇混凝土密肋空腹楼盖是一种由现浇混凝土框架暗梁(或明梁)、密肋梁、肋间现浇板和位于肋间和现浇板底部的非抽芯式高注合全蜂巢芯(1种底面外露芯模)共同组成的楼盖。GBF在楼盖中的作用不仅作为非拆式模板，而且GBF底板与楼盖底面平齐，可充作肋间吊顶装饰板，使密肋楼盖底部具有无梁板的效果。

根据柱网、板跨、荷载等具体要求，由结构设计确定GBF的高度、楼盖的总厚度、楼盖断面中孔间密肋及暗梁宽度(或明梁的宽度和高度)、梁板配筋等参数。施工工艺流程如图1所示。

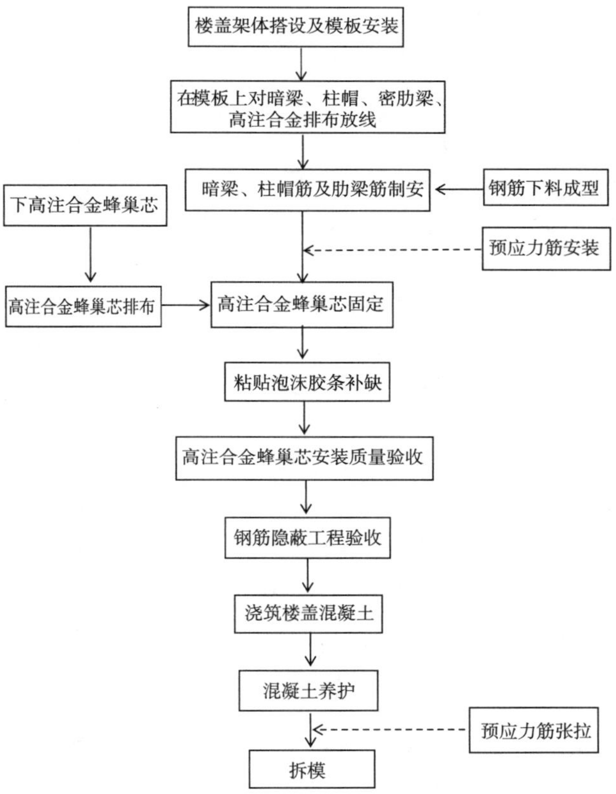

图1 GBF现浇密肋楼盖施工工艺流程

收稿日期：2021-03-23.
作者简介：向俊华，湖南怀化人，工程师，从事房屋建筑工程项目施工管理工作.

3 钢筋、模板施工技术要求

3.1 支模架及模板施工

GBF现浇混凝土密肋楼盖的模板施工除应遵守本工法的规定外，还应遵循《混凝土结构工程施工及验收规范》(GB 50204)的有关规定。必须根据楼盖的暗梁(或明梁)、密肋梁、现浇板、GBF的质量及平面具体位置作恒载取值，并充分考虑施工荷载后进行模板的竖向、侧向承载和稳定计算，以及上层支撑架立杆对下层楼板竖向承载验算，设计模板、龙骨与支撑系统；模板以上恒荷载取值时，应计入GBF的质量。模板应按设计要求进行起拱。当设计未作具体规定时，宜按1‰～3‰对模板进行双向或单向起拱。其中4～8 m跨度模板起拱按1‰，8～12 m跨度模板起拱按2‰，12 m以上跨度模板起拱按3‰。GBF现浇混凝土密肋楼盖底模的拆模时间与普通梁板结构拆模要求完全相同，即楼板跨度≤8 m时，底模拆模时楼盖混凝土强度等级应达到设计强度等级的75%；当楼盖跨度>8 m时，底模拆模时楼盖混凝土强度等级应达到设计强度等级的100%；对于悬挑结构，底模拆模时楼盖混凝土强度等级应达到设计强支等级的100%。

3.2 钢筋施工

密肋梁钢筋与芯模之间的混凝土保护层厚度必须符合现浇混凝土GBF密肋楼盖结构专项说明中的规定。当设计说明中未明确时，肋梁受力钢筋的混凝土保护层厚度肋梁顶、底部为25 mm，底板出边(挑边)的GBF时，肋梁底部受力主筋保护层厚可为10 mm（因为GBF底板挑边的可兼做部分保护层使用)，肋梁侧向与GBF之间的混凝土保护层厚度宜取15 mm。宽扁梁核心区(纵横两向宽扁梁相交的重叠部位)的梁核心区附加腰筋和水平箍筋、柱帽侧向水平箍筋、柱帽上下部主筋之间的一字拉钩钢筋等构造要求均应按GBF密肋楼盖结构专项说明的规定进行施工。框架梁端部箍筋加密应从柱边开始，而不是从柱帽以外开始加密。当设计未作具体规定时，框架梁端箍筋加密区长度取暗梁2.5倍梁高、明梁2倍梁高且不小于500 mm。框架暗梁纵筋在保证钢筋净距≥1.5 d，且面筋≥30，底筋≥25的情况下应尽量穿过柱，至少60%穿过柱。架梁、密肋梁、板上部钢筋应按同向同层的方式布置，以防止节点处梁板上部钢筋的多层重叠超高，导致楼板混凝土超厚。

GBF顶面的现浇板钢筋为双向单层时，钢筋宜居板厚顶部处。GBF后浇带内的板筋应100%断开错开搭接。后浇带大样如图2所示。

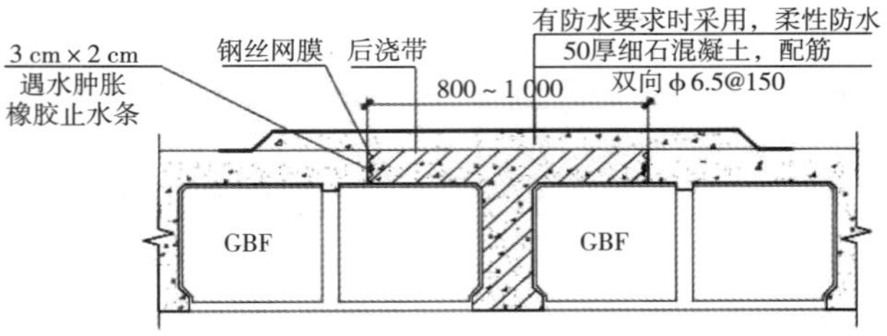

图2 GBF后浇带大样

4 GBF的堆放及吊运

GBF在施工现场的堆放场地应坚实、平整、洁净。未作表面硬化处理的堆场，其基层应压实，表面应铺垫枋木、模板或厚度不小于50 mm洁净砂子。GBF组件应按规格型号分类叠层堆放，叠堆后应作储放标识，并应明显警示禁止人员攀爬、踩踏。采用专门的吊架(箱)吊运GBF底板或成品，架(箱)内的容许叠堆高度不得高出架(箱)侧挡板；盆模可从中央孔内穿插脚手架钢管或25钢筋后采用安全吊带吊运。严禁用缆绳直接绑扎GBF底板、盆模或成品进行吊运。GBF组件或成品被吊至安装楼层后应及时组装排放，不宜再叠层集中堆放。GBF组件或成品在楼面上临时堆放荷载应符合模板的承载规定，具体情况见表1。

表1 GBF组件或成品现场允许叠放高度

项目	GBF高度/mm			
	≤200	200～300	300～400	>400
成品容许叠堆层数/层	≤6	≤5	≤4	3
底板容许叠堆层数/层	25			
高注合金盆模堆高/m	2.0			

5 安装

GBF组件或成品被吊至安装楼层排放前须对其外观完好情况作逐个检查。施工使用过程中造成的箱体局部破损，有可能漏入混凝土物料，均须进行封补、填塞，然后方可铺设。在施工现场容许修补的GBF破损程度不得超过表2所规定标准。破损严重超标者不得使用。

表2 GBF破损容许在现场修补标准

项目	GBF高度/mm			
	≤200	200～300	300～400	>400
顶面及侧壁破损裂纹长度或孔洞直径/mm	≤60	≤90	≤120	≤150
每件产品容许破损密度/处	2	2	2	2

在安装不带挑边的GBF之前，应对变形的模板进行校正，使其平整，同时对模板进行清扫，保证模板表面清洁无杂物。然后，在模板上粘贴泡沫胶条，泡沫胶条的位置与GBF的四边一致，即泡沫胶条的外边与GBF的外边对齐。调整对线，保证GBF之间及GBF与暗梁(或明梁)、墙、柱之间的间距符合设计要求。排放安装GBF前应在模板上对暗梁、肋梁、柱帽、GBF及预留预埋设施等安装位置定位划线。

对于不铺设模板的GBF楼盖，为了防止混凝土浇筑过程中，GBF底板拼接部位出现渗浆的情况，安装后在2个GBF底部拼接部位粘贴胶带纸或采用吊模方式处理，严禁在上部用砂浆进行修补。GBF安装完成后须进行检查验收，合格后方可进入下一工序施工。对于在施工现场转运时已破损的GBF，不得用于工程；安装后，在其顶部面板钢筋安装前，由于施工原因造成破损的GBF应及时予以更换。

6 预留预埋设施的施工

GBF楼盖的预留水电线管盒应尽量布置在密肋梁位置，肋梁内预埋的电气接线盒建议采用60mm宽；不能布置在密肋梁内的预埋管线盒可在相应位置摆放配套规格的蜂巢芯或圆形薄壁管配件，管线盒布置在配套件的肋间或底部现浇混凝土层中。亦可在GBF底板上切割出预埋电气接线盒的孔洞，线盒就位后用水泥砂浆固定，与线盒相连的预埋线管从高分子盆模侧壁切口后引入。预留预埋设施的施工应与钢筋和GBF安装工序穿插同时进行；当GBF肋梁内预埋PVC接线管时，建议其线管在肋梁的中上部位预埋，以避免二次装修时，打膨胀螺栓时对线管造成破坏。

7 GBF成品保护

尽可能避免或减少GBF组件进入施工现场后的临时堆放与二次搬运。GBF在装卸、搬运、堆放时应小心轻放，严禁抛甩和碰撞；施工过程中，不允许将钢管、扣件、钢筋、模板及施工机具等重物直接压放在GBF面板上，钢筋等重物起吊堆放位置应垫设木板或木龙骨等进行隔离保护。不铺设模板的GBF密肋楼盖，钢筋等重物宜堆放在框架梁等下部支撑牢固的部位。

8 验收

GBF的规格、数量应根据设计文件确定，提前分批按规格向专业生产厂家订货。GBF标准规格产品的长宽尺寸为900 mm×900 mm，配套规格产品的长宽尺寸为600 mm×900 mm、300 mm×900 mm、600 mm×600 mm及300 mm×500 mm等，其余型号采用管径Φ150～300 mm的薄壁管配套使用。GBF到场后应进行验收，验收结果以批为单位，验收结果与本批的出厂合格证一并归档保存，作为质量追溯的依验，验收项目包括批量、规格、本批出厂质量证明文件；产品外观质量、尺寸偏差检测，必要时抽样检验物理力学性能指标。

9 浇筑空心楼盖混凝土

现浇混凝土GBF密肋楼盖宜采用坍落度不小于150 mm的预拌混凝土；混凝土中粗骨料粒径不宜大于25 mm；浇筑混凝土时，振捣棒必须从纵横肋内快速插入至楼板底部振捣，振捣棒在肋内振捣点的间距不得大于500 mm，每点振捣时间宜为10～15 s，以混凝土将肋间充填饱满、不上泛气泡为宜；振捣完后，应缓缓提出振捣棒；GBF顶面板混凝土振捣亦可采用振捣棒水平拖动捣固。楼盖的厚度超过500 mm时，肋间混凝土宜分层布料和振捣的方式连续浇筑，每层厚度以300～500 mm为宜，且近邻的上下浇筑层的时间间隔不得超过混凝土初凝时间；混凝土泵管在板顶架设时，宜采用如废旧小汽车外胎等柔性缓冲支垫支撑，支撑点位置宜居于纵横向肋梁交汇点处或宽扁梁顶面处；混凝土出料口离板面高差超过500 mm时，宜在出料口下放置缓冲板，避免混凝土对GBF的直接冲击；浇筑混凝土时，如遇GBF变形过大或破损，应采用支护挡板或用小块旧模板对孔洞进行封堵处理，以防止变形或破损继续加大，保证芯模内不再进入混凝土；GBF填充芯模现浇混凝土空心楼盖的混凝土养护与普通梁板结构混凝土养护要求完全相同，当楼盖采用预应力时，应待预应力筋张拉完成后再拆模。

10 结论

GBF空心楼盖具有如下特点：

(1) 外观为平板，无次梁或者无梁，无柱帽。

(2) 空心率最大，双向密肋双向受力。

(3) 底部板具有薄膜效应，刚度和承载力远高于普通密肋楼板。

GBF空心楼盖解决了建筑的大跨度、大开间问题，且使建筑物具有自重轻、隔热、保温、隔音、空间可灵活间隔、双向受力传力相同、挠度变形小、抗剪抗扭性能好、抗震性好的优良性能，无需吊顶。施工时管线布设方便，无需抗浮加固措施，从而加快施工进度30%，降低工程造价3%～8%，减少水泥、混凝土高能耗材料40%～60%，具有明显的经济效益和社会效益。主要用于各类工业与民用建筑，如较大跨度、较大开间的商场、写字楼、教学楼、高层建筑、车库、大会议室、无动载的多层工业厂房等，将拥有良好的市场前景。

参考文献：

[1] 汪质文. 蜂巢芯现浇钢筋混凝土空心楼盖的构造设计[J]. 居舍,2019,(26).

[2] 刘钰君,王玮华. 蜂巢芯空心楼盖在实际工程中的应用分析[J]. 四川建材,2015,(03).

[3] 李园辉. 蜂巢芯空心楼盖框筒结构房屋简化设计[J]. 四川建材,2011,(01).

[4] 陈国,彭伟. 蜂巢芯空心楼盖施工技术的工程应用[J]. 建筑安全,2009,(02).

[5] 刘庆昌. 无梁楼盖设计在广州某地下室底板的应用[J]. 低碳世界，2014,(11).

水利工程设计成果质量与安全管理

陈大松[1]，陈勇[2]

（1. 贵州省水利水电勘测设计研究院有限公司，贵州贵阳，550002；

2. 贵州省水利工程建设质量与安全中心，贵州贵阳，550002）

摘要：文章学习总结了国家近年来出台的质量与安全相关法律、法规、行业标准中对水利工程勘测设计成果质量及安全的相关规定与要求，为今后如何做好水利工程勘测设计提供参考。

关键词：质量；安全；体系；文件；过程；控制；培训

1 水利设计成果质量及安全存在的问题简述

国家对质量及安全问题高度重视。

统计发现，水利工程中常见“涵盖工程设计、质量管理体系、设计变更程序、工程勘察、项目法人及设代服务”等6个方面问题[1]。其中，工程设计问题集中表现在工程布置、建筑物设计及水力学计算、金属结构设计、边坡稳定分析及计算、安全监测设计、水土保持、环境保护、征地移民等方面；质量管理体系问题主要表现为体系不健全、制度落实不到位、校审不具有可追溯性、接口管理不到位、标准引用不当；设计变更问题表现为变更依据不足、未履行变更手续；工程勘察问题表现为施工地质和工程勘察不满足技术标准要求；项目法人问题表现为未履行设计变更相关手续和移民征地范围内实物未复核等；设代服务问题表现为相关文件缺失和填写不规范、无施工图供图计划等”。

质量监督检查发现“存在一些影响勘测设计质量安全的突出问题：一是个别勘测设计单位质量管理体系落实不到位，内部质量把关有待提高；二是个别勘测设计单位执行强制性条文有欠缺，设计人员对强制性条文认识和理解不全面，勘测设计成果有不满足强制性条文的情况；三是有些水利项目前期工作经费不足、勘测设计周期短、方案比选深度不够，影响水利前期成果质量；四是个别勘测设计单位内部安全管理存在漏洞，导致勘测外业工地、实验室等场所和部位存在安全风险隐患。”[2]

2 水利行业质量、安全相关文件

为了规范水利行业勘测设计行为，多年来中国水利水电勘测设计协会制定、修订并发布了多项技术标准，2021年1月4日中国水利水电勘测设计协会发布的《水利水电勘测设计现行技术标准名录（第9版）》[3]的通知。截至2020年11月25日，第9版水利水电勘测设计现行技术标准名录共收录标准627项，其中现行水利水电国家标准(GB)51项，水利行业标准(SL)250项。这些标准需要设计单位认真组织学习落实到具体的工作中。

另外，为了落实水利工程建设质量、安全生产管理责任，适应当前水利建设新形势，使稽查、检查有针对性等，2018年以来水利部及其他职能部门相继出台了《关于水利水电工程施工危险源辨识与风险评价导则(试行)》办监督函〔2018〕1693号；《水利工程建设质量与安全监督检查办法(试行)水监督》〔2019〕139号；《关于水利工程勘测设计失误问责办法(试行)》水总〔2020〕33号；《关于水利建设项目稽察常见问题清单(试行)》监督质函〔2020〕16号；《水利工程设计变更管理暂行办法》水规计〔2020〕283号等。

这些水利行业标准、办法等文件的出台，为设计单位提高设计成果质量、设计文件对预防安全事故发生的指导意见和措施建议提供了保障，同时为质量与安全监督、检查工作提供了准绳，对项目顺利建设起到了积极促进作用。

3 设计质量管理

根据国家及水利部相关规定，勘测设计单位必须按其资质等级及业务范围承担相应的勘测设计任务，并主动接受水利工程质量监督机构的监督、检查。勘测设计过程应严格执行国家法律、法规、行业技术标准等相关规定，勘测设计单位的质量管理的主要内容如下：

（1）健全QES设计质量保证体系。设计单位

收稿日期：2021-03-10.

作者简介：陈大松，贵州赫章人，工程技术应用研究员，长期从事水利工程设计工作.

必须根据自身组织结构特点，建立、健全合适自身管理需要的 QES 设计质量保证体系文件，包括质量奖惩制度、质量岗位责任制度等。

(2) 加强设计过程质量控制。设计单位必须做好事前策划工作，严格进行设计文件等成文信息的校核、审查、审定、会签、批准等制度。

(3) 设计文件必须强化规程规范的执行。勘测设计文件需按相应法律、法规、规章、强制性标准或推荐性技术标准的要求进行勘测设计，包括合理使用年限及耐久性要求，施工期和运行初期的安全监测资料整理与分析提供具体要求，拟采用的新技术、新工艺、新材料、新设备等进行论证等。设计依据的基本资料应完整、准确、可靠，设计论证充分，计算成果可靠。勘测设计文件的深度应满足相应设计阶段的有关规定的要求，落实前阶段审查、审批意见。当有外委工作内容时，需对外委成果进行质量管理及把关工作。

(4) 提升服务质量。按合同或供图协议要求及时提供施工图及通知、技术要求等设计文件，并及时进行设计交底；对大中型工程，设计单位应按合同规定在施工现场成立设计代表机构或派驻设计代表，及时编写设代日志、设计月报、设计年报。在施工过程中要随时掌握施工现场情况，及时解决施工中出现的地形、建设条件等发生较大变化，施工方、项目业主等相关方提出的变更设计等问题。参与阶段验收、单位工程验收、竣工验收并提交隐蔽工程地质编录(素描及相应资料)、提交设计工作报告、对施工质量是否满足设计要求提出评价意见。参加质量事故处理并提出技术处理方案，及时整改落实监督、检查发现的勘测设计问题。

(5) 严格执行设计变更管理办法。做好项目投资、工期等控制及优化设计工作，控制重大设计变更，减少一般设计变更。严格水利工程设计变更管理暂行办法规定，当发生重大设计变更时及时向业主提交设计变更报告。

(6) 科学进行水利工程档案管理。健全档案管理责任制度，设计单位明确相关部门和人员的归档责任，并保证档案资料具有可追溯性。切实做好工程档案比如策划书、大纲、计算书、会议纪要、评审意见、设计报告、设计图纸、设计工作报告、设计总结报告、审查审批文件等成文信息的收集、整理、归档和保管工作。设计蓝图、报告、附图、技术要求、通知等属于向项目法人等单位移交的应归档文件材料，在完成收集、整理、审核工作后，应及时提交项目法人。

(7) 合同约定的其他责任和义务。

4 设计安全管理

4.1 安全管理简述

生产活动是人来赖以生存和发展的基础，安全生产是人类文明发展的必然趋势。广义的安全生产是指生产过程中自身行为安全文明，安全活动不伤害到劳动者本人及相关人员生命和人身健康、不使相关财产遭受损失，达到其不安全行为的成本无法承受来的一切行为。国家对安全生产高度重视，先后出台了不少相关文件，其中，2015 年 10 月 31 日起施行的《水利工程施工安全管理导则》[5] 及其他行业规定，规范了水利工程各相关单位安全管理行为，指导安全管理活动；2020 年 12 月 26 日中华人民共和国主席令第 66 号《中华人民共和国刑法修正案(十一)》是我国刑法第一次将对未发生重大伤亡事故或者未造成其他严重后果，但对有现实危险的违法行为的提出追究刑事责任写入新增条款。

4.2 设计安全管理

(1) 健全安全管理体系文件并保证其有效运行。设计单位的主要负责人是本单位的安全生产的第一责任人，需要代表单位与项目业主签订安全生产目标责任书；设计单位需要根据项目安全生产总目标和年度目标，制定勘测设计单位的安全生产总体目标、年度目标并以文件形式发布；制定安全生产目标考核办法，对各相关部门和管理人员安全目标的完成情况每个季度进行考核及奖惩；建立、健全安全生产责任制和监督考核机制，每年至少组织一次检查评估及修改工作；建立强制性条文自查制度，定期进行自查，形成设计自查报告。上述体系文件建议以设计服务工作手册形式刊印成册，每年年初根据上年的执行情况及国家相关要求进行修改完善指导下一年度的安全生产。

(2) 强化安全管理规范执行。勘测作业应严格执行操作规程及单位安全管理规定，安全活动不伤害到劳动者本人及相关人员生命和人身健康、不使相关财产遭受损失；按法律、法规和行业标准，尤其是必须按强制性条文规定进行勘测设计工作，设计提供资料应真实、准确，并能满足工程安全生产的需要，防止设计不合理导致安全生产事故的发生；标明重点部位、关键环节，并提出预防安全事故的指导意见和措施建议；对新结构、新材料、新工艺和特殊结构的工程，提出保证施工作业人员安全和预防生产安全事故的措施建议；在初步设计报告中编制安全专篇，在项目概算中按规定编制安全生产费用。

（3）做好安全生产交底工作。在工程开工前，应向施工、监理、业主说明勘测设计意图，解释勘测设计文件，重点说明重点部位、环节的技术要求；留下交底记录备查，规避设计安全生产责任。

（4）风险管控与事故排查。制定危险源辨识和风险管理制度，开工前参与项目法人组织的其他参建单位一起研究制定的危险源与风险管理制度，按该制度明确的设计单位职责、辨识方法、流程、方式，全面开展危险源辨识与风险评价工作。施工期安全负责人要参与安全生产月例会等会议，根据生产进度安排，对危险源进行动态管理，及时掌握危险源及风险状态和变化趋势，及时更新危险源及风险等级，并根据危险源及风险状态制定针对性的指导意见。对危险源进行登记，其中重大危险源和风险等级为重大的一般危险源应建立专项档案，明确管理部门及责任人，重大危险源成果资料及时提交项目法人处理。勘测设计单位项目技术负责人及相关人员应参与由施工单位组织召开的专项施工方案的审查论证会(该专项方案为超过一定规模的危险性较大的单项工程，经施工单位内部审核合格，并由施工单位总部技术负责人署名确认的成果资料)。每年度汛前以度汛报告形式提出工程度汛标准、工程形象面貌等要求。

（5）做好安全生产培训工作。建立安全生产培训制度，明确安全生产培训的对象与内容、组织与管理、检查与考核等要求。设计单位现场的主要负责人和安全管理人员应接受安全培训，安全培训每年至少进行 1 次。其中，主要负责人和安全生产管理人员初次安全生产培训时间不得少 32 学时，每年接受再培训时间不得少于 12 学时，新上岗其他工作人员岗前培训不得少于 24 学时，每年接受再培训时间不得少于 8 学时；并经考试合格方能上岗，培训情况记入个人工作档案。培训内容包括国家安全生产方针、法律法规、安全管理知识等综合知识。

（6）按档案管理规定进行档案管理。其具体规定与 3 节(6)相同，但是归档的内容应包括交底记录、安全技术指导文件、危险源辨识成果资料等内容。

5 结语

（1）QES 体系及安全管理体系文件的重要性。勘测设计单位是工程建设龙头，是项目能否发挥效益内在决定因素。多数水利工程的勘测设计以其要素复杂、个性突出、牵涉面广、社会影响大等特点对勘测设计质量提出了更高的要求，水利行业不少单位已经通过 ISO9001 质量体系认证，但实际操作中却存在质量体系管理和设计产品质量管理“两张皮”的现象。要保证体系文件的有效运行，需要高层领导高度重视、全员参与，领导当主编、核心成员当编辑才能制定出适合本单位组织结构特质的体系文件，也只有好的体系文件方能成为有效管理工具，受到全员的爱惜与维护，并为设计成果提供有力保证。

（2）提高设计质量，对安全事故零容忍。为业主做好服务，其本质是提高单位的竞争力，提高盈利能力，让员工有获得感与幸福感。当然要获得这些就必须需要对相关人员进行必要的岗前及在岗培训，通过培训不断学习行业技术标准，学习法律法规、新管理理念、新安全观等相关综合知识，将专业技术知识变成适应项目特点的专业技能，使提交的设计成果质量高，对项目建设安全具有建设性指导意义。

（3）过程控制是提高设计成果质量的抓手。设计成果应具有预防安全事故的指导意见和建议措施。过程控制做好了设计单位管理能力也就提高了，其设计产品质量自然也就上去了，设计产品的成本控制也会同步走上正轨。过程控制是设计单位生命力，需要通过不断总结与强化来实现。

参考文献：

[1] 吕洁.水利工程建设勘测设计质量现状及对策[J].水利技术监督，2021(01).

[2] 沈风生.提升勘测设计质量保证水利工程安全[J].中国水利报，2017(08).

[3] 中国水利水电勘测设计协会文件.关于发布《水利水电勘测设计现行技术标准名录(第 9 版)》的通知，中水协秘〔2020〕69 号[G].

[4] 苗兴皓，等.水利工程质量与安全管理[M].北京：中国建材工业出版社，2008.

[5] 水利工程施工安全管理导则：SL 721—2015[S].北京：中国水利水电出版社，2015.

大藤峡水利枢纽二期截流设计与施工

周洪云

（中国水利水电第八工程局有限公司，湖南长沙，410004）

摘要： 大藤峡水利枢纽二期大江截流具有流量大、主河槽深切、截流抛填工程量大、截流分流条件差等特点。在项目实施阶段通过各单位通力合作，提前1个月成功实现大江截流，在截流备料、高水深预进占抛填、堤头体型过程控制、单戗堤连续高强度物料抛填等方面探索出成熟的经验，其设计与施工可供后续类似工程参考借鉴。

关键词： 截流；进占；设计；施工；大藤峡水利枢纽

1 概述

大藤峡水利枢纽工程是国务院确定的172项节水供水重大水利工程的标志性工程，位于广西壮族自治区桂平市，属于珠江流域西江水系的黔江河段末端。水库总库容 34.79×10^8 m^3，总装机容量 1 600 MW，工程规模为Ⅰ等大(1)型工程。

大坝工程施工导流采用分二期导流方式，一期导流先围左岸，江水由束窄后的右岸河床过流、通航。在一期围堰的保护下，施工河床20孔泄流低孔、1孔泄流高孔、左岸厂房、纵向围堰坝段等建筑物。二期导流围右岸，江水由一期建成的20孔泄流低孔、1孔泄流高孔过流。在二期围堰的保护下，施工河床4孔泄流低孔、1孔泄流高孔、右岸厂房、右岸挡水坝等建筑物，利用已形成泄水闸孔过水、船闸通航。

二期上游围堰断面结构分上下2部分，下部为挡枯水期围堰，对枯水期围堰进行加高后形成挡大汛洪水围堰。二期上游挡枯水期围堰堰体的挡水标准为10 a重现期12至次年2月最大洪水，流量 $Q=4\ 920$ m^3/s，顶高程为29.87 m，防渗墙施工平台顶高程为31.17 m。二期上游围堰的设计挡水标准为大汛50 a重现洪水，流量 $Q=44\ 900$ m^3/s，堰顶高程为54.3 m，堰顶宽10 m。

1.1 水文及气象条件

1.1.1 气象条件

黔江流域地处低纬度地带，属亚热带季风气候区，夏季高温湿热，暴雨频繁，秋季常受台风入侵影响，冬季严寒天气很少。

坝址附近多年平均气温21.5 ℃，极端最高气温39.2 ℃，极端最低气温−3.3 ℃；多年平均年降水量为1 702.9 mm，多集中于4—8月，约占总量的70%；多年平均相对湿度80%。

1.1.2 径流

黔江流域年径流的年际变化较小，实测多年平均流量4 150 m^3/s。

黔江流域径流主要由降雨形成，径流量与降雨发生时间一致，主要集中在汛期5—10月，汛期水量占全年的80%以上，其中6—8月最大，约占年水量的55%。枯水期12—2月水量仅占年水量的7.2%。

1.2 进度要求

根据大藤峡水利枢纽工程整体工期安排，二期截流预进占从2019年10月初开始，截流时段规划为2019年11月下旬。

1.3 二期截流主要特点及难点

（1）二期截流流量大、主河槽深切、截流抛填工程量大，工期紧、抛填强度高，受截流时施工交通条件制约，无法进行两岸进占，上述边界条件均加大了截流难度。

（2）二期截流分流条件差，分流建筑物利用左岸一期20孔低孔泄水闸，低孔泄水闸位于左岸漫滩，底板高程22 m，高于主河槽河道底高程接近20 m，由此造成预进占过程龙口处分流量大，增加了截流难度 。

（3）主河槽为黔江货运船舶的主要通航通道，需兼顾航运，合理安排工期，尽量减小施工期对黔江航运的影响。

2 截流设计

2.1 截流时段选择与截流标准

根据坝址区水文资料，6—9月为汛期，3—5

收稿日期： 2021-04-20.

作者简介： 周洪云，江西赣州人，高级工程师，工程管理硕士，从事水利水电工程施工技术管理工作.

月、10—11 月为非汛期，12—2 月为枯水期，10 月、11 月、12 月各月旬平均流量见表 1。

表 1　大藤峡坝址各月旬平均流量统计

时间	设计流量/(m^3/s)	
	P=10%	P=20%
10 月上旬	5 410	4 290
10 月中旬	5 410	4 220
10 月下旬	4 740	3 730
11 月上旬	4 200	3 380
11 月中旬	3 930	3 120
11 月下旬	2 910	2 430
12 月上旬	2 810	2 000
12 月中旬	2 070	1 780
12 月下旬	1 910	1 640

截流戗堤预进占从 2019 年 10 月开始，此时施工导流一期工程形成的泄水闸已经具备过流条件。从截流难度考虑，截流时段越靠后，流量逐渐减小，难度逐渐降低。从截流后续围堰工程施工强度分析，截流时段越靠后，后续围堰工程施工强度越大，二期围堰及二期永久工程的工期将更加紧张。根据截流前后应完成的各项控制性工程的要求，将截流时间选择在 11 月。11 月下旬较上、中旬流量小，截流难度小，综合分析上述各项影响截流的因素，确定截流时段为 11 月下旬。

根据《水利水电工程施工组织设计规范》(SL303—2017)的规定，截流标准采用截流时段 5～10 a 重现期月或旬平均流量，考虑到上游龙滩水电站已经蓄水发电，截流时段可利用龙滩水电站发电间歇期，故截流洪水标准选择下限值，采用 5 a 重现期 11 月下旬洪水，相应设计流量 2 430 m^3/s。

2.2　截流方式

根据工程施工交通道路布置情况，黔江右岸布置了 1 条主要交通干道，为右岸上坝公路，其他施工道路分别与其接引。受黔江主坝泄流闸上下游明渠以及黔江河道分隔，为满足左右岸交通，在坝址下游布置了坝下交通桥。截流戗堤如考虑两侧进占，需要在左岸泄流建筑物上游明渠内架设专门的截流交通桥梁，满足截流填筑料运输要求，虽然可以加快进占速度，但架设桥梁增加投资较大，左岸一期泄水闸过流对桥梁通行安全相互间存在一定影响。根据二期河床的地形条件，结合截流水工模型试验成果，截流戗堤采用两侧进占，则龙口位于主河床的深槽区，虽然可以降低龙口处上下游水头差，但是增加了截流大块石备料量，加大了抛投强度，不利于截流。经综合考虑施工交通、截流备料等因素，龙口适合于布置在左岸较平缓的漫滩上，截流方式采用从右岸一侧单戗堤进占、立堵截流方式。

2.3　截流戗堤设计

2.3.1　戗堤位置

结合二期基坑内建筑物布置要求，将截流戗堤轴线调整成斜向下游的直线型，二期上游围堰轴线与戗堤轴线平行，间距 55.86 m。戗堤轴线长 286 m，设计断面为梯形，迎水侧边坡 1∶1.5，背水侧边坡考虑围堰闭气后可人工修坡，坡比为 1∶2.0，堤端边坡为 1∶1.5。

2.3.2　戗堤顶宽

工程石渣料源比较紧张，戗堤宽度越宽，对石料需求量越大，增加了备料难度，因此在满足截流施工要求的前提下，戗堤顶宽设置不宜过大。类比国内同类工程实践经验，按戗堤前沿能够同时布置 3 处卸车点，确定戗堤顶宽为 20 m，可满足 3 辆 20～30 t 自卸汽车同时抛投、卸料要求。

2.3.3　戗堤顶高程

戗堤在进占过程中严禁漫顶，截流戗堤顶高程应满足挡截流进占时段的黔江水位要求，同时戗堤顶作为混凝土防渗墙的施工平台，还应满足防渗墙施工期间挡黔江水位要求，两者取大值。确定截流戗堤顶高程挡水标准采用挡 10 a 重现期 12 至次年 2 月最大洪水，相应设计流量 4 920 m^3/s。根据左岸 20 孔低孔泄水闸泄流曲线成果，对应上游水位 29.17 m，考虑安全超高 0.7 m，确定截流戗堤顶高程 29.87 m。

2.4　截流水力学计算

二期截流期间分流建筑物为一期已完建的 20 孔泄流低孔，孔口尺寸 9 m×18 m(宽×高)，底板高程 22 m，左岸上游进口明渠、下游出口明渠设计底高程为 22 m。实际进口导流明渠上游还残留约 2 m 高岩坎、出口明渠未拆除完全；截流戗堤左岸(靠纵向混凝土围堰)约 50 m 长段戗堤上游坡脚已填筑了土石围堰(顶高程约 31 m)，戗堤进占至龙口剩 55 m 左右将实际合龙；截流期间实际参与分流的泄流底孔为 19 孔。根据实际残留岩坎的底孔泄流能力、11 月下旬 P=20% 频率流量 2 430 m^3/s、19 孔泄流底孔参与分流及实测戗堤水下地形资料进行截流水力学计算，计算成果见表 2。

不同流量条件下的计算水力学特征对比见表 3。

2.5　龙口位置及宽度

2.5.1　龙口位置选择

鉴于截流施工交通道路主要布置在右岸，主河槽左侧即为混凝土纵向围堰，纵向围堰所在河漫滩地高程 22 m，宽约 100 m，水深较浅，基岩裸露，适宜布置龙口。最终确定龙口布置在纵向围堰右侧的河漫滩上。

表 2　截流水力学计算成果统计(Q=2 430 m^3/s)

龙口宽/m	上游水位/m	龙口泄流量/(m^3/s)	平均单宽流量/(m^3/sm)	平均流速/(m/s)	龙口落差/m	单宽功率/(tm/sm)
120	26.834	1 219.049	28.794	3.514	1.044	30.070
115	26.949	1 106.101	29.192	3.713	1.159	33.838
110	27.095	954.075	27.914	3.938	1.305	36.432
105	27.198	846.224	29.001	4.092	1.408	40.835
100	27.336	694.314	27.434	4.280	1.546	42.401
95	27.441	575.663	28.346	4.422	1.651	46.813
90	27.576	420.557	24.600	4.610	1.786	43.940
85	27.677	301.720	31.114	5.342	1.887	73.522
80	27.772	188.338	23.451	4.862	1.982	45.894
75	27.840	104.039	16.425	4.318	2.050	25.352
70	27.887	47.031	10.201	3.684	2.097	11.460
65	27.913	14.296	4.993	2.903	2.123	3.484
60	27.923	1.300	1.184	1.797	2.133	0.317
55	27.924	0	0	0	2.134	0
0	27.924	0	0	0	2.134	0

表 3　不同流量条件下的计算水力学特征对比

流量/(m^3/s)	合龙上游水位/m	龙口最大落差/m	最大平均流速/(m/s)	最大单宽流量/(m^3/sm)	最大单宽功率/(tm/sm)
1 390	26.66	2.25	5.1	25.2	49.8
1 830	27.42	2.37	5.34	28.36	63.0
2 430	27.92	2.13	5.34	31.11	73.52
4 920	30.37	2.16	5.64	43.94	96.34

2.5.2　龙口宽度确定

预留龙口的合理宽度以预进占材料不流失为原则，尽量减少龙口抛投工程量，降低截流施工抛投强度，缩短合龙历时。根据截流水力学计算成果并结合水工模型试验成果，确定龙口宽度为 100 m。

2.6　龙口分区

根据水力学计算成果并结合龙口布置情况，截流戗堤分为非龙口段和龙口段。非龙口段为右岸预进占段，长约为 186 m；龙口段宽 100 m，分为Ⅰ、Ⅱ两个区，分区情况如下：

Ⅰ区：龙口宽 100～60 m，抛投材料主要采用 0.3～0.7 m 的块石混合料及人工料，并辅以一部分石渣料。

Ⅱ区：龙口宽 60～0 m，抛投料主要采用粒径 0.7 m 以上的块石混合料及人工料，并辅以一部分石渣料。

2.7　截流抛投材料

根据水力学计算成果，宜选用大块石及石渣料并辅以部分钢筋石笼作为截流抛投材料。针对右岸前期坝肩泥岩、泥质粉砂岩开挖料完整性较差，大、中块石料少的情况，在截流前准备部分混凝土四面体、钢筋石笼等代替大块石，并考虑部分备用量作为安全储备。根据二期截流高水深的特点，对混凝土四面体、钢筋石笼的单体尺寸适当考虑加大。根据水力学计算成果，参照已建工程实践经验，龙口不同分区的抛投材料数量见表 4。

3　截流施工

3.1　截流备料

3.1.1　备料准备

在实际备料过程中，对钢筋石笼、20 t 混凝土四面体做了部分优化：

(1) 为满足堤头快速化抛投需要，便于吊、装及运输作业，部分 20 t 四面体改为 8 t 四面体(串联抛投)。

(2) 采用坝下交通桥压重试验混凝土块(0.6 m×0.6 m×1.5 m)串联替代部分 20 t 四面体。

(3) 钢筋石笼钢筋间连接工艺结合抛投试验进行优化。钢筋笼主筋与主筋、主筋与辅筋连接方式采用双面焊接；钢筋笼辅筋与辅筋连接方式采用 16 号铁丝绑扎连接，绑扎点以梅花形布置；钢筋笼盖子与笼身连接采用 A6 钢筋绑扎连接，每个盖子设 12 个绑扎点。钢筋石笼抛投试验：将根据设计要求笼身、笼盖采用双面焊接连接的钢筋石笼(右侧)和采用 16 号铁丝绑扎连接(左侧)的钢筋石笼作了从 10m 高、1∶2 坡比的平台推下后。试验

表 4 截流戗堤设计抛投材料汇总

区段	进占长度/m	抛投料	工程量/m^3	备料量/m^3
预进占	186	石渣($d\leqslant30$ cm)	150 191	247 815
		中石(30 cm$<d\leqslant$70 cm)	16 000	26 400
		钢筋石笼(1.5 m×1.5 m×1.5 m)	675(200 个)	1 620(480 个)
		小计	166 866	275 835
龙口Ⅰ区	40	石渣($d\leqslant30$ cm)	6 956	16 694
		中石(30 cm$<d\leqslant$70 cm)	10 944	26 266
		钢筋石笼(1.5 m×1.5 m×1.5 m)	1 350(400 个)	3 240(960 个)
		混凝土四面体(单重 20 t)	434(50 个)	1 042(120 个)
		小计	19 684	47 242
龙口Ⅱ区	60	石渣($d\leqslant30$ cm)	5 257	12 617
		大石($d>70$ cm)	7 269	17 446
		钢筋石笼(1.5 m×1.5 m×1.5 m)	1 823(540 个)	4 374(1 296 个)
		混凝土四面体(单重 20 t)	528(61 个)	1 267(146 个)
		小计	14 877	35 704
合计	286		201 427	358 781

结果显示：采用双面焊接的钢筋石笼抛投后结构损坏，钢筋变形，焊点大面积脱焊，石渣料大量外漏；采用绑扎连接的钢筋石笼抛投后无结构损坏，石渣料少量外漏，整体结构较稳定。

3.1.2 实际抛投工程量

实际截流戗堤抛投总量为 250 800 m^3，其中抛投大块石(粒径>0.7 m)1 042 车、0.6 m×0.6 m×1.5 m 混凝土预制块 2 240 块、1.5 m×1.5 m×1.5 m 钢筋石笼 1 713 个，8 t 混凝土四面体 10 个。

3.2 截流交通规划

为满足截流施工需要，沿戗堤下游河岸修建 1 条岸边临时路，该道路起点为右岸上坝公路靠坝下交通桥上游侧，终点至上游围堰截流戗堤，道路宽 12 m(混凝土路面)。为满足戗堤高强度物料抛填运输需要，在戗堤上游侧修建 8.5 m 宽的 17 号施工临时路连接截流戗堤与右岸上坝公路。

岸边施工临时路靠截流戗堤端头约 60 m 范围内拓宽至 22 m 形成“喇叭口”，预进占戗堤作为运输车辆(重车)等候区域，重车编成 3 队按次序依次等候卸料，在戗堤上行驶的截流运输车辆靠围堰轴线下游侧行驶、掉头、卸料，空车从上游侧沿 17 号路返回，尽量减少与防渗墙施工干扰。整体为重车下坡空车上坡。

3.3 截流施工策划及保障

为了保障截流顺利实施，组织编写了《截流施工手册》并发放至每一个参与人员手中，确保每一个参与人员明确自己的岗位及岗位职责。测量人员实时观测堤头龙口进占情况，业主委托第三方检测水情及实时调度全盘指挥截流施工，实现截流过程信息化管理。另外组织了国内导截流施工权威专家现场指导，以对突发情况进行抉择，确保截流的有序进行。

3.4 截流设备配置

3.4.1 龙口设计抛投强度

戗堤设计顶宽 20 m，考虑同时 3 个抛投点。龙口合龙段设计抛投量 34 561 m^3，计划 48 h 合龙，平均抛投强度为 720 m^3/h，最大抛投强度为 900 m^3/h。采用 32 t(15 m^3)及 25 t(12 m^3)自卸汽车运输，运输强度为 67 车/h，要求最大抛投强度为 1.1 车/min。

3.4.2 龙口实际抛投强度

按照实际水位安全超高 1 m 左右控制，戗堤进占临时顶高程约为 28 m，顶宽约为 30 m，布置 5 车道同时卸料，理论最大抛投强度为 1 380 m^3/h，现场实际最大抛投强度达 1 462 m^3/h。

3.4.3 截流主要施工设备配置

根据理论最大抛投强度 1 380 m^3/h 配置挖装运等设备并考虑一定的安全富余。挖装主要选用 2～3 m^3 的挖掘设备，大石选用 CAT349 等反铲挖机挖装，钢筋石笼与混凝土四面体选用 50 t 汽车吊吊装。为了保证抛投物料的及时就位，在堤头布置 2 台大功率的 CATD8T 推土机，另外考虑 2 台备用。

3.5 预进占施工

主河槽为黔江货运船舶的主要通航通道，根据当地港航局的整体安排，工程自 2019 年 10 月 21 日起断航。2019 年 10 月 9 日戗堤开始预进占从右岸单向缓慢填筑，至 10 月 21 日断航后加快填筑，于 10 月 25 日 8 时预进占实际进尺 166 m，预留龙口宽度 120 m。预进占过程中实测最大流量为 1 850 m^3/s(10 月 23 日)，预进占进尺约 120 m，对应龙口平均流速 2.7 m/s。

经统计数据分析，抛投预制块、大块石、钢筋石笼后可加快预进占填筑速度，如没有及时抛填特殊材料进行保护时，会造成石渣料流失量大，甚至出现进占倒退现象。

3.6 龙口合龙

根据黔江流域中长期气象预报及加快围堰填筑施工进度的需要，于 2019 年 10 月 25 日 8 时开始二期大江截流，2019 年 10 月 26 日 13：58 成功合龙，用时 30 h。截流开始龙口宽度为 120 m，实际左岸靠纵向混凝土围堰未拆除土石围堰占压龙口上游坡脚宽度约 50m，实际截流龙口段为 120→50 m 这 70 m 长段，截流时段最大流量为 1 720 m^3/s，龙口最大流速为 5.37 m/s，最大落差 1.36 m。最大小时进占长度 12.55 m，最大小时抛投强度约 1 462 m^3/h(75 车/h，10 月 25 日下午 3—4 时)。

3.7 堤头体型过程控制

3.7.1 顶高程控制

戗堤设计顶高程 29.87 m，预进占按照设计顶高程控制抛填。龙口段抛填戗堤临时顶高程整体按照实际水位安全超高 1 m 左右控制，为 27～28 m，沿戗堤轴线方向形成 1 个降坡，既有利于重车抛投卸料，又减少大块石料的抛投用量，临时顶宽约为 30 m，可布置 5 车道同时卸料；在来水流量增大或交接班时及时将当班进占的临时断面加高培厚至设计体型。

堤头端部抛填临时顶高程亦设置成降坡，堤端上游侧顶高程宜贴着水面(安全超过约 0.5 m)，下游侧稍高(安全超高 1～1.2 m)。

3.7.2 边坡体型控制

戗堤迎水侧设计坡比 1∶1.5，背水侧坡比 1∶2，堤端坡比 11.5；迎水侧、背水侧的临时抛填坡比约为 1∶1.5，进占一定距离后采用挖机跟进修坡；堤端临时抛填坡比约为 1∶1.3，及时抛填大块石、钢筋石笼等材料裹头、护坡。

3.8 防堤头坍塌与安全进占措施

3.8.1 戗堤稳定情况判断

(1) 从堤头纵向边坡的坡比变化判断抛投料的稳定性。堤头纵向坡度在正常无流失的情况下为 1∶1.3～1∶1.5，当纵向坡比逐渐变陡达到 1∶1 或更陡时将会发生坍塌。

(2) 从流态变化判断抛投料的稳定性。采用上挑角进占，若抛投料能在水中站稳，这时必然形成急流并挑出去，在挑角下游形成回流区，而且有小跌水现象，当抛投料粒径较大而水深较浅时，跌水现象更加明显，若填料抛投下去后，见到跌水顺水流由上而下移动，则说明抛投的块体正被急流冲走。

(3) 从进占速度判断抛投料的稳定性。按戗堤的实际断面计算，每进占一定距离，对应需抛投相应数量的抛投料，若抛填了相应数量的填料不见堤头向前延伸，则说明抛投的块体正被急流冲走。

(4) 从堤头附近的情况判断堤头稳定性。当堤头附近范围内出现裂缝，缝宽逐渐增大时，表明堤头有失稳定现象；如果堤头部位高程在逐渐下降，说明堤头发生"沉陷"，出现这些现象应引起高度重视及时改变抛投方式。

3.8.2 安全进占技术措施

(1) 安排专职安全员负责堤头安全巡视工作，安全人员应该对现场施工情况进行实时观察反馈，现场施工人员听从指挥行动。在堤头、堤侧以及各危险部位分别设置安全警示牌，堤头指挥人员穿救生衣，现场配备救生人员和设备，应对险情的出现。

(2) 采用自卸汽车直接抛填时，控制自卸汽车距堤头不少于 2 m 卸料；采用堤头集料，推土机赶料回填时，自卸车距堤头前沿边线 4 m 卸料。戗堤侧边 2 m 为安全警戒距离，在戗堤地面画白色标识线，拉反光安全警示带，此范围内不允许停放任何机械设备，堤头指挥人员也不允许在此范围内滞留。

(3) 在戗堤进占时，向上游角或同时向上、下游角凸出进占，挑开急流，形成戗端缓流区，以保护堤头抛填进占，同时戗堤上游侧的堰体跟进尾随抛填，以防护进占戗堤侧面坍塌。

(4) 加强堤头夜间照明。

4 结语

(1) 大藤峡水利枢纽工程二期截流具有流量大、主河槽深切、截流抛填工程量大，工期紧、抛填强度高，受施工交通条件制约无法进行两岸进占等特点。通过各单位的通力合作，取得了良好的实施效果，2019 年 10 月 26 日二期大江截流成功，较计划工期提前 1 个月完成，为工程 2020 年安全度汛、下闸蓄水奠定了坚实的基础。

(2) 采用下部枯水期围堰堰体紧跟下游侧截流戗堤进行填筑加宽戗堤、6 d 连续高强度进占抛投、抛填特殊材料护坡(裹头)等措施，解决了高水深、大流量预进占过程的戗堤稳定问题。

(3) 修建岸边临时路及 17 号道路与场内已有右岸上坝公路联合形成截流循环道路，解决了高强度物料抛填道路瓶颈。按照实际水位安全超高 1 m 左右控制，戗堤进占临时顶高程约为 28 m，顶宽约为 30 m，布置 5 车道同时卸料，解决了高强度物料抛填戗堤瓶颈。截流设计最大抛填强度 900 m^3/h(3 个抛投点)，实际最大强度达到 1 462 m^3/h。

无人机实景建模在水利水电工程中的应用

吴高进

（中国水利水电第八工程局有限公司，湖南长沙，410004）

摘要： 文章通过无人机倾斜摄影获取的实景三维模型，结合 BIM＋GIS 技术的集成应用，可以提前形成直观仿真的项目场景和施工场地布置方案，方便工程参与各方理解设计意图，直观真实感受建成后的工程风貌。

关键词： 无人机；摄影；实景；模型；BIM 技术

1　概述

无人机航拍技术可以获取目标地段的地理环境以及地势变化，为工程项目提供更为准确的数据。同时可以用 BIM 软件结合无人机生成更为直观的实景三维模型，帮助参建人员更好了解整体工程的情况。

1.1　什么是实景模型

实景建模技术主要是以倾斜摄影为主，地面近地拍摄、点云数据为辅的解决方案。通常 1 个项目实景模型创建往往分为外业和内业 2 个部分。外业通过无人机采集照片，内业利用 Bentley 体系下 Context Capture（以下简称 CC）软件进行空三计算，建立各种格式的实景三维模型。实景数据可以作为信息化管控平台的底层数据载体，是各类应用平台中 BIM＋实景的基础。实景模型具有真三维全信息展示、可量测、可单体化赋予属性、可逆向生成测绘图纸、结合地质模型快速计算土石方量等应用方向。该技术可融合机器学习，大数据等最前沿的 IT 技术。

1.2　实景模型创建步骤

外业部分：准备好具有测绘功能的大疆无人机，选择天气晴朗、4 级风以下的天气作业。拍摄前先进行试拍，大致确定拍摄范围以及拍摄高度，避免无人机撞上山体或者建筑物。试拍完成后进行无人机航线的规划，设置好飞行路线，为了保证项目实景模型的识别度，拍摄的图片和飞行路径的重合率要在 60%以上。

内业部分：无人机拍摄完成后，在计算机端利用 Master 对拍摄的照片计算空间位置，根据计算量划分为不同的区域，形成不同的任务，然后提交空三计算，进行空三计算涉及各种设置和原始照片的处理量，在实际项目中，空三计算常常由于各种原因造成空三计算失败。通过多次调整像控点，直到空三计算成功。设置好自己需要的输出项后，通过 CC 软件可以得到 fbx、3sm、osgb、s3m、3mx、c3d 等各类数据格式实景模型。

2　项目应用

2.1　项目简介

五强溪水电站位于沅水干流中下游，湖南省沅陵县境内，上游距沅陵县城 73 km，下游距常德市 108 km。电站是以发电为主，兼有防洪、航运等综合效益的一等大(1)型工程。电站装机容量 1 200 MW（5 × 240 MW），多年平均发电量 53.29 亿 kWh，年利用小时数 4 441 h，水量利用率 80.94%。扩机工程布置于大坝右岸，主要枢纽建筑物包括岸塔式进水口、引水隧洞、阻抗式调压室、事故闸门室、压力管道、地面厂房及尾水渠。项目总投资 21.45 亿元，是沅水流域大型水电工程开发收官之做，被列为湖南省“十三五”重点工程，同时也是湖南省首个“5G”智慧工地应用示范项目。

无人机实景建模技术帮助项目拓展了视野，一是清楚直观了解到周围环境。二是将 Revit 模型与实景地形模型相结合，实现 1∶1 实景三维场地布置，并对场地布置进行实景漫游，发现各阶段布置的冲突点，实现了施工场地布置的高效优化与实景展示，减少人员劳动强度，提高施工效率，增强工程的整体质量。

2.2　硬件配置

外业作业采用大疆精灵 Phantom 4 RTK 无人机，它是一款小型多旋翼高精度航测无人机，面向低空摄影测量应用，具备厘米级导航定位系统和高性能成像系统，便携易用，其内置航线规划 App（GS RTK），全面提升航测效率。内业作业配备 2

收稿日期： 2021-04-20.

作者简介： 吴高进，工程师，大学本科，从事 BIM 技术工作．

台戴尔 5520 的移动工作站。硬件配置见表 1。

表 1 硬件配置

名称及型号	主要参数	数量
无人机	大疆精灵 4RTK 中海达 Ubase 基站 UVA 处理	1
戴尔(DELL) Precision 5520 移动工作站	CPU:Intel 酷睿 i5－7300HQ 内存:8G 硬盘:256G＋1T 显卡:M1200	2

2.3 软件配置

所有软件均在 Windows7 以上操作系统上运行。为更好进行实景模型应用，项目主要采用 Bentley＋Autodesk 公司的系列软件进行实景模型搭建、BIM 整合和展示，投入的软件配置见表 2。

表 2 软件配置

软件名称	功能及用途	数量
Bentley	实景模型创建	1
Revit	BIM 模型创建，导出等	1
Civil 3D	地质处理、原始坐标整合	1
Lumion	效果图制作及虚拟漫游	1

2.4 应用

2.4.1 无人机拍摄

航线规划：根据项目用地红线规划，基于大疆精灵 4 RTK 航测规划工具以用地红线为边界外延 100 m 范围进行航线规划，根据各个施工期情况分别建立实景模型提取数据，测绘时应选择多云天气，当在大晴天下拍摄时尽量选择中午前后使阴影区域最小化，需要连续天数航测时应记录好每一航次的气候情况。

在航拍作业前，每平方千米布设 2～4 个像控点并测量出像控点实际坐标，用于后期对实景模型进行分析定位，提升模型精确度。

2.4.2 实景模型创建

使用 Context Capture 软件创建实景模型。创建步骤：影像数据预处理、空三分析、模型生产、模型编辑修复等 4 个流程。Context Capture 软件无需人工干预便可运算生成非单体化的倾斜模型，采用全自动化的生产方式，模型生成周期短、成本低，获得倾斜影像后，经过匀光匀色等步骤，多视角影像的几何校正、联合平差等处理流程，可运算生成基于影像的超高密度点云，点云构建 TIN 模型，并以此生成基于影像纹理的高分辨率倾斜摄影三维实景模型，因此也具备倾斜影像的测绘级精度。由于模型生成的自动化，难免会存在模型匹配错误、瑕疵、漏洞等，其后通过人工干预的方式修正这些模型错误，最后将这些修正后的模型进行纹理映射，生产出最终符合要求的三维实景模型。

影像数据预处理：由于无人机航测过程中会受到相机机械本身的镜头畸变、光照强弱、大气环境变化等干扰使得像素点产生几何畸变，由此带来几何变形是倾斜影像预处理工作中最关键的内容。使用的相机像幅为 5 472 像素×3 078 像素，像素大小为 5.5 μm，焦距为 8 mm。使用 DxOOpticalpro 软件对相机镜头进行检校，根据检校参数，对航摄影像进行畸变差纠正处理。选择 GeoDodging4.0 软件对问题影像进行匀光匀色批处理，以提升原始采集的数据质量，从而达到改善三维模型数据质量的目的。

空三分析：根据不同的模型精确度对于航飞数据的要求也较不同，高精度模型需要每张倾斜影像都具有较精确的 POS 信息。由于无人机的飞行姿态不稳定，机体载重又不允许携带高精度 POS 设备，往往不具有准确的姿态信息。因此，将采用提前在地面建立控制点并后期在第三方软件进行空三预分析，如 Agisoft Metashape Professional、Inpho 及 Pix4Dmapper 中计算并纠正空三姿态信息，进行畸变差修正后再导入 Context Capture 进行建模，得到预定的高精度实景模型。详细处理流程如下：

(1) 航飞数据整理。航飞数据的整理主要包括影像信息整理和姿态信息整理 2 个方面。影像信息整理：检查影像资料的完整性与可靠性，镜头数据应按照前视、后视、左视、右视、下视分类存放，各文件夹内影像数量一致，如有多片或少片，应及时检查文件命名，删除错误相片。最后检查文件拷贝时间，如无时间跳跃值出现，表明数据结构完整。姿态信息整理：使用 MapSource 打开 gdb 文件，即可看到飞行坐标信息，将其按照 xyz 格式输出为 txt 文件，在 ArcGIS 软件中进行展点，选取作业区范围内的有效点，与下视影像进行位置对应，最后合并转角信息初步制作 EO 文件。

(2) 将初步制作的 EO 文件与影像导入 Inpho5.5 进行纠正，首先建立金字塔影像，自动采集连接点，采集结束后会列出所有图像的类型和状态，此时主要查看道路、十字路口、绿化地块等地点的接边情况，这些地区高程较低，匹配效果较好。如果效果不理想，重新执行反复优化，直到下视影像中的建筑、地物视觉上看起来形成 1 张图的效果，即可导出 EO 信息，此时的 EO 文件已完成影像的畸变差修正，可以导入 Context Capture 进行建模。

模型生产：基于以上空三解算形成的成果数

据，使用 Context Capture 软件，利用 GPU 并行加速，选择合适的地理坐标系及需要生成的实景工程文件格式（OpenSceneGraphBi — nary 文件(.osgd)、LotreeexportLo、3mx）实现三维场景运算。

模型编辑修复：模型生成后常常会出现部分破洞及水面不平整等现象，针对模型缺陷可以将其导入 3Dmax、ModeFun 等软件中进行处理分析，本项目以 ModeFun 进行模型修复，其在生产过程中选择 OBJ 格式文件，然后导入软件进行模型修复，并将数据导出到 Context Capture 进行模型重生，完成以上步骤，实景模型就创建完成。

2.4.3 BIM 模型与实景模型的整合

在分别完成 BIM 模型和实景模型的创建后，利用 Civil 3D、MicroStation 等软件，完成 BIM 模型和实景模型的整合和校对，一是可以基于现实场景的三维场地布置，二是可以上传至相关 GIS 应用平台进行信息化管控应用。

(1) 三维场地布置。以拌和系统的场地布置为例进行说明，首先利用 Revit 等主流建模软件创建项目 BIM 模型，导出 SAT 或者 DWG 文件；其次用 Civil 3D 将创建的 BIM 模型进行定位，这里要注意 BIM 模型的单位，如果 BIM 模型单位与 Civil 3D 单位不符合，可以在 Civil 3D 里将 BIM 模型进行缩放；最后用 MicroStation 导入调整后的 BIM 模型。在 MicroStation 里，可以看到拌和系统场地布置与现实场景的结合，如果场地布置与地形冲突，可以及时进行调整。根据同样的步骤，创建了项目截流和营地的场地布置。基于实景模型的三维场地布置合理地规划了截留堵头的位置与宽度，为项目成功截流提供了保障。

(2) GIS 集成。项目管控平台的 GIS 集成是以五强溪项目现实的三维实景模型为基础，以 BIM 主体模型为核心创建的，该平台集成了基础道路、水系、排水管道以及项目方案等信息，形成完整的方案展示数据库，构造 1 个信息共享、集成的、综合的工地管理和决策支持平台，实现安全、质量、工期、合同、资料等方面的数字化管理，提高工程管理水平和管理效率，为工程全生命周期的智慧管理提供重要的基础数据支撑。

2.4.4 辅助工程测量

五强溪项目处于高山峡谷之中，地形条件复杂，对于前期测量人员绘制地形图带来了很多麻烦；而无人机摄影技术可以帮助测量人员获取地形的点云数据，然后导入 Civil 3D 软件中生成地形曲面获取等高线，后续可以与倾斜摄影照片在 Infraworks 软件内无缝整合。

2.4.5 土石方量估算

实景模型可以对某地进行填挖方分析，评估出平整一定范围的地表所需要的填、挖方量分别是多少，大大解放了工程测量人员的内外业工作量。

3 结语

本文以五强溪水电站为例，介绍了三维实景模型的创建、与 BIM 模型结合进行场地布置、挖填方工程量计算等应用，得到了较好的分析、计算和展示效果。通过此案例，总结了三维实景模型在水利水电工程中的应用主要有以下几方面的优势：

(1) 相比于传统平面场地布置，无人机实景模型技术应用到场地布置有以下优点：实景模型技术能够将施工场区内的平面元素立体直观化，通过对实景模型的分析，对景观规划、环境现状、施工配套以及建成后的建筑物对周围环境的影响等各因素进行评价，同时利用 BIM 模型结合实景模型，对场地及拟建构筑物进行三维场地布置，评估规划阶段场地的使用条件和特点，最终做出该项目最理想的场地规划、建筑布局、道路交通组织关系等关键决策，提高总布置的效率。

(2) 在水利水电工程建设中，土石方量的计算是实际施工的重要依据，为施工组织设计和实际施工现场安排提供参考，传统的计算手段已不能满足水利水电工程复杂的地形状况下的造价计算，会对工程整体决策和经济指标控制造成一定的隐患，实景模型建立与实际地形相吻合的曲面模型，可以快速精确估算某一范围内的挖填方量，便于校核工程量，为经济指标的测算提供了数据基础。

(3) 实景模型方式具有远程操作速度快、模型全面准确的特点，通过无人机、航拍等技术实现远程操作，获取的模型非常准确、全面。

(4) 三维实景模型技术结合工程测量技术，将各类地形数据采集并录入地形数据库，对原始数据资料进行分析，对河道及地质资料、等高线进行仔细检查，修改错误的等高线，然后根据等高线创建地形模型，模型创建完成后继续检查过低或过高的等高线部分，修正错误，进一步修正最终形成实际地形，提升三维场部的质量，确保工程量计算的精准度。

大花水拱坝中孔闸墩裂缝成因分析及处理措施

孔信[1]，罗永刚[1]，鲁传银[2]
(1. 贵州乌江清水河水电开发有限公司，贵州贵阳，550002；
2. 中国电建集团贵阳勘测设计研究院有限公司，贵州贵阳，550081)

摘要： 文章基于高拱坝真实工作性态理论，运用三维非线性有限元分析方法开展大花水拱坝泄洪震动、中孔闸墩裂缝成因、裂缝对大坝安全度影响、裂缝处理研究。结果表明，大花水中孔闸墩裂缝是由闸墩复杂高应力状况下引起的温度裂缝，裂缝处理后对大坝整体安全无影响，可采用灌浆封闭的加固处理方案。

关键词： 拱坝；中孔；闸墩；裂缝；处理

1 概述

大花水拱坝为抛物线双曲薄拱坝，坝高 134.5 m，顶宽 7 m，底宽 23～25 m，厚高比仅为 0.173，坝顶中心弧长 198.43 m，最大中心角 81.53°，最小中心角 59.44°，坝体呈不对称布置。

大花水拱坝自 2007 年下闸蓄水以来，已运行十多年，工程总体运行情况良好。中孔出口闸墩自施工期以来，巡视检查中发现多条裂缝，部分已进行处理。但最近 2 年，2 个中孔闸墩裂缝发育多条，有平行锚索方向也有坝体与闸墩之间的裂缝，中孔孔身段发育有环向裂缝，孔身段裂缝部分孔段微渗水，闸墩裂缝多析出钙化物。如何全面掌握中孔裂缝发育形态，了解裂缝及其进一步发展、长期渗水对中孔乃至大坝整体结构的影响，确定裂缝的处理措施，并预防和控制进一步的开裂，彻底解决其安全隐患，成为大花水拱坝中孔后期安全运行亟待解决的问题。

2 裂缝成因分析

2.1 裂缝分布情况

为了掌握中孔闸墩裂缝的情况，采用三维实景建模、表面波法和声波对穿方法等手段对大坝中孔闸墩附近的裂缝发育进行检测，包括检测裂缝的长度、宽度和深度等信息。

按其裂缝走向可分 3 类：走向呈水平分布，如 YYW－L19 和 YYW－L20 裂缝；走向呈竖直向分布，如 YYW－L23 和 YYW－L26 裂缝；走向与竖直向呈 45°～60°角度分布，该类裂缝居多，如 YYW－L14、YZW－L17、ZZW－L7 裂缝。倾角多以陡倾角发育。根据裂缝物探检测成果，除 YZW－L11 裂缝最大深度为 71 cm 外，其他裂缝深度均小于 32 cm，其中裂缝深度小于 10 cm 的裂缝 4 条，裂缝深度 10～20 cm 的裂缝 31 条，裂缝深度 20～32 cm 的裂缝 33 条，结合裂缝深度分类和中孔闸墩厚度(4 m)来看，大花水拱坝中孔闸墩无贯穿性裂缝，深层裂缝 1 条(YZW－L11 裂缝)，其他均为浅表层裂缝。

2.2 泄洪震动原型监测

选取合理的部位布置泄洪振动监测点，连续记录水库低水位、高水位、水位上升和下降过程以及泄洪期间的振动情况，分析不同工况下各个测点加速度、频谱等振动响应参数，研究大坝不同工况下各结构部位的振动情况，为泄洪振动的数值模拟提供合理的依据。

泄洪震动监测包括强振动监测和裂缝监测。泄洪振动的强振动监测主要是利用三分向加速度计来监测泄洪振动时地面运动的全过程以及在其作用下的大坝结构反映情况。裂缝检测主要采用 BGK－4420 型振弦式裂缝计监测泄洪期间大坝裂缝开度变化情况。

2.3 有限元分析理论与模型

根据大花水拱坝左中孔裂缝现状，基于高拱坝真实工作性态理论，运用三维非线性有限元分析方法开展裂缝成因进行分析。拱坝有限元模型如图 1 所示。计算荷载包括考虑结构体自重、上游静水压力、主(次)锚索张拉力、弧门推力、单侧关门时另一侧的过水压力、单侧关门另一侧检修门关闭时检修门对门槽的压力、地震时结构体惯性力、地震时动水压力及泄洪震动荷载等。

收稿日期： 2021-03-25.
作者简介： 孔信，从事水工建筑物维护工作.

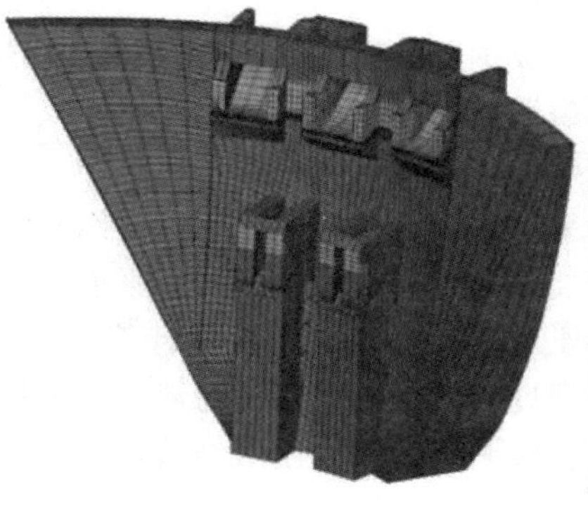
(1) 整体模型

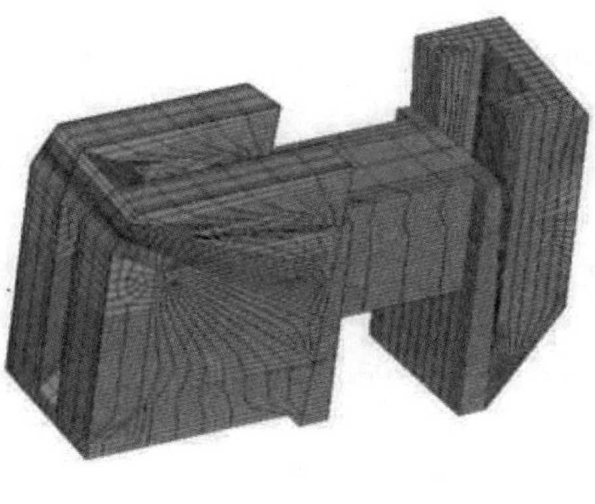
(2) 中孔闸墩细化模型

图 1　拱坝有限元模型

采用分布裂缝模型模拟裂缝的开裂行为，该模型不是直观地模拟裂缝，而是在力学上模拟裂缝的作用，分布裂缝模型假定在单元内产生平行裂缝，在裂缝表面上不能承受拉应力，但在平行于裂缝方向，可以继续承受拉应力[1]。

2.4　裂缝成因分析

根据目前中孔闸墩裂缝研究现状与成果[2-3]，结合本工程实际情况，初步拟定产生大花水中孔闸墩裂缝的可能原因有结构设计影响、坝体常规温度荷载影响、预应力锚索损失影响、竖井支承约束影响、气温骤变影响、泄洪振动[4]影响等因素。

对中孔闸墩裂缝可能的成因进行排除分析、有限元计算结果表明：

中孔主拉应力最大值出现在校核洪水位＋温升工况，为 2.12 MPa，小于中孔闸墩常态混凝土的允许抗拉强度，不至于产生裂缝。主拉应力与裂缝走向呈大角度相交，部分位置接近垂直，表明主拉应力与裂缝具有相关性，正常工况下中孔部位具有较高的拉应力储备，这增加了中孔在某些特殊工况下发生开裂的可能性。

坝体常规温度荷载影响、预应力锚索损失影响、竖井支承约束影响、泄洪振动影响等因素不是中孔闸墩产生裂缝的主要原因。

大坝运行期的第 1 年冬季(2008 年 1 月)曾遭遇 20 a 一遇大寒潮，寒潮主要影响坝体和中孔表面，气温 1 d 降 12 ℃ 工况下，中孔温度从 5.4 ℃ 降低至－1.3 ℃，中孔闸墩寒潮降温影响深度大约 20 cm，最大拉应力值由未降温前的 1.6 MPa 增大到 2.67 MPa，拉应力较大值的范围与裂缝的位置吻合度较好，同时拉应力的方向和裂缝的走向有很好的相关性，可以得出大花水中孔闸墩裂缝是由闸墩复杂高应力状况下引起的温度裂缝。此次大寒潮是中孔导墙产生裂缝的重要原因。中孔闸墩部位本身具有较高的拉应力，在气温骤变影响下易产生表面裂缝。

寒潮时右中孔右闸墩的拉应力云图，矢量图和裂缝位置比较如图 2 所示。

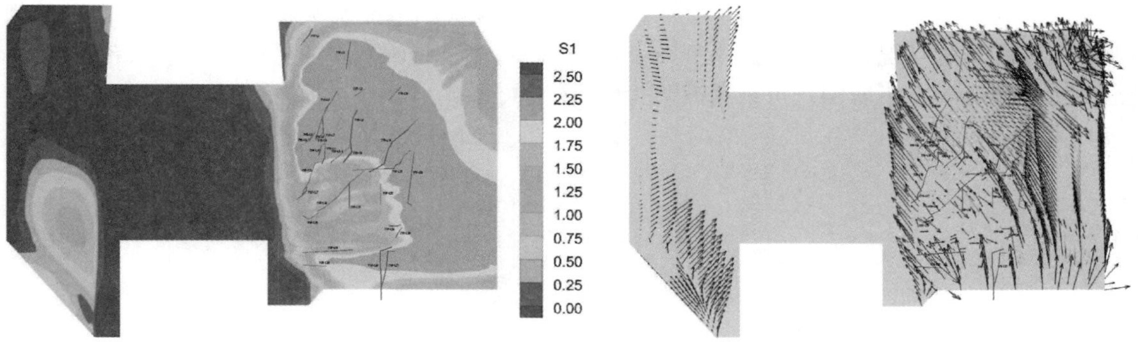

图 2　气温 1 d 降温 12 ℃ 时的右中孔右闸墩的拉应力云图、矢量图和裂缝位置比较

3　裂缝对大坝安全度影响分析

裂缝未处理状态下，大坝在正常＋温降、正常＋温升、校核＋温升工况下坝体最大顺河向位移分别为 21.0、15.8、17.4 mm，等效应力拉应力最大值分别为 1.33、1.49、1.56 MPa，这与静力部分计算结果坝体最大顺河向位移分别为 21.0、16.0、17.4 mm，等效应力拉应力最大值分别为 1.32、1.49、1.57 MPa 基本一致。综合对比静力计算分析、裂缝未处理状态下坝体变形及应力结果可知，中孔裂缝对坝体整体安全度不产生影响。

裂缝未处理状态下，中孔闸墩拉应力主要集中在闸墩表面裂缝区域周围，呈包围状环绕裂缝；相比未开裂状态计算结果，由于闸墩已经出现裂缝，中孔闸墩表面裂缝对局部应力形成释放，主拉应力值与无裂缝状态相差不大，因此，中孔闸墩表面裂缝对中孔局部结构安全度影响较小。但是从长期运行安全考虑，如果不对裂缝进行封闭处理，可能造成钢筋的锈蚀，影响闸墩的抗拉能力，从而导致裂缝的进一步扩展，因此，建议对裂缝进行封闭加固处理，确保结构的安全。

4 裂缝处理措施研究

依据裂缝安全影响分析研究成果可知，虽然从计算分析上看，中孔裂缝对坝体整体安全度不产生影响，对中孔闸墩局部应力分布情况影响较小，但是从长期运行安全考虑，如果不对裂缝进行处理，可能造成钢筋的锈蚀，影响闸墩的抗拉能力，从而导致裂缝的进一步扩展，因此，建议对裂缝进行化学灌浆处理，确保结构安全运行。

采用化学灌浆进行处理，考虑到结构的安全性，要求化学灌浆材料的抗拉强度不低于中孔闸墩混凝土的抗拉强度，不低于计算的最大拉应力值，黏结强度不低于化学灌浆材料本体的抗拉强度。为对裂缝灌浆后的中孔闸墩结构进行有限元分析，经调研部分闸墩加固工程和化学灌浆料力学参数，并根据本工程特点，拟定裂缝化学灌浆的材料力学参数，抗压强度 60 MPa、抗拉强度 4.0 MPa，钢筋握裹强度 4 MPa。

根据有限元分析表明，化学灌浆方案能增强中孔闸墩整体性，化学灌浆处理后，裂缝未发生二次开裂，但在特殊荷载组合下，闸墩应力峰值较高，寒潮工况下，闸墩灌浆区域表面出现高应力集中区域。

裂缝处理中孔应力最大值统计见表 1。

表 1 裂缝处理各工况中孔应力最大值 单位：MPa

工况	第一主应力		第三主应力	
	最大值	发生位置	最大值	发生位置
正常＋温降	1.63	闸墩顶部与坝体接触处	－5.64	进水口底部
正常＋温升	1.66	闸墩顶部与坝体接触处	－5.95	进水口底部
正常＋寒潮	2.31	闸墩外表面靠近顶部处	－5.71	进水口底部
正常＋泄洪	2.08	闸墩顶部与坝体接触处	－6.71	进水口底部

5 结语

基于高拱坝真实工作性态理论，运用三维非线性有限元分析方法开展大花水拱坝泄洪震动、中孔闸墩裂缝成因、裂缝对大坝安全度影响分析、裂缝处理措施研究。研究结果表明，大花水中孔闸墩裂缝是由闸墩复杂高应力状况下引起的温度裂缝，裂缝处理后对大坝整体安全不影响，可采用灌浆封闭加固处理方案。

参考文献：

[1] 李海枫，陈毅峰，徐秀鸣. 基于预应力实测资料的闸墩结构安全评估研究[J]. 水利水电技术，2017(09)：108-115.

[2] 孙木星，张永鑫. 云峰大坝 49＃中孔坝段左闸墩裂缝分析与处理[J]. 吉林水利，2014(9)：5-8.

[3] 吉顺文，朱岳明，强晟，曾登峰. 上犹江溢流坝段闸墩裂缝成因和结构安全影响研究[J]. 水利学报，2007：205-209.

[4] 练继建，崔广涛，林继镛. 高拱坝泄洪振动的计算分析与验证[J]. 水利学报，1999(12)：23-32.

西藏某水电站混凝土骨料料源选择及生产工艺技术

杨宁安

（华电西藏能源有限公司大古水电分公司，西藏山南，856000）

摘要：西藏某水电站混凝土骨料料源有工程开挖料、天然砂砾料、料场开采料等。文章通过对比分析，采用工程开挖料，实现了料场零开挖量的目标，不仅节约了弃渣成本和料场的开采费用，降低了工程投资，还带来很好的环保效益。同时，在复杂料源制备砂石骨料工艺技术研究方面，实现了料源超高利用率，解决了工程料源缺口，提高了小石生产能力及细骨料石粉含量，保证了混凝土成品骨料的质量，可为类似工程提供参考。

关键词：混凝土；骨料；料源；环保

1 工程概述

某电站位于西藏自治区山南市境内，为二等大(2)型工程，电站装机容量为 660 MW，多年平均发电量 32.045 亿 kWh，保证出力($P=5\%$)173.43 MW。

电站枢纽建筑物由挡水建筑物、泄洪消能建筑物、引水发电系统及升压站等组成。拦河坝为碾压混凝土重力坝，坝顶高程 3 451.0 m，最大坝高 118.0 m，坝顶长 389.0 m。发电厂房采用坝后式布置，主要由主厂房、副厂房、变电站等组成，主厂房尺寸 151.0 m×29.00 m×63.50 m(长×宽×高)，安装 4 台单机容量 165 MW 的混流式水轮发电机组。

主体及临建工程混凝土总量约 338.82 万 m^3，其中大坝工程约 220.98 万 m^3，引水发电系统约 45.60 万 m^3，过鱼设施约 18.71 万 m^3，导流隧洞、场内交通等工程约 53.52 万 m^3。

2 料源概述

通过对坝址 35 km 范围内天然建筑材料进行普查，天然砂砾料分布较少，规模相对较大的有龙达天然砂砾料场、藏巴天然砂砾料场、加查天然砂砾料场、唐麦村天然砂砾料场。石料相对分布较广，坝址区岩性为黑云母花岗闪长岩，岩质坚硬，本着就近取材的原则，初查了董古沟石料场、上坝址上游石料场及工程开挖料。

在对天然建筑材料普查的基础上，对董古沟石料场、工程开挖料进行了详查，并对龙达天然砂砾料场、藏巴天然砂砾料场、加查天然砂砾料场等进行了进一步勘察。各料场概况见表 1。

表 1 料场概况统计

料场名称	距坝址距离/km	料场岩性	分布高程/m	勘察储量/万 m^3	备 注
龙达天然砂砾料场	35	—	3 534～3 543	479	巴玉水电站勘察
藏巴天然砂砾料场	33	—	3 531～3 541	279	巴玉水电站勘察
加查天然砂砾料场	24	—	3 256～3 272	940	加查水电站勘察
董古沟石料场	3	黑云母花岗闪长岩	—	813	详查
上坝址上游石料场	3	黑云母花岗闪长岩	—	744	初查
工程开挖料	—	黑云母花岗闪长岩	—	详查	明挖为主

3 料源物理力学试验分析

3.1 工程开挖料

工程开挖料岩性主要为黑云母花岗闪长岩，灰白色，中细粒结构为主，块状构造；少部分黑云母角闪石英闪长岩，呈条带状分布，局部呈团块状，灰绿色、灰褐色，细粒全晶质粒状结构，块状构造。

收稿日期：2021-01-24.

作者简介：杨宁安，贵州天柱人，教授级高级工程师，从事水电工程建设管理工作.

物理力学试验成果显示，黑云母花岗闪长岩饱和抗压强度平均约 77.06 MPa，冻融损失率约 0.02%；黑云母角闪石英闪长岩饱和抗压强度平均约 73.34 MPa，冻融损失率约 0.02%。

开挖料岩石坚硬，无强风化，以弱风化为主，弱～微风化黑云母花岗闪长岩和黑云母角闪石英闪长岩的原岩质量均符合有关技术标准指标要求。

3.2 董古沟石料场

董古沟石料场位于雅鲁藏布江左岸江边，距坝址下游约 3 km，沿江长约 500 m，宽 260～410 m，为山脊地形，地形较完整，地面高程 3 478～3 760 m。料场岩性为黑云母花岗闪长岩夹黑云母角闪石英闪长岩，地表多基岩裸露，局部分布崩坡积覆盖层，厚 1～5 m，其余为弱风化岩石，岩质坚硬，岩体较完整。

董古沟石料场原岩物理力学试验成果显示，黑云母花岗闪长岩弱风化原岩饱和抗压强度平均约 78.27 MPa，冻融损失率约 0.01%；黑云母角闪石英闪长岩弱风化原岩饱和抗压强度平均约 90.75 MPa，冻融损失率约 0.01%。原岩质量符合有关技术标准中相关指标要求。

经岩相分析、砂浆棒快速法及压蒸法试验，均判定本料场岩石不具有碱活性。根据磨片鉴定，黑云母花岗闪长岩主要矿物成分及含量为斜长石 50%、钾长石 20%、石英 20%、黑云母 10%。矿物粒径 0.1～6.8 mm，细粒少，中粒为次，以粗粒为主。此外，人工砂中细颗粒及石粉中游离云母含量最大值为 1.7%，小于 2%，满足规范要求。

3.3 天然砂砾料场

3.3.1 *龙达天然砂砾料场*

砂砾料岩石成分主要为花岗岩、闪长岩、凝灰岩、安山岩、英安岩、砂岩、板岩等，成分复杂。天然砾石粗骨料针片状含量大部分超标，天然砂细骨料含泥量偏大，砾石和砂其他指标满足规范要求。砂砾石骨料砂浆棒快速法 14 d 试件膨胀率为 0.234%～0.265%，判定具有潜在的碱硅酸反应活性。

3.3.2 *藏巴天然砂砾料场*

天然骨料中的岩石种类复杂，主要有石英辉石闪长岩、白云母石英片岩、石英千枚岩等。现场天然骨料的筛分结果表明，天然砂的细度模数 2.35～2.60，属于中砂；含泥量 5.21%～10.7%，超过规范≤3%的要求；其他指标满足规范要求。天然砾石粗骨料针片状含量部分超标，其他指标满足规范要求。砂砾石骨料砂浆棒快速法 14 d 试件膨胀率为 0.265%～0.271%，判定具有潜在的碱硅酸反应活性。

3.3.3 *加查天然砂砾料场*

3.3.3.1 砂砾料场Ⅰ区

天然干密度平均 2.21 g/cm^3；料场全级配大于 150 mm 超径颗粒含量 5.76%～11.09%，平均 7.67%；全级配含砂率 16.31%～43.84%，平均 28.96%。

粗骨料表观密度平均 2.69 g/cm^3，含泥量平均 1.2%，20～40 mm 软弱颗粒含量平均 1.10%，5～20 mm 软弱颗粒含量平均 2.67%，针片状含量平均 0.47%。粗骨料表观密度、孔隙率、软弱颗粒含量、针片状含量、轻物质含量、有机质含量和 SO3 含量等均满足规程要求。含泥量 0.5%～1.8%，平均为 1.2%，略大于粗骨料含泥量＜1%的要求。

细骨料表观密度平均 2.66 g/cm^3，孔隙率平均 37.4%，紧密密度平均 1.66 g/cm^3，细度模数平均 3.06，云母含量平均 0.002%。细骨料表观密度、云母含量、轻物质含量、有机质、SO3 含量和冻融损失率等均满足规程要求。含泥量 7.2%～14.4%，平均为 10.9%，不满足细骨料含泥量＜3%的要求。细度模数为 2.75～3.30，平均值为 3.06，属中粗砂。

3.3.3.2 砂砾料场Ⅱ区

天然干密度平均 2.19 g/cm^3；料场全级配大于 150 mm 超径颗粒含量 6.07%～10.21%，平均 8.39%；全级配含砂率 20.97%～35.56%，平均 28.04%。

粗骨料表观密度平均 2.69 g/cm^3，含泥量平均 0.3%，0～20 mm 软弱颗粒含量平均 2.8%，5～20 mm软弱颗粒含量平均 6.50%，针片状含量平均 0.1%。粗骨料表观密度、含泥量、软弱颗粒含量、针片状含量、轻物质含量、有机质含量和 SO_3 含量等均满足规程要求。

细骨料表观密度平均 2.62 g/cm^3，细度模数平均 2.93，云母含量平均 0.002%。细骨料表观密度、云母含量、轻物质含量、有机质、SO_3 含量和冻融损失率等均满足规程要求；含泥量 11.4%～23.5%，平均为 16.8%，不满足细骨料含泥量＜3%的要求。细度模数在 2.75～3.28，平均值为 2.93，属中粗砂。

碱活性检测分析结果显示，加查坝址天然砂砾石料为非活性骨料。

4 料源选择

大古水电站主体及临建工程混凝土总量约 338.82 万 m^3，考虑开采、运输、加工过程中损耗，混凝土骨料设计需要量约 356 万 m^3(自然方)。

根据地质勘察成果，可供选择的混凝土骨料料源有工程开挖料、龙达天然砂砾料场、藏巴天然砂砾料场、加查天然砂砾料场、董古沟石料场、上坝址上游石料场，各料源主要优缺点分析如下：

4.1 工程开挖料

工程主体及临建工程石方开挖总量约 528.02 万 m^3(自然方，下同)，其中石方明挖约 403.78 万 m^3，石方洞挖约 124.24 万 m^3，工程开挖料岩性主要为黑云母花岗闪长岩，灰白色，中细粒结构为主，块状构造；少部分黑云母角闪石英闪长岩，呈条带状分布，局部呈团块状，灰绿色、灰褐色，细粒全晶质粒状结构，块状构造。开挖料岩石坚硬，无强风化，以弱风化为主，原岩质量满足规程规范中相关指标要求，可作为混凝土骨料料源。为节约工程投资，本工程优先利用工程开挖料。

根据对工程开挖料可利用量的分析，可作为混凝土骨料的料源约 223 万 m^3。工程开挖料数量不满足混凝土骨料设计开采量需要，故需再选择 133 万 m^3(石料、自然方)，或 166 万 m^3(砂砾料、自然方)等其他骨料料源进行补充。

4.2 董古沟石料场

原岩质量符合相关指标要求，储量丰富，且均不具有碱活性，开采运输较方便。董古沟上游石料场局部无用层厚约 20 m，无用料较多；开采区与规划的迁移人口安置点直线距离小于 200 m，存在爆破影响问题；开采对 S306 省道有影响，需改线。上坝址上游石料场无用层厚约 5 m，无用料较少，有用层储量丰富；开采爆破对 1 号弃渣场、汽车保养站等施工布置有影响。经比较分析，暂选择上坝址上游石料场作为混凝土骨料补充料源备选方案之一。

4.3 龙达、藏巴天然砂砾料场

龙达、藏巴天然砂砾料场有用料储量分别约 478.53 万 m^3、279.31 万 m^3，储量较丰富，但大部分为水下开采，存在有用料流失问题；料场分布高程低，汛期被淹没，需设置较大规模的堆存场。砂砾料细粒含量多、级配一般，具有潜在的碱硅酸反应活性；砾石粗骨料针片状含量超标，天然砂细骨料含泥量偏大，砂砾料总体质量较差，距坝址运距达 33～35 km，运输成本高。目前，龙达、藏巴天然砂砾料场部分被当地企业承包。综合以上原因，因此，不考虑采用龙达、藏巴天然砂砾料。

4.4 加查天然砂砾料场

加查开挖砂砾料可利用总量约 940 万 m^3(自然方、含超径和泥)，规划堆存在库内 1 号、2 号渣场，距大古坝址约 23 km，按 70%回采率，可采储量为 680 万 m^3，扣除加查水电站骨料料源设计需要量 360 万 m^3后(加查砂砾料仅作为街需水电站骨料料源的规划备用料源，暂不考虑)，其砂砾料剩余约 320 万 m^3，其中净砾石储量约 199 万 m^3，净砂储量约 112 万 m^3。砂砾料颗粒级配略不均匀，部分含泥量较高，其他砂砾料质量指标均满足规程要求。由于藏木、加查、街需电站的衔接开发，加查开挖砂砾料回采场持续存在规模化作业队伍，即具备提供合格商品砂砾料的条件。

经分析比较，加查开挖砂砾料储量满足大古补充料源的需要，质量、运距、场地条件等均优于龙达、藏巴天然砂砾料场，因此，暂选择加查开挖砂砾料作为大古混凝土骨料补充料源备选方案之一。为减少不同电站的施工干扰影响，大古工程采取购买商品料的方式利用加查开挖砂砾料。

5 制备砂石骨料工艺技术

开挖料有洞渣料、坝肩开挖料、基坑开挖天然料等，料源成分复杂、堆存无序、料级混乱、污染严重，粒径不均匀，含泥量、软弱颗粒含量超标，致使开挖料利用率在 60%左右、小石的产量低于设计值 22%、石粉含量 10.2%～24.7%，波动大。为此，针对现场开挖料存在问题，为了充分利用现场开挖料生产砂石骨料，以满足混凝土生产需要，开展了系列生产工艺技术研究。

5.1 基于复杂料源数据库的砂石系统运行参数动态调整技术

通过对料源质量检测试验及分析和单一料源工艺试生产及成果检测，形成料源复杂特性数据库。

根据不同开挖料源生产试验成果，制定技改方案及料源回采方案，同时根据数据库动态调整生产工艺及设备参数。

通过改进脱泥系统、新增级配调整、不同料源情况下细料处理工艺等措施，开挖料利用率由 65%提至 80%，解决了工程料源缺口大、原料利用率低的难题。

5.2 破碎整形和级配调整技术

根据生产性试验成果分析，在各种原料生产过程中，需对各种成品砂石骨料的比例进行调控，大石、中石及砂的产量都具有较大的调节能力，但小石的产量一直处于相对较低的状况。采用有用料单独生产时小石产能比例在 20%～22%，接近设计生产比例。按生产设计指标和实际用料情况，当使用复杂原料的混合料时，小石的产量基本在 15%～16%，小于设计和使用综合比例 22%，即比设计产能低 27%～32%左右，制约着整个砂石系统的产能。

为提高细碎调节功能，增加 1 条 1 000 mm 宽的胶带机，将调节进入细碎车间的生产料源导入半成品料仓(原半成品料的死角区)，利用该区域提高细碎调节料仓的调节能力。同时采用 ϕ 3 500 mm、厚 7 mm、长 30 m 的钢结构波纹管建 1 条出料廊道。通过布置在该出料廊道内的胶带机向细碎车间供料。通过半成品料仓中的半成品料对进入细碎车间的料源进行综合调节，保证进料量，同时对级配进行调节，实现满腔给料。破碎整形和级配调整流程如图 1 所示。

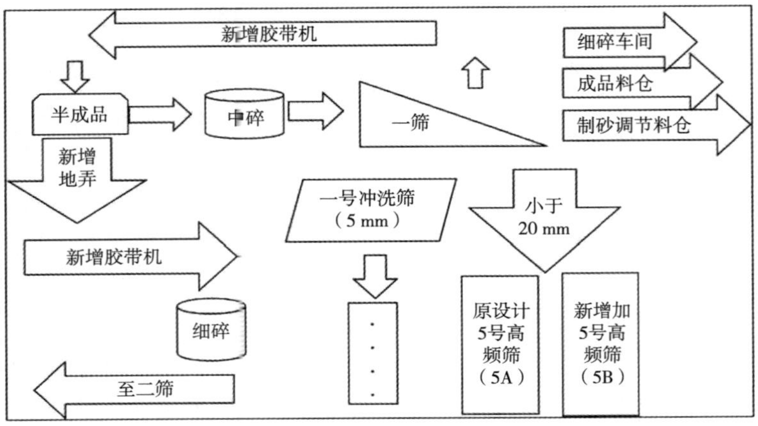

图 1　破碎整形和级配调整流程

通过以上调整方案，砂石骨料的生产调节能力得到较大的改善，小石产能从 15%～16%提升至 20%～22%，基本达到 22%的设计值，达到了全部为有用料的生产级配标准，消除了复杂料源对生产级配调节的影响。通过调整后，细碎车间圆锥式破碎机实现了满腔给料，砂石骨料粒形得到较大的改善，砂石骨料针片状含量降低 2%～3%。

5.3　石粉含量双向动态调节技术

因回采洞挖料、大坝坝肩开挖料、岸边边坡开挖料进行机制砂生产时石粉含量较高，当料源为 3 号渣场混合料及大坝基坑天然砂砾石进行机制砂生产时石粉含量较低。

为了保证成品砂的质量，根据石粉含量在线实时检测，为满足试验配合比最优石粉含量要求，常态混凝土为 15%±1%，碾压混凝土 20%±2%，石粉需要调节在 5%以上。为此，需有足够的存贮空间存贮石粉来满足调节。原设计中选粉机石粉的库存能力为 200 t，按砂石系统 320 t/h 设计生产能力计算，200 t 的储存能力无法满足 1 d 生产调节能力。而系统生产过程中，从料源开始调整，经半成品料仓，需 2 d 的时间才能调节过来。为了保证系统生产过程中石粉有充分的调节时间，因此在系统内增加了 1 个 1 000 t 散灰罐，将选粉机选取的石粉通过螺旋输送机转运到 1 000 t 罐中。

通过控制选粉机风机的频率调节风量来实现石粉回收。采用“变频选粉机—变频螺旋输送机”双向石粉输送系统，实现成品砂石粉含量动态调节，满足了试验配合比最优石粉含量要求，常态砂石粉含量控制在 15%±1%以内，碾压砂石粉含量控制在 20%±2%以内。

6　结语

西藏某水电站混凝土骨料料源有工程开挖料、天然砂砾料、董古沟石料场、上坝址上游石料场。文章通过对比分析，采用工程开挖料，实现料场零开挖量的目标，不仅节约了弃渣成本和料场的开采费用，降低工程投资，还带来很好的环保效益。同时，通过对复杂料源制备砂石骨料工艺技术分析，实现了料源超高利用率，解决了工程料源缺口，提高了小石生产能力及砂的石粉含量，保证了混凝土成品骨料的质量。

参考文献：

[1] 李太成，余奎，常作维，等. 大型水电工程混凝土骨料料源选择的思考[J]. 水力发电，2011(5).

[2] 李 柯，段大琪，崔贤淑. 大华桥水电站混凝土人工骨料料源选择[J]. 西北水电，2016(3).

[3] 王明清，王永祥. 大朝山水电站工程开挖石渣生产人工砂石骨料的利用和管理[J]. 云南水力发电，2001(4).

[4] 张云山. 敦化抽水蓄能电站砂石料加工系统工艺设计[J]. 东北水利水电，2015(1).

[5] 高孝民，石显接. 呼和浩特抽水蓄能电站高石粉含量料源砂石加骨料工艺系统设计改造[J]. 内蒙古水利，2012(6).

独立玄武岩纤维复合筋锚杆锚具的研制

李茂胜，王森

（中国水利水电第九工程局有限公司五公司，贵州贵阳，550001）

摘要：本文对玄武岩纤维复合筋（BFRP）开展试验研究。相对于钢筋易腐蚀、焊接点多、焊接长度浪费大的缺点，BFRP可以纵向连续生产，节约了连接长度和减少筋的连接工序，从而加快项目边坡支护施工进度，保证工程建设质量及寿命。

关键词：玄武岩纤维复合筋；性能；锚杆；锚具；研制

0 引言

玄武岩纤维复合筋(BFRP)是以玄武岩纤维为增强材料，合成树脂为基体材料，并掺入适量辅助剂，经拉挤工艺和特殊的表面处理形成的一种新型非金属复合材料。玄武岩纤维复合筋具有高强、轻质、耐碱、耐酸和耐自然元素的腐蚀等优异的物理化学性质。同时，玄武岩纤维复合筋的热膨胀系数与混凝土相近，确保了混凝土可根据路段长度进行配置，减少了钢筋配筋，纵向可连续生产，用于连续配筋，可根据路段长度进行配置。玄武岩纤维复合筋相比钢筋，不仅具有强度高、质量轻等优点，其筋材造价节省20%左右，且随着复合筋实现规模化生产，其造价将逐步降低，所以具有广泛的工程运用前景。

1 工程概况

(1)光照电站至沪昆高速晴隆收费站段的改扩建工程设计等级为二级公路，路线全长14.434 km，宽12 m，设计速度40 km/h。工程建设内容主要包含路基路面、边坡支挡与防护、路基路面排水、桥梁涵洞、安全设施等。

(2) 工程全线喷锚(钢筋锚杆)边坡支护共有22 000 m^2，累计投入约为562.22万元，目前工程已完成所有边坡开挖及表面修整任务，如果能够实现玄武岩纤维复合筋在所有喷锚边坡中的利用，将至少节约施工成本约56.2万元。

(3) 2017年9月“玄武岩纤维复合筋在岩土高边坡锚固支护中的应用与研究”科研课题立项完成，该科研依托本工程进行研究并形成成果。

2 主要技术难点及解决措施

难点一：BFRP具有很高的抗拉强度，但是本身材料是一种脆性材料，抗剪性能稍弱，在进行BFRP力学性能试验时，需要考虑如何将BFRP放置在万能试验机上的夹具中。

解决措施：在制作杆件的时候，考虑在筋材的两端使用锚具作为保护端，保证BFRP不被万能试验机夹坏。

难点二：锚具由于需要和加强筋通过焊接连接，才能达到力的相互传递，但由于BFRP本身的材料特性，不能直接和钢制品连接。

解决措施：选取需要相对应的锚具，锚具必须要将剪力均匀分散，这样就能充分发挥玄武岩纤维复合筋优异的物化性能。

3 确定目标及可行性分析

3.1 研制目的

通过锚具对能够和BFRP筋材牢固连接的同时，又能与钢筋加强筋相互焊接，进而使之与网筋绑扎紧密，使喷层和锚杆对边坡提供约束和支护力，改善岩体的受力条件，使接近二向的受力状态朝向三向受力状态转化，从而为BFRP筋材替代传统钢筋作为边坡喷锚防护锚杆的方案提供保证。活动的目的是自制锚具，与玄武岩纤维复合筋相互之间达到可靠连接。

3.2 可行性分析

项目中选用的是A16的BFRP筋材作为锚杆使用，BFRP筋材在万能机上的拉伸试验数据见表1。

通过表1可知BFRP筋材的极限抗拉强度远大于传统钢筋，且玄武岩纤维锚杆的纵向和横向热膨

收稿日期：2021-03-23.

作者简介：李茂胜，贵州贵阳人，工程师，从事公路工程技术及管理工作；王森，贵州贵阳人，工程师，从事工程技术及管理工作.

表 1　最大拉应力对比

筋材类型	试件编号	筋材最大应力/MPa
玄武岩纤维复合筋筋材（ϕ16 mm）	001	1 254.45
	002	1 154.69
	003	1 289.14
钢筋筋材（C25 mm）	004	585.64
	005	540.31
	006	524.56

胀系数与砂浆和岩层相近，消除了 M30 砂浆由于温度变化带来膨胀应力破坏或损失的影响。故只需保证自制锚具与 BFRP 筋材的咬合力满足设计及规范要求即可。

4　方案确定

4.1　总体思路并分析

确定目标后，通过头脑风暴法，从多角度提出可供选择的意见、观点，整理后，提出 3 种备选方案。根据方案分析，小组成员根据亲和图选择原则，分别从经济性、可靠性、方便性进行综合分析选择，分析过程见表 2。

表 2　备选方案分析

项目	方案一	方案二	方案三
	钢筋＋钢箍（机械连接）	钢管＋螺母＋钢垫板（胶接）	钢管＋钢筋＋焊接（胶接）
实物展示			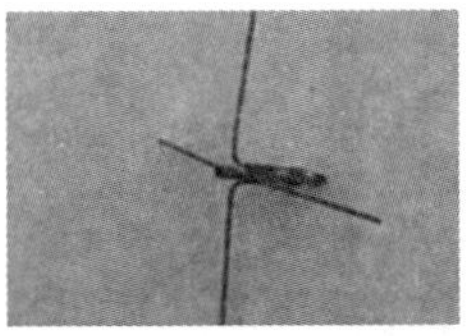
方案说明	钢筋平均分列于筋材四周；采用钢箍在上下两头对钢筋和筋材进行绑扎固定	将无缝钢管在一头外壁车床车丝；外车丝部分采用加厚钢材垫片与螺母进行固定；筋材插入无缝钢管，两者之间采用植筋胶连接	钢筋均匀分布焊接于无缝钢管外壁；筋材插入无缝钢管之间采用植筋胶连接
经济性	制作成本：约 8 元/个，低	制作成本：约 40 元/个，高	制作成本：约 18 元/个，适中
可靠性	40 kN 即可使其脱落，不满足要求	抗脱能力非常强（≥160 kN），满足要求	抗脱能力较强（≥135 kN），满足要求
适用性	方便加工，方便施工	加工复杂及现场施工难度较大	加工方便，方便施工
结论	不采用	不采用	采用

4.2　总体方案设计

最终确定方案三：钢管＋钢筋＋焊接（胶水连接）自制 BFRP 锚杆锚具作为总体方案。自制独立 BFRP 锚杆锚具总方案包括钢筋、无缝钢管和植筋胶 3 个组成部分，并进行了主体方案分解并一一进行确定，最终选定施工方案图及制定设计图，如图 1 所示，并制订方案实施表，见表 3。

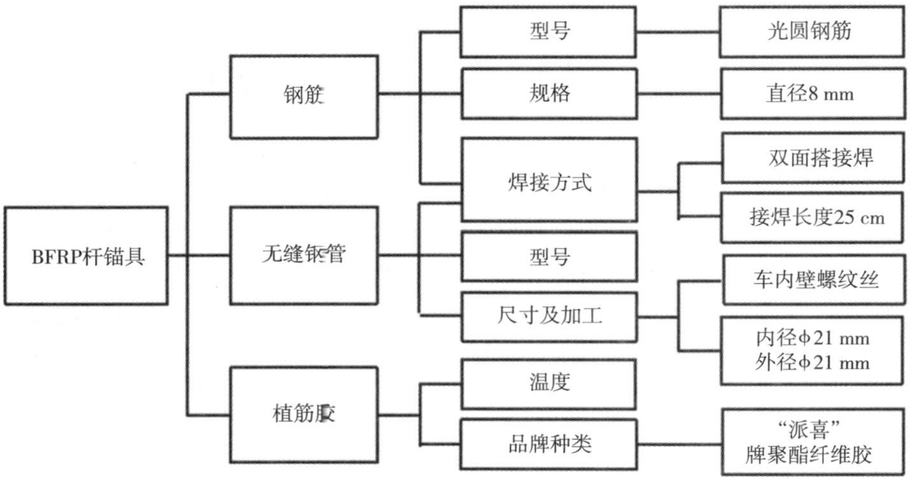

图 1　方案确认图

表 3　方案实施示意表

项目	目标	措施	地点
钢筋制作、安装	加工实物尺寸 100% 符合设计、使用要求	采用 A8 圆钢，机械调直后进行长度切割；加工长度既要满足焊接长度，又能满足与网筋、加强筋的连接性	钢筋加工棚
无缝钢管制作、安装	加工实物尺寸 100% 符合设计、使用要求。	钢管采用 Q345B 无缝钢管，内壁洁净，所切长度满足施工要求；内壁车丝深度及长度满足设计要求	钢筋加工棚、操作间
锚杆与锚具胶接	加工实物尺寸 100% 符合设计、使用要求	将完成的锚具一头封堵严密；将植筋胶灌入无缝钢管中，再将 BFRP 筋材锚杆试件插入钢管	操作间
试验论证	拉伸试验均大于 120 kN	将完成施工的自制锚具进行实验室及边坡现场拉伸试验；将数据进行收集分析，得出结论	实验室

5　力学效果检查

5.1　半成品检查

按照表 1 进行加工，并在胶体达到强度后，在万能机上进行拉伸实验，得出试件破坏时拉力最低拉应力为 226.41 kN，而平均拉应力能够达到 230.94 kN，远超设计及规范要求的 120 kN，确保锚具能与锚杆进行牢固连接。

5.2　成品检查

在现场操作过程中，选取该工程桩号 K3＋140～K3＋320 段左侧深挖路堑边坡中的第 4 级边坡，再划分为试验段及对比段，同等条件对比施工，试验段边坡采用 BFRP 筋材防护，对比段边坡采用钢筋锚杆防护。对各自随意选取的 12 根锚杆（锚具）进行加载（120 kN）及卸荷，测量拉拔应变长度，得到结论：在设计规定拉拔值的加载下，研制的锚具未挣脱玄武岩纤维复合筋锚杆，且外伸量远小于规定范围的 10 cm，该锚具及锚杆体能够达到设计及规范要求，判定为合格。

6　经济效益分析

（1）人工成本。以 200 m^2 的边坡喷锚施工为例，根据实际测算，从各自锚杆材料运抵现场的时间点开始，完成一套施工工艺流程：测量放线→钻孔→（锚具）锚杆制作→锚杆安装→锚杆孔注浆→锚杆拉拔试验→喷射第 1 层混凝土→加强筋、面筋网施工→第 2 次喷射混凝土→养护，传统钢筋锚杆需 12 人协作 25 d 方可完成，采用新材料 BFRP 筋材，需要 10 个人协作 22 d 即可完成，单个人员功效提高约 36%，人力资源节约 17%。

（2）材料成本。本项目边坡喷锚支护 C25 的钢筋锚杆用量 431.7 t，折合成长度为 112 054 m；A8 钢筋网筋 85.2 t，折合成长度为 215 680 m。钢筋锚杆、锚杆弯头及钢筋网筋的成本为 208.18 万元；复合筋锚杆、自制锚具及复合筋网筋的成本为 185.29 万元。

（3）总技术经济效益。相比于传统钢筋锚杆喷锚支护，本工程可节约人工及材料成本共计 66.89 万元，节约总投资的 12%，大于活动开始前预估的 10%。

7　结论

通过独立 BFRP 锚杆锚具的研制，确保 BFRP 在喷锚边坡支护施工工艺的实施，充分验证了该装置各项性能能够满足 BFRP 在边坡喷锚支护中工艺实施的需求，使 BFRP 锚杆在路基边坡喷混凝土支护上取得成功，该装置安全、可靠、经济、实用，在同类工程中可推广应用。

参考文献：

[1] 俞晨晖. 玄武岩纤维锚杆替换钢锚杆用于边坡支护的有限元分析[J]. 甘肃水利水电技术，2018(2).

[2] 高先建，谢强，赵文，胡熠. 非预应力 BFRP 锚杆加固土质边坡设计参数确定试验研究[J]. 公路交通科技，2017(7).

[3] 高先建. 玄武岩纤维增强复合锚杆支护土质边坡设计方法的试验研究[J]. 西南交通大学，2017(2).

[4] 蔡立. 玄武岩筋材锚杆（索）锚具研制及工程应用研究[J]. 西南交通大学，2016(2).

[5] 高岩川，贺雄，胡熠. 玄武岩纤维复合筋材在岩土工程中的应用研究[J]. 四川建筑，2016(5).

房建项目如何应用BIM 5D技术来降低成本

杨昌江，王礼华

（中国水利水电第九工程局有限公司二公司，贵州贵阳，550008）

摘要：本文以榕江县东环阳光住宅小区幼儿园房建项目为例，论证BIM 5D技术应用于房建项目中降低成本的可行性和现实意义，同时初步得出基于BIM 5D技术的房建项目的成本管控方法，为同类型项目提供参考和借鉴。

关键词：BIM 5D技术；成本；管控；项目

1 概况

榕江县2017年易地扶贫搬迁安置房建设项目（东环阳光住宅小区项目）规划用地面积153 136.99 m^2，规划总建筑面积204 046.20 m^2，共28栋建筑物。其中幼儿园1栋（3层框架结构），总建筑面积约3 000 m^2，基础形式为独立基础，建筑耐火等级为二级，砌体墙外墙采用混凝土多孔砖，内墙采用混凝土大孔砖。该工程总造价约1 075万元，混凝土用量约1 300 m^3，钢材用量约160 t，砌体材料用量约840 m^3。因工程为整个阳光小区的配套建筑，同整个工程建设同时进行，资源调配等伴随整个项目，幼儿园计划总建设工期180日历天。

2 BIM 5D技术应用

BIM即建筑信息模型，这些信息有模型本身的几何信息和可视化信息。在BIM三维模型基础上增加时间维度，便形成BIM四维（4D）模型，在BIM 4D模型上再加入工程成本维度，便形成BIM 5D模型。BIM 5D模型本身不仅仅只是在BIM 3D基础上加入进度和成本信息构建基于成本的BIM 5D模型，可以在BIM 4D的基础上加入合同、质量、安全、场地模拟等信息，BIM 5D的价值是做精细化的项目管理和成本管控。BIM 5D模型构成如图1所示。

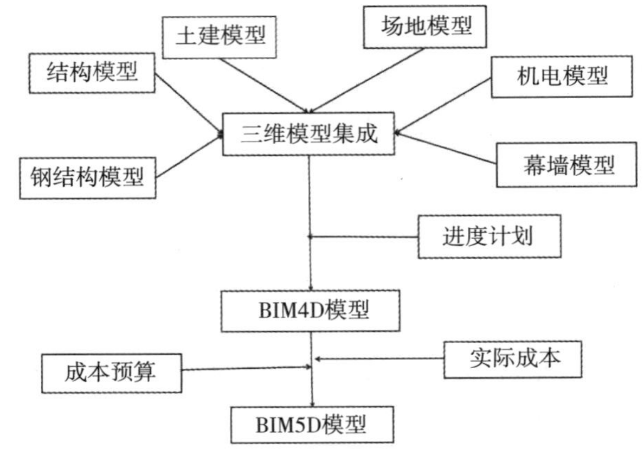

图1 BIM 5D模型构成框图

2.1 BIM 5D进度计划

在BIM 5D进度计划排布，可实现甘特图和网络图的实时转化和同平台对比，将甘特图的子父工作转化为网络图的工作分区，即可直观感受工程的关键线路，又可通过甘特图细致反应详细的细部工作。同时，最新的进度计划排布还可以实现月工作强度的提炼，对于工期紧、工程量大、工程项目复杂的项目，可根据每个月的工作强度和资源需求，合理进行资源配置和工程安排，可以减少不必要的资源设备的浪费，从而节约成本。

2.2 三维场布的应用

采用广联达BIM施工现场布置软件（GCB）进行场地三维辅助设计，建立临时设施BIM模型，并把临时设施模型并入BIM 5D管理平台，实现“一模多用，数据共享”。三维场地布置BIM模型如图2所示。

（1）场布模型设计好后，对场地布置方案进行分析评价并根据规范打分，将不合理、不合规范的设计内容指出，然后手动修正方案。

（2）场布设计还可以执行场地布置模拟预演，优化施工资源配置。通过预演的方式来发现和解决场地布置中的问题，更加合理地确定道路的规划和加工场、堆料场、垂直运输机械的位置，以达到优化整个施工阶段的施工资源的配置，达到节约成本的目的。也可执行临时设施投入统计，并输出临时设施建设预算书。

收稿日期：2021-03-23.

作者简介：杨昌江，四川成都人，助理政工师，从事房建项目技术管理工作.

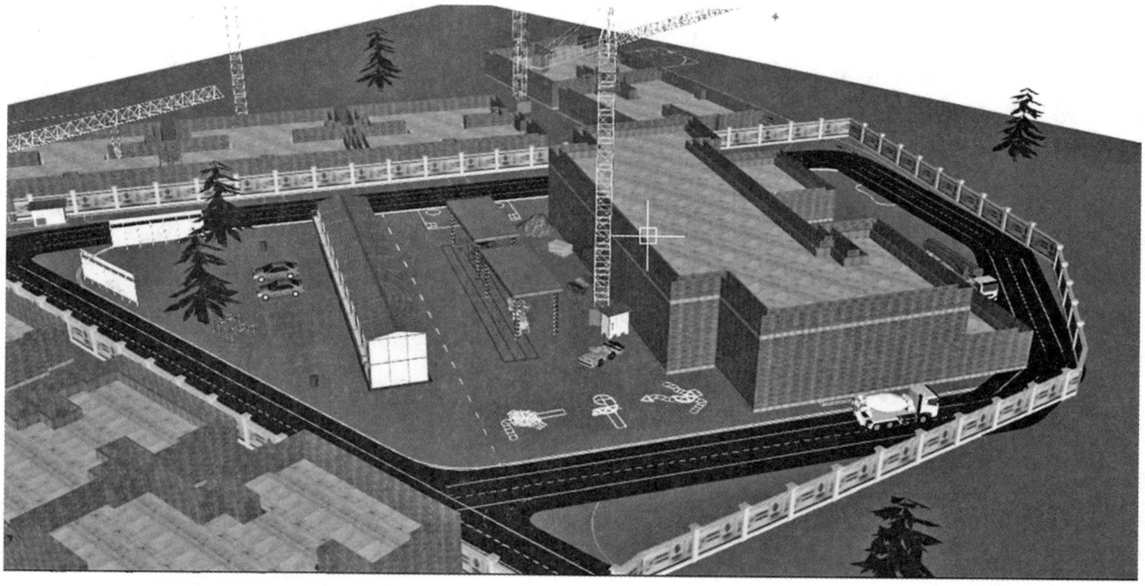

图 2　幼儿园三维场布模型

(3) 场地布置模拟优化了各式生产机械的型号和数量；直观的三维布置同步可以输出临时设施的成本投入，数字化的场地安排带来施工生产的高效运行；为临时设施的施工项目成本控制提供了数据支持。经测算，与该地区其他项目相比较，本项目因采用 BIM 5D 三维场布技术，较同类型的临时设施建设平均下降近 1.5 个百分点的投入，节约成本的效果相当明显，如表 1 所示。

表 1　榕江地区多个项目临设投入对比

项目	临时设施投入/万元	占合计总比例/%	是否使用 BIM 5D 技术
阳光小区幼儿园	14.19	1.32	是
工业园区	240.60	2.84	否
第三小学	226.96	2.93	否

2.3　碰撞检查和施工“预演”的应用

项目 BIM 5D 模型中使用碰撞检查功能，发现施工图纸上出现部分建筑、结构、机电安装工程在设计上存在的问题。通过对整个项目较为系统的检查，发现管线碰撞问题总计 9 个，预留洞口问题 5 个，总计问题 21 个。有效处理 15 处，优化处理 3 处，实现节省成本 8.26 万元。碰撞检查成本优化分析见表 2。

表 2　碰撞检查成本优化分析

部位	问题类型	数量	优化节约费用/万元	人工节约/工日	工期节约/d
主体工程	主体结构尺寸	1	1.7	2	1
主体工程	门窗	2	0.98	1	0.5
主体工程	预埋套管	4	1.15	2	1
安装工程	机电管线碰撞	9	2.84	5	2
主体工程	孔洞预留遗漏	5	1.59	2	2

对于管线更加复杂的项目，一旦缺少 BIM 5D 技术的支撑，造成的返工不仅会大量增加施工成本，而且还会增加工期计划中的关键路线所需要的时间，出现延误工期的严重情况。

但碰撞检查优化成本对模型精度要求高，因此在使用该功能前需专业人员建立高精度的模型。虽然 BIM 5D 系统可以分析出碰撞点，但是主要还是取决于对软件碰撞的相关参数设置，该项工作需要利用系统设置和具备专业经验造价员(或 BIM 工程师)来实施，若经验不足，则容易造成误判。因此，在 BIM 5D 系统的操作中，人机配合是相当重要的。

2.4　BIM 5D 模架的应用

采用 BIM 5D 软件的模架软件进行外墙脚手架和满堂脚手架的设计。先导入模型，软件通过识别模型后自动生成脚手架排布模型，可手动对模型进行调整。通过软件对模架的受力分析计算，测算模架是否满足受力要求，进行受力测算时，可根据现场拟配置的施工器具调整动荷载及安全系数，若受力分析不合格的，可实时进行调整。可手动导出模架方案和受力验算书，同时可根据模架方案，导出最优的材料需求表及计划表，可实现材料的利用率最优化。通过几个项目脚手架及模板用量的对比测算，使用 BIM 5D 模架软件进行材料计划的项目比未使用的项目模板及脚手架购买和租赁量更优，整体费用节省 3.4 万元，优化率达 2.3%。

2.5　BIM 5D 核心平台的联合使用

2.5.1　组建 BIM 5D 工作组

选定方案后，即可组建项目 BIM 5D 工作组，并根据工作组划分情况，进行 BIM 5D 项目平台的搭建，包括模型中心、数据中心及应用中心，分别对应技术端、网页端和手机端。根据各个部门工作分工情况进行合理分工。

2.5.2　核心平台的联合使用

技术部主要操作应用中心，将图纸、方案、工法等资料及时上传云端，以便于现场管理人员可及时通过手机端查看图纸，巡视点的建立及质量、安全问题及整改情况的定位查看。技术端的使用可提高交底文件编制效率有效避免工艺漏项，通过工艺工法库编制好的方案、交底或方法措施可及时推送现场，辅助交底落实和现场实施。砌体三维可视化技术交底，砌体的技术交底可导出具体部位的墙体砌块排布情况，现场可按排布情况进行实施。根据施工区域划分，导出具体砌体材料的需求量，做到材料的精细化采购，同时根据各个部位的材料需求量，定点放置材料，可减少材料的二次转运，精确控量节省材料 5%左右。

质量部和安全部人员在现场巡查过程中可直接将问题及部位反馈在手机端，该部位的班组及负责人进行整改，整改完成后直接发给问题发起人，发起人巡查整改情况并完成整改流程。可减少质量整改通知单的下达同时规避质量整改不及时，整改情况可形成周报，直接对施工队及班组进行评分，可视化管理大大增加施工队及班组的整改效率。

生产管理端可根据总进度计划生成季度计划、月度计划和周计划，并将各个计划责任划分到每个人，并进行生产跟踪。根据流水段的划分，统计各个分区的物资、设备及劳动力，形成各区域的平面作战地图和三维作战地图，管理人员可根据作战地图及时进行资源的调配。

每天生成施工日志，每周生成生产周报，可利用生成的数字信息直接开生产例会。省去管理人员提前准备时间，还可以解决不必要的扯皮现象。生成责任人累计跟踪工作汇总表，个人表现也同时一目了然。

通过各平台的联合作业，加强项目的信息共享力度，做到项目精细化管理，提高项目管理质量，减少不必要的材料费、二次转运费、返工费等，减少了项目成本的同时又提质增效。

3　结论与展望

3.1　结论

(1) BIM 5D 技术在施工项目中降低成本可行且重大意义。BIM 5D 技术优势明显大于劣势，且在行业对该技术应用不断成熟的情况下，其劣势可以得到优化，进而发挥出更大效益。企业可以通过对该技术不断应用获得更大的竞争力并在大趋势下更好发展。

(2) BIM 5D 技术可应用于招投标阶段，可提高企业投标文件的整体竞争力，帮助企业在激烈的竞争中获得更多的项目。

(3) BIM 5D 技术其精细化管理可为项目提质增效，减少管理人员的一些重复冗杂的工作。根据数据报告显示，BIM 5D 技术的应用可降低项目成本 30 万元以上，降低建设成本率达 3%，通过查询其他项目的使用情况，在 BIM 5D 技术应用更成熟的情况下，优化率可达 5%左右。

3.2　展望

(1) 关于 BIM 5D 成本优化的方法，在一定程度上对成本的优化有很大帮助，但在实际使用中，仍然很大程度依赖技术人员的经验和介入程度，在系统设计上还有很大的改进空间。

(2) 虽然建立了项目模型，但是模型是由项目部自己人员建成，没有一个完整的技术团队，人员专业程度不够和时间关系，影响模型精度，在后期分析中加入了很多人为因素，会对结论造成一定偏差。

(3) 目前，使用 BIM 5D 技术进行施工项目成本控制还处在初步阶段，BIM 5D 技术的普及和发展还有很长的路要走，而建设项目参建方转变传统的成本控制观念也需要一个适应过程。可以想象，在社会经济发展和行业转型竞争之下，BIM 5D 技术在施工项目成本控制中的作用将越来越大。

台风恶劣气候条件下群塔施工技术在高层建筑中的应用

杜学平，喻雪

（中国水利水电第九工程局有限公司四公司，贵州贵阳，550081）

摘要：文章分析建筑工程在台风恶劣气候条件下，塔式起重机械事故的风险及其机理、频率，以期最大限度地减少或避免塔式起重机械事故的发生，降低建筑业伤亡事故，加快工程进度，提高工程质量。

关键词：塔式起重机；高层建筑；台风；布置

0　引言

我国东南沿海地区频繁遭受台风侵袭，曾导致大量建筑塔式起重机械变形、受损、倒塌，尤以2015年“彩虹”台风和2017年“天鸽”台风造成的破坏最为严重。为深刻汲取教训，提高台风灾害防御能力和应急水平，避免和减轻台风灾害造成的损失，确保人民生命财产安全，根据广东省委、省政府工作部署，广东省住房和城乡建设厅组织有关专家，收集了2015年“彩虹”、2016年“莫兰蒂”、2017年“天鸽”和2018年“山竹”等台风对建筑塔式起重机械的影响、破坏情况及数据，进行了深入分析研究，并依据国家有关法律、法规和现行国家标准，围绕建筑塔式起重机械的环境因素、产品选型、安装使用、检查维护等方面提出了科学的防范措施。

随着社会主义现代化建设的全面展开，会有少则数台多则数十台的塔式起重机械组成的群塔作业出现。在现场常看到塔式起重机械参差林立，操作半径重叠，安全隐患极高。现场塔式起重机械的作业环境越来越复杂，施工难度越来越大。为了解决这一矛盾，本项目一开始从塔吊基础、塔式起重机选型、附着形式、立塔高度等多方面采取防台风措施，同时通过对多台塔式起重机械交叉作业的流程进行总结，保障群塔施工的安全运行，加快了施工进度，降低了施工成本，提高了经济效益。

1　工程概况

某项目位于广东省佛山市顺德区，用地呈西圆右方的半椭圆形，地势平整，三面环江，地块东至建设西路，南至西安亭大桥，西北至甘钢溪。项目占地面积54 376 m^2，总建筑面积195 372 m^2。容积率为2.8，规划限高为100 m，为居住用地，设计正负零取值为黄海高程6.5 m。整个项目有14座（不算社区大堂），地下室2层，局部1层。包括(一期)2～13座高层住宅楼(32层)、小区入口及其地下室，(二期)商业楼1座，(三期)1座(17层)。

施工前根据住房城乡建设部办公厅关于实施《危险性较大的分部分项工程安全管理规定》有关问题的通知建办质〔2018〕31号文件要求，塔式起重机安装、拆卸须编制安全专项施工方案，并完善相关审批手续。

2　塔式起重机平面布置及基础选型

本项目现场使用6台塔吊，属于群塔施工，在台风恶劣气候条件下，为有效防止台风对群塔的影响，通过采用预应力管桩深基础与基础承台底板同时浇筑为一整体，作为塔式起重机基础，提高塔式起重机基础整体稳定性；塔式起重机附着采用4杆连接方式与建筑物相连，增加附着数量，使塔式起重机标节与建筑物有效连接，增加塔式起重机防御台风的能力。

本工程采用QTZ80附着式塔式起重机，独立起升高度为45 m。塔吊基础面平地下室底板面－8.1 m。塔吊中轴线与建筑物外边缘的距离应大于4 m，基础所在场地应平整夯实。采用静压φ500－AB、C80高强度预应力混凝土管桩，桩有效深度23 m，采用承台尺寸长(a)＝5.0 m，宽(b)＝5.0 m，高(h)＝1.40 m；桩中心与承台中心2.0 m，承台面标高±0.00；承台混凝土等级C35。

塔式起重机平面布置如图1所示，安装参数见表1。

收稿日期：2021-03-23.

作者简介：杜学平，甘肃康乐人，工程师，从事建筑工程项目施工管理工作；喻雪，贵州贵阳人，从事办公室工作.

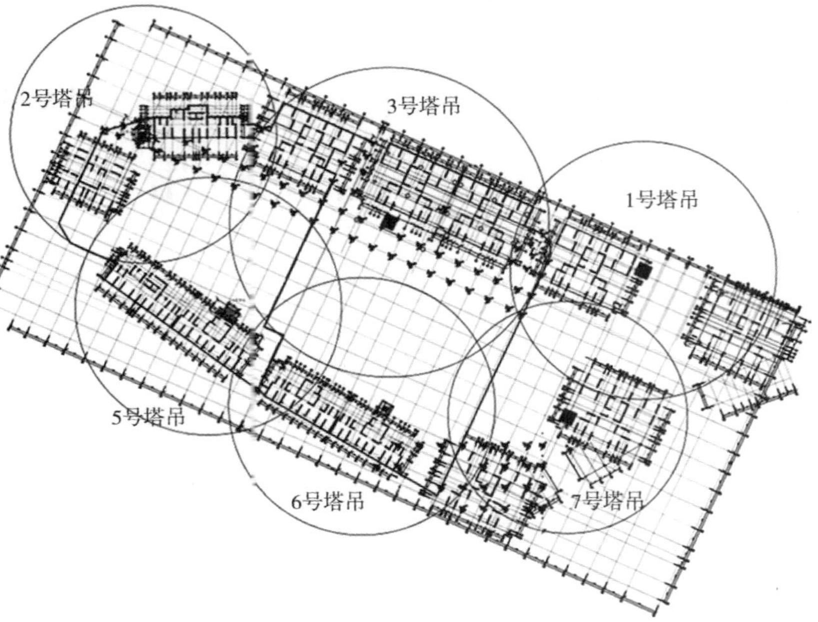

图1　塔式起重机平面布置图

表1　塔式起重机安装信息

设备编号	设备名称	型号规格	制造厂	出厂日期	初次安装高度/m	安装时间
1号	塔式起重机	QTZ80	江麓机电集团有限公司	2010－07－08	45	2018－11－05
2号	塔式起重机	QTZ80(TC6012－6)	中联重科股份有限公司	2014－02－19	40.5	2018－12－29
3号	塔式起重机	QTZ80(TC6010－6)	中联重科股份有限公司	2014－02－19	40.5	2019－02－13
5号	塔式起重机	QTZ80(TC6012)	佛山市南海高达建筑机械有限公司	2014－03－01	40.5	2018－12－29
6号	塔式起重机	QTZ80(TC6012)	中联重科股份有限公司	2014－03－08	40.5	2019－03－26
7号	塔式起重机	QTZ80(QTZ5513)	广西建工集团建筑机械制造有限责任公司	2010－02	40.5	2018－08－15

说明：1、7号塔机为同一厂家提供安装，2、3、5、6号塔机为同一厂家提供安装。

3　塔式起重机附着安装

为有效防御台风侵袭，塔式起重机采用4杆附着。4杆附着架由4个撑杆和1套环梁等组成，作用是把塔机固定在建筑物的柱子上，起着依附作用。使用时环梁套在标准节上，4角用8个调节螺栓通过顶块把标准节顶牢，其撑杆长度可调整。4根撑杆端部有大耳环与建筑物附着处铰接，4根撑杆应保持在同一个水平内，调整顶块及撑杆长度使塔身轴线垂直。塔式起重机附着架按塔机中心与建筑物距离为3.5～5 m。若实际使用时与此值不符，可适当加长或缩短撑杆，撑杆与建筑物的连接方式可以根据实际情况而定。

3.1　安装位置

塔机附墙锚固于楼层框架梁内或顶板。梁内或顶板内预埋钢板，附着撑杆与预埋钢板进行满焊相连，附墙装置由4根水平布置的撑杆和1组套在标准节主弦杆上的附着架组成，4根撑杆应布置在同一水平面内。安装附墙装置的套数由起升高度加以确定。现场附着安装如图2所示。

图2　现场附着安装

3.2　附墙撑杆的布置

为了保证塔式起重机在台风气候条件下避免失稳或倾覆，通过增加附着数量或减小附着竖向间距确保塔式起重机与建筑物之间的整体连接强度，如图3所示。

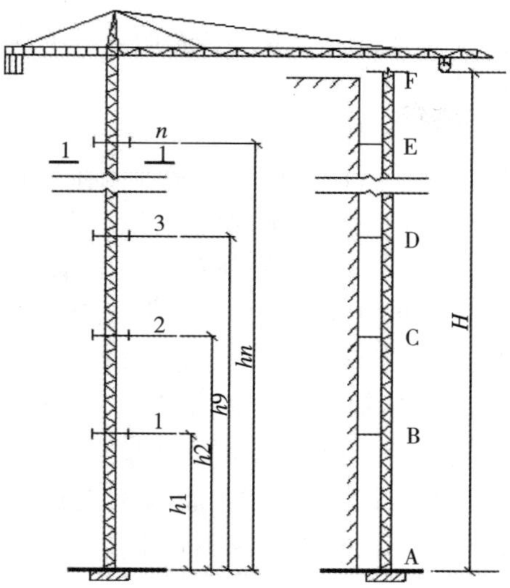

(1) 附墙正立面　　(2) 附墙侧立面

图 3　附着安装立面图

3.3　撑杆与建筑物的连接

撑杆应通过连接板及预埋螺栓与建筑物可靠地连接，待混凝土强度达 75% 以上时才能安装附着装置。

3.4　附墙受力计算

3.4.1　支座内力计算

塔机按照说明书与建筑物附着时，最上面 1 道附着装置的负荷最大，因此以此道附着杆的负荷作为设计或校核附着杆截面的依据。

风荷载标准值应按照以下公式计算：

$$\omega_k=\omega_0\times\mu_z\times\mu_s\times\beta_z$$

其中：ω_0 为基本风压(kN/m²)，按照《建筑结构荷载规范》(GBJ9)的规定采用：$\omega_0=0.390$ kN/m²；μ_z 为风压高度变化系数，按照《建筑结构荷载规范》(GBJ9)的规定采用：$\mu_z=1.860$；μ_s 为风荷载体型系数：$\mu_s=0.130$；β_z 为高度 Z 处的风振系数，$\beta_z=0.700$。

经计算 $\omega_k=0.066$ kN/m²，则风荷载的水平作用力：

$$q=\omega_k\times B\times Ks$$

其中：ω_k 为风荷载水平压力；$\omega_k=0.066$ kN/m²；B 为塔吊作用宽度，$B=1.600$ m；K_s 为迎风面积折减系数，$K_s=0.200$。

经计算，风荷载的水平作用力 $q=0.021$ kN/m，塔吊的最大倾覆力矩 $M=1\,780.000$ kNm，则计算结果 $N_w=90.089\,4$ kN。

3.4.2　附着杆内力计算

塔吊 4 附着杆件的计算属于一次超静定问题，采用结构力学计算个杆件内力，如图 4 所示。

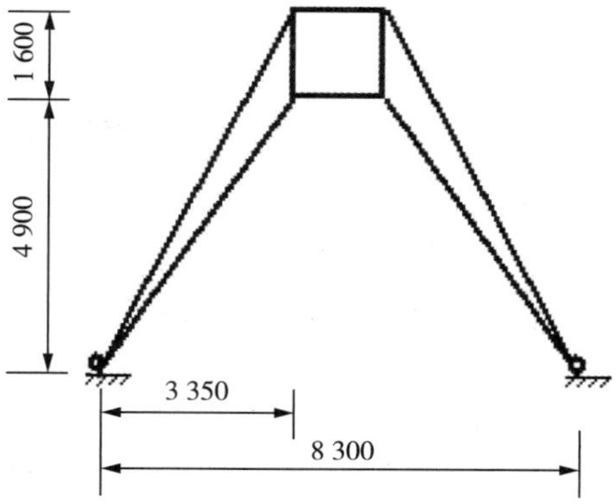

图 4　杆件计算简图（单位：mm）

计算过程如下：

$$\delta_{11}X_1+\Delta_{1p}=0$$

$$\Delta_{1p}=\sum T_{i0}T_i/EA$$

$$\delta_{11}=\sum T_{i0}T_{i0}l_i/EA$$

其中：Δ_{1p} 为静定结构的位移；T_{i0} 为 $F=1$ 时各杆件的轴向力；T_i 为在外力 M 和 P 作用下时各杆件的轴向力；l_i 为各杆件的长度。

考虑到各杆件的材料截面相同，在计算中将弹性模量 E 与截面面积 A 的积 EA 约去，可以得到：

$$X_1=-\Delta_{1p}/\delta_{11}$$

各杆件的轴向力为：

$$T_{1*}=X_1 \qquad T_{2*}=T_{20}X_1+T_2$$

$$T_{3*}=T_{30}X_{1+}T_3 \qquad T_{4*}=T_{40}X_1+T_4$$

以上的计算过程将从 0～360°循环，解得每杆件的最大轴压力，最大轴拉力：

杆 1 的最大轴向拉力为 87.65 kN，杆 1 的最大轴向压力为 87.65 kN；杆 2 的最大轴向拉力为 137.43 kN，杆 2 的最大轴向压力为 137.43 kN；杆 3 的最大轴向拉力为 244.21 kN，杆 3 的最大轴向压力为 244.21 kN；杆 4 的最大轴向拉力为 183.73 kN，杆 4 的最大轴向压力为 183.73 kN。

3.4.3　附着杆强度验算

3.4.3.1　杆件轴心受拉强度验算

验算公式：

$$\sigma=N/A_n\leqslant f$$

其中：σ 为杆件的受拉应力；N 为杆件的最大轴向拉力，$N=244.210$ kN；A_n 为杆件的截面面积，本工程选取的是 16a 号槽钢，查表可知 $A_n=2\,195.00$ mm²。

经计算，杆件的最大受拉应力 $\sigma=244.210\times 103/2\,195.00=111.257$ N/mm²，小于允许应力 215N/mm²，满足要求。

3.4.3.2　杆件轴心受压强度验算

验算公式：

$$\sigma = N/\varphi A_n \leqslant f$$

其中：σ 为为杆件的受压应力；N 为为杆件的轴向压力，杆 1 取 87.650 kN，杆 2 取 137.430 kN，杆 3 取 244.210 kN，杆 4 取 183.730 kN；A_n 为为杆件的截面面积，本工程选取的是 16a 号槽钢，查表可知 $A_n=2\ 195.00\ mm^2$；λ 为杆件长细比，由 l/i 的值确定，杆 1：$\lambda=7312.489/62.800=116$，杆 2：$\lambda=5935.697/62.800=95$，杆 3：$\lambda=5935.697/62.800=95$，杆 4：$\lambda=7312.489/62.800=116$；$\varphi$ 为杆件的受压稳定系数，由根据 λ 查表计算得出：杆 1 取 0.458，杆 2 取 0.588，杆 3 取 0.588，杆 4 取 0.458。

经计算，杆 1：$\sigma_1=87.187\ N/mm^2$，杆 2：$\sigma_2=106.480\ N/mm^2$，杆 3：$\sigma_1=189.213\ N/mm^2$，杆 4：$\sigma_2=182.760\ N/mm^2$，杆件的最大受压应力 $\sigma=189.213\ N/mm^2$，小于允许应力 $215\ N/mm^2$，满足要求。

3.4.4　附着支座连接的计算

附着支座与建筑物的连接多采用与预埋件在建筑物构件上的螺栓连接。预埋螺栓的规格和施工要求如果说明书没有规定，应该按照下面要求确定：

(1) 预埋螺栓必须用 Q235 钢制作。

(2) 附着的建筑物构件混凝土强度等级不应低于 C30。

(3) 预埋螺栓的直径≥24 mm。

(4) 预埋螺栓的埋入长度和数量满足下式要求：$0.75\ n\pi dlf=N$，其中 n 为预埋螺栓数量；d 为预埋螺栓直径；l 为预埋螺栓埋入长度；f 为预埋螺栓与混凝土黏接强度；N 为附着杆的轴向力。预埋螺栓数量，单耳支座不少于 6 只，双耳支座不少于 8 只；预埋螺栓埋入长度不少于 15 d；螺栓埋入端应作弯钩并加横向锚固钢筋。

4　群塔操作原则

(1) 低塔让高塔原则。工作繁忙时，低塔运转时应先观察高塔运行情况后再运行。

(2) 后塔让先塔原则。塔机在重叠覆盖区运行时，后进入该区域的塔机要避让先进入的塔机。

(3) 动塔让静塔原则。塔机在进入重叠覆盖区运行时，运行塔机应避让该区域内的停止塔机。

(4) 客塔让主塔原则。另一区域塔机在进入他人塔机区域时应主动避让主方塔机。

(5) 轻车让重车原则。在两塔机同时运行时，无荷载塔机应避让有荷载的塔机。

(6) 同步升降原则。所有塔机应根据具体施工情况在保证大臂不小于规定高差的条件下在规定时间内统一升降。

在实际作业中塔式起重机械往往 24 h 作业，驾驶人员即便实行两班倒工作制，但在长时间高度集中的操作中，难免会出现失误和误判，从而造成安全事故。由于场地的限制和塔身附着高度的限制，使塔式起重机械不能完全按照 2 台起重机之间的最小架设距离，应保证处于低位的起重机的臂架端部与另一台起重机塔身之间至少有 2 m 的距离，处于高位的起重机的最低位置的部件(吊钩升至最高点或最高位置的平衡重)与低位起重机中处于最高位置部件之间的垂直距离不得小于 2 m。

5　群塔防台风措施

(1) 基础、附着装置设计及整体稳定性与结构强度分析计算所采用的风压值。

(2) 建筑起重机械防御台风的具体技术措施。采用降低独立塔身高度、悬臂塔身高度或者自由端高度等措施时，应明确降低后的具体高度；采用降低顶升套架高度措施时，应说明其操作方法、顶升套架降至位置以及固定方式；采用安装缆风绳措施时，应说明其布置方式、锚固点要求及缆风绳规格；采用安装塔身加强节措施时，应明确塔身加强节的数量、安装位置，且加强节应有相应的识别标志。

(3) 台风预警信号生效时，应对塔式起重机采取下列安全措施。解除吊钩上的吊索具，吊钩升至最高限位处，小车回收至使用说明书规定的位置；回转机构制动装置采用常闭式的，应将制动装置打开，保证其能自由回转；动臂俯仰变幅塔式起重机的起重臂停放在专版使用说明书或者专项技术文件规定的仰角范围。

(4) 台风后的检查与处置。对遭受台风侵袭的建筑起重机械进行台风后的检查与维护。台风后的检查包括关键零部件、基础、底架、主要受力结构件、电控系统、安全与防护装置、抗风防滑装置、运转试验等内容。

6　结语

该工程自 2018 年开工以来，经历了 2 次特大台风，根据当地气候条件和项目施工环境，正确选择和部署群塔是群塔成功抵御台风的关键。该工程群塔施工在台风恶劣气候条件下成功的经验为后续类似群塔施工起到良好的指导和借鉴作用。

黄家湾水利枢纽工程混凝土面板堆石坝填筑质量控制

方伟[1]，王宇[2]，周成[2]

（1. 中国电建集团贵阳勘测设计研究院有限公司，贵州贵阳，550081；
2. 贵州省水利投资（集团）有限责任公司，贵州贵阳，550081）

摘要：黄家湾面板堆石坝填筑施工过程中，通过智能监控系统对大坝碾压参数进行实时监控，填筑碾压遍数合格率在90%以上。采用试坑灌水法对大坝颗粒级配、干密度、孔隙率及渗透系数等参数进行检测，各项检测数据满足设计要求。监测数据表明，坝体变形及总沉降量与同类坝型相均较小，坝体填筑质量控制取得良好成效，可供其他类似工程、尤其是大型水利建设项目借鉴和参考。

关键词：面板堆石坝；坝体；填筑；质量；控制；黄家湾水利枢纽

1 工程概况

黄家湾水利枢纽工程位于贵州安顺市南部紫云县境内。挡水大坝位于黄家湾的纳耐田下游约450 m处河段，坝轴线与该位置河道走向呈斜交布置，轴线方位角为 NE13.004°。坝顶高程为1 059.0 m，坝顶宽 10.0 m，坝轴线长 360.54 m。大坝河床段建基面高程为 978.0 m，最大坝高81.0 m。大坝上游坝坡为 1∶1.407，下游坝坡为1∶1.4。坝体采用变厚的钢筋混凝土面板防渗，面板下游设垫层区和过渡区，垫层区、过渡区水平厚度均为 4.0 m，过渡区后为大坝堆石区。在面板上游坝侧 1 020 m 以下设置黏土铺盖区，铺盖顶部水平厚度 2.5 m，上游坡 1∶1.8，在铺盖上游面设盖重区，盖重区顶部水平厚度 3.5 m，上游侧坡比为1∶2.5。大坝于 2018 年 11 月正式开始填筑施工，2019 年 7 月填筑完成，总填筑量共计 166 万 m^3。

2 坝体填筑标准

坝体分区从上游到下游分别为上游防渗补强区(上游盖重区(1B)、上游黏土铺盖区(1A))、垫层区(2A)、过渡层区(3A)、堆石区(3B)、下游护坡(3C)及大块石压脚(3D)。周边缝下游侧设置特殊垫层区(2B)，垫层区及过渡区水平宽度均为4.0 m。坝体填筑设计标准见表 1，大坝填筑剖面如图 1 所示。

表 1 坝体填筑设计标准

材料分区	干密度/(kN/m^3)	孔隙率/%	细颗粒含量 $D<5$ mm/%	黏粒含量 $D<0.075$ mm/%	渗透系数/(cm/s)	最大粒径/mm
特殊垫层区	22.3	17	30～50	<8	$10^{-4}\sim10^{-3}$	40
垫层区	22.3	17	35～55	<8	$10^{-4}\sim10^{-3}$	80
过渡区	22.0	18	10～30	<5	$10^{-3}\sim10^{-2}$	300
堆石区	21.5	20	0～20	<5	$10^{-2}\sim10^{-1}$	800

根据现场碾压试验成果结合业主、设计、监理、施工对成果的评审意见确定碾压参数，大坝填筑施工碾压参数见表 2。

表 2 碾压参数统计

材料分区	铺料厚度/cm	上料方式	压实厚度/cm	加水量/%	碾压设备	碾压遍数
特殊垫层区	22	后退法	20	10	小型振碾机	振碾 8 遍
垫层区	45	后退法	40	10	20 t 振动碾	静压 2 遍＋高档振动 8 遍
过渡区	45	后退法	40	15	20 t 振动碾	静压 2 遍＋高档振动 8 遍
堆石区	90	进占法	80	15	20 t 振动碾	静压 2 遍＋高档振动 10 遍

3 填筑施工质量控制

3.1 料源质量

(1) 坝料为大地头料场的弱风化灰岩，采用深

收稿日期：2021-05-19.
作者简介：方伟，贵州遵义人，工程师，从事材料试验研究及现场管理工作.

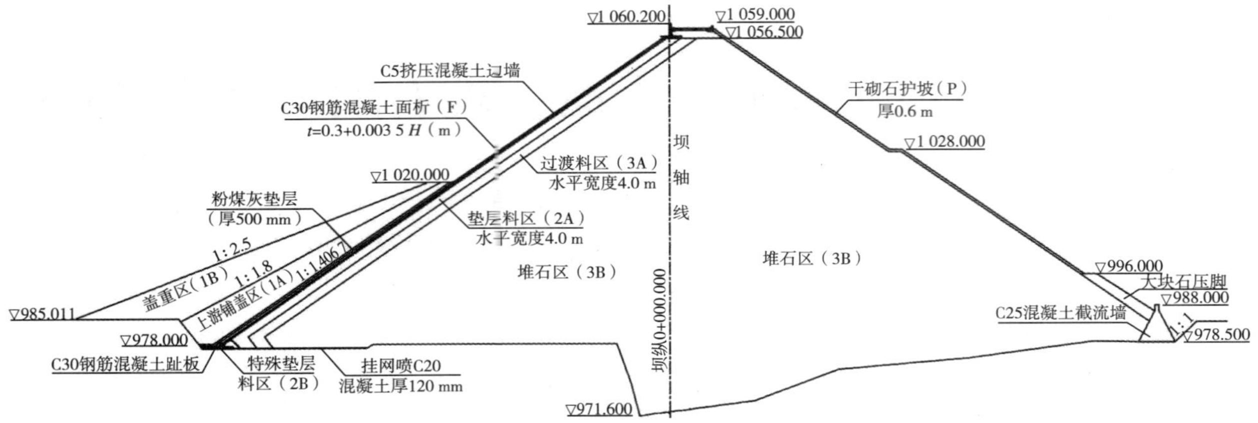

图 1　大坝填筑剖面示意图

孔梯段微差挤压爆破法开采。现场根据爆破试验成果严格控制爆破参数，保证各种坝料达到设计级配要求。

(2) 对爆破石料进行必要的破碎、筛分、掺配，石料直径小于 0.075 mm 粒组含量超过设计要求时，采用水洗法进行剔除。

(3) 加工好的各种坝料经监理检查验收合格后，堆放在干净场地并防止泥土和土块混入。

3.2　上坝料加水

加水碾压的填筑料应保证均匀加水和加水量。上坝料加水采用运输中向运输车辆加水和坝上洒水相结合的方法。

车内加水可根据车辆的吨位和堆石料的设计加水量，计算出各种车辆的理论加水量，再通过安装水表试验，确定每种车辆的加水时间，加水量通过加水时间来控制。

坝上采用移动橡胶水管和 8 t 洒水车进行坝面补充加水，主要是针对局部洒水量不足、铺筑时间过长而失水的上坝料进行碾压前的二次补充洒水。

3.3　铺、卸料及层厚

主堆料采用 25 t 自卸汽车运送到工作面进占法卸料，采用 SD16 推土机进行平料。运料车卸料控制在铺料前沿，离端点 2～3 m 处，然后用推土机平仓。这样有利于粗细骨料相互嵌密，提高施工碾压质量。仓面保持基本平整，起伏差控制在 10 cm 内，离卸料端前 2 m 位置处设置标尺控制铺填层厚。

垫层料和过渡料采用倒退法卸料，推土机配以人工铺料平仓。靠近上游坡面 30～50 cm 范围采用人工铺料，减少物料分离。

特殊垫层料采用人工配合机械薄层摊铺，每层不超过 20 cm，小型振动碾机械压实。

3.4　碾压

选用厦工 XG626H 型振动压路机自行式振动碾压，振动碾工作质量 26 t，振动频率 32 Hz，激振力 420 kN，静线载荷 722 N/cm。

行走采用进退错距法，碾压作业时，先将周边 2 m 宽的岸坡接触带顺岸坡方向来回碾压到规定遍数后，再用振动碾平行于坝轴线方向对周边以内的区域进行错距碾压。错距碾的方式是从起始位置来回碾压到规定遍数后，再固定向一侧进行来回错距。每次错距为 20 cm，行进速度不大于 2 m/s 控制。

除了保证现场碾压遍数以外，应经常检查碾压设备工作重量、频率、振幅等工作参数达到规定的要求，保持其正常的工作状态。

3.5　坝体分区交界面

为使过渡区和堆石区有良好的搭接，并保持上游坝面的平起填筑，垫层区、过渡区和堆石区的上料顺序为上游向下游铺料，允许垫层料侵占过渡区，过渡料侵占主堆石料区，但严禁粗料区侵占细料区。料区交界处避免超径大块石集中和架空现象，超径石应予以剔除。

3.6　岸坡及混凝土结合部

坝体与岸坡及混凝土结合部 2 m 范围内平行于岸坡方向碾压，人工配合机械薄层摊铺，顺坡填筑。振动碾压不到位部位，采用 10 t 液压振动夯板振实。周边缝附近先填筑 3 m 宽的垫层料，再填 4 m 宽的过渡料，与主堆石料齐平。

3.7　质量保证措施

(1) 施工过程中，从料场到坝体填筑各个工作面，实行全面质量管理和责任岗位制，确保上坝石料的质量，洒水量、铺层厚度及碾压遍数符合要求。

（2）运料车辆须挂牌标明料源种类，且标牌与实物相符，便于指挥，避免混料。

（3）各施工单元经现场监理工程师验收签证后方能进行上层填筑，杜绝盲目施工。

（4）在控制施工工艺为主的基础上，辅以对填筑层进行试坑试验，并根据抽检结果及时、有效的做出反应，充分发挥抽检成果对填筑施工质量控制的指导作用。

4 大坝碾压实时监控系统

4.1 系统建设目标

随着感知技术、网络技术、计算机技术等信息技术及坝工技术的发展，对施工过程进行实时监控是当前水利工程施工发展的一个趋势。建设一套黄家湾水利枢纽大坝碾压过程实时监控系统，实现参建各方对工程建设质量控制的深度参与、精细管理，有效提升黄家湾水利枢纽工程建设的管理水平有着重要意义。

4.2 系统设计及功能

堆石料填筑碾压过程实时监控系统结构由定位基准站、流动站、总控中心组成。实时监控系统主要实现如下功能：

（1）实时动态监测碾压机械运行轨迹和振动状态，自动监测记录碾压机械在坝面上的碾压遍数和运行速度，并在坝面施工数字地图上可视化显示。

（2）动态测量大坝各区各层堆石料的压实厚度，以及压实后的高程，并在坝面施工数字地图上可视化显示。

（3）大坝填筑过程对碾压速度、碾压遍数、振动状态等参数实时监控，异常情况发生时自动报警，使碾压施工质量在整个施工过程中始终处于受控状态。

4.3 系统运行情况

大坝填筑碾压实时监控系统于 2018 年 12 月 12 日正式投入运行。截止至 2019 年 6 月 28 日，期间共监控堆石料区高程 980.4～1051.6 中的 196 个仓面，过渡料区高程 980～1 051.2 中的 161 个仓面，以及垫层料区高程 983.2～1 051.2 中的 176 个仓面，合计共 533 个仓面。

4.4 数据分析及总结

数据监测内容主要包括碾压机行驶超速统计与分析、碾压机振动状态不达标统计与分析、仓面碾压遍数统计与分析和压实厚度数据统计与分析。主堆区、过渡区、垫层区振碾规定遍数及以上区域所占比分别为 94.13%、93.92%、95.04%。此外，监控数据反馈的碾压机行驶速度、振动状态、压实厚度等参数始终处于受控状态，现场碾压质量控制良好。

5 质量检测

大坝填筑过程中，采用试坑灌水法检测各分区料（特殊垫层料、垫层料、过渡料、堆石料）的颗粒级配、干密度、孔隙率、渗透系数等。堆石区采用 $\phi1.80\ m$ 套环，过渡料采用 $\phi1.00\ m$ 套环，垫层料采用 $\phi0.50$ m 套环。现场经施工方自检，监理平行检测，项目法人抽检合格后进行下一层填筑。对于检测结果不满足设计要求时，及时分析查找原因，包括碾压性能、铺料厚度、粗粒料集中或料性改变，及时采取相应的处理措施，如补压、粗粒料挖除处理、削减铺层厚度等。

5.1 坝料检测

对各分区填筑料质量进行检测，共计检测 447 组，检测频次满足规范要求，填筑料质量满足设计要求，详见表 3。

表 3　填筑料质量检测结果统计

填筑分区	组数/组	工程量/万 m^3	最大粒径/mm		$D<5$ mm/%		$D<0.075$ mm/%	
			设计值	实测值	设计值	实测值	设计值	实测值
堆石区	120	150.2	800	509～768	0～20	2.8～13.9	<5	0.19
过渡区	35	8.1	300	258～391	10～30	13.3～21.1	<5	0.67
垫层区	270	7.3	80	61～80	35～55	16.6～53.5	<8	5.68
特殊垫层区	22	0.4	40	34～39	30～50	33.0～47.3	<8	2.17

5.2 干密度

堆石区干密度平均值 2.18g/cm^3，过渡区干密度平均值 2.22g/cm^3，垫层区干密度平均值 2.25g/cm^3，特殊垫层区干密度平均值 2.25g/cm^3，检测结果达到设计要求，详见表 4。各填筑分区干密度数据点分布较集中，频率分布曲线基本呈正态。

5.3 孔隙率

堆石区孔隙率平均值 19.0%，过渡区孔隙率平均值 17.3%，垫层区孔隙率平均值 16.3%，特殊垫层区孔隙率平均值 16.2%，检测结果达到设计要求，详见表 5。

表 4 干密度检测结果统计

填筑分区	组数/组	干密度/(g/cm^3)				标准差/g/cm^3	
		设计值	最大值	最小值	平均值	设计值	实测值
堆石区	120	≥2.15	2.25	2.15	2.18	≤0.05	0.020
过渡区	35	≥2.20	2.26	2.21	2.22		0.015
垫层区	270	≥2.23	2.29	2.23	2.25		0.011
特殊垫层区	22	≥2.23	2.27	2.23	2.25		0.012

表 5 孔隙率检测结果统计

填筑分区	组数/组	孔隙率/%			
		设计值	最大值	最小值	平均值
堆石区	120	≤20	20.0	16.4	19.0
过渡区	35	≤18	17.9	16.0	17.3
垫层区	270	≤17	17.0	14.8	16.3
特殊垫层区	22	≤17	17.0	15.4	16.2

5.4 渗透系数

堆石区渗透系数平均值 7.69×10^{-2} 过渡区渗透系数平均值 6.64×10^{-3}，垫层区渗透系数平均值 6.96×10^{-4}、特殊垫层区渗透系数平均值 7.82×10^{-4}，检测结果达到设计要求，详见表 6。

表 6 渗透系数检测结果统计

填筑分区	组数/组	渗透系数/(cm/s)			
		设计值	最大值	最小值	平均值
堆石区	71	$10^{-2}\sim10^{-1}$	9.64×10^{-2}	2.27×10^{-2}	7.69×10^{-2}
过渡区	25	$10^{-2}\sim10^{-3}$	9.07×10^{-3}	3.24×10^{-3}	6.64×10^{-3}
垫层区	158	$10^{-4}\sim10^{-3}$	9.25×10^{-4}	1.87×10^{-4}	6.96×10^{-4}
特殊垫层区	22	$10^{-4}\sim10^{-3}$	8.72×10^{-4}	7.03×10^{-4}	7.82×10^{-4}

5.5 大坝变形及沉降监测

截至 2020 年 6 月 30 日，大坝内部变形符合面板堆石坝一般变形规律，坝体中部沉降变形大、两侧小，最大沉降部位为坝高的 1/2 位置处，即坝左 0+25 m、1 018.0 m 高程，累计沉降量 203.67 mm，约为坝高的 0.25%。

2019 年 7 月 1 日大坝填筑封顶，同年 8～11 月坝体分别沉降 2.72、2.31、2.11、0.21 mm，沉降速率均小于 3 mm/月，大坝面板在时间和监测数据上已满足张拉要求。截至 2020 年 4 月 21 日，1056.00 m 高程以下坝体累计总沉降量 270.95 mm，约为坝高的 0.34%，位于横左 0+25 m 坝轴线上，大坝变形基本符合碾压土石坝施工期沉降规律。与其他类似工程相比，该面板堆石坝坝体总的沉降量较小，沉降值在合理范围内，同时表明该大坝填筑质量控制较好。

6 结语

综上所述，黄家湾水利枢纽工程根据碾压填筑标准采取了合理的施工技术方案和质量控制方法。坝料填筑过程中，采用智能监控系统和填筑料试坑检测双控指标：各填筑料区填筑碾压遍数合格率在 90%以上；现场挖试坑检测干密度、孔隙率、渗透系数等达到设计标准，确保了黄家湾水库大坝填筑碾压质量始终处于受控状态。结合监测数据表明，该面板堆石坝坝体变形和总的沉降量较小，可供其他类似工程、尤其是大型水利建设项目借鉴和参考。

参考文献：

[1] 孟建正.猴子岩水电站面板堆石坝填筑质量监控[J].人民长江，2014，45(8)：96-98，102.

[2] 丰启顺.软岩填筑面板堆石坝的质量控制技术：以贵州省魁龙水库为例[J].人民长江，2017，48(S2)：213-216.

[3] 冀丰伟，林俊峰，陈宇.梨园水电站混凝土面板堆石坝填筑质量控制[J].水力发电，2015，41(5)：67-70.

[4] 杨泽艳，周建平，蒋国澄，等.中国混凝土面板堆石坝的发展[J].水力发电，2011，37(2)：18-23.

[5] 杨荐君，李海昌，赵青春.潘口水电站面板堆石坝填筑质量控制[J].人民长江，2012，43(16)：81-84.

[6] SL49—2015 混凝土面板堆石坝施工规范[S]，2012.

生态坝坡在混凝土面板堆石坝中的应用

晏长军，曾旭
（遵义水利水电勘测设计研究院，贵州遵义，563000）

摘要：文章结合下坝水库工程混凝土面板堆石坝下游坝坡生态化研究与结构设计，开展了由传统的坝坡向生态式坝坡优化调整的探索与应用，提出了一种在确保大坝主体结构安全、稳定的前提下，实现大坝与环境融合的生态模式。

关键词：生态；坝坡；绿化；面板堆石坝；下坝水库

1 综述

目前国内外大多数混凝土面板堆石坝下游坝坡坡度为1∶1.3～1∶1.4，表面采用混凝土预制块或干砌块石护坡，坝面因土壤附着稀少、植物和微生物的生长条件差，以至于坝面“白化”“硬化”面积较大，大坝与周边环境不协调，景观效果较差，给人以冰冷、荒凉之感。如果缺乏运行管护，坝面周围的植被尤其是灌木根系还会缓慢向坝面扩张，引起坝面变形，堆石或预制块破裂，坝体结构遭受破坏。为了践行习近平生态文明思想，深入推进贵州“大生态”战略行动，建绿色工程，走创新发展之路，本文结合下坝水库工程[1]混凝土面板堆石坝下游坝坡生态化研究与结构设计，开展了由传统的坝坡向生态式坝坡优化调整的探索与应用，提出了一种在确保大坝主体结构安全、稳定的前提下，实现大坝与环境融合的生态式混凝土面板堆石坝工程方案。

2 工程概况

下坝水库位于汇川区沙湾镇境内，坝址以上流域面积32.0 km²，水库总库容1 240万m³。坝址所处V形河谷，两岸地形以斜坡地形为主，左岸多为陡崖、基岩多裸露；右岸地形综合坡度约40°，表层为厚度多大于5 m的第四系残坡积砂质黏土、人工堆积碎石、块石等，结构松散；下伏基岩为砂质页岩夹粉砂岩等，主要为软质岩类。坝后无公路相通，位于坝后河床的放水隧洞出口闸室对外交通只能从坝顶引接，初步设计批复坝后公路方案经坝顶后在右岸坡“Z”字形布置至放水闸室。

挡水建筑物为混凝土面板堆石坝，最大坝高48 m，坝顶宽7.5 m，初步设计批复的大坝上下游坝坡为1∶1.4，坝面采用混凝土预制块护坡，护坡面积约8 200 m²。坝体材料分区由上游至下游分别为混凝土面板、垫层区、过渡区、堆石区[2]。

3 生态坝坡方案选择

近年来，随着生态理念逐步融入工程建设及其他各个方面，生态坝坡在混凝土面板堆石坝中已有不少应用案例[3]，已采用的生态护坡技术主要是植生袋技术和固土种植技术，两种技术特点均有各自的适应性和优缺点：植生袋技术将植物种子播撒在2层无纺布中间，然后通过行缝、针刺及胶粘等工艺，装上土壤制成植生袋，将其垒积于坡面，形成种植层，其优点是施工快速、基本不改变大坝下游坡度，缺点是坝面表层植生袋厚度一般只有30～50 cm，保水性较差，运行维护成本较高；固土种植技术主要包括混凝土框格固土、植草砖固土、无纺布或麦克垫固土等，其技术原理上与植生袋技术类似，只是固土方法不同，其效果多取决于土层的厚薄，土层厚则植生层保持水分、肥力性能较好，土层薄则后期管护的投入较大。

从上述2种生态护坡技术方案及其特点可以看出，植生袋技术与固土种植技术主要是在保持大坝下游坝坡不变的一种生态护坡方案，对下坝水库有一定的适应性，鉴于2种方案更多的是一种坝面的美化手段，后期长时间的正常应用将给工程运行维护增加负担，均不宜采用。

在进行护坡方案研究的同时，考虑到由坝顶引接至坝后闸室的公路原设计方案大部分在右岸坡布置，然而大坝在基础开挖中揭露右岸坡覆盖层深厚、结构松散，加之自然坡度较陡，开挖以及边坡处理工作量较原初步设计时有一定增加。虽然坝后

收稿日期：2021-03-24.
作者简介：晏长军，贵州正安人，工程师，从事水利水电工程设计工作.

右岸公路暂未进入施工，但从大坝开挖情况可以看出，如果坝后公路仍按原方案沿右岸坡布置，将很可能导致超量和高边坡问题，边坡失稳、超投资风险都较高。基于工程实际情况，提出了坝后交通结合下游生态坝坡的构建从坝面布置的构想。

经计算，在控制公路坡度为12%的情况下，若要满足公路在下游坝面“Z”字形布置，必须放缓下游坝坡不陡于1：1.8。也就是说，在原设计大坝下游坝坡1：1.4基本断面的基础上，还需向下游填筑一部分坝体，而这部分坝体正好可以利用拟外运的土石渣料进行填筑，使下游坝面具备生态化打造的基础条件，并且具备较好的肥力和保水性能。这种公路布置条件的创造、生态坝坡的打造、弃渣就地有效利用在方法上殊途同归，即利用开挖的土石渣弃料向下游延伸坝体、放缓坝坡，既具备了坝后公路布置基础条件，也满足了生态坝坡的植生土壤和养分条件，还有效利用了工程开挖的土石渣料，避免弃渣外运，节省工程投资。

4 下游坝坡结构设计与稳定分析

4.1 设计原则

在保证工程运行安全的基本前提下，生态式优化应保证大坝主体基本结构不变，并应满足结构稳定、渗透稳定等相关要求。优化调整后也应具备基本的表面变形、内部变形、渗流渗压、接缝变位等工情监测条件，且不宜额外大幅增加工程建设投资，建成后便于运行管理和维护，节省运行管理成本，最终达到使工程项目融于自然环境的目的。

4.2 结构设计

根据上述拟定的生态坝坡方案，在维持原大坝基本结构断面不变的情况下，需向下游扩大填筑坝体以放缓下游坝坡不陡于1：1.8，布置公路后下游坝面综合坡比为1：2.2。扩大填筑部分(以下简称“填土区”)采用坝基或邻近其他建筑物开挖的土石渣料进行逐层碾压堆填，为坝面的“生态化”提供基础的土壤条件、养分条件。堆石区采用强度较高的弱至微风化块石料填筑，最大石料粒径700 mm，设计填筑孔隙率为22%；填土区利用的土料为就近建筑物基础开挖弃料，多为含风化石、碎石黏土，偶夹块石，填筑压实度不小于92%，填筑干密度不小于1.65 g/cm^3；填筑完成后的坝面不需要其他特殊处理工序即可开展播撒草籽植草护坡甚至园林景观打造。

在进行坝体结构设计时，此种方案也面临着2个问题：一是堆石区全部采用块石料填筑，而填土区拟填筑的土料颗粒细小，2种填筑材料之间的过渡问题；二是原设计方案坝体透水性能良好，坝体、坝基渗水在坝脚汇聚后排向下游，而向下游扩大填筑的土料渗透性相对较差，可能导致坝体排水不畅问题。为了解决这2方面的问题，从材料分区出发，一是在堆石区与填土区之间设置了1层反滤层(兼作过渡层)，防止填土向下流失而引起堆石区淤塞(坝体排水不畅)和填土区沉陷；二是在填土区与河床之间设置1层干砌块石排水体使坝体排水通畅，根据坝体浸润线计算成果，排水层厚3 m，采用与大坝堆石区相同的材料和填筑标准。

反滤层设置于堆石区与填土区之间，其目的是防止填土向下流失而引起堆石区淤塞和填土区沉陷。反滤层设计根据堆石区、填土区材料的颗粒级配，确定反滤层的类型、级配、层数和厚度等参数。填土区作为被保护土位于反滤层的上部，渗流方向自上而下，属于Ⅰ型反滤，被保护土主要为含碎、块石黏土，按小于5 mm颗粒级配确定小于0.075 mm颗粒含量的百分数，并按小于5 mm颗粒级配的$d85$作为计算粒径。根据现场试验成果，填土区小于0.075 mm的颗粒含量为12%，$d85$=5 mm，第1层反滤层的级配按下式进行计算：

$$D_{15} \leqslant 0.7\ \mathrm{mm}+\frac{1}{25}(40-A)(4\ d_{85}-0.7\ \mathrm{mm})$$

式中：A为小于0.075 mm的颗粒含量,%；d_{85}为被保护土重小于该粒径的土重占总土重的85%。

计算得D_{15}=20 mm，即小于20 mm的颗粒占总颗粒的15%，且$D_{15} \geqslant 4\ d_{15}=0.4$，满足排水要求。同时，为防止反滤料分离，$D_{10}$(下包线)按规范取值为5 mm，$D_{90}$(上包线)为40 mm，验算$D_{15}/d_{85}=4.0$、$D_{15}/d_{15}=200$满足反滤层级配要求，反滤层厚度采用1 m。为防止被保护土细小颗粒流失，实施中还在反滤层与被保护土之间铺设了无纺布，保证反滤效果，防止细粒土淤塞反滤层。

4.3 渗流计算

大坝渗流计算采用北京理正软件进行计算，计算模型：不透水地基上斜墙坝；计算工况：大坝上下游均为最高水位(校核洪水位)。采用的坝体各部位渗透系数：$K1=1\times10^{-1}$ cm/s(堆石区、排水层)、$K2=5.0\times10^{-3}$ cm/s(填土区)、$K3=1.0\times10^{-8}$ cm/s(混凝土面板)；经计算坝体及排水层浸润线低缓，坝体渗透比降约为5%，溢出点高度2 m，而排水层厚3 m，浸润线完全处于排水层内，未进入填土区。因此，通过排水区的设置，可以避免填土区对大坝排水的影响，实现坝体自有排水。

4.4 坝坡稳定分析

下游坝坡稳定验算利用理正边坡稳定分析软

件，采取刚体极限平衡法，并按瑞典条分法的圆弧滑动模型进行计算，计算土条宽度 1 m。结合设计要求及实际施工现场试验测得，采用填土区基本指标：渗透系数 $K=5.0\times10^{-3}$ cm/s，干容重 1.75 g/cm^3，坡面公路考虑合理的汽车荷载，填土区与堆石区黏结强度取 0.12 MPa，内部黏聚力 $C=0.01$ MPa，内摩擦角 28°。计算得出最不利滑动面滑动半径为 16.43 m，滑动安全系数 $k=1.61>1.30$，生态坝坡稳定性满足规范要求，设计方案可行。下游坝面稳定计算简图见图 1。

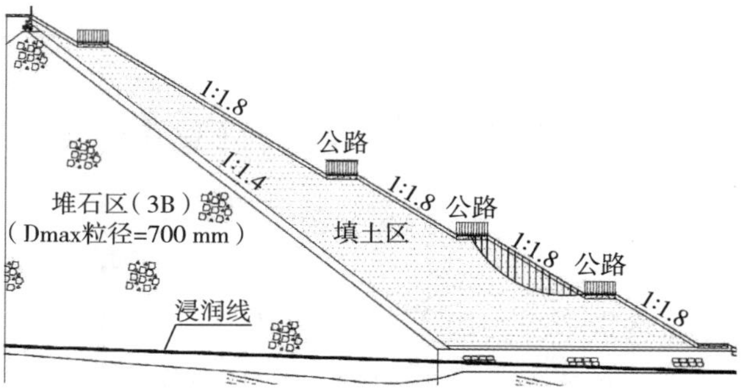

图 1　大坝下游生态坝坡稳定计算简图

5　效益及效果分析

就下坝水库而言，原初步设计方案与优化的生态坝坡方案在技术参数、工程量、工程估算投资、整体效果等方面进行简单对比分析，结果见表 1。

表 1　方案优化调整效益及效果对比分析

项目	原设计方案		生态坝坡方案		优化方案－原设计方案/万元
	工程量	合计/万元	工程量	合计/万元	
堆石料/m^3	210 200	1 117.81	188 170	1 000.66	－117.15
预制块护坡/m^3	650	40.04	—	—	－40.04
下游坝面碎石垫层/m^3	1 500	19.26	—	—	－19.26
下游坝面细砂垫层/m^3	1 300	20.05	—	—	－20.05
过渡料(反滤层)/m^3	32 150	200.98	39 760	248.56	47.57
碎石过渡层/m^3	—	—	335	3.38	3.38
填土区(填筑)/m^3	—	—	43920	134.23	134.23
表层耕植土填筑/m^3	—	—	4460	5.94	5.94
草皮护坡－绿化效果/m^2	—	—	8920	14.06	14.06
公路土方开挖/m^3	7 800	16.38	825	1.93	－14.45
公路石方开挖/m^3	2 530	17.20	730	4.96	－12.24
公路边坡支护/项	1	42.50	1	2.66	－39.84
合计/万元	—	1 474.21	—	1 416.39	－57.82

经比较分析可以看出，生态坝坡方案在生态效果方面增加绿化面积约 8 200 m^2，在工程投资方面节省工程投资约 58 万元。节省的工程投资主要是由于生态坝坡方案避免了由于公路在地形地质条件较差的岸坡布置造成的较大的开挖及支护工程量，减轻了施工安全、投资等风险。经初步测算，如果不受公路布置因素的影响，下坝水库生态坝坡方案应用时在工程投资方面根据不同的建设条件可能略有增加，但用少量的工程投资换取长期的生态环境效果和效益是值得的。

6　结语

传统的混凝土面板堆石坝下游坝面一般采用的刚性护坡使大坝与周边自然环境界线分明，生态效果较差。在生态环境日趋恶化和对生态建设愈加重视的今天，下坝水库面板堆石坝进行了生态坝坡优化尝试，利用工程土石料弃渣填筑、放缓下游坝坡并进行坝面绿化，能够使建筑物融于环境之中，在保证建筑物安全、可靠的前提下，显著提高了工程生态效果，同时有效就地利用工程弃渣，为坝后交通创造了有利条件，还节省了建设工期和工程投资，这对类似新建或已建工程都具有一定的借鉴意义。

参考文献：

[1] 遵义水利水电勘测设计研究院，遵义市下坝水库工程初步设计报告[R]，2017.

[2] 中华人民共和国水利部. 混凝土面板堆石坝设计规范：SL 228—2013[S]. 2013.

[3] 杭州市闲林水库管理处. 混凝土面板堆石坝背坡生态处理的探讨：以杭州市闲林水库为例[R]，2015.

智能碾压系统在DG水电站工程中的应用

匡贞霖，田志勇，杨光文
（中国水利水电第九工程局有限公司西藏建设工程有限公司，西藏拉萨，850000）

摘要：为适应高海拔地区复杂气候条件，加快施工进度，有效控制碾压混凝土施工质量，本文在碾压混凝土浇筑过程中应用了智能碾压监控系统对碾压遍数、碾压轨迹、行进速度等各项参数实时监控，系统将对不合格参数进行警示反馈，实现了碾压混凝土浇筑质量的精准控制。结果表明：智能碾压监控系统对于碾压混凝土浇筑质量控制起到了关键性的作用，极大提升了碾压混凝土施工质量，加快了施工进度，提高了施工效益，完美解决了高原地区复杂气候的影响，达到了碾压混凝土质量精准控制的目标，可供类似工程项目参考借鉴。

关键词：DG水电站；高海拔；特殊；气候；质量；控制；智能；实时；监控

0 引言

中国研究碾压混凝土坝起源于20世纪70年代末，在研究碾压混凝土筑坝技术过程中，于1986年成功完成了国内第1座碾压混凝土坝——坝高为56.8 m的福建坑口水电站，自此开启了中国筑坝技术飞速发展的新时代。据不完全统计，截至2019年中国已建和在建碾压混凝土坝已达到180多座，百米级以上的碾压混凝土坝逐年增多，如光照(200.5 m)、龙滩(192 m)、观音岩(159 m)、鲁地拉(140 m)等30多座大型水电站工程。中国碾压混凝土筑坝技术逐渐成熟并形成了一系列常规的质量控制的方法与手段。碾压混凝土质量控制的方法主要通过旁站、抽检、巡查等方式人为监督及控制碾压混凝土浇筑质量，主要受人为因素影响，质量控制精度低。而怎样最大化减少人为因素影响，对浇筑过程进行精细化、自动化的实时监控成为了国内外专家们研究的方向。国内外专家们对于智能碾压实时监控研究的方向主要可分为施工方法监控及施工质量监控两方面：施工方法监控是建立一套智能化系统，系统主要利用GPS、网络、数据库等技术采集碾压机械实时的碾压遍数、行进速度、激振力状态以及压实厚度等参数的计算、显示和统计分析，实时监控碾压混凝土施工过程。施工质量监控主要是以高精度定位技术对土石压实质量的实时监控，主要通过碾压机械振动状态及高精度定位建立压实质量反馈系统进行施工质量的监控。

DG水电站大坝智能碾压系统主要是施工方法监控，并辅以人力对碾压混凝土浇筑质量进行系统+人力双重监控，避免了西藏高海拔地区人为因素的影响，加快了施工进度，实现了碾压混凝土浇筑质量实施精准控制，达到了碾压混凝土质量控制的目标，起到了良好的过程监控作用，系统应用经验可供类似工程项目参考借鉴。

1 概述

DG水电站位于西藏自治区山南市桑日县境内，为二等大(2)型工程，主要以发电为主，水库正常蓄水位3 447.00 m，库容0.552 8亿m^3，电站坝址控制流域面积为15.74万km^2，电站装机容量为660 MW。

大坝坝顶高程3 451.00 m，最大坝高117 m，是目前在建的海拔最高的碾压混凝土坝，坝顶长385 m，大坝碾压混凝土93.7万m^3，常态混凝土50.5万m^3。

DG水电站所处流域江水及支沟水一般为雪水融化产生，根据2013年电站区域水文资料统计，年最高水温为20.1 °C，最低水温为0 °C，平均水温为10.0 °C。

工程位于青藏高原气候区，基本特性为气温低、空气稀薄、紊乱强风、气候干燥、昼夜温差大、太阳辐射强烈(>1 500 W/m^2)。每年的旱季在当年11月至次年4月，雨季在5月至10月。据加查气象站(坝址下游约35 km、测站高程3 260.0 m)实测气象资料统计，坝址多年平均气温9.3 °C，极端最高气温为32.5 °C、最低气温为−16.6 °C，多年平均相对湿度为51%，多年平均降水量为527.4 mm，多年平均气压为685.5 hPa，多年平均蒸发量为2 084.1 mm，多年平均日照时数为2 605.7 h，历年最大定时风速为19.0 m/s，历

收稿日期：2021—03—23.
作者简介：田志勇，高级工程师，注册一级建造师，从事水利水电工程项目施工技术与管理工作.

年最大冻土深度为 19 cm。

DG 水电站所处地区气候条件复杂，这对大坝施工期间需要采取的质量控制方法与措施提出了严苛的要求，必须以更加精细、严格、有效的措施对碾压混凝土质量进行控制方能保证大坝质量。

2 碾压混凝土浇筑质量控制

DG 水电站每仓碾压混凝土浇筑均需进行实时监控，智能碾压监控系统主要监控仓面内振动碾行车速度、行进轨迹、激振力状态、碾压遍数、压实厚度等参数，根据系统实时反馈的数据及时反馈到仓面质量员，控制碾压混凝土浇筑过程质量。施工仓面主要由质量部、工程部、安全部联合负责，仓面由仓面总指挥全面组织、安排、指挥、协调仓面内碾压混凝土施工。仓面内质量员根据智能碾压系统反馈信息及时与仓面指挥协调后及时整改，旁站监理根据智能碾压系统反馈的问题督促仓面指挥及时整改，并对整改情况进行检查和追踪，仓面试验人员取样检测碾压混凝土 *VC* 值、入仓温度、压实度等参数检查碾压混凝土浇筑过程质量，保证系统＋人力双重控制措施有效执行。

2.1 智能碾压监控系统监控参数

(1) 行进速度。碾压机械行进速度应控制在 1.0～1.5 km/h。

(2) 碾压方向。为更好达到防渗要求，迎水面二级配碾压混凝土防渗区及 8～15 m 必须垂直水流方向碾压，其余除特殊部位及特殊情况外均垂直于水流方向进行碾压。

(3) 碾压遍数。碾压遍数要求：2 遍静碾＋6～8 振碾＋2 遍静碾(收面)，具体遍数以智能碾压系统反馈参数及现场实验员试验结果综合分析后选定。

(4) 压实厚度。碾压混凝土摊铺厚度控制在 33～35 cm，压实厚度控制在 30 cm。

2.2 浇筑过程抽样检测监控参数

(1) 碾压混凝土压实度。检测碾压混凝土表观密度主要使用核子水分密度仪或压实密度计 2 种仪器。检测频率为铺筑 100～200 m^2 检测 1 个点以上，每一铺筑层至少检测 3 个点。判定依据是以碾压完毕 10 min 后的核子水分密度仪测试结果作为表观密度。坝体的外部混凝土相对密实度必须大于 98%，内部混凝土相对密实度必须大于 97%。

(2) 碾压混凝土试件。碾压混凝土试件应在拌和站出机口取样。碾压混凝土以 150 mm 标准立方体试件、标准养护 28 d 的抗压强度为准。碾压混凝土抗冻、抗渗检验的合格率应大于 80%。碾压混凝土生产质量评定标准见表 1。应由一批(大于 30 组)拌和站出机口连续取样的 28 d 龄期抗压强度标准差 σ 值表示。

表 1 碾压混凝土生产质量评定标准

项目	质量等级			
	优秀	良好	一般	差
$\sigma\leqslant$C9020(C18020)/MPa	＜3.0	3.0≤σ＜3.5	3.5≤σ＜4.5	＞4.5
σ＞C9020(C18020)/MPa	＜3.5	3.5≤σ＜4.0	4.0≤σ＜5.0	＞5.0
Ps/%	≥90	≥85	≥80	＜80

注：混凝土强度标准差 σ、强度标准值的百分率 *Ps* 计算方法见 DL/T 5112 附录 B2。

2.3 碾压混凝土质量评定

钻孔取样是对碾压混凝土质量评定的综合方法，测定碾压混凝土抗压强度的芯样直径在 15～20 cm 为宜。碾压混凝土的最大骨料粒径＞80 mm 的部位，宜采用直径≥200 mm 的芯样。碾压混凝土在达到设计龄期后进行钻孔取样。根据需要确定钻孔的部位和数量。标准试件的高径比为 2.0，钻孔取样评定的参数见表 2，外观评定标准见表 3。

表 2 碾压混凝土质量评定参数

项目	评定参数			
	芯样获得率	压水试验	芯样的力学性能试验	芯样外观
作用	评价碾压混凝土的均质性。	评定碾压混凝土抗渗性。	测定芯样容重、抗压强度、抗拉强度、抗剪强度、弹性模量及极限拉伸值等性能，评定碾压混凝土的均质性和力学性能	评定碾压混凝土的均质性和密实性、层面(缝面)结合情况以及不同品种混凝土间结合状态等。
设计要求	≥95%	防渗层≤0.5 Lu 坝体内部≤1 Lu	略	见表 3

表 3　碾压混凝土芯样外观评定标准

级别	评定标准			
	表面光滑程度	表面致密程度	骨料分布均匀性	结合情况
优良	光滑	致密	均匀	无界限
合格	基本光滑	稍有孔	基本均匀	有明显界限
差	不光滑	有部分孔洞	不均匀	有脱离现象

3　大坝智能碾压监控系统

智能碾压实时监控是指在碾压混凝土铺筑施工过程中，实时监控碾压机械的碾压方向、碾压遍数、行进速度、压实厚度、激振力状态等参数。根据碾压混凝土压实情况，智能碾压实时监控系统可以实时检测并反馈碾压区域的压实效果，对不满足设计标准要求的工作参数进行报警提示，系统监控员根据系统反馈信息指导现场施工，有效避免多碾、少碾及漏碾情况，使碾压质量始终处于受控状态。碾压仓面铺筑完成后可在系统导出仓面质量监控报告，主要包括碾压机械的碾压轨迹、平均行进速度、碾压遍数、层面高程、压实厚度图形报告等参数，后续作为调整现场施工措施的参考数据。

3.1　智能碾压系统组成

智能碾压监控系统主要分为 5 个部分：局域网、GPS、传感器、传输设备及检测设备。

(1) 局域网。是整个智能碾压系统的信息传输基础，通过局域网将各项参数传输与反馈。

(2) 传感器。安装在碾压机械上采集激振力状态数据。

(3) GPS。安装在碾压机械上采集碾压方向、碾压遍数、行进速度、压实厚度、激振力状态等参数。

(4) 检测设备。手持设备采集碾压混凝土摊铺厚度、压实厚度、压实度等数据。

(5) 传输设备。安装在终端及机械设备上用于传输各项数据。

3.2　智能碾压监控系统工作流程

利用智能碾压实时监控系统，监控碾压混凝土铺筑过程的各项参数。该系统主要由 GPS 、碾压机械监测、控制中心等部分组成，智能碾压监控系统实时监控工作流程具体如下：

(1) 通过在碾压机械上安装的检测仪器，实时采集碾压机械的动态坐标和激振力输出状态。

(2) 实时计算碾压机械行进速度并在系统上实时显示，系统实时分析判断碾压机的碾压遍数、行车速度、激振力输出及压实值是否达标，根据与设计标准值对比计算偏差，发出不同程度报警信号，监控员实时反馈给仓面指挥，仓面指挥安排相应人员和机械进行整改和修补。

(3) 将施工仓面内监测到的所有碾压机械的行进速度、激振力状态、碾压遍数、压实厚度、压实值等参数保存至数据库，后续作为仓面施工质量评估的参考数据。

智能碾压监控系统工作流程如图 1 所示。

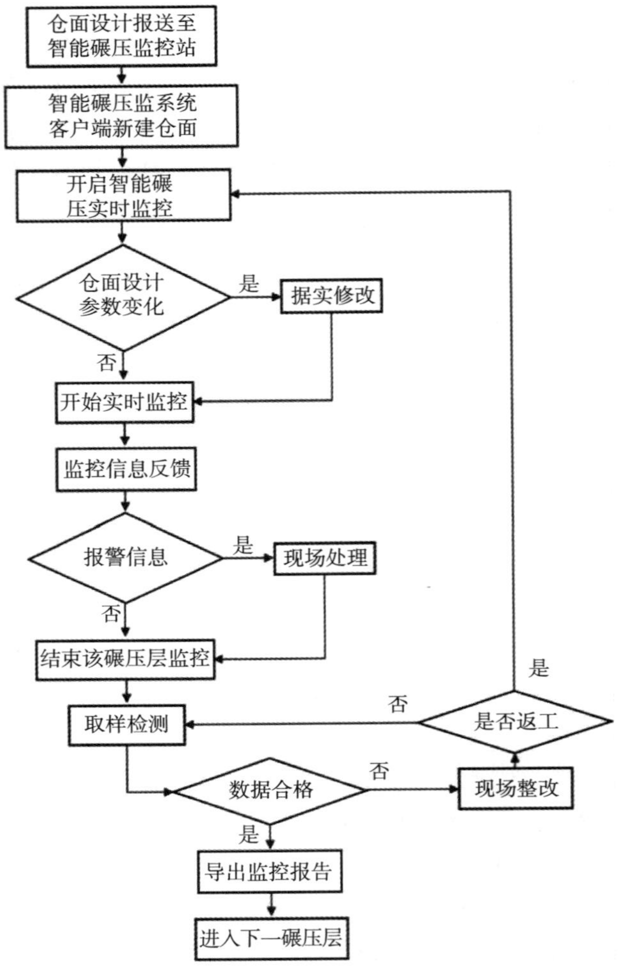

图 1　智能碾压监控系统工作流程

3.3　系统运行成果

智能碾压系统数据采集是在碾压机械上安装高精度实时定位仪器及激振力监测仪器，对浇筑施工过程振动碾的行驶轨迹、行进速度、激振力状态、碾压厚度、碾压遍数等参数进行全天候实时监控，行进速度控制标准为 1.5 km/h，碾压遍数为静碾 2 遍＋振碾 6 遍＋静碾 2 遍，碾压厚度控制标准为 0.3 m。监控成果如下：

(1) 碾压遍数监控数据。具体以(9－10)＃－3342.5～3346.5 m碾压仓为例，见表4。

表4 (9－10)＃－3342.5～3346.5 m碾压遍数达标率

层号	开层时间	收层时间	总遍数达标比例/%	振碾遍数达标比率/%
1	2019－04－23 12：00	2019－04－23 14：39	81.96	86.26
2	2019－04－23 14：40	2019－04－23 17：29	96.53	82.96
3	2019－04－23 17：30	2019－04－23 20：30	87.69	85.62
4	2019－04－24 23：00	2019－04－24 03：30	88.58	88.76
5	2019－04－24 04：00	2019－04－24 07：00	91.06	90.21
6	2019－04－24 09：40	2019－04－24 12：50	91.65	89.84
7	2019－04－24 12：51	2019－04－24 17：40	91.78	91.66
8	2019－04－24 17：45	2019－04－24 21：40	90.98	92.32
9	2019－04－24 21：50	2019－04－25 10：33	89.83	86.35
10	2019－04－25 10：57	2019－04－25 14：00	87.29	94.33
11	2019－04－25 14：01	2019－04－25 17：00	91.31	88.37
12	2019－04－25 17：25	2019－04－25 20：30	87.68	86.77
13	2019－04－25 20：33	2019－04－26 02：00	89.08	85.56
14	2019－04－26 02：10	2019－04－26 08：30	91.52	86.72
15	2019－04－26 08：40	2019－04－26 16：00	92.18	92.32
	最大值		96.53	94.33
	最小值		81.96	82.96
	平均值		89.94	88.53

碾压仓完成后系统生成并导出图形报告：碾压遍数图形报告。振碾遍数图形报告主要反映的是(9－10)＃－3 342.5～3 346.5 m碾压仓面第14层碾压机械碾压遍数的图形报告，由图形报告可见整个碾压层面碾压遍数均碾压了8遍以上(缺口为入仓道路，未进行碾压)，90%部分碾压了10遍(2遍静碾＋6遍振碾＋2遍静碾)，其他特殊部位根据实际情况减少了1～2遍静碾，整个仓面碾压遍数符合设计标准要求。在智能碾压实时监控系统运用后，极大程度降低了人为因素的影响，保证了碾压仓面施工质量。同时为碾压机械、碾压仓面、施工人员减轻了工作强度，大大提高了碾压混凝土的施工效率。

(2) 碾压厚度监控数据。以(9－10)＃－3 342.5～3 346.5 m为例，碾压遍数达标率统计见表5。

表5 (9－10)＃－3 342.5～3 346.5 m碾压遍数达标率统计

层号	开层时间	收层时间	平均铺筑厚度/cm	平均碾压厚度/cm	达标比率/%
1	2019－04－23 12：00	2019－04－23 14：39	33	30	97.2
2	2019－04－23 14：40	2019－04－23 17：29	31	28	96.8
3	2019－04－23 17：30	2019－04－23 20：30	34	31	96.6
4	2019－04－24 23：00	2019－04－24 03：30	32	29	97.3
5	2019－04－24 04：00	2019－04－24 07：00	35	31	98.5
6	2019－04－24 09：40	2019－04－24 12：50	33	30	97.6
7	2019－04－24 12：51	2019－04－24 17：40	32	28	96.1
8	2019－04－24 17：45	2019－04－24 21：40	34	29	96.8
9	2019－04－24 21：50	2019－04－25 10：33	32	28	96.3
10	2019－04－25 10：57	2019－04－25 14：00	33	30	97.5
11	2019－04－25 14：01	2019－04－25 17：00	36	31	96.7
12	2019－04－25 17：25	2019－04－25 20：30	32	29	98.1
13	2019－04－25 20：33	2019－04－26 02：00	31	27	97.3
14	2019－04－26 02：10	2019－04－26 08：30	33	30	96.5
15	2019－04－26 08：40	2019－04－26 16：00	32	28	97.3
	最大值		36	31	98.5
	最小值		31	27	96.1

通过人工测点数据记录每层碾压混凝土铺筑厚度，再通过智能碾压监控系统反馈压实厚度数据进行比较后进行数据分析统计。受卸料方式及人为操纵平仓机影响，铺筑厚度控制在 31～36 cm，压实厚度在 27～31 cm，压实厚度符合设计要求；同时人为进行核子水分密度仪检测压实度检测，压实度均在 98%以上，均符合质量标准要求。

3.4 质量控制效果图

通过智能碾压实时监控系统的应用，减小了人为因素的影响，提高了施工效率，同时提高了碾压混凝土施工质量，仓面收面较平整(见图 2)，人员精简有序。为更好检验碾压混凝土施工质量，现场进行了取芯检测，取芯部位选取了 C9015W6F100 三级配区域，芯样表面光滑、致密、骨料分布均匀、层面(缝面)结合良好，无明显界限，通过试验检测数据来看，芯样各项数据均符合设计标准要求。通过应用智能碾压实时监控系统，碾压混凝土铺筑过程质量得到了科学有效的控制，为更快更好建设 DG 水电站提供了有力的保障。

图 2 施工现场碾压仓面收面效果

3.5 意见与建议

截至目前大坝已浇筑了 46 仓碾压混凝土。根据 DG 水电站智能碾压实时监控系统的运用情况有以下几点建议：

(1) 由于监控员远程与仓面指挥沟通存在一定误差，建议增加小型的手持设备，可用手机 APP 或者其他便携式设备，能实时与总控中心连接，接收系统反馈的信息，能更好、更快处理仓面存在的问题。

(2) 监控员进行监控时，必须严格按照设计要求监控各项参数，及时反馈到现场仓面指挥，仓面指挥应根据监控员反馈的信息及时安排机械设备及人员进行相应的整改。

(3) 碾压机械上安装的检测仪器应在现场有备份存放，以防仪器故障导致系统无法采集数据或者采集到异常数据，必须保证数据的准确性，以便于后续各项参数调整。

(4) 智能碾压系统必须配备专项用电及局域网，并配备备用供电系统，防止断电导致数据缺失。

(5) 定期对智能碾压系统进行检查，主要是对碾压机械上安装的监测仪器进行调试，保持仪器高精度采集数据，保证大坝碾压混凝土铺筑质量。

4 结语

对于碾压混凝土铺筑过程质量控制，智能碾压实时监控系统提供了很大的帮助，实施全天候智能监控，极大程度上减小了高海拔地区复杂气候条件下碾压混凝土铺筑过程质量控制难度，加快了大坝碾压混凝土施工进度，提高了施工效率，同时也提高了碾压混凝土施工质量，解决了西藏地区复杂气候条件下人工降效严重的问题，避免了传统质量控制方法人为因素影响碾压混凝土铺筑质量无法有效控制的问题，减少了不必要的人力物力损耗。该系统的成功应用，克服了质量控制环节碾压机械行进速度无法精确控制、压实厚度人为测量存在较大误差等难题，简化了碾压混凝土铺筑施工过程质量控制方法，提高了施工效率，同时也保证了碾压混凝土施工质量。

参考文献：

[1] 刘东海，李丙扬，崔博. 高碾压混凝土坝智能碾压理论研究[J]. 中国工程科学，2011，13(12)：74-79.

[2] 钟桂良. 碾压混凝土坝仓面施工质量实时监控理论与应用[D]. 天津大学，2012.

[3] 刘六宴，温丽萍. 中国碾压混凝土坝统计分析[J]. 水利建设与管理，2017，37(1)：6-11.

[4] 徐玉杰. 碾压混凝土坝施工技术与质量控制[M]. 郑州：黄河水利出版社，2008.

[5] 田育功. 碾压混凝土快速筑坝技术[M]. 北京：中国水利水电出版社，2010 .

[6] 张庆龙，安再展，刘天云，等. 土石坝压实的智能控制理论[J/OL]. 水力发电学报：1-7，2020-06-27.

[7] 周宜红，杨磊，刘景平. 龙滩碾压混凝土夏季施工质量控制标准研究[J]. 人民长江，2002(4)：29-30，48.

[8] 李翼. 龙滩水电站水工碾压混凝土的质量控制要点[J]. 水电站设计，2006(1)：18-22.

[9] 陈祖荣，方彦铨，吴秀荣，等. 光照水电站碾压混凝土高坝快速筑坝技术[J]. 水利水电施工，2009(2).

多雨地域土坝快速回填施工技术

戴浩

（中国水利水电第九工程局有限公司国际公司，贵州贵阳，550008）

摘要：本文围绕塞舌尔拉戈西大坝加高项目土坝回填在 BS/ASTM 规范下的施工展开论述，针对非洲海岛湿热、多雨等不良施工气候，从料源回填参数控制、碾压数据的获取及雨季回填施工工艺 3 个方面进行探讨，分析在 BS/ASTM 规范下，土坝回填在多雨地域的施工方法。

关键词：土坝；规范；雨季；防护；施工

0 引言

中外施工标准、规范存在着较大差异，中国技术在逐步面向世界的同时，也迎来了较大的挑战。为了解决中外施工技术的差异与不同，中国技术在国际规范下的应用及研究，必然成为当前中国国际施工行业的重点研究课题。鉴于上述特点，本文从塞舌尔拉戈西大坝加高项目土坝回填工程出发，探讨与研究多雨地域土坝快速回填技术在 BS/ASTM 规范下的应用，为公司及中国涉外施工企业后续类似项目提供一定的参考。

1 工程简介

塞舌尔拉戈西大坝加高项目位于塞舌尔共和国马埃岛北部。现有的 LaGogue 大坝建于 1979 年，是 1 座黏土心墙土坝，其竖井排水管位于核心区下游，其褥垫式排水位于下游坝肩以下。现有大坝最大高度为自开挖基础标高以上 35 m，坝顶长 152 m。本项目旨在通过提升坝体、增加库容以达到解决旱季饮用水短缺的问题。建成后大坝坝顶海拔 151.65 m，大坝最大高度为自开挖基础标高以上 41 m，坝顶长 197 m。大坝回填典型断面图如图 1 所示。

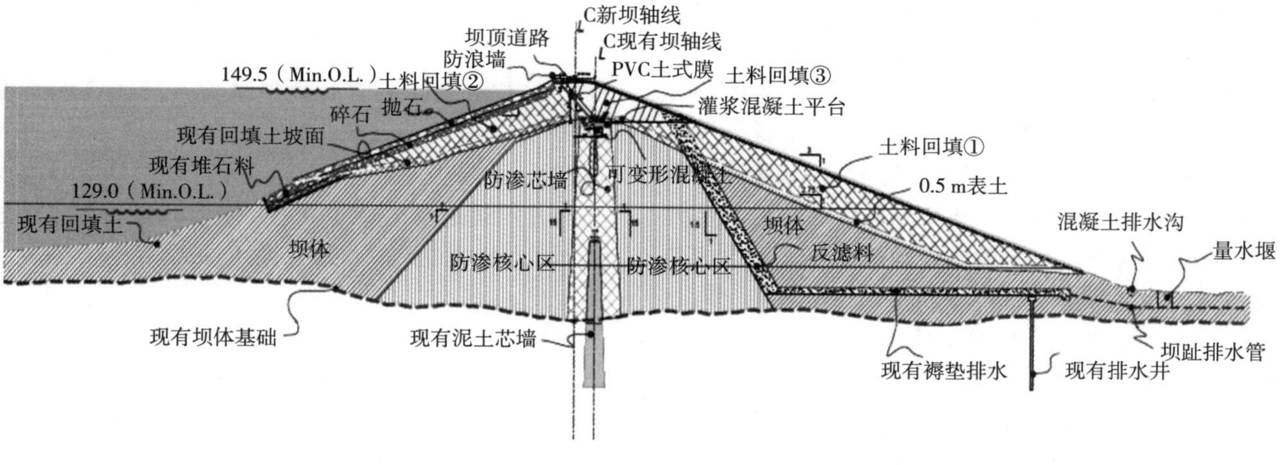

图 1　拉戈西大坝回填典型断面示意图

塞舌尔拉戈西大坝加高项目位于印度洋赤道附近，属热带海洋性气候，终年湿热多雨。全年湿热多雨，分旱、雨两季，当年 11 月至次年 4 月为雨季，雨季降雨量大。根据合同文件前期资料显示：当地 1 月最为潮湿，平均降雨量达 374.5 mm（最低 63.5 mm，最高 942.3 mm）。根据勘察设计阶段资料，区域内多年平均降雨量为 2324.3 mm，有记录的单日极端降雨为 470 mm，连续 5 日降雨量为 443 mm。1941—1991 年近 50 年的平均月降雨记录数据见表 1。

收稿日期：2021-03-23.

作者简介：戴浩，从事国际工程技术管理工作.

表 1　1941—1991 年平均月降雨统计

月份	平均值/mm	最大值/mm	最小值/mm
1 月	374.5	942.3	63.5
2 月	248.6	607.8	15.2
3 月	237.7	578.1	18.0
4 月	184.1	434.1	23.6
5 月	176.4	549.7	5.6
6 月	87.6	404.9	7.4
7 月	90.7	581.7	12.2
8 月	82.1	363.2	8.9
9 月	121.7	590.5	3.6
10 月	174.4	505.2	15.5
11 月	218.6	538.7	69.3
12 月	327.9	744.2	72.9

2　回填土料质量控制参数的确定

本项目规模相对较小，但标准要求高，使用的标准规范主要为英国标准（BS）和美国标准（ASTM）。业主指定的料场前期勘探资料不足，没有钻孔取样资料，进场后经过现场清理和开挖探坑取样，土料分层较多，同一区域内存在多种性质的土料，砂土、黏土交错分布，质量控制较难。由于规范要求较高，前期进行了大量的土工试验，回填材料审批难度大。施工期间要求的试验频率高，验收过程长，对施工效率影响大。

针对上述问题，组织监理工程师对现有料场进行考察，划分土料区域进行土工试验，获取回填土料最优含水率、最大干密度及液塑限等质量控制参数，分块取料回填进行大坝回填质量控制，具体施工内容如下：

(1) 取料场现状分析。由于取料场土料分层较多，同一区域内存在多种性质的土料，砂土、黏土交错分布，液塑限实验结果差别较大，土料的最大干密度及最优含水率等控制参数不统一。回填施工前联合监理工程师进行料场勘察，根据现场土料分布，将取料场进行分块取土回填，共计 27 个取土区域，并在取土回填前进行相关土工试验，获取相应的最大干密度及最优含水率，以控制回填质量。

(2) 土工试验使用规范见表 2。

表 2　土工试验使用规范

试验名称	采用规范
液塑限检测试验	BS 1377－2－1990，Methods of test for soils for civil engineering purposes
土料筛分试验	ASTM D 422：Standard Test Method for Particle－Size Analysis of Soils
击实试验	ASTM D 698：Standard Test Methods for Laboratory Compaction Characteristics of Soil Using Standard Effort (12 400 ft－lbf/ft3 (600 kN－m/m³)

(3) 取料场质量控制参数。根据现有工程量，大坝下游面土料填筑 55 000 m³，计划利用永久工程开挖料 34 400 m³，20 600 m³ 土料计划从 R2－8，R2－9，R2－15，R2－16，R2－18，R2－19 区开挖。大坝上游面土料填筑 40 000 m³，计划从 R2－20，R2－24，R2－25，R2－26，R2－27 区开挖，土料能够满足大坝填筑需求。土料回填试验技术控制参数见表 3。

表 3　土料回填试验技术控制参数

土料编号	液限/%	塑限/%	最优含水率/%	最大干密度/(g/cm³)
R2－8	35.01	26.70	16.52	1.76
R2－9	31.02	23.41	13.25	1.78
R2－15	31.09	25.46	20.12	1.75
R2－16	31.69	20.39	15.8	1.76
R2－18	48.07	35.63	18.27	1.74
R2－19	24.65	19.77	14.40	1.77
R2－20	31.06	21.79	15.48	1.70
R2－24	28.26	19.56	12.83	1.84
R2－25	27.27	21.97	13.71	1.80
R2－26	26.01	21.02	13.95	1.79
R2－27	37.69	33.23	18.85	1.70

土坝回填施工前测量放样出各个土块边线，根据取土位置不同，使用不同控制参数进行回填质量控制，提高回填一次验收合格率。

3　回填碾压参数的确定

取 R2－8 土料进行碾压试验，最优含水率为 16.52%。开挖区土料取样第 1 次检测含水率(2 个试样)，结果为 21.5%和 20.7%，含水率偏高，将土料开挖运送至试验区域进行摊铺晾晒，使用推土机对土料进行摊铺、翻晒，期间持续观察土料含水率变化。

试验人员对土料含水率进行二次检测，检测结果为 16.5%和 17%，接近最优含水率 16.52%，开始回填料的碾压。采用 19 t 压路机进行施工，行进速率约为 5 km/h，先进行 2 遍静压，防止水分继续挥发。

碾压过程如下：A 区域，先静压 2 遍，后振动碾压 4 遍，共 6 遍；B 区域，先静压 2 遍，后振动碾压 6 遍，共 8 遍；C 区域，先静压 2 遍，后振动碾压 8 遍，共 10 遍。

碾压完成后，对碾压区域 9 个检测控制点进行环刀法检测，参照工程要求及相关技术规范，压实度达到 95%击实密度为合格，每个检测控制点的碾压试验数据见表 4。

表 4　检测控制点碾压试验数据统计

测试点	环刀法	
	压实度/%	含水率/%
A1	94.63	15.93
A2	92.59	18.54
A3	96.65	16.13
平均值	94.62	16.87
B1	96.48	14.53
B2	93.50	17.50
B3	96.52	16.40
平均值	95.50	16.14
C1	95.27	15.45
C2	97.33	16.48
C3	96.77	16.38
平均值	96.46	16.10

注：最优含水率＝16.52%；最大干密度＝1.76(g/cm³)。

根据上述试验检测结果，碾压 6 遍时，压实度不合格；碾压 8 遍时，压实度合格；碾压 10 遍时，压实度增加。为保证后期填筑工程碾压效果，后期施工采用碾压 10 遍（静压 2 遍，振动 8 遍）后进行压实度检测。

4　施工工艺

4.1　大坝回填施工整体顺序

为充分减少施工对现有大坝供水的影响，大坝填筑分 3 期、4 个步骤进行：

(1) 移除下游坝体表层土，进行 RL144 以下土料及反滤料回填工作。

(2) 移除上游表层土，进行 RL151 以下土料、过渡料及抛石回填。

(3) 土工膜及塑性混凝土的浇筑。

(4) 下游 RL144～RL151 土料及反滤料回填。

整个大坝具体施工顺序如图 2 所示。

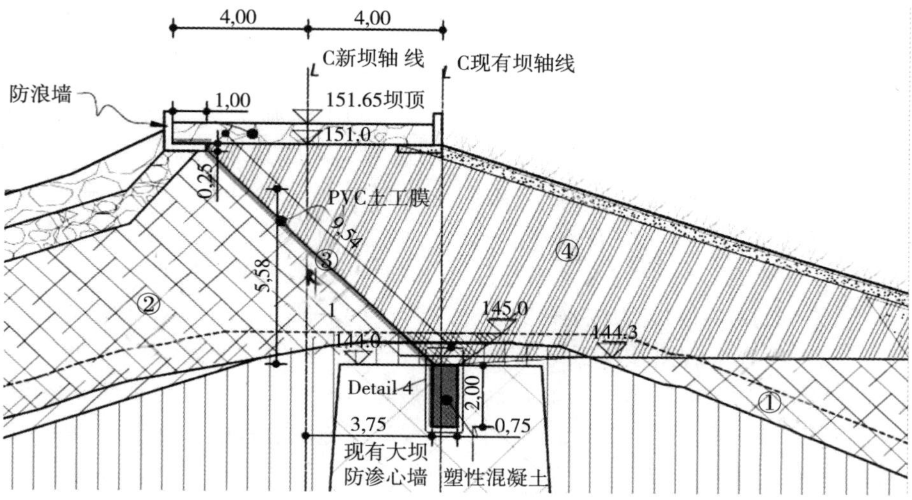

图 2　拉戈西大坝回填施工顺序示意图

4.2　施工程序

坝体填筑程序主要包括填筑工作面准备、合格料准备、填筑材料运输、卸料、摊铺平整、碾压和质量检测验收等工序。

(1) 填筑施工准备。填筑前必须对基面进行检查验收，合格后方可填筑，施工准备包括填筑基面验收、测量、标记层厚(30 cm)和标记填筑边界。

(2) 测量控制。按照设计图纸，测量填筑面高程，对填筑边界放样标记。

(3) 合格填筑料准备。联合监理工程师对拟用土料进行取样，并在现场试验室进行自然含水率、筛分、击实试验、液塑限等相关试验，试验频率为 4 000 m³ 进行 1 组试验。

(4) 填筑料运输。填筑材料主要采用自卸汽车从料源处直接运输至填筑坝面。

(5) 摊铺。坝体填筑铺料方向平行于坝轴线，铺填土料采用进占法卸料，铺填反滤料采用后退法卸料，自卸汽车卸料后，采用推土机摊料平整，局部地方根据需要采用挖机平整，每层铺料后检查铺料厚度，确保厚度满足要求。

(6) 压实。采用自行式振动碾进退错距法碾压，沿平行坝轴线方向行进，19 t 振动碾静压 2 遍，防止水分挥发，振动碾压 8 遍，土料压实。靠近岸坡、施工道路边坡处除增加顺向碾压外，采用小型振动碾(3 t)加强碾压。

(7) 质量检查。质量检查主要进行压实度及厚度检查，密实度检测采用环刀法进行压实度检测，检测频率为 250 m³ 一个检测点。厚度检测采用水准仪或全站仪检查。检测合格后进入下一层填筑工作。

大坝填筑施工程序如图 3 所示。

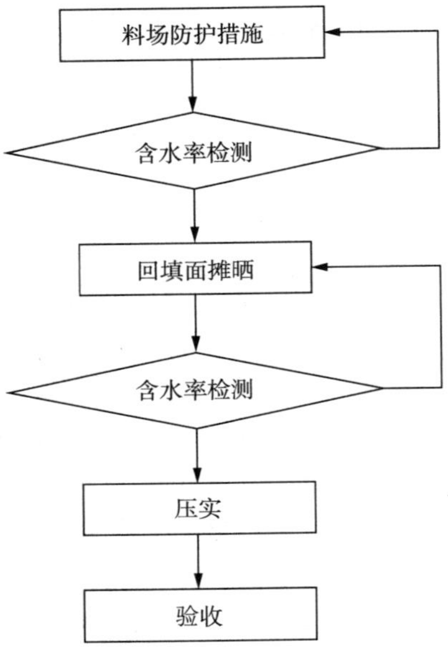

图 3　大坝填筑施工程序示意图

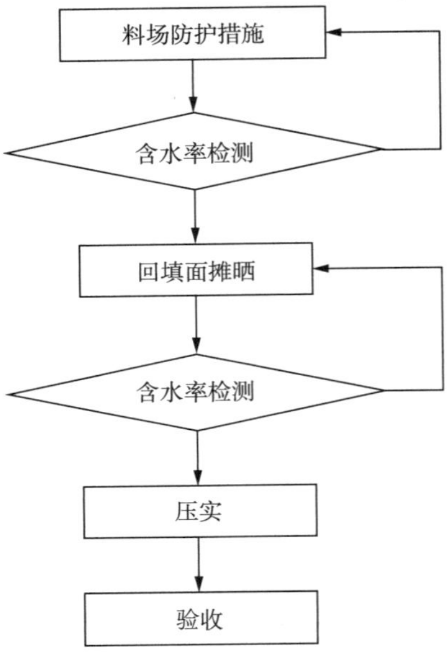

图 4　含水率控制措施流程图

5　雨季防护及回填质量控制措施

由于项目位于印度洋海岛上，属热带海洋性气候，终年湿热多雨，且回填工期横跨 2 个雨季，土料含水率偏大，雨季天然含水率一般在 20%～30%，且土料下渗深度一般在 5 m 左右，有效开挖深度无法达到，含水率的控制严重影响施工进度。项目部针对回填施工的各个施工步骤采取有效的降雨防护措施，减少降雨对土坝回填的影响，确保土料含水率能够满足回填要求，保证施工质量的前提下，提高土料回填的施工进度。

5.1　含水率控制措施

对取料场及回填面采取一定的降雨防护措施，以缩短复工时间，节约项目工期。针对土料取料及摊铺程序，及时测量含水率，以严格控制施工质量，提高大坝回填一次验收合格率，含水率控制措施步骤如图 4 所示。

5.2　大坝回填质量控制措施

(1) 料场防护措施。根据料场开挖情况及原始地形，对料场进行分块，每块存储量约在 1 000 m^3 左右，并在四周开挖出沟渠，利于排水，同时在低洼处及料场周边设置排水沟，迅速排泄降雨及积水，防止土料遭到浸泡。此外，降雨来临前利用彩条布对土料进行表面覆盖，降雨结束后进行翻晒。料场取料前，对取料土块进行含水率检测，经过数据收集，料场取料含水率取值为：最佳含水率＋3%～5%(扣除开挖、运输、摊铺的水分蒸发量以及便于大坝回填时摊晒控制获取的折中值)。

(2) 回填面摊晒。将土料运至回填面后，按照工程要求及施工规范进行摊铺，每层土料 30～35 cm 厚，摊铺完成后进行第 2 次含水率检测，经过数据收集，最佳松土含水率为最佳含水率±1%，含水率满足后进行回填土的压实。如遇含水率偏低情况，使用洒水车进行均匀注水。

(3) 回填面压实。以坝轴线为中心，沿两侧进行放坡，回填坡面始终保持 3%～5%的坡度，以便强降雨时能够迅速排出明水，减少坝体受到雨水的浸泡。施工过程中，发现雨来前，通知车辆停止拉土上坝；推土机整平；压路机封面，至少 1 遍，采用彩条布、透明胶布进行回填面覆盖，以保护回填面。降雨停止后，人工排除低洼处的积水，视情况进行翻晒。当松土含水率满足最佳含水率±1%时，重新进行上土、压实。这样做一方面坡度便于排水，另一方面有效降低土体含水量，缩短复工时间。

6　结语

土坝施工在国内的应用已经在逐渐减少，但相应的土坝回填技术比较成熟。非洲地区还存在着大量的土坝建筑，中国技术在进入非洲地区加以应用的同时，不可避免会应用到国际标准。本文从多雨地域土坝快速回填的技术研究出发，在 BS/ASTM 规范下，进行了土样的分析，获取较为精确的土料回填质量控制参数；针对湿热、多雨对土坝回填的影响，紧抓含水率控制这一施工重点，通过一系列措施，减少了大量降雨复工时间；填筑施工工艺也在 BS/ASTM 规范下得到了应用。

BIM 在水工建筑物参数化中的应用

张静，蔡国辉

（中国水利水电第八工程局有限公司，湖南长沙，410004）

摘要：水利水电工程施工过程中对 BIM 的应用需求越来越大，迫切需要一套可在水工建筑物参数化中应用的流程。本文主要针对临时道路、挡墙、水工隧洞、围堰等定制参数化部件库，以及盾构隧洞、双曲拱坝及大体积混凝土分仓等定制参数化程序，通过参数化的途径形成一系列参数化库，在类似工程中可直接调用，实现类似工程施工 BIM 的快速应用，从而为施工方案优化、工程量统计和指导施工提供数据支持。

关键词：水工建筑物；参数化；BIM；应用

1 概述

水利水电工程 BIM 施工应用成熟度相对不高，缺少针对性软件应用体系、族库，施工管理相对粗放，BIM 应用准备工作周期长。

针对水利水电工程的特点，使用 BIM 应用定制丰富的参数化道路、多级边坡、挡墙、隧洞、围堰、面板堆石坝等部件库，实现快速参数化建模及其应用十分必要。在项目前期规划时可根据地形条件及设计思路进行场地优化、临时道路比选优化、临时营地选址等工作，建立双曲拱坝、异形构件参数化和大体积混凝土分仓程序可快速建立工程模型，为施工方案优化、工程量统计和指导施工提供数据支持。

2 项目应用总体情况

2.1 定制参数化部件库

针对水利工程中线性工程特点，制定参数化部件库，在类似工程中可直接调入，根据设计文件修改相应的参数即可使用，可节省大量的前期建模准备时间。例如：参数化隧道、道路、挡墙、河堤、多级边坡、面板堆石坝部件。

2.2 参数化部件库的深化应用

2.2.1 临时道路优化设计与指导施工

利用 Civil 3D 软件，根据测得原始地形，以土石方平衡为限制条件，载入道路部件，设计临时道路并导出工程量表，并根据边坡高度自动判断设置挡土墙(见图 1)。利用软件自动更新特性，实时调整设计参数，快速比选出最佳方案。

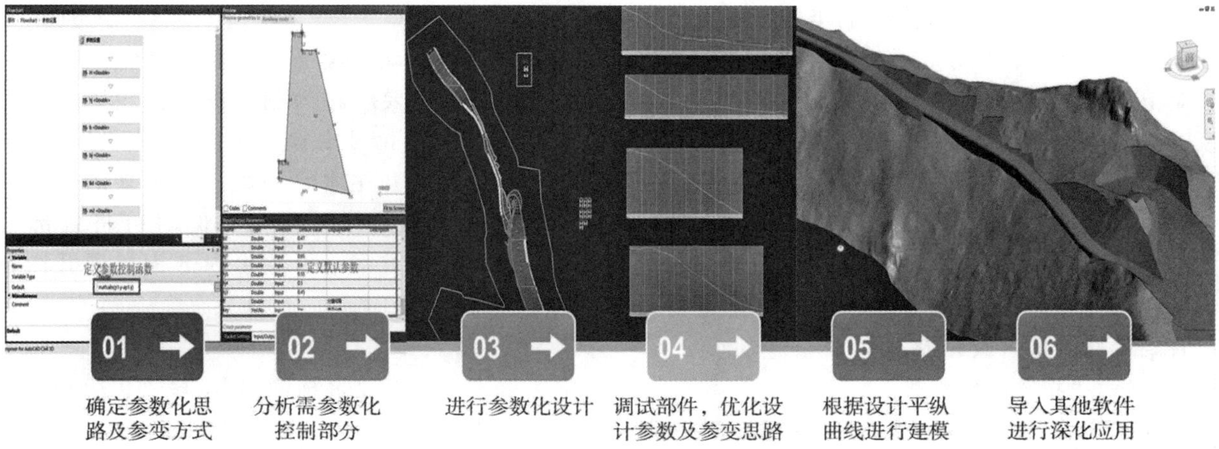

图 1　参数化挡墙思路

道路设计完成后，由高程分析功能，将挖填区域以不同颜色显示并导出分界线和关键控制点坐标；使用 Raster Design 将卫星图片与道路结合，用于方案交底和工程施工。

收稿日期：2021-07-06.

作者简介：张静，助理工程师，从事工程施工管理工作；蔡国辉，助理工程师，从事工程施工技术管理工作.

2.2.2 面板堆石坝参数化应用

本应用以某项目面板堆石坝为基础，按照设计参数设置参数化部件进行快速建模，建模完成后使用底部“连接代码”生成大坝底部曲面用于土石方开挖量计算，并为开挖方案做参考依据；导出各分区及结构工程量表，根据填筑规划设定部件上各填筑高程代码，提前规划各填筑层填筑备料。

主要参数化控制思路为：确定部件在坝轴线处控制点，分块绘制防浪墙、排水沟、坝顶公路等固定参数构件，确定偏移坝趾“X”线的偏移目标参数和高程目标参数，由主次堆石区所在高程与地形关系，自动绘制堆石区形体。

2.2.3 隧洞参数化应用

（1）基于 Civil 3D＋SAC 的隧道参数化应用。根据 SAC 参数化设计流程：设定部件初始参数，添加对应的几何参数，为约束部分制定目标参数，对特殊参变部分调用 API 函数，调试预览部件预期功能，载入 Civil 3D 使用。可定制圆形、方圆形、马蹄形、高壁拱形、方形等部件，具体应用路线与临时道路和面板堆石坝相类似。

（2）基于 Revit＋Dynamo 的盾构隧道参数化应用。盾构隧洞主要应用在地铁工程、引水配水工程等项目建设中。盾构管片属于高精度异形结构，整个盾构路线由各部位管片拼接拟合而成，使用传统的技术手段处理大批量长距离的盾构隧道将花费大量人力和时间。利用 Dynamo 的异形体处理能力及参数化计算能力，完成盾构管片自动建模程序及管片正向排布建模程序，可快速根据工程需求完成项目模型准备工作，为后续深化应用提供有力支撑。a. 管片自动建模程序：将管片的半径、宽度、厚度、楔形量、手孔、吊装孔、纵缝、横缝等数据根据控制范围进行可视化编程，实现类似管片的快速建模，只需修改设计数据即可完成类似工程管片及管环创建。b. 盾构隧洞快速建模流程：根据 Civil 3D 进行平纵曲线设计，将设计路线导入 Dynamo，确定第 1 环管环位置，第 N 环根据前一环位置计算出所有可拼接位置并选出最佳拼接位置进行纠偏，直到最后 1 环拼接完成。

2.2.4 双曲拱坝参数化应用

双曲拱坝是一种在水平断面和竖直断面上同时向上游弯曲的连续光滑的三维空间曲面壳体，由于这种特殊坝体结构所独具的力学性能，使得拱坝具有优越的经济性和安全性，成为当今大坝设计中三大优选坝型之一。但是一个拱坝工程的完成往往在设计阶段花费大量的人工、时间进行坝体的绘制、调整，以及施工阶段的工程放样和工程量计算。因此，根据拱坝设计计算的困难性和施工技术的复杂性，拱坝的快速精准参数化建模势在必行。在公司类似工程应用中，采用 Civil 3D 对项目的开挖工程量进行精确计算，Dynamo 对拱坝进行参数化设计、导出坝型曲线、计算分层分块工程量等。

（1）Civil 3D 应用。根据获取的电子地形图，使用 Civil 3D 对地形图进行处理，排除干扰信息，重新生成地形曲面，对地形曲面进行开挖放坡并计算填挖工程量，导出开挖后地形数据，用 Dynamo 建立拱坝模型，然后模型与地形数据结合应用。

（2）Dynamo 应用。Dynamo 主要用来编制双曲拱坝参数化程序。通常，双曲拱坝有以下几种曲线方程：几何系数插值方程、拱圈中心线参数方程、拱圈厚度参数方程等。拱坝建模思路一般为利用几何系数插值方程确定每一个高程处的拱坝基本参数，然后利用已确定的参数和拱圈中心线参数方程绘制出拱坝各个高程的拱圈中心线，最后利用拱圈厚度参数方程确定上下游曲线，并生成实体。拱坝实体建成后可根据需求导出任意坝段工程量、坝型曲线等信息，在类似工程中只需修改设计参数即可完成双曲拱坝建模，可借鉴性强。

2.2.5 大体积混凝土自动分仓应用

水工建筑物大体积混凝土结构形式复杂，按照传统方式进行分仓操作工作量大、效率低，结合 Dynamo 丰富的几何运算功能及参数化控制能力，编写分仓程序，提高工作效率。分仓过程中根据 BIM 应用编码规则同步写入各仓编码、工程量、坝段、坝块仓面高程、仓面面积、升层高度、混凝土方量等数据，为现场施工提供快速高效的数据支撑。

2.2.6 蜗壳、尾水等异形结构参数化应用

参数化主要思路为创建参数化轮廓和参数化中心控制曲线，可根据不同设计参数进行调整，快速导出蜗壳和尾水管模型。将复杂的蜗壳三维展示，直观了解设计思路；同时可将各部位拆解，优化施工方案；可导出内部钢衬展开图进行指导加工。

2.3 小结

未来，水工建筑物的 BIM 参数化应用成果还将进一步完善，形成一套系统的解决办法，为后续工程应用提供原始储备。

3 应用特点与创新点

3.1 特点

（1）通用性。根据水工建筑物的不同类型，依据规范创建参数化样板文件。

(2) 可参变性。由参数驱动模型，修改设计参数即可得到新的设计目标，并可导出相关可利用数据。

(3) 高效率。修改参数即可完成大部分建模工作，节省工作时间。

(4) 高精度。数据导入后由软件计算，减少大部分人为误差。

(5) 信息完整。信息保存完整，方便模型后期使用，减少信息丢失。

(6) 面向对象。面向对象实时更新，修改参数后立即得到新的成果，方便比选和分析。

3.2 创新点

(1) 使用 Dynamo 和 SAC 配合 Revit 和 Civil 3D 创建通用部件库及程序库，可随时调用。

(2) 使用可视化编程进行参数化设计，降低了参数化设计和使用门槛，便于各参与方之间的协调作业。

(3) 软件内置 API 接口的开放和调用，增加了个性化功能的可定制性。

(4) 异形构件的参数化应用，增强了在水工建筑物参数化中的应用，增加了水利水电工程 BIM 应用方向。

4 结语

BIM 在水工建筑物中应用的成果如下：

(1) 形成了水工建筑物 BIM 参数化流程，可应对复杂多变的水工建筑物 BIM 应用。

(2) 初步形成参数化部件库、程序库，可为后期项目应用提供原始积累，减少 BIM 应用准备时间。

(3) 深入研究了 Revit、Dynamo、Civil 3D、Subassembly Composer (SAC) 之间参数化使用流程和数据交换方式。

(4) 模型的参数化关联到每一个参变部件，能进一步提升模型精度和建模效率。

(5) 参数化应用流程可以实现即时联动、无缝对接，避免了中间文件的转换，减少信息丢失。

卫星地图在露天矿山工程前期规划设计中的应用

姚大军，吴家琪，任建

（中国水利水电第九工程局有限公司七公司，贵州贵阳，550081）

摘要： 梳理了前期规划设计的全流程细部工作，逐一结合卫星地图及其相关软件的对应利用，通过综合分析、研究、模拟计算及具体操作，以寻找一种较为高效、可靠的设计工作创新模式。同时，利用卫星地图及其相关软件，可快速完成矿山选址、工程周边环境评估、地形地籍测绘、工程量计算、施工交通及水电设计等设计相关工作，结合少量的工程现场探勘手段，即可快速完成露天矿山工程的前期规划设计全部工作任务，利用此创新工作模式可为工程整体建设推进起到积极作用，为矿山企业节约了大量的时间成本及经济成本。

关键词： 卫星；地图；矿山；前期；规划；应用

0 引言

在矿山建设中，无论是砂石矿山还是其他类型非煤矿山，特别是露天开采矿山，前期均需做大量的比选和设计工作，且前期规划设计工作的优劣性直接影响后续所有建设的优劣性，因此尤为重要。同时，按常规的规划设计，常常从前期矿山勘探、地形地籍测量、多个矿山(区)比选等大量繁琐的工作。在此过程中，由于矿山植被茂盛、交通不便等特性，导致工作任务重，耗费时间长。为了提高工作效率，减小前期规划设计中的成本，利用卫星地图及相关软件，直接利用卫星地图快速完成矿山的选址、地形图提取、开挖量计算、施工交通及水电设计及周边环境评估等。本文将介绍利用卫星地图及相关软件在矿山前期规划设计中的应用。

1 矿山规划主要设计要素分析及设计方法概述

在常规砂石矿山前期规划中，往往根据对外市场情况，确定一个区域进行采矿，根据砂石骨料加工系统的产能情况，以确定矿山的服务年限，最终确定矿石的总开挖量，再通过大量室外及内业工作，以实现工程设计目的，但常规设计方法繁杂而耗费大量人力、物力、财力。通过分析总结，矿山前期规划设计均可利用网络卫星地图软件结合少部分的现场探勘一一实现。

2 网络卫星地图软件 LocaSpaceViewer（图新地球）在规划设计中主要方法

利用网络卫星地图软件进行矿山规划设计，结合设计工作步骤，需对应用到软件的平面投影面积计算、地表面积计算、土石方开挖量计算、提取地形图、道路初步布置、最终 CAD 成图反套卫星图校核等主要方法。

通过对多个网络卫星地图软件进行比选，其中由“苏州中科图新网络科技有限公司开发”的 LocaSpaceViewer（图新地球）软件具有功能完整全面，兼容性高等特点；该软件除专业高端定制功能外完全免费，且基础免费功能在一般的规划初步设计中已完全满足要求，以下设计案例就是应用该软件的基础免费功能来进行演示。

2.1 矿山建设规模及服务年限确定

矿山建设规模及服务年限往往通过 2 种方式进行确定；第 1 种为对外市场不定供料矿山，即通过市场调研、对外供料规模及服务年限进行确定，以满足市场需求、市场营销占比量等；第 2 种为固定工程特定供料矿山，即根据工程的需求规模及服务年限确定。

矿山建设规模即服务年限确定后，即可计算矿山原料需求量，并展开具体的矿山前期规划设计工作。

2.2 矿山初步选址

对外市场不定供料矿山或固定工程特定供料矿山，通过确定的供料地址，在网络卫星地图上，选定周边相对完整的山头作为矿山初步选址；并通过卫星地图可参看区域地理位置、地形地貌、植被情况、交通、周边在建矿山情况、周边构筑物及人居情况等，作为初步选址的判断基本依据和参考建议。

收稿日期： 2021-03-23.

作者简介： 姚大军，贵州贵阳人，二级建造师，助理工程师，从事工程技术、科技及项目施工管理工作.

根据某供料终点结合现场踏勘情况，初步选定3个初选矿山区域。3个初选矿山基本特性见表1，通过比选，初选矿山3矿区距离供料终点及周边人居情况条件比其他2个矿区相对合理，可初步确定初选矿山3作为矿山初步选址建议，同时，需再通过现场深入踏勘、原石物理化学试验等作为补充确认意见。

表1 矿山初步选址情况统计

矿山名称	距离供料终点直线距离/km	周边交通情况	周边人居情况	供水情况
初选矿山1	3.64	相对便利	城镇周边	相对便利
初选矿山2	3.63	较便利	西北侧有村庄	较便利
初选矿山3	2.68	相对便利	西北侧有村庄	相对便利

2.3 矿山开挖总量核算

通过网络卫星地图查看，初选矿山3可开采高程为390.00～110.00 m。利用软件可直接框算110.00 m以上开挖总量(软件→分析→填挖方分析→选择面→输入基准面高程110→点选“分析”计算结果)见表2。

表2 矿山开挖总量计算

矿山名称	矿区面积/万 m^2	矿山总开挖量/万 m^3	备注
初选矿山3	315	27 670	含覆盖层

2.4 矿山资源总储量核算

(1) 矿山覆盖层计算。利用软件框算矿区总面积，同时结合现场探勘附近开挖面、浅探等方式确定平均覆盖层厚度(如10 m厚)，通过开挖地表总面积×平均覆盖层厚度，即可计算出矿山覆盖层总量(软件→分析→测量面积→测量地面面积→点选面积拐点→双击计算结果)。

(2) 矿山资源总储量核算。通过计算，矿山总开挖量减去覆盖层总量即可得出矿山资源总储量。同时，需核算总储量是否满足矿山原料需求量，并按矿山设计相关规范设富余系数(因卫星地图地形图相对失真，宜根据现场矿山情况比常规设计放大1.5～2倍的系数，且应在后续工作中进一步核实储量情况)，若总储量不满足需求量，需核算其他2个矿山或另寻周边矿山作为原料，并重复以上操作步骤直至满足要求。

2.5 卫星地图提取等高线及后续设计工作方法

第1步：提取高程点(含卫星地图绘图、CAD绘图2种数据)。鼠标逐步点选软件→下载→提取高程→绘制矩形→导出grd格式数据文件(卫星地图绘图)、csv格式数据文件(CAD绘图)。

第2步：生成地图等高线。鼠标逐步点选软件→工具→等高线生成→选取grd格式数据文件→点选生成等高线。同时，csv格式数据文件可在南方CASS软件生成CAD地形图。2套地形图结合卫星地图均可按常规设计方法完成后续道路布置、开采设计图、临建布置等具体细部设计工作。

3 结语

网络卫星地图软件LocaSpaceViewer（图新地球)虽工程量计算、面积计算、地形图生成等相比现场实测地形地貌图相对粗略，但结合现场初步探勘等可基本满足矿山前期规划设计的需求。同时，可在软件上直接提取初步等高线或购买高精度的地形地貌、地质图，可满足后续直至施工图设计前的所有工作基本要求。

无论是砂石矿山还是其他类型非煤矿山，尤其是露天开采矿山，在矿山前期规划设计中，利用网络卫星地图软件进行相关设计工作，可减少矿山选址、工程周边环境评估、地形地籍测绘、工程量计算、施工交通及水电设计等大量重复而繁重的工作，大大地提高工作效率，节约了大量的工作时间，实为一种较为高效、可靠的设计工作创新模式。同时，利用此创新工作模式可为工程整体建设推进起到积极作用，为矿山企业节约了大量的时间成本及经济成本。

参考文献：

[1] 刘刚. 卫星影像地图软件在工程项目前期中的应用[J]. 公路，2018(6).

[2] 祝河清. 手机奥维互动地图在公路施工中的应用[J]. 公路，2017(10).

[3] 宋仁超. 卫星地图软件在地质矿产工作中的应用[J]. 甘肃地质，2017(4).

[4] 杨进功. Google Earth卫星地图数据在铁路勘察设计中的应用研究[J]. 铁道标准设计，2014(8).

[5] 张旭. 基于卫星地图快速制作总平面图[J]. 河北水利与南水北调，2017(2).

复杂施工条件下市政道路高效施工组织技术

唐鹏

（中国水利水电第九工程局有限公司五公司，贵州贵阳，550081）

摘要：一个高效全面精确的施工组织能够有效的控制施工进度，准确优化施工资源配置，降低资源停窝工率，以降低成本并达到经济与社会效益显著的目的。

关键词：复杂；施工；组织；技术；资源；配置

1 工程概况

晴隆县2018年易地扶贫搬迁工程连接干道(沙子至蒋坝营)项目，道路起点与X646县道平交，距沙子镇中心镇区500 m，项目终点接沙子镇万人安置房次出入口，道路设计全长1 932.694 m，桩号范围为K0＋113.836～K2＋046.53 m。按双向两车道城市支路标准建设，设计速度20 km/h，标准路基宽13 m(2.5 m人行道＋8 m车行道＋2.5 m人行道)，路面结构为沥青混凝土路面，路面标准厚度为60 cm(20 cm级配碎石底基层＋30 cm水泥稳定碎石基层＋6 cm中粒式沥青混凝土下面层＋4 cm细粒式沥青混凝土上面层)。施工内容主要有道路工程、涵洞工程、排水工程、绿化工程、交通安全设施及照明工程等。

2 施工特点、难点分析

(1) 前期筹备工作紧迫，有效施工时间严重压缩。项目部于2月11日按建设单位及当地政府要求组织人员设备进场，但前期设计图纸正处于不断改线、调整、优化阶段，施工现场只能开展原地貌复测、配合建设单位实施红线范围内障碍物统计及协调拆除、部分便道及保畅道路修建、红线范围内清表及施工原材料筹备等前期基本准备工作。建设单位组织第三方测绘单位于2月16日进场实施原地貌测量，2月18日完成了全线红线范围内原地貌测量工作。从2月18日起，才全面组织路基土石方开挖、填筑施工作业。

(2) 需征拆改的障碍物纷繁复杂，较大影响施工进度。根据前期现场调查，沿线征地工作已全部完成，但影响施工的障碍物较多，且涉及产权单位较广。如起点有4栋民房涉及拆迁，沿线大量电力杆线(特别是K0＋420 m处横穿1条35 kV高压线需要增加净空高度)及通讯线缆(联通、电信、移动)需要迁改，成片树木需要砍伐，安置房区项目数栋临时活动板房需要改移等。

(3) 现场不具备封闭施工条件，且必须确保整个施工期间交通畅通。本项目为易地扶贫搬迁居住区项目配套交通工程，施工区域内既有通行老路，是沙子镇通向易地扶贫搬迁居住区项目唯一交通要道，附近2个村寨社会车流量较大，并且相邻易地扶贫搬迁居住区项目工期十分紧迫，工程车辆来回通行频繁，本工程建设不具备封闭施工条件。

(4) 施工区域涉及周边主要单位(居民区)较多，相互干扰较大。本工程与其他相邻既有构筑物干扰较多，如起点与县道X646平交；终点与安置房区项目场内道路相接；K0＋350～K0＋460 m及K1＋050～K1＋200 m段施工紧邻沪昆高速G60；K1＋980 m右侧紧邻中缅燃气管道；K0＋740～K0＋840 m段穿越沙子35 kV变电站外围墙等。

3 施工组织

3.1 紧密组织，策划先行

本工程为“三边”工程(边勘察、边设计、边施工)，本就存在太多的不确定因素，再加上施工现场条件复杂，影响施工工期的因素众多，必须做好详细而周全的前期策划和施工方案，以避免施工中的突发情况而造成的工期延误。因此，对本工程的关键工程及对工期影响较大的现场因素制定了详细的施工方案与应对措施。

3.1.1 抓关键路线

根据施工进度计划表，得出关键节点线路为：路基工程(含下挡墙)→路面工程→交通标线→交工验收，在路基工程中下挡墙(路堤墙、路肩墙)的成型速度将直接影响路基何时成型。

K0＋463～K0＋534 m段左侧路堤墙处于整个

收稿日期：2021-03-23.

作者简介：唐鹏，重庆人，从事公路工程技术及管理工作.

工程最大填方区域，该段挡墙墙身最高处达13 m，采取跳仓浇筑，以一天一模(1.5 m)的施工进度，也需要10 d才能浇筑完该段墙身，因此完成整段挡墙(含工作面开挖、墙身浇筑、墙背回填)至少将需要20 d，且挡墙修筑完成后还需继续填筑路基填筑高度为8 m，将需要10 d时间，因此整段路基成型(K0+300～K0+600 m段)至少需要30 d时间，所以该段挡墙不能有一天的工期延误。为此，制定了详细到每一天的工程量，并且每天下午4点安排专人到现场统计施工进度，如若任何一个部位落后于施工进度，立即采取补救措施，增加施工作业人员或延长当日施工作业时间，以确保每日的施工进度及时推进。

3.1.2 合理调配资源

根据工程特点，结合路基挖填段落位置分布，合理部署挖填路段施工先后顺序；从开挖量、土质、场内转运距离及现场交通条件等方面充分考虑，合理调配场内土石方。具体策划为：K0+160～K0+260 m段开挖料主要用于K0+120～K0+180 m、K0+250～K0+280 m段路基填筑；K0+520～K0+720 m段开挖料主要用于K0+300～K0+600 m段路基填筑；K1+840～K2+040 m段开挖料主要用于K1+300～K1+500及K0+300～K0+600 m段路基填筑，同时兼顾其他零星段落填筑。

由于工程总挖方量略大于总填方量，原则上开挖能够满足填筑需求，但还应结合现场土石方开挖具体情况，从开挖段选取能够满足路基填筑规范要求的优质材料用自卸汽车装运至填方段进行填筑，对于土质及含水量不满足填筑要求的开挖料应采用自卸汽车转运至弃土场卸倒。

3.1.2.1 施工强度分析及机具投入

根据设计断面图纸计算，总挖方量为20.63万m^3，总填方量为12.46万m^3，实际有效施工时间按计划工期的80%计，则开挖时间为29 d，填筑时间为32 d。

以徐工370挖掘机为例进行开挖及装车工序，每小时能开挖、装车约6车，以完全工作时间每天10 h计算，1台徐工370挖掘机每天能开挖、装车60车，则每天至少需要徐工370挖掘机6台。

考虑到施工工序的限定，施工作业存在高峰期及低谷期，且应考虑施工中不可避免的间歇时间和不可控因素造成的损失时间。

根据工程路基土石方施工高峰期日生产强度，充足配备与施工内容相匹配各种施工机具，投入施工机具计划见表1。

表1 施工机具投入计划

机械名称	规格型号	数量
挖掘机/台	徐工370	8
挖掘机/台	CAT330C	1
挖掘机/台	小松360	1
推土机/台	SD16	2
装载机/台	柳工865型	2
压路机/台	20 t	3
自卸汽车/辆	容量25～25 m^3	18
洒水车/辆	容量12 m^3	1
手扶式压路机/台		1
测量仪器/套	GPS中海达	2

3.1.2.2 优化土方调运

从纵断面图上可以清晰看出本工程挖方段高程普遍低于填方段高程，这就造成了挖方段开挖出来可以用于填筑的填料将由低到高运至填方段，如果按此施工不仅不经济还会极大拖慢施工进度。

因此为减少此类情况，通过现场实地研究发现K0+160～K0+240 m段原为1座山包，按设计开挖将在左侧形成1个高边坡需进行锚杆支护，所以施工时直接将该山包削平，即减小了边坡不再需要锚杆支护，同时此段开挖出来的土质良好，适合用于K0+300～K0+600 m段的路基填筑，从而大量减少了填料由低到高的运输。

3.2 加强协调，现场主导

3.2.1 临时交通

施工期间，既要根据现场条件考虑新建导行保畅便道，也要安排机动设备及兼职交通疏导员对现场既有通行道路实施紧急抢修、日常维护及交通堵塞疏导。

交通导行：根据路线走向、路基土石方挖填段落分布情况及挖填高差大小实施导行便道修筑。

(1) K0+420 m左侧既有通行老路接口处修建1条保畅便道bcbd－01通向K1+540 m右侧既有老路接口，将社会车辆导行至该便道，可全面实施K0+420～K1+040 m段路基土石方施工。

(2) 既有老路起点至K0+420 m左幅段不具备交通导行条件，因此该路段断道前必须完成K0+113～K0+300 m段路基挖填工作，完成K0+300～K0+420 m段下部高程分部填筑，K0+300～K0+420 m段下部高程填筑期间，随填筑高度增加，可采用大渣适当垫高老路与K0+420 m连接处，确保该段老路中断前车辆能顺利通行并导向保畅便道bcbd－01。当施工K0+620～K0+700 m段需中断该段老路时，从起点K1+113 m处将社会车辆导行至主路，经K0+420 m处(此时该段填方仍处于下部高程)通向保畅便道bcbd－01。

（3）施工K1＋490 m圆管涵期间将中断该段原有老路，从K1＋480 m左侧平台修建1条跨天然沟保畅便道bcbd－02至K1＋760 m左侧平台；K1＋420～K1＋520 m段路基施工期间，视情况从K1＋460 m左幅预先填筑1条保畅便道bcbd－03至K1＋480 m左侧平台接bcbd－02。当K0＋420～K0＋600 m段下部高程部分填筑完成、K0＋600～K1＋520 m段路基成型后，即可中断保畅便道001，将社会车辆导行至K0＋420～K1＋520 m主线上，经bcbd－02、bcbd－03两条便道跨过K1＋760 m路基接保畅便道bcbd－04起点。

（4）K1＋800 m至安置房项目区域原有通行老路均位于本工程红线范围，K1＋800 m左侧既有废弃老路可通往安置房项目活动板房前通行道路，但必须对该废弃老路进行改造才能满足通行要求，当该保畅便道bcbd－04改造完成将社会车辆导行后，即可中断原有通行老路，全面实施K1＋800 m至标尾段路基土石方施工。

3.2.2 施工区域内障碍物征拆改

项目起点有4栋民房涉及拆迁，沿线大量电力杆线（特别是K0＋420 m处横穿1条35 kV高压线需要增加净空高度）及通讯线缆（联通、电信、移动）需要迁改，成片树木需要砍伐，安置房区项目数栋临时活动板房需要改移等。必须提前完成相关的房屋征拆及杆管线迁改工作，如果工作滞后将导致很多段落无法施工，严重影响整体工程进展。因此，在保证施工节点的前提下，各影响施工的干扰因素必须提前推进处理好，在现场施工过程中一刻都不能耽搁。所以采取所有施工区域内的障碍物的征拆改与路基清表同时进行，且最迟必须在路基清表完成前同时完成。为此，积极与建设单位、安置房项目施工单位、电力单位、通讯单位（移动、联通、电信）及林业部门联系协调，且建设单位直接派驻专人在施工现场，所有无法解决或无法协调的征拆改，均由建设单位直接出面协调解决且一直秉持“小事不超过一小时，大事不过夜”的方针，为施工建设大开绿灯。

3.3 各分项工程穿插进行

为节约工期保证进度，在施工中广泛采用平行作业流水施工，同类工序尽量多开展工作面平行施工，不同工序按施工工艺有序组织流水作业。

（1）同工序多工作面平行施工。K0＋160～K0＋260 m、K1＋520～K1＋720 m、K1＋840～K2＋046 m段开挖同步进行；K1＋090、K1＋210、K1＋740 m管涵同步平行施工；K0＋120～K0＋180 m右侧路肩墙、K0＋210～K0＋250 m右侧路肩墙、K0＋463～K0＋528 m左侧路堤墙、K0＋742～K0＋833 m右侧路肩墙等同步平行施工。

（2）不同工序有序流水作业。在下挡墙施工完成后及时跟进路基填筑；路基成型的同时开挖雨水挂沟槽；雨水管敷设完成后及时跟进人行道结构层施工；人行道基本成型时马上进行路面结构层的施工；路堑开挖后及时跟进上挡墙施工。

4 社会经济效果评价

4.1 社会效益

本工程为民生政治工程，建成后交通量将继续增大，“十誉不足，毁一有余”，该项目为赶工项目，虽然要赶工满足相关进度要求，但是盲目追求工期将会产生质量和安全相关问题，进而间接导致施工成本增加。市政道路工程是事关城市的市容市貌，与市民生活息息相关，为城市居民和企事业单位的生活和生产提供服务的基础工程。因此，注重道路工程施工质量，加强市政道路工程施工组织管理，注重施工准备阶段的事前控制，严把入场材料关，加强施工现场质量管控及试验复检，提高分部分项工程一次验收通过率，推动项目整体质量水平的稳步前进，创优质工程。

4.2 经济效益

由于前期准备时间过长，进度计划有所滞后，后期通过高效全面精确的施工组织及应急处理措施，终于2019年4月9日提前完成路面铺设，完成了各项艰巨的挑战和约定工作内容，为晴隆县2019年易地扶贫搬迁总体任务的顺利完成打下了坚实的基础，走在了打赢脱贫攻坚战的最前列。最终高效赶工完成产值约3 500万元，因提前完工节约管理成本50多万元。

5 结语

对在复杂施工条件下市政道路高效赶工策略进行了实践与分析，从而得出全面而精准的施工组织是项目能够高效推进的重点；各参建方紧密配合协调管理是项目高效推进的保障；优化的施工工艺和创新的施工措施使项目高效推进的同时得到了良好的质量保证。在本行业内复杂的施工现场条件与紧张的工期这种情况并不少见，通过本次工程实例得出的宝贵经验与成果为以后同类型项目的开展有较好的借鉴作用。

翻转式原位固化法在现状排水管道修复工程中的应用

何井斌

（中国水利水电第八工程局有限公司，湖南长沙，410004）

摘要：文章结合彭泽管网修复施工经验，提出翻转式原位固化法在排水管道修复中的工艺优化及控制要点，以期能够完善翻转式原位固化施工工艺。

关键词：翻转式原位固化法；开挖；修复；功能性；试验

0 引言

随着我国城市建设步伐不断加快，原有市政地下管网已经不堪重负，许多老旧城区的污水管道破损严重，过水能力大大降低，已不能满足城市发展及社会生活的需求。同时由于城建资料年久缺失、地下管线管位随着管线种类的增加趋于饱和。对故障管道和已达使用寿命的管道进行修复或更换刻不容缓，传统处理手段一般为开挖维修或更换。老旧管网基本伸出城市主干道下或构筑物边缘，维修或更换等工作存在破坏周边环境、影响公共交通、整体成本支出过大等不利因素，并且牵扯路政、城管、沿线商铺、居民等各方，施工协调事项较多。

1 项目背景

彭泽县中心城区污水配套管网收集系统西起培罗成大道，东至彭泽绕城公路，南达龙兴路，北止沿江路等地区城市污水，总规划污水量约为3.0万m^3/d，污水管网长42.45 km。通过对存量管网水质监测调查，部分管网中COD消减较严重。为了满足污水厂进水水质COD大于132 mg/L目标，需对存量管网进行修复。

依据各区域管网的建设年限，管网在系统中的重要性等原因，中心城区污水管网修复分为3个等级，第1批次为老城区旧管网部分，第2批次为山南、彭浪路、经一路、民德小区附近等片区政府近期自建管网部分，第3批次为城大道、渊明路、流芳路、东风路、马湖路等新建部分。其中，第1、2批次管道全长14.48 km，实际已完成检测14 km，污水管网以混凝土管为主，部分采用排水沟，少部分采用PVC及HDPE管，管道埋深为3～6 m，管径主要为DN400～DN1200。

2 工艺原理

翻转式原位固化法又称CIPP水翻法，根据旧管道的现况尺寸和损坏程度，在加工间预制加工成一定设计厚度的浸透热固性树脂，并带有防渗膜的纤维增强软管或编织软管作衬里材料的软管，在施工现场将浸有树脂的软管一端翻转并用夹具固定在待修复冲洗干净的旧管入口处，然后利用水压或气压使软衬管浸有树脂的内层翻转到外面并与旧管的内壁紧贴，一旦软衬管到达终点即向管内注入循环热水的方式进行管内加热使树脂固化，形成1层紧贴管内壁的具有防腐蚀防渗功能的整体性强、高强度、寿命长、光滑的树脂内衬新管，“管中管”使已发生破损的或失去输送功能的地下管道在原位得到修复。

3 翻转式原位固化法工艺优化

通过对彭泽县现状污水管网进行摸排，发现现状污水管网存在混接、暗接、渗漏等情况，同时，部分施工部位受环境限制必须在24 h内完成施工及验收，针对施工过程中可能出现的各项问题，采取如下措施进行工艺优化。

3.1 设计与施工不符

彭泽县现状污水管网电视闭路(CCTV)检测于2020年3月开始，并于同年7月全部完成，设计单位依据检测报告及地勘资料编制白图。于2020年8月底开始启动管网修复工程，在进行预处理期间，发现原设计方案与实际存在出入。

由于施工现场场地限制、交通影响和环境要求等因素，经几方论证分析，对原设计方案整修、点

收稿日期：2021-05-11.

作者简介：何井斌，工程师，从事市政工程施工技术管理工作.

修段在预处理阶段进行整段冲洗清淤和 CCTV 检测，对相邻 2 个井位管道 1～3 级缺陷等于或超过 3 处的管道进行整段非开挖修复，采用热水翻转原位固化法 CIPP(Cured In Place Pipe)的施工工艺；1～3 级缺陷为 1 处或 2 处的管段进行局部内衬修复处理；缺陷等级为 4 级的管段考虑进行局部或整段开挖修复。

3.2 场地受限

西山路原 W3～W4 井段为 CIPP 水翻、W4～W5 段为开槽拆排，经电视闭路复测，W3 与 W5 井段无 W4 检查井，距 W3 井 6 m 处 2 级破裂，距 W3 井 13 m 处 3 级错位，距 W3 井 15 m 处 4 级破裂；且 W3～W5 井段为道路转角段，道路右侧为城西路垃圾中转站，通行压力大，居民强烈反对大面积开挖施工。

经几方现场确认，设计单位建议对 W3～W5 井段先采取整段 CIPP 水翻施工，在 3 级错位与 4 级破裂段新建 1 座钢筋混凝土井，待检查井井室砌筑完成后切除缺陷管段。

3.3 待修复管网无源渗漏

由于此次管网修复施工路段主要位于老旧城区，毗邻沿江路距离长江河道近，地下水位较浅、地基基础较差，导致现状检查井、排水管道出现不同程度的渗漏、起伏，管网修复时管道内存有少量积水。

针对现状管网渗漏、施工期间管道存水现场，采取调整施工工序，缩短施工搭接时间，封堵上游井后，先采用翻转式原位固化法进行目标井与施工井段带水作业修复施工，待固化完成后再进行管道功能性试验。试验期间对施工井渗漏点采用聚氨酯注浆堵漏，待试验完成施工井铝酸盐水泥防腐砂浆喷涂作业，完成检查井修复作业。

4 翻转式原位固化法控制要点

原位固化修复技术的施工质量受到树脂软管材料和现场施工过程等方面的影响，产生内衬管表面鼓胀、材料未固化、内衬材料严重褶皱与棱纹，甚至发生裂纹和材料破损等问题。因此，在采用翻转式原位固化修复技术施工时，需要对造成质量问题的因素进行质量管控。

4.1 材料质量控制

树脂软管材料进入施工现场时应进行进场验收，并提供同规格内衬管力学性能检测报告、内衬管的长期力学性能型式检验报告、内衬管的耐化学腐蚀型式检验报告。

内衬管力学性能检测主要包括弯曲强度、弯曲模量、拉伸强度等，试验方法按现行国家标准《塑料弯曲性能的测定》(GB/T 9341—2008)、《纤维增强塑料弯曲性能试验方法》(GB/T 1449—2005)，《塑料拉伸性能的测定》(GB/T 1040.2—2006)执行。内衬管的短期力学性能可按《给水排水管道原位固化法修复工程技术规程》(T/CECS 559—2018)表 4.2.3 取值，检测结果应满足设计要求且不低于规范规定。

内衬管的长期力学性能应根据生产商推荐值或取短期力学强度的 50%，并通过施工完成后现场取样测试进行核实，即现场取样测试的性能指标应大于设计取值的 2 倍。

4.2 施工过程质量控制

翻转式原位固化法采用水压方式将浸渍树脂的软管翻转置入原有管道，翻转完成后应逐渐加热翻转用水对软管进行固化，可用于修复 DN150～DN2000 的各种材质、断面的排水管道。施工过程质量控制要点如下：

4.2.1 树脂软管制作及贮运

软管的设计制作长度必须同时满足修复管段两检查井中心距离，检查井井深、两端部所需长度以及施工时静水压力所需高度。结合施工经验，建议软管两端各预留 1 段非树脂内衬管，长度为静水压力所需高度，便于固化完成后切管，同时减少不必要的内衬管材浪费，降低原材料成本。

浸渍树脂后的软管应存储在低于 20 ℃ 的环境中，当室外气温高于 20 ℃ 时，树脂浸渍软管必须叠放到冰水槽中或冷柜中贮藏。贮运树脂浸渍软管应避免日光或强光源照射，必须在树脂固化前运到软衬管安装现场并安装完毕，并且运输过程中应全程冷藏密封运输。

4.2.2 施工预处理

对所有管道进行清通处理，清除所有管道功能性缺陷；如管端检查井为暗井，需将其开挖恢复，增设井筒井盖；对于部分影响管道内衬施工的管道结构性缺陷，采取相应措施进行处理。

预处理后的原有管道内应无沉积物、垃圾及其他障碍物，管道内不应有存水，管道内表面应洁净，无附着物、尖锐毛刺和突起。

4.2.3 准备工作

把待修管道段上游检查井作为工作井，在上部采用钢管支架或型钢搭设翻转作业平台，搭设高度必须符合翻转施工静水压力要求，翻转压力应控制在使软管充分扩展所需最小压力和软管所能承受的允许最大内部压力之间，同时应能使软管翻转到管道的另一端点。根据《给水排水管道原位固化法修复技术规程》(TCECS 559—2018)6.6.6 条规定，翻转压力应控制在 0.1 MPa 下，结合施工经验，建议搭设高度与井底相对标高为 5 m。

4.2.4　翻转作业

树脂软管运至翻转作业平台后，将一端固定在钢筋支架翻转头上；另一端封闭箍紧，一般绑扎 2 道钢筋片，打包器收紧至内置气管完全闭合，并将控制绳和热水管紧箍在封闭端，随软管翻转一起进入管道中。翻转注水流量和树脂软管翻转输送速度必须匀速，通过控制绳和注水量控制翻转速度和水位，依据现行行业标准《城镇燃气管道非开挖修复更新工程技术规程》CJJ/T 147 和施工经验，规定翻转速度宜控制在 2～3 m/min。翻转完成后，两端宜预留 0.5 m 左右的长度以方便后续的固化操作，特殊情况下内衬管的预留长度可以适当减小。

4.2.5　固化成型

确认软管翻转至末端后，利用翻转作业时进入管道的热水管，与热水锅炉、耐热泵等加热固化系统对内衬管进行加热固化。树脂固化分为初始固化和后续硬化 2 个阶段。当软管内水或蒸汽的温度升高时，树脂开始固化，暴露在外面的内衬管变得坚硬，且起点、终点的温度感应器显示温度在同一量级时，初始固化终止。之后均匀升高内衬管内水或蒸汽的温度直到后续硬化温度，并保持该温度一定时间。固化所需温度和时间应根据树脂材料说明书的规定和修复管段的长度、管道直径、地下情况、使用的蒸汽锅炉功率等情况进行适当调整。

翻转固化完成后应先将内衬管内的温度自然冷却到 38℃ 以下，才能释放静水压力。若现场施工条件允许，可通过向内衬管内注入常温水，同时排出内衬管内的热水，该过程中应避免形成真空造成内衬管失稳。

4.2.6　端头处理及功能性试验

在固化成型后，应紧接着进行管道功能性试验。当修复管段的检查井采用不同工艺进行修复或未修复时，应选用闭气试验，否则选用闭水试验。当选用闭水试验时，暂不进行端头处理，保留内衬管内的常温水展开闭水试验，按现行国家标准《给水排水管道工程施工及验收规范》GB 50268 无压管道闭水试验的有关规定进行。实测渗水量应小于或等于按下式计算的允许渗水量：

$$Q_e = 0.0046D_L$$

式中：Q_e 为允许渗水量，$m^3/24\ h \cdot km$；D_L 为试验管道内径，mm。

若采用闭气实验，则先进行端头处理，切割端部内衬管时，切口应整齐。当端口处内衬管与原有管道结合不紧密时，应在内衬管与原有管道之间充填树脂混合物进行密封，树脂混合物应与软管浸渍的树脂材料相同。

4.2.7　检查与验收

(1) 内衬新管检测要求。内衬新管内壁必须符合表面无鼓胀、无未固化现象；表面不得有裂纹；表面不得有严重的褶皱与纵向棱纹。内衬新管端部切口与井壁平齐，封口不渗漏水。内衬新管实测厚度应符合表 1 要求。

表 1　CIPP 原位固化—内衬管壁厚要求(热水固化)

管径/mm	最小值/mm
300	7
500	8
600	9
800	11

内衬新管厚度检测位置应避免在软管的接缝处，检测点为内衬新管圆周均等 4 点，取其平均值；厚度误差允许 0%～25%。

(2) 内衬新管取样试验。采样数量以每一管段 1 组试块，每组 3 块。试块一般在施工现场直接从内衬新管的端部截取。内衬样品管(或样品板)应按现行国家标准《塑料耐液体化学试剂性能的测定》(GB/T11547)检验耐化学腐蚀性：耐化学性的检测浸泡时间为 28 d，试验温度为 23 ℃；试件浸泡完成后，检测结果不应小于内衬管初始弯曲强度和弯曲模量的 80%。

(3) 内衬新管竣工验收技术资料应具备：聚酯纤维毡、热固性质量合格证书及试验报告单，并应在符合储存条件保质期内使用；施工前、施工后排水管道电视检测录像资料；内衬新管厚度实测实量资料；内衬新管试块测试资料等。

5　结语

从长远发展前景来看，非开挖修复技术将会越来越多应用于我国老旧管道设施的改造工程，极大地提高了管网使用效益，满足城市发展对地下管网结构更新和扩容的需求。但从目前一些原位固化法管网修复工程中不难发现，仍有一些修复管道存在裂纹、鼓胀、褶皱或纵向棱纹，这大多是在管网修复过程中未及时优化施工工艺或对施工质量把控不到位导致的，因此需要现场技术人员完善施工方案、做好施工工艺选择，针对可能出现问题的质量部位严格把控，规范非开挖原位固化法施工。

高层建筑机械喷涂抹灰施工技术

高峰，袁耀南，兰电

（中国水利水电第九工程局有限公司，贵州贵阳，550008）

摘要： 文章通过马来西亚霹雳州东湖苑房建项目内外墙机械喷涂抹灰施工实践，从施工要求、施工工艺、养护及质量控制等方面介绍机械喷涂抹灰的施工工艺要求及质量监控的全过程，提出其施工要点，为类似工程提供参考。

关键词： 高层；建筑；机械；喷涂；抹灰；施工；工艺；质量；监控

1 工程概况

马来西亚霹雳州东湖苑房建工程位于霹雳州金宝县，工程由3栋高级住宅公寓楼(2栋12层，1栋14层)、1栋俱乐部以及其他配套的建筑物组成。建筑物建筑面积约5.5万 m^2，抹灰总面积为19.01万 m^2。本项目位处赤道附近，属于热带雨林气候和热带季风气候，海拔高程较低，约为28 m，常年气温较高，平均温度为27～32 ℃。为提高高层建筑抹灰施工效率，控制抹灰质量，对人工抹灰与机械喷涂抹灰质量通病成因展开分析，在材料控制、配合比控制、墙面设计、施工工艺等方面归纳相应的控制方法，并重点总结在墙体人工抹灰与机械喷涂抹灰施工效率与施工成本综合各项经济指标对比。

2 机械喷涂前景

2.1 机械喷涂的优点

装饰装修工程中，墙面抹灰施工工艺流程是机械制备砂浆、人工结合机械运输、人工抹灰和收面。这种传统的施工工艺，需要工人将砂浆送至施工位置，再用人工将砂浆抹到墙面上，最后也需要人工来完成收面工作。整个过程绝大部分为人工操作，这就造成工人劳动强度大，工作效率低，施工质量受到工人技能水平的影响较大。因此，传统抹灰施工对工人的技能水平要求很高。

为解决上述问题，机械喷涂抹灰施工技术具有应用前景，它实现了机械化、半自动作业的高效生产，减少了泵浆运输、生产过程中的浪费，既节约人工、材料成本，又很好解决了装饰装修工程抹灰施工容易出现的面层空鼓、开裂等质量问题，保证装饰装修抹灰的施工质量。

2.2 机械喷涂市场应用情况

人工抹灰人力资源投入更多，成本非常高，效率低下，施工质量不容易保证。机械喷涂半机械化抹灰施工，能以极少的人力实现大规模的施工作业。大部分高楼建筑均采用机械喷涂抹灰施工，提高施工工效，节约成本，创造更多的经济效益。机械喷涂适用高层建筑，合理选用机具，合理布置机械，更有利于机械化施工。

3 墙面抹灰施工

3.1 施工准备

(1) 材料的选择。采用当地产品具有合格检测证书的水泥、粗沙、细沙、添加剂等材料。本项目普通水泥砂砖砌砖墙面，灰缝厚度为4～5 mm，墙面先清理干净，然后进行砂浆喷涂施工。

(2) 现场施工设备。灰浆搅拌机、砂浆泵及配套灰浆管、喷枪等，辅助工具木板刮板、手推车、大桶、灰槽、2 m靠尺板、线坠、钢卷尺、托灰板、铁抹子、激光水准仪等。

(3) 砂浆泵。本工程机喷砂浆泵采用湿拌砂浆，通过对当地机喷砂浆设备进行对比选择分析，需要满足以下施工技术要求：a. 泵送性好，堵泵、堵管现象发生几率较低；b. 泵送高度应满足建筑物高度；c. 砂、水泥原材料颗粒、粒径大小满足泵送要求。项目部在租赁机喷设备主要考虑了2种型号NM430和NM230，简单从施工进度及技术性能适用性等方面考虑，优选NM430砂浆输送泵、组装车、管道、喷枪及常用抹灰工具等。在使用实施过程中，砂浆泵堵管的产生的原因：砂浆配方问题、砂浆离析与在管道中停留时间太长、工作压力过高为主要原因。为避免堵管造成材料浪费、配件损耗、成本增高等问题，施工过程中采取以下

收稿日期： 2021-03-23.

作者简介： 高峰河南漯河人，项目经理，从事水利水单工程项目管理工作.

措施：喷涂设备在产生堵管的时候应立即停机，查明堵管的位置及堵管的程度。在堵管初期堵管位置都在与喷枪口连接的管道头部，处理方法也比较简单，先让喷涂设备倒车卸压，然后关闭机器电源，卸下喷枪，管道口向下，轻轻地拍打管道，使管道前端失水的砂浆排出管道口，待正常流动度的砂浆排出管道口即可，在装回喷枪时还需检查喷枪是否堵塞。如果因故障出现时没有及时关机，出现堵管现象比较严重时，首先必须倒车卸压，然后停机卸下喷枪，拆下被堵的管道，利用外接水源的软水管伸入管道进行冲洗，直到输浆管口没有砂粒出现时才可以装回喷涂设备。冲洗过的管道必须再次进行润管操作，否则很容易再次产生堵管，因冲洗过的管道会残存部分水分和砂，砂浆遇水易致离析，从而降低了砂浆的流动性而产生堵管。砂浆输送设备产生堵管时应立即停机，先松开水平与垂直管道连接的接口，可以尝试再次启动输送设备，水平管内轻微的堵管都可以通过再次启动机器进行排除。一般情况下堵管都在弯头或垂直位置处，垂直位置的堵管只能用水冲洗管道进行排除，选择合适的软管进行冲洗处理，应从下往上进行冲洗，垂直距离过高时，还应卸开中间部分管道进行处理，中间管道拆卸时应注意安全。冲洗完成后重新装回管道，再次开始输送砂浆前应进行润管处理。

(4) 作业条件。a. 抹灰部位的主体结构检查合格，门窗框及预埋电管安装检查合格；b. 搭设好抹灰操作施工平台；c. 将混凝土墙等表面突出部位凿平，对蜂窝、麻面、漏筋、疏松部分等凿到实处，清除外露钢筋头等；d. 施工前确定施工房间和施工次序(原则上从里到外)，并根据墙面面积计算材料用量，一次备齐当天用料；e. 混凝土结构墙体和砌体质量均应符合当地施工规范的要求。

(5) 施工要求。选用符合施工的砂浆，其额定抗压强度接近砌块强度，黏接强度大于 0.2 MPa；不同墙体材料与两边墙体搭接宽度大于 15 cm。

3.2 机械喷涂抹灰施工工艺

(1) 施工工艺流程。墙面清洁→混凝土墙涂抹界面剂→挂网→放线→冲筋→喷涂→墙面抹平→成品养护。

(2) 基层处理。a. 机械喷涂抹灰前先检查工作面的平整度，对混凝土、压顶砖、过梁、混凝土梁、柱等凸凹处需剔平或用高强水泥砂浆补平；b. 基层表面等杂物必须清理干净；c. 墙面上开凿水电管线槽、施工孔洞以及门窗缝隙等使用合适的材料进行封堵。

(3) 挂网。根据设计图纸要求，在不同材质的交接处固定玻纤维网格布，与两边墙体搭接宽度大于 15 cm.

(4) 找方。在墙体所在的轴线各找 1 条控制线，以确定其他 2 条较短的控制线，相邻控制线间应相互垂直。

(5) 放线。根据控制线将线引到墙体、楼地面或其他易于识别的物体上。

(6) 冲筋。根据所放垂直线和水平线确定抹灰厚度，在每一面墙上抹灰饼，灰饼厚度即抹灰厚度，然后拉通线做冲筋，其宽度和厚度与灰饼相同，抹灰饼和冲筋所用的砂浆材料与机械喷涂砂浆相同。

(7) 砂浆喷涂。砂浆喷涂施工前，应确定材料配合比(重量比)及施工机械选定合理布置施工机具，提高抹灰施工工效。a. 喷涂准备：组装好设备接通管路，与机械喷涂设备连接，测试材料稠度、调整好加水比例；启动设备，将机械喷涂抹灰砂浆连续倒入搅拌机进料口，开始连续搅拌；根据喷涂设备、墙体基层、砂浆材料性能和设计要求等因素，适当调整喷嘴压力、喷嘴与基层距离、喷射角度等工作参数，以达到最佳的施工效果。b. 层面喷涂：待底层喷涂砂浆初凝后(约 2 h)，按 S 形路线巡回喷涂面层砂浆，待表面稍干后用铝合金靠尺刮除标筋表面残留砂浆。c. 墙面喷涂顺序和路线：按先室内后过道、楼梯间的顺序进行喷涂；室内宜从门口一侧开始，另一侧退出；墙体阴阳角所在的 2 个交接面，须连续喷涂，与墙面同步完成。

(8) 墙面抹灰。a. 层面喷涂完成后，应用铝合金靠尺紧贴标筋上下左右刮平，把多余砂浆刮掉，保证墙面平整；b. 如发现喷涂抹灰量不足时应及时补灰，并搓揉压实；c. 对墙面的阳角，应根据图纸的设计要求进行处理。

(9) 成品养护。机械喷涂抹灰通常在室内施工，在高温干燥天气时则需洒水养护以确保强度。

4 质量监控

4.1 可泵性简易测试

(1) 挤压测试法。手抓 1 把砂浆并用力握拳，使其从指缝中流出，若只见泥砂而挤剩下一砂块，则表明可能堵泵。

(2) 泌水测试法。取 1 桶混凝土填充砂浆直到与桶边缘对齐，若砂浆表面形成一层水，则表明有可能堵泵。

4.2 抹灰质量检测

抹灰质量检查结果见表 1。本工程墙面机械喷涂抹灰的质量符合使用要求。

表 1　内墙抹灰质量检查结果

项目	允许值/mm	实测值/mm	检查方法
表面平整	4	3	2 m 直尺和塞尺
阴、阳角垂直	4	2	2 m 托线板和尺
立面垂直	5	4	—
阴阳角方正	4	3	200 mm 方尺
空鼓	—	无	红外线成像仪

砂浆涂层的抗压强度、黏接强度见表 2。

表 2　砂浆涂层的抗压强度、粘结强度

项目	技术要求	测定值	检查方法
抗压强度/MPa	≥5	7.90	回弹仪
粘结强度/MPa	≥0.2	0.52	拉线仪

通过表 1、2 对高喷机械喷涂施工检测数据可知，高喷机械喷涂抹灰符合质量及技术相关要求。

5　机械喷涂抹灰的施工要点

5.1　合理布置机具和使用喷嘴

管路布置应尽量缩短，铁管道应避免弯曲，拐弯半径尽量大以防堵管；正确掌握喷嘴距墙面、顶棚的距离和选择压力大小；喷射压力一般为 0.15～0.2 MPa，过大则会使砂浆飞溅而增大消耗，过小则冲击力不足，会降低灰浆与墙面的黏结力，造成砂浆流淌；正确掌握持枪角度、喷枪口与墙面的距离。

5.2　选择合理的喷涂方法

喷涂方法有 2 种：a. 由上往下呈 S 形巡回，可使表面较平整，灰层均匀，易使厚度无鱼鳞状，但易掉灰；b. 由下往上呈 S 形巡回，喷涂过程中已喷灰浆可截挡灰浆掉落，后一种喷法较好；但均需重复喷涂 2 次以上才能满足厚度要求。

5.3　注意管路清洁

喷涂必须分层连续进行，喷涂前先进行转运、疏通和清洗管路，用少量水润滑管道后再泵送浆料，每次喷涂后用清水压海绵球冲洗管道中残留砂浆。

5.4　高层机喷砂浆泵送要求及内、外墙细部施工方法

通过高层机喷施工技术研究总结分析，适用机喷技术满足以下要求：a. 骨料要求：天然砂粒径≤4.75 mm、机制砂粒径≤2.0 mm，连续集配。b. 保水性能 90%，保水率过低、过高都影响机喷砂浆性能。c. 保塑时间 6 h，可操作时间太短、过长均不利于机喷施工。d. 泵送性能：流变性能良好，泵送高度满足机械施工要求。e. 抗流挂性：无坍落、流挂现象，具有优异的粘聚性能。f. 施工性能和易性好、抹得开、粘得牢、掉渣少。

内墙基层处理要求：在不同界面如混凝土面与砖墙结合面处，固定玻纤维网格布；在结合面处喷涂速度要慢，防止喷涂面不密实，造成空鼓。

外墙喷涂：一般从脚手架以上部分开始，以窗与窗（或门）之间为分格，先沿门窗边缘 20 mm 处让枪嘴离墙面 60～100 mm，上下喷出 2～3 条垂直线，在要喷涂的墙面先喷出 1 条标准水平横线，以此线开始，由下往上水平巡回喷射。外墙喷涂可按喷嘴直径大小喷出粗毛面或细毛面，最后人工进行收面。细部抹灰主要做流水坡度、滴水线或滴水槽。窗台上面的抹灰层应深入窗框下面的裁口内，并堵塞密实。

5.5　专业化机械喷涂抹灰人员技能

为搞高机械喷涂抹灰施工功效，对机械喷涂人员要经专业技能培训，可以很快处理在喷涂过程中发生堵管、机械故障等，并避免造成材料浪费、功效较低。

6　效益分析

通过施工现场的实际应用，对比人工抹灰施工与机械喷涂抹灰经济数据计算分析如下：

人工抹灰每班 8 个技工、4 个辅助工，在 8 h 工作，抹灰厚度为 20 mm 的作业条件下，按人均抹灰 10.2 m^2/天计算，日施工效率为 8×10.2＝81.6 m^2/工作日。在相同工作时间、人员投入、抹灰面积和厚度的情况下采用机械喷涂抹灰，根据设备 2.0 m^2/h 的排量、连续喷涂率 70%，机械喷涂人工辅助抹灰按人均 22.0×0.7＝15.4（m^2/d），施工工作效率为 8×15.4＝123.2（m^2/工作日）。

按单层抹灰面积 3 000 m^2 折算，人工抹灰施工工期约为 3 000/81.6＝36.8（d），机械喷涂抹灰工期为 3 000/123.2＝24.3（d），平均单层节约工期 12.5 d 左右。可见机械喷涂抹灰施工适用于高层抹灰施工，比传统抹灰施工节约人工成本，提高施工效率。

7　结语

在马来西亚东湖苑房建抹灰工程中，通过材料、设备的选用、基层处理、砂浆喷涂、墙面抹平再到成品养护的过程，从而完成了机械喷涂抹灰，并对抹灰质量进行了控制和监测，满足了平整度、垂直偏差的要求，各项检测结果说明该工程机械喷涂抹灰性能符合施工要求、满足较大量的抹灰工程，为后续工艺施工抢进度提供保障。

· 运行与管理 ·

电力监控系统网络安全典型问题分析探讨

左天才

（贵州乌江水电开发有限责任公司水电站远程集控中心，贵州贵阳，550002）

摘要： 结合电力监控系统网络安全专项督查、重要时期网络安全专项检查情况，从技防措施和管理措施2个方面对发现的典型问题及其表现形式进行梳理，分析探讨表现形式，提出了相关措施及建议。

关键词： 电力监控系统；网络；安全；问题；分析

1 概述

2000年，某水电厂由于办公自动化系统向控制系统发送1个异常命令信号，致使该厂在7 s之内甩掉89万kW出力，导致省级电网几近瓦解。通过此次事件，业内人士认识到，电力生产控制系统会直接影响电网安全，并总结出“生产控制系统必须与办公自动化系统物理分开”这一准则，从而拉开了电力生产控制系统网络安全研究的序幕。

近年来，随着工业数字化、网络化、智能化快速发展，伴随着信息化和工业化深度融合、物联网技术深度应用，电力监控系统面临安全漏洞不断增多、安全威胁加速渗透、攻击手段复杂多样等新挑战，给电力监控系统带来了严峻的信息安全问题。“震网”“勒索软件WannaCry”“Havex”等针对工控系统的网络病毒渐渐为人们所知。2015年乌克兰电力系统遭到攻击、2019年委内瑞拉电力系统遭到攻击等电网大范围停电事件让世界一片哗然，针对电力生产的网络攻击事件也更让世界各国电力企业深感恐慌。

电力监控系统作为电网调度控制和电厂生产控制的中枢系统，确保其网络安全、使其始终处于稳定可靠运行状态，对于保障发电企业安全生产、甚至电网的安全稳定运行至关重要，电力系统工控安全越来越受到各方的关注。结合历次电力监控系统网络安全专项督查、重要时期网络安全专项检查情况，从技防措施和管理措施对发现的电力监控系统网络安全典型问题及其表现形式进行梳理分析。

2 技防措施方面典型问题及表现形式

按照《电力监控系统安全防护规定》和《电力监控系统安全防护总体方案》的相关要求，电力企业针对电力监控系统在实施“安全分区、网络专用、横向隔离、纵向认证、综合防护”的基础上，还开展了边界防护和等级保护等工作。

2.1 安全物理环境方面典型问题及表现形式

（1）机房设置不合理。主要包括机房设置在顶楼或地下室、未采取必要的防水和隔热措施；设备或主要部件未进行固定；未采取必要的接地防静电措施和消除静电措施等。

（2）门禁配置不全。机房未配备电子门禁或门禁配置不全，或配备电子门禁但未生效，不能鉴别、记录进入的人员信息。

（3）机房未配置视频监控和环境监测系统。机房内未配备温、湿度自动调节设施，温、湿度超出设备运行所允许范围；机房内未配备视频监控系统和环境监测系统。

2.2 安全区域边界方面典型问题及表现形式

（1）跨区互联。主要包括如下4种表现形式：a. 主机跨区互联：不同安全分区连接至同一主机；b. 网络跨区互联：不同安全分区网络或安全设备相连，或者安全设备配置全通的策略；c. 管理型跨区互联：在Ⅲ—Ⅳ区中出现设备管理口连接错误分区实现远程运维；d. 非法跨区互联：运维人员或他人使用维护终端连接外网，并接入现有内网进行运维。

（2）边界防护设备策略配置过宽。主要表现形式为边界防护设备的对源地址、目的地址、源端口、目的端口和协议等策略未细化到最小IP地址和端口；存在多余或无效的访问控制规则，访问控制规则未最小化。

（3）防火墙部分高危端口封闭不到位。主要表现形式为互联防火墙没有封堵135、137、138、139、445、3389等高危端口，放行部分业务对高

收稿日期： 2020-10-27.

作者简介： 左天才，四川三台人，正高级工程师，硕士，从事水电站自动化技术及管理工作.

危端口的访问，部分安全策略未对源地址进行限制。

2.3 安全计算环境方面典型问题及表现形式

（1）身份鉴别或权限设置不到位。主要包括如下4种表现形式：a. 系统存在默认账户、缺省账户、多余账户，未实现权限分离，部分系统仅有管理员账户；b. 系统空口令、弱口令等，密码未采用由数字、字符、字母大写和小写10位以上组成；c. 口令未定期更换；d. 无登录失败处理功能和密码错误冻结账户功能。

（2）主机防病毒措施不到位。未安装杀毒软件；病毒库未及时更新；未开展病毒查杀并保存杀毒日志。

（3）主机存在开启高危端口或不必要的服务。部分系统未封堵135、137、139、3389高危端口；部分主机未关闭rlogin、rsh、ftp、telnet等服务；系统137、138端口封堵有误，应封闭udp端口，但却封闭成tcp端口。

（4）未安装高危漏洞补丁。主要表现形式为部分Windows主机未安装勒索病毒、震网三代等补丁或安全漏洞补丁未生效。

（5）未封堵不必要的USB接口或网络接口。主要表现形式为部分主机的USB等物理接口未按要求封堵和交换机未关闭未使用的网络端口。

（6）日志保存期限不满足要求。防火墙、纵向加密装置日志未按照国家网络安全法要求保存6个月；自动化系统日志存储容量不满足6个月的要求；纵向加密认证装置日志时间显示错误，出现"密通变全通"的日志。

（7）漏洞及恶意代码管理不满足要求。存在WebLogic Java远程代码执行漏洞，恶意攻击者可直接控制存在漏洞的系统；Windows系统存在MS17－010、MS05－027、MS08－067等远程代码执行漏洞，恶意攻击者可直接控制存在漏洞的系统；存在struts2远程命令执行等漏洞，恶意攻击者可直接控制存在漏洞的系统；思科IOS Software Smart Install远程代码执行漏洞，恶意攻击者可直接控制存在漏洞的系统；Xserver、VNC未经身份验证的访问，恶意攻击者可以不用密码直接控制系统；存在Redis未授权访问漏洞，恶意攻击者可以不用密码直接控制系统；存在任意文件下载、SQL注入等多个高危漏洞。

3 管理措施方面典型问题及表现形式

3.1 安全管理方面典型问题及表现形式

（1）等保定级备案工作落实不到位。未编制定级报告并开展定级评审；未进行等级保护备案、测评；未根据等级测评和安全评估发现的问题制定整改计划。

（2）未按照要求明确网络安全责任。电力监控系统网络安全管理职责不明确，未在相关文件中明确领导班子对网络安全专业的责任分工、未成立电力监控系统网络安全组织机构、未在发文中明确网络安全责任分工；未设置电力监控系统网络安全专职岗位，未配备网络安全人员或专职人员；内部重点岗位员工未进行背景审查，未签订网络安全保密协议；与合作单位的执行合同中暂未明确网络安全责任，对外协单位承接落实网络安全措施管控不到位；外来运维人员暂未签订专用的保密协议，并明确网络安全相关的要求和责任条款。

（3）专用工具配置或使用管控不到位。专用杀毒电脑、专用调试电脑未开展主机加固，杀毒软件病毒库未及时更新；未建立终端接入审批管理机制和接入作业流程；未建立移动介质接入作业流程，移动介质接入无操作记录；未配置专用杀毒计算机及专用U盘，杀毒U盘病毒库未及时更新且无查杀记录。

（4）系统运维管理不到位。"一厂一档案"的网络安全档案不完善，或网络拓扑结构不完整，与实际不相符；未编制自动化、保信、故障录波、通信、网管等系统的网络拓扑图及各业务系统整体互联图册，未绘制各业务系统的横向和纵向互联拓扑图；部分设备维护人员无账号、密码，无法登录查看配置和维护；调度数据网内实时接入交换机和非实时接入交换机存在使用明文密码的情况；Ⅰ、Ⅱ、Ⅲ区未按要求部署运维堡垒机；对通信、保护、计量、在线监测等专业存在的网络安全问题整改管控落实不到位；网络安全工作要求不反馈工作进度、工作落实管控不到位或未按要求进度落实；未针对开展电力监控系统相关制度规范的培训工作，缺乏监督考核机制。

3.2 安全应急措施方面典型问题及表现形式

（1）未编制或正式发布安全应急预案或处置方案。未编制电力监控系统应急预案或应急预案已编制但未正式发文；编制了网络安全预案和针对安防设备故障的处置手册，但是未编制黑客入侵和防病毒相关的处置手册；已编制应急预案，但未编制应急处置方案。

（2）应急处置方案可操作性不强。网络安全应急预案未包含网络攻击或病毒入侵等场景；应急处置方案未明确处置步骤、范围及联系人等；应急处置方案可行有效性低，应急处置方案仅针对设备故障方面，可行有效性低。

(3) 未开展电力监控系统网络安全应急演练。应急演练尚未开展黑客入侵或防病毒相关的演练；未编制各系统网络安全应急预案或处置方案的培训演练方案，未开展培训和应急演练。

4 相关管理措施及建议

4.1 严格规范管理，做好闭环管控

(1) 进一步规范和健全企业电力监控系统网络安全管理机制，不断提升电力监控系统网络安全人员的管理角色、管理力度和管理水平，加强考核和追责力度，促进网络安全责任的落实。

(2) 做好网络安全专业统筹协调，自动化、保护、通信、水调、计量、设备在线监测等各相关专业按照“谁主管谁负责”的原则，切实将本专业业务系统网络安全工作落实纳入到本专业管控和检查范围，做好网络安全工作落实的监督和闭环管控，确保各项安全措施落实到位。

(3) 将电力监控系统网络安全工作切实纳入本单位安全生产日常汇报、监督和考核的管理体系，提升协调管控层级，提高网络安全管理水平，强化闭环管控力度。

4.2 分析问题根源，举一反三全面落实整改

(1) 高度重视检查和督查发现问题，按照“谁主管谁负责，谁运行谁负责”的原则，组织专业人员逐条对照分析，查找工作存在的薄弱环节及产生问题的根源，制定切实可行的整改措施和整改计划，将责任落实到部门、落实到人。

(2) 举一反三制定系统化的整改工作方案，做好电力监控系统网络安全合规性排查和整改工作，确保整改措施落实到位。

4.3 强化技术措施，统筹落实运行风险防控措施

(1) 边界防护设备策略核查、完善要将责任落实到具体部门和具体人，重点抓好交换机、边界防火墙、纵向加密等设备策略设置，确保相关策略配置到位，严防因边界防护措施落实不到位导致的病毒全网传播。

(2) 组织对正反向隔离装置、纵向加密认证装置、防火墙等安全防护设备策略进行逐一核查，确保策略细化到具体 IP 和端口，并且确保 135、137、138、139、445、3389 等高危端口双向屏蔽到位。

(3) 统筹落实电力监控系统网络安全各项运行风险防控措施，落实专用 U 盘、专用调试终端、专用杀毒电脑、专用杀毒 U 盘等专用运维工具，防范病毒摆渡传播。

(4) 全面梳理网络互连情况，完善一厂一档案等资料，防范非法跨区互联。

(5) 完善电力监控系统网络安全应急预案及处置方案，开展应急演练工作，完善应急处置机制。

4.4 夯实技术平台，整合资源，提升技术支撑能力

(1) 加强技术支持队伍建设，整合各专业资源，强化网络安全管理人员、从业人员业务素质和管理能力培训，开展全员网络法规、典型案例和网络安全意识普及培训，尤其是要增强全员应对社会工程攻击方面的能力和意识。有效地利用各类网络安全技术支持力量，加大对网络安全的指导、监督和支持力度。

(2) 完善入侵检测、安全审计、探针等技术防护措施，开展态势感知系统或网络安全监管平台建设，定期开展漏扫工作，化被动为主动，掌握网络安全管理主动权。

(3) 结合网络安全专项督查、重要时期网络安全专项检查和网络安全保障工作，梳理在管理机制体制、管理流程、作业规范等方面存在的不足和亮点做法，形成标准管理流程和作业手册，通过信息化、标准化提升网络安全管控水平。

5 结语

电力是关系国计民生的基础产业，电力监控系统网络事关国家安全战略，事关经济社会发展全局。尽管电力监控系统多以封闭网络为主，但仍然存在着诸多的由脆弱性结合内外部导入的威胁所带来的潜在风险，无论是电网侧、电源侧还是配电端，都存在技术防护措施不足和管理措施不严等情况。特别是随着工业化与信息化的融合、物联网技术的深入应用，传统自动化技术与信息化技术应用结合更加紧密，网络安全将在大数据安全防护、云计算安全防护、物联网安全防护、移动通信安全防护方面着重发力，电力监控系统网络安全任重而道远。

基于“远程集控”模式下的梯级水电站远程操作安全管理实践

龙潭

（贵州乌江水电开发有限责任公司水电站远程集控中心，贵州贵阳，550002）

摘要：为提升流域水能资源的综合利用，实现经济效益最大化，2015 年乌江公司梯级水电站实施“远程集控”运行管理模式。文章根据远程操作的实际情况，针对存在的问题，经过深入分析，制定相应的措施进行深化管理，取得显著成效。

关键词：梯级；水电站；远程；集控；操作；深化；管理

1 概述

乌江公司梯级水电站包括洪家渡、东风、索风营、乌江渡、构皮滩、思林、沙沱、大花水、格里桥 9 座电站，共 32 台机组。为发挥流域水能资源综合利用，提高管理水平，优化人员配置，提出“远程集控、少人维护”管理办法。根据此办法，正常情况下机组开停机、AGC/AVC 投退、有无功负荷调整、主变中性点地刀分合闸的操作职责由电站移交至乌江梯级水电站远程集控中心（简称乌江集控中心），除远程操作外，乌江集控中心主要职责还包括调度管理、检修联系、水电优化协调、事故远程应急处置等方面。

为了满足远控操作安全需要，推动远程集控工作顺利开展，乌江集控中心根据新办法的职责分工，在初期采取了以下措施：按照新岗位要求，在原集控调度人员的基础上，从电厂引进运行人员，并进行远控技能知识培训；制定了《远程控制管理规程》《远程控制值班管理制度》《远程控制操作票、工作票制度》《远程控制综合应急预案》《集控中心不安全事件调查实施细则》等规程制度及应急预案；对集控侧继电保护与故障录波、计算机监控、工业电视等系统进行了配置或改造。2015 年 4 月，实现了乌江梯级 32 台机组集中控制。

2 远程操作安全深化管理的必要性

2.1 随着时代发展，对安全生产提出更高要求

十九大报告强调：树立安全发展理念，弘扬生命至上、安全第一的思想。按照华电集团“创一流”工作安排，到 2020 年 85%以上企业要达到本质安全五星水平，实现风险可控、事故可防状态，到 2035 年所有企业安全生产力争实现“零事故”“零伤害”，到本世纪中叶，安全生产指标与“六个一流”的基本特征相匹配，要求各单位提高政治站位，扎实抓好安全生产各项工作。另外，2017 年国家能源局南方监管局对南方区域并网发电厂“两个细则”再次修编，细则内容得到完善和改进，对并网发电厂的操作安全管理、调度运行等方面加强了考核力度。

2.2 远程操作不安全事件偶有发生，安全管理有待加强

在新的运行模式下，集控中心制定一系列措施来保证远程控制工作的稳定开展，取得不错的成果。但在传统模式向远程模式过渡中，仍存在一些问题，不安全操作事件偶有发生。首先，乌江公司对水电远程集中控制模式探索相对比较早，缺少其他集控中心的成熟体系进行借鉴，在远程集控实施初期，安全管理机制、管理体系不够健全，制度的具体细节方面不够完善，某些措施实用性有待提高。其次，远控人员来自梯级不同电站，对各个电站间存在差异性掌握有限，加上长时间疏离现场，对现场设备更新不了解[1]，另外由于运行工种的特殊性，在来回倒班过程中，休息时间错乱，从而影响人的精神状态，易造成运行人员的安全意识不够，主动学习热忱降低，人员素质提升的速度满足不了新管理模式发展的需要。再次，各个电站的监控系统按照现场需求设计，对远程控制不够实用，各厂监控流程和画面存在差异，监控自动化水平不够高，防误功能不全[2]，没有很好起到安全防线作

收稿日期：2020-10-27.

作者简介：龙潭，贵州黄平人，助理工程师，从事水电站运行、远程集控方面工作.

用。最后，运行人员除负责操作外，还要调度联系、监视巡视工作，从而分散人的注意力。另外，在电网负荷高峰与低谷切换时段以及发生电网事故时，操作比较集中，多台机组操作同时进行，操作人员容易忙中出错。

3 管理措施

为加强远程操作安全，乌江集控中心以问题为导向，以安全为目标，针对存在的问题，结合远程控制工作进行深入研讨，在原措施的基础上，从制度、人员、设备技术等方面提出新的措施对远程操作安全管理进行深化。

3.1 完善规章制度，发挥制度的引导和约束作用，强化操作安全基础管理

（1）完善《远程集控操作、监护管理制度》。增加了“接到调度令时立即记录并按照记录的指令进行复诵，监护人在监护操作或下令前，需查看原始记录，接令人、监护人对任何疑问都应立即停止操作并向下令人核实、汇报”内容，重点要求记录在操作中的地位，目的防止忘记操作或不按令操作。针对单人单项操作进行研讨，得出“单一有、无功调整无需监护”的可行性结论，将“远控所有操作均有人监护”改为“除单一有、无功负荷调整外其余所有操作均有人监护”，减轻运行人员的工作负担，提高操作人员的精神状态。

（2）对《集控中心不安全事件调查实施细则》修编。将《集控中心不安全事件调查实施细则》“误下调度指令未造成后果者”的不安全等级提升至“内部考核一类障碍”，加重了考核力度，使操作人员更重视操作安全。

（3）制定标准化作业指导书。通过制定《电站远程集控操作标准化流程作业指导书》和《线路开关跳闸汇报标准化流程》等标准化作业指导书，规范了操作及事故处理步骤及流程。

3.2 提升人员素质，提高操作安全主观把控

（1）强化运行人员安全意识。从远程操作、两票三制、工作纪律等方面梳理反违章清单，加强执行情况检查，增强员工反违章意识，树立“违章就是事故”的理念，提高运行人员安全警惕性。在每月举行 2 次安全活动的基础上，积极开展安全生产合理化建议竞赛、安全知识竞赛、操作技能竞赛等活动，提高操作人员安全责任感。每月评选优秀操作能手，每年开展“千次无差错操作”活动竞赛，提高操作安全氛围。

（2）增强运行人员学习积极性，提高运行人员技术水平。编写“远程集控、少人维护”运行专业人力资源提升实施方案。根据方案要求，对调度规程、安全规程、现场运行规程、操作流程开展培训，并进行事故演练，每月组织 1 次考试；要求远控运行人员每年每人结合工作要求写 1 篇运行专项分析；轮流派 1～2 人到电站为期 1 个月的现场学习，并对电站设备和特殊运行要求写 1 篇总结，最后在部门开展学习讨论；要求每个值在第 1 个白班下班后到部门办公室进行现场考问，值长根据工作实际出 3 道题，部门管理人员抽题考问讲解，并适当拓宽题目进行讨论。

（3）加强值班纪律管理，提高工作责任心。值班人员按值班管理制度要求，值班期间手机统一存放规定位置，工作中严禁做与工作无关的事，加强值班纪律动态管理，管理人员每天不定期对值班检查，使值班人员加强对运行工作的重视感，提高值班人员对工作的责任心。

（4）做好运行人员思想工作。每季度开展 1 次思想动态问卷、每月抽查 1 名员工谈心、部门领导随时接待的方式，及时掌握运行人员的思想动态，关心职工疾苦，及时帮助解除后顾之忧，消除不必要的心理压力，树立稳定而乐观的工作态度，以最佳的精神状态投入到工作中，保证操作正确、安全。

3.3 完善、优化设备系统和环境，强化操作安全客观保障

（1）优化监控系统。监控系统内各电站画面存在差异性、显示运行参数种类不统一、上送监控简报窗口的信号繁多杂乱且存在与远控职责无关信息、功能流程实用性不强、防误措施不完善等情况，为操作安全高效，对监控系统进行了以下优化。a. 画面优化。将展示的画面、运行参数种类统一，删除操作功能界面内不属于远程操作范围的按钮，各个电站内各个画面机组从右到左顺序统一按“1 号机→2 号机→3 号机→…”排列。b. 数据信号优化。对数据梳理归类，清理与远控工作无关和实用性不强的数据和信号，防止简报窗口刷屏及声光报警信号过多干扰操作和监视。c. 防误操作措施完善。在操作重点步骤增加密码确认，比如开洪家渡 3 号机时，下令后要在弹出的密码框内正确输入“hjd3”后才能正常执行流程，否则发出错误提示，且不执行命令，防止操作机组错误。

（2）优化控制权及检修标记管理。采取“控制权＋检修牌”双重预防管理，对检修的机组、开停机受限制的正常机组，要求操作权切至电站侧，并在监控画面内机组图标处悬挂检修标记牌，目的是提醒值班人员不能去操作，也无法对其远程操作。

（3）调度电话前台增加录音回放功能。以前调度电话可以实时录音，但前台不具备回放功能，只有专业人员在后台才能调用录音回放。当运行人员对指令内容存在疑问时，就有可能误操作，现在调度电话增加了前台录音回放功能，操作人员在对调令内容不确定时，可以当场回放录音，避免带疑问操作。

（4）增加设备状态统一画面显示，便于设备状态查询。在远控业务管理系统值班记录内增加设备状态表，一级菜单包括“一次设备和保护”“控制权和稳控装置”和“AGC/AVC 和自动装置”，二级菜单包括“正常”“非正常”（设备正常但对操作有限制）和“异常”三种状态，“正常”用绿色作为背景、“非正常”用黄色作为背景、“异常”用红颜色作为背景，对非正常和异常进行备注，当鼠标移动到该框时自动显示备注，画面简洁一目了然，运行人员一眼就可以掌握梯级电站各设备状态。

（5）值班环境实时显示注意事项和危险点。在远程控制室前端墙面液晶大屏实时播放当前梯级各个水电站注意事项和风险点，并实时更新，值班人员一抬头就可以看见，容易牢记于心。

（6）操作工位职责按“点对点”调整。远控室共 4 个工位，值长工位主要负责值班管理和事故处理，剩余的 3 个工位原先按电站分配，即“点对面”模式，1 个工位负责 3 座电站的所有工作，值班人员有时被迫在操作和其他工作间频繁转换，降低了操作效率，也带来一定操作安全风险，现已将工位职责重新调整，采用“点对点”模式，即按工作职责分配，设置 2 个发电工位和 1 个检修工位，发电工位人员集中精力负责远程操作，检修联系等其他工作交给检修工位，避免操作受到其他工作干扰。

3.4 加强自动化水平改进，提高操作安全技术支撑

（1）开、停机提醒功能。按电网下发有功计划曲线自行开、停机的电站，监控系统声光报警开发提醒开、停机功能，监控自动采集有功计划曲线，到达开、停机时间时发开、停机告警信号，同时声光报警器发出告警声响提醒操作人员，避免漏开、停机造成负荷不满足要求。

（2）发生事故或故障时监控系统自动参与处置。充分发挥监控系统的作用，监控系统能实现自动操作的优化由监控系统执行，比如在收到剪断销剪断和低油压信号后监控自动退出该机组 AGC，避免人员误处置造成事故或故障扩大。

（3）手动操作有、无功时超值自动调整。对单次有、无负荷调整有限值要求的，当手动给定值操过限值范围时，自动调整给定值在要求范围内。

4 实施效果

上述措施陆续实施以来，随着管理不断深化，对远程操作安全管控效果也非常明显。2018 年远程开停机 17 467 次，2019 年开停机 16 281 次，加上有无功调整、AGC/AVC 投退和主变中性点分合闸操作，数量大大增加，根据“千次无差错操作”竞赛的数据统计，这 2 年远程操作总数接近 32 万次。对如此量大的操作，远程运行人员在素质得到提升情况下，依靠更加可靠的设备技术，保持安全高压态势，完成操作安全目标，从 2018 年至今再未发生一起不安全远程操作事件。

5 结语

远程操作是远程集控工作中最重要组成部分，是否正确、安全操作直接关系到“远程集控、少人维护”管理模式的实施效果。随着管理模式的推进，集控中心也在不断深化远程操作安全管理，取得成效也明显。当然，管理措施的探索并不停留于此，在许多方面还要继续改进，比如“机组远程一键停机”[3]“机组远程一键启动带厂用电”已经提出，并已陆续在机组检修过程中开展试验，待全部机组完成试验后将应用，另外“操作人下令后操作画面自动推送到监护人确认”的建议也在研讨中。

参考文献：

[1] 周金江. 乌江梯级远程集控深化运行管理实践[J]. 红水河，2020(2)：100-102.

[2] 胡应权. 基于少人值守现状的远程控制安全系统化管理[C]//中国水力发电工程学会梯级调度控制专业委员会. 梯级调度控制研究论丛 2017 年学术交流论文集. 武汉：武汉出版社，2017.

[3] 胡强蔚，胡应权. 乌江远程集控中心梯级水电站远程一键停机探讨[C]//中国水力发电工程学会梯级调度控制专业委员会. 梯级调度控制研究论丛 2017 年学术交流论文集. 武汉：武汉出版社，2017.

乌江梯级水电站远控模式下运行安全风险分级管控应用

陈宇

（贵州乌江水电开发有限责任公司水电站远程集控中心，贵州贵阳，550002）

摘要：为深入贯彻华电集团公司执行“安全第一、预防为主、综合治理”的方针，改变运行安全生产“事后分析”的被动管理模式，乌江公司水电站远程集控中心结合乌江梯级水电站运行情况提出了安全风险分级管控管理要求。结合自身职责，全面梳理流域梯级水电站的调度运行安全风险点，在公司指导下制定了针对乌江梯级水电站的《水电站远程集控中心电力调度风险预警管理规定》，并建立了事故及风险控制会商机制，全面应用流域9座水电站，有效降低因电网运行方式变化对流域水电站运行安全的影响。

关键词：运行；安全；风险；分级管控；远程集控；模式

1 概述

乌江是长江上游右岸最大支流，发源于贵州省境威宁县香炉山花鱼洞，在重庆市涪陵区注入长江，干流全长1 037 km。贵州乌江水电开发有限责任公司（简称乌江公司）负责乌江干流贵州境内河段梯级水电站群的建设和运营，已建成洪家渡、东风、索风营、乌江渡、构皮滩、思林、沙沱和支流上的大花水、格里桥共9座水电站，总装机容量869.5万kW。

乌江公司水电站远程集控中心（以下称集控中心）成立于2005年，2013年流域9座水电站全部纳入集控管理，2015年实现乌江梯级全流域共32台机组的远程控制，全面实施“远程集控、少人维护”的生产管理新模式。目前，作为乌江流域电站上级调度机构，主要负责乌江公司水电站远程控制、检修联系、梯级优化调度、洪水联合调度工作。

2 背景

安全风险分级管控在乌江流域水电站全面实施前，流域水电站应对安全风险能力较薄弱，未对运行安全风险进行分级管控，风险防控手段单一、粗放。且流域电站曾发生过全厂失压、电站设备损坏以及因电站自身原因造成的系统功率震荡等不安全事件，对乌江公司的安全生产有极大负面影响。作为乌江公司“双重预防机制”中的核心组成部分，全面加强乌江公司下属企业安全风险管控迫在眉睫，势在必行。

2.1 风险分级管控是企业安全生产的重要一环

为深入贯彻华电集团公司执行“安全第一、预防为主、综合治理”的方针，有效遏制和坚决防范事故发生，全面落实企业安全管理主体责任，提升对乌江梯级各水电厂远程控制管理水平，改变运行安全生产“事后分析”的被动管理模式。更好地预防公司各水电站电力事故发生，进一步完善、规范在事故情况和运行风险的管理体系，增强安全风险应对能力，从而实现针对流域水电站安全风险分级管理。需建立一套“远程集控、少人维护”的安全风险责任体系，全面构建可行的长效管控机制。

2.2 流域水电站运行安全风险管控存在的问题

2.2.1 风险管控涉及多主体问题

随着远程控制管理工作的不断深入，集控中心远程控制的9座水电站共计32台机组，线路出线共计33条，涵盖500 kV、220 kV、110 kV三个电压等级，涉及总调、中调、地调三级调度机构，在风险管控工作中涉及多主体问题。从已有的工作历程中可以看出在原有的风险管理流程中，乌江公司、集控中心、电站存在职责不明确、流程不清晰、重点不突出等问题。

2.2.2 风险管控措施不够全面细化问题

传统模式下，因电网下达的安全风险控制单涉及单位较多，单独针对所涉厂站的风险防控措施及实施作出要求不够精细，只要求厂站执行结果，没有过程监督，对措施及实施要求不够细化。而且只

收稿日期：2020-10-27.

作者简介：陈宇，贵州习水人，工程师，主要从事梯级水电站运行及优化调度工作.

围绕单一电站、单一因素、单一事件考虑，没有充分考虑梯级电站上下联动、优化运营等问题。集控中心作为乌江公司调度机构，在安全风险执行中只起到上传下达作用，无法满足乌江公司对于安全风险分级管控要求。

3 流域水电全面实施安全风险分级管控

集控中心积极探索，总结提炼出“电网调度总领，公司、集控、电站三级管控”的水电站调度运行风险分级管控的新模式，并得到乌江公司认可，在流域电站全面推广实施，具体实施如下：

3.1 开展风险辨识、发布风险管理规定

集控中心作为乌江流域水电站上级调度机构，以降低风险发生概率和减轻风险后果的过程为根本要求。从厂用电全部丢失、主要设备损坏、送出线路跳闸不能及时复电、水淹厂房4个主要影响水电站运行安全的因素考虑，结合“深化运行”管理需要，找出薄弱环节，对风险进行分级分类，按风险影响范围化为电网级、厂站级2级风险，按时间上分为计划与实时2类，并按照风险识别、会商评估、风险控制、风险处理、风险发布及风险反馈5个环节，总结并发布《水电站远程集控中心电力调度风险预警管理规定》。

3.2 强化企业主体责任、明确各级单位职责

建立以“电网调度总领，公司、集控中心、电站三级管控”的工作思路，明确了乌江公司各单位在风险分级管控中承担的角色，强化了各单位的主体责任，形成一套流域水电站安全风险管控执行流程，如图1所示。

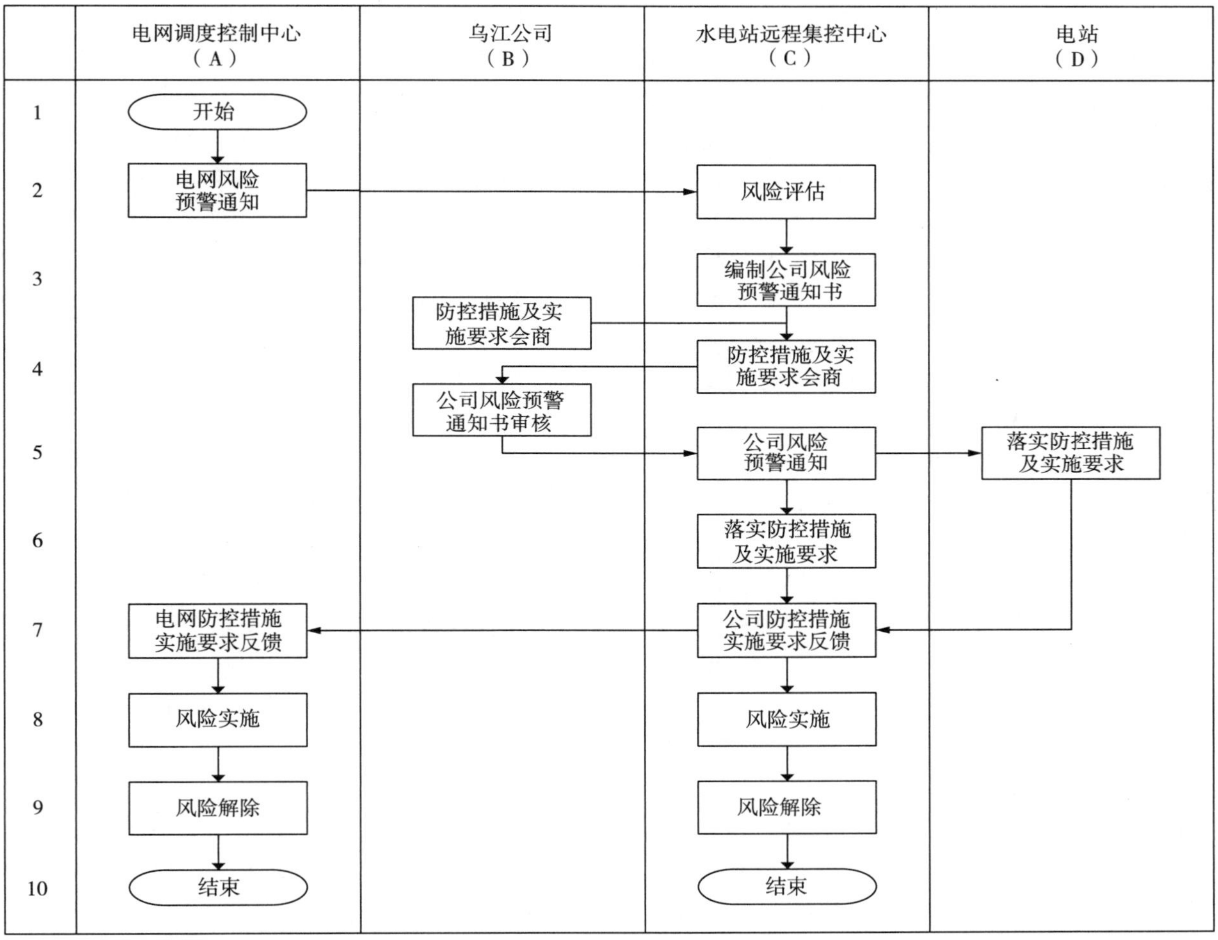

图1 乌江流域水电站运行安全风险分级管控

(1) 电网调度控制中心。上级电网调度根据设备检修计划、设备健康情况，结合电网运行方式，通过危害辨识与风险评估，制定风险计划，提出风险防控要求，按需向风险所涉单位发布运行安全风险通知书，并对风险防控措施措落实情况进行管控。

(2) 乌江公司。根据电网发布的风险通知，组织集控中心、电站进行三方会商，进行风险评估。

对集控中心编制的风险预警通知书进行审核、签发，对风险防控实行全过程监管。

(3) 集控中心。一是接收电网风险，根据电网风险通知书要求，结合梯级电厂的运行方式进行危害辨识与风险评估；二是风险防控措施编制，根据风险种类、层级编制详细可行的防控措施，并与乌江公司进行会商；三是风险预警发布，达到乌江公司风险发布条件时，向电厂下达风险预警通知书；四是防控措施落实，督促电厂落实风险防控措施，并将电厂落实情况反馈至乌江公司和上级调度机构；五是风险解除，明确风险解除条件，达到条件时风险自动解除，特殊情况由集控中心通知电厂解除。

(4) 电站。负责接收乌江公司下达的风险预警通知书，按照通知书风险要求组织人员编制反措并落实到位，并将落实情况反馈至集控中心。

3.3 发挥联合调度优势、细化风险防控措施

集控中心作为乌江流域优化调度主要责任单位，在危害辨识和电站风险评估的基础上，统筹计划，科学计算，落实最优的控制方案和措施，在编制乌江公司风险预警通知书时明确集控中心与风险涉及电站各自的防控措施，集控中心进行梯级电站运行方式把控，具体防控措施包含水位控制范围、电站运行方式、极端天气时防控措施、事故情况下远程应急措施；风险涉及电站进行现场设备检查、维护。具体防控措施包含现场一两次设备检查、厂用电安排、人员安排、事故预想及演练、极端天气时防控措施。细化化后的风险防控措施可行性更强、分工更明确，各司其职，有助于电站事故情况下快速恢复，抗风险能力显著提高。

3.4 运行风险全程把控、建立风险控制会商机制

采用安全风险管理“事先控制”、事故过程中“事中分析”的方法，改变运行安全生产“事后分析”的被动管理模式，进一步完善、规范在事故情况和运行风险的管理体系，建立安全风险会商机制。

3.4.1 坚持闭环管控

建立健全、系统的会商机制，经各层级多方会商后将电网、乌江梯级水电厂运行风险分析结果由上级调度、集控中心层面向各电站的执行层面传递，通过会商确定的运行风险防控措施，并强化各电厂控制措施的执行和落实情况，将风险防控措施执行情况形成回执单，上报安全风险发布单位，落实对安全风险的闭环管理。

3.4.2 坚持科学分析

在运行风险识别和事故发生过程中，充分利用计算机监控系统、保信系统、水调系统等手段，全面梳理电厂的安全隐患和故障分析；同时建立事故信息汇报流程，出现电力事故后，组织相关专业人员辨识风险和分析事故原因，为事故分析和处理作出有效判断和控制。

3.4.3 坚持过程把关

做好梯级各电厂远控状态下的运行专业事故预想、风险控制措施的审核，以及措施执行层面的把关，并根据事故及风险预控过程做好跟踪、信息发布、汇报和分析等方面工作。

4 结论

乌江梯级流域水电远控模式下运行风险分级管控，建立了以“电网调度总领，公司、集控、电站三级管控”的工作思路，改变了传统的工作模式，明确了乌江公司各单位在风险分级管控中承担的角色，强化了各单位的主体责任。

乌江公司水电 2019 年全年共完成 242 项检修任务，其中线路、母线检修及预试 75 次，配合电网工作 26 次，制定并发布公司级运行安全风险预警通知书 11 份，未发生一起不安全事件，实现全年“零事故、零伤亡”，实践证明安全风险分级管控顺利实施，能够有效控制风险，防范事故发生。随着新型运行安全风险分级管控体系在流域水电站推广应用，使得风险管控流程更加清晰，各层级之间联系更加紧密，形成了风险评估、风险措施落实、风险防控监督闭环的一套安全管理流程。不仅提高了各电站对于安全风险的应对能力，改善安全生产环境、减少和杜绝了安全生产事故，对乌江梯级调度安全及电网运行安全提供了重要保障，为乌江公司夯实安全管理基础做出贡献。

乌江梯级水电站远控模式下运行安全风险分级管控成功应用，不仅强化了制度落实，而且方法简单可行，在同行业中起到示范作用，具有较强的推广价值。

参考文献：

[1] 张成刚. 电力企业安全生产的安全风险分级管控[J]. 电力安全技术，2020，22(03)：17-19.

[2] 吴翊飞. 浅谈电力企业安全生产管理与风险控制[J]. 中国新通信，2019，21(18)：147.

[3] 程森. 新形势下电力企业调度安全风险管理与运行机制研究[J]. 通讯世界，2019，26(10)：245-246.

水轮发电机组智能防结露系统的研究与应用

殷伟，陈珂，陈绍勇

（贵州乌江水电开发有限责任公司东风发电厂，贵州清镇，551408）

摘要： 文章从影响结露的因数及原因分析着手，分析了破坏空气凝露露点的 3 种方法。采用逆向运用破坏露点温度的手段、自动纠偏属性的智能精准调节、"1+1>2"策略研究等特殊设计的智能温湿度控制系统，自主完成控制系统硬件和软件设计、安装、组态，建立水电厂机组温湿度极限控制下的模型，降低环境的绝对湿度，破坏露点温度，解决了一直困扰水电厂电气设备结露的重大隐患，从而提高设备的安全运行水平。

关键词： 水电厂；智能；结露；逆向；运用

1 概述

水电站地下式厂房较为多见，在梅雨季节就会发生厂房地面、墙面、冷却器及管路设备结露。结露是自然界一种正常的物理现象，但是大量结露现象的发生对于水电站的机电设备而言是百害而无一利的[1]。由于设备运行环境中的温度、湿度及冷却水温与环境温差等因素的变化，会在部分设备表面产生大量的结露水。结露的发生不仅会造成金属部件的锈蚀，特别是发电机内部的结露水在循环风流的挟带下进入风道内，会降低电气设备的绝缘水平，加速电器元件的老化。防潮、防结露一直是大型水电站建设运行中伴随的技术问题[2]。因此，如何有效防止结露是水电站运行维护中必须重视的问题，研发智能温湿度控制系统防结露在水力发电企业势在必行。

2 影响结露的因数及原因分析

根据物理知识，在一定的空气压力下，逐渐降低空气的温度，当空气中的所含水蒸气达到饱和状态时空气中便有水滴析出，出现结露[3]。由此可见，空气中的水蒸气、温度是结露产生的 2 个主要因素。

2.1 空气湿度对结露的影响

空气湿度是指一定体积的空气里含有的水蒸气的多少，也就是空气的干湿程度。进入雨季后，降雨集中、空气湿润，使得蒸发加剧，空气湿度变大。影响厂房空气湿度的因素主要有水库水体的蒸发效应、水工建筑物泄洪雾化以及自然降雨的加湿效果。从每年空冷器结露时间上看，当自然降雨和泄洪后，风洞内的空冷器结露骤然增多，例如：某电厂每天每个空冷器结露水量约 10 kg，降雨几天过后或泄洪停止后结露水量大大减少，由此可见厂房进风的空气湿度对结露的影响非常大。

2.2 温度对结露的影响

影响结露的温度有环境温度、冷却水与环境温差，对于发电机冷却器而言，就是冷却器的进水温度和热风的温差。通过现场监测某电厂 2 号机运行时热风温度、湿度、冷却水温度，发现发电机运行时空冷器的热风温度平均为 45 °C 左右，进水温度为 18.5 °C，二者温差较大。另外，发电机热风冷却后开始结露的温度即热空气的露点温度直接决定着结露是否发生。而露点温度是不饱和湿空气冷却到饱和状态的温度，当大气压不变时其值与发电机及热风温度和其相对湿度有对应关系。

3 结露的理论计算分析

根据经典公式计算环境露点温度，计算原则如下：

（1）水（冰）表面的饱和水蒸汽压。采用下式计算：

$$E_s = E_0 \times 10^{\left(\frac{a \cdot t}{b+t}\right)} \quad (1)$$

式中：E_s 为空气的饱和水蒸气压，hPa；E_0 为空气温度为 0 °C 时的饱和水蒸汽压，取 $E_0 = 6.11$ hPa；a，b 为参数（对于水面（$t>0$ °C），$a=7.5$、$b=237.3$，对于冰面（$t \leqslant 0$ °C），$a=9.5$、$b=265.5$）。

在空气相对湿度 f 下，空气的水蒸汽压 e 可按下式计算：$e=f \times E_s$

（2）空气的露点温度 T_d。可按下式计算：

收稿日期： 2020-09-02.

作者简介： 殷伟，贵州黔西人，工程师，从事水电厂检修、维护、运行管理工作；陈珂，助理工程师，从事水电厂检修、维护、运行管理工作.

$$T_d=\frac{b}{\frac{a}{\lg\left(\frac{e}{6.11}\right)}-1} \tag{2}$$

根据公式(2)计算某电厂发电机热风的露点温度均高于冷却水进水平均温度(18.5 °C)，因此发电机空冷器必然会结露。

4 温湿度控制防结露解决方案研究与分析

控制温湿度防止发电机空冷器结露就是要破坏空气凝露露点，破坏空气凝露露点的方法主要有局部空间降低绝对湿度、全厂大范围内降低相对湿度和发电机自主调温避露点 3 种方法。

局部空间降低绝对湿度就是在发电机密闭双路自循环空间内设计安装工业除湿系统，降低局部空间内绝对湿度到达防结露的作用。其工作原理(见图 1)是由风机将潮湿空气抽入机内，通过热交换器，此时空气中的水冷凝成水珠，汇聚到托水盘中由水管排出，干燥的空气排出机外，如此不断循环使室内湿度逐渐降低。但由于露点问题无法将环境湿度降得很低，湿度普遍可以降至 40%，极限可以降至 30%左右，需要配置较大功率的设备使用于较小的空间，而且对温度要求较高，温度越低，相对湿度会越高。

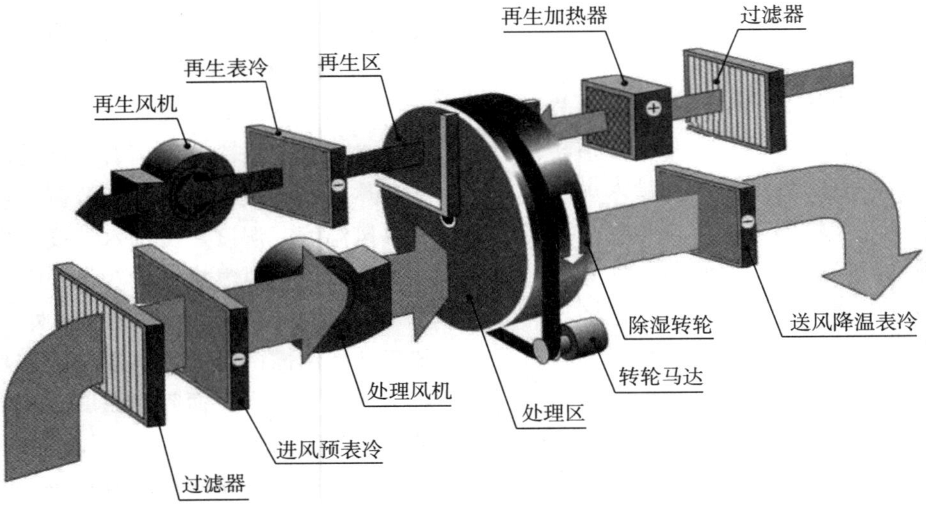

图 1 局部空间降低绝对湿度工作原理

全厂大范围内降低相对湿度就是在厂房进风口处安装转轮除湿机(见图 2)，以不断降低循环空气的含水量，达到真正的除湿防结露的目的。

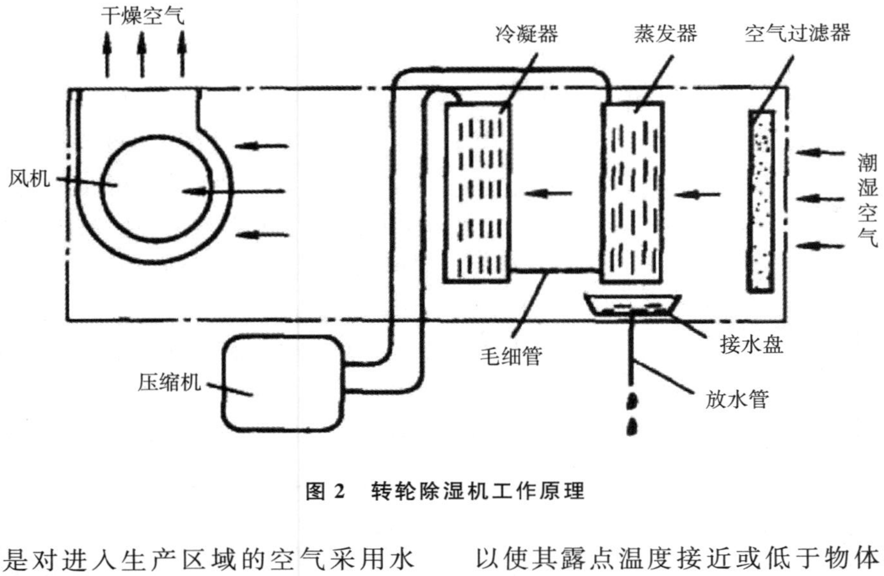

图 2 转轮除湿机工作原理

其工作原理是对进入生产区域的空气采用水库水进行初步降温去湿，然后通过转轮吸附除湿以使其露点温度接近或低于物体表面温度，从而达到从根本上消除潮湿和结露现象，使厂内设备长期运行于干燥环境。因为具有这种特性的转轮是旋转的，除湿和再生连续进行，所以能保持出口空气的露点稳定。但前期投资大，不能实时监控厂房环境参数，需专门配置专用低压配电设备，且能耗较高。

发电机自主调温避露点是通过将设备运行环境局部空间温度升高使得空气中能容纳更多的水，从而防止水汽在设备内凝露，造成设备故障。当前，多数水轮发电机组空冷器进水阀均采用人工手动调节模式，在调节过程中，由于温度反应具有滞后性以及并联运行的空冷器相互之间的影响，致使调节过程长，调节不精准，操作效率低，在人工调节过程中不仅会给运行人员带来不便，还会影响机组的安全稳定运行。如何实现空冷器冷却水精准自动调控，必须选择具有线性调节的电动设备并采用一定的控制策略对其进行控制，这不仅实现可以冷却水精准自动调控，同时还能够达到水电厂节能降耗的要求。因此，根据机组运行工况，通过精准调控空冷器进水调节阀开度，使得发电机冷风温度到达预期的目标值，最终实现水轮发电机组自主升温除湿防结露。虽然可有效控制空冷器结露，但是不能彻底解决结露问题，还需适当加入其他辅助设备降低发电机局部空间内绝对湿度才能彻底解决防结露问题。

综上所述，单一温湿度控制防结露方法的投入使用对于解决结露问题效果并不理想，需要将多种方法有机结合起来，自主设计一套符合实际情况需求的温湿度智能控制防结露系统，通过智能优化控制以达到彻底解决发电机空冷器结露问题。因此，可采用发电机自主调温避露点为主、局部空间降低绝对湿度为辅两者相结合的方式来作为发电机组温湿度控制防结露的解决方案，实现“1＋1＞2”最佳温湿度控制防结露系统。

5　温湿度智能控制防结露系统

在空气中水汽含量不变，保持气压一定的情况下，使空气冷却达到饱和时的温度称露点温度。露点温度通常是用于查看气体的干燥状态，研究发现绝对湿度的小量变化也将引起露点温度的巨大变化，因此在厂房湿度较大的区域可采用逆向运用破坏露点温度的手段，自动纠偏属性的智能精准调节特殊设计的智能温湿度控制系统，来降低环境的绝对湿度，破坏露点温度。包括控制系统硬件和软件设计、安装、组态。

5.1　机组温湿度极限控制模型建立

极限控制是将复杂问题分解为若干层次和若干因素，对两指标之间的重要程度作出比较判断，建立判断矩阵，通过计算判断矩阵的最大特征值以及对应特征向量，得出不同方案重要性程度的权重，为极限控制参数的选择提供依据。

根据电厂实际情况，可采用自主建立物理模型的方法，通过选择合适的传感器测出机组运行环境相关参数、机组冷热风温度、冷却水温和露点值，找到机组运行状态与露点的变化规律，研究并建立水电厂机组温湿度极限控制下的模型。装置采用先进的环境温湿度测控技术对环境实时监测、同步记录，通过科学合理的运算，设计出最优控制理论，构建出最佳控制模型。通过合理搭建硬件平台将影响机组智能温湿度控制系统相关的开关量、模拟量集中采集、经过智能温湿度控制系统数据处理智能判断后，控制机组冷却水系统运行方式和改变机组运行环境绝对湿度从而破坏凝露点，彻底解决机组的结露问题。

校正控制策略的智能控制系统如图 3 所示。

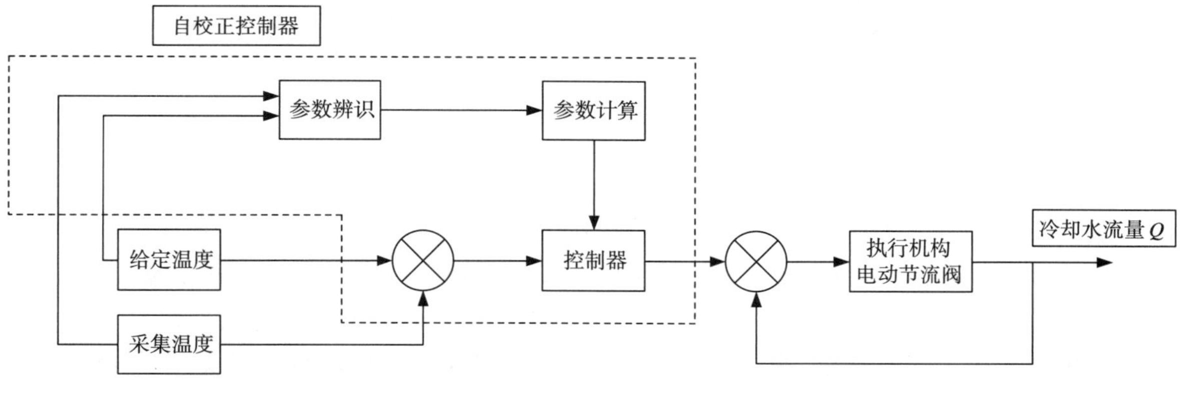

图 3　校正控制策略的智能控制系统图[4]

整个硬件部分(见图 4)的设计主要包括传感器检测模块、控制模块、偏差执行机构。系统上电工作时，温湿度检测模块对当前环境中的温湿度进行采集，数据采集模块测得环境的温湿度参数之后，将数据传输至PLC，PLC根据接收到的温湿度数据与预设值进行判断，若现场检测得到的温湿度参数处于系统的要求之内，则返回温湿度检测模块继续下一个周期的检测，若检测到当前环境中的温湿度超出预设值，则根据事先设定好的控制方式来启动相应的设备对环境中的温湿度进行调控，直到现场环境中的温湿度到达预设目标值。

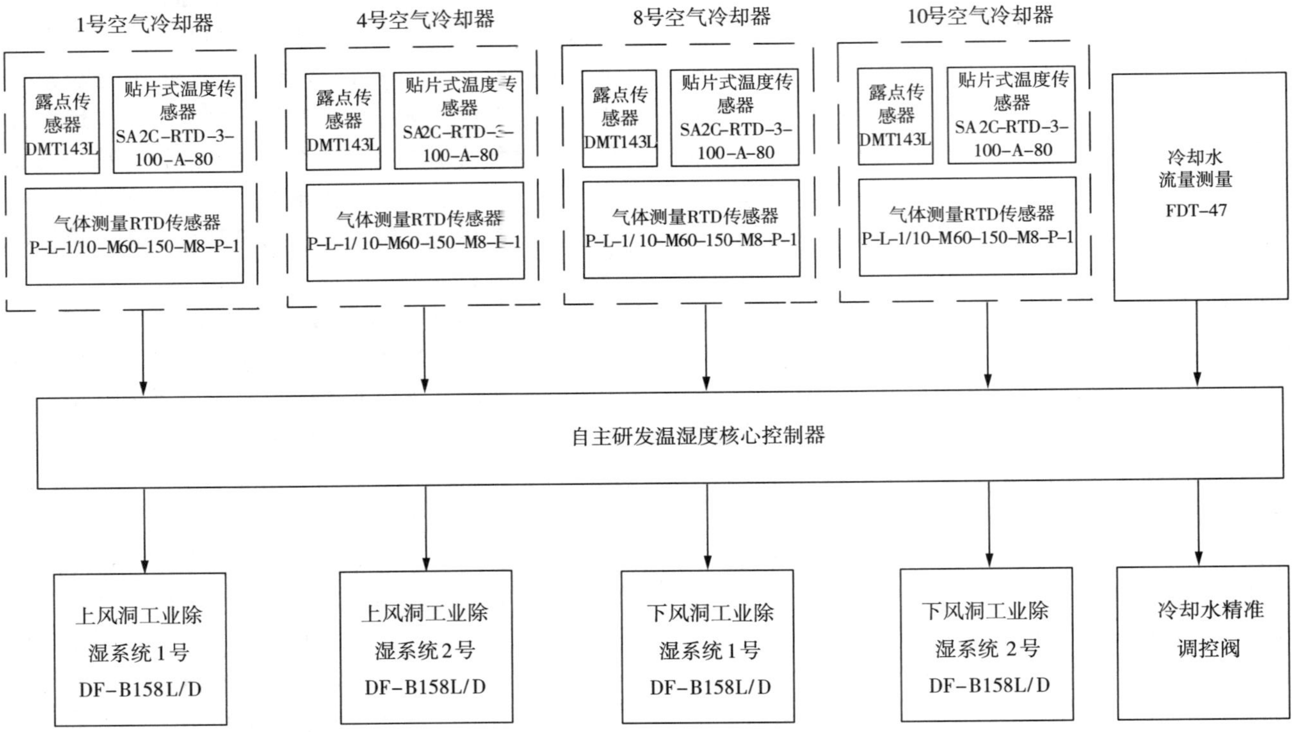

图4　温湿度智能控制防结露系统硬件部分结构示意图

5.2　温湿度智能控制防结露系统的控制策略

5.2.1　水轮发电机组安全运行下的极限温度逻辑判断策略

在水轮发电机组温湿度智能控制防结露系统设计中，水轮发电机组的安全性尤为重要，为保证其安全性，通过温度数据采集模块（collector模块）和高低限值模块（limit模块）作用后，产生最终的冷却水流量参考指令送入智能控制中心，如图5所示。

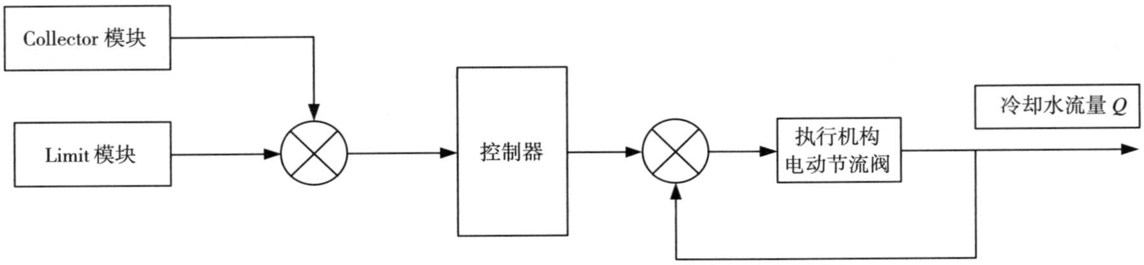

图5　极限温度逻辑框图[4]

5.2.2　防止水轮机组空气冷却器结露的智能温度控制策略

对于水轮机组空气冷却器来说，要防止结露较为理想的办法就是使空气冷却器管壁温度高于环境露点温度。在本系统设计中，环境露点温度是由露点传感器DMT143L来进行测量的，根据其露点值和空气冷却器管壁温度来进行比较，以此来控制除湿系统的启停及空冷器进水节流阀的开度，达到智能温度控制防结露的目的。

5.3　温湿度智能控制防结露系统软件设计

研究温湿度智能控制防结露系统监控软件采用结露数据检测处理总体方案＋数据数学处理建模＋仿真测试＋模拟验证的软件开发研究步骤。控制程序流程如图6所示。

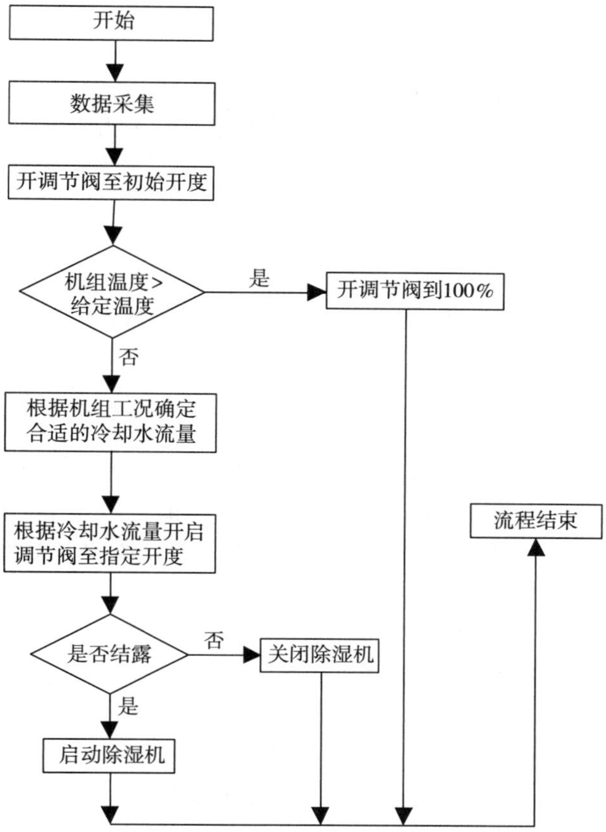

图 6　控制程序流程图

对于温湿度智能控制防结露系统监控软件设计，首先根据收集温湿度智能控制防结露特征信号，确定需要检测的物理量如露点、温度、湿度、负荷等模拟信号；然后根据待检测的物理量，确定信号的采集方式、信号精度要求、涉及到的辅助传感器等设备的技术特性及参数型号、接入方法；最后，从整体角度出发设计温湿度智能控制器，并对各部分的功能进行调试以满足现场运行的要求。在此基础上，结合编程软件、硬件电路的接线方式，设计出温湿度智能控制器的总体框架，并进一步对各部分的功能进行细化，给出具体各个模块的诊断方案以及基本思想。最后，协调各部分与整体之间的逻辑关系，形成温湿度智能控制防结露系统监控算法的总体设计方案。

中央处理单元（CPU）是 PLC 控制器的控制中枢。CPU 部分可采用施耐德 ModiconM340，它按照 PLC 控制器系统程序赋予的功能接收并存储从编程器键入的用户程序和数据；检查电源、存储器、I/O 以及警戒定时器的状态，并能诊断用户程序中的语法错误。当 PLC 控制器投入运行时，首先它以扫描的方式接收现场各输入装置的状态和数据，并分别存入 I/O 映象区，然后从用户程序存储器中逐条读取用户程序，经过命令解释后按指令的规定执行逻辑或算数运算的结果送入 I/O 映象区或数据寄存器内。等所有的用户程序执行完毕之后，最后将 I/O 映象区的各输出状态或输出寄存器内的数据传送到相应的输出装置，如此循环运行，直到停止运行。

在输入采样阶段，PLC 控制器以扫描方式依次地读入所有输入状态和数据，并将它们存入 I/O 映象区中的相应单元内。输入采样结束后，转入用户程序执行和输出刷新阶段。

最终实现的水电厂温湿度智能控制防结露监控系统，由安装在现场的智能监测设备和安装在后台的智能监测及预判分析系统软件两部分组成。

6　结语

采用发电机自主调温避露点为主、局部空间降低绝对湿度为辅两者相结合的方式来作为发电机组温湿度控制防结露的解决方案，冷却水系统由原来的全流量到方案实施后变为根据机组运行工况所需最优流量，实现节能降耗的同时还能创造收益，实现了“1＋1＞2”策略研究。采用逆向思维的方法通过改变环境的绝对湿度，破坏露点温度，从而达到防结露的效果。基于自校正控制模型实现自动纠偏，通过实时反馈数据，实现了与远程通信终端的数据交换，通过与目标值比较进行精确的监控和实时纠偏，提高了智能化精准调节。

参考文献：

[1] 武丰林，阳新峰，谢云．二滩水电站发电机供水管道结露现象分析及对策[J]．四川水力发电，2011，35.

[2] 梁仲智．大型水库水电站机房防结露技术[J]．制冷，2005，24(1).

[3] 张志富，希爽．关于露点温度计算的探讨[J]．干旱区研究，2011，28(2)：275.

[4] 穆小红．水轮发电机空气冷却器温度调控系统改造设计[D]．长春：长春工学院，2015：11.

索风营 2020 年枯季发电耗水率偏高原因分析

简福贵，肖燕

（贵州乌江水电开发有限责任公司水电站远程集控中心，贵州贵阳，550002）

摘要： 文章分析了索风营 2020 年枯季发电耗水率偏高的原因，指出其主要受电站检修与最小生态流量要求影响，提出日调节水库枯季精细化管理的安全经济运行措施。

关键词： 电站；枯季；耗水率；分析；日调节；水库

1 索风营水电站运行水位与上下游电站生态流量的关系

索风营水电站位于贵州省中部黔西县、修文县交界的乌江中游六广河段，上游 35.5 km 接东风水电站，区间最大支流猫跳河，下游距乌江渡水电站 74.9 km，坝址控制流域面积 21 862 km^2，多年平均流量 381 m^3/s，年径流量 120 亿 m^3。水库正常蓄水位 837 m，死水位 822 m，调节库容 0.674 亿 m^3，属于日调节水库。电站总装机 60 万 kW，保证出力 166.9 MW，设计年发电量 20.11 亿 kWh，是乌江干流的第 5 级电站，承担电网的调峰、调频、事故备用等任务。运行水位日内变化大，运行水位与负荷变化对发电耗水率影响较大。

2013 年 6 月，乌江梯级实施日调节水库保持高水位运行措施后，索风营水库运行水位较之前大幅提升。2020 年以来，因电站检修和上游电站工程影响，索风营水库运行水位偏低，耗水率明显增大，截止 2020 年 4 月 20 日，索风营年耗水率 5.29 m^3/kWh，较去年同期 5.15 m^3/kWh 升高 0.14 m^3/kWh，较 2014 年至 2019 年的多年平均耗水率 5.18 m^3/kWh 升高 0.11 m^3/kWh。分析 2020 年汛前索风营发电耗水率明显偏高的原因，以期在未来的运行中，采取措施，降低水耗，优化运行。

2 发电耗水率偏高原因分析

2.1 索风营 2020 年枯季的运行水位偏低

2020 年枯季（4 月 20 日前）索风营平均运行水位 833.74 m，为 2014 年以来同期最低，较 2019 年（835.88 m）偏低 2.14 m；最高运行水位 836.02 m 较 2019 年偏低 0.83 m；最低水位 830.26 m，较 2019 年偏低 2.24 m。与 2014 年至 2019 年同期运行水位对比，平均运行水位 833.74 m，较多年平均（835.1 m）偏低 1.26 m；最高水位 836.02 m，较多年平均（836.68 m）偏低 0.66 m；最低水位 830.26 m，较多年平均（830.17 m）偏高 0.09 m。

2.1.1 电站维持河道最小生态流量是低水位运行原因之一

“最小生态流量”用水，导致索风营 24 h 通过发电向下游河道补水。

2.1.1.1 电站生态流量的关系约束

按《贵州省河流生态流量监测断面实施方案》要求：索风营水电站库水位在 834.7 m 以上时，上游东风水电站只需日均下泄流量达到 77 m^3/s 即可满足生态流量要求，否则需持续不小于 77 m^3/s 才满足生态流量；当下游乌江渡水电站库水位在 754.16 m 以上时，索风营水电站只需日均下泄达到 77 m^3/s 即可满足生态流量要求，否则，下泄需持续不小于 77 m^3/s 才满足生态流量。

2.1.1.2 入库水量不能满足下游生态流量低水位运行

上下游生态流量需求规定对索风营与上下游电站匹配发电带来了很大限制。乌江渡为年调节水库，为满足电网和公司发电需要，枯季水位长期运行在 754 m 以下，索风营为日调节水库，运行水位通常在 834.7 m 以上。索风营为满足下游生态流量必须开 1 台机至少带 130 MW 负荷（单机 200 MW，130 MW 以下属于振动区禁止运行），出库流量约 200 m^3/s，上游东风只要开 4 号机带 90 MW 负荷（90 MW 以下为振动区禁止运行），出库流量约 82 m^3/s即可满足生态流量需要。加上水电参与电网调峰，东风与索风营阶段性的出力不匹配运行矛盾更加突出，2020 年索风营以上天然来水日均流量仅 105 m^3/s，上游洪家渡、东风库存水折合可用生

收稿日期： 2020-10-27.

作者简介： 简福贵，贵州绥阳人，高级工程师，从事水电站集中调度工作；肖燕，四川高县人，正高级工程师，从事水库调度管理工作.

态流量 30～50 m^3/s，远小于索风营单机生态发电的最小流量 200 m^3/s，索风营很难保持高水位运行。

2020 年 1—3 月，索风营维持下游生态累计多耗水 0.5261 亿 m^3，折合平均运行水位降低了 0.44 m，其中，1 月份耗水 0.04 亿 m^3，折合平均运行水位降低 0.44 m，尤其 1 月 19—28 日春节期间，东风基本按保生态流量发电，索风营水位下降更加明显，期间平均水位 831.98 m；2 月份多耗水 0.0307 亿 m^3，折合平均运行水位降低 0.29 m，3 月份多耗水 0.0554 亿 m^3，折合平均运行水位降低 0.59 m。

2.1.2 上一级电站工程限制导致入库水量减少，低水位运行

上游东风电站工程限制使索风营入库水量大幅减少，致 3 月下旬长时间低水位运行。3 月 12—31 日，东风进行尾水汇水洞出口底板冲刷破坏修复、4 号机拦污栅水下清理，期间东风 1～3 号机组全停，仅 4 号机每天(00：00—08：00，18：00—24：00)分时段发电维持生态流量，导致索风营入库水量大幅减少，尽管协调长江委同意索风营采取低谷全停措施，索风营水位仍从 835.35 m 持续下降至 831.42 m。

2.1.3 单回线运行安全风控导致低水位运行

1 月 1—18 日，索风营曾进行 220 kV 索嵩Ⅱ回线出现窑洞内电器设备更换及 202RJ 融冰刀闸安装。期间索风营单回线运行，为确保厂用电安全，索风营尽量避免 1 台机满负荷运行，期间 2 台机低负荷运行时间增多。同时，为防止 220 kV 索嵩Ⅰ回线单回线运行跳闸，电站发生弃水，期间控制索风营水位不超过 835 m，实际平均水位 833.05 m，这与平时枯水期运行水位控制在 835 m 以上存在一定差距。

2.2 电站检修期间发电负荷率偏低

2.2.1 无检修工作影响电站出力期间的负荷率

统计索风营无影响出力的检修工作期间的负荷率显示：1 月 19—31 日发电量 8 539.25 万 kWh，负荷率 81.55%；2 月份发电量 18 561.07 万 kWh，期间负荷率 80.26%。

2.2.2 检修工作影响电站出力，期间负荷率明显偏低

索风营单回线运行时负荷率降低。1 月 1—18 日，索风营进行 220 kV 索嵩Ⅱ回线出现窑洞内电器设备更换及 202RJ 融冰刀闸安装，单回线运行，为确保索风营厂用电安全，期间 2 台机低负荷运行时间增多，负荷率 79.86%，较正常运行情况下降低 1.87%。

索风营 220 kV 母线保护改造时负荷率明显降低。4 月 3—20 日，索风营进行 220 kV 母线保护改造工作，3 日 12：10—4 日 02：18，索风营 220 kV 母线 A 套保护换型改造拆除，7 日 12：12—9 日 11：02，220 kV 母线 A 套保护换型改造后传动试验，14 日 10：33—15 日 03：14，220 kV 母线保护 B 套换型改拆除，18 日 13：51—20 日 11：30，220 kV母线 B 套保护换型改造后传动试验，相应时段索风营全停 220 kV 系统，单机空载带厂用电运行。期间负荷率 53.78%，较正常运行情况下降低 26.48%。

3 日调节水库精细化调度管理措施

从上述原因分析可以看出，影响索风营高水位运行的重要原因是来水不足情况下保生态流量运行。其次，检修时的特殊运行方式限制了索风营保持高水位运行。因此，保证发电用水、优化检修方式减少水位限制是保持索风营高水位运行的有效基础。

3.1 合理安排上游水库汛前蓄能消落

上游洪家渡、东风水库汛前蓄能消落不宜过早过深，需为索风营预留生态水量。按乌江流域 2011 年特枯年份来水，索风营最小生态调度方式日电量 312 万 kWh 测算，东风需预留 1.4 亿 m^3 水量，洪家渡需预留 4 亿～7 亿 m^3 水量，洪家渡、东风年初水位分别不低于 1 102 m、965 m，4 月末水位分别不低于 1 096 m、960 m。

3.2 优化梯级电站检修安排，避免重复降水库水位

优化梯级检修安排，涉及影响日调节水电站水库水位的工程施工，需提前做足功课，将需要降水位配合的梯级检修工程综合安排，尽量缩短影响期限，同时避免同一水库多次降水位配合检修工程，施工方案不仅要防范安全风险，还需考虑经济运行。在考虑电站弃水风险时，别过度放大特殊天气概率，将极端情况当做大概率事件确定安全系数。索风营水位宜控制在 834～835 m 运行。

3.3 动态确定日调节水库控制水位

根据天气预报、上游水库水位综合制定每日调度意图控制水位。建议在枯水期或无明显降雨且上游东风水库有拦蓄空间时，索风营水位控制在 835～836.5 m。

3.4 计划安排满足机组高负荷运行

日调节水库电站机组一般水头低，发电过水量大，运行中机组负荷高低对发电耗水率影响明显。在方式管理时日计划安排和调度 96 点计划协调上，

尽量满足日调节水库电站机组按 1 台机、2 台机、3 台机满发安排，尽量不安排日调节水库机组参与电网调峰、调频，只担负基本负荷。电网负荷平段、低谷时除安排 1 台机运行满足生态流量外，尽可能安排其他机组停机备用。

3.5 加强沟通，达成日调节水库高水位、高负荷率运行共识

日调节水库高水位、机组高负荷率运行是节能降耗的一大途径，利国利民。只要认真与调度机构沟通，明确高水位运行的风险和责任，运行单位在享有高水位运行利益的同时，应承担高水位运行带来的弃水风险，电网调度按运行单位提供的建议方案进行调度不应承担相应的风险，这将促使电网调度与水库运行管理单位就日调节高水位运行更易达成共识。另外，实现乌江梯级自动发电控制方式也是保持日调节水库高水位运行的有效途径。

4 结语

乌江集控中心在流域梯级电站联合优化调度进行了大量探索，近年来，日调节水库受生态流量、区间生活取水、配合流域上下游工程等多种因素影响，调度复杂性和不确定性增加，只有加强分析研究，提高日调节水库日常调度管理水平，在安全布控、调度方案制定日、周、月运行方式安排上更细、更周密，才能获得安全效益双丰收。

乌江渡发电厂故障诊断专家系统开发建设综述

令狐争争

（乌江渡发电厂，贵州遵义，563104）

摘要： 乌江渡发电厂水电远程诊断平台已上线运行，具备机组状态监测、能效分析、趋势分析、检修决策等功能。但是，随着大型水轮发电机组在整个电力系统中占有的比重越来越大，对水电设备的可用率、机组运行效率、安全性、可靠性与经济性提出了更高的要求，事故、异常、故障停机造成的经济损失会更为严重。因此，准确分析和判断水轮发电机组故障点对电力系统稳定可靠运行具有十分重要的意义。

关键词： 水轮发电机组；故障；诊断；专家系统；网络

0 引言

乌江渡发电厂位于贵州省遵义市播州区乌江镇，于1977年10月建厂，是乌江干流梯级第4级电站，也是乌江流域梯级开发最早的母体电站，是我国在喀斯特地形环境下自行设计、施工建设的第1座高坝大型水电站，工程设计和施工先后获国家优秀设计奖、国家优质工程奖和国家科技进步一等奖。总装机容量1 280 MW，是以发电为主、兼顾防洪和灌溉的综合利用工程，在贵州电网中担任调峰调频任务。乌江渡发电厂机组在运行中不断受到汽蚀破坏、机械磨损及其他机械或电气损伤，导致设备的寿命缩短。电力设备和系统故障后，轻则降低系统生产效率，重则停运，甚至造成灾难性的后果。因此在发电机组发生故障时对故障原因进行分析，为故障处置提供技术支持具有十分重要的意义。

1 开发背景

为了提高水电厂设备发生故障、缺陷时分析处理效率，使机组能够快速恢复良好的运行状态，就必须对设备故障进行分析和诊断，故障诊断专家系统的开发建设目标就是能分析出准确的诊断结果和能快速定位故障位置，给电厂处理故障提供决策依据，实现快速部署、快速处理，以提高设备的利用率。国外在故障诊断技术研究与实践应用方面都已取得了较成功的经验，包括美国、德国、日本、法国等发达国家都在应用此项技术。相比而言，国内故障诊断技术整体水平相对落后，伴随着国家“十三五”规划纲要的出台和电力市场的深入改革，新形势下电力设备检修模式的变革呼声越来越高，2013年国家能源局发布了水电站设备状态检修管理的行业标准，而国内相关电力企业在改变传统检修模式上也进行了较大胆的尝试，开展了许多有意义的工作，并积累了一些经验。故障诊断专家系统的引入，将有利于电厂专业技术人员及时发现设备运行中存在的缺陷故障及确定大修目标，降低电力企业检修成本、提高电厂可用系数、延长设备使用寿命、增加发电能力、确保发供电可靠性等，可以预见，预知性检修这一先进的技术和管理体制必将在我国电力行业中得到越来越多的推广和应用。

2 项目主要工作

2.1 诊断网络推理机开发

对于水轮发电机组这样的复杂系统，其故障往往表现为“一果多因，一因多果，多果多因”，故障现象与机电水液等系统特征之间的因果关系错综复杂。从抽象层面上来看，可以作出这样的假设：假设系统常见的故障现象（故障参数）有 N 个，系统的机电水液等系统故障有 M 个这些特征集合和故障现象集合之间的关系可以用网状图来表示。

这个网状图就是诊断原理框图，如图1所示。从故障现象到故障推理过程就是按照图1进行搜索的过程，中间要经历结构分析、数据判断和模型分析等。

2.2 案例开发

乌江渡发电厂前期优先选取了定子线圈温度过高、水导摆度过大、上导瓦温过高、顶盖振动过大等故障进行了案例分析、故障诊断开发。后续开发中，根据生产实际需求为出发点，充分总结电厂历年来发生的故障及其处理方式，再搜集了转轮叶片裂纹等20个故障案例，现已全部完成了乌江渡发电厂24个故障案例故障诊断网络开发建设，已基

收稿日期： 2020-03-10.

作者简介： 令狐争争，贵州桐梓人，工程师，从事水电厂水轮发电机组机械检修工作.

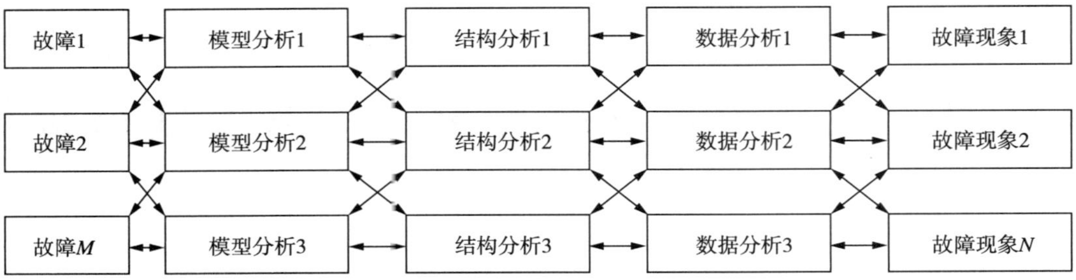

图 1　诊断原理框图

本覆盖主机常见故障，并编制了开发建设项目资料体系，包括项目实施方案、需求分析报告、系统概要设计、系统详细设计、模型算法流程设计、数据库设计说明书、数据接口说明书、数据字典及说明、数据编码标准及说明、KKS 编码、系统安全设计说明书、程序开发手册、机组振摆试验方案、变负荷试验对比报告、案例开发思维导图、完工验收标准、内部测试报告、用户测试报告、验收专家测试报告等。

3　项目成效

3.1　项目成果

本项目在当前水电机组故障诊断的理论研究与应用的基础上，开展中国华电集团有限公司水电远程诊断平台(厂站级)故障诊断专家系统的研究与开发，是国内外首创，通过本项目的开发和应用，在水电故障诊断技术上达到国内领先、国际先进的水平。主要有以下几个方面的成果：

(1) 制定远程诊断平台故障诊断专家系统相关的标准和规范，主要内容包括远程诊断平台的总体要求、设计和建设原则、系统架构、业务框架、功能要求、数据获取方式、数据处理方式等内容。

(2) 建立水电设备故障库。通过对全部的设备诊断分析报告进行集中管理，建立故障失效模式分析数据表，通过故障模式失效表对知识库和信息库进行数据建模。通过诊断分析报告(厂级就地和远程)和设备运行维护信息(实际)与故障失效模式进行管理，实现设备诊断、分析、方案、措施、实施、反馈的闭环管理，并形成水电设备故障库。

(3) 在充分研究水电机组设备运行机理、结构机理和故障机理的基础上，建立了 24 个典型故障现象的诊断网络，模仿人类思维过程开发出诊断模型，根据诊断模型进行故障诊断推理，为以后故障现象诊断网络开发奠定了基础。

(4) 受理 6 项专利：一种基于大数据的水电厂远程诊断系统、一种基于大数据的电厂设备诊断方法、一种电厂发电机组定子线圈的故障检测方法、一种电厂发电机组的上导轴瓦温度检测方法、一种电厂发电机组的水导摆动检测方法、一种电厂发电机组的顶盖的振动检测方法。

3.2　经济效益、社会效益

水电远程诊断平台(厂站级)故障诊断专家系统给厂带来了经济效益和社会效益，主要体现在以下几个方面：

(1) 故障诊断专家系统试点建设项目是在水电远程诊断平台(厂站级)基础上建设的，是华电集团进一步贯彻落实国家“两化融合”战略部署的重要举措，将进一步推动电力工业化与信息化的深度融合。

(2) 故障诊断专家系统的建设可推动行业内状态检修和预知性检修的发展，并收集故障诊断的大数据，产生不可估量的价值。

(3) 故障诊断专家系统的上线运行可以快速定位准确的诊断结论与位置，给电厂处理故障提供决策依据，实现快速部署、快速处理，大大减少了人力投入、提高了处理故障的效率。

4　结语

水电远程诊断平台故障诊断专家系统开发采用模块化设计，兼容性和可扩展性强，实现了 24 个典型故障现象的故障诊断，需进一步完善以实现机组所有故障现象的故障诊断；并制定了远程诊断平台故障诊断专家系统相关的标准和规范，完善了水电设备故障库；满足可靠性、稳定性、先进性、开放性的要求；满足电力监控系统安全防护规定的要求。水电远程诊断平台(厂站级)故障诊断专家系统开发是国内外首创，通过本项目的开发和应用，在水电故障诊断技术上达到国内领先、国际先进的水平。但系统故障诊断的能力还处在初级阶段，还需要数据挖掘进行支撑。

乌江渡发电厂1号机推力轴承弹性油箱换型改造

谭军，周文静，袁岭

（乌江渡发电厂，贵州 遵义，563104）

摘要：本文分析了液压支柱式弹性油箱及无支柱式弹性油箱结构，介绍了无支柱式弹性油箱的出厂检验及安装、调试方法，对水电厂推力轴承弹性油箱的改造具有借鉴意义。

关键词：水轮发电机组；推力轴承；弹性油箱；改造

0 引言

推力轴承是水电厂水轮发电机组的核心部件之一，其弹性油箱运行情况的好坏直接影响着整个机组的运行自调均衡性能、稳定性及安全性。

乌江渡发电厂1号机推力轴承弹性油箱存在着运行年限长、12号弹性油箱金属疲劳失效等问题，严重威胁着整个水轮发电机组的安全稳定运行。在2019年汛前1号机大修中，对1号机推力轴承液压支柱式弹性油箱进行换型改造，更换为无支柱式弹性油箱，消除了弹性油箱本体的安全隐患，提升了主设备的安全性能，对于保障电力安全生产具有十分重要的意义。

1 弹性油箱更换的原因

1.1 弹性油箱达到了厂家推荐的使用寿命

乌江渡发电厂1号机于1980年1月17日建成投产，发电机型号SF250－40/10350，投产至今推力轴承弹性油箱及推力瓦运行年限已接近40年，达到了厂家推荐的使用寿命。2011年12月，在1号机大修中已经更换了新的推力瓦，但是弹性油箱尚未进行改造、更换。

1.2 机组启停次数较多影响弹性油箱寿命

推力轴承弹性油箱主要承受机组转动部件的自重及轴向水推力，当机组负荷变时，如启动、停机、调峰状态等，机组流量变化引起水推力的变化，而水推力的变幅主要由弹性油箱来吸收，随着机组负荷变化次数及运行时间的累积，会加剧弹性油箱金属部件的疲劳程度，使用寿命也变得越来越短。

乌江渡发电厂作为西电东送的电源支撑点，负荷调节较为频繁，这在一定程度上缩短了弹性油箱的使用寿命。

1.3 1号机2号弹性油箱已失效

在2011年12月1号机组常规性大修，对弹性油箱压缩值进行调整时，发现12号弹性油箱压缩值已无法进行调整，见表1。

表1 弹性油箱第1次受力调整数据

单位：mm

测值	瓦号											
	1	2	3	4	5	6	7	8	9	10	11	12
内侧值	0.09	0.18	0.37	0.45	0.07	0.14	0.07	－0.14	0.09	0.28	0.32	－19
外侧值	0.37	0.55	0.50	0.63	0.40	0.55	0.85	0.28	0.57	0.63	0.56	0.15
评价值	0.23	0.37	0.44	0.54	0.24	0.35	0.46	0.07	0.33	0.46	0.44	－0.02

表1中12号瓦的受力情况与其他瓦相比，明显存在异响，受力值过小。

随后，对弹性油箱受力进行了多达11次调整，除12号弹性油箱外，1～11号弹性油箱压缩量趋于平衡。针对这种情况，重点对12号弹性油箱进行检查，发现弹性油箱调整螺钉、护套等处无异物卡阻等外界干扰因素。

第11次调整测量的数据见表2。由表2可知，12号弹性油箱已失效，最可能的原因就是金属疲劳损坏。为了避免发生弹性油箱泄压、破裂的危险，在本次1号机大修中对推力轴承弹性油箱进行了换型改造。

收稿日期：2020-03-10.

作者简介：谭军，从事发电厂机械设备检修维护工作；周文静，从事发电厂机械设备检修维护工作．

表 2　弹性油箱第 11 次受力调整数据

单位：mm

测值	瓦号											
	1	2	3	4	5	6	7	8	9	10	11	12
内侧值	0.18	0.17	0.25	0.26	0.17	0.18	−0.10	0.07	0.14	0.20	0.25	−0.08
外侧值	0.50	0.53	0.45	0.46	0.56	0.55	0.82	0.60	0.57	0.47	0.43	0.18
评价值	0.34	0.35	0.35	0.36	0.37	0.37	0.36	0.34	0.36	0.34	0.34	0.05

2　弹性油箱的结构

2.1　旧弹性油箱的结构

1 号机推力轴承旧弹性油箱属于液压支柱式推力轴承，由底座、弹性油箱、支铁、联通管、支柱螺丝、锁定螺钉等组成。弹性油箱为四波纹结构并与底座焊接，根据连通器原理，利用弹性油箱的轴向变形及油箱油压传递使 12 块推力瓦受力均匀，支承 95% 以上的推力负荷。当油箱出现事故漏油、油箱下沉，支铁可以承受负荷，不致造成支承结构破坏而损坏油箱，在腔内波纹中亦安置有环形铁块以减小油量，油箱外面装有保护套，使油箱不致受机械损伤，油箱下沉时可以起支承作用，在安装调整轴承时，拧动保护套使之与底座接触作刚性盘车支承用。

2.2　新弹性油箱的结构

新弹性油箱为无支柱式弹性油箱，取消了支柱螺钉及支铁等结构，主要由油箱底盘、弹性油箱、密封环等组成，新弹性油箱结构简单，在弹性油箱内部充入高压油，各个弹性油箱之间通过联通管进行连接。在弹性油箱受力时，根据联通器原理，弹性油箱能够在推力轴瓦上进行自我调节以获得等载荷分布，在水平欠佳及轴线不完全对正的推力载荷情况下，该结构弹性油箱仍能实现推力瓦的受力均衡。

与旧弹性油箱相比，新弹性油箱在安装后不需要再对弹性油箱本体进行受力和水平调整，只需保证下机架及弹性油箱底座的水平即可，这对于检修中优化检修工期具有积极的意义，能够节省 3 d 的检修工期。

3　新弹性油箱的出厂检验方法

新弹性油箱制造完成后，在专用的弹性油箱测试液压系统平台上进行一系列的试验，以检验弹性油箱的机械性能和密封性能。

(1) 充油状态检查。用 5 MPa 的低压进行试验，以便检验是否存在漏油、弹性油箱进气以及安装缺陷等。

(2) 密封性测试。用 15 MPa 的高压进行试验，试验时间为 5 d，以便检验弹性油箱长时间运行的密封性能。

(3) 压力试验。用 22.5 MPa 的高压进行试验，试验时间为 1 h，以检查是否存在漏油以及检验弹性油箱的垂直度和平行度。

(4) 强度试验。分别用设计压力的 15%、33%、50%、100%、150%进行试验，检查有无漏油、变形情况，并分别记录弹性油箱的压缩值及压力释放后弹性油箱的压缩值，记录见表 3。

表 3　弹性油箱强度试验数据记录

项目	压力/MPa						压后回复值
	15% (5.63)	33% (12.39)	50% (18.78)	75% (28.165)	100% (37.55)	150% (56.33)	
平均压缩值/mm	−0.02	−0.11	−0.15	−0.19	0.25	−0.33	0
温度/°C	13	13	13	13	13	13	13
时间	8：30	8：50	9：10	9：30	9：50	10：10	11：10

4　弹性油箱的安装调整

弹性油箱的安装包括新弹性油箱清洗、下机架安装、弹性油箱底座安装、弹性油箱安装、支撑块安装，但关键的工作是下机架水平及弹性油箱底座水平的调整。

4.1　弹性油箱安装中心的确定

因弹性油箱放置于下机架上，弹性油箱的中心因与下机架同心，因此弹性油箱中心的确定是以下机架的中心为基准，最终计算弹性油箱底座的中心与下机架中心的偏差最大为 0.32 mm。

4.2　下机架水平调整

弹性油箱支架销孔采用现场加工 $\phi 40$ mm 的销

孔，测量弹性油箱底座水平最大值为 0.14 mm/m，通过加垫调整后支架水平最大值为 0.07 mm/m。由于受下机架推力油槽底板扭曲变形的影响，通过多次尝试后仍然无法将水平调整至 0.07 mm/m 以下。

4.3 弹性油箱底座水平处理

弹性油箱底座与下机架螺栓把合拧紧后，测量底座水平最大处为 0.145 mm，不满足 0.02 mm 的安装要求，需要加垫处理。通过在 $+Y$ 方向、$+Y$ 偏 $-X$ 方向 3 个点分别加垫 0.05、0.1、0.05 mm 锡钢片。经过多次加垫，将弹性油箱水平调整至 0.55 mm，由于弹性油箱的调节量为 2 mm，弹性油箱有轻微的不平度，不影响弹性油箱的调节。

5 弹性油箱改造后的效果

5.1 弹性油箱改造对各部瓦温的影响

推力轴承弹性油箱改造成功与否，最关键的指标就是各导轴承及推力轴承的瓦温，在改造前后分别记录相同工况(负荷 200～210 MW，机组运行时间 5 h)下各部瓦温见表 4。

表 4 1 号机推力轴承换型改造前后各部瓦温统计

单位：℃

项目		瓦号												
		1	2	3	4	5	6	7	8	9	10	11	12	平均
上导瓦温	改造前	33.8	38.8	38.2	36.5	35.5	32.6	33.5	32.9	33.5	34.2	33.	32.6	34.6
	改造后	33.5	39.1	37.2	35.5	35.7	31.6	33.0	31.6	32.0	32.6	32.6	31.4	33.8
推力瓦温	改造前	46.5	46.6	46.1	48.2	46.5	46.9	48.3	46.8	46.9	46.8	47.8	47.3	47.1
	改造后	46.8	47.2	45.9	46.1	46.7	47.6	47.5	46.8	47.7	47.3	45.9	46.9	46.9
水导瓦温	改造前	47.5	47.3	47.5	47.7	47.6	46.3	48.5	48.5	47.1	49.5	49.8	48.1	48.0
	改造后	48.0	48.4	47.5	47.8	47.8	47.1	48.6	48.9	48.6	50.1	50.4	49.6	48.6

通过表 3 可以看出，1 号机推力轴承弹性油箱换型改造前后，上导、推力及水导轴承温度变化不大，平均瓦温变幅小于 2 ℃，且温度均满足运行时不超过 55 ℃ 的要求，说明了 1 号机新的推力轴承弹性油箱能够满足机组的运行要求。

5.2 1 号机弹性油箱改造后的经济效益分析

与旧弹性油箱相比，新弹性油箱在安装后不需要再对弹性油箱本体进行受力和水平调整，只需保证下机架及弹性油箱底座的水平即可，这对于检修中优化检修工期具有积极的意义，每次检修能够节省 3 d 的直线工期，折算为发电经济效益为 360 万元。

6 结语

通过对乌江渡发电厂 1 号机推力轴承进行换型改造，消除了弹性油箱本体上存在的隐患，不仅提升了水轮发电机主设备运行的安全性和可靠性，而且在检修中减少了对弹性油箱受力调整的步骤，对于优化检修工期起到了很大的作用，对其他电厂弹性油箱的改造有很大的借鉴意义。

乌江渡发电厂水轮发电机组逆功率保护应用

令狐娇龙

（乌江渡发电厂，贵州遵义，563104）

摘要： 文章介绍了电力系统逆功率保护应用现状及原理，分析了乌江渡发电厂 250 MW 水轮发电机逆功率保护的整定计算。

关键词： 水轮发电机；逆功率；保护；定值；整定

1 逆功率保护应用现状

发电机是向电力系统输送有功功率的电气设备，如果出现系统向发电机倒送有功功率，即发电机变成电动机运行，就是逆功率异常工况。作为汽轮发电机，当转入逆功率异常运行状态时，由于汽轮机主汽门已关闭，汽轮机尾部叶片与残留蒸汽产生摩擦而形成鼓风损耗，此时汽轮机尾部叶片极易因过热而损坏。水轮机在逆功率工况下，低水流量的微观水击作用会产生气蚀现象，最终致导水叶损伤。这些发电机组在逆功率运行状态下均会对发电机的原动机造成伤害，因此，宜装设逆功率保护。但 GB14285—2006《继电保护技术规程》中未对除抽水蓄能以外的水轮机是否应装设逆功率保护做明确说明，因此，我国许多水轮发电机未装设逆功率保护。

随着我国水电事业的快速发展，水电装机单机容量越来越大，在大型混流式水轮发电机组上，由于调速器故障以及某些人为因素造成导水叶快速关闭而发电机出口断路器未跳闸时，发电机将从系统吸收有功，转为逆功率运行。大型混流式水轮发电机转轮直径大，原动机转动惯量大，机组逆功率运行时机组振动摆度将加大，进而对机组的上机架、推力轴承、下机架、滑环造成严重性的损坏，特别是机组振动时使各部分导瓦温度剧烈上升，严重时可烧坏瓦片，对机组以及系统的安全运行造成不可估量的破坏。

2 逆功率保护原理

逆功率保护是反映发电机组出现有功功率倒送、发电机变为电动机运行异常工况的保护。同时，逆功率保护也可用于程序跳闸的启动元件。

从继电保护装置的发展历程来看，在微机型继电保护装置广泛应用之前，逆功率保护均应用在晶体管式继电保护装置、集成电路继电保护装置，其主要由 1 个灵敏的功率继电器构成，即逆功率继电器，动作原理大致有以下 3 种：幅值比较型、相位比较型、cos Φ 型。由于逆功率继电器大多数工作在动作边界附近，且发电机在逆功率运行时其反向功率小，则经过 CT 传变后，其二次电流值以及动作电流值将要更小；还有，一般的功率继电器通常不需要整定动作功率，不单独构成保护，而逆功率继电器单独构成保护。综上几点，逆功率继电器需要具备以下技术要求：有很高的电流灵敏度；具有精确测量有功功率的动作特性；因其单独构成保护，具备根据不同发电机组的实际情况整定其动作功率。

在微机继电保护装置普遍应用后，逆功率保护多用于采集机端三相电压与机端三相电流计算有功功率，经逆功率元件动作后出口。逆功率保护逻辑如图 1 所示。

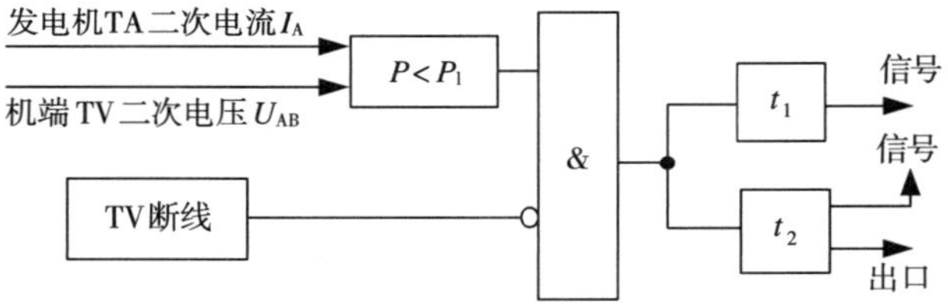

图 1 发电机逆功率保护逻辑框图

当发电机吸收有功功率大于整定值时，经短延时 t_1 发信号，长延时 t_2 作用于机组解列，防止发电机处于吸收有功功率的异常运行状态。

3 逆功率保护定值整定

乌江渡发电厂位于贵州省遵义市乌江镇，是我国在岩溶地区修建的第 1 座大型水电厂，在贵州电

收稿日期： 2020-03-10.

作者简介： 令狐娇龙，贵州遵义人，助理工程师，从事水电厂运行管理工作.

网中肩负着调频、调整黔粤潮流负荷曲线的重任。全厂总装机容量为 5×250 MW，设计多年平均发电量 40.56 亿 kWh。地下厂房内装设 5 台单机容量为 250 MW 的水轮发电机组，发电机与变压器采用单元接线，机端设发电机出口开关(GCB)。该厂主系统为“两厂两网”接线方式，一号厂电气主接线为单母线分段接线，二号厂电气主接线为扩大内桥接线。5 台发电机配置国电南自生产的 DGT801U－C 数字式发电机保护。现以 4 号机为例，详细描述逆功率保护定值的计算过程。

3.1 整定计算依据

本次计算按照贵州中调下发的系统短路容量通知单进行整定计算，其中在以下各点故障时系统短路阻抗见表 1(100 MVA 容量下)。

表 1 短路阻抗

母线名称	阻抗类型	阻抗数值	连接变压器方式
乌江新厂 220 kV 母线系统侧	最大方式正序	0.0158	乌新 4T 乌新 5T 停运
	最大方式零序	0.0335	
	最小方式正序	0.0283	
	最小方式零序	0.0585	
机变零序分支	最大零序分支	3.3776	—

系统最大运行方式选择为 4 号、5 号机全开，最小运行方式选择为 4 号机开机、5 号机停机。

引用标准：《DLT 684—2012 大型发电机变压器继电保护整定计算导则》(简称《导则》)，南方电网 220 kV 及以上系统并网电厂继电保护整定计算及定值审核模板（试行），《Q/CSG 1204025—2017 大型发电机变压器继电保护整定计算规程》(简称《南网规程》)，《贵州电网 2018 年度继电保护运行说明》（简称《运行说明》)，《贵州电网 2018 年继电保护整定方案》(简称《整定方案》)，《DGT 801U 系列数字式发电机变压器组保护装置技术说明书》(简称《技术说明书》)

3.2 计算原始参数

4 号发电机参数见表 2：东方电机厂立式三相同步发电机，$S_N=285.7$ MVA，$P_N=250$ MW，COS $\Phi=0.875$(滞后)，$U_N=15.75$ kV，$I_N=10\ 473$ A。纵轴同步电抗 $X_d=1.012\ 17$，纵轴暂态电抗 $X_d{}'=0.241$，纵轴次暂态电抗 $X_d{}''=0.192$，横轴同步电抗 $X_q=0.596\ 36$，横轴瞬变电抗 $X_q{}'=0.596\ 36$，超瞬变电抗 $X_q{}''=0.23$，负序电抗 $X_2=0.210\ 5$，发电机两端电流互感器：12 000/1，发电机中性点(横差用)电流互感器：3 000/1，发电机机端电压互感器：$\frac{15.75}{\sqrt{3}}/\frac{0.1}{\sqrt{3}}/\frac{0.1}{3}$ kV。

表 2 4 号发电机参数统计

名称	4 号、5 号发电机
型号	SF250—40/10800
额定容量/MVA	285.7
额定功率/MW	250
额定电压/kV	15.75
额定电流/A	10473
功率因数	0.875
相数/相	3
额定励磁电压/V	366
额定励磁电流/A	1 816
空载励磁电压/V	144
空载励磁电流/A	950
额定转速/(r/min)	150
飞逸转速/(r/min)	285
额定频率/Hz	50
旋转方向	俯视顺时针
励磁方式	静止可控硅励磁

3.3 基准值、标幺值计算

取 $S_j=100$ MVA　$U_j=U_{av}$

则：$I_j=S_j/(U_j\times\sqrt{3})=100\times10^3/(15.75\times\sqrt{3})=3\ 665.7$ A(15.75 kV 侧)

$I_j=S_j/(U_j\times\sqrt{3})=100\times10^3/(230\times\sqrt{3})=251.02$ A(220 kV 侧)

各设备阻抗参数折算到统一基准值下的标幺值计算为：

发电机：$X_{*发电机}=X_d{}''.S_j/S_N=0.192\times100/285.7=0.0672$

3.4 整定计算书

逆功率保护定值表见表 3(CT 变比：12000/1A=12000A)

表 3 逆功率保护定值

定值名称	定值
动作功率值 P_{op}/W	−5.662
发信动作时间 t_1/s	2
跳闸动作时间 t_2/s	5

动作功率 P_{op}, P_{gn}是发电机额定功率，取 $P_{gn}=\sqrt{3}\times100\times0.873\times0.875=132.307$ W。

据《南网规程》4.8.3.1(1)，$P_{op}=K_{rel}(P_1+P_2)$。

式中：K_{rel}为可靠系数，取 0.5～0.8，建议 K_{rel}取较大值，取 $K_{rel}=0.8$；P_1 为汽轮机在逆功率运行时的最小损耗，一般取额定功率的 1%～4%，建议 P_1 取较大值，取 $P_1=4\%$，则 $P_{gn}=0.04\times132.307=5.292$ W；P_2 为发电机在逆功率运行时的最小损耗，一般取 $P_2\approx(1-\eta)P_{gn}$，η 为发电机效率，由制造厂家提供，一般取 98.6%～98.7%，根据运

行规程4号机发电机效率为98.65%。取 $P_2=(1-0.9865)\times P_{gn}=0.0135\times132.307=1.786$ W。

综上，$P_{op}=0.8\times(5.292+1786)=5.662$ W，取负值-5.662 W。

按《技术说明书》6.17.2（1），动作功率 $P_{op}=(-6\%\sim-0.5\%)P_{gn}$，$P_{op}$取值范围为$-7.938\sim0.661$ W；

按《导则》4.8.3规定，动作功率 $P_{op}=(0.5\%\sim2\%)P_{gn}$，取负值，$P_{op}$取值范围为$-2.64614\sim0.661$ W；综合考虑取 $P_{op}=-5.662$ W。

发信动作时间 t_1，综合考虑取 $t_1=2$ s，动作行为发信号。

跳闸动作时间 t_2，综合考虑取 $t_2=5$ s，动作行为解列灭磁（跳GCB、FMK、启动GCB失灵）

4 结语

乌江渡发电厂5台250 MW发电机于2019年4月装设了逆功率保护功能，避免了在机组有功进相运行时水轮机导叶来回摆动而对系统和其他机组安全运行造成影响，避免了机组振动摆度加大对机组上机架、下机架、滑环、各部导瓦的损坏，对大容量水轮发电机组进行了有效保护。

乌江渡发电厂运行操作标准化的深化与应用

张毓昊

（乌江渡发电厂，贵州遵义，563104）

摘要： 为杜绝误操作事故的发生，本厂运行部在加强倒闸操作管理的同时，对已编制的《运行操作手册》和典型操作票库进行了修编完善，将运行倒闸操作进行分类分级并编制操作流程手册、值长加强倒闸操作过程管控等一系列管理措施的深化，从而达到提升操作质量和效率，确保运行安全生产的目的。

关键词： 乌江渡发电厂；运行；技能；提升；操作；流程

0　引言

水电运行是保障水电站安全生产的重要专业之一，其主要负责全厂设备的运行监视、设备检查、倒闸操作和事故应急处理等工作。电厂设备每年根据相关检修预试规定、设备运行健康情况以及系统方式调整等因素均需要进行倒闸操作。倒闸操作的正确与否关系到全厂及电力系统的安全稳定运行，严重的误操作还将导致设备损坏、人身伤亡、电网瓦解事故的发生。在防误操作方面，虽然《电业安全工作规程》《两票使用管理制度》《运行规程》等规章制度都有了明确规定，但误操作事故仍时有发生。

1　运行操作标准化的提出背景

1.1　提升运行操作标准化的要求

1.1.1　主、辅设备众多

乌江渡发电厂在近40年的发展过程中，从建厂之初的“一厂（老厂）”“两站（老厂220/110 kV开关站）”“三机（发电机，单机容量21万kW）”“四变（主变压器）”发展成现今的“两厂（老厂和新厂）”“三站（老厂110 kV开关站、220 kV开关站和新厂220kV开关站）”“五机（发电机，单机容量25万kW）”“六变”。电气主接线相对复杂，系统运行方式较为特殊，设备牵涉中调、贵阳地调、遵义地调等管辖部门。设备含220 kV、110 kV、35 kV、15.75 kV、6 kV和400 V等6个电压等级。设备种类、型号众多，安装地点分散，设备结构、危险点、操作特殊存在差异性。在防误操作方面，虽然《电业安全工作规程》《两票使用管理制度》《运行规程》等规章制度都有了明确规定，但误操作事故仍时有发生。

1.1.2　倒闸操作频繁

由于全厂主辅设备众多，每年常规性设备检修预试工作频繁，主要有每年汛前汛后机组检修，线路、母线、厂高低变预试以及深井泵、压油泵、空压机、储气罐等辅助设备定检工作。2019全年进行倒闸操作458项，其中机械237项，电气221项，操作总次数8万7千余次。

1.1.3　运行人员操作技能水平不一

乌江渡发电厂建厂40余年，作为乌江流域滚动开发母体电厂，为支持流域发展大战略，抽调出大量有技术、有经验的技术骨干到各新建电厂，导致人员断层现象日趋明显。在2019年年初，部门班组值守人员20人，其中在2018—2019年每季度派1名运行人员到集控中心轮训，2人调至厂修试中心和安监部，2人外借清水河公司和乌江公司新能源。现班组实际生产运行人员15人，年龄最大58岁，最小26岁，平均年龄35岁。存在老员工因年龄身体等因素对大型复杂、强度较大的倒闸操作显得较为吃力，而年轻人员因工作年限短，操作经验不足、操作技能不熟等问题。

综上所述几方面的原因，运行人员在进行倒闸操作时如果未严格按照操作票制度执行操作，就可能出现操作缺项、漏项、跳项等错误，从而发生误操作事故。因此对全厂运行操作的管理进行深化有着非常重要的意义。

1.2　满足年轻员工操作技能快速提升的需求

据调查分析，新员工从大学到参加工作2年内是学习力最强的阶段。新员工是企业持续发展的生力军，做好新员工前期基础培训，引发新员工浓厚的学习兴趣，对日后工作的开展有着极为重要意义。在培训过程中由于受设备检修期、安全生产等因素的影响，新员工实际动手机会较少，由此对设

收稿日期： 2020-03-10

作者简介： 张毓昊，贵州遵义人，工程师，从事水电厂运行工作.

备的性能、操作等难以有强烈的感性认识，从而使得实习人员转正成为一名合格、技术过硬的运行人员的成长周期自然而被动延长。因此，编制一套运行操作流程手册对年轻员工进行培训，对促进新员工快速成长、快速上岗有着非常积极的意义。

2 实施过程

通过对运行设备操作流程标准化管理，将全厂所有不同厂家、不同类型、不同操作方式的设备分别建立操作步骤简化图和操作注意事项。将操作流程简化图粘贴于相应设备面板，用于此设备操作的工具展示给操作人员，并重点提示在此项操作过程中的注意事项，使监护人员和操作人员一目了然。其中操作步骤还标明哪种方式对应哪种位置，改变此设备运行方式后可能会影响其他设备。这样，不管是长期没有进入现场的员工还是新员工，都可以按照操作流程执行。在培训新员工时也能让其一看就懂，一学就会。即便在遇到常规问题和异常时也有相应的提示，并且对操作的完整性、设备健康状态更有充足的依据，保障运行操作的安全可靠性。

3 深化与应用

3.1 修编完善倒闸操作票库

2011 年，运行部编写完成《运行操作手册》。2015 年，ERP 系统上线运行，运行模块典型操作票库投入使用。随着设备的不断改造换型和新设备的投入，相关设备名称编号和典型操作票上内容不符。为确保票面和设备一一对应，特对典型票库进行了修编完善，避免因管理型违章导致误操作事故发生。

3.2 对倒闸操作项目进行分类分级细化

将原典型票库操作项目进行细化分类，由原来机械操作票、电气操作票按常规性、试验配合以及操作的复杂程度按Ⅰ级（简单）、Ⅱ级(一般)、Ⅲ级(复杂)等 3 个等级进行划分。部门根据操作项目对运行人员进行培训考试并取得相应操作等级资格，值长在安排倒闸操作任务时根据对应等级对操作监护人员进行合理安排，在人员专业角度上保障倒闸操作的安全进行。

3.3 编制倒闸操作流程手册

在对操作项目进行等级划分后，将全厂所有操作项目按所属系统单元进行分类编制操作流程手册，手册中注明操作前所需具备条件、安全工器具、项目操作区域及操作注意事项。在进行倒闸操作前，操作人员通过操作流程手册学习后对所操作项目进一步熟悉巩固，将操作人员从繁琐复杂的系统中脱离到简单中来，进一步提升了倒闸操作安全和质量。

例如：乌江老厂 110 kV 线路停电倒闸操作。

(1) 操作项目接线简化示意图。

(2) 操作区域。乌江老厂 110 kV 开关站、220 kV 开关站(110 kV 出线平台)。

(3) 操作前准备。开关控制柜钥匙，线路侧隔刀、接地刀闸机械锁钥匙，手电筒，进行危险点分析与预控(有搭接地线操作：绝缘靴、绝缘手套、验电器、扳手)。

(4) 操作注意事项。停电前应充分考虑操作后潮流、电压的变化，继电保护及自动装置的配合。操作前核对设备名称编号，严禁走错间隔误动设备。停电操作顺序：断路器→负荷侧刀闸→母线侧刀闸→合地刀(装设接地线)→退操作控制电源、保护装置。开关、隔刀在上位机操作(110 kV 出线线路侧隔刀在现场操作)，地刀在现地控制柜操作。操作结束后，应对所操作的地刀(接地线)、保护进行记录。

(5) 操作流程简图。

3.4 加强值长对运行操作过程管控

在进行计划性倒闸操作任务时，值长应提前通知操作人员核对典型操作票内容，准备好相关安全工器具、接地线、设备钥匙等相关工作。做好危险点分析与预控工作，交代清操作项目所辖设备范围和带电范围。值长在下达操作指令后，应充分利用工业电视对操作人员进行监视，在发现违章操作或不规范行为时应立即制止并按相关管理制度进行考核。通过值长对运行操作过程管控，在一定程度避免误操作事故的发生。

4 运行操作标准化深化与应用取得的实效

(1) 实现全年安全生产无事故，连续安全生产天数达 5 390 天。

(2) 完成发电量 40.03 亿 kWh。

(3) 办理工作票 750 份，执行操作票 458 份，发现设备缺陷 343 项，其中重大设备缺陷 7 项。

(4) 正确处理“4 号机剪断销剪断”“一号厂 220 kV 母线电压异常下降”“2 号、3 号机 PT 一次保险熔断”“3 号机技术供水控制柜内潮湿结露导致电源跳闸”以及多起线路跳闸异常

(5) 优质高效完成全年各类检修、技改、新设备启动投运配合工作。

东风水电站大坝垂线系统拟合计算

梁畯，陈献，朱家好

（贵州乌江水电开发有限责任公司东风发电厂，贵州清镇，551408）

摘要：东风大坝步进垂线系统于 2019 年 9 月初瘫痪，已作报废处理。为确保监测数据的连续性，延续大坝的绝对水平位移，则需对另一套垂线系统（基康 CCD 垂线系统）的监测数据进行拟合计算。根据测点的安装情况，拟合方式采取了无缝衔接和跨时衔接。拟合成果显示 2 套垂线系统各测点的累计水平位移过程线几近重合，变化趋势及规律保持了很好的一致性。拟合后的基康 CCD 垂线系统监测成果值延续了大坝的绝对位移，可继续为大坝安全监测服务，为大坝安全运行性态分析提供可靠依据。

关键词：大坝；垂线；系统；坐标仪；拟合

1 工程概况

东风水电站位于贵州省清镇市和黔西县交界的乌江干流鸭池河段上，是乌江水电梯级开发的第 2 级。坝址以上流域面积为 18 161 km^2，水库总库容 10.25 亿 m^3，属不完全年调节水库。电站原总装机容量 510 MW，2005 年完成机组改造增容和右岸扩机工程后，总装机容量为 695 MW（3×190 MW+1×125 MW）。

工程枢纽主要由拦河大坝、泄洪系统、引水发电系统等建筑物组成。拦河坝为混凝土抛物线双曲率薄拱坝，坝顶高程 978.00 m，最大坝高 162 m，坝顶宽 6.0 m，底宽 25.0 m，厚高比为 0.163，坝顶中心弧长 254.35 m，最大中心角 94.1°，最小中心角 64.5°，坝体呈不对称布置，大坝由 13 个坝段组成，拱冠梁坝段为 8 号坝段。泄洪系统由坝身 3 个中孔、3 个表孔、左岸溢洪道泄洪洞组成[1]。

2 垂线系统测点布置情况

垂线共设置 5 组，自右岸向左岸依次布置在 2 号、6 号、8 号、11 号、13 号坝段，共有 33 个测点（1～33 号为垂线测点编号），分别布设在 830、851、860、882、915、945 m 高程。垂线结构采用下部倒垂、上部正垂相互衔接的方式，共 17 段线体，线体采用 ϕ1.6 mm 的不锈钢铟瓦丝。其中 2 号、8 号坝段正垂线分为 3 节，其余均为 2 节[2-3]。

3 步进垂线系统运行情况

3.1 垂线的安装施工情况

垂线各测点分 3 批安装并投入观测：高程 915 m 及以下的测点于 1994 年 4 月 4 日下闸蓄水前安装完成，并投入观测取得基准值；悬挂于高程 945 m 的 2 根正垂线于 1994 年 5 月 9 日安装完成，并投入观测；悬挂于高程 978 m 的 5 根正垂线于 1994 年 9 月 15 日安装完成，并投入观测[4]。

垂线测点安装运行后至 1997 年初，受施工期影响，设备运行情况较差。1997 年 3—4 月，垂线项目改造为步进式垂线自动化采集系统，1997 年 5 月 1 日，对测值进行了重新衔接，以使各测点的位移成果是“时间上以建坝算起、空间以坝基垂线锚固点为不动点”计算出的绝对位移值。一直到 2019 年 8 月，系统运行情况较好，监测数据保持了良好的连续性、准确性、完整性。

2019 年 9 月 5 日，采集垂线数据的电脑主机因老化无法再开机，因垂线采集软件的运行操作系统为 Windows98，未能找到与之匹配的老式计算机，最终步进系统无法再采集收数。垂线观测数据备份至 2019 年 8 月 30 日。2019 年 12 月，国电南京自动化股份有限公司对垂线自动化系统改造时，拆除了步进垂线坐标仪及附属设备。

3.2 步进垂线位移计算

东风大坝垂线位移计算是采用正垂线和倒垂线的组合，各测点的位移值均换算为相对倒垂锚固点的绝对位移[5]。限于篇幅，本文后续的计算说明均以 8 号坝段为例。计算公式见表 1。

收稿日期：2020-03-10.

作者简介：梁畯，贵州湄潭人，助理工程师，学士，从事水工观测和维护工作；陈献，重庆万州人，工程师，从事水工技术管理工作.

表 1　东风大坝步进垂线计算公式

坝段	测点	高程/m	切向位移	径向位移
8 号坝段	15	830	$\Delta X15.n = X15.0 - X15.n$	$\Delta Y15.n = Y15.n - Y15.0$
	16	915	$\Delta X16.n = X16.n + \Delta X15.n - X16.0$	$\Delta Y16.n = Y16.0 + \Delta Y15.n - Y16.n$
	17	860	$\Delta X17.n = X17.0 + \Delta X16.n - X17.n$	$\Delta Y17.n = Y17.n + \Delta Y16.n - Y17.0$
	18	882	$\Delta X18.n = X18.0 + \Delta X16.n - X18.n$	$\Delta Y18.n = Y18.n + \Delta Y16.n - Y18.0$
	19	915	$\Delta X19.n = X19.0 + \Delta X16.n - X19.n$	$\Delta Y19.n = Y19.n + \Delta Y16.n - Y19.0$
	20	945	$\Delta X20.n = X20.n + \Delta X19.n - X20.0$	$\Delta Y20.n = Y20.0 + \Delta Y19.n - Y20.n$
	21	945	$\Delta X21.n = X21.0 + \Delta X20.n - X21.n$	$\Delta Y21.n = Y21.n + \Delta Y20.n - Y21.0$
	22	978	$\Delta X22.n = X22.n + \Delta X21.n - X22.0$	$\Delta Y22.n = Y22.0 + \Delta Y21.n - Y22.n$

注：符号 X 代表切向位移，符号 Y 代表径向位移；符号 $\Delta Xi.n$ 及 $\Delta Yi.n$ 代表垂线 i 测点第 n 测次 X 向及 Y 向位移值，符号 $Xi.0$ 及 $Yi.0$ 代表 i 测点首次 X 及 Y 向测值，符号 $Xi.n$ 及 $Yi.n$ 代表垂线 i 测点第 n 次 X 及 Y 向测值。

4　基康 CCD 垂线坐标仪安装及运行情况

2016 年 1 月首批安装 7 台基康 CCD 垂线坐标仪；2016 年 6 月安装 2 台；2017 年 12 月安装 1 台。经 2 年的试运行后，设备稳定，数据与老垂线数据吻合较好，鉴于老垂线多年运行，随时面临瘫痪的风险，2018 年购置安装 10 台，2019 年购置安装 13 台，即最终完成了全部 33 个测点的坐标仪安装。从首批坐标仪安装运行以来至 2020 年 3 月，未出现过坐标仪方面的设备故障。

受测站狭窄的环境和垂线架子的限制，安装时，各台坐标仪的 X 向、Y 向对应大坝切向、径向方向，但朝向不一，即坐标仪的屏显方向有向下游和上游 2 种安装方式；同时因倒垂和正垂的测量计算原理不同，均会影响测点的计算公式。以测点为例：1 号和 2 号测点安装时，屏显均朝向上游，计算 1 号测点径向为“基准值－观测值”，切向为“观测值－基准值”；2 号测点径向为“观测值－基准值”、切向为“基准值－观测值”；假设屏显朝向下游，则计算符号反之；其他测点同理推之。此步计算公式推导是计算的关键点和重点之一。

5　基康 CCD 垂线系统与步进垂线系统拟合方案

5.1　绝对位移计算优化

东风水电站大坝安全第 3 次定期检查时，《贵州东风水电站大坝安全监测系统综合评价报告》中提出“3、5、12、19、21、27 和 32 号测点与悬挂点的距离很近，占相应垂线长度的 1/20～1/30，可认为测点的变位与悬挂点的变位基本一致，考虑到测值观测误差的传递影响，从项目优化的角度出发，可停测 3、5、12、19、21、27 和 32 号”，但本次考虑和原系统的连续性，未停测这部分测点，仍安装坐标仪观测，但在计算时，进行了优化。在原步进垂线系统的计算中，上述测点作为下一垂线段上的测点的位移传递计算；在本次计算中，这些测点不再作为位移传递计算，而是采用了垂线最下方的测点的位移进行位移传递计算，有效减少误差来源，提高观测精度。具体修正方案见表 2。

表 2　位移传递计算修正

测点	原传递位移测点	优化后的传递位移测点
4	3	2
6	5	4
13	12	8
20	19	16
22	21	20
28	27	24
33	32	31

5.2　计算公式推导

根据垂线测点的布置、优化方案、坐标仪安装方向，推导出计算公式见表 3。需要注意的是：位移传递计算时，以 20 号测点为例，当 20 号测点叠加 16 号测点的位移值时，应叠加 16 号测点的中间成果位移 $ZX16.n$，而非最终位移成果 $\Delta X16.n$，此步是任何新老垂线系统数据衔接时容易出错而应注意的环节。因此此步计算公式推导是计算的关键点和重点之二。

5.3　无缝衔接计算方案

步进垂线系统于 2019 年 9 月初瘫痪（观测数据截至 2019 年 8 月 30 日）；基康 CCD 垂线系统分批安装投运。因此从时间点可以看出，步进垂线系统瘫痪前，已有 20 个测点安装有基康 CCD 垂线坐标仪，该 20 个测点可以进行观测数据无缝衔接，定义为无缝衔接。

经对 2019 年 8 月下旬库水位查询，8 月 27 日、29 日、30 日，库水位分别为 955.78、955.89、955.92 m，即库水位接近，2 套系统均选择该三日的观测数据作为衔接点。

具体方法如下：

表 3　东风大坝基康 CCD 8 号坝段垂线计算公式

测点	高程/m	计算分量	切向	径向
15	830	中间成果	$ZX15.n=X15.0-X15.n$	$ZY15=Y15.n-Y15.0$
		最终成果	$\Delta X15.n=ZX15.n+X15$衔	$\Delta Y15=ZY15.n+Y15$衔
16	915	中间成果	$ZX16.n=ZX15.n+(X16.0-X16.n)$	$ZY16=ZY15.n+(Y16.n-Y16.0)$
		最终成果	$\Delta X16.n=ZX16.n+X16$衔	$\Delta Y16=ZY16.n+Y16$衔
17	860	中间成果	$ZX17.n=ZX16.n-(X17.0-X17.n)$	$ZY17=ZY16.n-(Y17.n-Y17.0)$
		最终成果	$\Delta X17.n=ZX17.n+X17$衔	$\Delta Y17=ZY17.n+Y17$衔
18	882	中间成果	$ZX18.n=ZX16.n-(X18.0-X18.n)$	$ZY18=ZY16.n-(Y18.n-Y18.0)$
		最终成果	$\Delta X18.n=ZX18.n+X18$衔	$\Delta Y18=ZY18.n+Y18$衔
19	915	中间成果	$ZX19.n=ZX16.n-(X19.0-X19.n)$	$ZY19=ZY16.n-(Y19.n-Y19.0)$
		最终成果	$\Delta X19.n=ZX19.n+X19$衔	$\Delta Y19=ZY19.n+Y19$衔
20	945	中间成果	$ZX20.n=ZX16.n+(X20.0-X20.n)$	$ZY20=ZY16.n+(Y20.n-Y20.0)$
		最终成果	$\Delta X20.n=ZX20.n+X20$衔	$\Delta Y20=ZY20.n+Y20$衔
21	945	中间成果	$ZX21.n=ZX20.n-(X21.0-X21.n)$	$ZY21=ZY20.n-(Y21.n-Y21.0)$
		最终成果	$\Delta X21.n=ZX21.n+X21$衔	$\Delta Y21=ZY21.n+Y21$衔
22	978	中间成果	$ZX22.n=ZX20.n+(X22.0-X22.n)$	$ZY22=ZY20.n+(Y22.n-Y22.0)$
		最终成果	$\Delta X22.n=ZX22.n+X22$衔	$\Delta Y22=ZY22.n+Y22$衔

符号释义：X 表示切向位移；Y 表示径向位移；$ZXi.n$ 表示 i 测点第 n 次的切向中间计算成果；$\Delta Xi.n$ 表示 i 测点第 n 次的切向最终位移成果；$Xi.n$ 表示 i 测点第 n 次的切向观测值，变量；$Xi.0$ 表示 i 测点的切向基准值，常数；Xi 衔表示 i 测点的切向位移衔接值，常数。公式中，Xi 衔、$Xi.0$、Yi 衔、$Yi.0$ 作为计算常数。

(1) 步进垂线系统取 2019 年 8 月 27 日、29 日、30 日三天的绝对位移值平均值作为各测点在该时间点的位移值，也即作为测点位移衔接值，垂线衔接计算参数见表 4，其中的“切向位移衔接值”“径向位移衔接值”，对应表 3 公式中的 Xi 衔、Yi 衔；

(2) 基康 CCD 垂线系统取 2019 年 8 月 27 日、29 日、30 日三天的观测值的平均值作为测点基准值，垂线衔接计算参数见表 4，其中的“切向基准值”“径向基准值”，对应表 3 公式中的 $Xi.0$、$Yi.0$。

表 4　垂线衔接计算参数

测点	切向位移衔接值 Xi 衔	径向位移衔接值 Yi 衔	切向基准值 $Xi.0$	径向基准值 $Yi.0$
1	2.25	2.26	29.53	30.11
2	2.04	1.28	27.33	27.26
3	2.62	−0.96	22.42	27.41
4	2.12	−1.44	23.44	24.19
6	3.89	0.29	21.56	23.59
7	2.19	0.25	19.16	25.92
8	1.81	3.32	20.47	20.53
11	−0.50	9.97	23.40	27.93
13	−0.57	0.26	24.12	14.38
14	−0.74	3.38	21.22	25.88
15	−1.47	0.71	28.79	37.59
16	−0.24	5.40	24.78	25.98
20	−1.67	1.13	23.52	18.53
21	−2.05	3.42	20.66	23.47
22	−0.28	−2.19	22.18	16.38
23	1.22	0.23	29.72	32.40
24	2.52	1.16	20.22	22.64
30	1.87	−3.39	20.73	18.99
31	1.33	−4.63	25.21	21.81
32	3.00	−3.83	23.42	30.35

5.4　跨时衔接计算方案

步进垂线系统瘫痪 3 个月后，剩余的 13 个测点的基康 CCD 坐标仪于 2019 年 11 月完成安装并投入运行，由于该 13 个测点的观测中断了 3 个月，故无法对数据进行无缝衔接。作者采取跨年同时段同库水位的工况下的观测数据衔接，定义为跨时衔接。跨年同时段，可以认为大坝坝体温度基本一致。因此跨年同时段同库水位的工况保证了 2 个衔接时间点的环境量基本一致，即同温度同水位，在此工况下的大坝位移基本一致。

经对 2018 年至 2019 年的库水位对比：步进系统取 2018 年 12 月 18、19、20 日 3 天的平均值作为大坝衔接时间点的绝对位移 $\Delta Xi.n$、$\Delta Yi.n$，对应库水位为 968.18、967.78、967.68 m，平均库水位 967.88 m；CCD 系统取 2019 年 12 月 28、29、30 日 3 天的平均值作为基准值 $Xi.0$、$Yi.0$，对应库水位为 967.80、967.81、967.72 m，平均库水位 967.78 m。

此外，步进系统垂线 33 号测点因在 2018 年 12 月 18、19、20 日故障无测值，因此选取了 2018 年 1 月 2、3、4 日的绝对位移作计算，三日水位为 967.73、967.59、967.8 m，平均水位 967.71 m。

步进系统取 2018 年 12 月 18、19、20 日 3 天的平均值对应于表 3 计算公式中的 $\Delta Xi.n$、$\Delta Yi.n$，而非 Xi 衔、Yi 衔。Xi 衔、Yi 衔需通过反推计算：将步进系统 2018 年 12 月 18、19、20 日三天的平均值 $\Delta Xi.n$、$\Delta Yi.n$ 和 CCD 系统 2019

年 12 月 28、29、30 日的平均值 $Xi.0$、$Yi.0$ 代入表 3 中的计算公式，计算出 Xi 衔、Yi 衔。此步计算是与无缝衔接计算区别之处，因此此步计算公式推导是计算的关键点和重点之三。衔接计算见表 5。

表 5　垂线跨时衔接计算参数

测点	切向绝对位移 $\Delta Xi.n$	径向绝对位移 $\Delta Yi.n$	切向衔接值 Xi 衔	径向衔接值 Yi 衔	切向基准值 $Xi.0$	径向基准值 $Yi.0$
	步进垂线坐标仪 2018 年 12 月 18、19、20 日的绝对位移值的平均值		反推计算出的测点位移衔接值		基康 CCD 坐标仪 2019 年 12 月 28、29、30 日的观测值的平均值	
5	1.35	0.05	2.43	0.31	19.78	34.81
9	1.41	3.95	2.38	0.65	26.11	22.47
10	−0.03	5.68	0.94	2.38	23.09	26.41
12	−0.59	11.27	−0.50	9.97	23.89	21.38
17	0.07	7.00	0.18	1.60	24.65	28.70
18	−0.04	16.76	0.08	11.37	20.46	27.18
19	−0.60	15.23	−0.75	9.55	16.61	17.85
25	0.90	0.83	0.03	−1.68	22.70	24.23
26	3.17	3.82	2.31	1.32	23.51	25.38
27	3.68	7.06	2.84	4.58	25.90	24.07
28	5.86	4.88	5.00	2.43	23.96	25.03
29	6.35	4.53	5.49	2.05	24.26	23.24
33	−1.25	−0.90	−1.46	−1.16	27.98	25.70

6　基康 CCD 垂线系统与步进垂线系统拟合成果

将垂线衔接计算参数作为常数代入计算公式，计算出各测点的绝对位移，绘制出步进垂线和基康 CCD 垂线水平位移过程线对比图。左纵轴表示步进垂线的位移值坐标(径向位移或切向位移)，右纵轴表示基康 CCD 的同测点同方向的位移值坐标(X 向累计位移或 Y 向累计位移)。细实线表示步进垂线测点的绝对位移值，细虚线表示基康 CCD 垂线测点的绝对位移值。

以 8 号坝段为例，8 号坝段位移过程线对比见图 3，列出空间布置上具有代表性且关键部位的 15 号测点(坝基 830 m)、22 号测点(高程 978 m)的过程线对比图查看位移拟合情况。

从过程线对比图可以看出，各测点位移吻合均很好，2 套系统位移差值基本在 0.3 mm 以内，尤其是径向位移过程线对比，其偏差量相比大坝位移量，影响甚微，过程线几近重合。

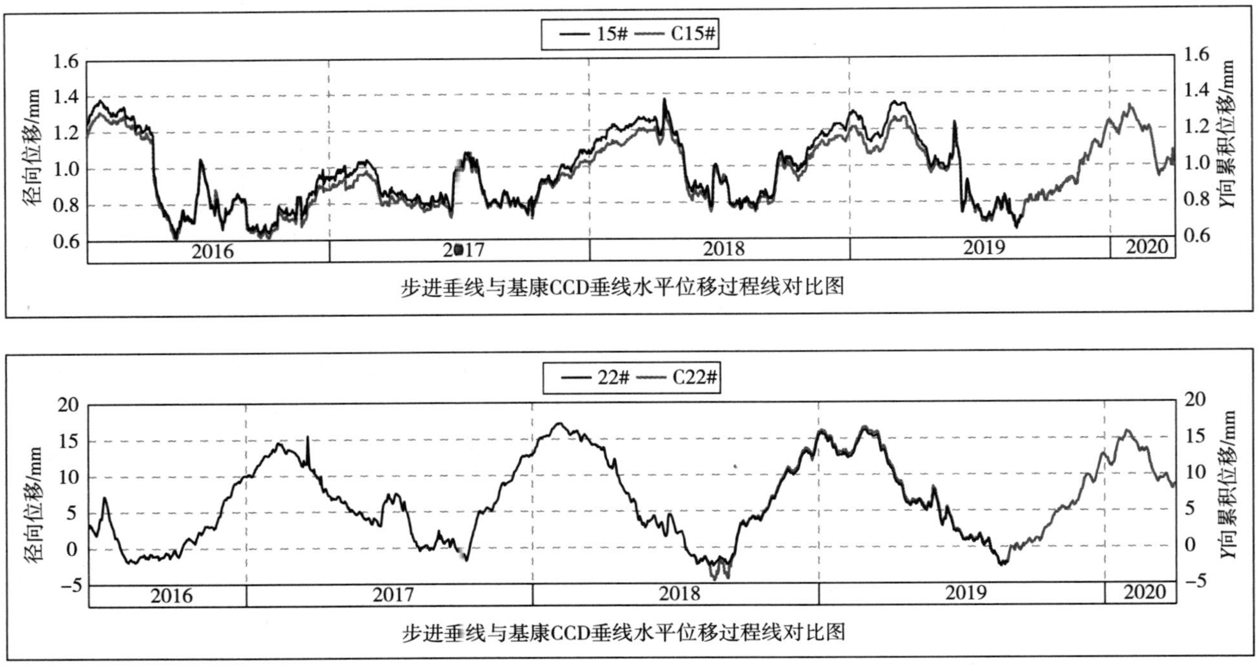

图 1　8 号坝段径向位移过程线对比图

其余坝段以具有代表意义的坝顶位移拟合成果概况为：

2 号坝段，2 套系统的过程线形状基本一致。切向位移在 2018 年 7 月至 2019 年 8 月时段的数据中，有 0～0.5 mm 的偏差；径向位移在 2018 年 7 月至 9 月的时段里，有 1～2 mm 的偏差，从大坝变形规律和设备情况综合分析看，可能为步进垂线系统的设备问题引起的误差，而基康 CCD 垂线表现出了坝体的稳定规律性变化，说明基康 CCD 垂线设备更可靠。

6 号坝段，2 套系统的过程线形状一致。从径向位移对比看，其偏差量相比大坝位移量影响甚微，过程线几乎重合；切向位移在 2018 年 9 月至 2019 年 5 月，有约 0.3～0.5 mm 的偏差。

11 号和 13 号坝段，28 号测点和 33 号测点的基康 CCD 坐标仪是 2019 年 11 月安装，因此无共同时段的位移成果进行对比，但从过程线对比图仍然可以看出基康 CCD 垂线位移成果是步进垂线位移成果的延续，两者有相同的变化规律。

7 总结评价

经过拟合计算后，3 套系统的位移成果对比分析情况如下：

（1）2 套垂线系统的同时段位移成果总体吻合较好。个别测点的位移成果在某时段内出现偏差，偏差值较小，其量值相比大坝位移量，影响甚微。大部分测点位移吻合很好，过程线几近重合。

（2）无同时段位移成果对比的测点，亦可从过程线对比图中看出，2 套系统位移成果变化规律一致，数据有很好的延续性。

（3）根据东风水电站大坝安全第 3 次定期检查时，提出了对 7 个悬挂点停测的方案，项目改造中考虑到观测连续性，并未取消这些测点的观测，但在本次拟合计算中，这些测点不再作为位移传递计算的中间点，以减少误差来源，提高大坝最终位移成果精度。

2 套垂线系统的测点位移过程线变化趋势、变化规律保持了很好的一致性，说明衔接计算公式正确，同时也互相印证了 2 套系统观测值的准确性、可靠性，衔接后的计算成果能反应大坝的位移情况，保证了大坝水平位移监测成果的长期连续性和准确性。新的垂线系统（基康 CCD 垂线）将继续为大坝安全监测服务，为大坝安全运行性态分析提供可靠依据。

东风水电站是我国在岩溶地区修建的最薄的双曲拱坝之一，坝体径向位移和切向位移采用了正倒垂线观测，一直以来观测资料均连续且较全面，此次观测资料中断后进行了拟合计算，使前后数据进行了有效结合，效果良好，其计算方法是可行可借鉴的。

参考文献：

[1] 李宗川. 贵州东风水电站大坝安全监测系统综合评价报告[R]. 国家能源局大坝安全监察中心，2018：1.

[2] 伍美华，彭书生，吴忠明. 贵州乌江东风水电站大坝安全监测系统综合评价报告[R]. 2011.

[3] 陈献. 东风水电站大坝垂线计算公式探讨[J]. 贵州水力发电，2012(3)：45-46.

[4] 唐成书，颜成慧，赵峰，等. 乌江东风水电站水工观测年鉴 1994－1999(第一册)[G]. 贵州东风发电厂，2000.

[5] 陈献. 东风水电站大坝垂线系统运行维护优化研究[J]. 广东水力发电，2018(4).

乌江渡水电站大坝安全监测智慧化建设探讨

刘海力

（乌江渡发电厂，贵州遵义，563104）

摘要：乌江渡大坝当前安全监测自动化设施运行年限已久，设备可靠性、稳定性下降。逐步实现乌江渡水电站大坝安全监测智慧化，是未来该电站大坝安全监测系统建设的重要工作。本文尝试结合乌江渡大坝安全监测自动化系统现状探讨大坝安全监测智慧化建设。

关键词：乌江渡水电站；智慧化；BIM 技术；三维技术

1 概况

乌江渡水电站位于乌江中游，南距贵阳市 105 km，北距遵义市 55 km，是我国在岩溶地貌兴建的第 1 座大型水电站。坝址控制流域面积为 27 790 km^2，多年平均径流量 502 m^3/s，水库总库容 23 亿 m^3，为季调节水库；水库正常蓄水位 760.00 m，设计洪水位 760.30 m，校核洪水位 762.80 m。

电站于 1970 年 4 月开工兴建，1979 年 12 月首台机组投产，1983 年 12 月工程全部竣工，初始装机容量 630 MW（3×210 MW）。2000 年 11 月，在左岸地下扩建 2 台 250 MW 机组和 1 台 30 MW 防洪备用电源机组，2003 年 12 月全部投产发电。2005 年 6 月增容改造工程完工，将原 210 MW 的每台机组改造增容至 250 MW，至此，总装机容量为 1 280 MW（5×250 MW+1×30 MW），设计多年平均发电量 40.56 亿 kWh。

乌江渡水电站工程属Ⅰ等大(1)型工程，大坝为 1 级建筑物。大坝坝顶高程 765 m，大坝最大底宽 119.50 m，坝顶长 395 m，最大坝高 165 m，708 m 高程以下坝体横缝经灌浆后，成为整体式拱形重力坝，708 m 以上横缝未灌浆。上部 57 m 高的坝体为单块稳定的重力坝，自右向左共分 17 个坝块，最大坝宽 23 m。河中 4～14 号坝段坝轴线半径为 500 m，中心角 26°36′的圆弧；右岸 1～3 号坝段圆弧半径为 80 m，左岸 15～17 号坝段为直线等宽坝段。

2 大坝安全监测系统运行现状

乌江渡水电站大坝自动化监测系统分为坝体垂线监测系统、坝身引张线监测系统、厂坝基扬压力监测系统、两岸地下水位监测系统、地下厂房监测系统。

2.1 坝体垂线监测系统

垂线自动化监测共布置测点 19 个，安装 RZ—25 型电容感应式垂线坐标仪 19 台。该系统安装于 1994 年，由于可靠性、安装质量等原因，安装后一直未能正常运行。1998 年底该系统完成升级改造，对系统运行中出现的问题进行处理。改造后的系统可实现实时监控、远程控制、数据处理、图形绘制、报表制作等功能，但仍存在部分测点的仪器工作不正常，测值时断时续，致使监测成果无法进行分析等问题。

2.2 坝身引张线监测系统

坝身引张线监测布置测点 7 个，共安装 7 台 RY—20 型电容感应式引张线仪，以监测坝身 6～12 号坝段的水平位移，各测点由布置在引张线两端的倒垂进行校核。坝身引张线于 2000 年 4 月投入使用。因乌江渡大坝坝型特殊，引张线在坝身 9 号坝段处悬挂重锤以张紧引张线，引张线在竖直平面上呈现“V”形。

2.3 厂、坝基扬压力监测系统

扬压力监测共接入坝基新增 25 支振弦式渗压计、1 台弦式量水堰计及原厂、坝基埋设的 26 支差阻式渗压计和 6 个扬压力水位监测孔安装的 6 支振弦式渗压计共 58 支(台)仪器。

2.4 两岸地下水位监测系统

地下水位监测系统共接入安装于坝前左右岸长观孔的 45 支振弦式渗压计和安装于左岸高程 680 m 廊道 PD1 勘探平洞内的 2 支振弦式渗压计以及安装于左右两岸暗河围堰内的 1 台弦式量水堰计、1 支差阻式渗压计共 49 支仪器。

收稿日期：2020-03-10.

作者简介：刘海力，贵州遵义人，助理工程师，从事水电厂水文与水资源专业技术工作.

2.5 地下厂房监测自动化系统

进水口边坡优化后岩石变位计 7 套 28 个测点，锚杆应力计 7 套 27 个测点，锚索测力计 3 套 12 个传感器，共计 67 支传感器。尾水洞出口边坡优化后岩石变位计 4 套 14 个传感器，锚杆应力计 5 组 16 个传感器，倾斜仪 5 个传感器，共计 35 支传感器。

3 大坝安全监测系统存在的问题

3.1 系统老化

乌江渡大坝安全监测自动化系统经过 20 多年的运行，设备老化严重、稳定性降低、故障率增高。2014 年 12 月《贵州乌江渡水电站大坝安全监测系统综合评价报告》提出，乌江渡水电站大坝垂线自动化监测、引张线自动化监测、扬压力及地下水位自动化监测、量水堰自动化监测、新机内观仪器自动化监测等监测数据缺失率、无故障时间均不能满足 DL/T 5211—2005《大坝安全监测自动化技术规范》要求。

3.2 监测自动化系统未全覆盖

大坝安全监测包括变形监测、渗流监测、应力应变及温度监测、环境量监测、巡视检查。当前，乌江渡水电站大坝监测自动化系统未全部实施自动化，大坝坝顶水平位移、坝顶垂直位移、坝身水平位移、坝基垂直位移监测等项目仍然采用人工监测，判断大坝运行情况的依据仍然以人工监测数据为主，未实现自动化全覆盖。

4 大坝安全监测智慧化建设必要性

4.1 监测技术的发展与进步

随着现代科学技术的快速发展和进步，大坝安全监测技术水平也得到了显著的提高，一些新技术、新方法、新产品得到了广泛的应用和推广，大坝安全监测系统在现有技术条件下可更加完善和可靠。乌江渡水电站大坝安全监测系统有条件通过技术改造，实现无人值班和少人值守的自动化监控和管理，使大坝安全监测系统的技术性能和管理水平符合现代技术的发展和需要。运用最新的科学技术，建设一套完整、可靠、先进的大坝安全监测系统，逐步实现大坝安全监测智慧化，将极大提高大坝安全、科学管理的技术水平。

4.2 监测仪器的更新与换代

随着科学技术的发展和制造水平的不断提高，监测仪器不断的更新换代，新的监测仪器产品质量更加可靠，技术性能更加先进。新的观测仪器的出现，尤其是自动化变形监测仪器的发展，有效提高大坝安全监测自动化仪器的可靠性和稳定性。近几年发展起来的体积小、精度高、不受电磁干扰、抗腐蚀性和雷击的自动化仪器，可为实现乌江渡水电站大坝安全监测自动化，逐步实现大坝安全监测智慧化提供有力的基础保障。

4.3 信息化的快速发展

随着现代信息技术的发展，大数据、云技术、人工智能、BIM 等技术逐渐推广应用到水利水电工程项目中。当前乌江渡大坝安全监测信息管理与当前信息管理技术存在较大差距，因此，结合最新信息技术，实现信息管理集中化、数据分析智慧化、监测系统可视化、监测管理城市化是乌江渡大坝安全监测信息化建设的必然趋势。

5 大坝安全监测智慧化建设探讨

5.1 大坝安全监测智慧化建设目的

乌江渡水电站设计运行周期为 100 年，目前已运行近 40 年。随着时间的推移，大坝各个部分产生不同程度的老化，大坝面临的安全风险将随时间的推移而愈加复杂，因此以确保乌江渡水电站大坝安全稳定运行为目的，探索、建设一套可靠、完善、高效、智慧的大坝监测系统，是实时、清楚、全方位掌握大坝运行性态，及时作出准确判断，解决大坝在运行过程中遇到的问题的必然选择。

5.2 大坝安全监测系统智慧化建设构架

大坝安全智慧化监测系统构架按照各部分功能的不同，分为以下 4 个方面：

(1) 传感器。获取大坝运行全数据。

(2) 基础数据中心。在大数据、云计算基础上记录多种形式数据资料、图形、图像等。

(3) 数据分析模型。建立专业分析模型库，实现统一的模型共享和输入输出接口标准，智能分析与融合机器学习方法，判断大坝运行现状，提供决策依据。

(4) 全终端。支持 PC 端、移动端、大屏幕，虚拟现实环境等全终端、可视化展示，实现一个系统服务于所有用户类型。

5.3 大坝安全监测智能化建设关键技术

(1) 物联感知。以传感器实时监测为基础，从操作系统、控制器、通信协议等方面兼顾各类传感器的多样性和差异性，综合考虑地下厂房通讯环境的复杂性，充分利用当前最新的通信技术，实现大坝通讯全覆盖，确保数据可以实时传输。

(2) 大数据。应用云计算和分布式集群处理方法解决数据量大、数据类型复杂和计算过程耗时等问题；大数据的分析和数据的挖掘，需考虑多精度和多尺度等问题，针对不同的数据选择合适的处理方式。

（3）三维 GIS 平台。利用 GIS 平台，构建计算机虚拟大坝，实现实体大坝和虚拟大坝在时空动态和形状位置上的一致。构建 BIM 模型，结合 GIS 系统，利用虚拟现实硬件实现沉浸式漫游浏览、互动式交互操作等。

（4）机器学习技术。收集可靠数据，并对数据进行筛选，确保用于学习的数据的可靠性以保证学习质量，在此基础之上选择合适的训练算法模型，通过测试数据测试模型的精确性评价算法模型，补充数据以改进模型性能。

6 大坝安全监测系统智慧化建设目标

当前的大坝安全监测距离智慧化仍有较大的差距，实现大坝安全监测智慧化将是多行业融合创新的漫长过程。

6.1 大坝安全监测系统全面自动化

按《混凝土大坝安全监测技术规范》《大坝安全监测自动化技术规范》等现行规程规范要求，针对乌江渡水电站安全监测系统运行现状及存在问题，实现现有监测系统进行全面自动化，确保系统监测精度、自动化性能等各方面指标满足现行规范要求，全面收集系统监测数据，建立安全监测数据中心，着力提升安全监测系统运行稳定性、可靠性、安全性。

6.2 大坝安全监测系统数据分析智慧化

随着科学技术的不断发展，大数据在生产生活中的应用日益广泛，大数据及各种算法的结合为实现大坝安全监测系统数据分析智慧化带来可能。过去，传统的大坝安全监测资料分析停留在对结构化数据进行简单分析与处理上，监测数据在分析深度及广度上并未得到充分挖掘，往往在分析深度与广度上做得不够。乌江渡水电站大坝监测系统智慧化建设可以通过大数据、先进算法及相关的分析模型的结合，对大坝安全监测数据进行充分的分析及预测，从效率、深度、广度等方面提高大坝安全监测数据分析的技术水平，实现大坝安全监测系统数据分析智慧化。

6.3 大坝安全监测系统可视化

充分利用近年最新的三维技术、虚拟仿真、BIM 等技术，结合大坝安全监测管理需求，开发大坝安全监测可视化系统。实现虚拟模型与安全监测综合数据连接，将大坝枢纽工程场景、大坝安全监测信息、大坝安全监测数据分析成果以立体的、更加直观的方式实时动态地展现出来，实现大坝安全监测数字化和可视化，为大坝安全管理建设一个科学、高效的辅助平台。

6.4 大坝安全监测城市化

随着信息技术的发展，大坝安全监测技术与当前最新的信息技术及 5G 技术的融合是必然趋势。高效、实时的数据传输，是实现大坝安全监测远程、城市化的重要前提。大坝安全监测城市化将以更少的人力投入，更集成、更高效的管理模式，打破传统水电站必须现地、投入大量人力监测、维护状况，用一套可靠、稳定的大坝安全监测智慧化系统，将现地监测转移到城市，实现远程监控，少人维护，节约人力、经营成本，提升技术人员幸福感。通过大坝安全监测智慧化建设，提供大坝运行全方位、全对象、全指标数据，加强大坝安全监测系统各部分间的互联互通、实现充分共享，以透彻感知大坝运行现状，保障大坝安全稳定运行，为生产经营效益提供坚实的基础保障。

7 结语

大坝安全监测智慧化将实现全天候、实时在线、精细化远程管理，以物联网、智能技术、云计算、大数据等新一代信息技术为手段，以全面感知、实时传送及智能处理为基本运行方式，对大坝水工建筑物空间和虚拟空间的深度融合，建立动态精细化的可感知、可分析、可控制的大坝安全监测智慧化管理运行体系。从自动化到智慧化意味着为大坝安全监测系统注入思维，带来更精确、更高效的大坝安全运行管理。

参考文献：

[1] 牛广利，李端有，李天旸，等. 基于云平台的大坝安全监测数据管理及分析系统研发与应用[J]. 长江科学院院报，2019(6)：161-165.

[2] 王培成，包腾飞，朱茜. 基于BIM的大坝安全监测信息管理系统开发研究[J]. 水电能源科学，2019，37(4)：72-75.

[3] 陈刚，张平俊. 基于全寿命周期的大坝安全监测思考[J]. 中国水利，2019(6)：62-64.

乌江渡水电站大坝绕坝渗流监测与分析

涂茜

（乌江渡发电厂，贵州遵义，563000）

摘要：为监测乌江渡水电站大坝水库库水绕坝渗流和两岸灌浆帷幕运行情况，本厂在两岸防渗帷幕线下游侧共布置了52个地下水位长期监测孔，采用导线测绳法进行观测，2004年开始采用自动化监测。经过测量数据分析，绕坝渗流和两岸灌浆帷幕运行情况良好。

关键词：观测；导线测绳法；自动化；改造

1 概述

乌江渡水电站位于乌江中游，南距贵阳市105 km，北距遵义市 55 km，控制流域面积27 790 km^2，为乌江干流开发的第1个电站，也是我国在岩溶地貌修建的第1座大型水电站，总装机容量1 280 MW。大坝为混凝土拱形重力坝，按一等1级建筑物设计，坝顶高程765.00 m，设计正常蓄水位760.00 m，死水位720.00 m。[1]

乌江渡大坝绕坝渗流采用地下水位观测孔进行测量，均采用导绳法进行人工观测，2009年后安装渗压计纳入自动化监测。根据有关观测数据分析，采用导绳法人工观测所测数据质量较差，不能很好地反映两岸地下水位的情况；而孔内埋设渗压计所测数据相对较好，多数能够反映乌江渡大坝两岸地下水位的变化规律。

一般情况下绕坝渗流是一种正常现象，但如果大坝与岸坡连接不好，岸边坡过陡产生裂缝或岸边坡中有强透水层，就有可能造成集中渗流，引起变形漏水，威胁坝的安全和蓄水效益。因此需要进行绕坝渗流观测，了解坝肩与岸坡或与副坝接触处的渗流变化情况，判明这些部位的防渗与排水效果。

2 长观孔布置

为监测水库库水绕坝渗流和两岸灌浆帷幕运行情况，在两岸防渗帷幕线下游侧共布置了52个地下水位长期监测孔（简称长观孔），其中左岸玉龙山灰岩地下水位低槽区及脊岭散流区设置有16个长观孔，右岸玉龙山灰岩、长兴灰岩地下水位低槽区及脊岭散流区设置有24个长观孔，右岸乐平煤组设置12个长观孔，通过导线测绳法监测孔内地下水位变化情况来了解水库库水绕坝渗流和右岸灌浆帷幕运行工况，1979年开始长观孔观测。

导线测绳法：将测绳2根分别接在万用表上，万用表调至电阻或通断挡，测绳探头端放入孔内，当探头接触到水面以后，万用表指针发生摆动，再提取测线探头少许（这时万用表指针复位），然后再缓慢放下测绳，当万用表指针开始工作的瞬时，管口对应测绳的刻度至探头的长度即为孔内水位至管口的距离 H，管口高程减去 H 即为地下水位的高程。连续测2次，误差不超过±1 cm，取2次的平均值。

长观孔是水库库水绕坝渗流和两岸灌浆帷幕运行情况的重要设施，1986年电厂对被停测的12个长观孔进行了疏通，1995年至1997年又利用地质钻机疏通了21个长观孔，但当时因地势险峻或孔内有钢筋有8个孔无法疏通，后面陆续又有一些长观孔被堵塞、人为破坏而无法观测。为此，根据安全监测的需要，2006年11月至2007年2月对左岸9个长观孔进行疏通、安装渗压计作集中观测改造，2004年11月至2005年5月对其右岸重要部分的19个长观孔进行疏通、安装渗压计作集中观测改造。右岸长观孔Ⅰ期改造对其中的11个堵塞孔进行疏通，并先后在17个孔内安装GK－4500S型渗压计进行地下水遥测，通过几年长时间来的人工监测和自动化比测表明，右岸长观孔Ⅰ期改造工程是比较成功的。为了进一步巩固大坝安全运行，提高工作效率，提高观测精度，节省人力物力资源，后面对右岸剩余的15个长观孔（Ⅱ期）进行改造。[2]

收稿日期：2020-08-03.

作者简介：涂茜，贵州黔西人，助理工程师，从事水工建筑物维护工作．

3 长观孔自动化观测

3.1 长观孔疏通及自动化改造

由于安装年限较长，陆续有观测孔被堵塞、破坏，而无法观测。因为经过长时间的人工观测和自动化比测表明，自动化采集的数据效率快，采集数据精度高，提高工作效率，节省人力物力资源。

对长观孔G1～G16、16个重要监测孔进行扫孔疏通，若不能疏通，重新钻孔。经过现场查看合格后开始安装测压管，安装完毕后进行管口处理，恢复到原来的管口高程并浇注保护墩，将不锈钢孔口附件安装到原测管上，用专用钥匙将4颗固定螺丝拧紧，在测管外修建长宽高为40 cm×40 cm×60 cm测点保护墩。

保护墩是全封闭的，可以很好地防人为破坏，对仪器进行很好的保护，缺点就是全封闭产生了扬压力，维护也不方便。解决方法是在保护墩上钻1个小孔，让其不存在扬压力。

3.2 渗压计的安装

依照设计及现场放样，精确决定渗压计的接长电缆，电缆接长应牢固，接头处作好绝缘处理；电缆头部的标记应醒目、牢固、耐久、不易损坏；根据设计情况确定渗压计的安装位置，安装根据渗压孔口情况加工好连接法兰等孔口附件，渗压计安装在测压管内最低水位以下约1 m的位置；安装前安装人员必须进一步确定测压管的测值变化情况，检查以前的人工测值变化范围，并对测压管水位进行实际测量，保证设计的仪器安装位置与实际情况相符；将仪器安装到位，记录下仪器的安装位置，对仪器进行测量，同时测读测压管内水位或压力表读数等初始安装参数；现场水位观测孔大多数为深孔，因此安装渗压计时全部用钢丝绳保护。

3.3 数据采集装置安装

数据采集装置的安装位置按安装图施工，安装位置充分考虑了仪器接入，维护方便，一般在观测站中高度1.5 m左右，用4个地脚螺栓连接，安装后机箱平整，仪器进线整齐、标识明确，信号线、通讯线、电源线与接线端子的接头均用镀银冷压接头，以保证可靠性。将机箱的接地端子连接到观测站地线上。

用频率读数仪GK－408读取数据，红黑线读取数据频率，白绿线读取数据温度，左右岸长观孔水位高程＝$(H'-H)\times G\div 10+\Delta$，其中H为测量频率，G和$H'$为仪器参数，Δ为每个长观孔底部高程。

3.4 DAU保护箱

3.4.1 布置情况

在左岸坝顶布置DAU保护箱1个，右岸坝顶1个，右岸1号机启闭机室1个。安装位置充分考虑了仪器电缆的牵引，为方便维护，DAU安装高度1.2 m左右，用4个地脚螺栓连接，安装后机箱平整，仪器进线整齐、标识明确，DAU中贴有仪器配置表。仪器线、通信线、电源线芯线均采用镀银冷压接头压紧，可防止芯线氧化，保证与接线端子接触的可靠性。

渗流监测仪器电缆全部引至相应观测站，接入手动集线箱，采用数字电桥进行人工观测。监测仪器的数量以及至2013年6月止仍能正常工作的数量和相应的完好率详见表1。

表1 渗流监测仪器统计

名称	原设计		更新改造设计		完好率
	埋设数量	正常工作数量(有数据)	埋设数量	正常工作数量	
埋入式渗压计	34支	31支	—	—	91.2%
测压管(人工观测)	6个	6个	—	—	100%
测压管(自动观测)	—	—	25个	25个	100%
量水堰(人工观测)	1个	1个	—	—	100%
量水堰(自动观测)	—	—	3套	3套	100%
地下水位观测孔	74个	42个	—	—	56.8%

3.4.2 自动化配置

安装进口基康渗压计实施自动化监测，其电缆引至测站内原DAU采集箱模块多于通道中。对右岸长期堵塞而停测和现人工观测的13个水位孔安装进口基康渗压计，实施自动化监测，其电缆引至坝顶右岸起闭机室，并安装DAU2000保护箱。

(1) 当整个系统通讯呼叫不通时应检查系统电源是否正常。系统供电正常的情况下，出现整个地段通讯呼叫不通时，需检查中继模块是否正常。

(2) 如果发生单个NDA模块呼叫不通时应及时检查通信端子是否松脱，保险管(0.5～1 A)是否熔断，重新拔插模块通讯端。输入交流电(175～235 V)是否正常，电池直流电压＋6.5 V是否正常，电源指示灯是否亮，输出直流电压7.5 V是否正常(正常情况下电池电压≥6 V；充电回路输出电压7.5 V左右)。

(3) 当加热器不发热时，首先检查负载端保险丝是否熔断，然后再检查加热器保险管是否熔断，在确认保险管尚未损坏的情况下用小镙丝刀将保险管卡簧撬紧。

(4) 每天采集的数据要有由专业维护人员记录，数据要定期接收，不得超过1个星期，以防数据遗失。分析每天接收的数据判断各测点是否正常，如有报警值出现应及时处理，同时将正常数据及时入库。

(5) 专业维护人员必须熟知各传感器类型及对应的测量模块型号，以及各测点所处的位置及对应的箱点号。

(6) 分析每日的测量数据判断仪器是否正常运行。

(7) 测量模块运行状态的判断：当某个测点出现测值异常时，先检查电缆线头接触是否正常，有无松脱，然后该端子插入正常通道中，检查仪器是否正常，如果测值依然异常说明该测点仪器有问题，最后将正常测点端子插入测点出现异常的通道中，如果测值依然异常说明该通道有问题。

4 观测资料分析

乌江渡大坝绕坝渗流采用地下水位观测孔进行测量，孔内安装高精度渗压计进行自动化监测之前均采用导绳法进行人工观测，2009年后安装渗压计纳入自动化监测[3]。

左岸玉龙山灰岩区靠近防渗帷幕的地下水位较高，在680～740 m变化，并受到库水位的影响，其余远离防渗帷幕的地下水位较低，多在630～680 m变化，且基本不受库水位影响。右岸玉龙山灰岩区的地下水位变化情况和左岸相似，靠近防渗帷幕的水位孔地下水位在670～690 m之间变化，远离防渗帷幕的水位孔地下水位在630～670 m之间。右岸长兴灰岩区靠近帷幕的地下水位较高，G43孔地下水位曾由1982年的733.77 m上升到1984年的779.08 m，以后地下水位略有降低，多保持在740～760 m之间。两岸玉龙山灰岩区地下水位出现上述现象的主要原因是采用高压帷幕灌浆，穿透性较强，水泥浆填充或封堵了岩层中地下水渗透裂隙或岩溶，使其透水性明显减弱，靠近帷幕部位的地下水位受高压帷幕灌浆及库水位压力效应的顶托而大幅度升高，并沿帷幕中心线形成地下水高水位带；而离帷幕较远的部位受高压帷幕灌浆的影响不大，其透水性保持天然状态，库水又不能穿过帷幕向下游泄露，地下水位也就无明显变化[4]。

5 结语

根据前面有关观测数据分析，采用导绳法人工观测所测数据质量较差，不能很好地反映两岸地下水位的情况；而孔内埋设渗压计所测数据相对较好，多数能够反映乌江渡大坝两岸地下水位的变化规律，经过测量数据分析，绕坝渗流和两岸灌浆帷幕运行情况情况良好。

参考文献：

[1] 王玉洁，乌江渡水电站第三次大坝安全定期检查资料汇编[G]. 乌江渡发电厂，2014：1-2.

[2] 王永强，乌江渡发电厂右岸长观孔疏通及自动化改造(Ⅱ期)工程[R]. 南京南瑞集团公司，5-6.

[3] 马传斌，乌江渡水电站第四次大坝安全定期检查资料汇编[G]. 乌江渡发电厂，2008：274.

[4] 李箭飞，杨文杰，乌江渡水电站第一次大坝安全定期检查资料汇编[G]. 乌江渡发电厂，2003：632.

乌江渡水电站一号厂副厂房主变承重倒板梁结构安全检测分析

田雷

（乌江渡发电厂，贵州遵义，563104）

摘要： 乌江渡水电站自1979年底首台机发电，至今已运行40多年，一号厂副厂房1～3号主变承重倒板梁在施工期、运行期出现了裂缝，可能存在混凝土老化、钢筋锈蚀等安全隐患，影响框架结构的耐久性和整体性。因此，对结构混凝土强度、钢筋分布及锈蚀程度、裂缝等进行检测，为后续进行裂缝成因研究和分析提供依据，很有必要。

关键词： 承重倒板梁；裂缝；混凝土；老化；检测；安全评价

1 工程概况

乌江渡水电站从1979年底首台机发电，至今已运行40年，一号厂1～3号主变承重倒板梁在施工期、运行期出现了不同程度裂缝，可能存在混凝土老化，钢筋锈蚀等安全隐患，影响了框架结构的耐久性和整体性。因此，对结构进行检测，查明混凝土老化及钢筋锈蚀等情况，为后续进行裂缝成因研究和分析以及结构安全评价提供依据，消除安全隐患，对保障电站安全稳定运行十分必要。

2 倒板梁结构检测主要工作内容、目的与要求

2.1 结构检测主要工作内容

倒板梁结构检测的主要内容包括结构混凝土强度检测、钢筋分布及锈蚀程度检测、裂缝检测等。

2.2 结构检测目的与要求

倒板梁结构检测的目的主要是为后续裂缝成因分析、结构安全鉴定评价及加固措施的制定提供依据。结构检测要求如下：

（1）采用超声回弹综合法或回弹法等无损检测方法检测混凝土老化情况、混凝土强度。

（2）采用电磁感应法（无损检测）检测钢筋的间距、保护层厚度。

（3）采用半电池法（凿除局部钢筋保护层）检测钢筋锈蚀情况。

（4）裂缝检测包括宽度及深度，要求采用塞尺或显微镜测量裂缝宽度。

（5）采用超声平测法（无损检测）检测裂缝深度，必要时考虑钻孔取芯。

（6）裂缝分布的调查要求在乌江渡水电站2016年底检查的基础上核实是否产生新的裂缝以及裂缝变化等情况。

3 结构检测方法与技术标准

3.1 主要技术标准与文件

检测工作开展遵循的主要技术标准和文件有：《混凝土结构工程施工质量验收规范》（GB 50204—2015），《混凝土结构现场检测技术标准》（GB/T 50784—2013），《混凝土中钢筋检测技术规程》（JGJ/T 152—2008），《回弹法检测混凝土抗压强度技术规程》（JGJ/T 23—2011），《超声回弹综合法检测混凝土强度规程》（CECS 02：2005），《水工混凝土建筑物缺陷检测和评估技术规程》（DL/T 5251—2010），《水电水利工程物探规程》（DL/T 5010—2005）。

3.2 裂缝检测方法

倒板梁结构裂缝检测的方法主要是进行裂缝调查，裂缝调查内容主要包括裂缝的分布与核实、宽度及深度检测等。

水工钢筋混凝土裂缝的分类标准见表1。

3.3 钢筋分布及保护层厚度检测方法

钢筋检测方法采用电磁感应法抽检。方法为选择有代表性的构件预扫，并标记出钢筋位置，确定检测的坐标原点。同时采用网格扫描方式检测保护层厚度。扫描的钢筋数量要求一般应不少于7根。

评价标准：根据收集到的设计资料，梁、板、柱的钢筋保护层厚度设计值分别为25 mm、15 mm、30 mm。纵向受力筋保护层厚度允许偏差

收稿日期： 2020-03-10.

作者简介： 田雷，贵州沿河人，从事水电厂大坝安全监测工作.

表 1 混凝土裂缝分类标准

裂缝类型	特征	分类标准	
		缝宽/mm	缝深/mm
A 类裂缝	龟裂或细微裂缝	$\delta<0.2$	$h\leqslant300$
B 类裂缝	表面或浅层裂缝	$0.2\leqslant\delta<0.3$	$300<h\leqslant1\ 000$,且不超过结构宽度的 1/4
C 类裂缝	深层裂缝	$0.3\leqslant\delta<0.4$	100 cm$\leqslant h<$200 cm,或大于结构厚度的 1/4
D 类裂缝	贯穿性裂缝	$\delta\geqslant0.4$	$h\geqslant$200 cm 或大于 2/3 结构厚度

要求为梁类构件＋10 mm、－7 mm；板类构件＋8 mm、－5 mm。

3.4 钢筋锈蚀程度检测方法

钢筋锈蚀程度检测采用半电池电位法(单电极)。在待测构件表面布置测线，构成面积不大于 5 m×5 m 的正方形网格(或按构件尺寸)，先用钢筋检测仪找出钢筋位置。测点间距一般设置为 10～50 cm。每个测区布置 30～50 个测点，测点距构件边缘距离应大于 4 cm。在合适的位置凿开混凝土露出钢筋，钢筋表面除锈或清除污物，以保证导线与钢筋有效连接。通过计算被测构件网格内所有测点电位的平均值，统计出＞－250 mV、－250～－400 mV、≤－400 mV 三个区间内的测点比例。

评价标准：＞－250 mV 未腐蚀；－250～－400 mV 可能腐蚀；≤－400 mV 腐蚀。

3.5 混凝土强度检测方法

混凝土强度检测采用回弹法。每个单元布置 10 个测区，每个测区获得 16 个回弹点。由于混凝土龄期较长，远远超过了 2 000 d，碳化影响较大，因此强度推定值仅为参考值。

评价标准：根据收集到的设计资料，倒板梁结构的混凝土强度等级为 300 号混凝土，相当于混凝土规范中的 C28 强度等级标准。

3.6 主要仪器设备

本次结构检测采用的主要仪器设备有 ZBL－S220 数字回弹仪、HC－GY71 一体式钢筋扫描仪、ZBL－C310 钢筋锈蚀检测仪、WSD－2A 型非金属声波检测仪及裂缝宽度检测仪等。检测过程中，仪器设备性能稳定。

4 结构检测成果

倒板梁结构检测于 2019 年 8 月 6 日进场，8 月 12 日完成外业工作。检测工程量统计如表 2 所示。

表 2 结构检测工程量统计

检测项目名称	工程量	方法
外观调查裂缝分布/组	3	核实原有裂缝分布情况
混凝土强度及碳化深度检测/测区	300	采用回弹法等无损检测方法
混凝土裂缝深度检测/m	300	采用超声波平测法(无损)
钢筋分布检测/点	20	采用电磁感应法(无损)
钢筋锈蚀程度检测/点	20	采用半电池电位法(局部破损)

4.1 裂缝检测结果

根据现场检查情况，裂纹几乎分布在主变变压器油槽底板上，少部分延伸至梁上。1 号主变层楼板底面(高程 633.435 m)裂缝有 11 条、2 号主变楼板底面裂缝为 6 条、3 主变楼板底面 15 条，梁上裂纹分别有 3 条、2 条和 2 条。

从发现的 39 条裂缝统计分析，仅有 3 条裂缝的宽度为 0.25 mm，属于 B 类，其余裂缝的宽度普遍＜0.2 mm，属于 A 类。裂缝深度均较浅，一般在钢筋保护层以内。

4.2 钢筋保护层厚度及分布检测结果

主变倒板梁、板、柱的钢筋分布基本符合设计要求，尤其是主筋的规格和间距与设计值的符合情况相对较好，但分布筋的间距相对偏大。

通过扫测到的主筋保护层厚度结果来看，梁的保护层厚度与设计值的符合情况相对较好。柱、板的厚度与设计值偏离较大，其中，板的测点均不满足设计要求，柱的测点合格比例为 28.57%。

4.3 钢筋锈蚀程度检测结果

通过外观调查，未发现明显的钢筋锈蚀现象。通过对 3 个部位 20 个测点的检测，所布测网内测点电位值的平均值一般为－140～－170 mV，平均为－160 mV。所检测的样本数据＞－250 mV 的比例为 100%，内部钢筋锈蚀的概率很小。

4.4 混凝土强度检测结果

1～3 号主变楼板混凝土强度推定值范围分别为 37.6～41.3 MPa、38.2～41.3 MPa、37.3～41.1 MPa，平均值分别为 40.3 MPa、40.5 MPa、39.9 MPa，全部满足设计要求。

5 小结

主变室倒板梁裂纹绝大部分分布在油槽底板上，少部分延伸至梁上。与 2016 年 10 月调查结果对照，裂缝的分布无变化，未见新增裂缝。发现的 39 条裂缝中，A、B 类裂缝分别为 36 条和 3 条，多为细微裂缝。

物资供应模式在水电工程项目建设中的探讨

李付科
（乌江渡发电厂，贵州遵义，563104）

摘要：本文从发包人的视角，分析了水电工程建设项目中“承包人自购”“甲供”和“甲指乙采”三种物资供应模式，总结出在不同物资供应模式下，各参与方的合同角色和所发挥的作用，以及不同供应模式在工程建设中的优势和劣势。

关键词：水电工程；项目；物资；供应

1 概述

水电工程建设项目根据其装机规模和枢纽布置情况分为大型、中型和小型项目，项目建设过程复杂，其中小型项目建设期一般持续时间在 2～3 年，大型项目建设期往往都在 10 年以上，钢筋、水泥和油料等工程物资在水电工程项目的投资占比较大。工程物资供应模式多种多样，参与建设的发包人、承包人和监理等各方在不同的工程物资供应模式中的角色和职责也各不相同。工程物资供应可分为“承包人自购材料”和“发包人统供材料”，其中“发包人统供材料”又包含“甲供材”和“甲指乙采”两种模式。发包人根据水电工程建设的规模，选择相适宜的物资供应模式，能够在一定程度上加快工程建设的进度，提高工程建设的质量，节约工程建设投资。

2 承包人自购材料

2.1 承包人自购材料供应模式简介

工程物资供应由承包人与供应商签订物资采购协议，物资供应模式中只有承包人和供应商两方参与。

发包人与承包人在施工合同中已明确材料由承包人自购，承包人综合考虑工程和自身利益，选择合适的供应商，签订物资采购协议，供应商根据承包人的施工进度情况，按承包人的要求供应现场所需物资。

2.2 承包人自购材料供应模式分析

（1）在该模式下发包人不参与物资采购和物资管理工作，工作量较小，只需对进场材料抽样试验，对工程产品的质量进行把关。

（2）承包人要参与材料供应计划的制定，物资市场调查分析，确定供应商，催货和现场验收等一系列采购流程，对物资供应不能满足现场施工，造成的停工现象，承担直接责任。现场物资储存、出入库管理的工作量大，需要配备专业物资采购和管理人员。

（3）材料成本已经计入施工成本中，承包人将承担因材料价格变动的风险，为了节约成本，获得较大利润，在材料选择和施工工艺上，承包人往往以满足标准、规范要求即可，容易发生因材料使用不合理，造成工程质量下降，甚至出现工程质量不合格的现象。

（4）此种模式适应工期短、工程规模不大的水电项目建设。

3 发包人统供物资“甲供材”

3.1 “甲供”材料供应模式的简介

材料的采购、管理工作中参与方较多，包含承包人、供应商和发包人。

此种物资供应模式，发包人在整个物资供应中起主导作用，发包人需要根据工程所需的主要物资种类与供应商签订采购协议，同时与承包人在施工合同中约定，工程所需的主要物资种类由发包人提供，承包人根据工程进度提供物资需求计划，发包人将按照物资需求计划内容，制作物资采购订单，并下发给供应商，供应商拿到采购订单后，开始为承包人提供所需物资。

3.2 “甲供”材料供应模式分析

（1）发包人的工作量较大。发包人作为物资供应的中间环节，对整个物资供应情况起着重要作用，需要对承包人报的物资需求计划进行审核，确定物资采购计划和施工进度相匹配，避免出现过早采购材料造成资金占用。在进行物资采购前，发包人需要分析市场，对每个供应商的情况进行调查、

收稿日期：2020-03-10.
作者简介：李付科，河南南阳人，工程师，从事水电厂机组检修维护工作.

研究，掌握其信用度、运输距离、生产能力和供应能力。发包人往往需要投入大量的专业采购和物资管理人员，才能够完成整个采购流程，材料到货需要发包人组织承包人进行交货验收，并处理因验收过程出现的分歧。

（2）承包人向发包人提出误工索赔的风险较大。发包人对现场供应物资的质量和及时性负责，发包人需跟踪材料供应流程，以确保物资能够及时供应。当发生材料不能及时到场，承包人无法继续施工、出现停工时，承包人将向发包人提起索赔。

（3）材料的浪费较大，承包人缺乏节约材料的意识。承包人在收到“甲供”材料后，往往受“材料不是自己的”的传统思路约束，忽视了材料的合理使用，会造成材料的浪费，增加工程建设成本。使用过程中粗放管理，材料储存、保管和领用上缺乏主动积极性，造成管理不规范，不能按照物资先进先出的原则，现场储存条件达不到防雨、防潮要求。

（4）增加额外费用。发包人为确保供应，在施工现场需要建设库房储备部分物资，以应对特殊天气和供应商不能及时组织发货而造成承包人停工，此时备用储备库到施工区，就可能产生二次运输费用。发包人在管理库房时，需要安排库房的管理人员，增加了项目投资成本。

（5）容易出现承包人无法支付材料超供款的现象。材料的核销往往比较滞后，且工程尚未竣工，中间有许多半成品和已经完成而无法计量的工程量，当承包人在浪费较大物资后，材料核销就会出现较大超供现象，在后期发包人为了赶进度，即使核销出现较大超供量，在承包人出现较大超供量时，工程款往往无法及时扣回，造成承包人拖欠材料款无法回收。

（6）能够积极推动工程建设，为工程质量提供可靠保障。“甲供”模式下材料的供应和使用分开，发包人作为水电工程产品的使用者，会选择信誉度好且质量可靠的供应商，根据工程进度合理安排水泥供应，承包人能够根据工程建设的需求，将材料足够使用在工程上，确保工程质量可靠。

（7）在材料使用过程控制和供应量上，容易出现材料供应失控，发包人在出现材料超供时，无法收回超供材料货款的现象，但这种模式对工程的建设的推动有积极的作用，发包人在建设工期较短的项目，可采用“甲供”物资供应模式。

4　发包人统供物资“甲指乙采”

4.1　“甲指乙采”材料供应模式的简介

“甲指乙采”模式中物资供应参与方较多，分工明确，有承包人、供应商、发包人和第三方采购公司。

该模式下第三方采购公司占主要地位，是各参与方联系的纽带。发包人与承包人在施工合同中约定，工程建设所需物资由发包人指定的第三方采购公司供应，第三方采购公司与发包人签订物资采购委托协议，与承包人签订物资供应协议，同时和供应商签订采购协议。第三方采购公司作为专业物资采购方，市场信息全面，能够选择成本低的物资和信誉度高的供应商，为了合理分配投入人力、物力，第三方采购公司往往对价格变化较大的钢材采用一月一询价，水泥价格变动幅度不大，可采用季度询价。

4.2　“甲指乙采”材料供应模式分析

（1）界面清晰，分工明确。通过彼此之间的合同约束，各司其职，专业的事情交给专业的队伍做。第三方采购公司物资收到承包人的采购计划后，通过询价对比，将采购订单下发至供应保障可靠和综合成本低的供应商，供应商收到订单后组织发货，由第三方采购公司组织现场验收，物资进入承包人仓库，即完成整个流程的物资采购工作。虽然该模式下参与方较多，合同关系复杂，对信息传输的准确性和及时性要求高，但该模式下职责界面清晰，工作流程交接简单，不容易出现管理上的矛盾。

（2）发包人在物资采购方面减小了工作量，转移了风险。发包人在整个物资供应模式中只用协调第三方采购公司和承包人的纠纷，对现场接收的工程物资进行抽检。发包人在完成承包人的月度物资计划后，承包人可以根据计划需求直接与第三方采购公司联系到场时间，减去了发包人的工作量。当出现物资质量问题或者延迟到货而影响承包人进度时，发包人可以向第三方采购公司进行索赔、追责。

（3）提高承包人节约材料的积极性，减小材料的外流损失。发包人设定一定材料基价，调动了承包人在材料储存和现场管理中的主动性，承包人在施工中合理损耗量越少，就可以节约材料的基价，降低工程建设成本，对发包人和承包人双方都有利，“甲指乙采”材料供应模式能够较好地适应大型工程项目的建设。

5　结语

通过对三种物资供应模式的分析，对发包人在水电工程项目建设中，选择哪种物资供应模式，具有一定的参考意义。

乌江公司网络安全管控机制建设

宋尔进

（贵州乌江水电开发有限责任公司，贵州贵阳，550002）

摘要： 随着信息化技术发展和应用深化，网络安全风险同步增大，针对电力企业的网络攻击也呈增长趋势。为确保网络安全和企业安全，乌江公司遵照国家法律法规和各级监管机构的规定，结合企业实际，充分运用信息化技术规律，确立“三统四共”的工作理念和工作思路，实施了网络安全管控体系的变革和运行机制的重构工作，建立了一体化的保障体系和常态化工作机制，形成了全员参与的网络安全管理格局，有力提升了安全管理和防控水平，为公司的安全发展提供了有力保障。

关键词： 网络；安全；管控；建设

0 引言

贵州乌江水电开发有限责任公司（以下简称乌江公司）是贵州省最大的发电企业，现有 9 座水电厂、5 座火电厂和 1 个新能源发电企业，总装机容量 1 334.5 万 kW。乌江公司信息化工作起步于 20 世纪九十年代中期，至今已建成了规模庞大的自动化与信息化系统群，投产运行的电力监控系统和网络信息系统 248 套，其中等保三级系统 21 套，关键信息基础设施 18 套，各类系统通过调度数据网和综合数据网连接成了一个不可分割的整体，任一节点出现网络安全问题都将影响到公司全局，甚至波及华电集团公司和电网调度机构等网络互连单位的网络安全。

近年来，乌江公司系统各单位遵照法律法规及其各级机构的监管要求，建立了基本的网络安全防护设施及相应的管理机制体制。但从实际运行上看，由于网络安全管理体制机制不完善、网络安全责任制落实不够、人员网络安全意识不强和能力不足等原因，乌江公司网络安全防护还存在较大风险。2018 年，贵州电网公司对乌江公司下属电厂进行网络安全检查，共查出较大安全隐患 34 个，其中重大安全隐患 2 个，被定性为“极大威胁贵州电网的网络安全稳定运行”。为提高网络安全水平，从 2018 年起，乌江公司积极开展网络安全管控机制建设工作，公司系统网络安全管理水平和防御能力极大提升，有效防范网络安全风险。

1 建设背景与必要性

1.1 深入贯彻落实网络强国战略，有效应对网络安全威胁

习近平总书记指出：“没有网络安全就没有国家安全，没有信息化就没有现代化。”党的十九大报告将“坚持总体国家安全观”作为新时代坚持和发展中国特色社会主义的基本方略之一。随着信息化、数字化和工业化的高层次深度融合，电力监控系统和网络信息系统已成为重要的生产资源，网络安全风险与日俱增。2017 年“勒索”病毒肆虐全球，针对电力系统的恶意网络攻击事件频发，网络安全在国家安全中的地位和作用逐步凸显。企业安全是国家安全的重要组成部分，做好网络安全工作是企业的法定职责，必须全面落实网络强国战略，实现自主可控，有效应对网络威胁，确保企业安全，保障国家安全。

1.2 全面落实法律法规及其各级机构的监管要求，防范网络安全风险

国家网络安全法对关键信息基础设施保护、网络信息安全、监测预警与应急处置等方面明确了法律要求和法律责任；等级保护从制度要求上升为法律要求，在体系标准、防护对象与措施要求等方面均有重大调整；在等级保护基础上国家出台了更为严格的关键信息基础设施保护要求。《工业控制系统信息安全防护指南》和《电力监控系统安全防护规定》对网络安全保护作了详细的规定；南方能监局颁布的《南方区域发电厂并网运行管理实施细则》对发电企业网络安全事件考核做出明确规定，单次最高考核电量为电厂装机容量×50 h。随着国家和行业主管部门对网络安全的监管日趋深入，管理要求更加严格细致，检查和处罚力度不断加大，违法违规成本昂贵，企业的安全生产和经营管理挑战巨

收稿日期： 2020-10-27.

作者简介： 宋尔进，贵州湄潭人，高级工程师，从事企业信息化和网络安全管理工作.

大，自网络安全法施行以来，也有为数不少的单位受到公安机关的经济处罚和行政处罚。企业必须建立健全管理安全体制机制，全面落实法律法规和各级监管要求，有效防御网络安全风险。

1.3 提升网络安全合规管理，增强网络安全管理水平和防御能力

从历年内外部网络安全检查情况看，乌江公司存在网络安全管理体制机制不完善、网络安全责任制落实不到位、网络安全防护设施不全和网络安全规划缺失等问题，合规风险、管理风险和技防风险较高。基于网络安全长期性和复杂性等特点，整合人才和技术资源，创建一体化的集中管控模式，理顺管理体制机制，提高资源和资金使用效率，以提升网络安全保障能力和规避法律法规风险，成为乌江公司的必然选择。

1.4 确保企业资产安全，实现良性经营发展

随着信息化、数字化工作的持续推进，信息化、数字化、智能化等技术应用对企业的价值将进一步凸显，随之而来的是安全风险日益增高，公司信息资产面临的威胁将急剧加大，必须全面增强企业的安全防御能力，为公司战略发展和业务运营打造安全的运行环境，确保各类资产的安全可靠运行，为实现企业战略目标和运营目标保驾护航。

2 建设情况

为全面贯彻落实国家法律法规和各级监管机构的要求，有效防范网络安全风险，提升网络安全管理水平和防御能力，乌江公司聚焦人、技术、管理等关键要素，从安全管理、安全能力、常态防护3个方面入手，优化网络安全管控体系，按照“共商、共建、共治、共享”的原则整合资源，构建网络安全组织、管理、技术支撑和监督等一体化的工作保障体系，全面落实网络安全责任制；建立“监测预警、应急管理、信息通报”等集中管控与分级负责相结合的运行机制；全面落实“统一规划、统一设计、统一建设”工作思路，积极实施网络安全设施建设，初步形成全方位、全覆盖的网络安全格局，全面筑牢网络安全防线，为公司深入开展信息化与数字化提供坚强保障。

2.1 构建网络安全一体化保障体系

2.1.1 健全完善网络安全工作组织保障体系

为确保网络安全工作的有效和持续开展，按照“谁主管、谁负责；谁维护、谁负责；谁使用、谁负责”原则，借鉴安全生产领域的成功经验，公司从以下4个层面完善了网络安全管理机构等组织保障措施。

在领导层面，公司完善了领导机构，网络安全与信息化领导小组总体负责网络安全与信息化建设工作，重点在“把握方向、推动变革、健全制度、资源保障”等方面发挥决策、促进和支持作用。电力监控系统网络安全管理委员会重点发挥电力监控系统网络安全领导作用。

在管理层面，进一步明确了公司管理和监督职责，战略管理部总体负责网络安全日常管理工作，生产技术部具体负责公司电力监控系统网络安全管理及日常工作，安全环保部对网络安全工作开展情况进行监督；公司本部各部门均设置1名兼职网络安全员，负责落实部门网络安全相关工作。

在技术层面，集控中心作为网络安全的技术管理与支持部门，设置专职网络安全管理员1名，配备专职网络与信息安全技术专业人员2名，负责向公司各基层单位提供网络与信息安全技术支持。

各基层单位按照属地管理和分级负责的原则，也相应组建完善网络与信息安全管理机构。目前乌江公司已基本建立“领导决策、职能管理、技术管理、应急保障、安全监督”五位一体的公司网络安全工作组织保障体系。

2.1.2 建立健全网络安全管理制度体系

为促进网络安全管理工作开展有章可循，乌江公司从“网信安全职能管理”“电力监控网络安全管理”“网信安全技术支持管理”“网信安全监督管理”“网信安全实施保障管理”5个方面着手，通过研究国家、行业、电网调度机构、能源监管机构、华电集团公司的网络安全和电力监控系统网络安全相关制度，并从保护对象、保护层级、保护措施等方面细化了管理要素，实施了制度体系化建设工作，在原有信息化管理办法、信息化运维管理办法、信息化安全管理办法的基础上，在2019年度又制定印发了《网络与信息安全责任制》《电力监控系统网络安全管理办法》《网络安全应急预案》《电力监控系统安全防护应急预案》等管理制度和应急预案。以安全责任制为核心的制度体系为公司网络与信息化工作的开展提供了制度保障。

2.1.3 建立网络安全技术标准体系

遵循“统一规划、统一标准、统一设计”的原则，从机构设置、队伍建设、安全管理、安全技术、安全运维等方面编制了《乌江公司及下属单位（2020—2022）网络安全规划》，明确乌江公司网络安全3年建设目标及建设路径，为建设“数字乌江”提供了网络安全技术保障，为公司深入践行“共商、共建、共治、共享”理念做好了技术准备。

针对各单位在网络安全维护、自查整改中存在的技术力量不足问题，乌江公司依据《网络安全法》的相关要求，借鉴了贵州电网公司的经验，研究制定了《乌江公司网络安全基线维护与检查技术要求》。该技术标准是作为网络安全检查和风险管理的基础要求，从机房环境、主机设备、操作系统、数据库、网络设备、安全设备等6个方面就环境、人员、设备、操作等制定了基线技术要求和基线标准点，充分发挥强制性标准在网络安全核心领域的重要作用，加强网络安全整体保障能力，避免网络安全木桶短板效应发生，有效提升整体网络安全防护水平。

2.2 建立网络安全常态化工作机制

2.2.1 建立网络安全集中运维和分级运维工作机制

集控中心负责水电厂网络及自动化系统核心设备定期预防性维护和重大故障处理工作，电厂负责日常检查维护与消缺工作。2019 年，开展了 4 次预防性维护工作，深度检查和分析了设备运行情况，提前处理了设备隐患，确保设备的安全稳定运行。同时开展了 4 次现场培训工作，培训人员 108 人次，提升了一线人员的设备故障分析与处理能力。

2.2.2 建立公司网络安全检查与指导机制

乌江公司整合内部人员和技术资源，引进外部专业机构，成立公司网络安全联合工作组，定期对各单位工作任务与计划执行、安全自查与整改、安全管理等方面的工作进行检查，帮助各基层单位提升网络安全管理水平和防护能力。2019 年，公司组织各电厂开展了网络安全春秋季自查整改、网络安全攻防演练、建国 70 周年网络安全重保等工作，指导各单位完成了 5 次隐患排查与整改工作，帮助电厂从管理和技防 2 个方面进行了提升，成功应对了网络安全攻防演练工作，圆满完成重大活动网络安全保障工作。

2.2.3 建立网络安全监测预警和信息通报机制

乌江公司建立了监测预警和通报工作流程，以内部蓝信群、OA 系统为载体，及时发布预警消息与处置方案、安全动态、安全事件、安全公告等信息。2019 年，公司发布预警消息与处置方案 10 次，成功消除了网络安全威胁；通过蓝信群发布安全动态与公告 5 次，帮助各单位及时了解最新的安全动态，指导各单位提前做好安全防控工作，预防了网络安全风险，全年未发生网络安全事件。

2.2.4 建立公司和电厂一体化的应急联动工作机制

建立“集中管控、分级负责、属地管理”的应急管理机制与工作流程，落实基层单位网络安全应急工作的主体责任，充分发挥各方力量，共同做好公司网络安全事件的预防和处置工作。2019 年，公司组织各电厂成功应对了南方电网组织的网络安全攻防演练工作，通过本次演练充分检验了工作机制的有效性与合理性。

2.2.5 建立网络安全目标与考核机制

乌江公司年初下达各单位的年度网络安全目标，年底对完成情况进行检查，检查结果纳入各单位年度绩效考核和信息化水平评价范围。2019 年，各单位没有发生被考核的事件，在年度信息化水平评价中，各单位得分率均达到 95%以上。

2.3 统筹推进网络安全项目建设

为确保网络安全项目的建设质量和技术统一，降低采购成本，乌江公司遵循“统一规划、统一标准、统一设计”的原则，组织公司各单位技术骨干组成的联合工作组，从方案设计、项目采购、项目实施等进行了统一安排。2019 年，按照“三统四共”的思路，乌江公司安全、规范、优质、高效完成了态势感知系统、安全Ⅰ区Ⅱ区纵向加密装置的改造、安全 III 区运维审计系统等网络安全项目的建设。

2.4 积极实施网络安全意识教育和技术培训

为深入贯彻党和国家指示精神，乌江公司分层次开展网络安全宣传与培训，企业员工安全意识、主体意识、责任意识极大提高，专业人才队伍技术技能水平明显增强。

为全体员工更好地履行网络安全责任，乌江公司组织各单位通过内部网站、展板、条幅、宣传册等多种形式和载体，有效开展了网络安全法律法规、形势教育、网络安全基本知识等宣传教育，有效提升了全员网络安全认知水平。为提升领导干部、管理人员的网络安全责任意识和主体意识，有效推进各项工作，乌江公司聚焦法规制度，把网络安全法、网络安全等级保护制度、南方能监局“两个细则”中网络安全的有关规定、2018 年省内网络安全违规事件等作为培训重点，组织了 4 次集中培训，参加培训的各级领导干部和管理人员达到 160 人次。为提升一线技术人员的专业能力，乌江公司积极组织技术人员与外部技术专家进行交流和探讨，多次组织对技术人员开展主机安全技术培训、电力调度数据网及综合数据网维护技能知识培训、等级保护 2.0 规范与安全设备运行维护技能培训等内部技术技能培训，2019 年共组织集中技术培训 4 次，参培人次达到 150 人次；另外在 2019 年度公司还组织 4 名管理与技术人员参与了 CISP 认证培训。

3 建设成效

3.1 网络安全管控能力明显提升

通过实施网络安全集中管控机制的建设，乌江公司基本建成了层级分明、责权明确、流程通畅的全业务、全过程和全要素网络安全管理模式，企业网络安全整体管理水平和防御能力明显提升，企业持续保持多年未发生网络与信息安全事件，2019 年度，乌江公司系统共 9 家企业在华电集团公司信息化评级中均为 A 级。

3.2 圆满完成各项网信安全保障任务

2019 年，各单位发现安全策略、漏洞和补丁等共性问题 30 余项、个性问题 100 余项，乌江公司组织各单位骨干人员制定技术措施，指导整改落实，成功完成了南方电网网络安全攻防演练，圆满完成了全国两会、建国 70 周年等党和国家重要会议和重大活动的保障任务。

3.3 各级人员安全意识与技能水平不断增强

通过网络安全宣传、意识教育与技术培训，乌江公司系统各级人员网络安全意识、主体意识和责任意识进一步提升，推动了公司网络安全工作的有效开展。2019 年度，乌江公司有 3 人获得了由中国信息安全测评中心颁发的注册信息安全人员资格认证，2 篇以网络与信息化为主题的论文分别获得 2019 年度电力企业管理创新论文大赛二等奖与三等奖。

3.4 提质增效成效显著

乌江公司实施网络安全集中管控后，在 2019 年度对未及时开展等级保护测评的 2 家电厂进行了督促整改，并协调电力调度机构，免除了对两厂 120 万 kWh 的电量考核；在电网要求开展的安全Ⅲ区涉网态势感知项目建设、安全Ⅰ区纵向加密改造、安全Ⅱ区纵向加密建设项目等网络安全建设项目中，公司通过统一组织建设，有效降低设备采购单价，合理安排建设工期，提升了项目建设质量，共节约投资 880 万元，避免电网工期考核 1 980 万 kWh。

4 结论

网络安全是企业的重要工作，是企业发展的必要条件。乌江公司各单位力量不均衡、防控水平差异大、木桶效应明显，通过网络安全管控建设，理顺了管理关系，落实了全员责任制，整合公司技术资源，充分发挥各单位的特长与优势，全面协同推进公司的网络安全工作，提升整体管理水平和防御能力，确保公司信息资产安全、生产安全和管理安全，为公司深入开展信息化建设和数字化转型工作提供坚强保障。

区域态势感知平台建设

曾体健

（贵州乌江水电开发有限责任公司，贵州贵阳，550002）

摘要：对于发电企业来说，如何在区域级公司内实现全天候全方位感知网络安全态势成为亟需解决的问题。根据公司生产经营业务和管理要求，结合网络结构，积极开展区域级网络安全态势感知平台研究，旨在解决区域公司无网络安全感知和检测分析技术手段的现状，提升区域公司网络安全管控能力。

关键词：装置；感知平台；安全；分区

0 引言

如何加快推进电网电力监控系统网络安全态势感知系统建设成为新的课题。2018 年，按照南方电网公司工作要求，各发电企业相继开展态势感知系统子站侧建设工作。贵州乌江水电开发有限责任公司(以下简称乌江公司)包含公司本部、集控中心、9 个水电厂、5 个火电厂、3 个新能源电厂等多家单位。随着公司生产系统和数据传输网络的不断建设与发展，业务系统和硬件设备日益增多，面对日益复杂的网络环境，缺乏科学、有效的侦测手段和可视化的监测预警平台，难以定位威胁源以及处理隐患，建设一套区域级的态势感知平台显得尤为重要。

1 区域级网络安全背景

当前，各发电企业虽然完成了网络安全态势感知系统子站建设，实现了上送电网调度态势感知主站平台的功能，但是对于区域公司来说，还没有区域级的态势感知平台，无法在第一时间感知网络安全态势。各区域发电公司面对无感知和检测分析技术手段的现状，无法发现网络安全风险，只有被动地在调度端主站系统检测出网络安全风险后，通过电网通报信息进行了解。在电力监控系统和涉网业务系统安全防护、运维管理过程中普遍存在如下问题：

(1) 区域级网络安全拓扑结构复杂，涉及业务范围广，网络安全边界防御设备难以对发生在系统内部的横向移动攻击进行检测，如通过失陷主机向内网的业务系统发起的横向移动或者跳板攻击、内网扫描、漏洞利用、远程控制、攻击会话维持等。

(2) 当前除了防御由外向内攻击，还需要针对设备的非法外联、外发攻击行为进行双向流量监测，主动扫描并防御。传统设备安全手段单一且缺乏整体性，大环境下 APT、0－day 病毒、0－day 漏洞、恶意软件欺骗与混淆、沙箱逃逸等技术的利用成为绕过传统防御的新手段。

(3) 目前攻击者的行为往往不再以病毒、漏洞等利用明显恶意特征出现。传统匹配黑白名单的方式越来越难以发现新型威胁和变种，调取设备安全日志的方式越来越难以定位安全问题。

(4) 传统的安全设备对伪装成合法用户的攻击者的检测不足。如非授权用户对关键资产的违规访问、授权用户在非授权时间/地点对关键资产的违规访问、授权用户对资产的非授权操作，均不能被有效的发现与识别。

2 区域级平台设计思路

网络安全态势感知主站的设计研发有助于电力监控系统安全防护体系由边界防护向纵深防御发展，利用先进的学习算法和报警模型，针对区域网络中异常情况进行有效识别并告警，从而提前预知安全风险，降低威胁影响面，实现对安防设备、主机设备、网络设备等的实时告警与运行状态在线监测，以达到从静态布防到动态管控转变的目的。电力监控系统网络相对普通互联网网络具有封闭性、用户和设备相对确定、各项业务及人员均使用内网或内部服务(端口私有)、网络报文处理常使用私有程序等特点，因此一旦行为超出用户或设备的常规范围即可确定存在安全隐患。综合上述性质，并基于电力监控系统网络安全态势感知装置，从装置中采集网络和系统的相关信息，开发区域级态势感知平台，实现网络安全的态势感知、监测预警和可视

收稿日期：2020-10-27.

作者简介：曾体健，贵州安顺人，工程师，从事水电站自动化专业方面工作.

化展示。建设面向整个区域级的全网安全态势感知平台，以适应新信息安全形势下，满足网络安全可视化监测预警。

3　平台网络拓扑结构

区域级态势感知主站系统实现对电力监控系统区域级主站数据和厂站态势感知数据的汇总、分析以及展示。电力监控系统网络安全态势感知主站系统、厂站装置在生产控制大区的态势感知数据信息通过调度数据网非实时 VPN 进行交互；主站系统、厂站装置在管理信息大区的态势感知数据信息通过综合数据网进行交互。

(1) 在生产控制区和管理信息大区分别部署采集装置，主要实现对主站电力监控系统数据采集、处理及通信等。

(2) 在生产控制区和管理信息大区分别部署前置服务器用以对主站、子站采集装置控制和数据汇集。

(3) 在管理信息大区部署应用服务器和态势感知服务器，为态势感知的大数据分析功能提供支撑。

区域级态势感知平台网络如图 1 所示。

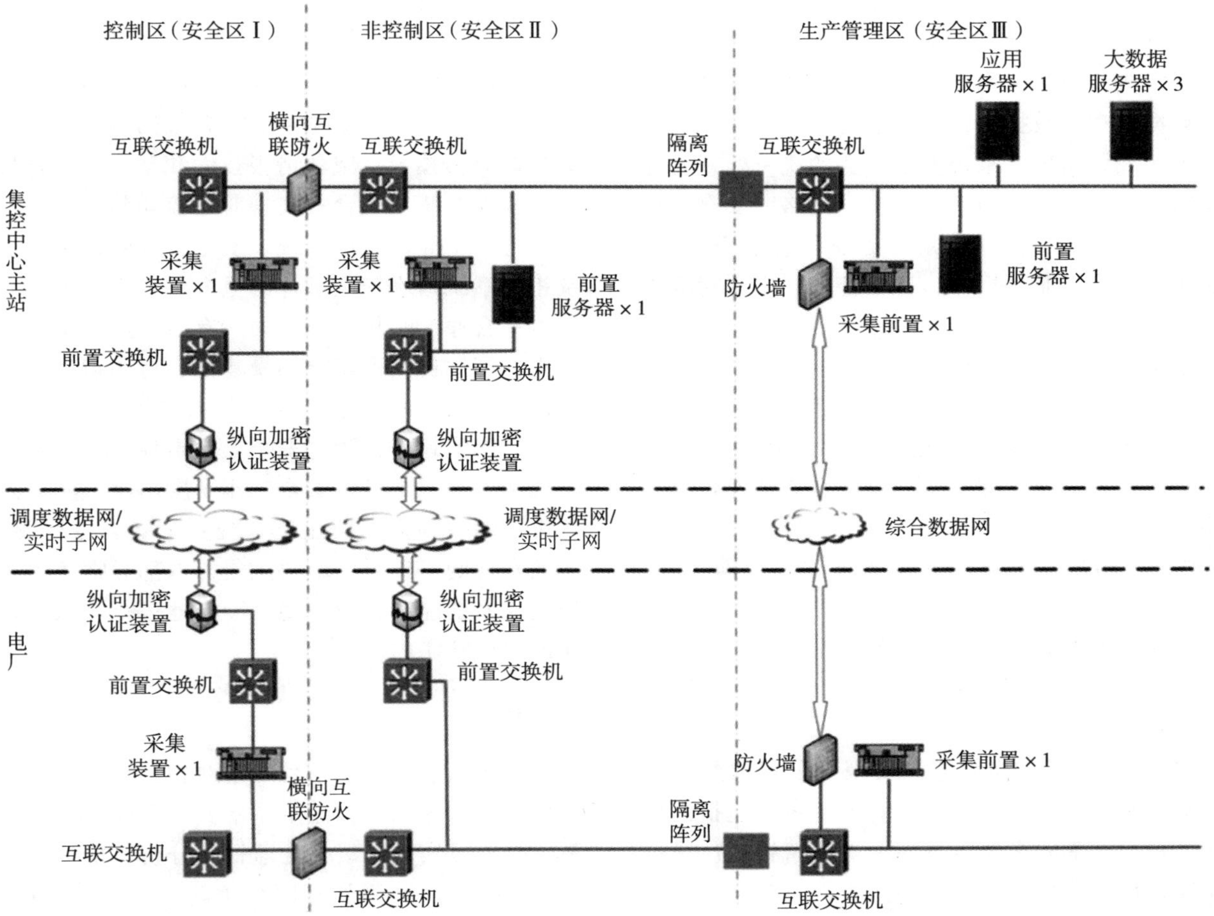

图 1　区域级态势感知平台网络示意图

4　平台建设难点

平台建设总体架构可包括数据中心、管理中心和业务应用等模块，其中数据中心包括数据采集、数据总线、数据处理、数据存储、数据模型和数据统一服务；管理中心包括平台管理、服务管理和信息管理等；业务应用包括态势总览、威胁情报、大屏展示、安全监视、安全审计、安全分析和安全告警。整个平台建设过程中需重点考虑 3 个技术难点：

(1) 为了设备间相互联动形成立体防御，需利用大数据分析、人工智能算法、数据建模等方式对区域级网络流量进行有效分析。

(2) 各厂站级态势感知装置数据采集，主站平台需要对非标准通信协议进行识别、分析、重组，将不同品牌的采集装置数据标准化。

(3) 严格按照网络安全分区要求部署态势感知采集装置和服务器，从生产控制大区将数据传输至管理信息大区过程中，要考虑数据的安全、保密、延时等问题。

(4) 主站平台对区域发电企业核心数据、业务核心位置增设入侵检测、日志审计、流量审计等安全防护设备，并将各安全防护设备信息传输至态势感知平台，利用大数据分析技术综合感知网络安全态势。

(5) 生产控制大区的态势感知数据在综合分析、脱敏后，经正向隔离装置与管理信息大区的态势感知数据汇总，形成区域公司全方位态势感知。

5 平台功能设计

区域级态势感知平台通过态势感知装置对公司各厂站电力监控系统、涉网调度业务系统及其网络数据进行安全防护信息采集，采集信息最终通过调度数据网或综合数据网安全链路，传递给主站平台进行数据处理、数据分析，并进行安全告警，从而实现对区域公司生产系统安全态势的统一监视。监视范围一般可包括工控系统主机、网络、安全防护设备等运行状态、操作记录和工业信息安全事件，识别恶意行为、非法操作、异常警告，实现对异常事件、行为、状态的告警和跟踪。

主站平台主要功能可包括：

(1) 安全风险有效管控。对监视对象制定合理的风险管控策略，发现已运行软件存在的安全漏洞，发现系统中存在的安全配置不合规情况，具有能够主动识别安全风险的安全管理工具。

(2) 异构数据安全治理。通过建立数据中心，实现对多样的、异构的安全资产的数据采集，通过可人工适配数据源的方式对各类安全设备、主机设备、应用系统的相关数据进行采集、清洗、标准化、存储。

(3) 集中管控安全要素。实现对公司内外部信息安全要素的体系化、集中化管理，主要包括内部安全要素、外部安全要素及相关威胁情报等。通过建立体系化的管理方式，方便运维人员对安全要素集中管理，提升公司的网络安全自主可控能力。

(4) 溯源信息分析。通过利用威胁情报、大数据安全分析、跟踪安全事件的溯源流程，方便运维人员进行安全威胁排除、攻击链分析、事件溯源等需求，从而提升公司的整体安全事件分析能力。

(5) 安全运维智能化。构建一体化联动防护能力，具备执行事件分析和分类功能。提供对应的安全响应处置策略和任务，协同各安全产品对威胁事件进行终止、隔离等安全手段快速终止威胁。

(6) 支撑安全决策制定。采用大数据分析技术全面、透彻地分析整网信息安全威胁，综合提升企业应对高级安全威胁、隐蔽安全事件的能力。通过可视化感知能力，为安全分析人员提供直观、强大、清晰的安全威胁预警能力，为安全决策人员提供可靠的数据支撑。

(7) 资产状态全面监视。通过态势感知装置自动发现上送，对每个资产的运行状态、进程服务状态、开放服务进行管理；第一时间感知资产变动，发现未知资产接入网络能够及时阻断危害链路，保证电力监控系统不受入侵事件影响。

6 平台预期效果

乌江公司区域级生产控制大区态势感知平台建设依托现有的调度数据网、综合数据网，建设基于大数据分析技术、威胁情报技术和动态可视化技术的安全态势感知平台，实现对集控侧与厂站侧安全Ⅰ区与安全Ⅱ区生产系统、安全Ⅲ区管理系统，以及相关系统网络安全事件的全方位集中监视。

平台通过采集乌江公司所有电力监控系统基础数据，利用规则引擎、场景建模、行为识别、关联分析等方法对所有系统或设备数据进行统一分析，实现对网络攻击行为、安全异常事件、未知威胁的发现和告警。从日常安全工作角度出发，将对内部有价值的核心资产、业务系统安全状态进行感知，悉数发现网络边界的威胁入侵与内部异常违规，保证业务系统能够比较平稳、顺畅地运行，以提升整体的安全状态的掌握。

7 结语

区域级态势感知平台通过对各类网络安全风险事件的全面感知，构建了网络安全总体综合防御体系。平台可实现网络安全监视、分析、审计、核查等功能，全面监测外部网络访问、外部设备接入、用户登录、人员操作等各种事件，及时掌握电力监控系统存在的安全隐患，采取有效措施阻止恶意攻击行为。

区域级态势感知平台既满足最新安全防护要求，又能够强化区域公司网络安全管控能力，提升各管理业务系统网络的可靠性和安全防护能力，对保障电网系统安全稳定运行具有重要意义。在当前网络安全形势日趋严峻的背景下，对各电力企业部署网络安全类设备有很好的借鉴意义。

集控中心计算机监控系统报警信息优化策略与实践

简永明

（贵州乌江水电开发有限责任公司水电站远程集控中心，贵州贵阳，550002）

摘要：文章介绍了乌江集控中心在进行计算机监控系统报警信息优化处理过程中遇到的报警信息量大、误报多、干扰大、报警重点不突出等诸多问题，讲述针对这些问题在管理上和技术上分别采取的措施以及取得的效果。

关键词：水电站；远程集控；计算机；报警；信息；优化；策略

1 概述

贵州乌江水电开发有限责任公司（以下简称乌江公司）水电站远程集控中心（以下简称集控中心）是乌江公司梯级水电站调度运行管理的二级机构，主要负责乌江梯级水电站的水库洪水调度和优化调度、电站主设备远程集中监视。2015 年 4 月，乌江干流上的洪家渡、东风、索风营、乌江渡、构皮滩、思林、沙沱和支流清水河上的大花水、格里桥等 9 座水电站全面实现“远控集控、少人维护”管理模式[1]。集控中心负责 9 座水电站 32 台水电机组正常情况下的开停机、有功负荷调整、母线电压调整、主变中性点倒换、AGC 和 AVC 投入退出等常规操作，以及电站全厂失压、水淹厂房、机组顶盖水位过高、机组甩负荷过速等情况下的事故远程应急处理工作。正常情况下，集控中心 3 名远程控制值班人员需要负责对 9 座水电站和 1 座光伏电站（玉龙光伏电站）进行远程监视。如何对集控中心计算机监控系统报警信息进行优化处理，保证报警信息能够更好地为远程集控工作服务，是集控中心非常关心的重点问题，针对该问题也开展了大量的研究和探索工作，从管理和技术上采取了一系列行之有效的措施，取得了较为明显的效果。

2 报警信息优化需要解决的主要问题

2.1 报警信息量过大，监视排查存在困难

集控中心成立初期，乌江梯级各电站监控报警信息全部报送集控中心，集控侧监控系统简报窗口采集集控电站报送所有报警信息的报警，即采取全采、全送、全监模式，造成集控侧报警信息量过大，尤其是温度、振摆、水（油）流测量元件出现设备异常或系统故障时，报警声音连续不断，监控显示屏上报警信息长期处于刷屏状态，值班人员从大量的报警信息中筛选出有效报警信息内容，存在劳动强度大、效率低等问题，经常造成重要报警信息不能及时被发现，对集控电站主要设备的运行监视造成严重干扰和影响。

2.2 干扰误报信息麻痹值班人员

集控早期，由于部分电厂存在自动化元件可靠性不高或安装环境恶劣，或部分自动化系统设备整定值配合不合理，造成报警信息频发或误发。监控系统中类似报警信息频繁发出，报警语音和音响的连续不断，使运行人员变得习惯和麻痹，当监控系统有重要异常告警信息发出时，很难被及时发现，延误处理时间，带来严重的安全后果。

2.3 报警信息分级分类存在错误和遗漏

早期集控监控系统报警方式主要是靠报警声音提示加监控简报窗口文字报警信息报出，报警文字信息只靠颜色区分，不便于较长时间保存，容易被后续报警覆盖，报警不直观，存在报警信息分级分类错误和遗漏的情况，导致从简报窗口中分类查看到的报警信息不够准确[2]。

2.4 各电厂报送的报警信息命名不统一

远程控制的梯级各水电厂，报送集控中心的同一类报警信息存在名称不统一、整定原则不统一、报警信息发出后的处置要求不完全一致等问题，造成集控中心在各电厂异常告警信息发出后不能按统一的方式进行处理。如开机过程中机械制动未解除，有的电厂报警为“制动风闸未落下”，有的电

收稿日期：2020-10-27.

作者简介：简永明，贵州德江人，高级工程师，从事梯级水电站远程集控管理工作.

厂报警为“机械制动未解除”。需要对各厂的报警范围、整定原则、处置要求进行统一，并结合集控侧规程制度的编写，完善各厂重要报警发出后的统一处置流程。

2.5 需要新增报警内容和报警组合

水电站实现“远控集控、少人维护”后，水电厂厂房不再保留 24 h 值班模式，电厂人员接到集控中心通知后，进入厂房需要一段时间。为了尽可能提前发现设备故障和异常，在原有设备报警整定原则的基础上，需要增加对电厂设备温度、压力等参数趋势发展过程的监视，并在设备运行情况有恶化但未达到电站现场设备原整定报警条件时提前进行趋势报警，为电厂争取更多处置机会和时间，减少发展型故障造成的主设备非计划停运。

为了提高各远控电站母线电压调整合格率，减少因电压偏差造成被电网考核等情况的发生，集控中心必须设置各电站母线电压超限报警，并且根据不同时期电网调度对电压控制的不同要求进行定值调整。

2.6 报警语音存在错误

报警语音存在的问题主要有：发出语音报警时无对应文字报警信息；报警系统中语言存在没有使用专业术语的情况，如 220 kV 东干Ⅱ回读作东干“i”“i”回，电压单位 kV 未读作“千伏”，而读作英文字母“k”“v”，线路编号 205 读作“二百零五”等；部分文字读音有误，如调(tiao)速器读作调(diao)速器等。

3 报警信息优化策略和措施

3.1 通过信号梳理和设备整治有效减少报警信息量

根据乌江公司远程集控管理规程和“远程集控，少人维护”管理相关规程和规定，集控中心和各梯级电站分别明确各自的监视职责范围和监视重点。组织商讨数据点过滤原则，明确监视重点，对集控中心计算机监控系统中数据进行重新过滤，将一些不属于集控中心职责监视范围的报警信息从简报窗口中屏蔽掉，同时屏蔽电厂计算机监控系统上送集控的流程报警信号和电厂监控系统上位机自诊断信号，精简简报窗口中的信息内容。对于开关、事故信号、开停机、通道故障、数据链路异常以及其他不及时发现会引起严重后果的重要故障报警信息，在简报窗口中用红色显示，以便于值班人员及时发现和处理。

同时，各远控电站通过加强设备整治工作、重新核实和调整各系统定值、加强对运行机组运行状况的监视和调整、优化机组运行工况等措施后，电站侧的干扰信息和误报信息已大为减少，从源头上有效减少了集控计算机监控系统的报警信息量[3]。

3.2 新增集控声光报警系统，强化重要信息监视

在保留监控系统语音提示报警和简报窗口文字报警的基础上，新增集控声光报警系统，将远控各电站全部事故信号和重要故障信号纳入集控声光报警系统，专设 1 块监控显示屏用于集中显示所有集控电厂声光报警系统电子光字牌。电子光字牌根据电站数分为多列，每列分布 1 个远控电站的多个一级报警光字名称，每个一级报警光字名称下对应多个同类的报警信息内容。

当声光报警系统动作时，对应一级报警光字牌被点亮，同时报警器发出声音和闪光动作，值班人员通过点击光字牌弹出二级菜单，可以查询二级菜单具体报警动作详细内容。声光报警系统内的报警信息内容可以根据集控职责调整进行相应增减，可以根据工作需要选择性地对某一电站某一类(块)报警信息进行短时屏蔽。

通过新增集控声光报警系统，能够有效地将报警信息中的事故信息和重要故障信息与常规报警信息区分开来，防止漏掉对重要报警信息的监视。

3.3 报警信息重新分类和核对

重新核对集控中心计算机监控系统简报窗口中报警信息的分类情况，将原简报信息中“操作”“自诊断”“事故”“故障”“越复限”“状变”“辅设启停”“AGC 操作”“流程信息”“保护信息”“全部”等各类简报信息分别进行逐一核对，纠正原分类中存在的一些错误和遗漏，保证了简报窗口中信息分类的正确性，实现了在简报窗口中任选单独查看某一类或全部报警信息。同时与电站进行检索功能配合，可实现按厂站和类别对简报信息进行精确查询。

3.4 对梯级水电站报警原则进行统一管理

乌江公司组织召开专题会，组织集控中心和各远控电站对远程集控各方面的问题进行商讨和协调，对梯级水电站报警原则进行统一管理，统一各电站报送集控的各类组合报警信号名称、报警整定原则[4]，将集控报警信号组点情况表、需电厂增加信息号点表、需清理的上送报警信号等内容以书面通知下发各电厂，并要求各电厂限期完成，实现了各电厂报送集控的同类报警信息命名的统一。

3.5 根据职责增加设备运行工况恶化趋势报警

2018 年，根据乌江公司对远程控制电站现场设备管理的最新要求，集控中心新增加在异常报警方面的报警信息内容：发变组温度异常、重要辅助设备异常、功率调节功能异常三类声光报警，并增加主变外循环冷却器、机组压油系统等重要辅助设备运行监视画面，放宽对水电厂的监视范围达到提

前预警的目的。用于监视发电机各轴承温度、主变绕组温度和油温等温度异常升高，主变外循环电源消失等重要辅助设备故障，机组因调速系统故障引起的有功功率调节异常，或因励磁系统故障引起的无功功率调节异常等。集控中心采取梯度报警和趋势报警相结合的方式，规范流域电厂报送集控中心的温度、水位等重要模拟量信号和励磁系统故障、调速系统故障等重要辅助设备异常信号。在主设备跳闸前及时发出报警，有利于给电厂故障处理争取更多的处置时间。

3.6 新增事故推送快速处置画面功能

在监控系统内新增几类典型事故自动推送画面功能，当某电站出现某类事故时，监控系统自动在对应的监视工位上推出对应快速处置监控画面。如电站出现全厂失压事故时，监控系统自动推出该站“一键开机图”画面；电站出现机组甩负荷过速时，监控系统自动推出该站“一键落门图”画面。新增自动推送画面功能，能够有效缩短值班人员事故处理时间和减小处理出错的概率。

3.7 报警信息按工位分区显示

在集控中心监控简报窗口内，对报警信息按工位和负责电站分区显示[5]。专门负责监视和操作的3工位，正常情况下每一个工位的监视简报窗口只报送本工位负责监视的3个或4个电站报警信息内容，在简报窗口内将不同电站的报警信息按电站分区域显示(见图1)，同一电站显示区域内的重要和一般简报信息再分开显示，方便报警巡查和监视。同时增加将事故和重要故障报警信息从声光报警系统发出对应报警信息，即在出现事故报警时，该报警信息不仅在监控简报窗口中显示报出，也能在声光报警系统内重点突出报警，方便值班人员在出现紧急事故时能第一时间发现处理。

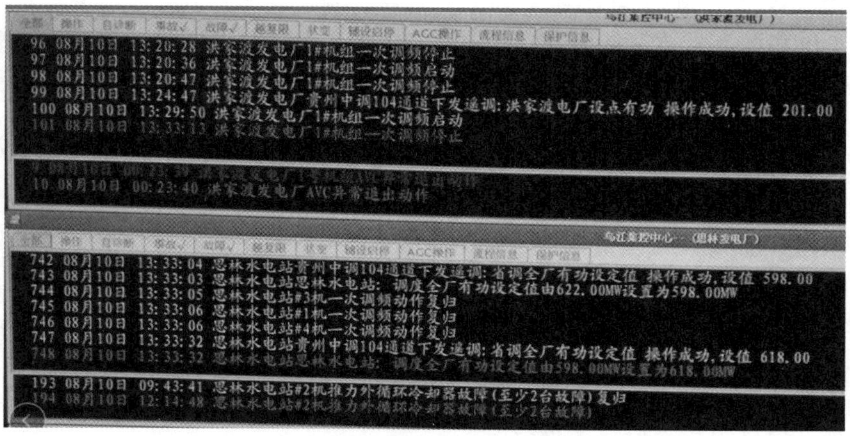

图1 简报窗口报警信息分区域显示

3.8 报警语音重新录制

结合集控中心计算机监控系统数据过滤工作，联系厂家人员重新录制报警语音，严格按报警的级别和重要程度区分语音报警和语音提示，对需要用语音报警的信息用标准的普通话报警，保证报警语音所报语音信息正确无误，与简报窗口中的文字报警信息对应无误。

4 结语

乌江公司集控中心自成立以来，在如何确定远程集控监控报警信息范围、改进报警方式等方面进行了大量的探索和研究，经历了从全采全监到根据职责需要定监视范围的过程。通过对集控计算机监控系统报警方式进行不断探索和创新，持续对集控报警信息内容进行梳理和优化，有效解决了误报多、干扰大、报警重点不突出等问题，提高了运行人员在事故处理时的快速反应能力，为远程集控运行人员高效值班创造了良好的条件，为乌江梯级电站在“远控集控、少人维护”管理模式下安全稳定运行打下了良好的基础，同时也为其他流域公司开展水电站远程集控报警信息优化工作积累了经验。

参考文献：

[1] 陈启萍.梯级水电站群“远程集控”模式实施探索[J].中国水能及电气化,2018(12):31.

[2] 简永明.乌江梯级电站集控系统报警信息的分类及处理[J].水电厂自动化,2008,29(4):55-57.

[3] 简永明,徐学增.浅谈监控系统中干扰信息对运行监视的影响[J].水电厂自动化,2007(4):101-104.

[4] 胥冠军.澜沧江集控中心计算机监控系统故障报警信息应用及优化探索[J].水电站机电技术,2012,35(3):28.

[5] 胡浩远.曹德勤.基于H9000系统的集控运行监控报警信息优化[J].湖南水利水电,2019(4):39.

视频监控系统建设及其在集中管控中的应用

杜泽新

（贵州乌江水电开发有限责任公司水电站远程集控中心，贵州贵阳，550002）

摘要： 公司下属电厂在建设或运行过程中，均建设了独立的视频监控系统以监视电厂重要生产现场。推行远程集控、少人维护的集中管控模式后，按照最新技术标准在集控中心建设了一套视频监控系统集中管理平台，覆盖公司下属 9 座水电站和 5 个火电厂 2 000 余个前端视频监控点，能够直观、方便地对电厂生产现场进行远程视频监控，提升了公司的安全管控能力。

关键词： 视频；监控；集中；管控；安全

1　概述

贵州乌江水电开发有限责任公司（以下简称乌江公司）成立于 1992 年，是中国华电集团下属公司，主要负责中国华电集团在贵州区域内发电企业的建设和运行管理。公司总部设立在贵州省贵阳市，目前下辖 9 座水电站、5 个火电厂和 1 座光伏电站，总装机容量 13 245 MW，是贵州区域第一大发电企业。

乌江公司于 2005 年在贵阳成立了集控中心，主要负责下属各水电站的运行调度。随着自动化技术的不断进步，根据公司集中管控发展战略的需要，将把集控中心建设成生产调度指挥中心，承担公司各电厂的生产调度指挥功能。

为了安全可靠地开展远程集中控制，集控中心建设了视频监控系统平台，集中接入了公司各电厂生产现场视频信息，满足对各电厂重点生产现场、临时检修场所等的遥控监视和安全监管。

2　视频监控系统建设的必要性

集控中心成立后，先后建设了计算机监控系统、水调自动化系统、电能量计量系统、保护信息管理系统、状态监测系统、火电实时监管系统、视频监控系统等自动化系统。在各应用系统建成后，乌江公司推行了无人值班、远程集控运行模式，由集控中心远程集中承担各水电厂的发电控制和生产调度，电厂只负责现场设备日常巡视和检修维护。为了安全可靠地开展水电远程集中控制，除了建设实时控制系统外，视频监控系统的建设应用显得非常重要，通过视频监控系统，可以对电厂现场重要生产环境、生产设备进行远程直观检查，尽可能在无人值班情况下远程发现一线生产现场的异常；可以在开机发电前对下游河道进行远程直观检查，判断是否存在人员滞留河道情况，避免突然开机发电造成人员伤亡事件；可以判断远程开停机、开关刀闸操作等是否正确动作，判断泄洪闸门操作是否正常，判断自动采集的库水位与实际情况是否存在较大差异等情况，提高远程操作控制的安全性、可靠性和正确性，为无人值班、远程集控提供技术支持。

3　视频监控系统建设情况

乌江公司下属 9 座水电站和 5 个火电厂在建设或运行过程中，都建设了独立的视频监控系统，将厂内生活、生产重要环境实时视频图像集中传输到生产运行及安保值班场所，为值班人员发现异常并进行处理提供技术保障。

由于各厂视频监控系统建设时间不一，受当时应用需求和视频监控技术的限制，在选择技术标准和技术方案上存在很大的差异，设备选型也各不相同。在公司推行远程控制工作时，不能将各厂视频监控系统集中接入到统一平台开展远程应用。2015 年，根据集控中心对各水电站开展远程控制运行工作的需要，按照最新技术标准在集控中心建设了 1 套视频监控系统集中管理平台，并对不满足技术要求的下属 5 座水电厂视频监控系统进行了统一改造，将 9 座水电厂前端现场视频信息接入了集中管理平台，实现了对水电厂现场视频的远程监控。

2018 年，根据乌江公司对下属电厂集中安全监管的新需求，提出不仅要对纳入远程集中控制的水电厂生产现场视频图像进行远程监控，还要对火电厂、新能源电厂生产现场的视频监控系统接入公司本部，满足对各电厂生产现场、临时检修场所远

收稿日期： 2020-10-27.

作者简介： 杜泽新，贵州湄潭人，高级工程师，技术主管，从事水电企业自动化技术管理工作.

程集中安全监控的要求。集控中心按照公司应用需求，在原系统不满足新需求的情况下，重新设计了视频监控系统建设模式和功能，并要求各火电厂进行必要的技术改造，遵循 GB/T 28181 公共安全视频监控联网系统信息传输、交换、控制技术要求，以及前端摄像机开放型网络视频接口协议 Onvif 设计系统。2019 年，委托南自信息技术公司，采用浙江大华公司的 DSS－N8000 视频集中管理平台，实现了公司下属 9 座水电站和 5 个火电厂前端视频监控图像的接入，目前已接入 2 000 余个前端视频监控点，基本满足了公司远程生产控制和安全监控的应用需求，平台接入能力为 10 000 点，能够满足今后的扩容要求。系统构建拓扑结构如图 1 所示。

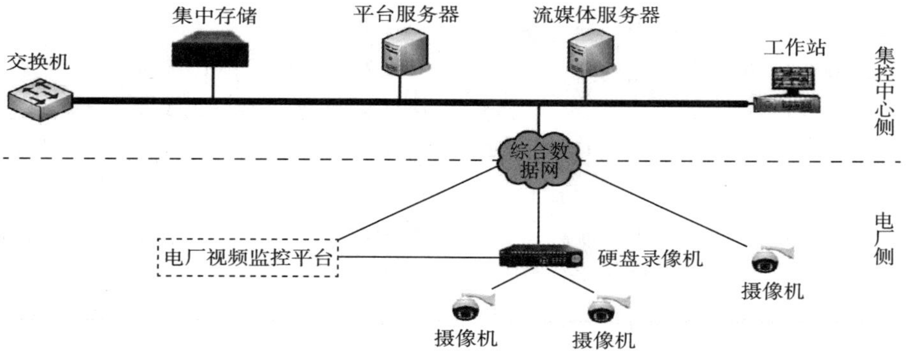

图 1　视频监控系统构建拓扑结构

集控中心系统平台由平台服务器、流媒体服务、IP SAN 集中存储、视频监控终端等硬件和应用软件组成，通过公司综合数据网与电厂现场网络连接，接入的前端视频通过流媒体服务进行分发，保证集控中心多用户访问同一视频只占用一路网络带宽，减少网络带宽资源的占用。

目前系统共采用了 3 种接入前端视频的方式：

（1）通过与电厂视频监控系统平台对接，能够将电厂所有前端视频都接入系统平台，同时还能对电厂平台存储的历史视频录像进行查询回放，但接入的前提是电厂系统平台必须支持 GB/T 28181 联网控制协议，且在电厂平台故障、前端摄像机分组调整等情况发生时，其调整信息会自动推送到集控中心系统，破坏集控中心系统自行定义的应用分组，必须重新进行配置调整才能满足应用要求，影响系统的正常使用。

（2）通过互连网络在系统平台直接接入前端摄像机，能够将所有支持 Onvif 协议的前端摄像机接入系统平台，不受电厂视频监控平台的影响，该方式要求前端摄像机支持系统平台的接入协议，需要进行网络地址的统一分配，对于异构互连协议，还需要增加设备接入网关，针对 SDK 定制开发后才能实现互联接入。直接接入前端摄像机模式的缺点是需在集控中心 IP SAN 集中存储中进行录像存储，由于受公司综合数据网带宽限制，不能对所有前端视频进行实时存储。

（3）电厂按区域划分部署支持 GB/T 28181 联网控制协议的硬盘录像机，系统平台与电厂硬盘录像机对接，只需硬盘录像机遵循统一的地址分配即可实现对所有前端视频接入，同时还能对硬盘录像机存储的历史视频录像进行查询回放，与电厂视频监控平台没有任何关系，与前端摄像机配置没有特殊要求，是目前视频远程互连最优的接入方式。

4　视频监控系统主要功能

4.1　互连互通

为了满足在公司集中管控中的应用需求，集控中心和电厂间系统必须实现互连互通。在系统建设时，因考虑到电厂前端已建成投入运行，集控中心平台采用了与电厂平台互连、前端摄像机直接接入、硬盘录像机接入 3 种接入模式，对接入设备按照统一划分的 IP 地址段进行 IP 地址分配，通过公司已建设的综合数据网互连，满足集控中心系统平台接入前端视频的网络连接要求。

在今后建设技术标准方面，要求与集控中心互连的电厂系统平台、硬盘录像机必须遵循 GB/T 28181 标准，直接接入集控中心系统平台的前端摄像机必须支持 Onvif 协议，只需在集控中心进行参数配置即可实现前端视频的接入。在资源管理方面，整个系统综合运用通讯、计算机、网络信息等技术，实现对前端视频资源共享访问、统一管理，包括视频画面命名、时间同步、实时预览、摄像头控制、录像回放等。

4.2　实时监视

实时监视是视频监控系统最主要的功能，接入集控中心系统平台的前端视频，都可以在公司本部办公网络计算机上通过客户端或 WEB 方式进行实时监视，并且可以对带云台的摄像机进行云台操作，调整视角方位和焦距等，在实时监视界面可以自定义任意分屏模式实现对多个前端视频的同时监控，并且还可以通过自定义轮巡任务实现对众多前端视频的自动轮巡监视。在集控中心平台还采用了流媒体分发技术，在多个用户同时实时监视同一摄像机画面时，在电厂与集控中心的网络线路中只占用 1 路视频流带宽，减少网络堵塞情况的发生。

4.3 云台控制

在实时视频监视时，针对带云台控制功能的前端摄像机，可以在视频监控界面通过鼠标直接控制摄像机转动、聚焦、变倍，设置视频预置点等操作，还可以使用三维定位功能，通过鼠标框选的方式，迅速聚焦到局部区域画面，方便定位到重点关注区域。

4.4 视频存储及回放

因受集控中心与电厂间网络带宽限制，不宜在集控中心对电厂所有视频进行实时录像，电厂前端视频存储在电厂本地存储设备中，需要进行录像回放时，集控中心系统平台能够随时调用电厂现场存储的历史录像进行检索、回放，集控中心配置的存储设备仅对极少部分重要前端视频进行存储，以及对实时监视过程中的临时录像和抓取的图像进行存储，并提供检索、回放。

4.5 语音对讲

集控中心系统平台具备语音对讲功能，在电厂前端摄像机增加语音设备，或使用带语音功能的前端摄像机，在实时视频监控终端的画面直接操作，即可呼叫视频监视画面环境的现场人员，实现语音对讲功能。

5 视频监控系统在乌江公司集中管控中的应用

在乌江公司推行远程集控、少人维护集中管控模式后，生产调度自动化系统是必不可少的技术支撑基础，视频监控系统的建设应用则是集中管控工作的安全保障，其应用主要体现在以下几个方面：

（1）在集控中心运行值班和公司安全监管工作中，值班人员通过视频监控系统，定时对电厂重要生产现场环境和设备等进行远程视频巡检，或通过自定义分组轮巡方式自动轮巡监视电厂生产现场前端视频，发现存在的异常情况，立即通知电厂相关人员赶赴现场处理，确保电厂生产安全。

（2）在对远程控制电厂现场设备进行远程操作前和操作后，通过远程视频监视核实受控设备动作情况，掌握远程操作指令是否正确动作，保证远程集中控制操作的可靠性。

（3）水电站在停机状态时，常常出现附近人员到下游河道捡鱼、游玩等情况，此时如突然开机发电，有可能造成人员伤亡事件。操作人员通过视频监控系统，能够观察到下游河道人员逗留情况并通知电厂现场处理，确保突然开机发电不会造成不安全事件。

（4）集控运行值班人员发现实时生产系统自动采集的数据出现异常，如水库水位跳变、闸门操作后下泄流量偏差较大等情况，可以通过视频监控系统直接观察水库水位、泄洪闸门工作情况，确认实时生产系统自动采集的数据是否正确可用，提升远程集中控制的安全性。

（5）针对电厂检修、技术改造等施工现场，通过远程视频安全巡视检查，能够及时发现违章等不安全事件，可以开启语音呼叫，及时阻止安全隐患扩大成事故的几率，并在公司内部进行通报、处罚，强化公司安全管控的震慑力度，使现场施工人员自觉提高安全意识，提升公司的安全管控能力，降低不安全事件的发生。

（6）针对电厂生产现场的不安全事件，通过视频监控系统实时监视视频图像抓拍，以及现场录像检索回放功能，还原事件发生的全过程，为事故分析提供可靠依据，减少类似事件的重复发生。

6 结语

视频监控系统以其直观、方便、信息内容真实而被广泛应用于各个行业。乌江公司推行远程集控、少人维护集中管控模式后，视频监控系统在实际应用中发挥了较大的作用，提高了安全管控水平和管控能力，减少不安全事件的发生。在使用过程中，存在前端接入视频较多的情况，不能监控到所有的视频画面，会漏掉相当一部分生产现场的异常情况，还会造成视频监视人员的视觉疲劳。为了更好发挥系统在集中管控模式下的功能，乌江公司已提出视频智能应用的研究，未来将会对系统功能进行完善，增加视频智能告警功能，通过边缘计算对视频数据进行智能分析，对生产现场重点区域工作人员进行人脸识别、安全帽识别、工作服识别、火焰及烟雾识别、视频画面入侵检测等，将告警信息推送到远程监控终端，供值班人员快速调出相关告警实时视频，防止前端出现异常不能被及时发现的情况，减少值班人员长时间监视屏幕造成的疲劳，降低劳动强度，提高对不安全事件的响应能力。

远控模式下趋势报警的应用分析

穆庆文

（贵州乌江水电开发有限责任公司水电站远程集控中心，贵州贵阳，550002）

摘要：本文在梯级水电厂“远程集控、少人维护”新发展形势下，针对如何提高梯级水电厂在远程集控模式的风险防控，结合在远程运行人员实际工作中遇到的实际情况，建立趋势报警系统，并对该系统的应用进行分析，指出存在的问题，提出优化建议。

关键词：远程；趋势；报警；梯级水电厂；风险

1 概述

随着梯级水电厂“远程集控、少人维护”管控模式的形成，利用少量的人力资源完成对梯级多个电厂的监视和控制，节约人力成本，同时又对梯级电厂所有机组统一操作监视控制，提高工作效率。

然而在水电厂由传统生产模式向远程集控模式转变过程中，仍存在一些不足。远程集控模式下运行人员缺少对现场设备的直观感受，传统的巡检和值班过程中能直观感受运行设备的温度、声响、气味的变化，并利用经验来判别设备运行状况，从而有效保障设备安全稳定运行。自 2015 年乌江梯级水电厂实施远程集控模式以来，梯级水电厂曾几次因辅助设备停运或温度异常引起保护动作，造成机组非计划停运事件，为避免类似的事件再次发生，结合梯级水电厂在远程集控模式的风险防控要求，提出了全面完善监控系统，建立趋势报警功能。

2 远程集控模式下存在设备监视盲区

在远程集控模式下，电站无人值守，不再进行运行实时监视，集控只进行正常操作和重要应急处置，发电运行重要参数无过程监视，运行管理过程控制较弱且手段不足，主要表现如下：

(1) 主变外循环运行和主变温度等无过程控制。当外循环全停或异常状况下，如电厂运行人员不能及时处置，最终只能温度升高跳闸停运。

(2) 轴承瓦温异常上升无趋势判断和处置。在开机状态下，如技术供水系统出现故障或冷却系统退出停运，各部轴承温度异常升高，要等到设定的报警限值才能通过 ON－CALL 报警，带来处置时间裕度不够，只能跳闸停机。

(3) 压油系统压力异常下降，不能提前进行趋势判断。当系统出现故障无法正常运行，或机组调节频繁等原因导致压油系统油压下降，只能到报警值时才能发 ON－CALL 信息，现场无人进行处置时，只有到事故低油压停机。

(4) 对 ON－CALL 系统依赖性较高。电厂重要辅助设备运行状态和温度监视由定期巡检来完成，设备异常状态和温度异常信息主要依靠 ON－CALL 系统报警，当 ON－CALL 系统出现故障漏发异常信息或 ON－CALL 人员不能及时查看到异常信息，且集控中心运行人员也未监视到时，不能及时发现设备的异常情况，可能会演变为事故，轻则导致电站设备的非计划停运，重则造成设备不可逆损伤。在实施远程集控以来，曾出现过 ON－CALL 未发布信息或信息未能及时发布的情况。

3 全面完善监控系统，建立趋势报警

3.1 趋势报警系统介绍

梯级电站远程集控后，完善的监控测点、智能化趋势分析指导是解决现场无人值班矛盾的关键，为加强集控中心对梯级电厂设备的监视管理，集控中心全面完善监控系统，建立趋势报警系统。

趋势报警系统包含主辅设备温度监视、重要辅助设备监视和声光报警系统。在计算机监控系统中增加主辅设备温度监视和重要辅助设备监视，主辅设备温度监视包含水电厂各机组上导、下导、水导、推力、定子绕组、定子铁芯、主变温度实时数值；重要辅助设备监视包含主变外循环、推力外循环、压油装置、技术供水运行情况；在声光报警系统中增加趋势报警，即在电厂各上下导轴承、水导轴承、推力、主变、励磁变等温度正常值与偏高/升

收稿日期：2020-10-27.

作者简介：穆庆文，贵州开阳人，助理工程师，从事水电运行工作.

高值之间新增加一趋势报警值(见图 1),引入声光报警系统,在值班过程中通过声光报警提醒集控运行人员,以便及时检查和处置。

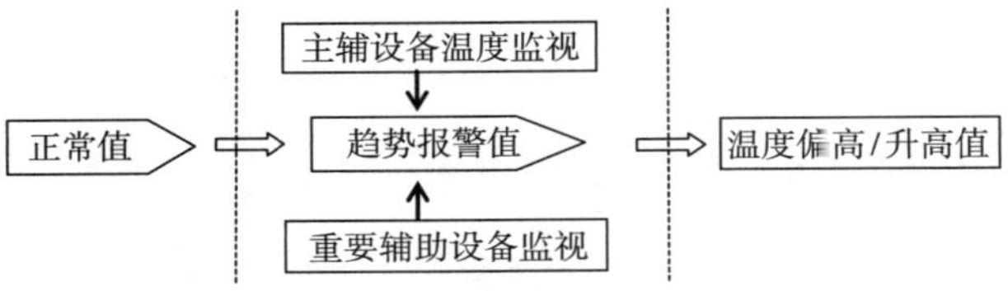

图 1　新增趋势报警值示意图

同时因梯级电厂机组较多且设备厂家和安装工艺不同,不同电厂机组和同电厂不同机组的各个重要辅助设备温度整定存在差异,在计算机监控系统中设备温度超过趋势报警温度时,温度测值颜色变红,集控运行值班人员能快速查找到具体的异常设备,结合温度变化监视和重要辅助设备运行状态监视综合分析,初步判断故障点,迅速通知电厂进行检查处理,必要时采取申请调度调减负荷或解列机组等措施,避免事故发生,保障设备的安全。

3.2　完善远程巡检

在管理制度上完善对温度监视和重要辅助设备的监视,将梯级电厂主辅设备温度报警及重要辅助设备状态监视纳入每日定期远程巡检内容,每日 0 时、2 时、6 时、13 时、20 时及交接班前后各 6 次,每日远程巡检最少 11 次,同时根据天气情况及特殊运行方式增加巡检次数。

4　趋势报警取得的成效

在远程集控工作中,当发生温度异常或巡视发现异常时要判断温度变化情况及主设备运行情况,及时通知电厂运维人员,必要时申请调度调整负荷,给电厂现场运维人员赶到厂房和处置留下充裕的时间。

2019 年,集控中心运行值班员通过监控系统远程监视及声光报警成功发现梯级水电站发变组温度异常告警 7 次,重要辅设异常告警 3 次,及时通知电站运维人员处置,有效避免了设备异常造成的停运。

5　趋势报警目前还存在的问题

5.1　设备测温元件运行可靠性差

通过对趋势报警建立后水电站温度异常报警梳理,发现大多数报警是因为测温元件损坏造成的异常报警,如 2019 年发变组温度异常告警 7 次中,其中测温元件损坏出现了 4 次,占温度异常报警的 57%。然而测温元件一般安装在空间狭小不宜维护的地方,通常需要在检修时才有机会处理。目前出现的测温元件损坏和异常,只能屏蔽对应的温度测量点,无法进行监视,存在一定隐患。

5.2　温度升高报警值频繁报警

电站设定的温度升高报警值与设备正常运行温度非常接近,大部分电站以设备正常运行最高温度值作为温度升高报警值。在机组运行过程中,温度受到机组负荷和运行工况的影响,温度会越过温度升高报警值并且在报警值附近波动,造成声光报警频发报警,实际检查不影响机组正常运行,但是频繁报警却严重干扰远控运行人员的正常工作。

6　趋势报警优化建议

6.1　加强对测温元件的检查维护

测温元件需检修才能处理,造成测温元件待消缺时间较长,期间无法对该点进行监视,存在安全隐患。电站应加强对测温元件的检查维护,保证测温元件运行正常,在选用测温元件时,应优先选择质量好、耐用的元件,规范测温元件安装工艺,使元件接线固定可靠。

6.2　优化趋势报警设值

电站对各轴承温度趋势报警值的设值在正常运行最高温度和偏高值之间,当设值太低导致在实际运行中温度达到报警值频发温度升高报警,设值太高接近偏高值,相对减少了电站 ON－CALL 人员处理时间,如何更合理设定趋势报警值需要进一步讨论。

6.3　加强电厂对发变组轴承冷却系统的检查

电站运维人员在巡检中应加强对发变组主辅设备的检查力度,特别是技术供水系统管路及水压的检查,水压不满足运行要求时,应及时调整,同时加强对水压、油压流量计的检查,存在异常时要及时处理。

7　总结

随着乌江梯级电站趋势报警的完善,在远程集控模式下,集控运行值班员可利用监控系统查看该设备其他参数进行综合判断,进一步确定报警信息的真实性,在电站人员到达现场之前,根据规程规定作出相应的应急处理,做到提前预警,提前处置,避免发变组因温度过高造成非计划停运,保障电厂设备稳定运行。

参考文献:

[1] 吴刚,2014.水轮发电机组轴瓦温度跳变的原因分析及处理.云南:云南水力发电,2014(4):037.

水轮发电机组自动开停机成功率分析与提高策略

朱明星

（贵州乌江水电开发有限责任公司，贵州贵阳，550002）

摘要：乌江集控自动开停机成功率达到99.6%以上。本文统计了多年来梯级各电站发生的开停机异常情况，提出了改进措施，旨在提高水轮发电机组自动开停机成功率，为水电厂“无人值班、少人值守”提高设备可用率提供参考。

关键词：水轮发电机组；开停机；成功率；缺陷；检查

0 引言

水电机组具有启动迅速、并网时间短、负荷调节灵活的特点，在参与电网运行中，主要承担调峰、调频、事故备用功能。水轮发电机组自动开停机成功率是水电厂可靠运行的一个重要指标，开停机成功率的统计是从自动化设备、辅助设备顺利执行开停机指令到机组开停完整流程执行完毕为止，即从监控系统下达开机指令起至同期并列和从监控系统下达停机指令至机组恢复热备用状态；开停机过程中发生异常并导致流程中断则判为开停机不成功[1]。

1 自动开停机的重要性

乌江集控中心负责管辖梯级 9 座电站 32 台机组的启停操作。由于水电站自身的特点，在电网中启停操作较为频繁。一般情况下，每天至少开停机组 30 余台次，最多一天开停机近 70 台次。在频繁开停机过程中，由于有些自动化部件老化、传感器故障、新增控制程序不完善或二次接线不牢靠等各方面原因，影响机组正常开停。根据乌江集控规程规定：当设备出现异常或远程操作失败时，应及时通知电厂值班人员进行检查，未查明原因前，禁止再次下令进行第二次远程操作。在负荷早高峰来临时，电网负荷需求增长快，急需大量电源注入，若一次开机失败，换机再开，涉及到的调度联系、异常判定将耗费不少时间，因此，保证启动成功率的重要性显得尤为突出。

2 自动开停机不成功原因概述

统计分析了近年来开停机过程中出现的异常情况。由于机组启停涉及设备较多，有主辅系统设备、监控系统、保护系统、励磁系统、调速系统、制动系统，每一环节出现故障信号都有可能使开停机流程中断。2016—2019 年乌江梯级电站开停机不成功故障类型分布如图 1 所示。

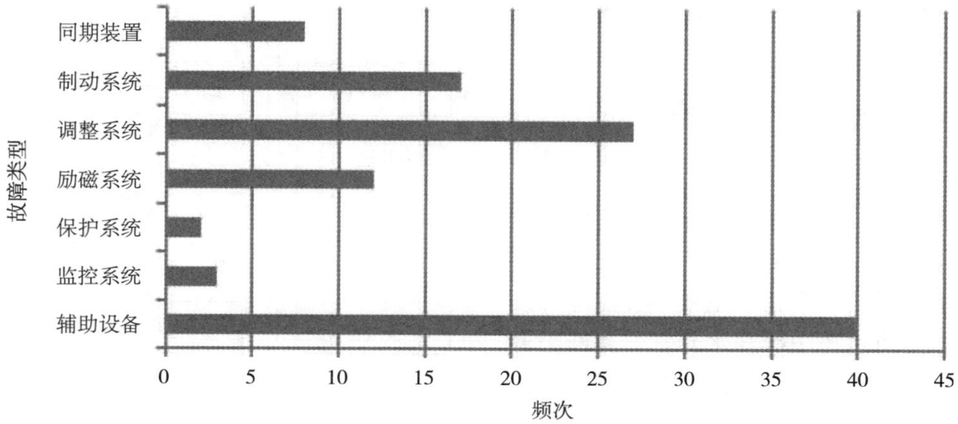

图 1　故障类型分布

2016—2019 年乌江梯级电站开停机不成功主要因素、故障类型及特点等见表 1。

收稿日期：2020-10-27.

作者简介：朱明星，河南洛阳人，工程师，从事集控运行调度工作.

表 1　2016—2019 年乌江梯级电站开机不成功主要因素、故障类型统计

工况	故障原因	故障特点	故障次数	所属系统
开机	同期失败	高概率	8	辅助设备
	机组制动风闸未落下或风闸信号接点不到位、风闸行程开关损坏	高概率	14	制动系统
	调速器电源模块故障	偶发	3	调速系统
	进水口闸门(蝶阀)显示异常未全开	高概率	2	辅助设备
	推力油中断	偶发	2	辅助设备
	主变中性点分合闸不到位或地刀辅助接点不到位	高概率	10	辅助设备
	调速器 PID 反调时限不足	偶发	1	调速系统
	起励失败建压不成功	高概率	9	励磁系统
	保护装置故障开机流程退出	偶发	2	保护系统
	监控通信故障	偶发	1	监控系统
	冷却水未正常投入、或冷却水示流信号器故障	高概率	8	辅助设备
	接力器锁锭未拨出或锁锭行程开关接点不到位	高概率	5	调速系统
	励磁调节器自动方式位置接点端子松动	偶发	1	励磁系统
	调速器 PLC 导叶模拟量输入通道损坏	偶发	1	调速系统
	机频测量故障	偶发	2	调速系统
	技术供水电磁阀损坏	偶发	1	辅助设备
	上导油槽油位传感器松动，误报油位低信号，造成开机流程退出	高概率	2	辅助设备
	推力油槽油位偏低	高概率	2	辅助设备
	压油装置故障	高概率	2	调速系统
	剪断销剪断或传感器松动	高概率	8	辅助设备
停机	降转速超时造成停机不成功	高概率	8	调速系统
	功率柜风机故障	偶发	1	励磁系统
	减负荷失败	偶发	2	监控系统
	灭磁失败	偶发	1	励磁系统
	出口开关不能正常分闸	偶发	1	主设备
	制动风闸未自动投入	高概率	1	制动系统
	停机后出现惰转	高概率	6	调速系统
	制动风闸未落下或风闸信号接点不到位、风闸行程开关损坏	高概率	2	制动系统
	主变中性点地刀未合上	高概率	1	辅助设备

根据设备在运行寿命时间内故障发展的“浴盆曲线”原理，偶发故障没有一种特定的失效机理主导作用，无法预测，对此类故障只能加强巡视检查、定期维护，因此，提高开停机成功率的主要方法在于降低高概率异常事件。

3　自动开机不成功原因分析

3.1　故障分析及建议

结合开机流程图(见图 2)可以看出，开机不成功高概率事件主要发生在开机指令下达前几步，主要有风闸落下接点反馈不到位、主变中性点地刀接点反馈不到位、开机过程中冷却水异常、剪断销剪断或传感器松动、接力器锁锭未拨出或锁锭行程开关接点不到位。

(1) 风闸位置接点多数厂站采用行程开关接点方式，运行过程中易发生行程开关卡涩、风闸控制回路断线、端子松动、中间继电器故障、触点和挡块之间距离增大。维护部门需定期对风闸本体及控制回路进行检查；必要时更换为光电位置开关接点，由于光电位置接点精度高、反应快且为非接触式，故障概率低。

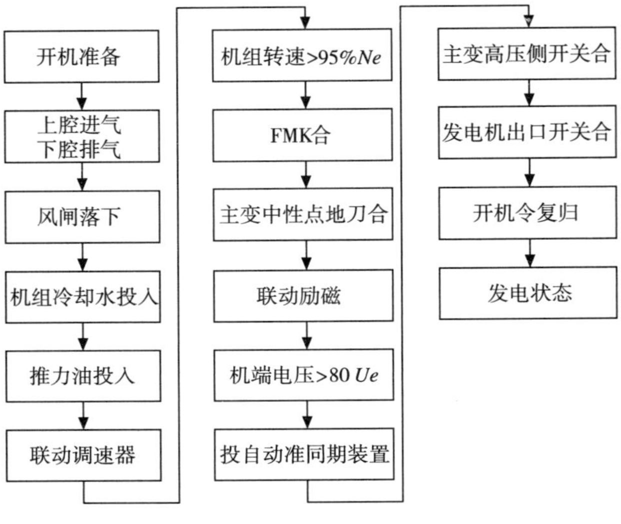

图 2　自动开机流程示意图

(2) 机组解并列过程中均需合上主变中性点地刀，分合频繁，反馈不到位主要为开关站 LCU 通讯端子松动、开停机流程程序和主变中性点控制程序配合不好、位置行程开关接点不到位、电机故障。维护部门需定期对主变中性点地刀分合闸回路进行检查，端子紧固；定期改变系统中性点方式，使各主变中性点轮流接地，以便及早发现操作机构卡涩。

(3) 开机过程中冷却水异常分析。梯级各水电站技术供水采用蜗壳取水方式，经减压后供发电机、主变、消防用水，技术供水管网复杂。机组的上导、下导、水导、推力外循环等部位，水流信号器多，灵敏度有差别，工作环境潮湿，易损坏，因杂物淤泥附着等原因导致滤水器后端水压力不足等原因影响开机。主要故障类型有冷却水示流计灵敏度偏低、技术供水电动阀控制回路故障、冷却水滤网堵塞、技术供水漏水，其中最常见的是示流计灵敏度偏低。维护部门需定期对示流计进行检查维护，灵敏度降低时及时调整更换。针对供水系统滤网堵塞、漏水问题，定期对供水电动阀本体及控制回路进行检查，端子紧固，定期清洗滤水器滤网，巡视检查发现压差过大及时清理。

(4) 建议定期开展开机回路相关设备端子紧固，减少开机时接点端子松动导致的开机失败。机组运行中的振动、定期开展的设备卫生清扫工作可能造成设备控制回路接线端子的松动，因此利用负荷低谷停机备用时间定期紧固端子接线工作势在必行。工作中应特别注意使用工具的选择，避免使用不当工具造成端子损坏，留下隐患，同时要做好相应的安全监护。机组计划检修时，重点开展控制系统开停机回路检查、端子整理、接线紧固，及时更换检验不合格的继电器，对达到使用年限的继电器应统一集中更换[2]。对涉及机组开停机的设备改造、程序完善的临时性检修维护工作结束前，应将机组自动开机至空载态，验证自动开停机流程有无异常，避免消缺后首次开机不成功。

3.2 接力器锁定位置分析

在一次开机过程中，下发 1 号机开机令后，监控系统报警显示 1 号机接力器液压锁定未拔出，流程退出。电厂单步操作将 1 号机接力器液压锁定拔出后，再次下发开机令开机成功。经检查，接力器在全关之后，由机械形变使接力器往开方向动作，使锁锭被卡住，所以开机时锁锭不能拔出。通过调整接力器的电气零位，使调零值与导叶零位差值增大，主配向接力器关腔配油，使接力器回到了全关时的位置。

由于梯级电站机组均设置 2 个液压操作的直缸接力器，布置形式简单，容易维护，运行可靠，通过导叶操作机构来控制导叶，接力器零部件的强度按调速器最大操作油压设计，在关闭方向上有少量的过行程，用以对关闭的导叶施加压紧力，微量的机械形变不影响接力器正常工作，在短时的停机期间可以不投入锁锭。建议将接力器锁锭的位置状态不接入开停机流程中，锁锭平时处于拔出位置，导叶的开关始终由调速器控制，不影响导叶的开关，导叶关闭时由接力器施加压紧力。若导叶间隙大导致漏水较大，即使投入锁锭也无法减小漏水和避免停机后机组惰转。在机组检修或者开展转动部分检查时，投入锁锭作为一项安全措施。

3.3 完善开机准备条件

通过开机条件一栏值班员可直观判断是否可以启动开机流程。将各轴承油槽油位偏低用于报警，不加入开机流程中，仅在开机条件一栏显示，避免启动开机流程后再发报警信号，退出流程，耗费一定时间。将各轴承油槽油位过低用于停机，确保机组运行安全。建议设置开机准备条件：机组无事故、冷却水中断、制动闸落下、围带排气、进水口闸门全开、机组 LCU 在线、机械锁定拔出、轴承油槽油位等，均不加入开机流程[3]。但在开机条件中无法明确的，需在开机流程中体现。

4 自动停机不成功原因分析

机组自动停机流程(见图 3)与开机流程相比，为逆过程，其提高自动成功率在于重点加强停机流程各环节中自动化元件、机械液压阀组的检修维护质量和重要回路冗余配置。

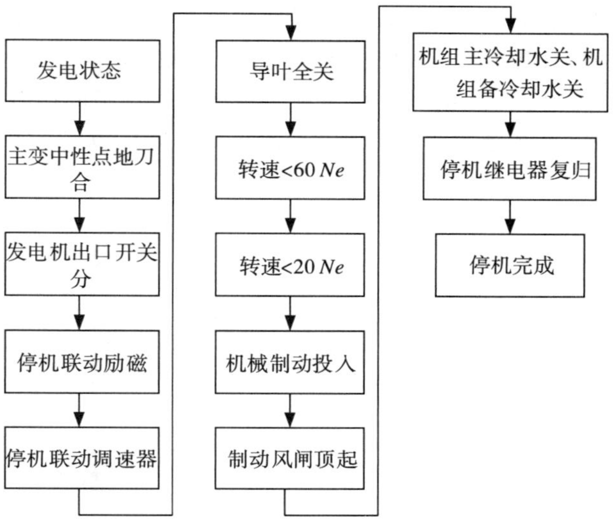

图 3　自动停机流程示意图

高概率事件为机组解列后转速下降超时及惰转。机组解列后，水轮机存在较大的转动惯量，依靠调速系统、制动系统接力工作，使机组转速迅速下降，时间长可能存在以下几方面原因：导叶间隙漏水量大、调速器导叶开度零位与实际零位存在偏差、转速继电器故障、制动闸磨损、制动压力低、接力器行程反馈钢丝绳位置不到位导致导叶关不到位。为避免机组长时间在低转速运行，现场运行人员应手动投入风闸。建议定期检查调速系统导叶反馈情况，发现异常及时进行调整。梯级各厂多数采用反馈钢丝绳，钢丝绳在运行过程中易产生磨损、污垢、断股，引起位置反馈不准确，建议更换为滑变电阻测量反馈元件。同时电厂加强检修工艺把控，调整好导叶立面间隙和端面间隙，尽量减小导叶漏水量。

停机时限设置应考虑制动元件的磨损导致的停机时间延长，经历一段时间制动闸块磨损后，制动效率下降[4]，发现异常后应及时修改时限或者更换制动闸快。

5 提高开停机成功率途径

从上面分析可知，提高机组开停机成功率，应加强以下几个方面工作。

(1) 实现设备的安全运行，及时发现缺陷是前提，分析和限制缺陷的发展是关键。既要重视显性缺陷，又要重视隐性缺陷，实现设备管理中“保养代替检修”的目标。

(2) 重点部位勤检查，尽量减少高概率因素引起的开停机不成功[5]。根据水电厂在电网中的启停频繁、汛期负荷重的特点，分析设备可能出现异常和缺陷的部位。运行人员认真做好这些部位的巡视和检查工作，维护人员针对此类开停机关键设备应加强日常维护，以便把故障或隐患消除在萌芽状态。

(3) 停机期间重点检查。充分利用低谷时段开展转动部分检查、一般性消缺工作。停机检查在时间和准备上相对充裕。

(4) 对比分析。在长时间的设备管理中通过不断地对比历史数据、同类型电厂异常情况来分析设备运行的趋势，尽可能早地发现缺陷，做出运行方式的调整以及检修安排，避免设备缺陷扩大化。

(5) 举一反三。在一个电站、一台设备出现此种异常情况时，要及时分析排查其余电站、其他设备会不会出现类似情况。对于每一次开机不成功，要详细分析原因，写出相应分析和处理报告。

6 结语

水电厂采购的设备的可靠性是自动化性能的重要基础，设备维护和运行管理水平是影响机组自动开停机成功率的主要因素。维护人员熟悉并掌握自动开停机流程、每个信号取自何处、每个回路的接线以及整个系统的连接情况，就可以在较短的时间内找到并消除开停机过程中故障；强化检修工艺管理，不断提高设备检修质量，保障设备健康稳定；强化运行管理，有针对性地开展设备的日常巡检、定期维护、低谷消缺工作，才能保证水轮发电机组自动开停机成功率维持在较高水平，满足“无人值班、少人值守”对水电厂自动化的要求，满足电网对水电厂调频调峰的要求。

参考文献：

[1] 刘凯.关于水轮发电机组自动开停机成功率的提高[J],云南水力发电,2019(3):141-144.

[2] 蔡红猛,吴劲波.浅谈水电厂运行分析与设备管理[J].电力设备,2016:16.

[3] 郭文涛.水轮发电机组自动开机优化措施[C],江西省电机工程学会年会,2012.

[4] 费修渔.频繁起动对水电机组寿命影响的分析[J],浙江电力,2003,22(4):18-21.

[5] 杨洪涛.天堂蓄能电厂机组开机不成功故障分析与处理[J],水电站机电技术,2002(03):21-23.

主轴密封安装故障分析处理及注意事项

郑伟

（乌江渡发电厂，贵州遵义，563104）

摘要： 水轮机主轴密封分为工作密封和检修密封，在检修过程中偶尔遇到因为安装工艺等原因导致安装故障。为提高检修质量，避免故障的再次发生，需对工作密封的动密封漏水及检修密封漏气故障原因进行分析及处理，并对检修工艺进行经验总结，提出检修注意事项，为同类型的机组检修提供借鉴。

关键词： 工作；检修；密封；故障；分析；处理；注意；事项

1　概述

水轮机主轴密封是水轮机的关键部件，分为工作密封和检修密封[1]。2 种密封的作用都是用于阻断转轮室与顶盖之间的水流进入顶盖，保障机组安全稳定运行。不同之处在于工作密封属于动密封，用于阻断运行状态的水流；检修密封属于静密封，用于阻断检修状态的水流[2]。

修试中心主要负责 18 台机组的检修工作，每年至少进行 2 台机组大修，大修过程中偶尔有因为安装工艺等原因导致的安装故障。为提高检修质量，避免故障的再次发生，针对检修中出现的典型故障进行分析及处理，提出了检修注意事项。

2　工作密封的动密封漏水分析及处理

在某次机组检修过程中，机组尾水平压后，检查蜗壳门、尾水门、顶盖减压管、顶盖测压管、大轴补气管、工作密封等有无渗漏、有无异常情况。检查发现，工作密封水箱里有 1 股水冒起来，像个喷泉一样。于是用手到喷水的地方去检查，发现是工作密封的动密封处有 1 段 5 cm 长的地方在喷水，然后用塞尺去复测该处动密封，塞尺可通过。结果判定为工作密封动密封损坏。为保证机组安全稳定运行，立即决定进行缺陷处理。先停止尾水平压冲水，打开尾水排水阀将水位排到工作密封以下，即工作密封处无漏水即可。

消缺过程如下：

（1）水位控制好后，将工作密封润滑水环管与总管的连接法兰拆除，让环管跟着水箱一起升降。

（2）拆除浮动环的 4 个导向板，拆除工作密封推力环与检修密封盖的连接螺栓。

（3）在推力环与检修密封盖的固定螺栓孔内均匀的插 4 根导向杆，在对称的 4 个方向用千斤顶将工作密封推力环和支撑环一起顶起，顶起的过程中，保持 4 个方向一样高，用卷尺等进行高度测量。同时，禁止工作密封浮动环跟着支撑环顶起，如果浮动环跟着支撑环顶起，可以在水箱里用榔头锤击浮动环。否则工作密封环在上升的过程中，可能突然下落在摩擦环上，导致工作密封块损坏。

（4）在工作密封支撑环顶起高度大致 10 cm 时，手能伸入工作密封腔的位置，停止顶压机，在推力环与检修密封盖的间隙处对称 4 个方向垫入恰当厚度的木板，防止手伸进去工作的过程中，工作密封支撑环落下来压手伤人。

（5）因为压缩弹簧不易安装，所以压缩弹簧不取除，直接用手将动密封取出。检查发现，动密封不是接头断裂，橡胶密封条上还有很多密封胶。故动密封橡胶条和密封槽打密封胶固定是动密封损坏的直接原因。

（6）更换合格的动密封条，将密封条从弹簧后面慢慢放入密封槽，围绕密封槽 1 圈后，比密封槽的周长短 2～3 cm 左右将盘根下好料。保持接头干净，用密封胶粘接。固定 5 min 后，检查盘根接头是否粘牢靠。牢靠后，将盘根放入盘根槽，并在盘根和盘根槽上涂抹白矾，防止动密封损坏。

（7）检查弹簧是否方正，如不正，调整合适。检查工作密封腔内无异物后，缓慢匀速下降压机，让工作密封支持环缓慢接触动密封。且下降的过程中，用卷尺控制对称 4 个点均匀下落，以防止动密封的损坏。

（8）工作密封推力环落到检修密封座子上后，先用塞尺沿动密封的间隙连续、不间断检查 1 圈，塞尺不能通过即为动密封安装合格。然后上固定螺栓，上浮动环的导向板，连接工作密封润滑水环管

收稿日期： 2020-06-19.
作者简介： 郑伟，贵州余庆人，工程师，技师，从事水轮发电机组机械检修工作.

与总管的连接法兰。完成更换处理工作后进行尾水冲水检查，检查工作密封漏水是否正常。

3　检修密封围带漏气分析及处理

A 厂在某次检修过程中，由于工作人员没有查阅空气围带的图纸，而是直接拉围带来和检修密封槽比尺寸，围带长于检修密封槽的长度，进行切割围带的两端时，切割量大于围带生产厂家允许的切割余量，因而在安装后，造成围带端部漏气。空气围带端部漏气的地方涂密封胶，进行封补，解决了漏气问题。

为了围带进气口不漏气，将围带先装在检修密封盖子里面，用铁丝捆绑好围带，然后将检修密封盖子翻面后再吊装到位。在另一次检修过程中，当检修围带还未接触密封槽的时候，由于工作负责人提前将捆绑围带的铁丝解了，导致检修密封装复后，充入 0.2 MPa 空气检查，发现围带有 1 个端部不能抱紧大轴，又没有发现漏气现象。冲入 0.7 MPa 空气后，围带端部不能抱紧大轴的部门漏气。同时还发现检修密封盖子还未落到位。分析事故的原因为：空气围带还未接触密封槽的时候，工作负责人提前将捆绑围带的铁丝解了，导致围带两端部搭接，检修密封盖子不能落到位，在冲入少量的压缩空气的时候，接头还未涨破，在螺栓紧固后，围带挤破，充入 0.7 MPa 空气，围带漏气。

在 B 厂的 1 次检修也出现过这种情况。当时是担心围带两端切割多了导致端部漏气，就少切割了点，在端部就形成了 5 cm 左右的搭接量，想着检修密封属于橡胶，有压缩性，结果装复了 2 次后，均发现充气不能抱紧大轴。后面将围带拆除，把多余的搭接量切割回装、充气后围带才抱紧大轴。分析原因为：围带在装复挤压的过程中，可能堵塞了进气口，或橡胶在有限的空间内过分压缩后，导致不能膨胀。

4　工作密封检修注意事项

对 A 厂这类轴向水压机械密封的检修在检修过程中要做到以下几点：

(1) 拆卸工作密封条前，复核工作密封条和抗磨块的间隙，作为参考数据；拆卸时要观察工作密封条是否加垫，并记录。

(2) 调整工作密封与抗磨板的间隙可通过加垫或磨工作密封面的方法实现，间隙应不超过 0.2 mm，总长度不超过 1 m，机组运行起来工作密封漏水量正常。同时注意有可能合缝螺栓松动，导致浮动环变形，影响间隙调整。

(3) 装复时，紧固工作密封条的螺栓要打锁固剂，手拿内六角扳手扳紧螺丝即可，不能用电动扳手，电动扳手容易把工作密封螺孔的位置打变形，影响工作密封间隙的调整。

(4) 浮动环的动密封不能打密封胶，动密封打胶固定容易剪断。

(5) 工作密封推力环、支撑环装复前，检查密封腔无异物，压缩弹簧要放正；装复后，检查浮动环动密封间隙，用塞尺连续、不间断的检查 1 圈，塞尺不能通过，才证明动密封完好，合格。

(6) 装复浮动环导向板和导向销后，检查浮动环应无卡涩。

5　检修密封检修注意事项

对 A 厂这种类型的检修密封在检修过程中要注意以下几点：

(1) 空气围带属于橡胶，有压缩性也有延展性，在切割围带端部之前，要查阅图纸，按图纸切割余量进行切割。切割时应两端部均分，不能只切割 1 个端部。

(2) 围带两端部切割后应进行 0.2 MPa 的充气试验，检查各处是否漏气。

(3) 空气围带防止进气接头漏气，接头处应上密封圈和打密封胶，先装在检修密封盖子里面，用铁丝捆绑。用密封胶将围带的 2 个端部粘接在一起，形成一整圈，防止铁丝解绑后，2 个端部搭接或扭曲等。

(4) 围带随检修密封盖子吊装的过程中，当围带进入检修密封槽的时候才解绑铁丝。

(5) 对称紧固螺丝，检查检修密封盖是否落到位，充气进行渗漏试验和抱轴试验，围带各部位应无漏气，围带除实心的端部不能抱轴外，其余都应能抱轴。如果有问题应立即处理。

6　结语

通过对机组检修过程中主轴密封多个故障的分析和处理，及主轴密封检修经验的总结，避免了检修过程中故障的产生。同时对水电行业相同机组的维护和检修都具有参考价值。

参考文献：

[1] 江涛．水轮机主轴密封故障原因分析及处理[J]．江西电力，2004，(4)：78-82，32-33.

[2] 闫志旭，王睿，周秀峰，梁小凤．一种水轮机新型检修密封的研制[J]．液压气动与密封，2019，(2)：78-82.

自动化监测系统在乌江渡水电站大坝安全监测中的应用

华朝锋

（乌江渡发电厂，贵州遵义，563104）

摘要：大坝安全监测管理是水电厂安全生产的重要环节。乌江渡水电站认真贯彻执行《水电站大坝安全监测工作管理办法》，坚持“安全第一、以防为主、综合治理”的工作方针，把大坝安全监测管理作为安全生产的一个重要环节来抓，确保了电站安全运行。

关键词：乌江渡水电站；大坝；安全；监测；自动化；管理

1 概况

乌江渡水电站位于贵州省播州区(原遵义县)乌江镇。工程于 1970 年开工，1979 年水库开始蓄水，同年底第 1 台机组发电，1982 年 3 台机组全部投产，1983 年底工程通过竣工验收。扩建工程于 2000 年 11 月开工，于 2003 年底结束。

1994 年安装的垂线自动化监测系统是南瑞大坝第一代产品。1998 年底，对该系统进行升级改造。2000 年 4 月，安装了坝身引张线及量水堰监测自动化系统。

2 大坝安全监测自动化系统的组成

乌江渡水电站大坝原有的观测设施不够完善，根据现行规范要求，以及现代化管理工作的需要，有些观测设施落后，为此乌江渡水电站进行了大坝监测系统更新改造规划，按照总体规划，分项实施的原则，分步实施观测项目的技术改造。

监测自动化系统从时间上可分为新系统(扩建监测)和老系统(大坝监测)，以新系统为主系统，将老系统作为子系统通过光缆接入主系统。

自动化系统从功能组成可划分为数据采集系统、信息管理系统、通信系统、监控管理中心站等，信息管理系统包括指令控制系统和资料处理系统。设备主要由监测仪器、数据采集装置、通信装置、计算机及外部设备、数据采集软件、信号及控制线路、通信及电源线路等组成，监测仪器即为已埋设的传感器。

根据工程的规模和特点，数据采集可由 1 个或多个基本采集系统组成，监控管理可配置 1 个或前后方 2 个监控管理中心站，当工程规模较大时，在前方可配置多个监控管理站。监控管理中心站可设置在监测现场，也可以设置在远离现场的区域。

通信系统有采集系统至监控管理站的通信和前后方的监控管理中心站之间的通信，通信方式有有线和无线 2 种方式。

采集系统应具有应答式和自报式 2 种运行方式。应答式运行方式由监控主机(工控机)或联网计算机发出命令，测控单元接收命令完成规定的测量，测量完毕将数据暂存，并根据命令要求将测量数据传输至计算机中。自报式运行方式由各台测控单元自动按设定的时间和方式进行数据采集，并将所测数据暂存，同时传送至监控主机。这里采集系统采用应答式和自报式相结合的 2 种运行方式。

3 新老系统整合

新老系统整合用光缆进行连接，首先进行光缆布设，完成后开始熔接尾纤和安装终端盒等设备，并拆除原来采集计算机的 NDA3100 通信模块、电话机、MODEM 等，安装新的 NDA3420 光端机 1 个，NDA3200 中继器 1 个，NDA3100 通讯模块 1 个，老系统与新系统用光缆通信。

4 监测系统的原理、结构

DAMS－IV 型智能模块化结构分布式监测。自动化系统主要配置包括传感器、数据采集单元(DAU)、计算机工作组、信息管理软件及通信网络五大部分。在系统中，传感器安装在监测部位，DAU 对传感器进行数据采集；监控主机对整个数

收稿日期：2020-03-10.

作者简介：华朝锋，贵州瓮安人，工程师，从事水电厂安全监测工作.

据采集系统进行管理。DAU与DAU之间采用RS—485现场总线通讯(本工程的通信介质为四目单模光缆)及2芯电源线总线相连接。每个DAU由若干个不同类型的智能采集模块(NDA)、通信模块和电源部件组成，并配有防雷、防潮及浮充蓄电池供电等部件。NDA具有独立的CPU、时钟、数据存储、数据通信等功能。DAMS—IV型智能模块化结构分布式数据采集自动化系统的DAU2000型数据采集单元具有以下性能特点：

(1) DAU2000采用了智能模块化结构，整个单元由智能数据采集模块(NDA系列)、通信模块、电源模块和防雷模块等组成。NDA系列智能模块均独立运行，互不干扰。

(2) DAU2000具有“免维护”全封闭形式的智能化模块特点，使DAU所面对用户的仅仅是接线端子，如果模块失效，仅需拧开螺丝换上新模块即可，使系统不至于停止运行。

(3) DAU2000具有方便快捷的自诊断功能，运行管理人员通过监控管理主机很快能查清各DAU的工作状态。

(4) 系统的可扩充性能很好。本系统为分布式系统、开放型结构，且各DAU为完全智能化、模块化，各模块和DAU的任意增减非常方便，且对系统的可靠性和稳定性不构成任何不利的影响。

5 大坝监测自动化系统应用

乌江渡水电站大坝安全监测自动化系统包括垂线监测系统、坝身引张线及量水堰监测系统、扩建工程监测系统、左右岸长观孔监测系统、二坝基扬压力监测系统及前方工作站和DSIMS大坝监控管理软件。

5.1 大坝垂线及引张线监测自动化改造

1994年安装的垂线自动化监测系统是南瑞大坝所第一代产品。1998年底，对该系统进行升级改造；2000年4月安装了坝身引张线及量水堰监测自动化系统。

由于以上老系统为南瑞公司早期产品，系统运行一直不稳定，此后几年，南瑞大坝所曾多次对系统出现的问题进行处理和维护。

5.2 扩建工程监测自动化系统实施

自动化系统改造由国家电力公司贵阳勘测设计研究院根据扩建工程建筑物的结构及监测部位运行工况、埋设仪器的监测情况等依照相关规程规范对扩建工程监测系统进行优化及自动化改造设计；南瑞大坝公司进行扩建工程自动化监测系统现场施工、安装调试。工程于2006年3月开工，2006年6月结束，历时3个月。扩建工程自动化监测系统共考虑接入330支(点)各类内观埋设仪器。将原“大坝安全监测系统”纳入扩建工程监测自动化系统，即对新老系统进行整合，通过各项检查和系统调试表明整个数据采集系统运行正常，各项性能和功能满足技术规范要求。

5.3 左右岸长观孔疏通及自动化改造

5.3.1 Ⅰ期

为监测水库库水绕坝渗流和两岸灌浆帷幕运行工况，在两岸防渗帷幕线下游侧共布置了50个地下水位长期监测孔(以下简称长观孔)，其中左岸14个，右岸36个，通过导线测绳法监测孔内地下水位变化情况来了解水库库水绕坝渗流和右岸灌浆帷幕运行工况。

两岸地下水长期监测孔是监测水库库水绕坝渗流和两岸灌浆帷幕运行情况的重要设施，1986年对被停测的12个孔进行了疏通，1995—1997年又利用地质钻机疏通21个孔。当时因地势险峻或孔内有钢筋导致8个孔无法疏通。由于年久失修和人为破坏，近几年来陆续有一些监测孔被堵塞、破坏而无法观测，为此，对左右岸地下水长期监测孔进行扫孔(钻孔)及渗压计安装，以实施集中观测。

工程施工时间分别为2004年11月至2005年5月和2006年7月至11月，工程共钻孔24孔，安装24支基康渗压计和1个集线箱。

5.3.2 Ⅱ期

2009年11月至2010年1月，经过近2个月的施工，完成了厂、坝基安全监测系统和右岸长观孔疏通及自动化改造(Ⅱ期)工程的安装调试等工作。本次大坝安全监测自动化工程将26支内观渗压计、6个廊道水位监测孔和13个右岸长观孔、扩机工程剩余的2个地下水位监测孔集中实现自动化观测，系统的性能满足要求。

本次改造共安装4台DAU2000采集单元箱，3块NDA1104数据采集模块、2块NDA1403模块和21支基康渗压计。在原系统软件基础上创建新增自动化测点，增加数据采集、处理和图形报表功能，进行系统软硬件联合调试。

5.4 大坝新增扬压力监测自动化系统

大坝坝基扬压力观测布置了3个观测横断面，分别位于4、5号坝段分缝线左右，8号坝段中心线和13号坝段中心线，共计13个测压管，1991年又在8号坝段基础横向排水廊道增设了6根测压管。上述测压管全部是在排水孔口安装压力表结构形式，利用排水孔兼作测压管。

在8号坝段布置7支渗压计(帷幕前2支、帷幕后 5 支），编号分别为 P8－1～7；在 13 号坝段帷幕前的基岩接触面上布置 1 支渗压计，编号为 P13－1；在厂房 1 号机和 2 号机分别布置 4 支渗压计，编号为 P1－1～4、P2－1～4；在厂房 3 号机布置 5 支渗压计，编号为 P3－1～5。

在近 30 年的运行中，测压管逐渐淤堵和锈蚀，其测量压力表灵敏度下降，精度较低，大部分已不能准确和可靠工作，监测资料的可信度较低。除已失效的渗压计以外，现存仍能工作的渗压计性能明显下降，分辨率较差，经初步对比分析，监测资料已不能全面系统地反映监测部位有效信息。为了能真实了解大坝坝基渗透压力分布情况，需对坝基扬压力监测进行改造，即在坝基纵横向增加扬压力监测布置。

2009 年 1—4 月，经过近 3 个月的施工，完成了新增大坝扬压力监测点自动化系统的新建孔及安装调试等工作。此次大坝安全监测自动化工程新增大坝扬压力监测点 29 个、修建 2 座量水堰，共安装 1 台 DAU2000 数据采集装置安装，2 块 NDA1403 数据采集模块、29 支渗压计、2 台弦式量水堰及配套仪器附件。

6 作用与效益

乌江渡水工部监测中心承担着大坝安全监测、扩机工程安全监测，大坝安全监测系统的管理和维护；承担水工建筑物维护及生产区域建筑设施整改等；另外还承担大坝、库区、河道及近坝区和机组流道的巡检及专项检查等。

大坝安全监测自动化按照总体规划、分项实施的原则，分步实施观测项目的自动化技术改造。使水工部观测班从最初的内观班、外观班、地下水班、维护班 4 个班组调整为监测中心 1 个班组，大大节省了人力资源。

在大坝安全监测自动化实施之前，由于大坝安全监测是集体性配合工作，且具有时间的约束性和“双规”的特点，即人工观测必须保证在规定的周期内完成规定的观测项目；且外部的观测还受制于天气、环境等，观测时间还要避开不利的天气和时段。而自动化逐步实施之后，自动化监测受天气、环境、观测时间的影响较小，通过自动化自动监测功能监测大坝每天的运行情况，保证了数据的及时性、有效性、连续性。

自动化监测为大坝安全运行提供了可靠的依据。乌江渡水电站大坝安全监测项目还未全部实现自动化，仍将继续改造自动化，以保证人员、大坝安全。

7 存在的问题及改进方法

自动化系统维护人员水平低，系统、专业培训较少，没有配备专门的技术人员进行管理。具体问题表现在有的人员懂水工监测专业技术，但不懂通信信息技术；有的人员懂通信信息技术，但不懂水工监测专业技术。解决办法是大力培养一专多能型人才，将水工监测专业技术和信息技术融合培训，通过专业技术培训，大力提升专业技术人员维护水平。

监测自动化系统有多个分系统，都由不同的专业技术公司生产安装，系统不能很好整合，导致数据不能集中统一管理。解决办法是需要建立 1 个数据管理平台，将不同系统的自动化数据统一集中进行管理，即加强自动化数据信息建设。

乌江渡大坝自动化监测数据向上级传输线路是乌江渡发电厂→乌江公司→华电集团公司→国家能源局大坝安全监察中心，监测数据受国家能源局大坝安全监察中心监管，存在的问题是数据部分时段未能传达到国家能源局大坝安全监察中心，国家能源局大坝安全监察中心会直接追责基层管理单位，基层单位无从查询。解决办法是每一级都实行专人负责对数据进行监管，发现问题及时向上级及下级反馈，共同解决数据传输问题。

由于运行环境、维护人员水平、测量模块使用多年等因素导致模块损坏，无法测量数据。解决办法是制定相关法规，定期对自动化系统进行综合评价，对不合格的自动化系统进行升级改造；建立自动化监测系统考评机制，加强对自动化监测系统的维护与管理。如垂线观测系统由于廊道气流对垂线的震动及湿度较大，对设备观测精度和可靠性有影响需要进一步改进；黄崖变形自动化监测由于设备长期在潮湿山洞内及供电的问题，观测数据的连续性、可靠性差，仅供参考，需要加强人工观测比较，确保黄崖不稳定岩体安全。

8 结语

乌江渡大坝安全自动化监测系统的运用，在大坝安全管理工作中发挥了非常重要的作用，自动化管理手段的应用与推广势在必行。目前自动化监测系统还局限在较小的范围，随着自动化监测技术的飞速发展，在扩大应用范围、培育技术人员、远程数据采集与管理、完善监测数据库、组建技术领导部门等方面下大力气，逐步健全自动化安全监测数据采集、管理、分析系统，以适应工作任务不断增加、管理手段科技化发展的新需要。

基于畸变波形故障预判技术对事故分析溯源

陈杰[1]，彭俊先[1]，张颖鑫[1]，刘江涛[2]
(1.贵州乌江水电开发有限责任公司东风发电厂，贵州贵阳，551408；
2.深圳市双合电气股份有限公司，广东深圳，518004)

摘要：文章通过提取某水电厂内发生的一起 10 kV 过电压保护器爆炸事故前后暂/稳态电气特征信号，溯源事故前后电气波形畸变特征及故障演变过程。分析表明：通过提取相关电气波形的畸变特征，可以有效识别电气设备渐进性故障过程，做到提前预警，防止重大事故的发生。

关键词：故障；拉弧；短路；录波；畸变；波形；预判

0 引言

过电压保护器是电力系统中必不可少的电力器件，但也常由于过压、铁磁谐振、短路接地等各种诱因引发过压保护器爆炸事故[1]。目前通过故障录波数据对系统中的故障进行基本故障特征分析也得到广泛的应用[2]。本文主要是通过电厂稳态与暂态故障录波数据，对其 10 kV 过电压保护器爆炸事故进行了溯源分析，抽样事故前后数据，研究波形畸变故障特征及故障演变过程和谐波概况。

1 事故概况

2020 年 9 月 19 日 22：08：24：786，某电厂 10 kV 厂用电Ⅷ段 032 开关保护动作，导致 5 号低压厂变 410 变负荷切除，4 号机 400 V 厂用电Ⅰ段母线失压。现场检查发现 10 kV 厂用电Ⅷ段 032 开关高压侧过电压保护器爆炸。

事故发生前 10 kV 厂用电Ⅷ段与 10 kV 厂用电Ⅸ段母联开关处于分位，且厂区 10 kV 线路并未配置故障录波器，仅有保护动作时间信息。故障发生在 10 kV 厂用电Ⅷ段 032 开关，最直接的故障监测点在 10 kV 厂用电Ⅷ段母线电压和电流上。4 号机组及 10 kV 厂用电Ⅷ段未接入录波器，基于一次接线图分析：10 kV 厂用电Ⅷ段引自 10 kV 厂用电Ⅳ段，10 kV 厂用电Ⅳ段引自 3 号高压厂变 03B，3 号高压厂变 03B 是采用 Y/△－11 接线方式，其故障特征可以反映在 3 号高压厂变 03B 高压侧。

事故发生时 3 号机组录波器 3 号高厂变 03B 高压侧 A，B，C 三相电流突变启动。暂态录波器录波图如图 1 所示。

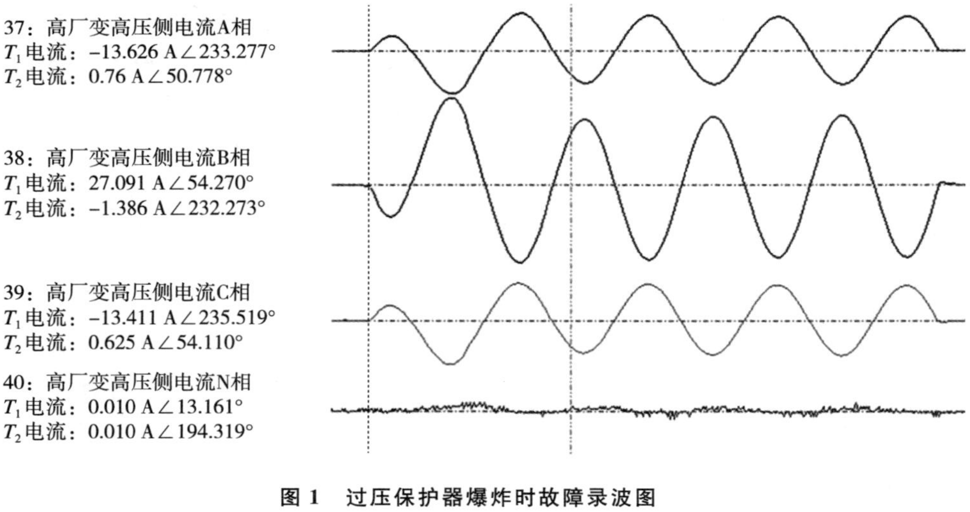

图 1　过压保护器爆炸时故障录波图

2 事故溯源分析

2.1 故障前数据分析

故障发生前 2 h，即 2020 年 9 月 19 日 20：03：00

收稿日期：2021-03-31.
作者简介：陈杰，贵州安顺人，工程师，从事水电厂检修维护管理工作.

开始，从稳态录波数据记录的数据的几个周波波形如图 2 所示(为实际记录的采样数据波形，未进行实际电流值折算计算)。

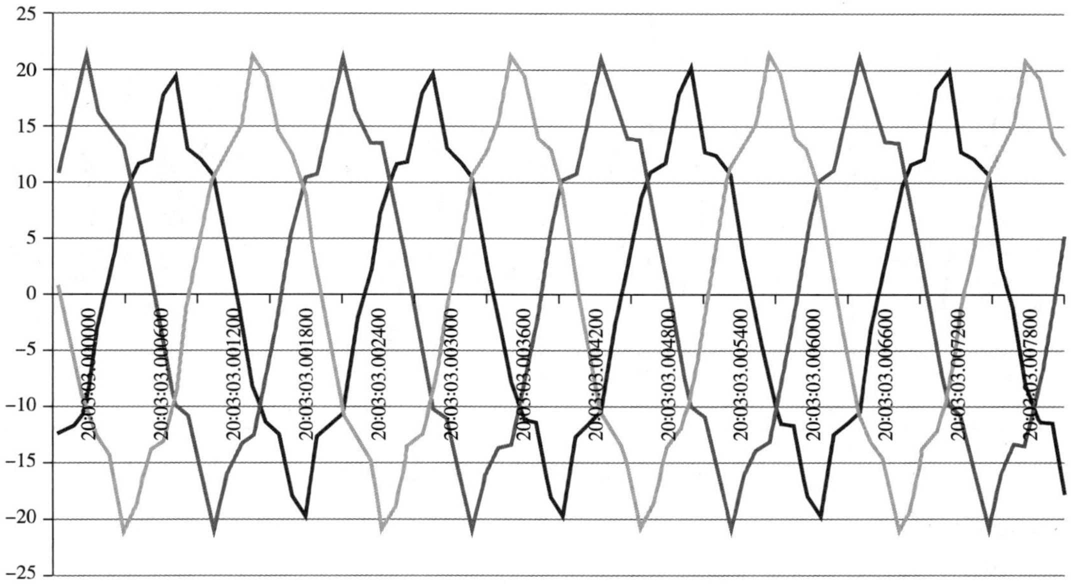

图 2　爆炸前 2 h 时电流波形图

从图 2 分析，三相电流大小平衡，但三相电流波形畸变较大，通过谐波软件分析计算，其中 3、5、7 次谐波占比较大，占比分别为 A 相(1%，9%，8%)，B 相(2%，10%，6%)，C 相(1%，10%，8%)，从电流波形的形状与谐波的含量程度估计，电路电流回路可能有放电拉弧现象[3-4]。

设备运行到 20：32 分时波形如图 3 所示，其电流增大，波形畸变严重，说明谐波含量严重。其 3，5，7 次谐波占比分别为 A 相(1%，10%，4%)，B 相(1%，11%，3%)，C 相(1%，11%，4%)。

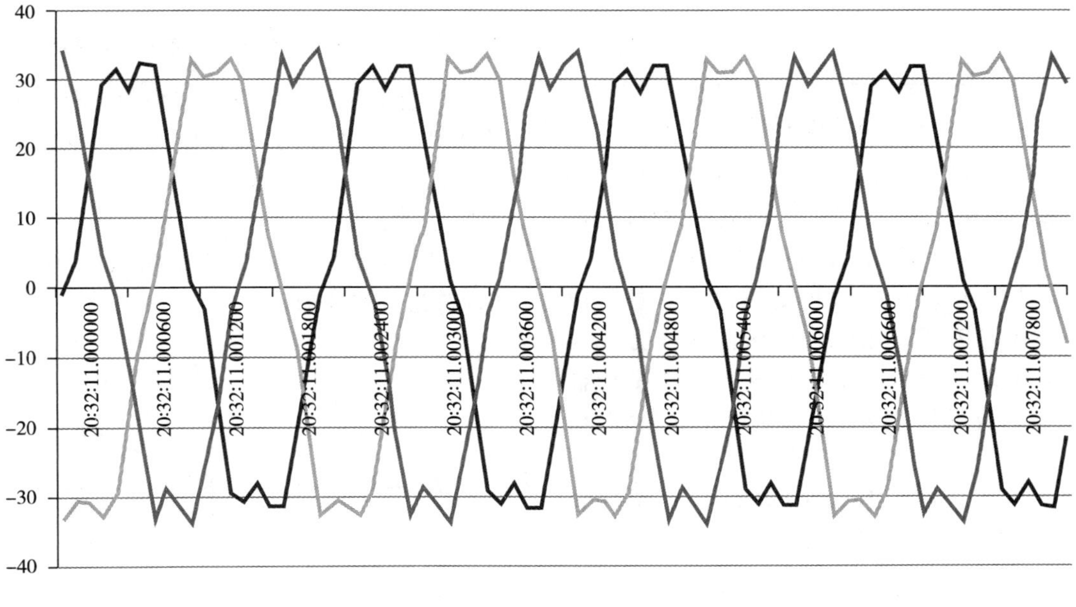

图 3　20：32 实时运行电流采样波形图

设备运行到 21：10 分时波形图如图 4 所示，电流拉弧更加明显，其 3，5，7 次谐波占比分别为 A 相(0%，11%，3%)，B 相(0%，12%，4%)，C 相(0%，12%，5%)，一直持续故障现象运行到爆炸发生时刻。

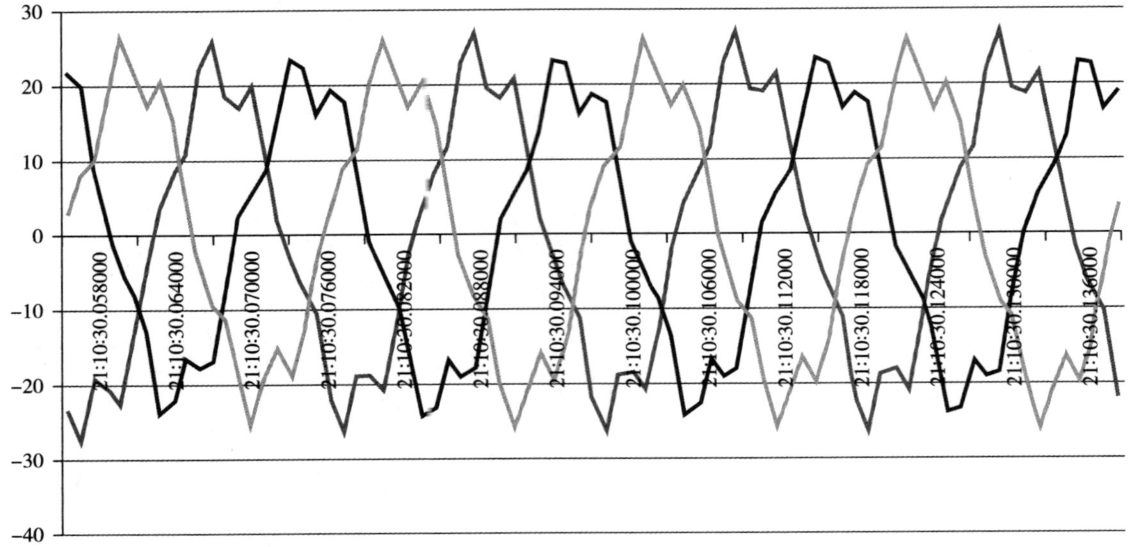

图 4　21：10 实时运行电流采样波形图

2.2　故障时数据分析

其后拉弧现象一直持续，负荷电流也随负荷调整有所变化，运行到短路故障发生时刻时，负荷电流较小，但故障发生后，电流急速增加，其暂态录波图如图 2 所示，整理其数据波形如图 5 所示。

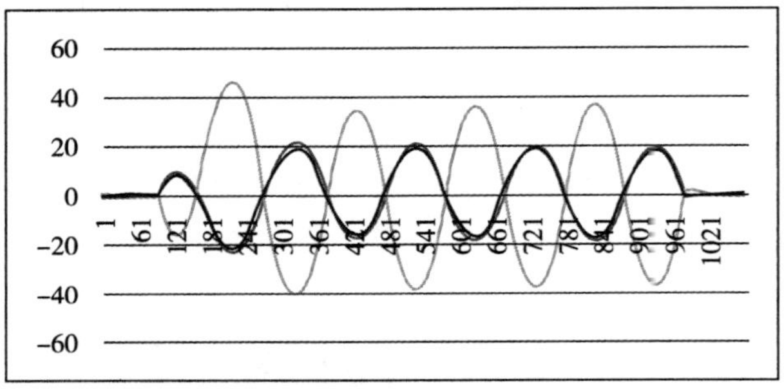

图 5　AC 相短路故障波形

从故障波形可以得出：AC 两相电流大小相等，都是 B 相电流的 1/2，AC 两相电流方向相同，AC 两相波形重合，但与 B 相电流方向相反。

故障录波器采集点在 03B 变压器高压侧，故障地点在 03B 变压器低压侧，变压器接线方式为 Y/△－11，见图 5 所示波形，假设变压器 Y 侧监测到的 A 相电流矢量记为 I_{Ya}，角度定义为零度，则：

$$I_{Yc} = I_{Ya}\,,\ I_{Yb} = -2I_{Ya} \tag{1}$$

以对称矢量分析有正序、负序、零序为：

$$\begin{pmatrix} I_{Y1} \\ I_{Y2} \\ I_{Y0} \end{pmatrix} = \frac{1}{3}\begin{pmatrix} 1 & \alpha & \alpha^2 \\ 1 & \alpha^2 & \alpha \\ 1 & 1 & 1 \end{pmatrix}\begin{pmatrix} I_{Ya} \\ I_{Yb} \\ I_{Yc} \end{pmatrix} \tag{2}$$

将(2)式代入(1)式数据，并整理有：

$$I_{Y1} = \frac{1}{3}(I_{Ya} - \alpha 2I_{Ya} + \alpha^2 I_{Ya}) = I_{Ya}\angle -60^\circ$$

$$I_{Y2} = I_{Ya}\angle 60^\circ \tag{3}$$

$$I_{Y0} = 0$$

变压器高压则电流矢量图如图 6 所示：

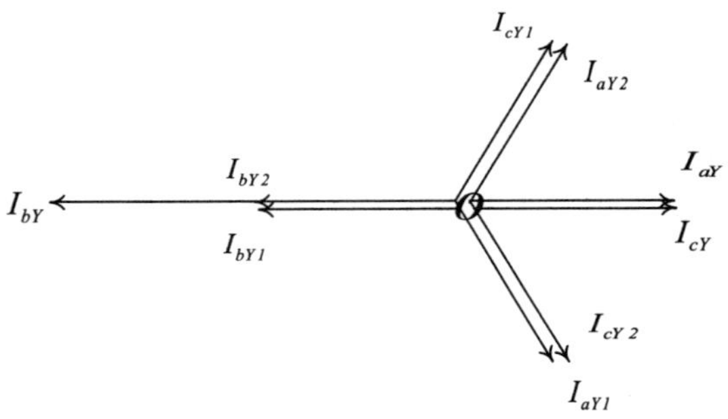

图 6　高压侧故障电流矢量图

经过变压器后的低压三角侧正负序电流依次超前或滞后 Y 侧 30°，其合成矢量图见图 7 所示，合成结果为：

$$I_{a\Delta} = -I_{b\Delta}\,, I_{c\Delta} = 0 \tag{4}$$

式(4)故障电流特征说明故障类型为低压侧 AB 两相短路故障。

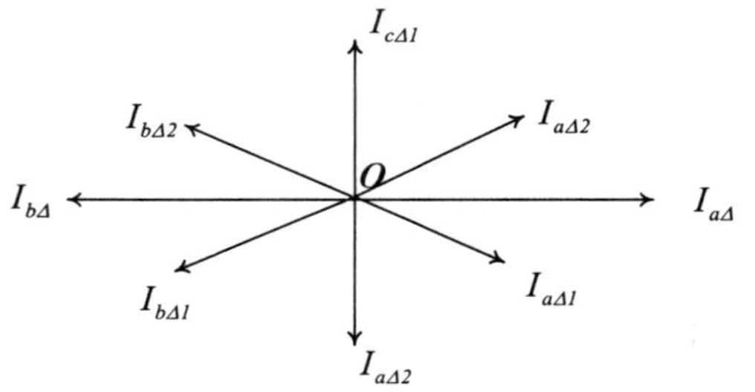

图 7　低压侧故障电流矢量图

短路故障发生后，短路波形光滑，为纯线路阻抗，原有负荷畸变故障特征消失，只有短路状态。

3 事故原因及渐进过程

从故障前 2 h 的运行数据抽样分析和故障特征分析，可以推出概要的发展转化过程：由于水电厂湿度较大，引起过压保护器之间有微量的拉弧放电现象，此后这种拉弧现象不断持续，且热量聚集越来越多，由于故障持续不断的拉弧现象，造成 AB 相短路，短路电流急速增大，聚集的热效应也迅速扩大，由于过压保护器已长期聚集了大量的热能，再加上急速增加的热能，热能聚集无法快速释放而形成过压保护器爆炸事故。

为防止此类事故的发生，可配置相应的波形畸变分析软件，及时对畸变波形进行分析、预警，并对预警的设备进行及时巡检和维护。

4 结语

本文基于稳态和暂态故障录波数据对系统的波形数据进行大数据畸变溯源分析，可满足实际工程中电力系统故障诊断与判定的需求，提高系统对出现的早期异常现象进行预判和预警能力，防止事故的扩大，增强系统运行的可靠性。

参考文献：

[1] 佘琳琳.过电压保护器爆炸事故分析及防治[J].新疆钢铁,2014(2).

[2] 郑发林等.基于故障录波数据的变电站中压系统故障特征分析[J].电工技术,2015(10).

[3] 苏晶晶,许志红.电弧故障保护电器动作特性测试分析系统[J].电力自动化设备,2019,39(10).

[4] 刘晓明,等.串联故障电弧检测方法的研究[J].电气开关,2014(1).

水电远程诊断平台(厂站级)的维护探讨

王杨琛

(贵州北盘江电力股份有限公司光照分公司，贵州晴隆，561400)

摘要：文章介绍利用信息化技术在贵州北盘江电力股份有限公司光照分公司搭建的水电远程诊断平台，对水电厂关键设备进行准确分析和评估。通过诊断分析报告(厂级就地和远程)和设备运行维护信息(实际)与故障失效模式进行管理，实现设备诊断、分析、方案、措施、实施、反馈的闭环管理，为形成集团水电设备故障库建立基础。

关键词：远程；诊断；水电；实时；数据

0 引言

水轮发电机组在整个电力系统中的比重越来越大，单机容量增加，自动化程度不断提高。年平均发电时间延长，检修时间缩短，一方面满足了发电企业提高生产效率、降低生产成本、节约能源等客观需求，社会效益和经济效益都有巨大的进步；另一方面也对水电设备的可用率、机组运行效率、安全性、可靠性与经济性提出了更高的需求。事故停机造成的经济损失可能会更为严重，给水电设备的运行管理带来更多的挑战。机组设备在运行中受到泥沙不断磨损、汽蚀损伤、机械磨损及其他机械或电气破坏，致使发电设降低效率，缩短寿命[1]。电力设备和系统故障后，轻则降低系统生产效率，重则停运，甚至造成灾难性的后果[2]。

为了防止水电设备出现故障，设备缺陷能够及时被发现，水电机组能够始终处于良好的运行状态，就必须对设备进行维护和检测，并对维护的方法进行分析，而水电远程诊断平台的目标就是提高设备的利用率，避免设备事故的发生，为水电企业状态检修决策、生产运行管理提供数据支持。

1 系统框架结构

水电远程诊断平台(见图1)分为厂站级、区域级和集团级三级部署，涉及多流域、多电厂、多机组和多监测子系统，同时考虑系统未来扩展能力，平台以统一编码为基础，建立三级数据中心实现分布式数据采集、存储和应用。

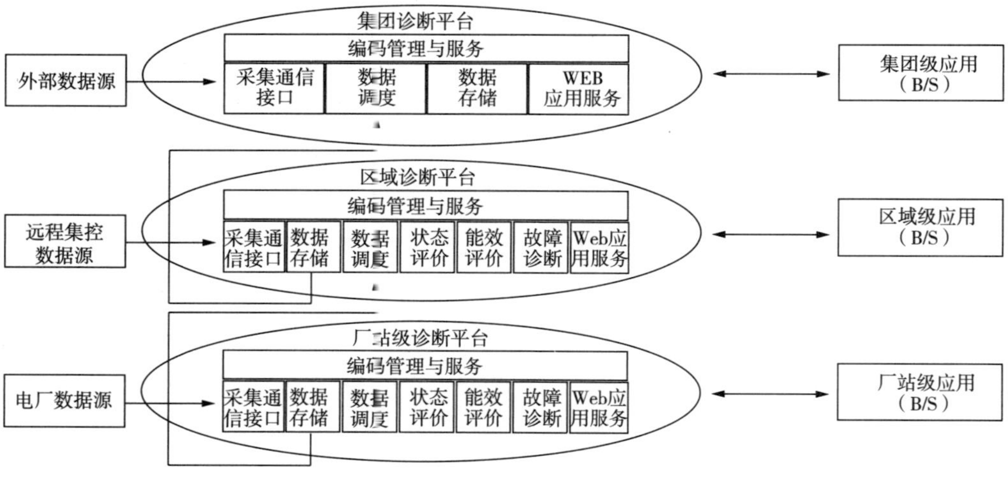

图1 诊断平台框架

从厂站级诊断平台开始，逐步将各电厂机组数据进行上传，最终在集团侧进行汇总，并通过大数据算法的优化，完善集团水电设备故障库，最终利用大数据对机组故障进行诊断。

收稿日期：2021-03-12.

作者简介：王杨琛，贵州锦屏人，助理工程师，从事水电自动化维护、通信及网络安全方面工作.

厂站级的诊断平台主要收集的数据包括机组监控系统数据、机组状态监测系统数据和电能量采集装置数据等与机组发电相关的数据。

厂站级诊断平台共有 7 项基础功能核心模块，分别是综合信息、状态监测、能效分析、故障诊断、运行优化、检修决策及其系统管理。

(1) 综合信息。水电远程诊断平台(厂站级)首页页面，展示内容包括电厂概况、机组参数、报警信息以及全厂参数等信息。

(2) 状态监测。水电远程诊断平台(厂站级)状态监测，主要对电厂的主要设备及用户在诊断平台数据服务模块中所建立的设备监测对象进行实时监测，展示内容包括机组状态总览、报警信息查询、电气主接线图状态、机组实时状态、状态评价报告、评价历史状态以及对比分析等信息，并通过色标管理的三色图来帮助用户快速熟悉机组状态。

(3) 能效分析。水电远程诊断平台(厂站级)能效分析，对电厂的经济性指标进行数据加工处理，经济指标包含机组水轮机效率、耗水率、导叶漏水率、引水损失率以及水能利用率等信息。

(4) 故障诊断。水电远程诊断平台(厂站级)故障诊断，对电站主设备已发生的报警信息和故障进行监测分析与统计分析，了解电站各主设备的报警和故障情况。故障诊断模块包括故障诊断、故障分析、故障统计以及故障报告的功能。

(5) 运行优化。水电远程诊断平台(厂站级)运行优化，可对机组的经济性和适用性进行评价，通过机组运行时间、振动区运行情况以及机组经济性指标综合确定机组运行的优先顺序，以辅助用户进行决策。运行优化页面具有运行优化总览、安全运行分析以及经济运行分析等信息。

(6) 检修决策。水电远程诊断平台(厂站级)检修决策，可对机组的状态监测量、能效分析信息以及机组设备的能效健康状态进行综合性评价，给出机组设备的检修建议，并可对机组的检修台账、检修结果进行管理和分析显示。检修决策页面具有状态评价、检修建议、检修计划、检修评价、机组总览、机组设备总体分析报告、振动区运行时间以及检修历史资料库管理等信息。并通过绿色代表正常、黄色代表注意、红色代表危险的三原色色标管理，使得运维人员能快速区分机组是否存在故障。

(7) 系统管理。系统管理员通过该功能模块可以实现个人信息管理，角色管理，单位、用户管理，通知公告管理以及系统配置等功能。

2　现场维护管理

目前诊断平台出现故障次数最多的问题为通讯中断导致数据中断，通讯中断的可能性共分 3 种，与监控系统通讯中断、与状态监测装置通讯中断、与电能量采集系统通讯中断：

(1) 诊断平台与监控系统采用网线进行连接，通过 104 规约进行通讯。

(2) 诊断平台与状态监测系统采用网线进行连接，通过状态监测厂家编写的通讯程序进行通讯

(3) 诊断平台与电能量采集装置采用网线进行连接，通过 102 规约进行通讯。

从 2019 年 3 月试运行至今，诊断平台共出现故障次数为 26 次，其中与电能量采集装置相关的故障有 10 次，与状态监测相关的故障有 7 次。故障中 75% 均为通信进程故障或中断引起，剩余 25%都与设备硬件有关。

目前诊断平台设备运行稳定，诊断平台厂家客服定期进行巡检，发现故障信息会通知对应厂站进行处理。

3　优点与缺点

远程诊断平台(厂站级)经过 1 年多的试运行，发现了许多的优点与不足，其中的优点有：

(1) 远程诊断平台采用色标管理，简单可靠高效，运行人员一眼便可看出系统是否存在问题，特别适合大集团分级管理。

(2) 色标中的黄色预警功能使得运维人员可以对设备参数指标劣化过程中预警。

(3) 平台采用开放性原则，增加新功能便捷，方便对原有功能进行完善。

(4) 平台对接入数据统一采用 KKS 编码，建立标准数据库，使电厂所有监测系统成为平台子系统，通过数据整合，建立完整的标准化数据平台。

其中的缺点有：

(1) 缺少参数之间的逻辑关联判断，不能实现初级的智能判断功能。

(2) 检修决策缺少成熟足量的数据库支撑，缺少科学的数字模型。

(3) 缺少高级设备的寿命周期预判及决策功能。

(4) 缺乏安全的远程网络支撑，需要提高网络等级，如设置堡垒机、采用双因素认证等。

4　结论与探讨

目前诊断平台的数据传输均正常，但各部分功能均可以继续加强：

(1) 目前故障诊断功能仍未完善，需要完善故障诊断功能丰富故障诊断模型，做到真正的设备故障提前预警、设备故障精准定位。

（2）随着各类传感器的不断进步，提高电厂的数据化程度，为状态检修提供基础。

（3）将诊断平台与目前的通讯方式相结合，做到 APP 化，通过手机便可接收到诊断平台发出的故障告警。

（4）水电厂各类日报、月报种类繁多，诊断平台拥有机组的各类数据，可以在系统中自制表格，到时间后自动生成日报、月报。

（5）将诊断平台与 ERP 连接，当运维人员通过 ERP 开票处理问题后，自动将相应流程信息传送至诊断平台。

（6）对诊断、决策类的功能，如检修决策，应提供决策逻辑说明，便于厂站分析判断决策结果是否正确，提高诊断结果的可靠性，真正实现代替专家诊断的效果。

（7）远程诊断平台（厂站级）在信息安全等级保护中被评为 2 级，意味着远程诊断平台受到破坏后，会对公民、法人和其他组织的合法权益产生严重损害，或者对社会秩序和公共利益造成损害，但不损害国家安全。所以必须要按 2 级的相关要求安装布置远程诊断平台机房，如装设门禁、装设摄像头等。

随着大数据技术和数字化技术的不断发展和提升，远程诊断平台的功能也将逐渐丰富，目前对于机组状态监测的评估手段早已不仅仅依赖于传统的专家经验，通过大数据的分析手段，可以对生产的实时、非实时数据进行更加有效的分析，同时可以借鉴于集团内部专家资源，第一时间为电厂提供有效可靠的技术指导。通过对远程诊断数据的不断分析，也可以将机组的状态客观真实反馈给运维人员，为状态检修提供更切实的数据支持，降低维护的成本。电站的智能设计一般分为三区两网结构，采用 IEC61850 通讯协议，如果能够采用 BIM 驱动，能提升大数据的预判功能。

电站的智能设计、智慧运营是水电站将来发展的方向，目前国内各类诊断平台均处于尝试阶段，虽然国电大渡河、澜沧江等区域公司已经在开展有关实践，取得了一定的效果，但仍然需要不断收集数据，通过将各类数据进行处理后，建立机组故障模型，结合机组的正常模型进行评估、预计和故障分析。远程诊断无疑是未来水电检修中必不可少的一项重要技术，越早的完成远程诊断无疑能越早进行状态检修。

参考文献：

[1] 胡东海.水轮发电机组振动在线监测和故障诊断研究[D].杭州：浙江大学，2008.

[2] 舒登春.水电站在线检测及远程辅助诊断系统研究[D].成都：电子科技大学，2012.

乌江梯级各厂制动系统运行情况分析

葛勇
（贵州乌江水电开发有限责任公司，贵州贵阳，550002）

摘要：水轮发电机组制动系统好坏是机组安全稳定运行保障之一。本文通过乌江梯级流域各厂制动系统故障进行分析和研究，提出相应措施，保障机组安全稳定运行及减少远程开机停机不成功的几率。

关键词：乌江；梯级；远程；集控；制动；系统；缺陷；统计

1　概述

继乌江流域水电站远程集控中心（以下简称集控中心）对梯级水电站实现水库调度、电力调度集中管控后，2015年4月又对乌江梯级9座水电站、32台水轮发电机组实现了远程集控。乌江梯级水电站机组控制权移交至集控中心，由集控中心负责远程开停机。据统计，远程集控实施以来，因制动系统缺陷导致开停机不成功约50次，占所有开停机不成功次数的50%。梯级各厂均有制动系统缺陷高频重复发生，严重影响机组远控率。

乌江梯级水电站发电机均采用机械制动方式，其优点是运行可靠，使用方便，通用性强；其缺点是制动器的制动块磨损较快，制动过程中产生的粉尘随着循环风进入风洞附着在制动器行程开关上，导致行程开关不能正确动作，制动系统控制回路复杂。

1.1　水轮发电机机械制动方式

水轮发电机机械制动的作用是为了避免机组停机减速过程后时间较长，引起推力瓦的磨损。一般当机组转速降低到额定转速的20%～35%，自动投入制动器，加闸停机。对没有配置高压油顶起装置的机组，当经历较长时间停机之后，再次启动前，用油泵将压力油打入制动器顶起转子，使推力瓦重新建立油膜，为推力瓦创造良好的工作条件。乌江梯级流域水电厂均采用机械制动，主要区别在于制动系统使用了不同的行程开关。

1.2　行程开关介绍

行程开关是安装在相对静止的物体或者运行的物体上，当动物接近静物时，开关的连杆驱动开关的接点引起闭合的接点分断或者断开的接点闭合，由开关接点开、合状态的改变去控制电路和电机。

工作原理：行程开关就是用以限定机械设备的运动极行程置的电气开关。行程开关是一种常用的小电流主令电，主要用于控制设备的行程和行程保护，触发部件和行程开关执行部件会产生接触，从而导通或者断开控制的元器件。行程开关分工作行程开关和极限行程开关，工作行程开关是用来给出机构动作到位信号的；极限行程开关是防止机构动作超出设计范围而预防发生事故的。工作行程开关安装在机构需要改变工况的位置，开关动作后，给出信号，进行别的相关动作。极限行程开关安装在机构动作的最远端，用来保护机构动作过大出现机构损坏，

2　梯级电站缺陷统计及分析

2.1　梯级电站制动缺陷统计

2015年4月集控中心实现对乌江梯级9座水电站32台水轮发电机组的远程集控，截至2019年10月18日的缺陷统计见表1。

表1　乌江梯级缺陷统计

时间	缺陷合计/项	制动系统缺陷/项	占比
2015	168	14	8.3%
2016	75	4	5.3%
2017	61	8	13.1%
2018	105	19	18.1%
2019	63	4	6.3%
合计	472	39	8.3%

注：制动系统缺陷中，行程开关缺陷21项，流程缺陷6项，其他缺陷12项。

梯级各厂制动系统缺陷统计见表2。

2.2　制动系统缺陷分析

从表1、表2可知，2015年至2019年期间，发现影响远控缺陷472项，其中制动系统缺陷有39项，占比8%，且各个电厂除沙沱外均有发生，

收稿日期：2020-10-27.
作者简介：葛勇，从事水电站远程控制和流域水库调度工作.

表 2　乌江梯级缺陷统计

时间	洪家渡	东风	索风营	乌江渡	构皮滩	思林	沙沱	格里桥	大花水
2015	1	0	4	4	2	0	0	0	3
2016	2	0	0	0	0	0	0	1	1
2017	0	0	1	3	2	1	0	1	0
2018	4	2	0	1	0	1	0	8	3
2019	0	0	2	1	0	1	0	0	0
合计	7	2	7	9	4	3	0	10	7

在影响远控的缺陷中属于易发类缺陷。制动系统流程缺陷及其他缺陷中行程开关缺陷 21 项占比 54%，数据表明超过一半的制动系统缺陷原因均为行程开关缺陷；6 项为制动系统动作流程编写不严谨导致出现的误动或拒动。梯级电厂制动系统易出现缺陷的原因为行程开关检查维护不到位，应在夜间转动部分检查时候加强对行程开关的检查。洪家渡、索风营、乌江渡、格里桥、大花水的制动系统发生缺陷的次数明显多于东风、构皮滩、思林，而沙沱从未发生过制动系统缺陷，东风 2 次，思林 3 次。原因为思林、沙沱制动系统所使用的行程开关均为光电式行程开关，东风制动系统则是光电行程开关和机械式行程开关各 1 套，其余电厂均为机械式行程开关。机械式行程开关最大的特点就是结构简单成本低，维护更换简单方便，这也是大多数电厂选择使用机械式行程开关的主要原因。但是电厂制动系统行程开关安装于风洞，属于粉尘、油污环境，机械式行程开关寿命短，易受粉尘、水汽影响，因此，机械式行程开关发生制动系统缺陷的次数明显多于使用光电行程开关。

2.3　缺陷分析

造成行程开关缺陷过多的根本原因就是行程开关拒动或者误动，电厂没有选好适合的行程开关是造成缺陷过多的原因之一。沙沱电厂从未发生过因制动系统导致的开停机失败，原因是沙沱电厂采用型号为“欧姆龙 e3jk－tr12－c”光电式行程开关，这种行程开关是一种无须与运动部件进行机械直接接触而可以操作的位置开关，当物体接近开关的感应面到动作距离时，不需要机械接触及施加任何压力即可使开关动作，从而驱动直流电器或给计算机（PLC）装置提供控制指令。这种开关既有行程开关、微动开关的特性，同时具有传感性能，且动作可靠，性能稳定，应用寿命长，抗干扰能力强，并具有防水、防震、耐腐蚀等特点。这种行程开关的优点非常契合电厂风洞油污重的环境特点，所以运行多年从未因环境问题发生损坏或者非正确动作。

2.4　改造及运行方式建议

（1）梯级电厂中还在使用机械式行程开关的电厂可以参考沙沱电厂制动系统风闸行程开关的安装方式和评估能否使用欧姆龙“e3jk－tr12－c”光电式行程开关，对于已经使用光电式行程开关的电厂则评估能否换成欧姆龙“e3jk－tr12－c”光电式行程开关。

（2）完善流程的执行判断条件，对投风闸、撤风闸的执行条件进行更为细致的论证。采用高可靠性、高性能的开出模件和继电器，继电器可考虑采用并联冗余的方式。

（3）检修作业中增加制动系统电气回路检查环节，防止由于接线错误引起的设备误动拒动。对低压气管路加装气压传感器，对压力异常的情况，通过监控系统进行报警，以及时提醒维护人员现场处理。为防止出现机组运行过程中，由于转速测量信号直接消失，导致的系统误认为机组转速低于 15% 投风闸的故障发生，在投制动风闸的流程执行中，应加入机端频率、导叶开度等必要的判断条件。针对风闸动作不到位，更换风闸加闸腔与复归腔之间的密封圈，加强对风闸制动装置的检查维护。

3　结语

沙沱电厂从投产发电之初就使用欧姆龙“e3jk－tr12－c”光电式行程开关，机组运行中从未发生过因行程开关导致的制动系统缺陷，该行程开关也很少损坏。沙沱电厂只需要在机组夜间停机进行转动部分检查时定期对其进行清洗和检查，使用时间过长的光电式开关则在机组检修时进行更换，这也大大减少了沙沱电厂制动系统的维护成本。通过更换适合本厂制动系统行程开关、继电器以及完善制动系统的动作流程，一定能大大减少制动系统缺陷，能解决因制动系统导致的开、停机不成功问题，确保机组的安全稳定运行，也希望能为其他企业类似问题提供参考。

参考文献：

[1] 周金江. 乌江梯级远程集控深化运行管理实践[J]. 红水河，2020，39(2)：100-102.

[2] 徐成林. 水轮发电机组制动系统故障及消除措施探讨[J]. 科技与企业，2014(19).

梯级电站远程控制缺陷管理实践

吉学伟

（贵州乌江水电开发有限责任公司水电站远程集控中心，贵州贵阳，550002）

摘要： 文章通过乌江梯级水电站实施“远程集控、少人维护”模式 5 a 以来历年影响远程集控缺陷研究，分析其典型并加以利用，结合新的系统功能及数据分析，给出了基于深化运行后的缺陷管理新机制。

关键词： 远程；控制；缺陷；管理；数据；系统

0 引言

随着水电站设备及技术的不断改变和创新，特别是电力设备的安全可靠性、自动化程度和信息化水平的提高，必将水电站带入了自动化、智能化、信息化时代。国内各发电集团均在探索或建立了“远程集控、少人维护（无人值班、少人值班）”的水电站运行模式，在此背景下大多数企业只是将缺陷进行了计算机流程化管理，并未真正将缺陷的日常跟踪、共性、分析和现场生产有效结合，很大程度上制约了企业安全稳定运行的发展[1]。

贵州乌江水电开发有限责任公司水电站远程集控中心（简称乌江集控）对所辖 9 座水电站开展了缺陷集中管理。由于乌江集控和电厂职责划分，集控侧未对电厂所有设备进行全面监视、控制，导致电厂管辖范围内设备引起影响机组正常运行或远程控制的缺陷不能及时掌握，缺陷管理存在不能全面覆盖的盲区。加之原来缺陷管理只停留于统计，并未对缺陷进行系统性的细化及梯级其余电站是否存在相同问题的统筹考虑，致使缺陷管理滞后，不利于水电站远程集中控制管理。

随着运行管理的深入，针对此状乌江集控提出将整个集控与流域电站的缺陷管理进行科学有效的统筹，作为保障深化运行持续发展的有力手段之一，通过上下联动、系统平台升级、专业配合、专项分析等手段，依托技术应用及管理创新，促进梯级电站设备安全运行。

1 原缺陷管理方式存在的问题

自 2015 年乌江集控全面实现“远程集控、少人维护”以来，缺陷总体分为两大类，一类为集控侧缺陷，主要体现在因集控侧设备引起的影响远程控制的缺陷；另一类为电厂侧缺陷，主要体现在集控管辖范围内的设备及站内重要辅助设备引起的影响远程控制的缺陷。上述两类缺陷分别有两类管理形式，集控侧缺陷通过内部调度业务管理系统中缺陷模块进行录入，并通知相关专业人员进行消缺，但在消缺过程中存在滞后性，消缺率不高，在内部缺陷闭环管理上存在问题。电厂侧缺陷通过运行值班日志进行录入，并通知站内运行人员进行处理，由于缺陷跟踪和消缺及时性上不强，可能导致集控远程控制率低。尤其针对二次系统及通信系统问题造成的缺陷，集控当班运行人员在验收时对原因及消缺情况把握不够全面。

1.1 缺陷信息全面深入亟待提升

（1）仅通过计算机监控系统和集控生产系统所提供的信息来描述缺陷现象，不能清晰掌握缺陷产生原因及所影响的范围，影响集控当班运行人员对集控或电站运行设备的判断，导致运行期间不安全因素增多。

（2）对于易发生缺陷的设备或产生重复缺陷的设备，没有形成科学有效的统计和数据分析，导致集控运行人员对现场设备实际运行情况掌握不全面。

（3）针对二次系统及通信系统的缺陷，由于集控当班运行人员缺少专业性的判断能力，对于是否影响远程控制存在疑虑，可能导致不安全事件发生。

1.2 缺陷实时跟踪亟待提高

（1）集控或电站发生缺陷时，因为备品、备件未到位处于待消状态，且并未影响远程控制或影响深度不大，时间过长后易导致集控运行人员跟踪不及时。

（2）调度业务管理系统中缺陷记录与运行值班日志中影响远程控制的缺陷记录两者并未统一结

收稿日期： 2020-10-27.

作者简介： 吉学伟，工程师，从事水电站远程控制和流域水库调度工作.

合，集控运行人员在缺陷的查询上存在困难，导致当班人员不能及时跟踪缺陷。

(3) 针对影响远程控制的待消缺陷，由于调度业务管理系统数据丢包，造成缺陷记录遗失，导致集控运行人员不能及时跟踪缺陷。

1.3 缺陷审核和后续工作亟待强化

(1) 集控侧或电厂侧缺陷均由集控当班运行人员发起，当缺陷消除后直接由集控运行当班人员进行确认，并未经过集控相关专业人员或职能部门审核确认，缺少专业技术力量的支持，加之各电站现场设备存在差异性，当班人员在验收过程中掌握信息不充分，可能导致缺陷未根本性消除。

(2) 针对易发生缺陷的设备或典型缺陷，当缺陷消除后，未开展有效的总结、提炼：对梯级其余电站是否存在类似问题、是否需要协调安排专项检查未形成专项分析研究。

(3) 缺陷消除后，未针对缺陷的具体原因及消缺情况进行系统性划分，导致运行专业半年或年度工作总结时，在缺陷分析及定位上存在不精确的现象。

1.4 缺陷闭环管理亟待完善梳理

(1) 在缺陷发生的第一时间，因系统或人员原因未能根据缺陷管理要求及时接收或消除缺陷，导致缺陷闭环管理滞后。

(2) 针对电厂侧缺陷，只记录于集控内部生产系统，并未通过流程化的管理方式将缺陷推送至电厂，缺陷处置、审核、验收过程没有形成痕迹，导致后期缺陷分析利用率不高，尤其针对是否需要定义为重复性缺陷时缺少依据。

2 现缺陷管理方式的应用与成效

乌江集控基于深化运行的前提下，围绕缺陷管理方式上提出了新的要求：通过上下联动协调，利用夜间低谷时段，统筹安排梯级电站转动部分检查及设备专项检查工作，降低缺陷的发生率，提升设备可靠性；通过建立运维管理系统将集控侧和电厂侧缺陷进行统一管理，完善缺陷闭环管理工作，确保缺陷跟踪及消除的及时性；通过集控专业人员技术力量，共同参与缺陷记录、审核、验收工作，形成有力的技术保障，确保消除缺陷，通过对历年来影响远程控制缺陷的重新梳理，统计典型缺陷并加以专项分析，做好梯级电站缺陷的整体分析与预测。

2.1 做好上下联动协调

(1) 通过协调上级调度机构形成统一意见，在不影响电网运行情况下，梯级各电站可利用夜间低谷对机组进行转动部分检查或专项检查，电站利用此时段对相关设备进行全面检查，提前发现并消除隐患，降低设备发生缺陷概率。

(2) 通过下发《关于进一步规范梯级水电厂机组转动部分检查申请管理工作的通知》，要求梯级各电站于每日 20：00—22：00 向乌江集控申报进行转动部分检查的机组计划，再由乌江集控统一向调度协调，不仅提升了工作效率，也强化了远程控制安全。

2.2 缺陷管理系统的升级应用

通过建立乌江集控运维管理系统，将集控侧和电厂侧缺陷进行统一管理，完成了缺陷管理业务的网上记录、处理、验收关闭全流程的共享处理，实现数据动态查询分析及运维缺陷管理流程的标准化和系统化[2]。

(1) 缺陷色阶显示。集控运行人员在记录时，要将缺陷等级、所属系统等不同的信息填到相关的目录中，对于缺陷处理的进度，用不同颜色与字样进行标注，使每一次的设备缺陷记录都非常全面。在查询时一目了然，减少过多的操作，提升缺陷工作处理效率。

(2) 缺陷记录及接收。由集控运行当班人员新建缺陷，针对缺陷归属分别推送至电厂或集控，并由缺陷接收人针对缺陷信息作出处置，若缺陷描述有误可由缺陷接收人反馈至发现人对缺陷信息进行补充描述。若接收缺陷后，发现引发缺陷的归属单位发生改变，亦可由乌江集控人员转交电厂处理。

(3) 缺陷延期处理。待消缺陷归属地必须由相关职能部门审核确认，对于确实需要延期处理的缺陷，则输入防范措施进行确认，如果驳回缺陷处理延期申请，则该缺陷单仍按照正常流程流传，并告知申请人申请被驳回[3]。

(4) 缺陷审核及验收。在缺陷审核和验收阶段，需要提交专业部门进行确认，做到精准定位缺陷原因，确保缺陷处理不留死角。

通过缺陷管理系统的升级应用，将集控侧与电厂侧缺陷做统一管理，不仅提升了缺陷处理的工作效率，而且大大避免了发生重复性缺陷的因素，为远程控制安全建立了坚实的基石。

缺陷管理系统流程如图 1 所示。

2.3 做好多专业连同配合

乌江集控运行人员在发现缺陷时，往往只能通过计算机监控系统、声光报警系统、保信系统、水库调度系统等提供的表象信息进行判断，缺少对缺陷详细诊断的依据。这时可通过集控多专业人员配合，在缺陷记录、审核、确认阶段提供技术保障，针对缺陷的具体原因及消缺过程提供帮助，不仅可

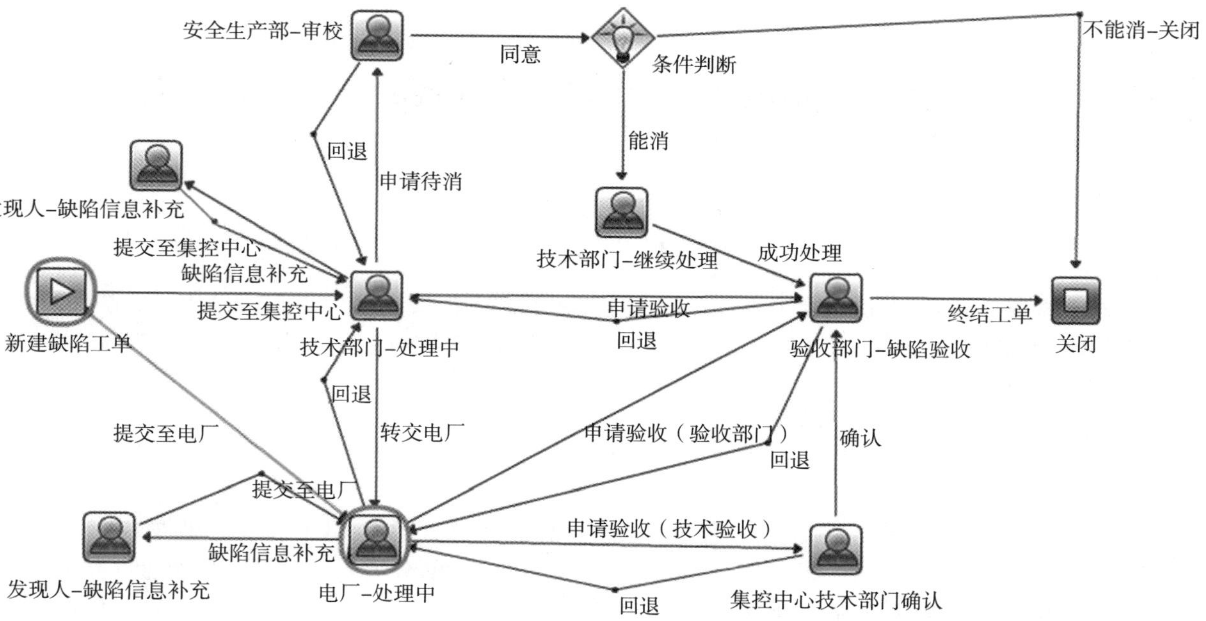

图1 缺陷管理系统流程

以一针见血地定位缺陷，同时让运行人员相关专业知识得以提升。

2.4 做好缺陷整体分析及预测

通过对缺陷进行详细划分，将缺陷进行分门别类，同时针对缺陷情况做好预测，判断对整个电力运营的影响，制定出全面的应对策略。缺陷出现之后，在进行分析时，要注意梯级其余电站设备是否有相同之处，判断是否建议电站进行专项排查，消除更多隐患，保证设备的健康。

以历史缺陷的发生原因为依据，分别统计为影响开停机和典型缺陷统计表，为集控运行人员进行缺陷对比和复查提供数据。

3 下一阶段的工作及展望

随着运行工作的不断深入，乌江集控通过多方向的努力对缺陷管理进行了不断完善，成效显著。下一步乌江集控围绕缺陷管理提出：强化集控运行人员理论知识，打造全能远控人员；将缺陷管理依托于大数据进行深度应用；缺陷管理与远程诊断平台数据形成相互应用；针对电厂侧缺陷的发生率及消缺率形成有效的考核机制。

4 结语

远程控制安全的关键是运行设备的健康水平。设备缺陷的多少直接反映运行维护的水平，数据统计表明，大部分的设备故障都是某个或者某几个缺陷同时作用而引发的。只有从根源上加强设备运行维护，才能保障企业安全、稳定、经济运行。

参考文献：

[1] 秦松. 观音岩水电站缺陷管理系统的研究与分析[D]. 昆明：云南大学，2015.

[2] 陈国栋. 电力运维缺陷管理系统的设计与实现[D]. 济南：山东大学，2014.

[3] 王宇. 电力运维缺陷管理系统的设计与实现[J]. 城市建设理论研究，2016，(015)：3743-3743.

北斗 GPS 双源卫星同步时钟在远程集控水电站的应用

甘怀健

（贵州乌江水电开发有限责任公司，贵州贵阳，550002）

摘要：随着水电站自动化水平的提高，计算机监控系统、保护装置、故障录波装置以及各类数据管理得到了广泛的应用，集控中心可利用网络和自动化技术对分布在不同地理空间的站内设备进行远程监测和管控。而这些自动装置的配合工作需要有一个精确统一的时间，这是保证电力系统安全运行、提高运行水平的一个重要措施，是水电站自动化系统的最基本要求之一。

关键词：卫星；同步；时钟；GPS

1 现状及分析

目前电厂的对时信号大多是采用美国的 GPS 作为时间源，安全系数较低。美国为保证自身的利益，对其他国家采用“选择可用性”政策，降低了定位精度和授时精度，因此 GPS 卫星授时具有一定的不安全性、不可靠性。

北斗卫星导航系统是中国自行研制的全球卫星导航系统，也是继 GPS、GLONASS 之后的第 3 个成熟的卫星导航系统。该系统由空间段、地面段和用户段 3 部分组成。2020 年 6 月 23 日，北斗三号最后一颗全球组网卫星在西昌卫星发射中心点火升空，宣告北斗系统全球组网完成，具备定位、精密授时和报文通信三大功能。采用北斗卫星授时具有以下特点和优点：安全性高：北斗系统由中国自主研发、控制，安全性高于 GPS 系统，适合国内广泛应用；授时体制好：北斗卫星授时可实现单星稳定授时，采用地球同步轨道静止卫星，可以确保永远接收到 1 颗卫星，保证整个授时应用中不需要发生卫星切换，稳定性和可靠性得到了保障；信号容易接收：覆盖范围大，没有通讯盲区，北斗系统覆盖了中国周边国家和地区，卫星采用同步轨道，轨道高于 GPS，易于接收。

国家和电力行业高度重视我国北斗卫星授时在电力系统中的应用，先后制定了电力时间同步系统国标/行标，南方电网也于 2012 年发布了企业标准，明确要求采用北斗卫星授时。利用北斗卫星授时与 GPS 卫星授时相结合的双源同步时钟融合的 2 种时间基准，实现多时间源自动切换和收拾融合，具有更可靠的安全性和稳定性[1]。

远程集控下的某水电站一直沿用 1 台老旧卫星同步时钟对时装置（主屏），自装置插件出现故障后，因无备品更换，除计算机监控系统以外的继电保护装置、现地 LCU、故障录波装置、同步相量等电站大部分重要对时设备只能通过人工每天在设备上对时，费力又费时，并且上送至集控的信号及故障信息时间相差很大，存在很大的安全隐患。因此，公司要求该水电站在规定的期限内对卫星同步时钟系统进行改造。考虑到电力系统的安全以及美国 GPS 的安全性、可靠性和自主性限制，时钟时间源采用多源头，可采用 GPS、北斗[2]。最终形成的电站统一对时系统的总体思路是卫星信号集中接收，分层、分布对时、建立 GPS 系统和我国的北斗卫星系统互备主站的对时系统。某公司 SHTS2000 卫星同步因以下优点被该电站选用：可以同时接受北斗和 GPS 信号源，并互为备用；可不用受限于美国 GPS 的控制并且完全依赖 GPS 的对时系统是不可靠的；装置上输出模块种类多且可随意组合；扩展屏体积小可以方便装设、拆除，利于后期维护。

2 组网方式

该水电站 SHTS2000 卫星同步时钟组网共 1 个主时钟，2 个分时钟，1 个扩展时钟，主时钟安装在大坝 LCU 室内，分时钟分别安装于中控楼保护室和开关站保护室，扩展时钟安装在新厂房机组超声流量计柜内。

主时钟包括 GPS 天线、北斗天线、光纤模块、电源模块、DCF77 模块等，分时钟及扩展时钟包括光纤接收模块、网络模块、DCF77 模块、TTL 模块等。主时钟与分时钟、扩展时钟之间采用光纤连接。主时钟可输出 DCF77 对时信号，分时钟和扩展时钟可输出 DCF77、NTP 网络对时、IRIG－B、串行口对时信号。

收稿日期：2020-10-27.

作者简介：甘怀健，贵州贵阳人，助理工程师，从事水电站远程控制和流域水库调度工作.

3　电厂常用对时接口方案

3.1　对时接口介绍

3.1.1　脉冲同步方式

脉冲同步方式又称硬对时方式，主要由秒脉冲信号（每秒1个脉冲）和分脉冲信号（每分钟1个脉冲）。秒脉冲是利用对时装置所输出的每秒1个脉冲方式进行时间同步校准，实践准确度较高，这是国内外保护常用的对时方式[2]。

3.1.2　串行口对时方式

串行口对时方式又称软对时方式，是综合自动化网络提供的通信通道，以监控时钟为主时钟，将时钟信息以数据帧的形式向各个时间从装置发送，报文包括年、月、日、分、秒、毫秒。串行口分为RS－232接口和RS－422接口方式。

3.1.3　编码对时

（1）IRIG串行时间码共有6种格式，即A，B，D，E，G，H。其中B码应用最为广泛，主要用于电站保护装置对时。

（2）DCF77是电波发射的长波信号，以长波无线发射信号对时，如SchneiderQuantum系列PLC采用DCF77的标准编码方式，每分钟传送1帧的时间同步信息，主要用于现地控制单元装置对时。

3.1.4　NTP网络对时

网络时间协议NTP是用于互联网中时间同步的标准互联网协议，能自动识别高精度的时钟源，确保时钟单方面同步到高精度的时钟，适应于在各种规模速度和连接通路情况下的互联网环境下工作，主要用于电站计算机监控系统对时[3]。

3.2　对时接口选择

（1）LCU接入。大坝、公用、机组、开关站LCU通过DCF77信号进行对时。

（2）保护装置接入。线路保护、发变组保护、安稳装置、母线保护、故障录波通过IRIG－B进行对时。

（3）计算机监控系统接入。NTP网络对时，将信号接入交换机内即可完成整个网络对时。

（4）机组状态检测。采用串行口对时方式。

4　时钟改造后运行情况

（1）继电保护装置试验。改造后运行至今，电厂利用年底线路、母线、发电机、变压器检修期间，通过继电保护装置模拟产生故障电压、电流，记录继电保护动作时间，并对比电厂侧、集控侧，电网侧收到的动作时间对比，与实际时间一致。

（2）继电保护装置实际动作时间精确度。改造完成后，电厂线路曾出现过2次跳闸、发电机曾出现过1次跳闸甩负荷，通过电厂侧、集控侧、电网侧收集的继电保护、故障录波装置动作时间对比，与实际时间一致。

（3）SOE量事件记录精确度。电厂上送至集控侧的SOE量是重要设备及辅助设备动作信号及时间，如开停机、出口开关分合、主变冷却器投入等。通过集控侧收到的SOE量动作时间与电厂侧SOE量动作时间对比，准确无误。

（4）电厂电气量监视情况。集控侧在调取电厂具体时间线路、母线频率等电气量数据参与分析时，与上级调度机构提供的对比，数据产生的时间准确无误。

北斗GPS双源同步时钟改造后，经过1 a时间的运行检验，效果良好。该系统具有以下特点。

（1）同步时钟覆盖面广。信号可传输至电厂内需对时的所有设备。

（2）稳定性可靠。该对时系统采用GPS＋北斗双时钟源、分时钟、扩展时钟，某一时钟源或装置出现故障不影响其他装置正常运行。

（3）接口方式多样化。对时系统接口方式多样化、可根据需要增减输出模块。

（4）维护方便。结构简单，通俗易懂，且装置内配件支持热拔、热插，为后期维护及配件更换提供便利。

5　结语

在技术高度发展的今天，水电站群“无人值班，少人值守，远方集控”已经成为了一个必然的趋势，这需要一次、二次自动化等设备的完善，而上述卫星同步时钟的应用解决了安全远程集控其中1项设备问题。该系统不仅只具备高质量、高稳定性、高可靠性，最主要的是拥有自主核心科技的北斗系统的支持，为水电站远程集控安全稳定运行提供重要的技术保障。

参考文献：

[1] 周国平.GPS同步时间冗余系统及其在电力系统中的应用[J].机械制造与自动化，2003(6)：114-115.

[2] 薛玉林.BSS－3(GPS/北斗)时钟同步系统在沙湾水电站的应用[J].四川水力发电，2010，29(6)：211-213.

[3] 常占锋，李初辉.GPS/北斗双星时钟同步系统在水电站设计策略[J].水电站机电技术，2012，35(5)：38-39，48，130.

构皮滩发电厂进水塔双向门式启闭机顶部小车防风装置设计与安装

游太稳

（贵州乌江水电开发有限责任公司构皮滩发电厂，贵州余庆，564408）

摘要：文章针对构皮滩发电厂进水塔坝顶 2×1600/600/100/600/100kN 双向门式启闭机顶部小车无垂直于轨道方向的固定安全措施，专门设计并制作了 1 套防风装置，以保证小车在非工作状态下的防风效果。

关键词：门式启闭机；防风；装置；小车

1 概述

构皮滩发电厂进水口 2×1 600/600/100/600/100 kN 双向门式启闭机由四川夹江水工机械有限公司生产，进水口门式启闭机于 2009 年安装完成并投入运行，在门机顶部设有独立运行的小车。小车由 2×1 600 kN 起升机构、小车行走机构、小车架、机房、缆线卷筒等组成。双向门式启闭机小车行走机构的电动机与车轮组之间采用全封闭传动，车轮组为 4 组共 8 个车轮，车轮直径为 500 mm，轨道长 16 m，轨距 10.5 m；小车额定起升力为 2×1 600 kN，其主要用于进水口 1～5 号机组检修闸门的启闭、快速门及其液压启闭机的安装检修吊运。

2 抗风能力计算

双向门式启闭机小车安装在门机顶部平台处（640 平台至大车顶部平台高度差约为 35 m），小车房间沿轨道侧长 13.95 m、宽 8 m、高度 7.7 m（包含车轮与轨道高度）。门机整体在工作状态下设计抗风压力为 240 N/m^2，在非工作状态下设计抗风压力为 800 N/m^2，根据风压转换公式：

$$P=\rho V^2/2$$

式中：P 为风压，Pa；ρ 为空气密度，1.205 kg/m^3（20 ℃）；V 为风速，m/s。

可以得出门机整体在工作状态下最大抗风速度为 20 m/s，在非工作状态下最大抗风速度为 36.5 m/s。由风速对应的风力等级表可知门机整体在工作状态下最大抗风等级为 8 级，在非工作状态下最大抗风等级为 12 级。

通过查阅气象相关资料可知，电厂所处位置近 5 a 风力等级最大为 8 级，且每年都会出现。由于双向门式启闭机小车安装在门机顶部平台处，高度远超过测风装置安装位置，因此小车安装处出现风力等级应在 8 级以上。双向门式启闭机小车本体带有防爬装置（防止在风吹或其他要求小车不移动状态下小车自主沿轨道移动），轨道侧旁各有 1 个旋转式定位销。由于该销子长度和结构的限制，导致防风效果有限，为了防止极端天气对小车造成严重影响，根据提出的反措要求，现需在小车轨道两侧安装新的防侧倾装置，装置受力垂直于轨道方向，增大小车抗风能力，保证门机安全，为机组检修保驾护航。

3 防风装置设计制作与安装

3.1 下底座设计制作

选用规格 20 mm 厚度的钢板，施工人员用切割机将其切割成 4 块 250 mm×30 cm 规格的长方块，此长方块焊接在大车顶部平台钢板上，作为装置支撑的上底板；再取 20 mm 厚的钢板，将其切割成 4 块 300 mm×350 mm 规格的长方块，此正方块焊接在小车车体钢板上，作为装置支撑的下底板。下底座如图 1 所示。

3.2 上底座设计制作

选用规格为 30 mm 的钢板，切割成 250 mm×250 mm 方块，共 8 块，并用机加工设备开直径为 50 mm 的圆孔，将此正方块钢板作为焊接在大车顶部底座上的扣板，用该型号钢板另切割成下底边为 300 mm、上底边为 150 mm、底角为 90°且高 300 mm 的梯形 8 块，并在偏上底边的位置开直径为 50 mm 的圆孔，作为焊接在小车本体底座上的扣板，在两扣板与底板间各焊接 2 块 20 mm 厚度的三角形加强板。上底座如图 2 所示。

收稿日期：2021-04-28.

作者简介：游太稳，贵州天柱人，助理工程师，从事水轮发电机组机械检修维护工作.

（1）设计图

（2）成品图

图 1　下底座设计图与成品图

（1）设计图

（2）成品图

图 2　上底座设计图与成品图

3.3　特制螺杆设计制作

小车本体上的防侧倾装置与大车顶部的防侧倾装置用直径为 48 mm、总长为 1 400 mm 的一端有外螺纹(螺纹长度 150 mm)，另一端内径为 50 mm 圆环的特制钢棒连接。上部钢棒穿过上底座带有圆孔的销子，并在孔上方的钢棒加 M48 螺母进行紧固。钢棒下端圆环与穿过下底座的销子相连，销子直径 48 mm，且销子的一端加防松销。特制螺杆如图 3 所示。

（1）设计图

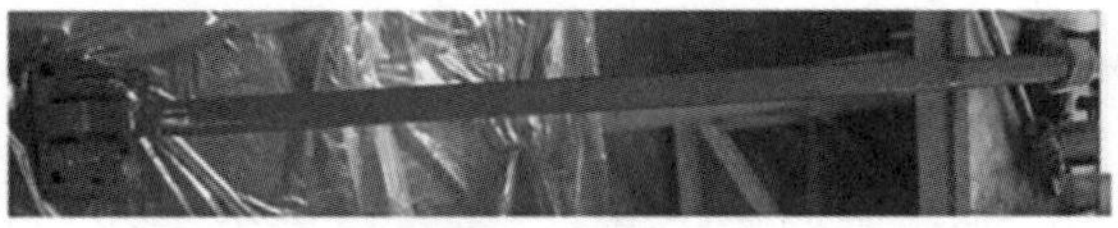

（2）成品图

图 3　特制螺杆设计图与成品图

由上可知，需制作同样带半圆环和螺纹的钢棒 4 颗，带内径为 50mm 圆环的销子 4 颗，不带圆环的销子 4 颗。

3.4　安装方式与位置确定

小车房间内部主要电机和缆线筒均沿小车中心线安装，因此，小车重心位置在小车室地面中点附近；鉴于风多来自于靠大坝和上游来水侧方向，防侧倾装置安装位置选在沿轨道侧布置，且靠近偏进水口来水一侧，轨道两侧各安装 2 套，一套安装在沿轨道侧边缘至进水口进水方向 1.05 m 处，小车本体防侧倾装置底板中心至大车顶平台 1.21 m。同侧另一套安装在小车沿进水口进水侧边缘至近水口来水侧方向 1.33 m(最靠山体一侧车轮的中心点的垂线上)，该小车本体防侧倾装置底板中心至大车顶平台 1.21 m，大车平台处装置沿小车本体底座上的中心垂直方向平行安装，连接螺杆与大车顶部平面大致成 60°夹角。所有焊接均选用“507”焊条进行满焊。防风装置制作安装后效果如图 4 所示。

图 4　防风装置安装效果图

4　结语

该防风装置的设计制作与安装，补齐了垂直于小车轨道方向没有防风装置的短板。构皮滩发电厂进水塔坝顶门式启闭机每年承载着 1 台机组的大修和 4 台机组的小修工作，所以保证门式启闭机的安全就是保证机组的顺利检修工作。

参考文献：

[1] 许小明. 门式启闭机小车防风抗滑装置优化改造浅析[J]. 四川水力发电，2018(4).

[2] 吴思够. 李启江. 溪洛渡水电站 8000kN/160kN 双向门式启闭机主起升机构设计[J]. 起重运输机械，2015(8).

[3] 李桂生. 岩滩水电站扩建工程金属结构布置与设计[J]. 红水河，2014(6).

[4] 陆春龙. 黄俊锋. 简析水电站双向门式启闭机安装工艺[J]. 城市建设理论研究，2016(20).

[5] 宾仕勋. 桥巩水电站工程金属结构设计[J]. 红水河，2012(4).

[6] 周坤. 越南占化水电站金属结构布置与设计[J]. 红水河，2013(5).

V/F 限制试验引起的发电机定子接地保护动作分析

陈钰林

（广东能源集团天生桥一级水电开发有限责任公司水力发电厂，贵州兴义，562400）

摘要：本文以天某电厂发生的一起励磁系统 V/F 限制功能试验引起的发电机定子接地 $3U_0$ 保护动作事件为例，从发变组保护动作情况、计算机监控系统检查、发变组故障录波器检查等方面分析了保护动作过程，并对励磁系统 V/F 限制器与发电机过激磁保护配合关系分析，对事件进行了反思与总结，提出在励磁系统试验工作中应加强由机组电压或频率变化引起的非正常工况下的相关保护。

关键词：V/F 限制；定子；接地；功能；试验

1 概述

天一电厂装机容量 1 200 MW(4×300 MW)，采用发变组单元接线形式，发电机出口配置 5 组 18 kV PT，天一电厂 3 号发电机电气主接线如图 1 所示。其中 233YH 为励磁系统专用 PT，231YH 为发变组保护专用 PT。天一电厂励磁系统 2021 年由南瑞 NES5100 改造为广州擎天事业有限公司 EXC9200 励磁调节器，发变组保护采用双重化配置，电气量保护配置国电南自 DGT 801C 和 GDT 801B 数字式发电机变压器保护装置，发变组故障录波器为深圳双合 SHDFR－B 电力故障录波装置，调速器系统 2021 年由南瑞 SAFR－2000H＋ZFL－150 改造为武汉能事达 MGC4000 型调速器系统。

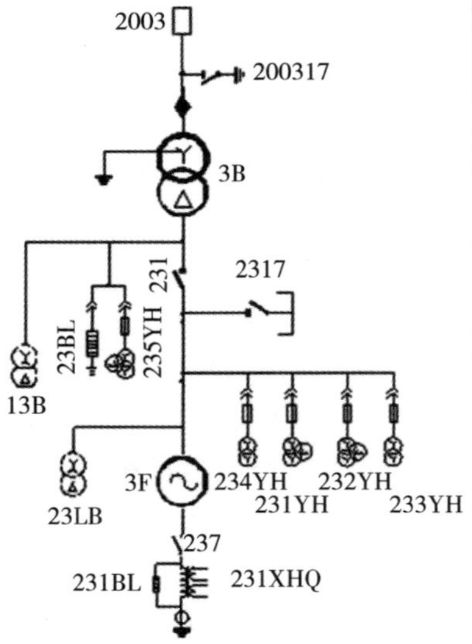

图 1 天一电厂 3 号发电机电气主接线

天一电厂 3 号发电机零起升压至 100％额定电压时，使用万用表测量 231YH 电压值正常，分别为：U_A＝60.42 V，U_B＝55.57 V，U_C＝57.10 V，U_{AB}＝100.0 V，U_{BC}＝100.0 V，U_{CA}＝100.0 V，U_L＝5.743 V。2021 年 4 月 16 日，天一电厂 3 号发电机在进行励磁系统改造后 V/F 功能验证试验，设定 V/F 限制值整定在 110％额定值，当频率低于 45 Hz 时，调节器自动逆变灭磁。3 号发电机电制动方式为电制动，在通过调速器系统调整机组频率下降至 45 Hz 过程中，发电机定子接地 $3U_0$ 保护动作跳灭磁开关灭磁停机，机组停机方式为机械制动。

2 发变组保护动作情况分析

2.1 发变组保护动作情况分析

现场检查发变组保护动作情况如下：DGT 801C 保护出口信号灯点常亮、出口跳闸灯未点亮，其中，CPUA 发电机定子接地 $3U_0$ 保护动作，保护动作参数为电压 $3U_0$＝10.452 4 V；CPUB 发电机定子接地 $3U_0$ 保护动作，保护动作参数为电压 $3U_0$＝10.655 3 V。DGT 801B 保护出口信号灯、出口跳闸灯未点亮，其中，CPUB 发电机定子接地 $3U_0$ 保护动作，保护动作参数为电压 $3U_0$＝10.655 3 V。

发电机定子接地 $3U_0$ 保护动作电压整定值为 10 V，动作时间为 2.9 s，动作后果为跳 2003DL 出口开关线圈、停机、启动失灵、跳灭磁开关、闭锁电制动、跳厂用变 13B。

使用博电 PL661 继电保护测试仪校验 DGT801C 和 DGT801B 保护功能，发电机定子接地 $3U_0$ 保护功能与出口均正常。发电机定子接地 $3U_0$ 保护动作时装置出口信号灯常亮，需手动复位

收稿日期：2021-04-29.

作者简介：陈钰林，贵州兴义人，工程师，从事水电厂设备检修与维护管理工作.

装置；装置出口跳闸灯在故障消除后自动熄灭。因此，发变组保护装置动作正常。

2.2 计算机监控系统检查分析

2021 年 4 月 16 日，天一电厂 3 号机组开出第 126 点动作（3 号机 LCU 投开出电源），发电机定子接地 $3U_0$（A 柜）动作，机组电气事故Ⅰ启动 3 号机事故停机、跳 CB1、切高压厂变断路器 CB2、跳灭磁开关 FMK、闭锁电气制动，发变组保护动作结果正常。

2.3 发变组故障录波器检查分析

调取 3 号机发电机定子接地 $3U_0$（A 柜）动作时刻发变组故障录波器录波文件，3 号机发电机定子接地 $3U_0$（A 柜）动作时刻发电机定子电压 N 为 10.66 V，频率为 46.935 3 Hz，3 号机发电机定子接地 $3U_0$ 保护动作正常。

3 励磁系统 V/F 限制器与发电机过激磁保护配合关系分析

单机容量为 10 MW 及以上水轮发电机静止整流励磁系统应配置最大励磁电流限制器、强励反时限限制器、欠励限制器、过励限制器和伏赫兹限制器[2]。励磁系统限制器和发变组保护在整定计算过程中必须考虑励磁系统限制与发变组保护级差配合问题，应遵守“励磁系统限制先动，发变组保护后动”原则，以充分发挥励磁系统限制器的功能[2-4]。V/F 限制器用于限制发电机和变压器过激磁，应与发电机过激磁保护有效匹配。励磁系统欠励限制器与发电机失磁保护有效匹配。励磁系统最大励磁电流限制器、过励限制器、强励反时限限制器与发电机转子过负荷保护有效匹配。

励磁系统 V/F 限制器与发电机过激磁保护须有效配合，应按照励磁系统 V/F 限制器先动作、发电机过激磁保护后动作的原则进行整定，以充分发挥励磁系统限制功能[5-6]。3 号机励磁系统 V/F 限制器定值为 1.06 倍，动作时间为 0.6 s；发电机过激磁定时限保护定值为 1.06 倍，动作时间为 5 s，保护动作于发信号；发电机过激磁定时限保护定值为 1.1 倍，动作时间为 1 080 s，保护动作于停机、跳主变高压侧开关 CB1、跳高压厂变断路器 CB2、跳灭磁开关 FMK、闭锁电气制动、启动失灵。由此可知励磁系统 V/F 限制器与发电机过激磁保护能够实现有效配合。

4 事件反思与启示

在励磁系统改造及试验相关工作中，技术人员会关注励磁系统限制器与发变组保护的配合关系，根据试验需求调整发变组相关保护定值。对于与励磁系统限制器无配合关系的保护容易忽略，如励磁系统 V/F 限制功能验证试验可能导致发电机定子接地 $3U_0$ 保护动作，导致试验过程机组由保护停机，影响励磁系统试验进度。且部分电厂励磁设备和继电保护设备不属于同一专业，加大了事件原因排查的难度。因此，在励磁系统试验工作中，特别是由机组电压或频率变化引起的非正常工况，应加强保护监视，如有必要应采取临时退出相关保护的措施。

5 结语

以天一电厂发生的一起励磁系统 V/F 限制功能验证试验引起的发电机 $3U_0$ 定子接地保护动作情况为例，分析了保护动作的过程，提出发电机定子 $3U_0$ 接地保护是励磁系统 V/F 限制功能试验中容易忽略的环节。该经验可供励磁系统试验相关人员借鉴，以避免类似事件的发生。

参考文献：

[1] 国家能源局. 水轮发电机励磁系统配置导则：DL/ T 1970—2019[S]. 北京：中国电力出版社. 2019.

[2] 丁俊凯. 发电厂励磁限制与发变组保护配合探究[J]. 新型工业化，2019，9(1)：27-30.

[3] 杨乾纯. 发电机励磁系统保护配置及整定分析[J]. 石油化工技术与经济，2019，035(3)：14-20.

[4] 孙引魁，何志豪，张勇. 发电厂励磁限制与发变组保护配合分析[J]. 科教导刊，2015(11)：154-156.

[5] 中华人民共和国国家质量监督检验检疫总局，中国国家标准化管理委员会. 继电保护和安全自动装置技术规程：GB/ T 14285—2006 [S]. 北京：中国标准出版社. 2006.

[6] 杨京广，高劲松. 水轮发电机励磁限制与保护整定配合研究[J]. 水电站机电技术，2018，041(3)：37-40.

索风营电厂3号主变保护方向过流动作分析

杨康，刘毅

（贵州乌江水电开发有限责任公司，贵州贵阳，550002）

摘要： 近年来电力系统保护误动作事件时有发生，原因各有不同，而设备的后备保护整定配合问题相对集中。本文通过对索风营电厂线路跳闸后引起的主变保护动作跳闸事件进行原理分析，最后得出结论，提出防范措施，对电力系统安全稳定运行有着至关重要的意义。

关键词： 保护；原理；分析；防范；措施

1 概述

2015年4月，集控中心实现对乌江梯级9座电站的电力运行远程集中控制模式，主要负责远程操作、优化调度、远程应急处理、电力调度风险管理、信息发布、检修协调等工作。在水电厂传统生产模式向远程集控模式转化过程中，遇到了各种新难题、新挑战。近年来电力系统保护误动作事件时有发生，原因各有不同，而设备的后备保护的整定配合问题日益突出。此次通过对索风营电厂线路跳闸后引起的主变保护动作跳闸事件进行原理分析，最后得出结论和防范措施，对电力系统安全稳定运行有着至关重要的意义。

索风营水电站为乌江干流规划梯级电站的第3级，上游35.5 km接东风水电站，下游距乌江渡水电站74.9 km，距贵阳市直线距离54 km，枢纽工程由碾压混凝土重力坝、坝身开敞式溢流表孔、右岸引水发电系统及地下厂房等建筑物组成，水库正常蓄水位837 m，死水位822 m，装机容量600 MW，多年平均发电量20.11亿kWh，电站以220 kV电压等级接入电力系统，在系统中承担调峰、调频和事故备用。

2 事故经过及保护动作情况

2.1 事故前工况

(1) 220 kV系统。索风营220 kVⅠ、Ⅱ段母线联络运行，1、2、3号机分别经1、2、3号主变升压后供220 kVⅠ、Ⅱ段母线；1、3号主变接220 kVⅠ母，2号主变接220 kVⅡ母，220 kV索嵩Ⅰ回201线接220 kV Ⅰ母，220 kV索嵩Ⅱ回202线路在检修状态（线路施工），220 kV索嵩Ⅰ回201线路单回线运行。

(2) 10 kV厂用电系统。10 kVⅠ、Ⅱ、Ⅲ段母线分段运行，厂用10 kV Ⅰ段母线由01B供电，厂用10 kV Ⅱ段母线由02B供电，厂用10 kV Ⅲ段母线由03B供电，厂用10 kVⅤ段母线由10 kV厂用电Ⅰ段母线上015负荷开关供电，厂用10 kV Ⅵ段母线由10 kV厂用电Ⅱ段母线上016负荷开关供电。

(3) 机组。1号机组带193 MW负荷，2号机组带195 MW负荷，3号机组带195 MW负荷。

(4) 水情及天气情况。16：19坝前水位836.04 m，入库流量594.8 m^3/s，出库流量723.7 m^3/s，天气晴天。

2.2 事故经过

(1) 16：19：50集控监控系统报索风营电厂“索嵩Ⅰ回主一保护、主二保护”动作，索风营220 kV索嵩Ⅰ回201开关跳闸。

(2) 16：20：53集控监控系统报3号机状态突变，全厂AGC功能退出。

(3) 16：20：56集控监控系统报3号转速≥115%Ne，3号机组机械事故停机操作（流程自启动）。

(4) 16：20：56集控监控系统报2号转速≥115%Ne，3号机组机械事故停机操作（流程自启动）。

(5) 16：20：56集控监控系统报1号转速≥115%Ne，3号机组机械事故停机操作（流程自启动）。

(6) 16：21：14集控监控系统报全厂失压动作。

(7) 集控监控系统显示：1号机组出口开关

收稿日期： 2020-10-27.

作者简介： 杨康，贵州贵阳人，工程师，从事集控调度工作；刘毅，贵州贵阳人，助理工程师，从事水电站电力自动化技术工作和保护技术工作.

021、2 号机组出口开关 022、3 号机组出口开关 023、220 kV 索嵩Ⅰ回 201 开关均跳闸，1～3 号机组均由发电态转至不定态。

（8）集控中心保信监控系统显示：16：19：50 索风营 220 kV 索嵩Ⅰ回线分相差动保护动作、纵联差动保护动作。

（9）集控中心保信监控系统显示：16：20：05 3 号主变方向过流保护动作。

2.3　保护动作情况

16：19：50，索嵩Ⅰ回 A 相接地造成纵联差动保护动作，A 相重合闸动作后，ABC 三相纵联差动保护动作，永久三跳；16：20：05 3 号主变 A 套保护的“方向过流Ⅰ段”动作，跳低压侧 023、高压侧 213 开关，B 套保护无动作。

2.4　事故处理过程

（1）事故发生后集控值班员立即汇报中调值班调度员，并通知索风营电厂值班人员检查一两次设备动作情况和厂用电情况。

（2）因事件发生后索风营电厂全厂失压，立即启动集控中心远程处理水电厂事故应急处置流程，配合索风营电厂进行事故处理及事故情况跟踪，进行运行方式协调，开展水库调度运行分析，17：05 2 号机开机成功，空载运行带 10kVⅡ段厂用电正常，黑启动成功。

（3）根据索风营电厂当前坝前水位、入库流量、出库流量情况协调全停东风机组，控制索风营水位上涨。

（4）18：01 按中调令拉开索风营 3 号主变 2131 刀闸，配合 3 号主变 A 套保护的“方向过流Ⅰ段”动作的检查，18：36 按中调令合上索风营 220 kV索嵩Ⅰ回线 201 开关，线路、母线复电。

3　原因分析

3.1　索嵩Ⅰ回 201 线路保护现场检查及动作分析

16：19：50，索嵩Ⅰ回 A 相接地造成纵联差动保护动作，A 相重合闸动作后，ABC 三相纵联差动保护动作，永久三跳，索嵩Ⅰ回线路保护 A、B 套保护动作正确。

3.2　索风营 3 号主变保护检查及动作分析

3.2.1　保护构成原理

方向过流保护由相间功率方向判据和过电流判据共同构成，保护的接入量为变压器某侧 TA 二次三相电流及同侧或另一侧 TV 二次三相电压（一般取另一侧）。在 DGT801U 系列装置中，设置有 3 个功率方向判据，计算功率的接线方式为 900。

$$\begin{cases} P_a = I_a U_{bc}\cos(\varphi_a + \alpha) \\ P_b = I_b U_{ca}\cos(\varphi_b + \alpha) \\ P_c = I_c U_{ab}\cos(\varphi_c + \alpha) \end{cases}$$

式中：P_a、P_b、P_c 为三相相间功率计算值；I_a、I_b、I_c 为三相电流计算值；U_{ab}、U_{bc}、U_{ca} 为一般为与电流不同侧的三相相间电压；φ_a、φ_b、φ_c 为 U_{bc} 与 I_a、U_{ca} 与 I_b、U_{ab} 与 I_c 间的夹角；α 为计算功率内角。

保护的动作方程如下：

$$\begin{cases} P_a\ (P_b、P_c) > 0 \\ I_a\ (I_b、I_c) > I_g \end{cases}$$

式中：I_g 为动作电流整定值。

3.2.2　逻辑框图

逻辑框图如图 1 所示。

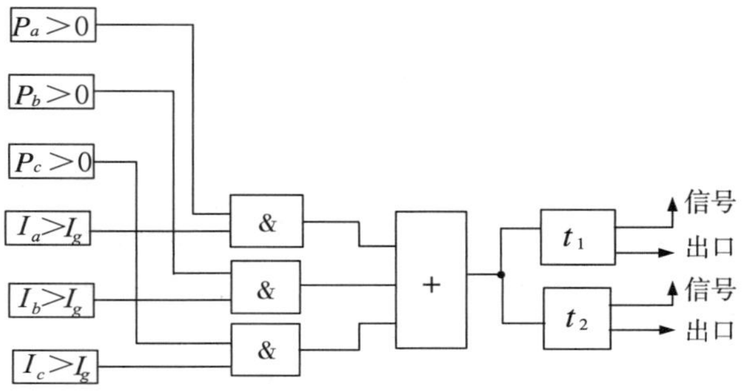

图 1　逻辑框图

3.2.3　整定原则

方向过流保护的相间功率方向判据，取变压器某侧 TA 二次三相电流及同侧或另一侧 TV 二次三相电压（一般取另一侧）。

设由母线流出的功率为正，即方向元件中的电流以流进变压器为正，功率元件的理论正方向如图 2 所示。

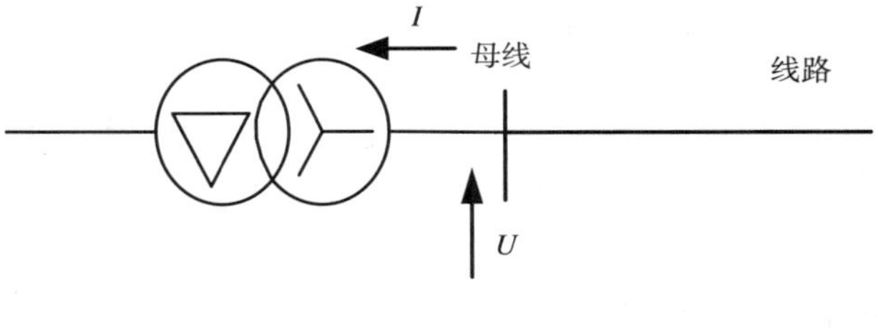

图 2　功率元件理论正方向

如果功率动作方向指向相邻母线，作为母线及相邻线路的后备保护，其灵敏角可取 1 500 或 1 200（功率方向内角 α 取－1 500 或－1 200），如果功率动作方向指向主变，主要作为主变相间短路的后备保护，其灵敏角可取－300 或－600（功率方向内角 α 取 300 或 600），动作区如图 3 所示。

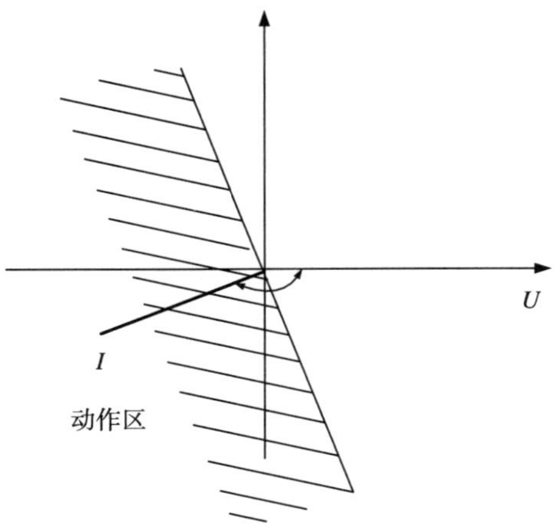

（1）方向指向系统

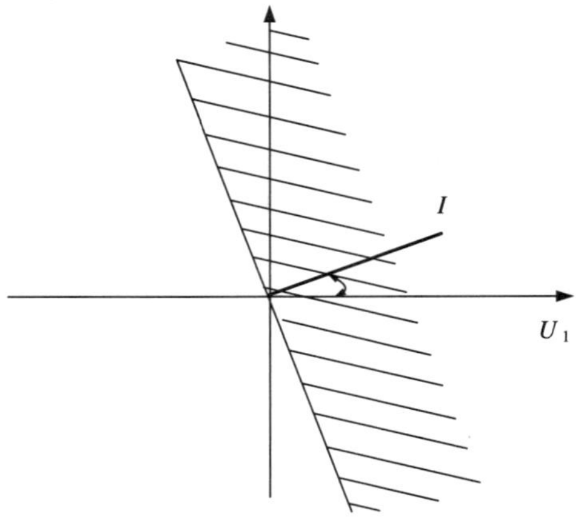

（2）方向指向变压器

图3　动作区示意图

当电流及电压输入极性与要求不符时，α 值则根据以上分析反向整定。

3.3　保护动作情况分析

（1）保护装置的定值及动作报告。形成3号主变方向过流保护装置的定值和3号主变保护动作报告。

（2）保护装置故障录波情况。故障发生后主变高压侧A相电流全过程未达到过流定值，BC两相电流增大，B相电流先超过电流定值在 T_1 开始已经达到1.33 A，T_1 至 T_2 全过程一共0.538 s，始终大于1.33 A，因此，保护B相过流条件满足动作定值和延时，通过波形分析软件计算B相方向功率 Pb。T_1 时标至 T_2 时标处B相方向功率 P_b 为110.526W，方向功率始终为正满足保护开放动作条件，此时功率大小与保护动作报文也相吻合。由于B相电流值、功率方向、延时均满足动作条件，所以B相方向过流保护动作，此次故障在线路侧，并非变压器内部故障，保护不应该动作，通过检查发现主变高压侧电流、高压侧电压及各项有功功率情况。故障发生前ABC三相二次有功功率都为正，一次潮流方向为发出有功，可见保护所用CT、PT构成功率正方向为主变流向母线，此时的CT极性接线方式与母线流出的功率为正（即方向元件中的电流以流进变压器为正的）的情况相反。此时，方向过流保护作为主变相间短路的后备保护，按照内角 α 取300整定，将会导致正常运行或线路故障时，功率方向元件将一直处于开放状态，一旦电流满足定值保护将会误动。

3.4　小结

通过上述分析可知，由于索嵩Ⅰ回线路发生故障，故障电流达到1.37 A，并持续0.538 s（定值1.33 A，延时0.5 s），因此在线路故障时，造成3号主变A套方向过流保护动作跳闸，同时因为3号主变A套保护设定的功率方向与CT安装极性方向相反，本应是“主变后备保护”却变为“线路后备保护”。

4　防范措施

（1）要求梯级各电厂严格履行保护定值管理，根据“南方电网大型发电机变压器继电保护整定计算规程”要求重新对索风营3号主变方向过流保护等定值进行计算校核，并将装置定值进行认真核对整定正确。

（2）加强集控中心运行部人员保护专业知识技术培训，采用每月定期开展考试、开展考问讲解、创办运行培训小组等多种培训方式提高运行人员保护知识理论水平和实际处理分析问题的能力。

（3）要求索风营电厂立即将3号发变组保护A套（南自DG801U）中的“方向过流保护”α 角由300整定为−1 500，用保护装置的方向反相功能将保护的功率方向调整和CT实际安装极性一致。

（4）要求梯级各电厂利用今后的保护装置定检、设备检修等停电机会，认真核实、确认CT极性和常规要求是否一致，若有问题及时整改。

（5）完善集控中心远程处理水电厂事故应急处置预案和乌江梯级水电站风险预警管理。

（6）汲取该次事件的教训，加强集控中心设备技术管理，做到事前预防。

参考文献：

[1] 陈生贵，卢继平，王维庆，等. 电力系统继电保护[M]. 重庆：重庆大学出版社，2010.

老坝改造中大坝表面变形自动化监测方法

程淑芬，李运良，钟辉

（中国电建集团贵阳勘测设计研究院有限公司，贵州贵阳，550081）

摘要：国内早期修建的中小型水电站对于大坝表面变形多采用人工观测，存在诸多不便，不利于安全，必然面临监测自动化改造。本文依托贵州浪详电站和岩寨电站，阐述在老坝改造过程中如何选择适合工程的表面变形自动监测化方法，为今后更多老坝表面变形自动化监测改造提供工程经验和参考。

关键词：老坝；改造；表面；变形；自动化；监测；垂线

0 引言

我国水利水电事业蓬勃发展，目前我国不光已建坝的数量位居世界首位，已建坝高度也跃居世界首位；同时，我国也是世界上水电在建规模最大的国家，已建大坝十万余座，对人们的生活、经济建设、生态环境发展发挥着重要作用。大坝若管理不善，运行时可能会发生变形、渗漏等破坏，严重的还会威胁到坝区下游人民群众的生命、财产安全[1]。大坝安全监测，掌握大坝运行性态，指导施工和运行，反馈设计，降低大坝风险[2]，对大坝有着至关重要的作用。随着自动化技术的进步和工程安全管理信息化智能化的发展，安全监测自动化成为大势所趋[3]。目前国内大中型水电站均在一定程度实现工程安全监测自动化，但是早期修建的水电站，尤其是中小型水电站在大坝表面变形这一重要监测项目上始终是采用人工观测手段，人工观测手段虽然初期投入成本低，但是在后期运行管理中存在观测频次少，观测人员和观测时段要相对固定，信息反馈滞后诸多问题，必然面临着改造，实现大坝表面变形监测自动化。

本文依托贵州浪详电站和岩寨电站大坝变形监测改造，列举近几年常用的大坝表面变形监测自动化方法，进行优缺点对比分析，阐述如何结合工程自身情况，选择适合的表面变形监测自动化方法，为今后更多老坝进行表面变形监测自动化改造提供工程经验和参考。

1 工程概况

浪详电站位于贵州省黔南布依族苗族自治州荔波县捞村乡，距荔波县城 50 km，是一座以发电为主，兼有旅游业发展等综合效益的水利水电工程。水库总库容 831.0 万 m^3，装机容量 2×15 MW。工程规模为小(一)型，工程等别为Ⅳ等，大坝为 4 级建筑物。大坝为 C15 混凝土砌毛石拱坝，最大坝高为 49.6 m，坝顶轴线长 149.672 m。于 2006 年 4 月建成并下闸蓄水，至今运行 15 a。

岩寨电站位于贵州省黔东南苗族侗族自治州台江县，距凯里市 100 km。工程主要任务是发电。水库总库容 9 801 万 m^3，电站装机容量 2×12.5 MW，属中型水库，Ⅲ等工程，大坝为 3 级建筑物，混凝土拱坝，最大坝高 70 m，坝长 225 m。于 2009 年 10 月 21 日下闸蓄水，至今运行已 12 a。

浪详电站和岩寨电站大坝变形监测采用的方法相似，在拱坝拱冠梁部位均布置 1 组正倒垂线，其余部位的坝顶变形通过布置 5～6 个表面观测墩，采用前方交会法或极坐标法和精密水准法进行人工观测。目前浪详电站在运行管理时面临的问题有：管理中心距离工地现场 300 多 km，路途远；观测工作受气候条件影响严重，大坝在每年 6—9 月份汛期水量过大，时常出现溢流坝泄洪现象，造成大坝左右岸交通中断，观测人员无法通行，大坝两岸坝顶表面观测墩无法正常观测；工程大坝右坝肩边坡有石块掉落的现象，存在一定安全隐患。岩寨电站在运行管理时面临的问题有：管理中心距电站 200 多 km，路途远；从坝顶通往坝中 583 m 观测房只有右坝坝后楼梯 1 条通道，该坝后楼梯高差大、坡度陡，十分狭窄，观测人员前往坝中 583 m 观测房读取监测数据十分不便和不安全；工程大坝旁边紧挨着 1 条公路，为县级交通公路，大坝长期处于无法封闭管理状态，旁边公路往来车辆对观测人员安全不利。

浪详和岩寨电站要实现水电站“无人值班，少人值守”的运行管理模式、确保观测人员的安全，

收稿日期：2021-04-26.

作者简介：程淑芬，高级工程师，从事水利水电工程安全监测工作.

必须进行大坝表面变形自动化监测改造。

2 大坝表面变形监测自动化方法概述

目前，水电站建筑物大坝平面变形监测自动化方法通常采用基于全球卫星定位技术的 GNSS 系统、基于全站仪的测量机器人系统和垂线系统等。

2.1 GNSS 系统监测应用

利用卫星，在全球范围内实时进行定位、导航的系统，称为全球导航卫星系统（Global Navigation Satellite System），简称 GNSS。这是具有全方位、全天候、全时段、高精度的卫星导航系统，能为全球用户提供低成本、高精度的三维位置、速度和精确定时等导航信息，是卫星通信技术在导航领域的应用典范。GNSS 系统所依据的卫星有美国的 GPS、俄罗斯的 Glonass、欧洲的 Galileo、中国的北斗卫星导航系统等。

GNSS 自动化变形监测系统已在国内外桥梁、铁路、水电站大坝等各行业普遍应用。近年来，随着我国北斗卫星系统中的卫星数量不断增多，组网逐步完善，同时，科技工作人员研发出了 GNSS 多频多星接收机，提高了 GNSS 系统自动化监测的可靠性和稳定性，基于 GNSS 多频多星接收机的自动化监测系统精度越来越高，国内在水电工程大坝、高边坡自动化监测中也已逐步使用。

GNSS 系统的主要优点：全天候无人值守连续自动监测；可远程配置接收机，自动获取数据；提供位移数据的限差检核和报警；提供实时数据分析和图形化报表；可随时增配功能模块并持续升级；受天气变化影响较全站仪小。GNSS 系统的主要缺点：受地形条件影响较大。

2.2 测量机器人系统监测应用

测量机器人系统又称为自动全站仪，在监测方面的应用是指通过在建筑物表面变形工作基点中安装全站仪，加装启闭一体化的测站，实现对建筑物表面变形测点进行自动观测、自主记录和传输。由于测量机器人的测量精度较高，为±（1mm＋1ppmm），加之其又可以做到无人值守，故其在很多工程变形监测中有较为广泛的应用。

测量机器人系统主要优点：无人值守、可远程控制多台全站仪、24 h 连续观测；实时在线获得监测结果，即时限差检核并超限警告；提供多种图形化分析报告；系统稳定可靠。缺点：测量机器人仪器费用高；雨雪雾天及暴晒等恶劣气象条件下均不可靠或无法正常作业。

2.3 垂线系统监测应用

垂线系统是观测水电建筑物表面位移和内部位移的一种简便有效且可靠的测量手段。垂线系统通常由铟钢丝垂线、悬挂（或固定）装置、吊锤（或浮桶）、观测墩、测读装置等组成[4]。垂线系统的主要优点：技术成熟稳定，精度高（±0.1 mm），外界影响因素少，可靠性好。缺点：需要在建筑物内钻孔形成，对建筑物尤其是老坝，可能存在一定的影响；不能无限地在建筑物内钻孔，测点数量有限；施工要求高。

3 大坝表面变形自动化改造方法选择

3.1 浪详电站大坝表面变形自动化改造

浪详电站大坝横断面为不对称“U”字形斜向峡谷，右岸坡陡峻，地形坡度 70°左右；左岸地形坡度稍缓，在 370 m 高程以下坡度 70°左右，以上 40°～50°。考虑到 GNSS 系统受地形条件影响较大，GNSS 系统要求网点上空应尽可能开阔，在 10°～15°高度角以上不能有成片的障碍物，浪详电站自身的地形地质条件不利于实施 GNSS 系统，研究决定，浪详电站大坝表面变形监测自动化改造采用测量机器人和垂线 2 种方法进行对比设计。

3.1.1 测量机器人方案

在原有的左右岸大坝表面变形观测工作基点中选择 2 处观测墩，要求其视野开阔，能够与坝顶上所有测点进行通视，分别在该观测墩上布置 1 台 TM50 全站仪，针对该观测墩需修建一体化的测站进行操作，满足当观测墩上的全站仪进行观测时，测站的玻璃窗户自动开启，待观测完毕测站窗户自动闭合。该测站应具备信号接收及传输功能，全站仪观测大坝坝顶表面观测墩位移的数据将在此测站内接收处理，并通过光端机传输至最终控制机房。其次，在原有的大坝坝顶表面观测墩上安装 1 台固定棱镜并加盖棱镜保护罩。原有的坝顶表面观测墩测点主要分布在左坝肩、左边墩、右坝肩、右边墩、右坝肩边坡以及右岸进水口边坡上，共计 6 个测点；根据现场实际情况在右岸进水口平台再增加 1 个测点，共计 7 个测点。

3.1.2 垂线系统方案

大坝表面变形监测改造的垂线方案主要为在坝顶表面观测墩部位，即左右边墩处各布置 1 条倒垂线；此外，在坝肩分别增设 1 条双标倒垂，至此，浪详大坝左右坝肩、1/4 坝段以及拱冠梁坝段的坝顶变形均布置有垂线进行坝顶表面变形监测。

3.1.3 方案对比分析

对比 2 个方案发现，测量机器人方案对大坝和大坝开挖边坡共布置了 7 个测点；垂线方案为大坝表面变形新增布置 4 个垂线测点。测量机器人方案投资比垂线方案多了十几万，而且考虑到测量机器人受天气影响比较大，雨雪雾天及暴晒等恶劣气象条件下可能会出现测值不可靠或无法正常作业的情况；垂线不受天气环境影响，是诸多变形监测手段当中最简便、有效、稳定、可靠的一种方法。垂线方案虽然测点数量少，但是对于拱坝而言，重点部位如坝肩、1/4 坝段、拱冠等均有布设测点，综合考虑，大坝表面变形监测改造采用垂线方案。

3.2 岩寨电站大坝表面变形自动化改造

岩寨电站右坝肩紧挨县级公路，大坝表面变形自动化改造若采用机器人方案，需配备全站仪，考虑到设备的精密性以及设备费用高，电站大坝无法封闭管理，无法确保设备的完好性和安全性，研究决定首先排除测量机器人方案。

3.2.1 GNSS 系统方案

根据岩寨电站地形地质条件，选取在岩寨电站左右坝肩边坡视野开阔、地形相对平坦的稳定基岩处，分别布置 1 个基准点，此外，在大坝坝顶上的左右坝肩、左右 1/4 梁和拱冠部位布置 GNSS 观测墩作为监测大坝变形的测点。增设的大坝坝顶 GNSS 观测墩可将大坝坝顶现有的 5 个表面观测墩进行改造，修建成满足 GNSS 系统观测要求的观测墩。采用 GNSS 系统，仅实现大坝坝顶水平位移监测项目的电测手段监测。每个观测墩上配备 1 台 GNSS 接收机和 GNSS 天线，同时每台 GNSS 接收机还应配备 1 套避雷系统进行保护，采用太阳能进行供电，选用无线网络进行信号传输。改造后的 GNSS 系统共计布置 2 个基准点、5 个测点。

3.2.2 垂线系统方案

大坝表面变形监测改造的垂线方案主要在坝顶表面观测墩部位，即坝顶左右坝肩、左右 1/4 梁的部位布置双标倒垂线，使坝顶同时实现了对坝顶垂直位移和水平位移监测项目的电测手段监测。在坝顶左右坝肩表面观测墩附近分别增设 1 条双标倒垂线，垂线钻孔均从坝顶 618.0 m 高程钻孔至两岸基岩 578 m 高程，每条倒垂线长 40 m，测点装置布置在坝顶 618.0 m 高程；在左右 1/4 梁表面观测墩附近分别增设 1 条双标倒垂线，垂线从坝顶 618.0 m 高程钻孔至基岩 548 m 高程，测点装置布置在坝顶 618.0 m 高程，双标倒垂钻孔的有效孔径不应小于 75 mm。共计新增 4 条双标倒垂。

3.2.3 方案对比分析

对比 2 个方案发现，采用垂线方案改造后，可同时实现坝顶垂直位移和水平位移 2 个监测项目的电测手段监测，实现坝顶 4 个垂直位移测点、5 个水平位移测点；采用 GNSS 系统方案对大坝变形进行改造，满足坝顶水平位移监测项目的电测手段监测，实现坝顶 5 个水平位移测点。2 个方案工程投资差别不大，但是采用垂线方案能同时实现大坝坝顶垂直位移和水平位移 2 个监测项目，比 GNSS 系统方案更全面，而且垂线系统方案观测手段与原先的拱冠梁变形观测方法一致，更便于观测和维护，能更好满足规范、工程监控需求，为工程服务。最终决定本工程大坝变形监测改造采用垂线方案。

4 结论

（1）对于早期修建的中小型水电站，老坝表面变形自动化监测改造方法比选时，方案成本是主要影响因素，在监控到重点部位后，垂线系统凭借成本相对偏低、受外界影响小、技术成熟、可靠有效的特点受到青睐。

（2）近年采用广泛的 GNSS 系统在监测应用上需根据现场地形、地质条件进行测试，包含了测点信号测试、基准点信号测试和精度测试，进而判断是否满足建站要求。在具备满足建站要求的前提下，方能提出实施方案纳入对比。

（3）测量机器人同样技术成熟，可靠有效，且相对垂线系统最大的优势在于可实现大坝表面多测点、多数据化，但测量机器人需确保仪器安全、完好的前提下进行；此外，测量机器人无法回避恶劣天气带来的观测影响。

（4）对于新建的大中型水电站，开阔的地形、宽阔的大坝，表面变形监测采用 GNSS 系统是比较好的选择，在主要设备成本增加不大的情况下，布设较多的测点，使得投资更加经济，对大坝的监控也更加的全面，也不会受恶劣天气的影响。

参考文献：

[1] 宋智全. 自动化技术在大坝变形监测中的应用研究[J]. 江西建材，2018，35：36.

[2] SL601－2013，混凝土坝安全监测技术规范[S].

[3] 卢正超、姜云辉、黎利兵. 大坝安全监测自动化系统人工比测的精度指标法[J]. 水力发电，2018(23)，94：97.

[4] 水电水利规划设计总院. 水工设计手册－第 11 卷水工安全监测[M]. 2 版. 北京：中国水利水电出版社，2013.

以问题为导向的全要素隐患排查管理

高守清，张李

（贵州乌江水电开发有限责任公司沙沱发电厂，贵州沿河，565300）

摘要：文章在梳理国家对隐患排查治理的要求和建设“本质安全型企业”目标的基础上，提出了以问题为导向的全要素隐患排查治理机制，为电力企业和相关行业进一步增强安全防范治理能力、有效控制事故风险提供了参考和借鉴。

关键词：全要素；隐患；排查；管理

1 概述

国家明确要求加强隐患排查治理，牢固树立隐患就是事故的观念，健全隐患排查治理制度、重大隐患治理情况“双报告”制度，实行自查自报自改闭环管理。上级公司在本质安全型企业建设工作中提出明确要求，基层企业要完善以安全风险管控和隐患排查双重机制为重点、标准化建设为核心的本质安全管理体系，切实增强安全防范治理能力，有效控制事故风险，达到“人员无违章、设备无缺陷、环境无隐患、管理无漏洞”的“人机环管”和谐统一的本质安全状态。电厂深入贯彻国家关于安全生产的重要部署，从推进安全生产领域改革发展、落实企业主体责任、完善安全生产监督管理机制、保障企业安全稳定发展、防范和遏制重特大事故的发生的角度出发，研究建立“五位一体”立体式隐患排查治理机制，切实解决整改完成率滞后，隐患整改不及时、不闭环，动态管控不到位，流程不清晰，持续改进效果不明显等问题，提高安全生产管理水平和治理能力。

2 主要做法

电厂以创建本质安全企业为目标，以精准查找企业隐患问题为导向，构建问题分析因果模型，排查隐患产生原因和隐患治理问题，确立隐患排查必须全方位全要素开展的思路。通过加强组织领导，创新查找隐患问题分析手段，创新建立日常性隐患排查、每周“3＋4”检查、季节性安全隐患排查、专项隐患排查、特巡特检“五位一体”的隐患排查治理模式，将观念、培训、设备、环境、信息管理、制度、风险预警应急、评价等多要素有机结合在一起，多头发力推进隐患治理，建立起适合发电企业自身生产特点的安全隐患管理模式，实现创建本质安全企业的目标。

2.1 强化保障，构建全要素保障体系

（1）加强组织领导。为进一步强化隐患治理的决策控制和统一指挥，在2016年和2017年的工作基础上，电厂于2018年初强化了隐患排查治理的组织领导，成立了以厂长为组长、副厂长和各生产部门主任为组员的电厂隐患治理工作领导小组，制定总体目标，全面整体协调推进隐患治理。领导小组下设推进办公室，挂靠安全监察部，各相关职能部门主任为成员。办公室职责是负责做好全要素隐患排查治理体系推进工作。各生产部门（含各班组）负责具体执行相关工作安排和推进，落实各项隐患治理任务。

（2）构建“人机环管”全方位要素保障体系。以整体实现“人机环管”和谐统一的本质安全状态为目标，立足基层建设、强化基础管理，提升基本素质，从4个层面扎实开展体系建设。一是以完善隐患排查管理规章制度为前提开展制度建设。二是以着力提高员工安全思想意识和安全生产技能为基础，大力开展专业技能培训。三是以着力消除设备缺陷为前提，加快推进检修数字化工作。四是以着力加强生产环境、工作场所的危险源辨识的保障，做好风险评估，落实整改措施，切实改善不良作业环境。

（3）优化隐患排查治理流程。为提高管理效益，针对以前的工作流程进行优化。首先根据相关法律、法规等规范性文件制定隐患排查治理的相关制度；其次收集整理，明确各类检查依据，第三是确定5种不同的排查方法；第四是针对要检查的内容采取合适的方法实施现场隐患排查，评估隐患危

收稿日期：2021-01-18.

作者简介：高守清，重庆人，工程师，从事安全管理工作.

险，记录结果；最后是对策措施，落实整改与验证，实现流程运转顺畅、高效。

2.2 建立问题导向的管理理念，运用质量工具分析隐患问题

（1）提高对问题导向管理的认识。一是强化和培养企业员工的权责意识和主人翁意识，要求员工不仅要对自身的岗位提问题；二是通过问题管理，对安全隐患问题全程监督，形成了检查、考核、整改、提高的闭环控制，形成严格的制度保证体系；三是通过问题管理把隐患治理工作落实到细节，针对电厂生产现场各个细节发现问题，提出问题、解决问题、从而把工作落到实处，促进电厂精细化隐患管理。收集整理，明确各类检查依据，确定5种不同的排查方法。针对要检查的内容确定对应的排查方法，开展现场排查，评估隐患危险，记录结果。最后研究对策措施，落实整改与验证，实现闭环管理。

（2）构建隐患分析模型，精准定位隐患产生的深层次原因。问题管理关键是要挖掘问题和解决问题。为此电厂构建了隐患因果分析模型，作为发现隐患问题根本原因的分析方法。一是对人员从责任心和技术素质上排查，二是从设备运行和工器具上排查，三是从生产环境上排查，四是从管理上排查，运用分析模型，电厂确定了隐患排查必须全方位全要素开展的思路。

2.3 实施现场“五位一体”工作法，实现对隐患的精细化治理

针对电厂生产运行设备多、区域大、专业性强、危险点分布广，且随着生产环境和人员结构不断变化，电厂总结过去经验做法，经反复研究实践，从隐患排查的不同对象、目的、范围、周期以及侧重点上设计出5种不同的隐患排查模式，创新出一种现场隐患排查的“五位一体”工作法。

（1）日常性隐患排查。专业人员每日开展日常隐性患排查，主要涉及生产部门、班组、岗位员工的交接班检查和班中的巡回检查。这种检查能及早、及时发现现场存在的不安全隐患并采取措施予以消除或上报相关职能部门处理。

（2）生产管理人员开展周“3+4检查”。周“3+4检查”主要针对生产现场安全文明生产、三个“零容忍”和设备“四保持”开展检查。每周由安全管理部门牵头组织，厂领导及其他生产部门管理人员为检查主体，深入现场进行检查，对检查出来的问题或隐患下发整改通知，上传至电厂安全生产管理系统，由各责任部门接收、落实整改并反馈。

（3）专业技术带头人开展特巡特检专项检查。主要针对设备缺陷隐患和技术缺陷隐患的诊断分析，注重复杂技术及隐蔽隐患的诊断。专业带头人负责对所辖专业区域或设备进行每月不少于2次的特巡特检，并将检查信息记录在特巡特检记录一览表。设备存在异常现象，需持续观察诊断时，就记录在异常记录本上，并通知运行和检修人员，加强检查、监视，直至诊断出原因，采取措施，消除隐患。

（4）季节性安全隐患大排查。季节性隐患排查是指根据各季度特点开展的专项隐患排查。季节性安全隐患大检查既要查软件系统又要查硬件系统，季节性安全隐患排查一般采用安全表检查法。事先制定的问题清单，查评标准，检查人员只需对照安全检查表逐一开展检查即可。

（5）专项隐患大排查。专项隐患排查主要是根据国家有关法律法规及相关规定、季节特点及实际情况，针对某一专业或专项工作及区域开展专项的安全隐患排查。

2.4 构建信息化平台，提高隐患排查治理水平

（1）构建设备远程诊断平台。电厂配置资源，搭建了一个适合企业实际的设备远程诊断平台，强化了远程、随时发现设备隐患和故障的能力。该平台整合了电厂全部发供电设备的实时状态、运行参数、效能监测、历史数据等一系列参数，运用系统设置的运算规则，实时反映设备的健康水平和隐患。有助于不同专业、不同技术水平的检查人员，分析、判断、查找设备隐患，提高了隐患排查的及时性、准确性。

（2）构建生产区域视频监控平台。该系统实现了生产、生活区域全覆盖，并且实现了视频联网，使得在厂区任何办公电脑上安装应用软件客户端，均可访问该视频监控系统的任何一处摄像头实时画面。该系统重点对设备设施的不安全状态、生产区域人员的违章行为和现场环境的恶化等一系列隐患进行全天候的监视。相关职能部门办公室和控制室的值班人员，充分利用这一视频监控手段，迅速发现现场的各类人为隐患，并立即制止、整改、教育、处罚，避免隐患进一步扩大，酿成严重后果。

（3）构建隐患治理快速处理平台。隐患排查治理的关键是发现隐患和问题，核心是治理。在传统的治理模式下，从下发整改通知，到整改意见反馈、措施验证等环节涉及整改方案变更、工期延期、部门审批等问题，协调工作量大，周期长，不利于整改措施落实。电厂坚持安全生产“科技兴安、创新强企”，不断加强本质安全管理信息化建设，结合隐患排查治理这项基础工作，借助网络信息平台，构建了隐患排查治理辅助管理平台。

2.5 强化安全风险分级管控专项治理，形成双重预防工作机制

(1) 开展安全风险辨识分析。建立风险管控制度，编制风险点清单、作业活动清单、设备设施清单、风险分级管控清单、危险源统计表等有关记录文件，确定风险识别、评价方法及风险等级判定标准。

(2) 实施安全风险分级管控。根据电厂安全风险分级结果，从工程控制、管理措施、培训教育、个体防护、应急处置等方面制定风险管控措施。

2.6 实施人员素质工程，塑造本质安全型员工

(1) 建立排查人员分级分类培训的管理机制。充分考虑不同岗位，不同专业制订培训计划。生产班组专业人员注重设备结构原理、检修运行相关技术标准的学习提高。生产管理人员注重在安全生产管理人员应知应会内容上的充电学习，掌握最新的管理要求。

(2) 实行专业技术人员 A/B 角的互补机制。针对倒班运行方式，实行 A/B 角互补机制，保证 5 种隐患排查模式下，排查人员不缺位，排查效果不失真。通过实行 A/B 角互补机制，在全要素隐患排查治理中，均能发挥其补位作用，保障了隐患排查的能力。

(3) 形成全员安全教育培训的长效机制。建立安全教育分级、分类培训管理体系。利用各种载体丰富安全生产内涵，组织观看安全警示片、举办安全知识竞赛、组织安全专题讲座、开展安全教育培训。

(4) 完善隐患报告和举报奖励的监督机制。建立事故隐患报告和举报奖励制度，对未按要求整改、整改不力，到期未完成整改的责任者根据经济管理考评办法提出考核。

3 结语

本文在梳理国家对隐患排查治理的要求和建设“本质安全型企业”目标的基础上，提出了“五位一体”立体化隐患排查治理机制。通过运行实施在改变安全防范治理能力、有效控制事故风险上实现了提升。由于隐患排查治理是一个庞大的系统，本文只是基于对电厂目前安全生产的认识和了解，结合实际提出的隐患排查治理机制，希望能够成为下一步安全生产隐患排查的参考。

参考文献：

[1] 何明杰，武静.对人员不安全行为的分析与控制[J].新疆环境保护，2013(4).

[2] 邓志远，王宇征.对安全风险管理体系建设的思考[J].华北电业，2013(4).

[3] 雷来源.事故隐患排查治理存在的问题及对策探讨[J].科学之友，2011(19).

[4] 何卫东.安全隐患排查要强调“四忌”“四严”[N].中国环境报，2019-06-24 (6).

[5] 李建勋.强化隐患排查整改 守住安全生产底线[N].重庆日报，2019-09-12 (15).

区域级水电远程诊断系统的开发及应用

余玲

（贵州黔源电力股份有限公司水电站远程集中控制中心，贵州贵阳，550002）

摘要：水电站主设备健康状况的在线监测和远程诊断飞速发展。本文借助新技术构建多电站集中的区域级水电远程诊断系统，成为降低风险、提高运维管理水平的有效途径。本文以贵州北盘江梯级水电站为例，围绕区域级水电远程诊断系统开发和应用的议题进行探讨，对类似梯级水电有借鉴价值。

关键词：水电站；管理；远程；诊断；系统

0 引言

贵州黔源电力股份有限公司管理着贵州境内多条流域的水电站，随着水电站建设管理数量的日益增多，不确定性因素也越来越多，管理难度增大。针对水电机组设备的状态监测及故障诊断技术功能不全面、方法单一、资源浪费、缺乏现场验证方面的不足，建设区域级水电远程诊断系统保证水电站安全运行，及时辨识和诊断出水电站运行中的异常和隐患，通过区域级水电远程诊断系统的开发应用，对遭遇大洪水、气候异常、地震、高水位、水工建筑物等进行监测，建立具有国内一流的水电机组远程监测和诊断分析的生态系统平台，为水电机组设备状态监测、诊断分析、状态评价、性能考核与评估、技术监督管理等提供信息支持，为电厂、区域公司和集团公司水电企业状态检修决策、生产运行管理提供数据支持，保证水电站安全稳定运行。

1 原机组状态在线监测的现状

（1）功能不全面。原有系统都着重偏向于状态分析，对于故障诊断和状态预测的内容较少涉及。目前尚未形成一个多区域多机组的监测、分析、诊断、管理和维修一体的网络系统。

（2）方法单一。原有系统在故障诊断上往往只通过机组振动/摆度信号来分析，未全面将影响机组的其他相关因素综合考虑，诊断方法较少，未从多个角度综合评估机组性能，融合多方面因素，缺乏来自故障机理的深层次的理论和技术支持。

（3）资源浪费。原有诊断分析系统不能很好地和水电厂的监控系统有机结合，尚未有一个所谓的统一平台，使水电厂各系统间实现资源共享。因此，在实际系统中存在着资源利用不充分、状态检修成本过高等缺陷。

（4）缺乏现场验证。原有的多个涉及故障诊断的系统均缺乏大量宝贵的现场实际诊断经验，与真正的工程实际情况有一定差距，状态检修功能几近空白。

2 区域级水电远程诊断系统建设情况

（1）完成数据标准化工作。完成设备模型的静态属性、动态属性、文档属性的标准化工作，完成编码体系的设计和设备测点编码工作，实现数据标准化，所有的数据查询、通信、传输、分析等软件均以数据的编码为数据的关键标识。

（2）完成数据汇聚工作。数据的内容包括设备模型、设备台账、动态测点、文档数据，涉及监控系统、保护系统、机组稳定性监测系统、大坝监测、水情监测及其他各类自动化系统数据。

（3）建立分布式数据中心。基于统一编码体系建立电厂、分公司、集团3级数据中心，建立分布式数据服务调用和同步机制，开放数据统一调用接口，建立结构化数据分布式实时计算和非结构化数据大数据挖掘2个服务引擎。

（4）三大应用主题的规划、开发和部署。对指标、诊断、维修三大应用主题进行整体规划，实现对水电机组主要设备的在线监测、性能分析、趋势分析、异常预警、状态评价、诊断分析等功能，提供自动诊断、交互式诊断和人工诊断3种层级的诊断服务。规范集团远程诊断和故障分析流程，形成完整的设备故障知识库，为状态检修等提供技术支持。

（5）3级应用功能的规划、开发和部署。实现电厂、分公司、集团3级应用体系，对3级应用的功能进行整体规划，并基于此对3级数据中心的数据存储内容进行规划和设计。电厂级要实现常用监

收稿日期：2021-07-23.

作者简介：余玲，工程师，从事梯级调度控制技术支持系统建设管理工作.

测、诊断、分析等功能；分公司要实现统计、对标、维修计划、决策等功能；集团级要在分公司级应用的基础上，实现统计对标与管理、远程诊断与分析、大数据分析与应用，并提供运行策略、维修策略、备品策略、培训策略等服务推送功能。

（6）硬件系统架构。水电站远程诊断系统平台部署在区域公司安全三区，区域部署实时服务器 2 台、WEB 服务器 1 台、应用服务器 1 台、关系库服务器 1 台、前置通讯服务器 4 台、通信接口机 1 台、交换机 1 台、磁盘阵列 1 台、实时 SR 数据库 1 套、双机软件 1 套。系统架构如图 1 所示。

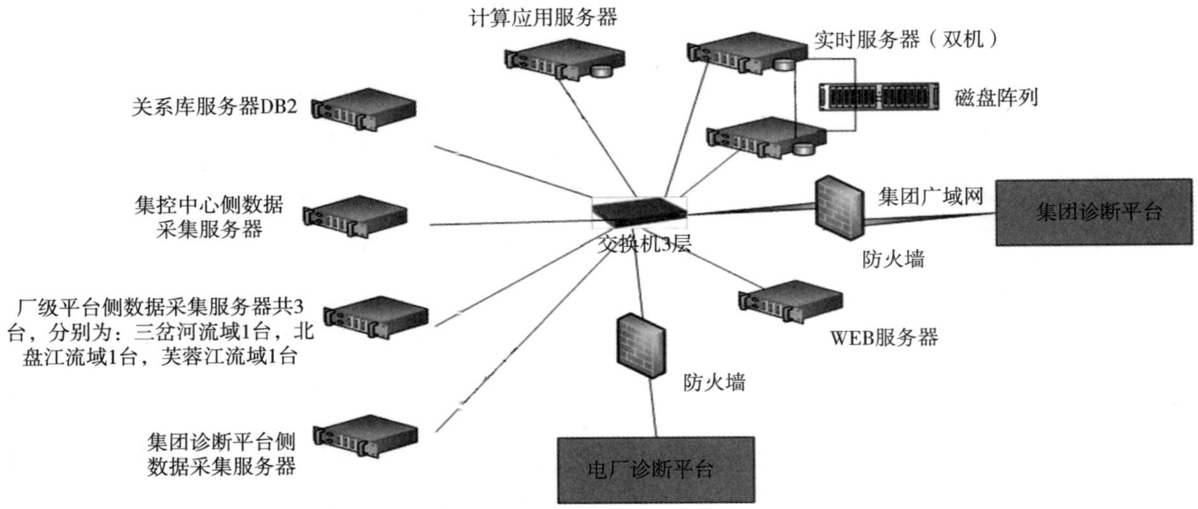

图 1　系统架构

3　水电站远程诊断系统的功能开发及部署

3.1　远程诊断系统平台架构

远程诊断系统平台采用 B/S 架构，从下到上的 4 个层次分别为数据源层、数据采集层、存储计算业务逻辑层和数据展示层。其中，数据源层位于系统平台的最底层，为平台提供数据来源；数据采集层用于采集的实时生产数据和关系设备健康指标数据；存储计算业务逻辑层主要是针对具体问题的操作，也可以理解成对数据层的操作，对数据业务的逻辑处理。业务逻辑层与数据库解耦，只针对数据进行操作而与数据存储的类型方式无关。业务逻辑层具体包括状态监测、故障诊断、量化评价、能效分析等模块。系统各功能模块采取插件式，可选择加载，可独立配置运行。模块间的交互只在底层数据访问层进行，做到“高内聚，低耦合”。整个系统的运行不受上线业务模块的影响；数据展示层就是展现给用户的界面，即用户在使用系统的时候他的所见所得，通过人性化交互良好的领导驾驶舱、管理层页面、机组展示和诊断报告等方式实现。

3.2　区域级远程诊断系统功能模块

区域级诊断平台对水轮机、发电机、主变、GIS 对象进行监测，然后在多个功能模块下获得所需要的信息。具体功能模块包括综合展示、状态监测、能效分析、故障诊断、运行优化、检修决策、系统设置等。

综合展示模块主要包括区域水电概况展示、区域公司主要运行指标统计展示、区域机组报警事件展示等内容。具体实现如下功能：区域及电站基本信息和部分实时信息的展示；区域及电站机组台数、装机容量、实时负荷、日电量、月电量、年电量、年耗水率、年耗水改善率、年利用小时、主汛期等效可利用系数、当前蓄能、故障停运次数、故障停运时间、主保护动作次数的统计结果展示；区域及电站机组的实时报警事件统计。

状态监测模块主要包括状态监测总览和状态历史查询等内容。具体实现如下功能：区域机组运行状态、实时负荷、健康状态、能效状态、主保护状态的统计情况展示；运行状态展示该机组的运行数据、运行记录的详细信息，分为发电、停机、检修和故障停机等状态；健康状态展示该机组预/报警信息统计，按照机组分单元，统计展示机组异常测点，包括测点名称、测值、单位、等级信息，分为危险、异常、注意、健康等状态；能效状态展示该机组月耗水率、月导叶漏水率、月引水损失率、月水轮机效率、月水能利用率 5 项能效指标，并与设计值、标准值等做对比，分为优秀、良好、较差等状态；主保护动作展示主保护名称和状态，以及历史记录；状态历史查询展示一段时间内机组健康状态、运行状态、能效状态、可用状态、经济状态变化趋势，并可展示相应数据点及状态时间占比。

能效分析模块主要包括能效分析总览、耗水率分析、机组水能利用率分析、水轮机效率分析、导叶漏水分析、引水损失分析和能效分析报告。具体实现如下功能：区域机组能效状态统计展示；区域主要电站年耗水率(计划值、多年平均值、实际值)的对比展示；区域各电站及机组耗水率、机组水能利用率、水轮机效率、导叶漏水率、引水损失率等主要能效指标的分析；能效报告的生成及查看。

故障诊断模块主要包括故障诊断总览、统计及分析、诊断历史查询、故障停机统计、故障诊断报告和设备故障库管理等内容。具体实现如下功能：区域电站机组故障统计，监测报警信息和主保护动作信息展示；电站机组诊断故障、故障停机次数、故障停机时间统计展示及查询；电站机组故障及故障停机信息的详细展示；显示故障诊断报告的生成、查看、下载；区域故障库的查看、维护管理。

运行优化模块主要包括运行优化总览、安全性分析、经济性分析等内容。具体实现如下功能：区域公司电站机组安全性、经济性以及运行优先级统计展示；机组可用性、经济性分析结果。

检修决策模块主要包括检修决策总览、检修指标一览、振动区分析、检修评价、检修计划查询、检修历史查询。具体实现如下功能：机组检修建议；区域各电站机组的检修决策信息，以及电厂上报检修决策信息处理；机组检修决策相关指标信息以及振动区分析结果；机组检修前后主要指标对比及评价；机组检修计划、检修历史的查看、导出。

3.3 数据信息

数据编码应基于 KKS 规则，分为管理域、设备域和量值域，包括电站标识、设备 KKS 编码、数据源码、数据源内部码、量值类型码等信息。编码管理域信息包括省份、厂站名和类别，编码设备域信息包括主系统、子系统、设备和采集部位。

系统数据接入的数据需求由系统功能确定，分为实时监测(状态)数据、诊断分析数据和基础数据。其中，实时监测(状态)数据又细分为全厂数据、机组数据、保护动作停机数据，数据来源包括黔源集控、区域水情水调平台、厂级诊断平台；诊断分析数据为平台相关模块的分析结果，主要从厂级平台同步获取或者区域计算；基础数据包括电厂信息、机组信息、历史耗水率、历史检修记录、机组振动区、机组发电机效率曲线、水轮机运转特性曲线等。

4 区域级水电站远程诊断系统的安全保障

区域级诊断平台安全等级保护测评定级为二级，该系统位于区域安全Ⅲ区，采用防火墙与安全Ⅲ区的电厂诊断平台和集团诊断平台进行安全防护，采用网闸与安全Ⅱ区的监控系统进行安全防护。区域诊断平台按照二级系统的标准要求进行硬件配置、网络防护、软件设计开发和集成。

系统安全保障从网络安全、主机安全和应用安全入手：网络安全方面：系统网络全局应具有安全性，具备边界入侵防范和恶意代码防范的能力；主机安全方面：对操作系统和数据库的用户密码复杂度、登录失败处理、终端登录操作超时锁定、限制用户访问的资源权限、用户和资源安全审计等安全项进行设置；应用安全方面：软件登录模块进行身份鉴别和限制非法登录次数等；对资源进行连接数、分权限的访问；通信过程中采用校验码技术保证数据完整性、建立连接前使用密码进行会话验证；提供数据有效性检验功能保证输入的数据格式符合系统设定要求；在故障发生时，软件能够继续提供部分功能，确保系统能够实施恢复措施。

区域级水电远程诊建成前后性断系统能对比见表 1。

表 1 区域级水电远程诊断系统建成前后性能对比

建设前	建设后
功能不全面	指标、诊断、维修三大应用功能全面
方法单一	KKS 编码、水电机组状态监测及故障诊断方法，
资源浪费	建立统一平台，实现资源共享
缺乏现场验证	指标、诊断、维修三大应用整合在一平台

5 结语

综上所述，通过水电站远程诊断系统的开发和应用，不仅实现了水电站运行的安全隐患诊断，而且大大提升了水电站在洪水、地震等自然灾害等特殊情况下的判断能力和应对能力，建立国内一流的水电机组远程监测和诊断分析的生态系统平台，为水电机组的设备状态监测、诊断分析、状态评价、性能考核与评估、技术监督管理等提供信息化支持，为集团公司水电企业状态检修决策、生产运行管理提供数据支持，保障了水电站安全稳定运行。

参考文献：

[1] 王彬洋. 刘永峰. 设备运行管理中远程故障诊断系统应用分析[J]. 中国设备工程，2019(18).

乌江流域生态流量在线监测及实时预警功能的开发应用

李远军
（贵州乌江水电开发有限责任公司水电站远程集控中心，贵州贵阳，550002）

摘要：为进一步做好远程集控模式下梯级优化调度、生态调度工作，贵州乌江水电开发有限责任公司水电站远程集控中心运行人员自主开发了流域生态流量实时监测预警平台，协助运行值班人员优化调度梯级运行方式，确保乌江流域各水电站生态流量满足要求。

关键词：生态；流量；优化；调度；实时；监测；预警

1 概述

绿水青山就是金山银山。河湖生态流量保障是水资源开发中的重要指标，事关水利安全保障和生态文明建设大局[1]。

乌江是贵州省第一大河流，截至2015年，乌江流域已全部开发完毕，乌江干流7座水电站及清水河支流2座水电站均以发电防洪为主，生态流量保障成为紧急而重要的课题。水利部长江委水利委员会对六冲河流域、乌江干流、清水河支流划定了生态流量基本要求，贵州省水利厅联合生态环境厅制定了乌江流域生态流量目标，贵州乌江水电开发有限责任公司水电站远程集控中心对此提出了一系列保障措施，见表1。

表1 乌江梯级生态流量要求及控制措施

电站	流域最小生态流量/(m^3/s)	控制措施	所在流域
洪家渡	14.4	保持最小实时出力60 MW	六冲河流域
东风	77	索风营库水位高于834.7 m,东风日电量大于192万kWh;索风营库水位低于834.7 m,东风全厂最小实时出力90 MW	乌江干流
索风营	77	乌江渡库水位高于754.16 m,索风营日电量大于122万kWh;乌江渡库水位低于754.16 m,索风营全厂最小实时出力130 MW	乌江干流
乌江渡	112	构皮滩库水位高于620 m,乌江渡日电量大于275万kWh;构皮滩库水位低于620 m,乌江渡全厂实时最小出力110 MW	乌江干流
构皮滩	190	构皮滩日电量大于720万kWh	乌江干流
思林	193	沙沱水位高于360 m,思林日电量大于216万kWh;沙沱水位低于360 m,思林全厂最小实时出力180 MW	乌江干流
沙沱	228	彭水水位高于290.1 m,沙沱日电量大于216万kWh;彭水水位低于290.1 m,沙沱全厂实时最小出力180 MW	乌江干流
大花水	7.6	大花水日电量大于25万kWh	清水河支流
格里桥	8.23	格里桥日电量大于20万kWh	清水河支流

2 实施背景

集控中心是乌江流域的调度控制中心，所辖梯级电站9座、32台水轮发电机组，总装机容量866.5万kW。2015年底，乌江流域成为国内第1个实现全流域远程集中控制的梯级水电站群。集控中心负责远程操作、优化调度、生态调度等工作，其中生态调度工作涉及面广、影响范围大，流域生态流量得不到满足可能导致河流断流、生物多样性受损、生态服务功能下降等严峻后果，同时还会受到上级水利部门的通报批评、经济考核[2]。

收稿日期：2021-05-11.
作者简介：李远军，贵州遵义人，工程师，从事水电站远程控制和流域水库调度工作.

集控中心通过机组带固定负荷、控制水位、监测区间流量的方式来满足生态流量的要求，值班人员负责监视各水电站生态流量是否满足要求，需要耗费大量的时间和精力。主要受以下几个方面的影响：

（1）集控中心远程监视对象多，包括水电、火电、新能源。一个工位面对多个厂站的远控业务，包含远程操作、实时协调、检修联系、远程巡检等工作。

（2）集控中心远程监视范围广，运行值班人员负责对梯级水电站主辅设备运行参数、运行模式、工况转换等进行监视调整，确保主辅设备正常运行。

（3）生态调度制约优化调度，为满足生态流量需求，非汛期需要机组在低水位带低负荷满足生态流量要求，导致机组耗水率高，违背梯级优化调度意图，在生态流量得到保障后要及时调整运行方式，提高发电效益。

（4）值班人员通过手动在水调系统内查找各水电站参数并计算生态流量是否满足要求，这样来回操作不仅耗时耗力，还存在计算错误的可能。

为了能减轻值班人员工作量，提高工作效率，经过现状调查，确定开发乌江流域生态流量在线监测及实时预警平台，提升生态流量监测的可靠性、准确率，取缔传统人工监视生态流量的方式。

3 方案设计

集控中心运行值班人员对生态流量参数进行分析，确定乌江梯级各水电站生态流量报警的边界条件，以各水库生态流量满足要求为目标函数。根据水轮机效率特性曲线、NHQ 曲线分析水轮机水头、流量、出力之间的关系，确定生态流量实时报警逻辑算法。自主学习网页开发、python 编程实现水电站生态流量在线监测和实时报警功能[3]。

将乌江梯级 9 座水电站生态流量参数集中展示，通过网页开发制作展示平台，在集控中心数据平台提取实时数据，引入逻辑判据，实现乌江流域生态流量在线监测及实时预警功能，如图 1 所示。生态流量偏离基本要求时，触发告警信号，驱动值班人员调整电站运行方式，日生态流量满足要求后，触发提醒信号，驱动值班人员优化梯级运行方式[4]。

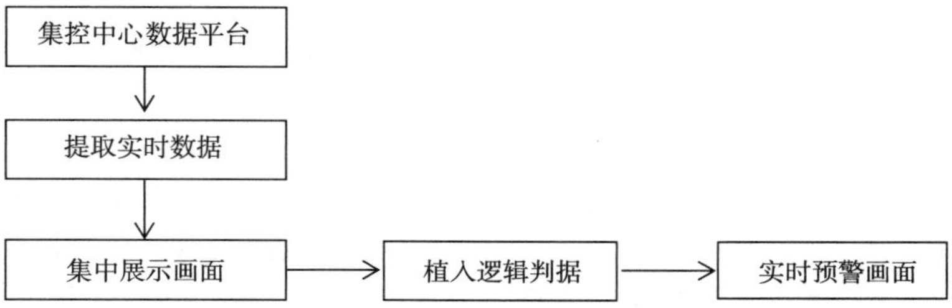

图 1　生态流量监视报警原理图

4 模型建立及实施过程

4.1 运行值班人员结合实际工作进行功能需求梳理

生态流量满足需求作为刚性条款执行，以“天”为单位确保生态流量满足要求。将影响乌江梯级 9 个水电站生态流量的参数集中展示，便于值班人员查看数据，开展生态调度。若运行过程中水电站生态流量偏离目标，则自动推送告警信号，及时提醒值班人员调整运行方式。若当天生态流量已满足要求，则自动推送提醒信号，及时提醒值班人员优化运行方式，提高梯级发电效益。

4.2 确定乌江梯级各水库生态流量在线监测参数和实时预警逻辑算法

水轮机出力与流量、工作水头成正相关的关系，水轮机出力大小直接影响发电机输出功率。可以通过多项参数监测各水电站生态流量是否满足长江水利委员会规定的最小下泄流量需求，根据以下公式可在流量、功率、电量之间相互转换。

$$P=\mu QH$$
$$W=Pt$$

式中：P 为水轮机出力；μ 为水轮机效率，Q 为进入水轮机流量；H 为水轮机工作水头；W 为发电量；t 为水轮发电机组运行时间。

将生态流量转换成对应的发电量、实时负荷，同时结合上下游水位，多维度度进行监视。确定对计划电量、实时积分电量、发电流量、库水位为监测参数，并确定逻辑算法，见表 2。

表 2　生态流量实时预警逻辑判据

电站	生态流量在线监测和实时预警逻辑判断条件	动作后果	处置措施提示
洪家渡	洪家渡水位 1 085 m 以下，日均入库小于 25 m^3/s	报警	协调减负荷
东风	索风营库水位高于 834.7 m＋东风日电量大于 192 万 kWh	提醒	协调东风全停
	索风营库水位低于 834.7 m＋东风实时出力小于 90 MW	报警	协调加负荷
索风营	乌江渡库水位高于 754.16 m＋索风营日电量大于 122 万 kWh	提醒	协调索风营全停
	乌江渡库水位低于 754.16 m＋索风营实时出力小于 130 MW	报警	协调加负荷
乌江渡	构皮滩库水位高于 620 m＋乌江渡日电量大于 275 万 kWh	提醒	协调乌江渡全停
	构皮滩库水位低于 620 m＋乌江渡实时出力小于 110MW	报警	协调加负荷
构皮滩	构皮滩日电量大于 720 万 kWh	提醒	—
思林	当日 20：00—次日 08：00，沙沱库水位高于 360 m＋思林日电量大于 324 万 kWh	提醒	可协调思林全停
	沙沱库水位低于 360 m＋思林实时出力小于 180 MW	报警	协调加负荷
沙沱	当日 20：00—次日 08：00，彭水水位高于 290.1 m＋ 沙沱日电量大于 350 万 kWh	提醒	可协调沙沱全停
	彭水水位低于 290.1 m ＋ 沙沱瞬时出力小于 180 MW	报警	协调加负荷
大花水	大花水日电量大于 25 万 kWh	提醒	协调大花水全停
格里桥	格里桥日电量大于 20 万 kWh	提醒	协调格里桥全停

4.3　乌江梯级水电站生态流量在线监测及实时预警功能开发

项目组成员自主学习网页开发及 python 编程，利用超文本标记语言（HTML）编写报警页面源代码，将乌江梯级 9 个水电站影响生态流量的参数进行集中监视。利用 Python 语言编写数据提取程序，在集控中心专用数据平台提取相关数据，并植入逻辑报警算法，实现自动报警功能。若生态流量参数偏离目标设定值，异常参数会变成红色并闪烁，同时联动各厂报警点，报警点闪烁，自动推送告警信号。

4.4　乌江梯级水电站生态流量在线监测实时预警功能上线运行

集控中心网络维护人员经过一系列安全评估，在确认安全可靠的前提下，集控中心网络维护人员在网络Ⅲ区新增 IP 地址端口，设定生态流量监视入口，通过 IP 地址即可打开监视画面，调试正常后上线试运行，在公司内网即可打开监视画面，为集控中心运行人员监视梯级各厂生态流量参数提供技术保障，取缔人工监视生态流量的传统工作方式，提高生态流量监视可靠性。

5　应用效果

乌江流域生态流量在线监测及实时预警平台上线运行以来，运行效果良好，提高了生态流量监视的精准度。确保乌江流域生态流量得到满足，2020 年乌江流域 9 座水电站年度日均生态流量最低保障率为 96.17%，有效保护乌江流域生态功能；取缔人工监视生态流量的传统方式，以前需要 15～20 min 完成的工作，现在只需要 10 s 钟查看网页即可完成，大大缓解了人工耗时耗力的情况，为乌江流域生态流量保障提供了技术保障；通过集中展示和自动报警，在生态流量得到保障的同时大大提升了优化调度效益，2020 年，系统实时提醒 156 次，值班人员成功协调 150 次，优化电量 0.5 亿 kWh，为公司创造经济效益 1 000 万元。

6　结语

集控中心运行人员自主学习、自主开发，从原代码编写、数据提取、联动报警全部由项目组成员完成，节约了开发成本，维护方便。实现乌江梯级水电站生态流量数据在线监测，智能推送报警画面，多维度监视生态流量数据、实现乌江梯级生态流量监测集中可视化，保障生态调度、同时兼顾优化调度。

集控中心在梯级调度中秉承“绿水青山就是金山银山”的发展理念，通过此次创新创效有效解决了生态调度和优化调度之间的矛盾，让生态调度和优化调度相互依存、相得益彰。

参考文献：

[1] 郭孟卓. 以习近平生态文明思想为指引切实强化水资源的刚性约束[J]. 环境与可持续发展，2020，45(6)：28-30.

[2] 邵伟华. 水电站生态流量分析[J]. 中国水运（下半月），2020，20(12)：99-100.

[3] 杨龑，蔡金洲，李帅，等. 长江梯级开发生态环境状况调查及对策建议[J]. 长江技术经济，2020，4(4)：35-40.

[4] 严茂强，卢兴，印小军，等. 生态流量在线监测系统及在水电站的应用[J]. 四川水利，2020，41(6)：146-148.

数据库运行监控及管理系统创新构建探讨

甘怀健

（贵州乌江水电开发有限责任公司水电站远程集控中心，贵州贵阳，550002）

摘要：文章在保证集控中心安全稳定运行的前提下，优化运行管理模式，降低运行成本，降低值班人员的劳动强度，提高值班工作效率，对基于数据平台运行监控及管理系统建设进行展示。

关键词：集控；数据库；运行；监控；管理；系统

0 引言

贵州乌江水电开发有限责任公司水电站远程集控中心（简称：集控中心）运行部负责梯级 9 座水电站水库优化调度（水调）、电力调度（电调）工作。

运行部倒班人员 18 人，运行管理模式“五值三倒”方式进行倒班，配置 5 名值长，8 名主值班员，5 名值班员。每值 4 人负责 4 个工位，分为值长、检修及 2 个发电工位。值长工位主要负责当班期间安全生产工作，检修工位主要负责梯级 9 座电站检修工作联系及接令、下令工作，发电工位负责优化协调、正常状态下机组远程开停机、有功和无功调整、主变中性点地刀远程分合闸、AGC 和 AVC 投退操作等工作。

1 基于数据平台运行监控及管理系统建设必要性

1.1 当前集控运行监视及管理存在的问题

（1）非汛期，检修工位基本被 9 座电站不同类型检修工作所占据，进行接令、下令，同时还需填写操作票及电子记录。同样，2 个发电工位需要密切监视 9 座水电站大量的实时生产数据，各种繁琐的信号及事故处理，经常出现漏点漏项情况发生，也要应付繁琐的电子记录。

（2）交接班系统优化差，当需要更改设备状态时需要长时间等待多次尝试才能更改正确，每值电子记录字数只能在 1 000 字以内不得不删除其他值班记录。

（3）没有信息搜索功能，当需要了解某个信息时需要查询大量的值班记录。

（4）系统优化差，电厂生产数据填报错误后不能更改不能删除，造成发布错误的生产数据，需要联系厂家才能处理。

这些因素造成了值班人员费时费力，交接班不能按时进行或者记录过程比较混乱，极不利于安全生产。

1.2 基于数据平台运行监控及管理系统建设的必要性

随着现代科技技术的发展，大量智能化技术涌现，集控运行监控及管理模式上必须做出变革和完善，以满足精益化管理、标准化建设和集约化发展的需求。从目前集控运行监控及管理现状与系统技术应用水平来看，加快推进集控运行监控及管理平台建设既是必要的，也是可行的。

按照集控中心提出的“优化运行”以及其他流域集控新技术的应用，如何在保证集控中心安全稳定运行的前提下，优化运行管理模式、降低运行成本以及向水电调度一体化模式转变等变得极为重要。同时随着智能技术建设的深入，这种建设与变革也对运行管理提升、人员利用效率提高、自动化与信息化效率利用等方面有显著效果。从以下几个方面阐述流域集控运行监控及管理平台建设的必要性。

1.2.1 建立梯级流域水电站群数据库

水电站数据库主要用来记录、储存及管理水电站日常全部信息的资料库。其信息内容主要包括运行管理、水库管理、统计管理、计划管理、设备管理等。目前集控尚未建立完整数据库，且数据查询流程异常、方式单一。水电站群数据库的建立，可以在信息统计与分析的基础上，构建指标管理中心，有利于水电站群实现对生产信息统一的管理，例如，机组实时有无功、母线电压、降雨量、流量及发电量等数据。数据库在水库调度中，可寻找出有关自然灾害发生的规律数据，有预测的作用并为

收稿日期：2021-05-11.

作者简介：甘怀健，助理工程师，从事水电站远程控制和流域水库调度工作.

流域防洪工作提供规律数据，为以后大数据建立提供基础数据储备。

1.2.2 智能化时代快速发展和安全稳定运行，提高运行监视效率

随着流域集控的发展，未来向水电调度一体化模式转变，当前运行监视各种数据、信号等已趋于繁琐，未来水库调度纳入日常工作将更增加值班工作量，工作量增加随之危险点也增加，这对于安全稳定运行极为不利。这时候就需要智能化技术结合数据库帮助运行人员筛选筛查重要的信息事故信号，并自动生成汇报内容，使运行人员从繁琐的日常工作中解放出来。

1.2.3 减轻运行值班工作量

管理平台建成后，依托智能化与数据库，将值内发生的运行情况按照相关要求自动生成并写入交接班内容中。例如，交接班事项、开停机统计、事故信息、操作票等内容，以及提醒运行人员工作中需要定时报送报表、发送短信。并且具备搜索功能后，将大大降低搜索、统计、记录的时间，真正实现高效化值班管理。

2 运行监控及管理系统设计要求

2.1 信号范围要求

运行监控及管理系统建设是一个数据庞大的系统，目的是构建出梯级水电群数据库，而数据库存储的数据必须经过精心的过滤，只将重要的数据、异常信号、事故信息储存起来并展现出来，屏蔽非重要信号。

集控中心值班人员负责 9 座水电站调度联系：接收上级电网调度指令、对梯级电站下达电力调度指令。优化协调：跟踪梯级电站运行方式，结合调度意图、调度部优化建议，做好实时优化调度协调。站内监视优化：按电站提供的优化原则开展站内机组优化运行工作。远程操作：进行乌江梯级电站远程操作。事故处理：配合电网调度、电站开展事故处理及远程应急处理。信息服务：接收、整理、发布生产相关信息及报表。以上工作处理信息量异常庞大，如何降低值班人员的劳动强度，提高值班工作效率，尤其在事故发生后能快速准确处理尤为重要。以下通过信号设置、信号采集、信号展现 3 个方面进行过滤规范。

2.1.1 信号范围

水电站信号主要分为实点信号和虚点信号，规范水电站上送的信号范围，便于值班人员查看和查询，对信号设置范围见表 1。

表 1 信号设备范围要求

信号类型	设置范围
实点信号	事故总信号、保护信号、断路器隔离刀闸位置、自动化设备异常
虚点信号	通讯中断、通道异常或中断等
时间记录信号	保护出口动作信号等

2.1.2 信号采集范围

信号采集就是对电站与集控之间“四遥”（遥信、遥测、遥控、遥调）进行采集，采集的好与坏是系统建设的核心，采集的原则是通过采集过程中涉及的信号数量、种类等方面进行规范定义、过滤、优化，实现采集过程中优化。

遥信采集范围见表 2，遥测采集范围见表 3，遥控、遥调采集范围见表 4。

表 2 遥信采集范围

采集内容	采集范围
所有一次设备位置状态	断路器、隔离刀闸、接地倒闸、主变中性点刀闸、主变分接头、装置故障、通讯异常
系统动作告警	SF6 气体断路器、保护装置和安全自动装置动作等告警
事故总信号	保护装置、断路器分闸动作总出口合成后生成

表 3 遥测采集范围

采集原则	采集要求
发电机有功、无功功率、电流，电压、频率	实时测值并方向
变压器各侧有功、无功功率、电流、主变温度	实时电流分相测值并方向
母联断路器有功、无功功率、电流	实时电流分相测值并方向
线路断路器有功、无功功率、电流	实时测值并方向
相关电压等级母线电压电网、母线频率	相电压、线电压、零序电压各运行母线及电网频率

表 4 遥控、遥调采集范围

信号分类	采集要求
遥控	发电机断路器、主变断路器、隔离开关、中性点刀闸，接地刀闸操作，AGC、AVC、一次调频、PSS 功能投退
遥调	发电机有功、无功操作

2.2 运行监控及管理系统界面要求

运行监控及管理系统提供流畅、简洁的界面环境，为值班人员提供集中监视、操作、阅览运行部生产与工作便利，其界面可分为以下八大模块。

（1）运行工作。具备阅览中心、部门文件、交接班记录、电站风险预警管理等公文管理。

（2）运行监视。具备显示梯级各厂主接线图、电压、电流和负荷等实时数据及查询功能。

（3）信号、信息报送。当异常、事故信号推送时自动弹出相应电厂主接线图并自动生成汇报文字内容。

（4）检修工作。具备提醒梯级电站检修工作开工、延期、结束提醒功能，并根据相应检修工作自动生成操作票。

（5）缺陷管理。记录、验收电站缺陷。

（6）报表系统。自动生成电站水、电日、月、年等报表。

（7）两票管理。导入、导出、填写、生成操作票及工作票。

（8）信息搜索。系统内子界面内容都具备查询功能。

3 基于数据平台运行监控及管理系统智能报警功能

基于数据平台运行监控及管理系统建设的核心就是将海量的报警信息进行分类管理和自动对位，具备数据自动综合、过滤，针对工作业务需求以不同的告警展示和直观的方式提供综合告警信息提示。

3.1 监控及管理系统告警分级

监控及管理系统可根据水电站影响程度对告警信息进行分类分级，告警分类主要包括事故信息、故障信息、保护信息、越复限信息。

3.2 监控及管理系统告警智能推送功能

监控及管理系统针对报警信息严重程度智能选择是否向用户自动推送相关水电站主接线图、事故信息和提醒上级调度汇报内容，用以缩减处理事故时间。

3.3 监控及管理系统告警信息库

监控及管理系统所收集的报警信息自动处理并进行厂站分类，利用信息库中的规则将信息规范存储于相应分类中，方便后期事故分析、撰写材料和统计。

3.4 监控及管理系统告警自动记录

值班人员确认并要求记录监控及管理系统上送的报警信息后，系统自动将信息发生的时间、厂站、设备名称记录在本值值班内容中，节省重复记录繁琐流程。

按照以上要求构建监控及管理系统告警流程如图1所示。

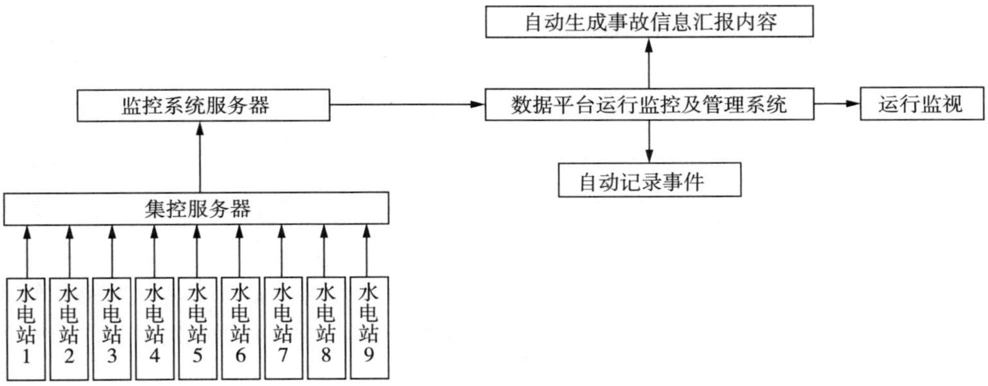

图1 监控及管理系统告警流程

4 结语

立足今日，展望未来。集控中心的职责就是保证梯级水电站群安全运行，效益最大化，提升专业技术人员实力。随着人员技术提升，设备自动化水平提高，大数据库建设，以安全经济为导向推进创新，未来的走向是将洪水调度、水库调度、电力调度及远控操作集中控制管理，实现真正意义的调控合一，基于数据平台运行监控及管理系统建立目的就是让值班员从旧系统繁琐工作流程解放出来，让值班员的专业技术在实际运用中得到充分发挥，构建“水电调度”全能型人才。

参考文献：

[1] 武剑灵. 内蒙古500kV电网集控运行管理模式的设计与应用[D]. 北京：华北电力大学，2013.

乌江梯级水电站远程集控模式下的监盘工作

陈宇

（贵州乌江水电开发有限责任公司水电站远程集控中心，贵州贵阳，550002）

摘要：本文通过乌江梯级水电站实施远程集控模式5年来的工作总结，以技术革新、强化运行专业管理、优化岗位职责、细化工作职责等措施为抓手，在确保安全环保前提下，进一步提升乌江梯级水电站远程集控模式下运行安全，对国内其他流域水电厂远程集控监盘管理工作有一定的借鉴作用。

关键词：梯级；水电站；远程；集控；监盘；声光；报警

1 概述

乌江是长江上游右岸最大支流，发源于贵州省威宁县盐仓镇香炉山石缸洞，在重庆市涪陵区注入长江，干流全长1 037 km。

贵州乌江水电开发有限责任公司水电站远程集控中心（以下简称集控中心）成立于2005年，2013年流域9座水电站全部纳入集控管理。2015年乌江梯级水电站全面实施“远程集控、少人维护”的生产管理新模式，实现全流域共32台机组的远程控制。集控中心作为乌江梯级电站的集中调度管理机构，目前主要负责乌江公司水电站电力调度、远程控制、检修管理、梯级优化调度、洪水调度等工作。

2 实施背景

随着科技水平的快速提升，水电站运行模式也逐渐发生改变，由原来的现场值班看守到少数人值班，再到无人值班、远程集控，最后到关门运行[1]。保证监盘工作正常开展是水电站工作人员的职责所在，同样也是保证电厂设备能够稳定运行的基础。在远程集控背景下，监盘能够获得设备的实时信息，及时发现设备异常，并对其故障发生做出预警，对集控区域内的值长进行调整，有效避免事故的发生。因此，做好监盘工作是保证水电站安全运行的前提基础。

2015年4月，随着沙沱水电站正式接入集控中心，标志着乌江公司梯级水电站已全面进入“远程集控、少人维护”的生产管理模式，但在实施初期，仍然面临了许多困难，主要是以下几方面：

2.1 梯级各厂上送集控中心报警信号不统一

乌江梯级远程集控初期，集控中心将电厂上送的所有信号开发，由于报警信号数量多、种类多，计算机监控系统简报窗口日常信息与报警信息陡增，信号和误发、刷屏现象频发，且绝大多数为无效信息，容易使得运行人员产生视觉疲劳，当真正出现异常或事故信号时，运行人员不能及时发现并快速处置，严重影响梯级水电站运行安全。

2.2 缺少梯级流域水电站远程智能报警平台

集控中心远控值班属于“一人一席多厂”的工作性质，值班人员面对流域9座厂站上送的包括设备运行状态、参数及故障信息等上万个监控信号。前期主要依靠远控人员实行人工监屏，会存在漏看、错看等风险；如果不能保证设备异常时能够及时发现、及时处置，将极大影响公司安全生产工作。

2.3 远控人员专业水平有待进一步提高

远程集控初期集控中心运行值班模式采用“五值三倒”，每值3人，每人负责3个厂站的远程工作，存在问题如下：一是值班期间工位之间分工不清晰，职责不明确，各自为战；二是均是从各个厂站选拔而来，对本厂运行方式、设备参数、设备特性较为熟悉，但是对于乌江梯级其他8座电站熟悉程度不够，不利于远程集控工作的安全开展。

3 主要做法

3.1 梳理各厂上送集控中心远动信号

为降低信号误报率，提高报警的准确性，乌江公司职能部门牵头，集控中心和梯级各电厂配合，开展上送集控中心计算机监控系统信号梳理工作，制定信号筛选原则，精简简报窗口信息，剔除、修改无效或有故障的监控测点，最终保留以下信号：

（1）发电机出口开关和110 kV及以上电压等级母线及线路开关、刀闸、地刀位置变化信息。

收稿日期：2021-05-11.

作者简介：陈宇，贵州习水人，工程师，从事梯级水电站运行及优化调度工作.

（2）水轮机、发电机、主变、110 kV 及以上电压等级母线及线路和连接上述设备开关的事故信号。

（3）继电保护、安全自动装置（AGC、AVC、PSS、一次调频、安稳）等二次设备的状态信息。

（4）各厂与集控中心的通信状态（包括与集控中心的通信通道、链路状态）及设备控制权。

（5）电厂最底层廊道、水车室等易来水部位水位报警信息，重点防火部位火灾报警信息。

3.2　创新开展流域电站报警驱动式集中监盘模式

（1）建立声光报警系统。集控中心在公司职能部门的正确指导下，在流域各厂站积极配合下，结合远程集控工作特点，通过对电站上送的监控信号进行分类梳理，将计算机监控系统中主设备事故、保护动作出口、全厂失压、水淹厂房等报警信息分为 21 类，通过报警信号触发声光提醒，联动事故光字牌方式，建立了一套独立可靠的声光报警系统，确保远控人员能够及时发现并及时处置异常信号，改变传统人工监盘模式，采用以报警驱动处置为主、人工监视为辅的远程监控新模式，经过多年实践验证，报警驱动式监盘大大提高了远控人员监盘效率，提升了远程集控模式下电站设备运行监视可靠性。

（2）增加趋势报警功能。远程集控管理模式报警驱动式监盘，虽然解决了监视可靠性问题，但是从发现设备异常到事故发生，间隔时间短，留给运维人员处置裕度不足，缺乏提前量。为此，结合前期运维经验，在计算机监控系统针对性增加趋势报警，新增了主变冷却系统故障、调速、励磁系统故障等重要辅助设备异常信号。为达到提前预警目的，分析出可能发生的事故风险状态，并寻找出预警不正常状态的主要范围和因素，利用温度特性、电流特性、压力特性对设备运行进行提前预判，为达到实时了解生产现场的安全状态变化，提出预警状态采用“正常、升高、偏高、过高”等趋势性多级预警的预防控制措施，增加并接入计算机监控系统和远程诊断平台共计超过 5 000 个以上的趋势性运行参数和重要信号，接入已建立的声光报警系统，以梯度报警的方式，结合设备运行工况。提前进行趋势报警，提醒远控值班人员根据报警信息开展相关应急处置，为后续电站运维人员检查处理留足时间，不仅确保设备运行状态最优，而且降低发展性故障导致的主设备非停情况，提升了远程集控模式下电站设备运行监视安全性。

（3）完善工业电视系统。梯级各厂对原有工业电视系统进行改造，将原有的摄像头换为高清摄像头，将电站水车室、最底层廊道、发电机层、GIS 室等易来水、易着火部位视频信号上送集控中心，集控中心运行值班人员不仅通过工业电视每日进行视频巡检，而且当发现异常信号时可以通过工业电视进行确认，一是可以更好判别信号的真实性；二是当故障发生时，可以更好跟踪故障发展情况，并将信息及时通知电站维护人员，帮助现场人员进行有效处置。工业电视系统的完善既丰富了远程监视的手段，也提高了远程监视的可靠性。

3.3　优化远控值班管理，提升远控工作效率

随着对乌江梯级精益化调度的要求越来越高，电网供需不断变化，远程操作次数不断增加，原远程集控值班管控模式需要进一步优化，以保障远程集控工作更加安全高效开展。

（1）优化远控值班岗位设置。远控值班人员按照五值四倒的值班模式，每值按“1＋3”岗位设置，设有 1 个值长岗位、2 个远程控制岗位和 1 个检修操作岗位。其中远程控制岗位负责流域电厂实时优化调度及远程操作；检修操作岗负责流域电厂检修工作联系；值长岗位负责当班期间安全生产管理工作，同时主导流域电厂事故应急。通过对值班岗位优化，明确了在“远程集控”模式下各个岗位职责，各司其职，减少了工作中的无效联系，使得与流域电厂及所属电网调度机构开展电力调度业务联系更加高效。

（2）完善远控值班制度。编制远控人员岗位说明书，明确远控各岗位能力要求；编制《调度运行人员值班管理规定》，明确各工位的职责范围，由发电工位主要负责对于乌江梯级运行方式，重要参数及异常信息的监视，规范运行人员值班期间工作行为。

（3）强化运行人员专业培训。集控中心运行人员作为乌江梯级水电站远程集控中枢，对于人员专业能力与职业素养要求更高，只有过硬的技术水平，才能准确地对异常信号做出判断并正确处置，因此，提升运行人员专业水平、强化安全意识显得尤为重要。集控中心持续开展运行人员相关设备操作规程以及相应的调度规程培训，增强人员对电网的知识结构和水电主辅设备运行等方面的知识，全面掌握梯级各电厂的主辅设备运行工况、运行参数趋势变化。通过每月定期考试、专业技术课堂和考问讲解等方法，持续提升运行人员技术水平和业务能力，以保障运行人员能够全面掌握设备健康状态，更加合理合规地开展远程集控工作。

（4）制定远程应急预案。当梯级水电站发生异常或事故时，运行人员可通过计算机监控系统和声光报警系统及时发现，为了提高运行值班人员对水电厂事故的远程应急处置能力，根据集控中心职责，针对电厂发生全厂失压、机组顶盖水位高、机组甩负荷、发变组温度异常、水淹厂房、厂房火灾等 7 类异常及事故时远程处置，公司牵头由集控中心负责编制并发布《水电站远程集控中心运行值班人员远程处理水电厂事故的应急处置流程》，规范了远程应急处置流程，最大限度地协助水电厂在“远程集控、少人维护”管理模式下发生事故时的前期处置工作，减轻电厂事故造成的损失和影响。

4 结语

2015 年至今，乌江梯级水电站全面实施“远程集控，少人维护”管理模式已有 5 年，随着远程集控工作的不断深入，公司以技术革新，强化运行专业管理，优化岗位职责，细化工作职责等措施为抓手，对乌江梯级水电站集控模式下远程监盘工作的不断优化，技术应用和管理水平不断提升，实现了安全远控操作 64.06 万次，及时发现并有效处理影响远控缺陷近 500 次，有效保障了远程集控安全，集控中心在下一个 5 年将一如既往地加强安全生产管理，在保证远控安全基础上，将精益化调度做实做优。

参考文献：

[1] 桑杰多吉.做好水电厂远程集控模式下监盘管理工作的策略分析[J].中国新技术新产品,2015(22):124.

乌江梯级远程集控模式下的事故应急处置探讨

胡强蔚

（贵州乌江水电开发有限责任公司水电站远程集控中心，贵州贵阳，550002）

摘要：文章从远控运行人员事故应急处置能力、设备技术管理水平和应急处置流程 3 方面探讨了提高流域集控事故应急处置能力的方法，为流域水电站远程事故应急处理提供参考。

关键词：流域；集控；事故；处置；应急；能力；流程

1 概述

贵州乌江水电开发有限责任公司(以下简称乌江公司)负责乌江干流贵州境内河段梯级水电站群的建设和运营。目前，已建成了洪家渡、东风、索风营、乌江渡、构皮滩、思林、沙沱和支流上的大花水、格里桥水电站，总计电站 9 座、机组 33 台，总装机容量 866.5 万 kW。上述电站已纳入乌江公司水电站远程集控中心集中管控，集控中心作为乌江公司的集中管控核心，主要负责流域各厂站的运行监视、优化调度和事故处置等工作。

2 提升集控运行人员事故应急处置能力

远控人员事故应急处置的能力不是一朝一夕就能具备和提高的，除了靠实践的逐步积累外，经常性地开展事故预想、反事故演习和应急演练不失为提高和锻炼正确判断事故、处理事故的好办法和好途径。集控运行人员只有具备扎实的专业技能，熟悉对系统、规程、现场设备等，才能对流域电站各类事故进行正确的判断和果断的处理。

2.1 提高运行人员综合素质

运行人员的素质高低直接影响值班工作质量以及事故处理。在平时的工作中通过不同的形式使《安规》《调规》《操规》深入人心，做到时时处处有规程。同时还有加强值班人员的值班纪律，值班时不得随心所欲，不得做与值班无关的工作，严格按相关制度执行。值班过程中，运行值班人员不仅要头脑清醒、精神状态良好，还要熟悉当前运行方式、运行调度意图、运行注意事项、设备缺陷及运行风险点等，才能在事故发生时做到快速反应、正确判断、果断处理。事故的突发性、不确定性等决定了并非所有运行人员均有事故处理的机会。运行人员除了应对发生过的事故之外，还应学习了解其他水电厂的典型事故，借鉴事故处置经验，是否会出现类似事故。还应充分学习电力系统事故汇编、常见事故处理经验分析等，不断提高自身事故应急处置能力。

2.2 做好事故预想和开展应急演练

事故预想是在一定条件或背景下，针对可能出现的某种事故，预先假设该事故已经发生并描述事故现象，重点是假设事故发生后运行人员可快速反应、正确处理并提出相应的预后措施。做好事故预想是防范事故的有效举措，也是提高运行人员事故应变能力、处理能力的重要手段。

开展应急演练是让运行人员全面掌握和理解应急预案，提高应急反应速度，快速进入应急事故处理所应担负的角色。应急演练是对应急能力的一个综合检验，使人员更清晰地明确各自的职责和工作程序，提高协同作战的能力，保证应急救援工作的协调性和有效、迅速地开展。同时要求对演练的结果进行总结和评估，分析应急预案存在的不足，对预案在演练中暴露出的问题和不足应及时解决。

2.3 集控运行人员与电厂运行人员相互轮训

在集控中心“深化运行、精益调度”新的管理模式下，进一步明确了远控值班人员在远程集控中的工作职责，更好地开展优化协调工作。结合工作实际，全面提升远程集控生产安全运行，通过电厂运行人员与集控之间相互轮训学习的方式，集控中心运行人员对梯级各电厂现场运行设备更加熟悉，电厂运行人员对远程控制操作和电网调度规程等专业技能等方面也得到了大幅度提升。

3 加强现场设备技术管理水平

加强集控运行人员对现场设备的主人翁意识，掌握远控电厂主、辅设备健康状态，对运行风险点进行分析和预判，制定防范和预控措施。扎实做好

收稿日期：2021-05-11.

作者简介：胡强蔚，四川人，工程师，从事集控运行调度工作.

各项日常生产工作可减少事故，并能间接提高事故处置效率，尤其要抓好设备的可靠性管理、技术监督管理、定值管理、安全性评价管理。

3.1 提高现场运维人员巡检质量

高质量的巡检是发现设备异常及各种安全隐患最有效的方式。只有及时发现设备的异常或隐患，才能在发展为事故前将其消除，确保设备安全运行。设备巡检应力求全面、仔细、不留死角，不放过任何异常信息、信号、现象等。同时，应完善计算机监控系统，减少设备监控盲区，提升工业电视系统的可靠性。远程值班人员应充分利用工业电视系统加强对全厂设备的巡视，及时发现设备异常。

3.2 将设备趋势报警纳入集控声光报警系统中

凭借成熟、可靠的计算机监控系统及声光报警系统，值班人员可及时发现设备异常、掌握设备及缺陷的最新情况，确保机组随时处于可用的良好状态，准确判断、评估运行设备的可靠性。目前，集控中心将设备趋势报警纳入声光报警系统，增加了主变油温、机组各导轴承瓦温以及各导轴承油槽油位趋势报警，这样能实时显示设备稳定性数据变化，便于值班人员实时监测机组各部件运行状况，确保机组稳定运行；当设备稳定性数据发生突变达到趋势报警值时，能及时发出报警信号，便于值班人员第一时间掌握机组异常信息并采取相应措施，确保机组安全运行。

3.3 提高机组检修质量

高质量的检修是保证机组持续、安全、稳定运行的最有效措施，也是减少机组非计划停运频次最好的保障。水电机组非计划停运的频次间接反映了机组检修质量的高低。机组的非计划停运多因突发故障和缺陷引起，而故障发生部位除因设备元器件突然损坏之外，更多则是因设备检修质量不过关或检修过程中未发现其缺陷，最后发展成事故。

3.4 做好设备缺陷管理

设备缺陷是指在运行或备用设备上发生了影响安全运行或达不到设备标准要求的异常现象。一旦设备存在缺陷，就将给水电站的安全运行埋下隐患，轻则损坏设备，重则造成系统事故。因此有效的设备缺陷管理，将是提高现场设备运行可靠性、提高发电经济效益的重要手段。

4 制定合理的远程处置流程

深化运行，精益调度，流域各电站事故处置一般按《运行值班人员远程处理水电厂事故的应急处置流程》进行，目的是提高运行值班人员对远程控制水电厂事故时的远程应急处置能力，最大限度地协助水电厂在“深化运行”管理模式下发生事故时的前期处置工作，减轻电厂事故造成的损失和影响。

4.1 应急处置要求

当运行值班人员监测到集控计算机监控系统电厂相关综合事故报警信号后，按对应应急处置流程进行处置，应急处置过程中或告一段落后，择机将处置情况汇报调度和运行部主任，处理结束后再进行详细汇报，对应急处理情况做好详细记录，并在规定时间（24 h）内完成事故处理过程报告。

4.2 事故处置原则

电厂发生火灾、机组顶盖水位高、水淹厂房事故时，第一时间通知电厂应急值班人员，然后进行远程应急处置和汇报。

电厂发生全厂失压、机组甩负荷过速事故时，第一时间进行远程应急处置，然后通知电厂应急值班人员，之后汇报调度和运行部主任。

4.3 应急处置流程

制定事故处理流程图，比如电厂发生机组顶盖水位高集控远程处置流程中，要注意向调度申请换开机组未得到许可时，应向调度汇报：在机组顶盖水位继续高至 II 级报警信号发出后按现场规定必须立即解列停机。电厂应急人员已经到达现场后，集控运行值班人员不再进行顶盖水位过高机组的远程停机操作，将对应机组控制权切换至电厂，令电厂人员现地停机。进行一键黑启动开机时，在“一键开机图”画面中优先选择失压前处于备用状态的机组；如无失压前处于备用状态的机组，则在“一键开机图”画面中任选台具备开机条件的机组。

5 结语

深化运行，精益调度，集控中心共计发生线路跳闸事件 10 余起，全厂失压 1 起，远程事故处置准确率达 100%，有效抑制了故障扩大，保证了设备安全，充分证明了上述提升事故应急处理能力的方法是切实可行的。远程集控流域水电站事故应急处置能力是一个系统性工程，是防止事故扩大和减少事故损失的重要举措，也是流域集控中心提高安全生产水平的关键环节。

参考文献：

[1] 焦兴平. 如何提高水电厂值班人员事故处理能力[J]. 科技创新导报，2015.

[2] 涂高发. 企业安全生产管理与应急预案全案[M]. 北京：中国工人出版，2014.

乌江梯级水电站远程集控模式下运行人员培训策略

吉学伟

（贵州乌江水电开发有限责任公司水电站远程集控中心，贵州贵阳，550002）

摘要：文章就乌江梯级水电站远程集控模式下运行人员培训策略进行简要分析，旨在提升企业的教育培训水平，增强运行人员的技术能力。

关键词：人员；教育；培训；技能；水平

1 概述

在贵州乌江水电开发有限责任公司(简称乌江公司)“十四五”规划的背景下，要实现清洁能源装机达到 2 000 万 kW(新能源装机 1 000 万 kW，水电装机 1 000 万 kW)。乌江梯级运行人员除了承担水力发电企业的发电运行工作外，还面临承担新能源发电企业的发电运行工作。以往的教育培训手段确实难以满足当下的培训需求，发电行业的变迁使得我们应该思索改进以往的培训需求、培训方法、培训监督等。

乌江集控中心从 2018 年 8 月开展一系列深化运行[1]，至今已有 2 年半的时间，形成了一套行之有效的运行人员培训机制。针对乌江集控运行专业实际情况，建立运行人员轮训机制，提升人力资源保障，更好协调推进深化运行工作。新形势下，乌江公司发电企业规模不断扩大和贵州电力市场不断开放 2 个内外形势的变化，逐步暴露出集控模式下运行人员储备、技能水平、培训体系不足等问题。

1.1 运行人员情况分析

1.1.1 乌江集控中心

目前，乌江集控远程控制水电厂共 9 座 32 台机组，运行人员配置 20 人，管理人员 2 人，18 人参与运行倒班，采取 5 值 3 倒，一值四席的管控模式：即 2 人负责发电席位，1 人负责检修席位，1 人为值长席位统管全面工作。

1.1.2 乌江梯级电厂

目前，乌江梯级各电厂运行人员均为 24 h 值班制，各厂根据自身实际情况每值均配备 1～2 名运行人员参与运行倒班，其中日常操作任务由操作班人员负责。

1.2 问题分析

1.2.1 运行人员储备不足[2]

一方面因乌江集控与梯级各电厂在乌江公司系统属于同级部门，人事关系相互独立，而乌江集控运行人员主要来自梯级各电厂，电厂在实现远程集控后，在运行人员培养方面只考虑本厂生产需要，未站在公司新业态发展及集控中心角度考虑；另一方面公司对梯级各电厂和乌江集控中心的定岗定员存在一定影响，自梯级各电厂远程集控以后，新进运行人员减少，运行人员存在断层现象。最终导致乌江梯级运行人员储备不足。

1.2.2 公司新规划对运行人员技能水平提出更高要求

公司要实现“十四五”期间，清洁能源装机达到 2 000 万 kW，对梯级各电厂及乌江集控运行人员技能水平提出更高要求，针对调度业务联系、执行规程制度管理不到位、运行相关业务技能不足等，特别是规范化不足，需进一步将业务技能培训从标准统一化、专业规范化出发。未来新能源集控将纳入乌江集控中心统一调度管理，加上新技术在现场的不断推广应用[3]，对乌江集控运行人员专业知识掌握的深度、宽度提出了更高要求。

1.2.3 运行人员对辅助服务市场掌握不充分

随着“两个细则”持续向电力市场深化运用，不仅为开展梯级电力优化调度及站内经济运行提供了条件；同时，也对当前形势下梯级水电调度运行工作提出新的要求，尤其是新能源装机在电网发电设备中的规模越来越高。运行人员对“两个细则”的掌握及运行不充分，在实际工作中导致个人的主

收稿日期：2021-05-11.

作者简介：吉学伟，贵州贵阳人，工程师，从事水电站远程控制和流域水库调度工作.

动服务意识及分析协调能力不足，将造成优化调度的被动局面。

2 培训策略

2.1 建立乌江流域运行人员培训机制

根据乌江公司清洁能源结构的特点，以乌江集控作为载体，梯级各电厂作为运行专业实训基地，站在流域集控中心角度考虑，将乌江集控中心作为公司水电及新能源运行专业人才的培训摇篮。着力将乌江集控运行人员组建成一支以运行技能大师、运行高级技师、运行主任师为首的技术能力强、专业素质高、工作经验丰富的专家组队伍，通过建立常态化交流互培机制及传帮带形式，以此带动梯级各电厂运行人员，从而打造一支新型水电运行专业队伍。

2.2 建立中长期培训体系

2.2.1 乌江梯级电厂

乌江梯级各电厂根据需求，制定运行人员培训计划，时刻保证电厂有1名运行备员，并做好运行人员转岗或输送计划。乌江梯级各电厂根据乌江集控提出的培训要求对运行备员进行“模块化、标准化、专业化、系统化”的培训。

2.2.2 乌江集控中心

(1) 建立中长期培训计划[4]。乌江集控中心结合自身实际情况，科学规划运行人员职业生涯，根据规划和运行人员实际情况制定出长期的教育培训计划，并且坚持与时俱进。一是坚持值内考问讲解。根据“缺少什么补什么，需要什么学什么”的实用性原则，以基本技能、基础知识、安全规程、业务流程等为主要内容。以值为单位，“你问我答”“考问讲解”为主要形式，值内各岗位人员相互考问、交流讨论，确保远程操作中每一个环节、每一个流程都准确无误。二是坚持集中授课培训。定期开展部门例会，结合当前乌江梯级运行特点，制定运行管理措施，完善风险防控，在会上向与会人员讲解，始终把运行安全摆在首位。三是坚持月考。每个月通过“学考结合，以考促学”的方式，强基础，强化安全、技能教育，解决安全生产上的难点和重点问题，查漏补缺，着力提升专业技能。

(2) 建立多样化的培训方式，消除单一方法。一是创新开展自主网络讲课。为减少疫情期间人员拥挤聚集，运行部利用手机、计算机社交App的平台开展讲课，并在App上就培训内容进行提问和讨论，展开互动交流。二是创新开展网络学习。部门人员在自学过程中发现优秀课件、视频，积极主动共享至集体群内，帮助大家共同学习进步。

(3) 建立岗位动态管理机制[5]。乌江集控为构建激励人才成长长效机制，激发集控运行人员工作的积极性和创造性，实行运行值班岗位资格动态管理。通过月度考试、年度逐月绩效平均分、综合考评3个方面，评定个人工作能力、工作态度、工作效果。进一步提升运行人员业务技能水平，为乌江集控安全提供保障。

2.3 建立运行人员资格认证机制

集控中心运行人员轮岗至集控电厂，经过短时间培训、现场熟悉就可以上岗，从事电厂运行工作，而电厂运行人员要轮岗至集控中心时，短时间很难上岗，必须经过长达半年的集控中心培训。因此持续与梯级各电厂点对点开展远程控制工作技术交流，并建立常态化工作交流机制，从电力调度、远程控制、检修申请等方面开展工作，重点加强对电网调度管理规程宣贯，把调度纪律说深、说透，严肃调度纪律，与梯级各电厂共同营造良好的安全生产氛围。基于此，开展乌江流域运行人员资格认证机制，有利于公司运行人员培养和发展，即取得电网调度受令资格认证的运行人员都可以参加由乌江集控牵头组织的集控运行人员资格认证考试、答辩，经考核合格者进入乌江集控运行人才库，从而强化乌江流域调度运行技能水平和调度意识。

3 结语

通过横向多元化发展，多手段提升运行人员学习成效，在培训方向、内容、形式上创新，拓展运行人员成长通道，打造复合型运行人才。

运行人员作为公司清洁能源安全运行的守护神，在清洁能源远程集控过程中，应该逐步强化核心化。同时，不断加强运行人员培养，提升公司运行人员整体地位，优化运行人员横向、纵向发展机制，推进公司运行人才队伍建设，为公司清洁能源安全生产保驾护航。

参考文献：

[1] 周金江.乌江梯级远程集控深化运行管理实践[J].红水河，2020(39):100-102.

[2] 邓跃奇.基于水电远程集控模式下运行人员培养策略研究[J].科技视界，2019(29):217-218.

[3] 蔡斌，黄芳.浅谈广西长洲水电开发有限公司在开展发电运行人员培训工作方面的几点经验[J].广西电业2017,(4):51-53.

[4] 徐田龙.水力发电企业运行人员培训思考及建议[J].中国电力教育，2018(1):40-41.

[5] 孙俊.HM电厂员工岗位动态考核管理研究[J].企业改革与管理，2014(18):72.

以“互联网＋视频监控”为平台的水电企业“三全”安全监管体系

麻国，向浩，余涛，罗乐，陈倪政，郭筱君

（贵州乌江水电开发有限责任公司索风营发电厂，贵州贵阳，550215）

摘要： 文章搭建“互联网＋视频监控”共性技术平台，提出实施安全、管理安全和监督安全的“三全”工作新理念，构建新时代安全环保监管体系，在技术和管理方面发挥新作为，为水电企业长周期安全生产保驾护航。

关键词： 互联网；视频；监控；安全

1 监管体系

应用现代互联网，通过企业工业电视系统和移动摄像头及终端手机 APP，组建作业面全覆盖的安全环保监控体系。

1.1 利用工业电视监控平台，实现全员可以监管

工业电视平台共布置了 103 个点，涵盖了生产、生活关键部位区域，在能上内网的电脑上就可以通过用户进入浏览，进行实时监管，关键管理岗位还可以调节镜头。同时也送到公司监控中心进行实时监控。

1.2 利用移动摄像头＋手机 App，实现全天候实时监管

增配了 5 台移动摄像头，弥补有些区域未安镜头，在管理人员手机上安装乐橙 App，通过互联网通信，当移动视频摄像头开机运行，对着作业现场进行录像，通过手机 App 乐橙软件，只要有移动网的地方，打开手机就可以进行实时监控。

1.3 三级安全监督网成员实现全方位全员监控

班组级是做安全、实施安全的责任主体；部门级是管理安全的直接管理级；安全环保部是监督安全的职能部门。这三者既相互联系又相互制约。通过“互联网＋视频监控”平台的有效运用，消除了监管盲区，实现短板互补，达到了全区域作业面全员监控。

2 监管体系建设

2.1 工业电视系统全覆盖

工业电视系统初期在公司生产区域安装了 77 个摄像头，后增加了 26 个点，总共 103 个点。对监控盲区进行增补 200 万网络高清摄像机，含 10 个球机点位及 10 个枪机点位，并配备相应的音频采集器及扩音器。将前端采集的图像通过工业级交换机传输到企业现有的 DH 图像监控系统平台中，前端子系统到主监控站传输距离超过 100 m 的区域，使用光缆通过光纤收发器连接。然后通过监控中心的高清视频解码器设备实现视频信号的解码上墙展示；监控中心增加麦克风/喇叭喊话功能，当安监人员发现有违章现象时，能通过增加麦克风/喇叭及时喊话制止。

2.2 客户端的建设

一种方式在厂主页上工业电视链接，全厂人员均可通过浏览器访问，进行监视。另一种方式在关键用户电脑上直接装客户终端，基本功能有实时预览、录像回放、电子地图、报警管理、视频上墙、语音对讲功能。扩展功能有卡口管理、车辆查询等 20 种功能，有待开发。

为消除安全管理监视盲区、死角，实现企业的全方位无死角实时监控，增加了 5 个移动式视频装置，对不确定的工作场所临时加装移动式视频监视，监控人员能通过手机 App 平台实时进行点对点的监视。移动式视频监控系统集实时监控、实时预警、信息采集为一体，具有快速部署、无线回传、报警联动、特征采集、车辆图片抓拍等功能，极大弥补了现有监控建设盲区。

2.3 “三全”监管齐发力

安全是生产永恒的话题。由于多年从事安全环保监督工作，提出安全工作包括“实施安全、管理安全和监督安全”的“三全”工作新理念，这三者既相互联系又相互制约，在班组、管理部门、职能部门(即三级安全监督网)安全职责中得到明确细

收稿日期： 2021-07-30.

作者简介： 麻国，贵州遵义人，高级技师，高级工程师，从事电力安全生产管理工作.

化。按照“三管三必须”的要求，以某机组检修技改工作为例，阐述“三全”监管的作用。

(1) 实施安全。机组检修技改工作，首先运行人员要实施退出检修态操作、与运行机组隔离、挂各种标识牌等安全技术措施；检修人员按照方案、检修标准开展水轮机、发动机、调速系统、励磁系统、监控系统等检修维护及其他技改工作；检修技改完成分步验收合格后，运行人员对机组进行恢复试验操作直至交系统调度运行。在这个检修技改过程，就是实施安全的过程，主要体现班组这一级，班组是实施安全的责任主体。同时班组是维护工业电视系统、现场摄像头的责任班组，负责安装调试移动摄像头及管理维护。

(2) 管理安全。机组检修技改管理工作首先要编制各种计划、方案，明确时间、组织结构、检修技改项目、资金等。从机组退出、检修技改、恢复试验等过程。这个检修技改过程就是管理安全的过程，主要体现管理部门这一级，管理部门是管理安全的责任主体。部门专职或主任在利用“互联网＋视频监控”平台中发挥具体管理的作用，时时检查系统的运行情况，检查盲区工作是否安装移动摄像头、是否已调试好通过手机 App 监视正常，让厂里的规定实实在在落地，切实发挥部门安全管理的作用。

(3) 监督安全。机组检修技改监督工作首先参与各种方案审核，重点是对安全、环保、职业健康措施、应急管理这块内容审核；监督检查各种方案、两票的执行情况；在退出、检修技改、试验、恢复操作过程中是否有违章，是否对“两外”人员按“四统一”进行管理等。这个检修技改过程就是监督安全的过程，主要体现职能部门这一级，安全环保部是监督安全的责任主体。职能部门通过“互联网＋视频监控”和手机 App 进行全过程监督，协调发挥保证、监督 2 个体系的作用，重点解决安全保证体系作用发挥不力的痼疾，实现全员、全过程、全方位的安全监督管理，夯实安全根基。

3　取得的成效

(1) 在制度上形成了“三管三必须”。从制度上约束了设备的管理部门、系统的使用部门、关键岗位人员监控职责，除了 5 台移动视频手机 App 监控人员有限制外，其他点位全厂员工都可以通过办公电脑监控。具备了人人都可监管的监控模式。通过视频监控，提高了安全威慑力，视频回放让违章人员无可辩解和无地自容，使安全监管工作迈上新台阶，违章现象大大减少，违章行为得到有效遏制，人员安全素质得到有效提高，也在很大程度上提高了人员作业的责任心和工作积极性。

(2) 在技术保障上实现了实时监管安全生产。监控系统通过各个架设在不同生产现场的摄像机，将现场的视频集中传送到监控室，管理人员不用亲临现场，在监控室中或通过网络就能同时对多处生产现场实施监督和管理，及时发现生产过程中存在的违规现象，及时纠正，降低安全生产事故发生的可能性。企业管理层，越来越多的时间被业务处理和常规工作所占据，进入生产现场进行安全监督检查、了解现场安全生产状况、掌握生产现场第一手的资料，视频监控作为一种对生产一线实时真实反映现场现状的工作，在一定程度上缓解了管理人员的工作时间，使得他们在工作闲余时间也能够及时了解作业区域情况，提高了工作效率。

(3) 在惩戒机制上保障了“两外”的安全。由于视频监控将现场作业人员作业过程录像存储，及时发生不可预测的安全事件，便于事故发生后能查阅历史数据，并通过录像分析、查找事故原因，明确事故责任，制定防范措施，避免类似事件再次发生。对于参观访问交流与学习，参观考察人员即使不进入作业现场，也能通过视频监控了解企业安全生产情况。

4　结论

(1) 从技术方面保证安全。视频监控保证治安问题，将摄像头安装进厂大门，关键卡口、厂房，施工地点等，有效监控厂房情况，提高社会安全保障水平。对作业现场安全环境监管，及时发现并制止人员违章行为，能有效、抑制和防范因环境的不安全因素、人的不安全行为、设备的不安全状态造成不安全事故。深入推进了本质安全型企业建设，从队伍建设、设备系统、作业环境和安全投入等 4 个方面，着力落实治本之策，从责任、保障、文化、应急、执行、考核等方面强化体制机制，提升安全整体基础水平。

(2) 从管理方面得到提升。企业以“互联网＋视频监控”为平台的“三全”安全生产监管体系的应用，从人员、设备、环境、管理 4 方面做到超前控制，提高了管理效益，保障了企业长周期安全生产。

参考文献：

[1] 工业电视系统工程设计：GB/T 50115—2019[S]. 北京：中国计划出版社，2019.

[2] 视频安防监控系统工程设计规范：GB/T 50395—2007[S]. 北京：中国计划出版社，2007.

[3] 马玉疆. 发电企业人身伤害事故分析及对策探讨[J]. 电力安全技术，2019，21(12)：64-67.

乌江渡发电厂工作密封漏水过大原因分析及处理

叶长红

（贵州乌江水电开发有限责任公司乌江渡发电厂，贵州遵义，563000）

摘要： 乌江渡发电厂 3 号机组汛前 C 修过程中，原工作密封漏水大，检查橡胶活塞磨损并更换新橡胶活塞后，4 月 25 日开机试验交系统运行，4 月 26—28 日当机组负荷增大至 230 MW 时水车顶盖水位升高，需要投入 2 台潜水泵抽水才能确保机组安全运行。本文通过对漏水原因进行综合分析，并采取相应处理措施，有效解决了工作密封漏水过大问题，保障汛期机组安全稳定运行，也为同类型水轮发电机组工作密封漏水问题提供参考。

关键词： 水轮机；工作；密封；漏水；橡胶；活塞；应急；处理

1　概述

乌江渡发电厂位于贵州省遵义县乌江镇，南距贵阳市 105 km，北距遵义市 55 km。枢纽工程于 1970 年开工，1979 年底第 1 台机组发电，1983 年完建并通过国家验收。

乌江渡发电厂是我国在岩溶地区修建的第 1 座高坝，坝高 165 m，坝顶全长 395.6 m，库区水面面积 47.5 km^2，水库总容量 21.4 亿 m^3。原装机 630 MW，安装有 3 台单机容量为 210 MW 的水轮发电机组，设计多年平均发电量 33.4 亿 kWh。随着国家“西部大开发”和“西电东送”战略的实施，2000 年 11 月开始扩机工程施工，2003 年 12 月扩建工程 2×250 MW 机组顺利投产；2003 年 11 月增容改造工程开工，2005 年 6 月 3 台老机组增容改造任务圆满完成（从 210 MW 增容到 250 MW），1～3 号水轮发电机组由天津阿尔斯通水电设备有限公司制造，型号为 HLTF132－LJ－525，水轮机额定水头 116 m，额定流量 240 m^3/s。水轮机主轴密封设有工作密封和检修密封，工作密封采用水压调整的橡胶活塞式端面密封结构。

2　工作密封漏水原因分析

2.1　C 修检查工作密封损坏情况

2020 年 3 月，班组巡视发现 3 号机工作密封在机组负荷 230 MW 及以上时漏水相对较大，因此在 2020 年 4 月该机组 C 修拆除工作密封橡胶活塞，检查发现橡胶活塞外侧底部有局部损坏脱落现象（见图 1），故决定对工作密封橡胶活塞予以更换。

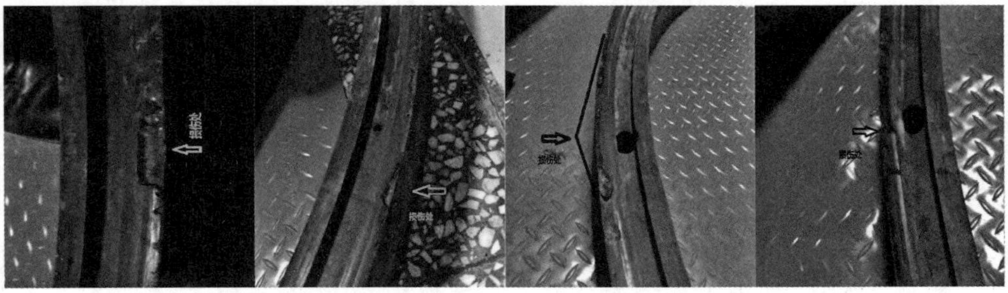

图 1　活塞打磨测量工装示意图

工作密封活塞更换后，4 月 25 日，C 修结束启动试验，机组带负荷 230 MW 以上，工作密封漏水仍然较大，在自流排水正常情况下需要投入 2 台 10 m^3/h 潜水泵才能保证机组正常运行。通过向调度申请分别于 4 月 26 日、4 月 27 日、4 月 29 日进行了 3 次处理，处理情况如下：

第 1 次处理：拆除工作密封润滑水管，接检修用气进行下压，同时拆除定位销，通过螺栓向下锤击橡胶密封活塞，并锤击上端盖。

第 2 次处理：拆除工作密封，抽出橡胶活塞进行打磨后装复。

第 3 次处理：拆除工作密封，抽出橡胶活塞进行打磨，增大打磨量，打磨至橡胶活塞厚度 58.0 mm左右后装复。

收稿日期： 2021-05-27.
作者简介： 叶长红，贵州遵义人，高级工程师，从事水电厂水轮机组检修维护工作.

经过3次处理后工作密封漏水依然较大，处理效果不明显，尤其在机组负荷230 MW及以上时漏水仍较大，并导致顶盖排水潜水泵启动。

2.2 工作密封工作原理

水轮机工作密封采用水压调整的橡胶活塞式端面密封结构。其固定部件为高硬度橡胶材料，转动部件采用不锈钢材料做成的抗磨环板，抗磨板通过螺钉固定在水轮机连轴法兰上，在不拆水导轴承的情况下可更换密封元件。压力水通入橡胶活塞上腔形成向下压力，确保橡胶活塞和抗磨板接触，同时压力水经活塞上的4个$\phi 20$ mm的进水孔、4个$\phi 20$ mm定位销孔间隙进入密封端面，起到密封、润滑和冷却作用。橡胶活塞端面在使用磨损后能自动补偿，由进水管上的减压阀来调整进入工作密封的实际水压，工作水压为0.2～0.35 MPa，一般调整在0.25 MPa运行。

2.3 漏水原因分析

(1) 工作密封活塞上腔压力不足。工作密封供水管直径为50 mm，工作密封活塞上4个密封润滑水孔直径为20 mm、4个定位销孔直径为20 mm、定位销直径为17 mm，润滑水孔和定位销孔间隙面积1 604 mm^2，接近于工作密封供水管面积1 962.5 mm^2，密封润滑水基本上由润滑水孔和定位销孔流走，密封活塞上腔不能有效形成向下压力(机组增容改造后3台机工作密封漏水大，已经将4个$\phi 20$ mm润滑水孔堵塞)，本次小修中更换新工作密封未将4个润滑水孔堵塞。

(2) 由于受水导油槽空间限制在小修中只能将活塞墙体内环和盖板顶起后，将新工作密封活塞打磨后装复，不能保证活塞在装复后不发卡。

(3) 由于活塞内、外环为碳钢材料，长期在水中工作产生锈蚀，表面已出现锈蚀坑，小修处理工艺难以保证表面光洁度，也是活塞发卡原因。

(4) 3号机在增容改造投运后210 MW以上负荷时顶盖水压较1、2号机相同工况下高0.08 MPa，最高达0.31MPa高于工作密封水压0.25 MPa(1、2号机最高水压0.23 MPa)，将密封活塞向上顶起漏水。

3 处理措施

3.1 工作密封活塞上腔压力不足处理方法

用$\phi 20$ mm耐油橡胶条插入工作密封活塞上的4个$\phi 20$ mm的润滑水孔封堵，工作密封润滑和冷却水由4个定位销和密封活塞间隙流入，保证工作密封活塞有效润滑和冷却，同时保证活塞上腔有足够压力将活塞下压达到密封止水作用。

3.2 对密封块打磨不到位，内外环锈蚀存在活塞发卡处理方法

将密封内环用千斤顶顶起后用砂带机对内、外环进行打磨，打磨完成后用凡士林涂抹在内外环上。密封活塞通过检查运行过程中出现有高点痕迹的地方进行打磨，去除高点，然后制作如图2所示的测量工装，内开口为(60±0.3) mm，打磨至橡胶活塞从开口内能通过为止。

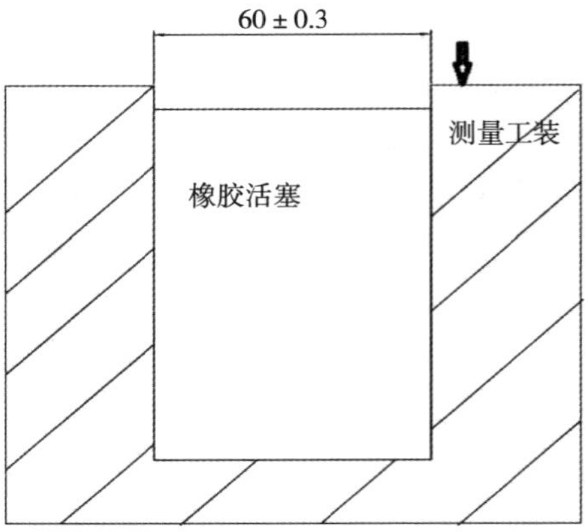

图2 活塞打磨测量工装示意图

3.3 内环装复后活塞发卡处理方法

采用在活塞内环上盖板上与定位销螺孔同圆心位置均布钻4个M16螺孔，内环安装完毕后用4个M16螺钉将活塞下压至和工作密封抗磨环接触，为保证机组紧急停机时的抬机量对工作密封的影响，将螺钉退出2 mm，让工作密封活塞和抗磨板有2mm活动间隙。

3.4 顶盖水压高于1、2号机问题

机组增容后一直存在该问题，经过多次分析未查出原因。由于本次小修前工作密封正常，本次不做任何处理，待机组开机后出现漏水大时，提高密封润滑水压力，再看密封效果。

4 处理之后的效果

经过上述方法处理后，开机带满负荷，带负荷过程中模拟负荷突变等工况，工作密封水压0.25 MPa，工作密封止水正常，未出现漏水增大情况。

5 结论

乌江渡发电厂3号机高负荷工况工作密封漏水大，经过堵塞部分密封润滑水孔，增加调节螺钉，制作工装打磨橡胶活塞等方法进行紧急处理，处理后的工作密封运行正常可靠，通过半年多运行，证明上述处理方法有效，可为以后机组检修时处理此类问题提供参考。

沙沱发电厂2号机制动器行程开关挡板频繁脱落原因分析及处理

李本夫，许海洋

（贵州乌江水电开发有限责任公司沙沱发电厂，贵州沿河，565300）

摘要：文章介绍了沙沱发电厂2号机组制动器行程开关挡板频繁脱落现象，通过分析制动器行程开关挡板脱落原因，并在机组转动部分检查中彻底解决制动器行程开关挡板脱落问题，以确保机组安全稳定运行。

关键词：制动器；行程开关；挡板；焊接块；脱落

1　概述

沙沱水电站位于贵州省铜仁市沿河土家族自治县县城上游约7 km处，是乌江干流开发贵州境内最后1个梯级电站，被誉为“圆梦工程”。工程开发主要任务是发电兼顾航运、防洪及其他综合利用。电站装机容量112万kW（4×28万kW），设计多年平均发电量45.52亿kWh。

工程于2006年5月16日破土施工，2013年4月20日成功下闸蓄水，2013年5月11日首台机组发电，2013年6月13日4台机组全部投产，标志着贵州境内乌江干流水电梯级开发圆满收官，创造了34 d完成4台大型机组调试的水电建设纪录。

沙沱发电厂水轮发电机采用机械制动，每台机有20个制动器，每2台成1组，分布在下机架10个支腿上部的基础座上。制动器型号为STZD250，活塞直径250 mm，最大行程40 mm，制造厂家为哈尔滨市动力发电配件有限公司。每台制动器配装有1套欧姆龙型号为E3JK－5DM1－N的光电行程开关，用于监视制动器闸块顶起（制动状态）和落下（复归状态）位置信号，其光信号的通断由安装在制动器闸块托盘下端并随制动器动作而上下移动的铁质挡板在发送端和接收端中间进行对通或遮挡。

自2018年以来，该机组多次发生制动器光电行程开关中间挡板从闸块托盘下部脱落，导致制动器误发位置信号，为防止制动器行程开关挡板进一步脱落，影响机组开、停机，2020年4月17日在2号机组转动部分检查期间对该问题进行处理；目前没有再发生制动器行程开关挡板脱落，该问题得到了彻底解决。

2　制动器行程开关挡板脱落原因分析

制动器行程开关挡板脱落具体处理记录见表1（不包含转动部分检查期间发现加固的）。

表1　制动器行程开关挡板脱落消缺记录

编号	缺陷描述	检查处理情况	日期
2号	2号机运行时上位机显示风闸位置为顶起状态	2号机2号风闸行程开关挡板脱落，重新加工挡板并焊接牢固后现已恢复正常。	2020-03-15
14号	2号机停机后上位机风闸位置显示“顶起”（实际风闸位置已落下）	2号机14号风闸行程开关挡板断裂，经过焊接，目前设备运行正常。	2019-03-18
8号	2号机停机后上位机风闸位置显示“顶起”（实际风闸位置已落下）	经检查，发现8号风闸行程开关挡块脱落，经过焊接，现已恢复正常。	2019-02-17
13号	2号机组13号风闸行程开关挡板松动	已在机组停机后对2号机组3号、10号、13号松动的风闸行程开关挡板进行焊接。	2018-09-15
14号	2号机下风洞14号风闸行程开关挡板脱落	2号机下风洞14号风闸行程开关挡板脱落，已在机组停机后对风闸行程开关挡板进行焊接牢固并试验动作正确。	2018-07-12

由消缺记录表1可知，挡板脱落多发生在偶数号码的制动器处，分布位置在面对下风洞墙面的右手侧，且存在同一个制动器挡板反复脱落的现象。

收稿日期：2021-04-01.

作者简介：李本夫，吉林九台人，助理工程师，从事水电厂机械检修及管理工作.

因为现场安装位置原因，奇数号的制动器的挡块统一焊接在沿转子转动方向的入口侧，偶数号的制动器的挡块统一焊接在沿转子转动方向的出口侧。

2.1 挡板脱焊处检查分析

根据收集到的 2 号机 2 号制动器挡板脱落部件，对断裂部位进行外观检查，发现脱落部位的焊口齐整，新断裂裂口处金属光泽的部分很细小，说明原厂焊接时焊接块和托盘母材熔合不好，焊缝存在虚焊现象，并且焊口发灰处已经是之前发生断裂的旧痕迹，证明挡板焊接块焊接质量不佳是导致其脱落的 1 个原因。

2.2 挡板和托盘材质检测分析

利用合金分析仪对闸块托盘、挡板上部的焊接块以及挡板角铁分别进行打磨、探测。证明其材质都属于碳素钢，不存在材质不一致导致不宜焊接的情况，材质原因应排除(由于合金分析仪的局限性，无法准确分辨出不同碳素钢之间的牌号)。

2.3 2 号机停机时制动时间分析

对停机过程中 2 号机制动器加闸开始到机组转速降低到 2%以下的工作时长进行统计，对其他 3 台机的停机制动时间也进行查询统计，见表 2。

表 2 机组停机及制动器制动时间统计

机组号	停机日期	制动器加闸制动时间
2 号	2020—03—24	1′21″
2 号	2020—03—26	1′24″
2 号	2020—04—05	1′17″
2 号	2019—02—16	1′
2 号	2019—02—15	1′10″
2 号	2019—02—12	1′8″
1 号	2019—02—12	1′15″
1 号	2020—04—03	1′17″
3 号	2019—02—15	1′11″
3 号	2020—04—05	1′13″
4 号	2019—02—17	1′6″
4 号	2020—04—07	1′22″

根据表 2 统计数据初步分析，2 号机制动器停机制动时间和其余 3 台机横向比较，制动时长正常。其本身 2019 年和 2020 年的时间纵向比较，2019 年制动器制动时间普遍比 2020 年的时间短，不排除制动器闸板运行磨损后，摩擦系数降低导致停机所需制动时间增加。因此，制动时间的原因也应排除。

2.4 停机流程中是否存在制动器开始制动的转速值高于 20%额定转速分析

查询检修期间转速继电器校验报告，并查询检修前后投入制动的实际转速值的历史记录，制动器加闸制动的转速值在 20%的额定转速定值处，与其他 3 台机一致，没有高速制动或提前加闸的情况，应排除。

2.5 是否存在制动环板波浪度超标导致停机过程中制动器振动过大分析

2 号机 A 修期间没有对制动环板进行拆卸调整，故查询 2 号机安装数据进行分析，32 块制动环板径向水平最大偏差 0.3 mm，满足在 0.5 mm 以内的标准要求。整个圆周的波浪度 0.5 mm，满足不大于 2 mm 的标准值要求。整圈制动环板不存在沿旋转方向后一块环板凸出前一块环板的情况。制动环板波浪度超标导致停机过程中制动器振动过大的情况应排除。

2.6 制动器行程开关挡板焊接块安装位置分析

现场测量 2 号机组偶数号制动器和奇数号制动器行程开关挡板焊接块实际安装位置。通过测量焊接块距制动器缸体外表面的距离在 55 ～67 mm 不等，安装位置没有统一的规律，故焊接块焊接位置不是导致其脱落的原因，应排除。

2.7 下机架振动是否超标分析

根据历史运行数据，2 号下机架各振动值均未发生超标现象，4 台机横向比较，下机架振动值基本相当。故下机架振动超标引起挡板脱落的推断不能成立，应排除。

2.8 制动器动作状态分析

对 2 号机 20 个风闸进行制动和复归操作，动作正确，无异常。制动器工作行程满足要求，并在最大行程范围内。故个别制动器存在动作异常不能成立，应排除。

3 制动器行程开关挡板脱落处理措施

针对脱焊处母材熔合不好，焊缝存在虚焊现象，2020 年 4 月 17 日，转动部分检查中对 2 号机组制动器行程开关挡板焊接块焊缝处重新进行了处理。对原焊缝存在熔合不好以及虚焊处进行打磨，将原有角焊缝进行补强并增加焊缝长度，每处焊接块增加 1 处加强板，焊接过程中控制焊接速度以及层间温度。焊接前将焊缝处周边油渍以及锈蚀部分打磨掉，焊条选用经过烘干过的 J507 碱性焊条，J507 碱性焊条具有焊缝塑性韧性好、抗冲击能力强等优点。

4 处理效果

通过深入分析制动器行程开关挡板焊接块脱落原因，针对脱焊处母材熔合不好、焊缝存在虚焊现象制定了处理措施，实施并经试验验证合格后投入运行至今，未再发生焊接块脱落问题，为机组开、停机提供了保障。

机组导叶位移传感器行程非线性移动探究

蒋琦

（贵州黔源北盘江董箐分公司，贵州贞丰，562200）

摘要：某水电厂机组接力器位移传感器拉线接头为焊接式螺栓固定方式，接头位置不可移动。由于厂家生产制造等方面的原因，各个导叶位移传感器拉线柱到中心点的距离往往不相同，使得拉线柱到接头固定点的距离与接力器动作方向不平行，从而导致导叶位移传感器拉线为非线性移动。为了解决这一问题，对传感器的拉线接头进行了技改，改造后传感器拉线动作正常，提高了设备运行的可靠性，同时也为相似的水电厂处理类似问题时提供了参考。

关键词：位移；传感器；非线性；导叶；反馈；焊接式；圆孔；滑槽

1 调速器基本情况简述

某水电厂总装机容量为 880 MW，共有 4 台机组，单机容量为 220 MW。3 号机组于 2010 年 6 月 1 日投产。3 号机调速器为武汉某公司提供的 PSWT－100－6.3 型比例数字式冗余可编程控制水轮机调速器。该调速器具有自动运行、电手动和机械纯手动 3 种控制模式，任意切换，方便可靠。当电气部分发生故障时，可自动切换至机械手动状态。调节原理如图 1 所示，参数见表 1。

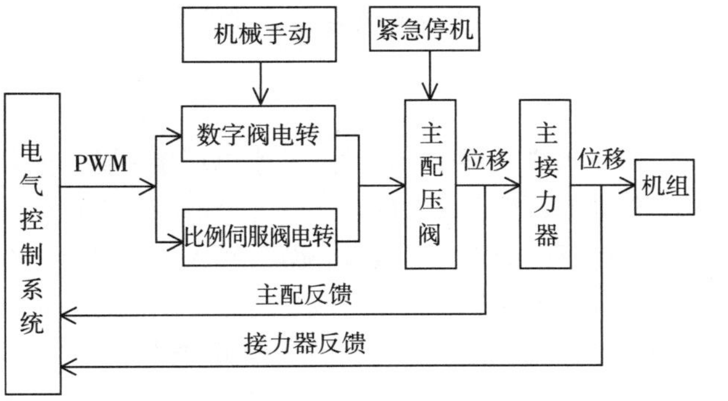

图 1　3 号调速器工作原理示意图

表 1　1 号机调速器参数

项目	具体参数
调速器型号	PSWT－100－6.3
主配压阀直径/mm	108
调速系统的操作油压/MPa	6.3
调速器工作电源	交流电源输入 AC220±20% V 频率 47～52 Hz 直流电源输入 DC220V±20% V
测频方式	PLC 测频，1 路网频、1 路残压和 2 路齿盘
接力器全行程/mm	664
比率增益 Kp 调整范围	0～20
积分增益 Ki 调整范围/(I/s)	0～10
微分增益 Kb 调整范围/s	0～5

该厂调速器为单调节型，即只有导叶调节部分。主要是将电信号与接力器位置反馈信号在综合放大器内比较并放大，放大器输出模拟量（－10～10 V）信号使比例阀产生与其成比例的位移。由于电液转换器与引导阀直接连接，而数字阀控制的时候是由放大器输出脉冲信号到高速数字球阀，改变油路来推动引导阀动作，引导阀同时产生位移并通过液压放大器使主配压阀活塞也产生相应的位移，主配压阀因此向主接力器配油并使之移动，直到主接力器位置信号与电气的信号数值相等为止。

2 分析及改造

2.1 机组接力器导叶位移传感器基本情况分析

该水电厂在机组接力器上设置有 2 个电流型及 1 个电压型导叶位移传感器，主要作用是当机组活动导叶动作时，测量接力器位移，将接力器动作信号转化为电气信号并上送至调速器（电流型传感器）和监控系统（电压型传感器），调速器 PLC 控制程序中将接收到电气信号折算为内部码值[1]，并通过百分比的形式在人机界面上显示，使“导叶开度”参与到机组的控制与监测之中。

2.2 状态分析

调速器 PLC 软件将传感器的位移信号转化为－10～10 V 的电气信号，将其折算为内部编码，用于调速器 PLC 程序内部计算，并通过人机界面在导叶开度反馈界面显示。导叶反馈越下限报警值代码为 1 900，越上限报警值代码为 9 800。若导叶开度实际测量值介于两者之外，调速器就会报导叶

收稿日期：2021-05-21.
作者简介：蒋琦，贵州仁怀人，工程师，从事水电厂设备检修及维护工作.

开度反馈故障。停机时导叶测量值代码约为 2 099，对应的实际导叶开度为零。

机组在停机的时候，上位机有时会报“调速器 A、B 机故障”，现地调速器人机界面上则显示“A、B 机导叶开度反馈故障”，此时导叶反馈测量值代码约为 1 820，导叶开度反馈越下限报警。专业人员到现场检查，发现导叶位移传感器接头钢丝绳变形，导致导叶开度实际测量代码值低于导叶反馈越下限报警代码值。

专业人员现场进行试验，多次动作导叶开关，发现每次全关时传感器接头钢丝绳均有不同程度变形，导叶出现零漂现象，调速器均报“A、B 机导叶开度反馈故障”。

同时，如图 2 所示，钢丝绳在零点的位置为 a，中间传感器的钢丝绳与水平中心线的夹角为 α，导叶往开方向动作一定距离后，该质点运动到 b 点，钢丝绳与水平中心线的夹角增大为 $\beta(\alpha<\beta<90°)$，此时钢丝绳质点的运动轨迹 c 为曲线，而非线性动作。造成钢丝绳实际动作量大于导叶实际动作值，不能准确反应导叶动作情况，对机组的安全稳定运行造成了一定的影响[4]。

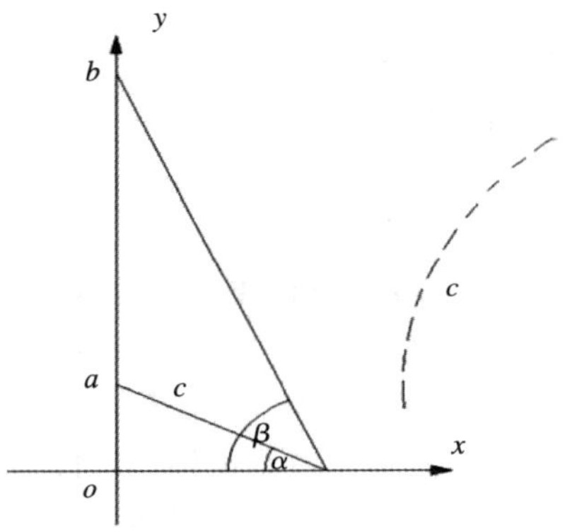

c—钢丝绳某一质点；α—动作前钢丝绳与水平中心线的夹角；β—动作后钢丝绳与水平中心线的夹角。

图 2　改造前传感器钢丝绳质点运动轨迹

若将固定接头切除重新焊接，使得接头与传感器的动作轨迹在 1 条直线上，这会增加人工成本，且具有一定的风险。另外，通过大量收集数据发现，每个导叶位移传感器接线柱与基准面的位置不尽相同，若传感器故障，更换新的备品，则又需重新焊接固定接头，增加成本及工作量。

为了从根本上解决上述问题，决定对固定接头进行技术改造，将焊接式固定接头改成滑槽式可移动接头。

2.3　具体技改情况

取出钢丝绳的连接端，切除 3 根固定螺栓，在导叶全关的位置点，根据传感器的实际安装情况，用钻头为 $\phi6$ 的电钻，对称、均匀开 3 个 30 mm 左右的圆槽，使得 3 个圆槽在同一条水平线上，且与接力器的动作方向垂直。并将原来的 $\phi3$ 的普通螺栓更换为强度更高的 $\phi6$ 螺栓。改造后可根据每个传感器接线柱的实际位置，来调整连接螺栓的位置，保证传感器钢丝绳为线性动作。

改造完成后，对导叶进行多次开关试验，传感器接头均出现变形，传感器钢丝绳为线性动作，未出现导叶零飘现象。导叶全关时导叶开度实际测量代码值均为 2 099 左右，见表 2，调速器未报导叶反馈故障。

表 2　改造后导叶动作全关后导叶开度反馈情况统计

导叶开度实际测量代码值	导叶开度越下限报警代码值	越下限报警状态（“on”为报警，“off”为未报警）
2 099	1 900	off
2 099	1 900	off
2 098	1 900	off
2 099	1 900	off
2 099	1 900	off
2 098	1 900	off
2 097	1 900	off
2 099	1 900	off
2 099	1 900	off
2 099	1 900	off

此项技术改造成果已在该水电厂投入运行。

3　结论

此次改造从根本上解决了该水电厂接力器导叶位移传感器非线性运动的问题，同时也消除了调速器频报“导叶反馈故障”的现象，节省了人工成本，安全价值和经济效益显著。它的成功运用，不仅为该水电厂机组的安全、稳定运行提供了坚实的保障，也为其他水电厂在处理类似的问题时提供了依据和参考。

参考文献：

[1] 徐有为. 水电厂水轮发电机组调速器维护及故障处理[J]. 华东科技：学术版，2015(7)：354-354.

[2] 颜率，朱存利. 浅析水电站水轮机调速器的调试与维护[J]. 城市建设理论研究，2015(20).

[3] 郑小贺，程远楚，张广涛. 嵌入式水轮机调速器研究[J]. 中国农村水利水电，2016(3)：154-157.

[4] 崔岩. 水电站水轮机调速器的调试与维护[J]. 科技展望，2015(8).

[5] 黄树深. 浅议水电站水轮机调速器故障原因分析与处理方案[J]. 通讯世界，2015(7)：159-160.

南网总调直调水电厂励磁系统改造试验管理

陈钰林

（广东能源集团天生桥一级水电开发有限责任公司水力发电厂，贵州兴义，562400）

摘要：文章以天一电厂励磁系统改造试验为例，从试验单位确定、试验方案编制与审核、现场试验、试验报告编制与审核等方面进行了全过程管理总结。对试验单位资质、业绩要求及主要工作内容作了说明，从试验方案总体要求、试验内容、试验工期安排、试验方案审核等方面详述试验方案编制与审核，对现场试验条件进行了说明，从试验简报和试验报告2个方面详述试验报告编制与审核。

关键词：水电厂；励磁系统；改造；试验；管理

1 概述

天一电厂装机容量1 200 MW（4×300 MW），采用发变组单元接线形式，为南网总调直调电厂。2021年结合机组检修，将励磁系统由南瑞NES5100改造为广州擎天事业有限公司EXC9200励磁调节器，为自并励励磁系统，采用热管＋风机的冷却方式，具备电制动功能，由励磁调节器柜、电制动柜、功率柜（3面）、灭磁电阻柜、灭磁开关柜组成。

励磁系统改造试验全过程主要包括试验单位确定、试验方案编制、现场试验、试验报告编制与审核。其中试验单位通过招标确定，试验费用预算须包含试验报告审核费用。

1.1 试验单位资质、业绩要求

根据《关于进一步规范发电机励磁、PSS及调速系统实测和建模审核工作的通知》要求，试验单位资质应满足中国电力建设企业协会发布的《电力工程调试能力资格管理办法（2013版）》及电监会2009年发布的《承装（修、试）电力设施许可证管理办法》的相关规定要求，电力工程调试能力资格（电源工程类）甲级及以上，且需被南网总调认可。试验单位近3年至少完成1台南网系统200 MW及以上水轮发电机组励磁系统涉网试验业绩，试验单位项目经理需具有丰富的项目实施管理经验和相关经历。

试验单位在开展试验前（试验方案上传前），需与南方电网机组励磁系统涉网试验方案、报告审核单位（南方电网科学研究院有限责任公司）签订试验方案、试验简报和试验报告审核费用合同，并及时支付该合同费用。如因未签订合同或支付不及时等导致试验方案、简报、报告的审核工作拖延而影响涉网试验的开展，试验单位将承担相应的违约责任。

1.2 试验单位主要工作内容

参加励磁系统改造项目设计联络会，并根据设备情况提出技术改进意见。

励磁系统参数实测与建模试验，对被测试机组的励磁系统进行频率响应以及动态响应测试，确认励磁系统模型参数和特性，为电力系统分析计算提供可信的模型数据。

励磁系统PSS功能试验，综合考虑南网相关规定以及《电力系统稳定器试验导则》（DL/T 1231—2018）要求，通过现场实测和仿真对比，选取合适的参数保证PSS投入后的振荡频率应为无PSS振荡频率的80%～120%，有PSS的有功功率应明显减少，阻尼比应大于0.1[1]。

机组进相试验，确定被测试机组进相运行参数，使该发电机能够根据电网需要，安全投入进相运行。

2 试验方案编制与审核

2.1 试验方案总体要求

2.1.1 试验依据

励磁系统改造试验依据主要有《同步发电机励磁系统建模导则》（DL/T 1167—2019）、《电力系统稳定器整定试验导则》（DL/T 1231—2018）、《同步发电机进相试验导则》（DL/T 1523—2016）、《南方电网同步发电机励磁系统参数实测与建模导则》《南方电网同步发电机励磁系统、原动机及其调节系统参数实测与建模工作管理规定》《南方电网电力系

收稿日期：2021-06-23.

作者简介：陈钰林，贵州兴义人，工程师，从事水电厂设备检修与维护管理工作.

统稳定器整定试验导则》、《南方电网电力系统稳定器(PSS)配置、整定试验及运行管理规定》《中国南方电网电压质量和无功电力管理标准》《关于进一步规范发电机励磁、PSS及调速系统实测和建模审核工作的通知》等标准和文件。

2.1.2 *试验方案总体要求*

试验方案中应包括但不限于试验单位、配合单位、试验目的、发电厂和并网情况的整体介绍、试验对象相关设备的基本资料(厂家、型号、铭牌参数、控制模式、传递函数、控制流程、参数设置等),各个试验项目要明确试验目的、试验条件、试验工况、试验方法、试验步骤、安全措施等内容,如有个别试验无需开展应说明原因。

2.2 试验内容

2.2.1 *励磁系统参数实测与建模试验*

励磁系统参数实测与建模试验分为静态试验、发电机空载动态试验、发电机负载动态试验。

静态试验进行励磁调节器各环节的测量和辨识。发电机空载动态试验包括发电机空载特性试验、AVR比例放大倍数特性试验、发电机直轴瞬态开路时间常数实测试验、发电机空载大干扰阶跃响应试验、发电机空载小干扰阶跃响应试验[2]。发电机空载动态试验包括调差系数极性校核、调差系统测量。

2.2.2 *励磁系统PSS试验*

励磁系统PSS试验包括测量PSS各环节输入、输出特性参数,整定PSS输出限制值,PSS自动投入、退出值的试验和整定,励磁控制系统无补偿频率特性、PSS的相频特性、励磁控制系统有补偿频率特性,整定PSS增益,试验校核PSS作用,PSS反调试验,PSS投入时电压和无功波动情况测试[3]。

2.2.3 *励磁系统进相试验*

励磁系统进相试验的目的是测试机组真实进相能力,确保最大进相情况下机组及辅助系统安全稳定运行,要求进相深度满足功率因数不小于0.97。

2.3 试验工期安排

励磁系统改造试验总工期为7.5 d,其中涉网试验时间为4.5 d。励磁系统参数实测与建模静态试验工期为2 d,在机组启动试验前择机开展。励磁系统参数实测与建模发电机空载动态试验工期为1 d。励磁系统参数实测与建模发电机负载动态试验工期为1 d。励磁系统PSS试验工期为2 d,其中包含试验简报编制审核时间,如遇周末或节假日,则需延长试验时间。励磁系统进相试验工期为1.5 d,其中包含PSS定值单申请与执行时间。

2.4 试验方案审核

励磁系统试验根据负荷要求分为涉网试验和非涉网试验,须执行南网总调关于计划检修的相关要求。励磁系统参数实测与建模试验和PSS试验须执行机组涉网控制管理相关实验要求。

非涉网试验部分试验方案按照电厂要求进行编制,执行编写、审核、批准流程。涉网试验部分试验方案按照南网总调的要求进行编制,执行编写、审核、批准和调度审核流程,在试验开工前5个工作日的11时之前报送南网总调审核。

励磁系统参数实测与建模试验方案和PSS试验方案通过OMS系统子模块“机组涉网控制管理(直调电厂)”提前20个工作日提交至技术监督单位(南网科研院)和南网总调进行审核。试验方案审核通过后方能开展现场试验工作。如果出现退回情况,则在退回后3个工作日内重新提交。

3 现场试验条件

励磁系统参数实测与建模静态试验、发电机空载动态试验为非涉网试验,由电厂结合现场实际情况开展。励磁系统参数实测与建模发电机负载动态试验要求调速器系统负载试验已完成,机组并网带负荷,机组稳定为前提,有功不作要求,无功不小于10%额定无功。

励磁系统PSS试验要求机组负荷为0%~100%当前水头最大负荷,无功小于10%额定无功。退出全厂AGC和AVC功能,退出机组一次调频,机组PSS功能根据试验需求现场投退。励磁系统PSS试验,综合考虑南网相关规定和电力行业标准要求。

励磁系统进相试验要求机组有功功率0%~100%当前水头最大负荷,退出全厂AGC和AVC功能。机组励磁系统试验简报经南网总调和南科院审核通过,励磁系统PSS正常投入。现场试验时选取0%、50%、75%、100%额定有功或当前水头最大负荷4个点做进相试验。进相试验限制条件主要有电网电压限制、厂用电10.5 kV母线电压限制、厂用电400 V母线电压限制、发电机定子电流限制、发电机各部温升限制、发电机功角限制。试验时退出励磁调节器低励限制功能,专人监视各限制条件,监视发电机失磁保护动作情况。试验过程中应尽量避免启动大型辅机,避免机组长时间在振动区运行。

4 试验报告编制与审核

(1) 试验简报。现场试验结束1个工作日内,提交试验简报至南网总调和南网科研院审核。简报内容主要包括试验概述(时间、地点、单位等)、试验项目、试验工况、主要试验波形和指标、控制整定参数、试验结论(包括性能指标能否满足何种标准的规定,试验内容能否满足南方电网建模需要等)、试验过程中的缺陷、缺陷对设备的影响及处理情况等。励磁参数实测和 PSS 参数整定的试验简报需提交发电机模型参数及其励磁系统的整定参数(BPA 模型采用表格形式),以便仿真校核。如出现退回情况,则在退回后 1 个工作日内应重新提交。

(2) 试验报告。现场试验结束 1 个月内,提交详细实测建模报告至南网总调和南网科研院审核。实测建模报告要严格按照南方电网的相关建模导则要求(即《南方电网同步发电机励磁系统参数实测与建模导则》《南方电网电力系统稳定器整定试验导则》《南方电网同步发电机原动机及调节系统参数测试与建模导则》)外,还要给出模型各参数取值来源,说明试验时的运行参数、运行条件、试验参数、记录数据曲线、辨识中间过程公式等,完成各个环节辨识以及整体辨识,其指标应达到导则要求,并且附原始实测录波数据(推荐为 Excel 文件)作为附件,便于审核时进行校核。待报告审核通过后方能更新机组稳定模型数据(BPA 的 SWI 文件),更新人员应按照审核通过后的实测建模报告,正确无误录入和填写,并由他人进行审核,保证 BPA 卡片数据的正确有效。

5 结语

对天一电厂励磁系统改造试验全过程管理经验进行总结,该经验可供水电机组励磁系统试验相关人员借鉴。

参考文献:

[1] 国家能源局. 电力系统稳定器试验导则:DL/ T 1231—2018 [S] . 北京:中国电力出版社. 2019.

[2] 邹进,余侃胜,桂小智,等. 励磁系统建模试验及仿真研究[J]. 江西电力,2015(2):58-62.

[3] 姜胜利. 发电厂励磁系统涉网试验方法及分析[J]. 科技与企业,2014,000(15):460-460.